普通高等教育“十四五”规划教材

冶金原理

（第2版）

主　编　张生芹
副主编　黄青云　向小艳
　　　　陈建斌　宋明明

扫码看本书数字资源

北　京
冶 金 工 业 出 版 社
2023

内 容 提 要

本书是根据高等院校冶金工程专业“冶金原理”课程教学大纲的要求编写的。内容基于物理化学基础理论知识，结合冶金生产实际，阐述冶金过程的基本理论以及这些理论在冶金生产过程中的应用分析；力图引导学生学会用基本理论去分析冶金生产过程，从而培养分析问题和解决问题的能力。全书共分为11章：冶金热力学基础，冶金熔体的相图，冶金熔体的结构与性质，冶金动力学基础，化合物的生成-分解和燃料的燃烧反应，还原熔炼反应，氧化熔炼反应，硫化物的火法冶金与氯化冶金，湿法冶金浸出、净化和沉积，萃取和离子交换提纯，电解过程。各章均附有思考题和习题。

本书可作为高等院校冶金工程专业教学用书，也可供从事冶金专业技术工作的人员参考。

图书在版编目（CIP）数据

冶金原理/张生芹主编. —2版. —北京：冶金工业出版社，2023.5
普通高等教育“十四五”规划教材
ISBN 978-7-5024-9168-0

Ⅰ.①冶…　Ⅱ.①张…　Ⅲ.①冶金—高等学校—教材　Ⅳ.①TF01

中国版本图书馆CIP数据核字（2022）第089338号

冶金原理（第2版）

出版发行　冶金工业出版社　　**电　　话**　(010)64027926
地　　址　北京市东城区嵩祝院北巷39号　　**邮　　编**　100009
网　　址　www.cnmip.com.cn　　**电子信箱**　yjcbs@cnmip.com.cn

责任编辑　杨　敏　美术编辑　彭子赫　版式设计　郑小利
责任校对　葛新霞　责任印制　窦　唯
三河市双峰印刷装订有限公司印刷
2008年9月第1版，2023年5月第2版，2023年5月第1次印刷
787mm×1092mm　1/16；20.5印张；496千字；316页
定价49.00元

投稿电话　(010)64027932　投稿信箱　tougao@cnmip.com.cn
营销中心电话　(010)64044283
冶金工业出版社天猫旗舰店　yjgycbs.tmall.com
（本书如有印装质量问题，本社营销中心负责退换）

第2版前言

“冶金原理”是冶金工程专业重要的专业基础课程之一，是冶金工程专业的必修课，历来受到广大师生的重视。本书是在重庆科技学院韩明荣教授主编的《冶金原理》基础上修订而成的，按照时代特点及实用性、针对性等要求，作了一些补充、完善和调整。

本次修订主要强化了对学生学习方式便捷性的帮助上：一是每章增加了PPT课件，以二维码形式印在对照章节的相应位置，可随时随地供学生扫码学习；二是对本书的重要知识点通过微课形式进行讲解，学生也可以通过扫描二维码的形式进行辅助学习；三是每章均增加了工程案例思考题，便于学生及时地学以致用，充分体现应用型本科的学习特点；四是在原书的章节体系上增加了“湿法冶金浸出、净化和沉积”一章，以增强湿法冶金原理部分的理论基础。

参加本次修订工作的人员主要有：重庆科技学院张生芹（第1章~第4章的修订工作及PPT制作，部分微课制作）、黄青云（第5章~第7章的PPT制作，部分微课制作）、向小艳（新编第9章，第8章、第10章、第11章的修订工作及PPT制作，部分微课制作）、向俊一（第10章的修订工作），重钢集团宋明明（提供部分工程案例），上海应用技术大学陈建斌（第5章~第7章的修订工作）。全书由张生芹统稿。

在本次修订过程中参考了有关文献和素材，在此一并对文献及素材作者表示感谢。感谢韩明荣老师在第1版编写中所做的工作，同时感谢重庆科技学院冶金工程学院原院长朱光俊教授对本次修订的大力支持。

由于编者水平所限，书中不足之处，恳请读者批评指正。

编　者

2022年10月

第1版前言

“冶金原理”是冶金工程专业重要的专业基础课之一。我们在长期的教学实践中发现，对大多数学生来说，冶金原理是一门难学、难懂、更难综合应用的课程。这与这门课程的逻辑性强、内容较多、紧密结合生产实际、应用性强的特点是分不开的。另外，随着我国高等教育的发展和高等教育的大众化，为了满足社会发展对人才的需求，出现了多种培养人才的高等教育模式。工程应用型人才培养的课程体系改革的趋势为缩减理论学时，强化实践。因此，编写适合于当前教学改革要求的冶金原理教材，是工程应用型人才培养的迫切之需。

本书吸收了作者长期进行工程应用型人才培养的教学与教改实践经验，参考了大量的文献，依据工程应用型人才培养的特点，舍弃那些理论性强而实际应用较少的内容；注重阐述与冶金过程密切相关的冶金热力学基础、冶金动力学基础、熔体理论及其在冶金生产过程中的应用。在体系编排上，先阐述冶金过程的热力学基础、相平衡及冶金熔体的结构与性质、冶金动力学基础，在此基础上介绍这些基本理论在冶炼过程中的应用分析。各章末均附有思考题和习题，一是力求引导学生学会综合应用基本知识分析具体冶金生产过程中的问题，培养分析问题、解决问题的能力；二是便于教师根据教学时数和教学对象，灵活选择教学内容。

本书的第1、8、9章由重庆科技学院张生芹编写，第2、3、4章由重庆科技学院韩明荣编写，第5、6、7章由上海应用技术学院陈建斌编写，第10章和附录由重庆科技学院高逸峰编写，全书由韩明荣统稿。

在编写过程中，参考了多种版本的冶金原理教材，这些书中对有关问题的精辟阐述使我们受益很大，在此特别表示感谢。同时，向支持本书编写的邓能运及其他同事和朋友表示衷心的感谢！

由于水平有限，书中有疏漏和不妥之处，诚请读者批评指正。

编　者

2008年5月

第1版前言

编 者

2008年5月

目　录

绪　言

人们的生活和生产都离不开金属材料。自然界中的金属大多以化合物的形式存在，将自然界中这种含金属化合物的岩石称为金属矿石。三四千年前人类就已经掌握了从金属矿石中提取金属的技术，如青铜冶炼技术、炼铁技术等，到了19世纪末可利用的金属已有50多种了。但在这3000多年中，冶金还是一种知其然而不知其所以然的技艺，冶金的方法是，以师傅带徒弟的方式传递。所以，那时的冶金技术发展非常缓慢，且每一个进步和发展都是通过长期的实践、盲目的摸索，遭到无数次失败后取得的。直到20世纪初，人们才认识到冶金过程实际上是物理化学的原理和研究方法在提取金属中的应用，于是人们应用物理化学的理论去研究冶金过程，诞生了冶金原理这门学科，使冶金生产过程有了科学理论作为指导，冶金技术才得到了迅速发展。

自然界中的金属矿石大多以氧化物、硫化物、卤化物等形式存在，将金属从这些矿石或二次原料中提取的过程称为提取冶金。提取冶金过程是复杂的多相反应过程，含有气态、液态和固态的多种物质的相互作用，其中既有物理过程，如蒸发、升华、熔化、凝固、溶解、结晶、熔析、萃取以及传热、传质、流体的流动等；又有化学过程，如还原、氧化、硫化、氯化、离子交换、电解等。

根据矿石的种类和性质不同，金属的提取需采用不同的方法来完成。通常将冶金过程分为三类：火法冶金、湿法冶金及电冶金。火法冶金是在高温下进行的提取金属过程，主要包括焙烧、氧化熔炼、还原熔炼、高温精炼、真空精炼等。湿法冶金是在水溶液中进行的冶金过程，包括浸出、液固分离等。电冶金是利用电热和电化学反应进行的冶金过程，分为电热冶金（如电弧炉炼钢）和电化学冶金（如水溶液电解和熔盐电解）。

冶金原理是关于提取冶金过程的基本原理，是用物理化学的方法研究冶金过程，是以实验为基础发展起来的学科。随着科学技术飞速发展，能源、环境和新材料已成为世界科技发展的三大主题，要求冶金工程必须以节能、环保的方式和途径提供现代各行业所需的材料产品，综合利用矿产资源和二次资源。因此现代提取冶金已不仅是由原料制备化学成分合格的金属锭或化合物，也包括用提取冶金的方法研制与开发一些以金属或其化合物为基的新材料，如能源材料、功能材料、生物材料等。这些都要求冶金原理涉及的内容和应用范围不断地扩大。

冶金原理的研究内容主要包括：冶金过程的热力学、冶金过程的动力学、冶金溶液（包括高温熔体和水溶液）。

冶金过程的热力学主要是利用化学热力学的原理研究冶金反应过程的可能性及方向，达到反应平衡的条件，以及产物的最大产出率、各种参数（如温度、压力、浓度（活度）及添加剂）对反应的影响，从而查明促使反应向有利方向进行、提高产品转化率的可能途径或措施。同时为新工艺、新产品的开发指明方向。

冶金过程的动力学主要是运用宏观化学动力学的原理研究冶金反应进行的机理，揭示冶金过程的反应步骤和限制环节，确定反应速率及其影响因素，从而找出控制或提高反应速率、缩短冶炼时间、充分提高反应器效率的有效措施。同时动力学的研究为改进反应器的结构或开发高产低能耗的反应器指明方向。

冶金溶液是许多冶金反应进行的介质。冶金熔体是火法冶金反应的直接参加者，如金属互溶的金属熔体，氧化物互溶的炉渣，硫化物互溶的熔锍等，所以熔体的相平衡、结构及性质直接控制着反应的进行。因此，对冶金熔体的结构、物理化学性质、相平衡条件、溶解性质深入研究，才能正确地选择冶炼参数、设备的结构等。

当前，冶金原理学科的研究方向主要包括冶金过程的热力学、冶金过程的动力学、资源综合利用的物理化学、材料制备的物理化学、计算物理化学等。随着热力学、动力学数据库的建立，计算热力学、计算相图的出现，标志着冶金原理进入了运用计算机及近代测试技术深入研究的新领域。

1 冶金热力学基础

1.1 概　述

将热力学基本原理用于研究冶金过程即为冶金热力学。冶金热力学的基础是热力学的三大定律，其中主要是热力学第一定律和热力学第二定律。热力学第一定律用于研究状态变化、化学变化和相变化中的能量守恒和能量转化问题。热力学第二定律用于研究上述变化的方向和限度，即将热力学第二定律应用于冶金过程，研究冶金反应在一定条件下进行的可能性，进而能够控制或创造一定条件，使之按照人们所希望的方向进行，并达到最大的程度（最大产率）。

冶金过程涉及多种溶液。按金属冶炼工艺，习惯上分为火法冶金和湿法冶金两大类。在火法冶金中，高温冶金过程是在熔融的反应介质中进行，如炼钢、铝电解、粗铜的火法精炼等；冶金产物或中间产品为熔融状态物质，如高炉炼铁、硫化铜精矿的造锍熔炼等。湿法冶金中，电解液是各种电解质的水溶液。

本章主要介绍与冶金相关的溶液的热力学性质和热力学关系式，冶金反应中的吉布斯自由能变化 $\Delta_r G_m$ 和平衡常数 $K^{\ominus}$，并讨论冶金过程中的热力学性质，如温度、压力及活度等条件对冶金反应的影响。

1.2 溶　液

1.2.1 常用的溶液组成表示方法

凡是由两种或两种以上的纯物质所组成的均相体系，即以分子级程度相互分散的均相混合体系称为溶液。

常用的溶液组成表示方法有以下四种：

（1）物质的量浓度（c_B）：
$$c_B = \frac{n_B}{V} \tag{1-1}$$

式中，n_B 为 B 的物质的量，mol；V 为溶液的体积，m^3。

（2）质量摩尔浓度（m_B）：
$$m_B = \frac{m'_B/M_B}{m'_A} = \frac{n_B}{m'_A} \tag{1-2}$$

式中，n_B 为 B 的物质的量，mol；m'_B、m'_A 分别为溶质 B 的质量和溶剂 A 的质量，kg；M_B 为溶液中 B 物质的摩尔质量。

（3）摩尔分数（x_B）：
$$x_B = \frac{n_B}{\sum n} = \frac{m'_B/M_B}{\sum n} \tag{1-3}$$

式中，$\sum n$ 为溶液中所有物质的量之和。

（4）质量分数（w_B）：$w_B=\dfrac{m'_B}{\sum m'}\times100\%$ （1-4）

式中，$\sum m'$为溶液中所有物质的质量之和。

需要指出的是，为了沿用已有的热力学数据与公式，同时又使用质量分数这一概念，本教材中引入质量百分数 $w_{B\%}$，其值等于 100 倍的 w_B。例如，生铁中碳的质量分数为 3%，即 $w_{[C]}=3\%$，则 $w_{[C]\%}=3$。同理，本教材中 $\varphi_{B\%}$也是 φ_B 的 100 倍。

在二元系 A-B 极稀溶液中溶质 B 的摩尔分数与质量百分数之间换算关系为：

$$x_B=\frac{M_A}{100M_B}\cdot w_{B\%}$$

式中，M_B、M_A 分别为溶质 B 和溶剂 A 的摩尔质量。

上述几种常见溶液组成可以进行换算，换算的纽带为溶液的密度 ρ。

1.2.2 两个基本定律

拉乌尔定律和亨利定律是溶液中的两个重要的基本定律，它们描述的是液-气达到平衡状态时组分之间的关系，是实验结果的总结。

1.2.2.1 拉乌尔定律

拉乌尔（Raoult）于 1887 年提出：在等温等压条件下，稀溶液中溶剂的蒸气压等于纯溶剂的蒸气压乘以溶剂的摩尔分数。即：

$$p_A=p_A^*x_A \tag{1-5}$$

式中，p_A^* 为纯溶剂 A 的蒸气压；x_A 为溶液中溶剂 A 的摩尔分数；p_A 为与溶液平衡的溶剂的蒸气压。

1.2.2.2 亨利定律

1803 年，亨利（Henry）在研究气体在溶剂中的溶解规律时发现：在一定温度条件下，挥发性溶质的平衡分压与其在溶液中的溶解度成正比。即：

$$p_B=k_{H(x)}x_B \tag{1-6}$$

$$p_B=k_{H(\%)}w_B \tag{1-7}$$

$$p_B=k_{H(c)}c_B \tag{1-8}$$

式中，p_B 为与溶液平衡的溶质的蒸气压；x_B 为溶质在溶液中的摩尔分数，w_B 为溶质在溶液中的百分含量，c_B 为溶质在溶液中的质量摩尔浓度；$k_{H(x)}$、$k_{H(\%)}$、$k_{H(c)}$ 为溶质浓度分别为 x_B、w_B、c_B 时的比例系数，称为亨利系数，其值与温度、溶质和溶剂的性质都有关系。

需注意：（1）亨利定律只适用于稀溶液中的溶质；（2）亨利定律只能适用于溶质在气相和液相中存在基本单元相同的情况时。

1.2.2.3 西华特定律

西华特定律又称为平方根定律。其内容可描述为：在一定温度条件下，双原子气体在金属中溶解达平衡时，以其质量分数表示的溶解度与该气体分压的平方根成正比。对于反应：

$$B_2 = \frac{1}{2}[B]$$

根据西华特定律，其分压与浓度的关系可表示为：

$$w_B = k_s p_{B_2}^{\frac{1}{2}}$$

式中，w_B 为金属中 B 的百分含量，也是 B 的溶解度，k_s 为西华特定律系数，也是该溶解反应平衡常数的函数，p_{B_2}为气体 B_2 的分压。

H_2、O_2、N_2 在铁水中溶解都可适用西华特定律。

1.2.3　活度

大量实验研究发现，加入不挥发性溶质形成稀溶液后可使溶剂的蒸气压降低，且蒸气压降低量只与溶质的多少有关，而与溶质的种类无关，溶剂的蒸气压与其含量的关系服从拉乌尔定律；稀溶液上方溶质 B 的蒸气压与溶液中溶质 B 的 x_B 成正比，即服从亨利定律。对于非稀溶液，体系中组分 B 既不服从拉乌尔定律，也不服从亨利定律，则将这种溶液称为实际溶液。对溶液中的溶质而言，当其不是足够稀时，实际蒸气压与按亨利定律计算的蒸气压有偏差。同理，溶剂的实际蒸气压与按拉乌尔定律计算的蒸气压也有偏差。

当溶液对拉乌尔定律产生负偏差时，一定温度下实际溶液中 B 组分的蒸气压与其摩尔分数 x_B 的关系如图 1-1 中的曲线 2 和图 1-2 中的实线所示，$p_B<p_B^* \cdot x_B$。而系统对拉乌尔定律产生正偏差时，如图 1-1 中的曲线 1 所示，$p_B>p_B^* \cdot x_B$。

图 1-2 中的Ⅰ区：x_B 接近 1 时，B 物质相当于溶剂，服从拉乌尔定律，其蒸气压为：

$$p_B = p_B^* \cdot x_B$$

Ⅱ区：x_B 趋近于零，实际蒸气压服从亨利定律（图中 OH 线），在 H 点（$x_B=1$），B 的蒸气压为：

$$p_B = K_{H(x)} x_B$$

Ⅲ区：组分 B 的蒸气压既不服从拉乌尔定律，也不服从亨利定律，即拉乌尔定律和亨利定律不适用于实际溶液。

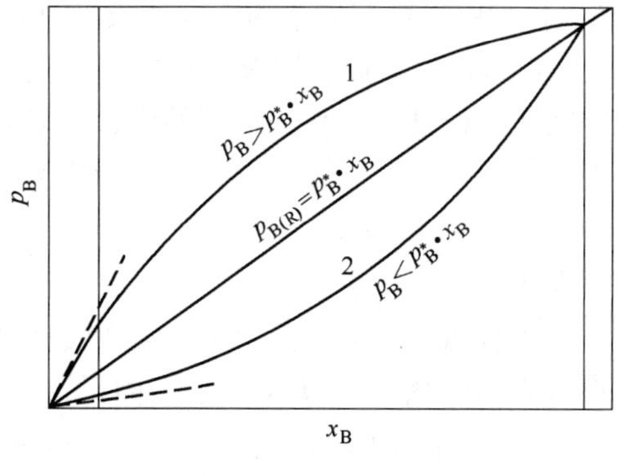

图 1-1　实际溶液的蒸气压曲线
1—正偏差；2—负偏差

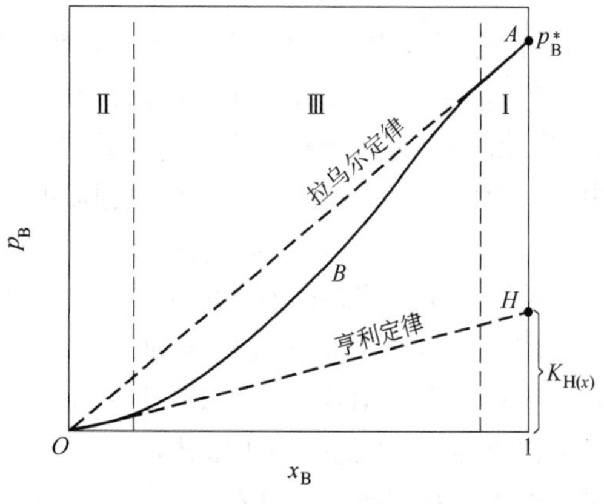

图 1-2　溶液中组分的蒸气压与 x_B 的关系

路易斯提出对实际溶液的浓度进行校正，使之仍然符合拉乌尔定律的形式。即引入校正因子 γ_B：

$$p_B = p_B^* x_B \gamma_B \tag{1-9}$$

令

$$a_{B(R)} = \gamma_B x_B \tag{1-10}$$

则有

$$p_B = p_B^* a_{B(R)} \quad 或 \quad a_{B(R)} = \frac{p_B}{p_B^*} \tag{1-11}$$

式中，$a_{B(R)}$ 为组分 B 的活度；γ_B 是以拉乌尔定律为基础的活度系数，γ_B 的大小反映组分 B 对拉乌尔定律的偏差程度。所以活度可理解为经校正后的浓度或“有效浓度”。所谓“有效”是指对拉乌尔定律有效。

对理想溶液 $\gamma_B = 1$，$a_{B(R)} = x_B$，$p_B = p_B^* \cdot x_B$；实际溶液，当对拉乌尔定律为正偏差时，$\gamma_B > 1$，$a_{B(R)} > x_B$，$p_B > p_B^* \cdot x_B$；当对拉乌尔定律为负偏差时，$\gamma_B < 1$，$a_{B(R)} < x_B$，$p_B < p_B^* \cdot x_B$。

同理，以亨利定律为基础引入校正因子，对浓度进行校正，得

$$p_B = K_{H(x)} \cdot f_B \cdot x_B = K_{H(x)} a_{B(H)} \quad 或 \quad a_{B(H)} = \frac{p_B}{K_{H(x)}} \tag{1-12}$$

式中，$a_{B(H)}$ 为组分 B 的浓度以摩尔分数表示时的活度；f_B 是以亨利定律为基础的活度系数，f_B 的大小反映了实际溶液对亨利定律的偏差程度。

对以亨利定律为基础的标态，可采用不同的表示方法。当用质量分数表示时，有

$$p_B = K_{H(\%)} \cdot f_B \cdot w_{B\%} = K_{H(\%)} a_{B(\%)} \quad 或 \quad a_{B(\%)} = \frac{p_B}{K_{H(\%)}} \tag{1-13}$$

1.2.3.1 活度的标准态

活度是一个相对值，需要指定一个标准状态，以衡量组分在给定状态下的活度。选取标准态是人为的，主要以应用上的方便决定。

通常采用的活度的标准态有三种形式：

（1）以拉乌尔定律为基础，以纯物质为标准态（简称为“纯物质标准态”）。此标准态对应于图 1-2 中 A 点表示的状态，采用此标准态时，$p_B^{标} = p_B^*$（$p_B^{标}$ 为标准态溶液的蒸气压），组分活度用式（1-11）求出。纯物质标准态主要适用于稀溶液中的溶剂和浓溶液。

当 $x_B \to 1$ 时，符合拉乌尔定律，此时有 $a_{B(R)} = x_B$，$\gamma_B = 1$。如在冶金过程中，熔渣中的主要组分因为其含量都比较高，通常活度选用纯物质为标准态；作为溶剂的铁，如果其中元素的溶解量不高，而铁的含量很高时，则可视 $w_{[Fe]} = 100\%$，$x_{[Fe]} = 1$，以纯物质为标准态时，$a_{Fe} = x_{[Fe]} = 1$，而 $\gamma_{Fe} = 1$。

特别指出：溶解达饱和的组分，选纯物质为标准态时，其活度为 1。

（2）以纯物质而又服从亨利定律的假想状态作为标准态（简称“假想纯物质标准态”）。此标准态对应于图 1-2 中 H 点的状态，H 点所表示的状态是根据亨利定律计算出来的纯物质的假想状态。采用此标准态，$p_B^{标} = K_{H(x)}$，组分活度的表示用式(1-12)。当 $x_B \to 0$ 时，符合亨利定律，此时有 $a_{B(H)} = x_B$，$f_B = 1$。

（3）以质量分数为 1%而又服从亨利定律的状态为标准态（简称 1%标准态）。此标准态对应于图 1-3 中 C 点的状态，采用此标准态时，$p_B^{标} = K_{H(\%)}$，组分活度的表示用式（1-13）。

如图 1-3 所示，当 $w_B=1\%$时，实际状态为 D 点，对应的蒸气压为 p_D；而符合亨利定律的假想状态为 C 点，对应的蒸气压值为 $K_{H(\%)}$。所以，采用 1%标准状态时，对于实际的质量分数为 1%的溶液，其活度不一定为 1。1%标准态也不一定是真实状态的溶液，只有当 1%溶液服从亨利定律时才是真实状态的溶液。

此种标准状态下，当 $w_{B\%}\to 0$ 时，符合亨利定律，此时有 $a_{B(\%)}=w_{B\%}$，$f_B=1$。

由以上讨论再综合式（1-11）~式（1-13）得溶液组分活度表示式的通式为：

$$a_B=\frac{p_B}{p_B^{标}} \tag{1-14}$$

式中，$p_B^{标}$ 为组分 B 在任一标准态的蒸气压。

对以亨利定律为基础的活度，为了求标准态蒸气压，需以理想稀溶液作为参考，即在 $w_{B\%}\to 0$ 时，$\lim\limits_{w_{B\%}\to 0}\dfrac{a_{B(\%)}}{w_{B\%}}=1$，也就是说真实溶液的活度系数 $f_B=1$，如图 1-4 中 H 点以下的溶液，以这段溶液的质量分数与蒸气压关系为参考，求出亨利常数，外推到 $w_{B\%}=1$，即可求出标准态蒸气压 $K_{H(\%)}$。H 点以下的这段溶液，也就是实际溶液已符合亨利定律这段溶液称为参比溶液，或者称为参考态。参考态就是实际溶液活度系数为 1 的状态。因为亨利定律的适用条件是稀溶液的溶质，即 $w_{B\%}\to 0$，故纯溶质的蒸气压肯定不符合亨利定律，而质量分数为 1%时也往往不符合亨利定律。因此，必须以理想稀溶液（图 1-4 中的 HC 线）为参考，求出 $x_B=1$ 或 $w_B=1\%$时的亨利常数 $K_{H(x)}$ 或 $K_{H(\%)}$。

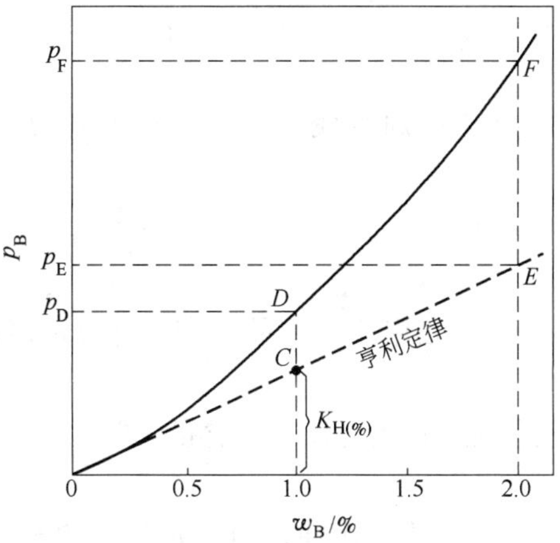

图 1-3　说明 1%标准态的示意图

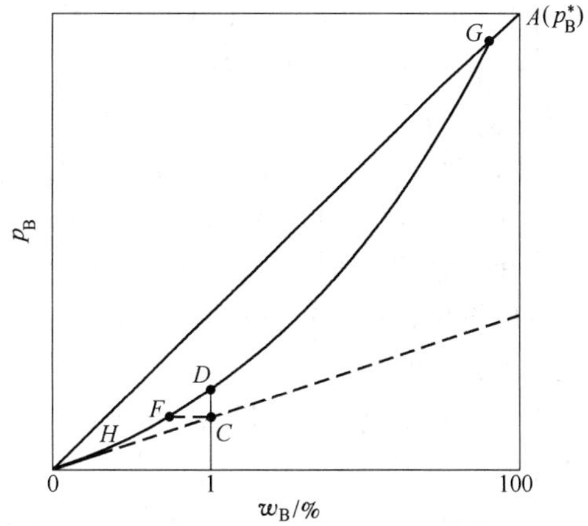

图 1-4　真实溶液中组元蒸气压与其质量分数的关系

对于以拉乌尔定律为基础的活度也有参考态。如图 1-4 中 G 点以上的实际溶液已符合拉乌尔定律，也就是说，当 $x_B\to 1$ 时，$\lim\limits_{x_B\to 1}\dfrac{a_{B(R)}}{x_B}=1$。即实际溶液的活度系数 $\gamma_B=1$，这段溶液也称为参考态。

参考态是实际溶液的活度系数为 1 时的状态，参考态是线状态，如图 1-4 中 H 点以下及 G 点以上。而标准态是点状态，如图 1-2 中 A、H 及图 1-3 中 C 点的状态。理想稀溶液只是参考态而不是标准态。

【例题】 1600℃，A-B 二元系形成熔融合金，不同含量时，组元 B 的蒸气压见表 1-1。试用三种活度标准态求 B 的活度及活度系数（只求 $w_{[B]}=0.2\%$ 及 $w_{[B]}=100\%$）。

表 1-1 组元 B 的含量及其在气相中的蒸气压

$w_{[B]}/\%$	0.1	0.2	0.5	1.0	2.0	3.0	100
x_B	9.33×10^{-4}	1.87×10^{-3}	4.67×10^{-3}	9.34×10^{-3}	1.87×10^{-2}	2.81×10^{-2}	1
p_B/Pa	1	2	5	14	24	40	2000

解：(1) 以拉乌尔定律为基础，以纯组元 B 为标准态：

$$p_B^* = 2000\mathrm{Pa},\quad a_B = p_B/p_B^*,\quad \gamma_B = a_B/x_B$$

当 $w_{[B]} = 0.2\%$ 时，$a_B = 10^{-3}$，$\gamma_B = 0.54$；

当 $w_{[B]} = 100\%$ 时，$a_B = 1$，$\gamma_B = 1$。

(2) 以亨利定律为基础，以假想纯组元 B 为标准态：整个组成范围内，溶液最稀时溶液中溶质应服从亨利定律，即以理想稀溶液为参考态可求出亨利常数。此处假定$w_{[B]}=0.1\%$时，B 组元服从亨利定律。也可以通过作图的方式确定 $K_{H(x)}$，$K_{H(x)}$ 是 p_B-x_B 曲线上 $x_B\to0$ 时的斜率。

$K_{H(x)} = p_B/x_B = 1/(9.33\times10^{-4}) = 1072\mathrm{Pa}$，$a_B = p_B/K_{H(x)}$，$f_B = a_B/x_B$

当 $w_{[B]} = 0.2\%$ 时，$a_B = 1.87\times10^{-3}$，$f_B = 1$；

当 $w_{[B]} = 100\%$ 时，$a_B = 1.87$，$f_B = 1.87$。

(3) 以亨利定律为基础，以 1%为标准态。

当 $w_{[B]}=1\%$时，有的溶液其溶质服从亨利定律，有的溶液其溶质不服从亨利定律。对于本题而言，当 $w_{[B]} = 0.1\%$时：$K_{H(\%)} = p_B/w_{[B]\%} = 1/0.1 = 10\mathrm{Pa}$；当 $w_{[B]} = 1\%$时：$K'_{H(\%)} = p_B/w_{[B]\%} = 14/1 = 14\mathrm{Pa}$。

$K_{H(\%)}\neq K'_{H(\%)}$，溶质在 $w_{[B]} = 1\%$时已经不服从亨利定律了，故标准态蒸气压为 $K_{H(\%)} = 10\mathrm{Pa}$，$a_B = p_B/K_{H(\%)}$，$f_B = a_B/w_{[B]\%}$。

当 $w_{[B]}=0.2\%$时，$a_B=0.2$，$f_B=1$；

当 $w_{[B]}=100\%$时，$a_B=200$，$f_B=2$。

可以看出，对于同一体系同一质量分数的组元 B，当采用不同的标准态计算活度时，其值是不相同的。

当 $x_B\to1$ 时，$\gamma_B\to1$，即实际溶液已经符合拉乌尔定律；当组元 B 的含量降低时，$\gamma_B<1$，即实际溶液对拉乌尔定律产生负偏差；

当 x_B(或 $w_{[B]}$)$\to0$ 时，$f_B\to1$，即实际溶液已经符合亨利定律；当组元 B 的含量增大时，$f_B>1$，即实际溶液对亨利定律产生正偏差。

1.2.3.2 不同标准态活度的关系

在热力学计算中，常常涉及不同标准态活度之间的转换问题，不同标准态活度之间有下列几种关系：

(1) 纯物质标准态活度 $a_{B(R)}$ 与假想纯物质标准态活度 $a_{B(H)}$ 之间的关系。

根据活度的定义，对于组分 B 蒸气压为 p_B 的溶液：

$$\frac{a_{B(R)}}{a_{B(H)}} = \frac{p_B/p_B^*}{p_B/K_{H(x)}} = \frac{K_{H(x)}}{p_B^*} = \gamma_B^0 \tag{1-15}$$

故 $a_{B(R)}$ 与 $a_{B(H)}$ 的关系为：

$$a_{B(R)} = \gamma_B^0 \cdot a_{B(H)} \tag{1-16}$$

也有

$$\gamma_B^0 = \frac{a_{B(R)}}{a_{B(H)}} = \frac{K_{H(x)}}{p_B^*} \tag{1-17}$$

式中，γ_B^0 是两种标准态蒸气压之比，在一定的温度下是常数。

γ_B^0 也可以理解为稀溶液内的溶质 B 以纯物质为标准态时的活度系数：

$$a_{B(R)} = \frac{p_B}{p_B^*} = \frac{K_{H(x)} \cdot x_B}{p_B^*} = \frac{K_{H(x)}}{p_B^*} \cdot x_B = \gamma_B^0 \cdot x_B$$

故 γ_B^0 又表示稀溶液对理想溶液的偏差。

（2）纯物质标准态活度 $a_{B(R)}$ 与 1%标准态活度 $a_{B(\%)}$ 之间的关系。

$$\frac{a_{B(R)}}{a_{B(\%)}} = \frac{p_B/p_B^*}{p_B/K_{(H)\%}} = \frac{K_{H(\%)}}{p_B^*} = \frac{M_A}{100M_B} \cdot \frac{K_{H(x)}}{p_B^*} = \frac{M_A}{100M_B} \cdot \gamma_B^0 \tag{1-18}$$

式中，M_A、M_B 为溶剂、溶质的摩尔质量；$K_{H(\%)} = K_{H(x)} \cdot \dfrac{M_A}{100M_B}$，$\dfrac{M_A}{100M_B}$是稀溶液中不同成分表示方法的转换系数，也是不同成分表示方法的亨利常数之间的转换系数。

（3）假想纯物质标准态活度 $a_{B(H)}$ 与 1%标准态活度 $a_{B(\%)}$ 之间的关系。

$$\frac{a_{B(H)}}{a_{B(\%)}} = \frac{p_B/K_{H(x)}}{p_B/K_{H(\%)}} = \frac{K_{H(\%)}}{K_{H(x)}} = \frac{M_A}{100M_B} \tag{1-19}$$

由上述不同标准态活度的转换关系可见，$\gamma_B^0 = \dfrac{a_{B(R)}}{a_{B(H)}} = \dfrac{\gamma_B}{f_B}$，所以，作为不同标准态活度之间的转换系数 γ_B^0 也表示活度系数之间的转换关系。而$\dfrac{M_A}{100M_B}$则表示稀溶液内不同含量单位之间的转换关系。

【例题】 已知在 Cu-Pb 溶液中，$\gamma_B^0 = 5.7$，求含 $x_{PbO} = 0.0002$ 的 Cu-Pb 溶液中 Pb 在不同标准态下的活度 $a_{Pb(R)}$，$a_{Pb(H)}$ 和 $a_{Pb(\%)}$。

解：溶液很稀，假设服从亨利定律。则活度系数$f_{Pb}=1$，故

$$a_{Pb(H)} = f_{Pb} \cdot x_{Pb} = x_{Pb} = 0.0002$$

$$a_{Pb(R)} = \gamma_{Pb}^0 a_{Pb(H)} = 5.7 \times 0.0002 = 0.00114$$

$$a_{Pb(\%)} = \frac{100M_{Pb}}{M_{Cu}} a_{Pb(H)} = \frac{100 \times 207}{63.54} \times 0.0002 = 0.06414$$

1.2.3.3　活度相互作用系数

钢铁和有色金属中，往往溶解有各种各样的杂质或合金元素，这些元素（溶质）之间是有相互影响的。即在多元系中的某组分 B 会受到除溶剂外的其他组分 K（其他溶质 K）的作用，使组分 B 的活度系数不同于二元系的。为此提出了活度的相互作用系数的概念。

活度的相互作用系数是多元溶液中其他组分 K 对某个组元 B 的影响，表现在对组元 B 活度系数的影响。例如，1600℃时，纯铁中含硫 0.25%，$f_S = 0.98$；如铁中硫的含量仍

为 0.25%，但含锰 6.99%时，则 $f_S=0.765$。

在温度、压力一定时，一个多元体系中，组分 B 的活度系数是体系中所有组分的函数：

$$\ln\gamma_B = f(x_A,\ x_2,\ x_3,\ \cdots,\ x_B,\ \cdots,\ x_K)$$

恒温、恒压及 $x_A \to 1$（A 为溶剂，所有溶质 $x_K \to 0$），将上式进行 Taylor 展开

$$\ln\gamma_B = \ln\gamma_B^0 + x_2\frac{\partial\ln\gamma_B}{\partial x_2} + x_3\frac{\partial\ln\gamma_B}{\partial x_3} + \cdots + \frac{1}{2}\left[x_2^2\frac{\partial^2\ln\gamma_B}{\partial x_2^2} + x_2x_3\frac{\partial^2\ln\gamma_B}{\partial x_2\partial x_3} + \cdots\right] + \cdots$$

因为 x_1、x_2、x_3、…均很小，二阶以上微分项可忽略。则有

$$\ln\gamma_B = \ln\gamma_B^0 + x_2\frac{\partial\ln\gamma_B}{\partial x_2} + x_3\frac{\partial\ln\gamma_B}{\partial x_3} + \cdots \tag{1-20}$$

式中，$\frac{\partial\ln\gamma_B}{\partial x_K}$ 为 B 组元的活度系数的自然对数随 x_K 的变化率。

实践中发现，一定温度、一定压力下，$x_A \to 1$（或 $x_K \to 0$）时，$\frac{\partial\ln\gamma_B}{\partial x_K}$ 为常数，用 ε_B^K 表示，称为活度相互作用系数：

$$\varepsilon_B^K = \left(\frac{\partial\ln\gamma_B}{\partial x_K}\right)_{x_A\to 1}$$

ε_B^K 称为组分 K 对组分 B 的相互作用系数，其值等于组分 B 在溶剂 A 中的活度系数的对数值对组分 K 的摩尔分数浓度 x_K 的偏导数。其大小体现出溶液中由于组分 K 的加入对组分 B 的活度系数的影响程度。

对 A-B 二元系：

$$\ln\gamma_B = \ln\gamma_B^0 + x_B\frac{\partial\ln\gamma_B}{\partial x_B} \tag{1-21}$$

或

$$\ln\gamma_B = \ln\gamma_B^0 + x_B\varepsilon_B^B \tag{1-22}$$

或

$$\ln\gamma_B = \ln\gamma_B^0 + \ln\gamma_B \tag{1-23}$$

$$\varepsilon_B^B = \left(\frac{\partial\ln\gamma_B}{\partial x_B}\right)_{x_A\to 1} \tag{1-24}$$

式中，ε_B^B 称为组分 B 对组分 B 的相互作用系数，为组分 B 在溶剂 A 中的活度系数的对数值对其摩尔分数 x_B 的偏导数。

对 B-C- … -K 的多元系：

$$\ln\gamma_B = \ln\gamma_B^0 + x_B\varepsilon_B^B + x_C\varepsilon_B^C + \cdots + x_K\varepsilon_B^K \tag{1-25}$$

$$\ln\gamma_B = \ln\gamma_B^0 + \ln\gamma_B^B + \ln\gamma_B^C + \cdots + \ln\gamma_B^K \tag{1-26}$$

$$\gamma_B = \gamma_B^0\gamma_B^B\gamma_B^C\cdots\gamma_B^K \tag{1-27}$$

选 1%标准态时，同样有：

$$\lg f_B = e_B^B w_{B\%} + e_B^C w_{C\%} + \cdots + e_B^K w_{K\%} \tag{1-28}$$

$$\lg f_B = \lg f_B^B + \lg f_B^C + \cdots + \lg f_B^K$$

A-B 二元系中：

$$\lg f_B = e_B^B w_{B\%} = \lg f_B^B \tag{1-29}$$

式中，$\lg f_B^0 = \lg 1 = 0$； $e_B^B = \left(\dfrac{\partial \lg f_B}{\partial w_{B\%}}\right)_{w_{A\%}\to 100}$ 为组分 B 对组分 B 的相互作用系数； $e_B^K = \left(\dfrac{\partial \lg f_B}{\partial w_{K\%}}\right)_{w_{A\%}\to 100}$ 为组分 K 对组分 B 的相互作用系数。由上式可见，若 $e_B^B \neq 0$ 时，即便 $w_{B\%} \to 0$，此时也有 $\lg f_B \neq 0$，$f_B \neq 1$，所以，此无限稀时组分 B 仍不遵从亨利定律，故 e_B^B 也体现组分 B 对亨利定律的偏差程度。

多元体系中，K 组分的加入会引起组分 B 的活度系数的变化，同理，B 组分的加入也会引起组分 K 的活度系数的变化。即体系中既有 $e_B^K(\varepsilon_B^K)$ 也有 $e_K^B(\varepsilon_K^B)$，二者的关系为：

(1) ε_B^K 和 ε_K^B 的关系： $$\varepsilon_B^K = \varepsilon_K^B$$

(2) e_B^K 与 ε_B^K 的关系： $$\varepsilon_B^K = 230\frac{M_B}{M_A}e_B^K + \frac{M_A - M_K}{M_A}$$

$M_A \approx M_K$ 时， $$\varepsilon_B^K = 230\frac{M_K}{M_A}e_B^K$$

(3) e_B^K 与 e_K^B 的关系： $$e_B^K = \frac{M_B}{M_K}e_K^B + \frac{M_K - M_B}{230M_B}$$

或 $$e_B^K = \frac{M_B}{M_K}e_K^B$$

表 1-2 为 1873K 时铁液中元素的相互作用系数的实验数据。

关于表 1-2 的讨论：

(1) e_B^K 的正负号：e_B^K 为正值，表明 K 的加入会使 B 的活度系数增大；e_B^K 为负值，表明 K 的加入会使 B 的活度系数减小。

(2) e_B^K 的值不同，是因组分 K 的加入导致组分 B 的活度系数的变化与组分 K 和组分 B 质点间的相互作用能有关。如组分 K 和组分 B 质点间的相互作用能很大（相对于 B 与 Fe 而言），K 的加入会使 B 的“有效浓度”降低，因此活度系数降低，e_B^K 为比较大的负值，例如，Al 的加入对铁液中 O 的活度系数的影响。如 K 与 B 的相互作用能较小（相对于 B 与 Fe 而言），K 加入的结果使 B 所受到的相互作用力有所减小，B 的“有效浓度”增大，活度系数增大。例如，H 的加入对铁液中 C 的活度系数的影响。

【例题】 1600℃，Fe 液中，$w_{[C]} = 5.0\%$，$w_{[Si]} = 1.0\%$，$w_{[Mn]} = 2.0\%$，$w_{[P]} = 0.06\%$，$w_{[S]} = 0.05\%$，$\lg f_S$ 与其他组元质量分数的关系如图 1-5 所示。求此铁液中硫的活度 a_S。

解： $a_S = f_S \cdot w_{[S]\%}$，而 f_S 可以由两种方法得到：

$$\lg f_S = e_S^S w_{[S]\%} + e_S^C w_{[C]\%} + e_S^{Si} w_{[Si]\%} + e_S^{Mn} w_{[Mn]\%} + e_S^P w_{[P]\%} \quad (1)$$

或 $$\lg f_S = \lg f_S^S + \sum_{K\neq S} \lg f_S^K \quad (2)$$

利用表 1-2 的 e_B^K，由式 (1) 计算得：

$$\begin{aligned}\lg f_S &= e_S^S w_{[S]\%} + e_S^C w_{[C]\%} + e_S^{Si} w_{[Si]\%} + e_S^{Mn} w_{[Mn]\%} + e_S^P w_{[P]\%} \\ &= -0.028 \times 0.05 + 0.11 \times 5.0 + 0.063 \times 1.0 + (-0.026) \times 2.0 + 0.029 \times 0.06 \\ &= 0.6713\end{aligned}$$

$f_S = 4.69$， $a_S = f_S \cdot w_{[S]\%} = 4.69 \times 0.05 = 0.2345$

表 1-2 铁液内元素的相互作用系数 e_B^K（1873K）

B \ K	Al	B	C	Cr	Co	Cu	Mn	Mo	Ni	N	Nb	O	H	P	S	Si	Ti	V	W	Zr
Al	4.5 $\times10^{-2}$		9.1 $\times10^{-2}$			0.6 $\times10^{-2}$				−5.3 $\times10^{-2}$		−660 $\times10^{-2}$	24 $\times10^{-2}$		3 $\times10^{-2}$	0.56 $\times10^{-2}$				
B		3.8 $\times10^{-2}$	22 $\times10^{-2}$				−0.09 $\times10^{-2}$			7.4 $\times10^{-2}$		−180 $\times10^{-2}$	49 $\times10^{-2}$		4.8 $\times10^{-2}$	7.8 $\times10^{-2}$				
C	4.3 $\times10^{-2}$	24 $\times10^{-2}$	14 $\times10^{-2}$	−2.4 $\times10^{-2}$	0.76 $\times10^{-2}$	1.6 $\times10^{-2}$	−1.2 $\times10^{-2}$	−0.83 $\times10^{-2}$	1.2 $\times10^{-2}$	11 $\times10^{-2}$	−6 $\times10^{-2}$	−34 $\times10^{-2}$	67 $\times10^{-2}$	5.1 $\times10^{-2}$	4.6 $\times10^{-2}$	8 $\times10^{-2}$		−7.7 $\times10^{-2}$	−0.56 $\times10^{-2}$	
Cr			−12 $\times10^{-2}$	−0.03 $\times10^{-2}$		1.6 $\times10^{-2}$		0.18 $\times10^{-2}$	0.02 $\times10^{-2}$	−19.0 $\times10^{-2}$		−14 $\times10^{-2}$	−33 $\times10^{-2}$	−5.3 $\times10^{-2}$	−2 $\times10^{-2}$	−0.43 $\times10^{-2}$	5.9 $\times10^{-2}$			
Co			2.1 $\times10^{-2}$	−2.2 $\times10^{-2}$	2.2 $\times10^{-2}$		0.41 $\times10^{-2}$			3.2 $\times10^{-2}$		18 $\times10^{-2}$	−14 $\times10^{-2}$	0.37 $\times10^{-2}$	0.11 $\times10^{-2}$					
Cu			6.6 $\times10^{-2}$	1.8 $\times10^{-2}$		2.3 $\times10^{-2}$				2.6 $\times10^{-2}$		−6.5 $\times10^{-2}$	−24 $\times10^{-2}$	4.4 $\times10^{-2}$	−2.1 $\times10^{-2}$	2.7 $\times10^{-2}$				
Mn		2.21 $\times10^{-2}$	−7 $\times10^{-2}$		−0.36 $\times10^{-2}$					−9.1 $\times10^{-2}$	0.35 $\times10^{-2}$	−8.3 $\times10^{-2}$	−31 $\times10^{-2}$	−0.35 $\times10^{-2}$	−4.8 $\times10^{-2}$					
Mo			−9.7 $\times10^{-2}$	−0.03 $\times10^{-2}$			0.46 $\times10^{-2}$			−10 $\times10^{-2}$		−0.07 $\times10^{-2}$	−20 $\times10^{-2}$	−0.35 $\times10^{-2}$	−0.05 $\times10^{-2}$					
Ni			4.2 $\times10^{-2}$	−0.03 $\times10^{-2}$			−0.8 $\times10^{-2}$		0.09 $\times10^{-2}$	2.8 $\times10^{-2}$		1 $\times10^{-2}$	−25 $\times10^{-2}$	−0.35 $\times10^{-2}$	−0.37 $\times10^{-2}$	0.57 $\times10^{-2}$				
N	−2.8 $\times10^{-2}$	9.4 $\times10^{-2}$	13 $\times10^{-2}$	−4.7 $\times10^{-2}$	1.1 $\times10^{-2}$	0.9 $\times10^{-2}$	−2.1 $\times10^{-2}$	−1.1 $\times10^{-2}$	1.0 $\times10^{-2}$	0.0 $\times10^{-2}$	−6 $\times10^{-2}$	5 $\times10^{-2}$		4.5 $\times10^{-2}$	0.7 $\times10^{-2}$	4.7 $\times10^{-2}$	−53 $\times10^{-2}$	−9.3 $\times10^{-2}$	−0.15 $\times10^{-2}$	−63 $\times10^{-2}$

续表 1-2

B \ K	Al	B	C	Cr	Co	Cu	Mn	Mo	Ni	N	Nb	O	H	P	S	Si	Ti	V	W	Zr
Nb			-49×10^{-2}	-1.1×10^{-2}			0.28×10^{-2}			-42×10^{-2}		-83×10^{-2}	-61×10^{-2}		-4.7×10^{-2}					
O	-390×10^{-2}	-260×10^{-2}	-45×10^{-2}	-4×10^{-2}	0.8×10^{-2}	1.3×10^{-2}	-2.1×10^{-2}	0.35×10^{-2}	0.6×10^{-2}	5.7×10^{-2}	-14×10^{-2}	-20×10^{-2}	-310×10^{-2}	7×10^{-2}	-13.3×10^{-2}	-13.1×10^{-2}	-60×10^{-2}	-30×10^{-2}	0.85×10^{-2}	-300×10^{-2}
H	1.3×10^{-2}	5.8×10^{-2}	6×10^{-2}	-0.22×10^{-2}	0.18×10^{-2}	0.05×10^{-2}	-0.14×10^{-2}	0.22×10^{-2}	0.0×10^{-2}		-0.23×10^{-2}	-19×10^{-2}		1.1×10^{-2}	0.8×10^{-2}	2.7×10^{-2}	-1.9×10^{-2}	-0.74×10^{-2}	0.48×10^{-2}	
P	3.7×10^{-2}		13×10^{-2}	-3×10^{-2}	0.4×10^{-2}	2.4×10^{-2}	0.0×10^{-2}		0.02×10^{-2}	9.4×10^{-2}		13×10^{-2}	21×10^{-2}	6.2×10^{-2}	2.8×10^{-2}	12×10^{-2}	-4×10^{-2}			
S	3.5×10^{-2}	13×10^{-2}	11×10^{-2}	-1.1×10^{-2}	0.26×10^{-2}	-0.84×10^{-2}	-2.6×10^{-2}	0.27×10^{-2}	0.0×10^{-2}	1×10^{-2}	-1.3×10^{-2}	-27×10^{-2}	12×10^{-2}	2.9×10^{-2}	-2.8×10^{-2}	6.3×10^{-2}	-7.2×10^{-2}	-1.6×10^{-2}	1.1×10^{-2}	-5.2×10^{-2}
Si	5.8×10^{-2}	20×10^{-2}	18×10^{-2}	-0.03×10^{-2}		1.4×10^{-2}	0.2×10^{-2}		0.5×10^{-2}	9×10^{-2}		-23×10^{-2}	64×10^{-2}	11×10^{-2}	5.6×10^{-2}	11×10^{-2}		2.5×10^{-2}		
Ti			-16.5×10^{-2}	5.5×10^{-2}			0.43×10^{-2}			-180×10^{-2}		-180×10^{-2}	-110×10^{-2}	-0.64×10^{-2}	-11×10^{-2}	5×10^{-2}	1.3×10^{-2}			
W			15×10^{-2}							-7.2×10^{-2}		-5.2×10^{-2}	8.8×10^{-2}		3.5×10^{-2}			2.3×10^{-2}		
V	0.10×10^{-2}		-34×10^{-2}							-35×10^{-2}		-97×10^{-2}	-59×10^{-2}	-4.1×10^{-2}	-2.8×10^{-2}	4.2×10^{-2}		1.3×10^{-2}		
Zr										-410×10^{-2}		253×10^{-2}			-16×10^{-2}					2.2×10^{-2}

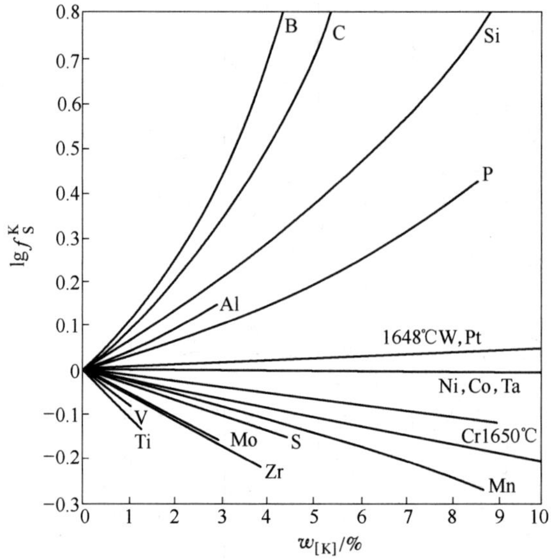

图 1-5　某些元素对铁液中硫的活度系数的影响（1600℃）

也可以由图 1-5 中查出相应质量分数下的 $\lg f_S^K$，利用公式（2）计算。

从图 1-5 查得：$w_{[C]}=5.0\%$，$\lg f_S^C=0.80$；$w_{[Si]}=1.0\%$，$\lg f_S^{Si}=0.07$；$w_{[Mn]}=2.0\%$，$\lg f_S^{Mn}=-0.05$；$w_{[P]}=0.06\%$，$\lg f_S^P=0.00$；$w_{[S]}=0.05\%$，$\lg f_S^S=0.00$。

所以：

$$\lg f_S=\lg f_S^S+\sum_{K\neq S}\lg f_S^K=0.00+0.80+0.07-0.05+0.00=0.82$$

$$f_S=6.61,\quad a_S=f_S\cdot w_{[S]\%}=6.61\times 0.05=0.330$$

由图 1-5 中曲线计算的 f_S 值比用表 1-2 中 e_B^K 值计算的值高，这是因为表中的值未考虑曲线曲率大带来的误差，所以，质量分数高时，不能用 $e_B^K w_{[K]\%}$ 计算 $\lg f_B^K$，而应由 $\lg f_B^K$-$w_{[K]}$ 图中查出数据计算 $\lg f_B^K$。

1.2.4　溶液的热力学关系式

实际溶液是一种非常复杂的体系，其中溶剂和溶质有着不同的热力学性质。为了研究的方便，先从最简单的理想溶液入手，然后一步步向实际溶液接近，最终得到实际溶液的热力学性质。

1.2.4.1　理想溶液

溶液中任一组分在全部组成范围内服从拉乌尔定律的溶液称为理想溶液。在理想溶液中同种粒子间的相互作用力与不同种粒子间的相互作用力相等。

依据气-液平衡时化学势相等可以推得理想溶液中任一组元 B 的化学势：

$$\mu_{B(l)}=\mu_{B(g)}=\mu_{B(g)}^{\ominus}+RT\ln\frac{p_B}{p^{\ominus}}=\mu_{B(g)}^{\ominus}+RT\ln\frac{p_B^*}{p^{\ominus}}+RT\ln x_B=\mu_B^*(p,\ T)+RT\ln x_B$$

式中，$\mu_{B(g)}^{\ominus}$ 为理想气体 B 在温度为 TK，压力 $p=100$kPa 时的标准化学势，仅仅与温度有关；$\mu_B^*(p,\ T)=\mu_{B(g)}^{\ominus}+RT\ln\frac{p_B^*}{p^{\ominus}}$，指在温度为 T、压力为 p 时纯组分 B 的化学势，与温度

和压力有关。

由纯组分 B 混合成理想溶液时吉布斯自由能的变化为：

$$\Delta_{mix}G_{B(R)} = \mu_{B(l)} - \mu_B^*(p、T) = RT\ln x_B \tag{1-30}$$

根据集合公式 $G_m = \sum x_B\mu_B$，可得形成理想溶液的吉布斯自由能变化为：

$$\Delta_{mix}G_m = \sum x_B \Delta_{mix}G_B = RT\sum x_B\ln x_B$$

溶液中其他的函数式：

$$\Delta_{mix}S_m = -\left(\frac{\partial \Delta_{mix}G_m}{\partial T}\right)_p = -\left[\frac{\partial(RT\sum x_B\ln x_B)}{\partial T}\right]_p = -R\sum x_B\ln x_B \tag{1-31}$$

$$\Delta_{mix}V_m = \left(\frac{\partial \Delta_{mix}G_m}{\partial p}\right)_T = \left[\frac{\partial(RT\sum x_B\ln x_B)}{\partial p}\right]_T = RT\left[\frac{\partial(\sum x_B\ln x_B)}{\partial p}\right]_T \tag{1-32}$$

根据吉布斯-亥姆霍兹方程 $\left[\frac{\partial(\Delta G/T)}{\partial T}\right]_p = -\frac{\Delta H}{RT^2}$

得：
$$\Delta_{mix}H_m = -T^2\left[\frac{\partial(\Delta_{mix}G_m/T)}{\partial T}\right]_p = -RT^2\left[\frac{\partial(\sum x_B\ln x_B)}{\partial T}\right]_p \tag{1-33}$$

因为 x_B 与温度和压力无关，$\left[\frac{\partial(\sum\ln x_B)}{\partial p}\right]_T = 0$ 和 $\left[\frac{\partial(\sum\ln x_B)}{\partial T}\right]_p = 0$，所以混合形成理想溶液时：$\Delta_{mix}G_m < 0$，$\Delta_{mix}S_m > 0$，$\Delta_{mix}V_m = 0$，$\Delta_{mix}H_m = 0$。

1.2.4.2　稀溶液

在一定的温度和压力下，溶剂遵守拉乌尔定律、溶质遵守亨利定律的溶液称为稀溶液。稀溶液的微观模型为：溶液中溶剂分子周围全部是溶剂分子，溶质分子周围仍然是溶剂分子，即符合 $x_B \to 0$ 的条件。

因为稀溶液中溶剂服从拉乌尔定律，所以其化学势的表达式与理想溶液中组分化学势的表达式有着相同的形式。

对于溶质，当采用不同的标准态时，化学势有不同的表达形式。

（1）以假想纯物质为标准态：

$$\begin{aligned}\mu_{B(l)} &= \mu_{B(g)} \\ &= \mu_{B(g)}^{\ominus} + RT\ln\frac{p_B}{p^{\ominus}} \\ &= \mu_{B(g)}^{\ominus} + RT\ln(K_{H(x)}/p^{\ominus}) + RT\ln x_B \\ \mu_{B(l)} &= \mu_{B(H)}(p, T) + RT\ln x_B\end{aligned} \tag{1-34}$$

式中，$\mu_{B(H)}(p, T) = \mu_{B(g)}^{\ominus} + RT\ln(K_{H(x)}/p^{\ominus})$，是温度为 T、压力为 p 时服从亨利定律的假想纯物质 B 的化学势，也称假想纯物质标准态化学势。

（2）以 $w_B = 1\%$ 为标准态：

$$\begin{aligned}\mu_{B(l)} &= \mu_{B(g)} \\ &= \mu_{B(g)}^{\ominus} + RT\ln\frac{p_B}{p^{\ominus}} \\ &= \mu_{B(g)}^{\ominus} + RT\ln(K_{H(\%)}/p^{\ominus}) + RT\ln w_{B\%} \qquad (1\text{-}35) \\ \mu_{B(l)} &= \mu_{B(\%)}(p, T) + RT\ln w_{B\%}\end{aligned}$$

式中，$\mu_{B(\%)}(p, T)=\mu^{\ominus}_{B(g)}+RT\ln(K_{H(\%)}/p^{\ominus})$，是温度为$T$、压力为$p$时服从亨利定律的$w_B=1\%$的标准化学势。

（3）以纯物质为标准态：

$$\begin{aligned}\mu_{B(l)} &= \mu^{\ominus}_{B(g)} + RT\ln\frac{p_B}{p^{\ominus}} \\ &= \mu^{\ominus}_{B(g)} + RT\ln(p_B^*/p^{\ominus}) + RT\ln\gamma^0_B\cdot x_B \\ &= \mu^{\ominus}_{B(g)} + RT\ln\frac{p_B^*}{p^{\ominus}} + RT\ln x_B + RT\ln\gamma^0_B \\ &= \mu_B^*(p, T) + RT\ln x_B + RT\ln\gamma^0_B \end{aligned} \tag{1-36}$$

式中，$\mu_B^*(p, T)=\mu^{\ominus}_{B(g)}+RT\ln\frac{p_B^*}{p^{\ominus}}$，是温度为$T$、压力为$p$时以纯物质为标准态的化学势。

可见，对稀溶液中的溶质来说，即使含量相同，不同的标准态时也有不同的化学势。但形成溶液的吉布斯自由能的变化不会因为化学势的不同而不同。

考查稀溶液中的$\Delta_{mix}S_B$和$\Delta_{mix}H_B$

$$\Delta_{mix}S_B = -\left[\frac{\partial(\Delta_{mix}G_B)}{\partial T}\right]_p = -\left[\frac{\partial(RT\ln x_B\gamma^0_B)}{\partial T}\right]_p = -R\left[\frac{\partial(T\ln\gamma^0_B)}{\partial T}\right]_p - R\ln x_B$$

$$\Delta_{mix}H_B = -T^2\left[\frac{\partial(\Delta_{mix}G_B/T)}{\partial T}\right]_p = -RT^2\left[\frac{\partial(\ln x_B\gamma^0_B)}{\partial T}\right]_p = -RT^2\left(\frac{\partial\ln\gamma^0_B}{\partial T}\right)_p$$

由上式知：在一定温度下，$\Delta_{mix}H_B$为一常数，$\Delta_{mix}S_B$的表达式除与摩尔分数有关外，还与γ^0_B有关。

1.2.4.3 实际溶液

理想溶液和稀溶液中的组分的热力学函数可以用拉乌尔定律和亨利定律来处理。对于实际溶液，由于对拉乌尔定律和亨利定律存在偏差，就不能直接这样处理。但当引入“活度”的概念后，用活度取代含量时，实际溶液中组分的热力学函数就会具有与理想溶液或稀溶液中组分的热力学函数相同的形式。

以纯物质为标准态，组分B的化学势为

$$\mu_{B(l)}=\mu_{B(R)}(p, T)+RT\ln a_{B(R)} \tag{1-37}$$

由纯物质混合形成实际溶液时：

$$\Delta_{mix}G_B = RT\ln a_B \tag{1-38}$$

$$\Delta_{mix}G = RT\sum n_B\ln a_B$$

$$\Delta_{mix}G_m = RT\sum x_B\ln a_B \tag{1-39}$$

以$w_B=1\%$为标准态或假想纯物质标准态时，组分B的化学势为

$$\mu_{B(l)}=\mu_{B(\%)}(p, T)+RT\ln a_{B(\%)} \quad 或 \quad \mu_{B(l)}=\mu_{B(H)}(p, T)+RT\ln a_{B(H)} \tag{1-40}$$

根据式（1-38）和式（1-30），有

$$\Delta_{mix}G_B-\Delta_{mix}G_{B(R)}=RT\ln a_{B(R)}-RT\ln x_B=RT\ln\gamma_B \tag{1-41}$$

式中，$RT\ln\gamma_B$是混合形成实际溶液时的偏摩尔吉布斯自由能变化与混合形成理想溶液时偏摩尔吉布斯自由能变化的差值。可见，活度系数γ_B体现了实际溶液对理想溶液的偏差。

此外，还可以用超额（过剩）函数表示实际溶液对理想溶液的偏差。超额函数是实

际溶液的热力学性质与理想溶液的热力学性质的差值。

对某组元 B 的超额吉布斯自由能用 G_B^{ex} 表示：

$$G_B^{ex} = G_{B(实)} - G_{B(R)} = (\mu_B^*(p, T) + RT\ln a_B) - (\mu_B^*(p, T) + RT\ln x_B) = RT\ln\gamma_B \tag{1-42}$$

$\gamma_B > 1$，$G_B^{ex} > 0$，实际溶液中 B 组元对理想溶液产生正偏差；

$\gamma_B < 1$，$G_B^{ex} < 0$，实际溶液中 B 组元对理想溶液产生负偏差；

$\gamma_B = 1$，$G_B^{ex} = 0$，为理想溶液。

将式（1-42）变形得：

$$G_B = G_{B(R)} + G_B^{ex} = \mu_B^*(p, T) + RT\ln x_B + RT\ln\gamma_B \tag{1-43}$$

即实际溶液的吉布斯自由能由三项组成，纯物质的吉布斯自由能，形成理想溶液的混合吉布斯自由能的变化和超额吉布斯自由能。

超额函数也可以应用于热力学关系式，如：

$$G_B^{ex} = H_B^{ex} - T \cdot S_B^{ex} \tag{1-44}$$

1.2.4.4　正规溶液

混合焓不为零，但混合熵等于理想溶液混合熵的溶液称为正规溶液（规则溶液）。当极少量的一组元从理想溶液迁移到具有相同组成的实际溶液时，如果没有熵和体积变化，就形成正规溶液。

即对于正规溶液，有 $\Delta_{mix}H_m \neq 0$，$\Delta_{mix}S_m = -R\sum x_B\ln x_B$。

A-B 二元系的正规溶液中：

$$\Delta_{mix}H_m = \alpha x_A x_B \tag{1-45}$$

$$\Delta_{mix}H_A = \alpha x_B^2 \qquad \Delta_{mix}H_B = \alpha x_A^2 \tag{1-46}$$

式中，α 为混合能参量，J/mol，与其含量无关。

$$\Delta_{mix}G_A = \Delta_{mix}H_A - T\Delta_{mix}S_{A(R)} = \alpha x_B^2 + RT\ln x_A \tag{1-47}$$

$$\Delta_{mix}G_B = \Delta_{mix}H_B - T\Delta_{mix}S_{B(R)} = \alpha x_A^2 + RT\ln x_B \tag{1-48}$$

$$\Delta_{mix}G_m = \Delta_{mix}H_m - T\Delta_{mix}S_{m(R)} = \alpha x_A x_B + RT(x_A\ln x_A + x_B\ln x_B) \tag{1-49}$$

正规溶液的混合熵等于理想溶液混合熵，故 $S_B^{ex} = 0$，又 $\left(\dfrac{\partial G_B^{ex}}{\partial T}\right)_p = -S_B^{ex} = 0$，可见超额吉布斯自由能与温度无关。$G_B^{ex} = RT\ln\gamma_B$，$\ln\gamma_B \propto \dfrac{1}{T}$，活度系数随温度的增加而降低。

由 $G_B^{ex} = H_B^{ex} - T \cdot S_B^{ex} = \Delta_{mix}H_B - T \cdot S_B^{ex} = \Delta_{mix}H_B$，得

$$\Delta_{mix}H_B = G_B^{ex} = RT\ln\gamma_B \tag{1-50}$$

由式（1-50）可知，对正规溶液也可由形成溶液过程中的焓变来判断溶液中组元 B 对理想溶液的偏差：

$\gamma_B > 1$，$\ln\gamma_B > 0$，$\Delta H_B > 0$，为正偏差；

$\gamma_B < 1$，$\ln\gamma_B < 0$，$\Delta H_B < 0$，为负偏差。

由 $RT\ln\gamma_B = \alpha(1 - x_B)^2$，$x_B \to 0$ 时，$\ln\gamma_B = \alpha/RT$，而溶液此时遵从亨利定律，$\gamma_B = \gamma_B^0$。所以，对正规溶液来说，$\ln\gamma_B^0 = \alpha/RT$，同理 $\ln\gamma_A^0 = \alpha/RT$。$\alpha$ 与含量无关，故由任意含量下的 γ_B 可得出：$\ln\gamma_B^0 = \alpha/RT = \dfrac{\ln\gamma_B}{(1 - x_B)^2}$。

正规溶液模型是介于理想溶液和实际溶液之间的一种模型，为使正规溶液模型更好地适应于实际溶液，曾经对其做过修正：

（1）亚正规溶液：修正 α，认为 α 随含量而改变。

（2）准正规溶液：修正 S_m^{ex}，使 $S_m^{ex} = \frac{1}{\tau}\Delta_{mix}H_m$，$\tau$ 为常数。

【例题】 由实验得到，Zn-Cd 液态合金在 527℃时镉的活度系数值如下：

x_{Cd}	0.2	0.3	0.4	0.5
γ_{Cd}	2.153	1.817	1.544	1.352

计算形成等物质的量的 Zn-Cd 溶液中 $\Delta_{mix}H_{Cd}$、$\Delta_{mix}H_{Zn}$、$\Delta_{mix}H_m$、$\Delta_{mix}S_m$、$\Delta_{mix}G_{Zn}$、$\Delta_{mix}G_{Cd}$ 和 $\Delta_{mix}G_m$。

解： 要计算 $\Delta_{mix}H_B$、$\Delta_{mix}S_B$、$\Delta_{mix}G_B$，可利用的公式：

（1）对于理想溶液：$\Delta_{mix}H_B = 0$，$\Delta_{mix}S_B = -R\ln x_B$，$\Delta_{mix}G_B = RT\ln x_B$。

（2）对于正规溶液：$\Delta_{mix}H_B = RT\ln\gamma_B$，$\Delta_{mix}S_B = -R\ln x_B$，$\Delta_{mix}G_B = RT\ln x_B\gamma_B = RT\ln a_B$。

如果 $\alpha/RT = \frac{\ln\gamma_B}{(1-x_B)^2}$ 与 x_B 无关，即为常数，可以按正规溶液来处理。

x_{Cd}	$(1-x_{Cd})^2$	$\ln\gamma_{Cd}$	α/RT
0.2	0.64	0.7669	1.20（1.1983）
0.3	0.49	0.5972	1.21（1.2187）
0.4	0.36	0.4344	1.21（1.2067）
0.5	0.25	0.3016	1.21（1.2163）

由上述数据可以看出，α 基本为常数，所以此溶液可近似按正规溶液处理。

因为，$x_{Cd} = 0.5$，$\gamma_{Cd} = 1.325$，$\Delta H_{Cd} = RT\ln\gamma_{Cd} = 2006\text{J/mol}$

同理：
$$\alpha = \frac{\ln\gamma_{Cd}}{(1-x_{Cd})^2} = \frac{\ln\gamma_{Zn}}{(1-x_{Zn})^2}$$

对于等物质的量的 Zn-Cd 溶液，有：

$\ln\gamma_{Cd} = \ln\gamma_{Zn} = 0.3016$，$\Delta_{mix}H_{Zn} = 2006\text{J/mol}$

$\Delta_{mix}H_m = x_{Cd}\cdot\Delta_{mix}H_{Cd} + x_{Zn}\cdot\Delta_{mix}H_{Zn} = 2006\text{J/mol}$

$\Delta_{mix}S_m = -R(x_{Cd}\cdot\ln x_{Cd} + x_{Zn}\cdot\ln x_{Zn}) = -8.314\ln 0.5 = 5.763\text{J/(mol}\cdot\text{K)}$

$\Delta_{mix}G_m = \Delta_{mix}H_m - T\Delta_{mix}S_m = 2006 - 800\times 5.763 = -2604\text{J/mol}$

$\Delta_{mix}G_{Zn} = \Delta_{mix}G_{Cd} = RT\ln a_{Cd} = 8.314\times 800\ln(1.352\times 0.5) = -2604\text{J/mol}$

【例题】 在 1000~1500K 的温度范围内，液态 Cu-Zn 合金可视为正规溶液，已知常数 $\alpha = -19250\text{J/mol}$，且

$$\lg p_{Zn}^* = -\frac{6620}{T} - 1.255\lg T + 14.46$$

求：在 1500K，60%（摩尔分数）Cu 的 Cu-Zn 合金上方锌的蒸气压。

解： $p_{Zn} = p_{Zn}^*\cdot a_{Zn(R)} = p_{Zn}^*\cdot x_{Zn}\cdot\gamma_{Zn}$，$x_{Zn} = 0.4$

因为
$$\frac{\alpha}{RT} = \left[\frac{\ln\gamma_{Zn}}{(1-x_{Zn})^2}\right]$$

$$\ln\gamma_{Zn} = \alpha(1 - x_{Zn})^2/RT$$

所以，$\ln p_{Zn} = \ln p_{Zn}^* + \ln x_{Zn} + \ln\gamma_{Zn}$，$p_{Zn} = 263.389\text{kPa}$。

1.2.5 标准溶解吉布斯自由能

在冶金中参加化学反应的物质有些是以溶解态存在的，这与纯物质参加反应时反应过程的标准吉布斯自由能变化是不同的，如反应[Si]+O_2 ═(SiO_2) 与反应 Si(l)+O_2 ═ SiO_2(s)的标准吉布斯自由能变化是不同的。它们的差值就是溶解过程 Si(l) ═[Si] 和 SiO_2(s)═(SiO_2) 标准溶解吉布斯自由能变化。这种由纯物质溶解转变为标准态溶液的过程吉布斯自由能变化称为标准溶解吉布斯自由能。

若组分 B 的溶解过程为：

$$B^* ═══ [B]$$

定义：$\Delta_{sol}G_B^\ominus = G_{B(l)}^{标} - G_B^*$ 为组分 B 的标准溶解吉布斯自由能。式中，G_B^* 为纯 B 的化学势。$G_{B(l)}^{标}$ 为溶解标准态的化学势。

物质在溶解前是纯态（固态、气态或液态的纯物质），其标准态自然选择纯物质标准态。溶解到溶液中后，溶解状态的标准态选择不同，其标准溶解吉布斯自由能就不同。

（1）纯物质标准态的标准溶解吉布斯自由能。由纯物质溶解形成纯物质标准态溶液：

$$B^* ═══ [B]_{(R)}$$

$\Delta_{sol}G_B^\ominus = G_{B(l)}^{标} - G_B^* = 0$，因此，标准溶解吉布斯自由能为零。

（2）1%标准态溶液的标准溶解吉布斯自由能。由纯物质溶解形成质量分数为 1%的标准态溶液：

$$B^* ═══ [B]_{(\%)}$$

标准态溶液的化学势：$\mu_{B(\%)}(p, T) = \mu_{B(g)}^\ominus + RT\ln(K_{H(\%)}/p^\ominus)$

$$\Delta_{sol}G_B^\ominus = G_{B(\%)} - G_B^* = \mu_{B(g)}^\ominus + RT\ln(K_{H(\%)}/p^\ominus) - (\mu_{B(g)}^\ominus + RT\ln(p_B^*/p^\ominus))$$

$$= RT\ln\frac{K_{H(\%)}}{p_B^*} = RT\ln\left(\frac{M_A}{100M_B}\cdot\gamma_B^0\right) \tag{1-51}$$

当铁为溶剂时：

$$\Delta_{sol}G_B^\ominus = RT\ln\left(\frac{55.85}{100M_B}\cdot\gamma_B^0\right) \tag{1-52}$$

1%标准态时，元素溶解在铁液中的标准溶解吉布斯自由能 $\Delta_{sol}G_B^\ominus$ 见表 1-3。

表 1-3　元素在铁液中的 γ_B^0 及 $\Delta_{sol}G_B^\ominus$

元　素	γ_B^0（1873K）	$\Delta_{sol}G_B^\ominus$/J·mol^{-1}	元　素	γ_B^0（1873K）	$\Delta_{sol}G_B^\ominus$/J·mol^{-1}
Ag(l) ═[Ag]	200	82420−43.76T	Ce(l) ═[Ce]	0.032	−54400+46.0T
Al(l) ═[Al]	0.029	−63180−27.91T	Co(l) ═[Co]	1.07	100−38.74T
B(l) ═[B]	0.022	−65270−21.55T	Cr(l) ═[Cr]	1.0	−37.70T
C(石) ═[C]	0.57	22590−42.26T	Cr(s) ═[Cr]	1.14	19250−46.86T
Ca(g) ═[Ca]	2240	−39500+49.4T	Cu(s) ═[Cu]	8.6	33470−39.37T

续表 1-3

元　素	γ_B^0（1873K）	$\Delta_{sol}G_B^{\ominus}$/J·mol^{-1}	元　素	γ_B^0（1873K）	$\Delta_{sol}G_B^{\ominus}$/J·mol^{-1}
$0.5H_2$ ══ [H]		36480+30.48T	Pb(l) ══ [Pb]	1400	212500−106.3T
Mg(g) ══ [Mg]	91	117400−31.4T	$0.5S_2$ ══ [S]		−135060+23.43T
Mn(l) ══ [Mn]	1.3，1	4080−38.16T	Si(l) ══ [Si]	0.0013	−131500−17.61T
Mo(l) ══ [Mo]	1	−42.80T	Ti(l) ══ [Ti]	0.074	−40580−37.03T
Mo(s) ══ [Mo]	1.86	27610−52.38T	Ti(s) ══ [Ti]	0.077	−25100−44.98T
$0.5N_2$ ══ [N]		3600+23.89T	V(l) ══ [V]	0.08	−42260−35.6T
Nb(l) ══ [Nb]	1.0	42.7T	V(s) ══ [V]	0.1	−20710−45.6T
Nb(s) ══ [Nb]	1.4	2300−52.3T	W(l) ══ [W]	1	−48.12T
Ni(l) ══ [Ni]	0.66	−2300−31.05T	W(s) ══ [W]	1.2	31380−45.6T
$0.5O_2$ ══ [O]		−117150−2.89T	Zr(l) ══ [Zr]	0.014	−80750−34.77T
$0.5P_2$ ══ [P]		−122200−19.25T	Zr(s) ══ [Zr]	0.016	−64430−452.38T

（3）假想纯物质标准态的标准溶解吉布斯自由能。与（2）同理可得：

$$\Delta_{sol}G_B^{\ominus} = RT\ln\gamma_B^0 \tag{1-53}$$

【例题】 溶解在铁液中的铬呈无限稀溶液，其活度系数以纯固态铬为标准态时为 1，稀溶液中铬的含量以质量分数表示，求 1800℃ 时固体铬溶在铁液时的吉布斯自由能。已知：铬的熔化热 $\Delta_{fus}H_B^{\ominus}=20920$J/mol，铬的熔点为 1830℃。

解： 铬的溶解反应如下：

$$Cr(l) \Longrightarrow [Cr]$$

纯液体铬溶解在铁液，形成无限稀溶液，其溶解吉布斯自由能按式（1-52）计算

$$\Delta_{sol}G_{Cr}^{\ominus} = RT\ln\left(\frac{55.85}{100M_{Cr}}\cdot\gamma_{Cr}^0\right)$$

$$= 8.314\times2073\times\ln\left(\frac{55.85}{100\times52.0}\times1\right) =-78138\text{J/mol}$$

以上计算值是 1800℃ 时液体铬的标准溶解吉布斯自由能，而实际上题目要求计算的是在 1800℃ 固体铬的标准溶解吉布斯自由能，因此必须考虑铬的熔化吉布斯自由能。其熔化反应式如下：

$$Cr(s) \Longrightarrow Cr(l)$$

其熔化熵为

$$\Delta_{fus}S_{Cr}^{\ominus} = \frac{\Delta_{fus}H_{Cr}^{\ominus}}{T_{fus}} = \frac{20920}{1830+273} = 9.948\text{J/(mol·K)}$$

假定熔化熵、熔化焓与温度无关。在 1800℃ 其熔化吉布斯自由能为

$$\Delta_{fus}G_B^{\ominus} = \Delta_{fus}H_{Cr}^{\ominus} - T\Delta_{fus}S_{Cr}^{\ominus}$$

$$= 20920 - 2073\times9.948 = 298\text{J/mol}$$

故纯固体铬在铁液中形成无限稀溶液时，其含量用质量分数的吉布斯自由能为

$$\Delta_{sol}G_{Cr,s}^{\ominus} = \Delta_{sol}G_{Cr,l}^{\ominus} + \Delta_{fus}G_{Cr}^{\ominus}$$

$$=-78138+298=-77480\text{J/mol}$$

1.3 冶金反应的焓变及吉布斯自由能变化

1.3.1 焓变

恒压条件下过程的热效应即为过程的焓变。冶金过程是一个复杂的过程，从炉料加热升温、熔化、各种元素在液态金属中的溶解以及各种化学反应等，每一步骤都涉及热现象。冶金过程中的焓变即恒压热的计算有化学反应热、相变热、溶解热等。

有些过程热可由实验测定。热力学数据手册中给出了实验测得常见物质在298K时的标准摩尔生成焓 $\Delta_f H_m^{\ominus}$（298K）。由盖斯定律，反应的摩尔热效应等于产物生成焓之和减去反应物的生成焓之和：

$$\Delta_f H_m^{\ominus}(298\text{K}) = [\sum v_B \Delta_f H_m^{\ominus}(\text{B},\ 298\text{K})]_{产物} - [\sum v_B \Delta_f H_m^{\ominus}(\text{B},\ 298\text{K})]_{反应物} \quad (1\text{-}54)$$

盖斯定律能使热化学方程像普通代数方程那样进行计算，从而可以根据已经准确测定的反应热来计算难于测量或不能直接测量的反应热。冶金过程的反应一般处于高温下，要计算高温下的热效应，则要应用焓变与温度的关系式即基尔霍夫公式：

$$\Delta_r H_m^{\ominus} = \Delta_r H_{m,298\text{K}}^{\ominus} + \int_{298\text{K}}^{T} \Delta_r c_{p,m}^{\ominus} \mathrm{d}T$$

溶解热是指溶解过程中的焓变，通常分为两种：

（1）积分溶解热：一定的溶质溶于一定量的溶剂中所产生的热效应的总和。这个溶解过程是一个溶液成分不断改变的过程，也称为变浓热效应。

（2）微分溶解热 $\Delta_{diff}H^{\ominus}(T)$：标准状态下，1mol溶质溶于一定组分的无限大量溶液中，所产生的热效应，也称为定浓热效应。由于加入溶质的量很少，溶液的量大，其组分的含量可视为不变。

1873K时元素溶解于铁液的定浓热效应见表1-4。

表1-4 元素溶解于铁液的溶解热（1873K）

溶解过程	$\Delta_{diff}H$/kJ · mol^{-1}	溶解过程	$\Delta_{diff}H$/kJ · mol^{-1}
Al(l)══[Al]	-43.09	Si(l)══[Si]	-119.20
C(石)══[C]	21.34	V(s)══[V]	-15.48
Cr(s)══[Cr]	20.92	Ti(s)══[Ti]	-54.81
Mn(l)══[Mn]	0	1/2O$_2$══[O]	-117.1

【例题】 计算钢中脱氧反应 2[Al] + 3[O] ══ Al_2O_3(s) 的热效应 $\Delta_r H_m^{\ominus}$（1873K）。

已知：

$$2\text{Al}+\frac{3}{2}\text{O}_2 = \text{Al}_2\text{O}_3\ (\text{s}) \qquad \Delta_r H_{m,1}^{\ominus}\ (1873\text{K}) = -1681\text{kJ/mol}$$

$$\text{Al} = [\text{Al}] \qquad \Delta_r H_{m,2}^{\ominus}\ (1873\text{K}) = -43.09\text{kJ/mol}$$

$$\frac{1}{2}\text{O}_2 = [\text{O}] \qquad \Delta_r H_{m,3}^{\ominus}\ (1873\text{K}) = -117.1\text{kJ/mol}$$

解： 根据盖斯定律：

$$\Delta_r H_m^{\ominus}(1873\text{K}) = \Delta_r H_{m,1}^{\ominus}(1873\text{K}) - 2\Delta_r H_{m,2}^{\ominus}(1873\text{K}) - 3\Delta_r H_{m,3}^{\ominus}(1873\text{K})$$

$$= -1681 - 2 \times (-43.09) - 3 \times (-117.1) = -1243.52\ \text{kJ/mol}$$

【例题】 如果在炼钢炉料中配有含硅 75%（质量分数）的硅铁，使炉料含硅量为 1%，渣量为 10%，试计算能使每吨钢水温度升高多少度（℃）？已知硅加热到 1800K 呈熔融状态时吸热 89.71kJ/mol，铁加热到 1800K 时吸热 58.44kJ/mol；钢水的平均质量热容为0.84kJ/(kg·℃)，渣的平均质量热容为 1.23kJ/(kg·℃)。$\Delta_f H_m^{\ominus}(SiO_2, 298K) = -875.93kJ/mol$

$$c_{p,m}(Si) = 22.82 + 3.86 \times 10^{-3}T - 3.54 \times 10^5 T^{-2}\ J/(mol \cdot K)$$

$$\Delta_{熔} H_m^{\ominus}(Si) = 50.66\ kJ/mol$$

$$c_{p,m}(SiO_2) = 58.91 + 10.04 \times 10^{-3}T\ J/(mol \cdot K)$$

$$c_{p,m}(O_2) = 29.96 + 4.184 \times 10^{-3}T - 1.67 \times 10^5 T^{-2}\ J/(mol \cdot K)$$

解：每吨料中含硅量为 1000×1% = 10kg；需含 75%硅的硅铁 10÷75% = 13.3kg，其中 10kg 为硅，3.3kg 为铁。

硅铁加入后的变化过程为：

$$\underset{(s)}{\text{Fe-Si}} \xrightarrow[\text{加热}]{\Delta H_1} \underset{(s)}{\text{Fe-Si}} \xrightarrow[\text{熔化}]{\Delta H_2} \underset{(l)}{\text{Fe-Si}} \xrightarrow[\text{升温}]{\Delta H_3} \underset{(1800K)}{\text{Fe-Si}} \xrightarrow[\text{溶解}]{\Delta H_4} \underset{(1800K)}{[Si]} \xrightarrow[\text{氧化}]{\Delta H_5} \underset{(1800K)}{SiO_2(s)}$$

式中，ΔH_1 为固体硅铁加热升高温度到熔点吸收的热量；ΔH_2 为固体硅铁在熔点温度下熔化成同温度的液体所吸收的热，即熔化热；ΔH_3 为液态硅铁升高温度到 1800K 吸收的热量；ΔH_4 为液态硅铁溶解于铁水中的溶解热；ΔH_5 为溶解的硅和铁水中的氧反应生成 SiO_2 化学反应热效应。

$\Delta H_1 + \Delta H_2 + \Delta H_3$ 是当硅铁从常温加热熔化并升温到 1800K 的热效应。根据已知条件：

$$\Delta H_1 + \Delta H_2 + \Delta H_3 = \frac{10000}{28.08} \times 89.71 + \frac{3300}{55.84} \times 58.44 = 35401.66kJ$$

由表 1-4 得 $\Delta_{diff} H(Si(l)) = -119.20kJ/mol$

所以 $$\Delta H_4 = \frac{10000}{28.08} \times (-119.20) = -42450.14kJ$$

计算 1800K 时硅氧化反应的化学热效应 ΔH_5：

$$[Si] + 2[O] = SiO_2(s)$$

由表 1-4 得 $\Delta_{diff} H(O_2) = -117.1kJ/mol$；$\Delta_{diff} H(Si) = -119.20kJ/mol$

已知 $c_{p,m}(Si) = 22.82 + 3.86 \times 10^{-3}T - 3.54 \times 10^5 T^{-2}$；$c_{p,m}(SiO_2) = 58.91 + 10.04 \times 10^{-3}T$；$c_{p,m}(O_2) = 29.96 + 4.184 \times 10^{-3}T - 1.67 \times 10^5 T^{-2}$；$\Delta_f H_m^{\ominus}(SiO_2, 298K) = -875.93\ kJ/mol$。

利用基尔霍夫公式：

$$\Delta H_5 = \frac{10000}{28.08} \times [\Delta_f H_m^{\ominus}(SiO_2, 298K) + \int_{298}^{1800} \Delta_r c_{p,m} dT - \Delta_{熔化} H_m^{\ominus}(Si) - \Delta_{diff} H(Si(l)) - 2\Delta_{diff} H(O_2)]$$

其中

$$\Delta_r c_{p,m} = c_{p,m}(SiO_2) - c_{p,m}(Si) - c_{p,m}(O_2)$$

$$= 6.13 + 1.996 \times 10^{-3}T + 5.21 \times 10^5 T^{-2}$$

$$\Delta H_5 = \frac{10000}{28.08} \times [-875.93 \times 10^3 + \int_{298}^{1800}(6.13 + 1.996 \times 10^{-3}T + 5.21 \times 10^5 T^{-2})\mathrm{d}T - 50.66 \times 10^3 - (-119.2 \times 10^3) - 2(-117.1 \times 10^3)] = -199209.03\mathrm{kJ}$$

氧气由 298K 升温至 1800K 吸收的热量 ΔH_6 为：

$$\Delta H_6 = \frac{10000}{28.08} \times \int_{298}^{1800}(29.96 + 4.184 \times 10^{-3}T + 1.67 \times 10^5 T^{-2})\mathrm{d}T = 18539.83\mathrm{kJ}$$

总共放出的热量为：

$$\Delta H_{总} = \Delta H_1 + \Delta H_2 + \Delta H_3 + \Delta H_4 + \Delta H_5 + \Delta H_6 = -187717.68\mathrm{kJ}$$

当硅在钢水中反应放出的热量完全被钢水和炉渣吸收，则吸热量为 188050kJ。吸热后的升温为：

$$\Delta T = \frac{188050}{1000 \times 0.84 + 100 \times 1.23} = 194.9℃$$

计算结果表明，炉料中如含 1%（质量分数）Si，放出的热量如果全部被钢水及渣吸收，可使钢水升温 194.9℃。

1.3.2 化学反应的吉布斯自由能变化 $\Delta_r G_m$

1.3.2.1 化学反应等温方程及其应用

在等温、等压下判断化学反应能否进行用 $\Delta_r G_m$。而计算 $\Delta_r G_m$ 通常用等温方程：$\Delta_r G_m = \Delta_r G_m^{\ominus} + RT\ln J$。根据最小自由能原理，可以得到等温等压下，体系变化的自发性和限度的判据：$\Delta_r G_m > 0$，逆反应方向自发；$\Delta_r G_m = 0$，即 $\Delta_r G_m^{\ominus} = -RT\ln K^{\ominus}$ 时，反应平衡；$\Delta_r G_m < 0$，正反应方向自发。因此可以利用等温方程来判断化学反应的方向或确定条件使反应向某一方向进行。

在应用等温方程时应注意：

（1）化学反应的 $\Delta_r G_m^{\ominus}$ 与标准态的选择有关，而 $\Delta_r G_m$ 与标态选择无关；

（2）用 $\Delta_r G_m$ 来判断反应的方向：对一定的反应，在确定的标态下，一定的温度下 $\Delta_r G_m^{\ominus}$ 是定值。要使反应向需要的方向进行，必须调整条件，改变 J 值。这是冶金中常用的实现反应的手段。

$\Delta_r G_m$ 是决定恒温、恒压下反应方向的物理量，而由 $\Delta_r G_m^{\ominus} = -RT\ln K^{\ominus}$ 计算的 $K^{\ominus}$ 却是决定反应在该温度能够完成的最大产率或反应的平衡组成的物理量。$\Delta_r G_m^{\ominus}$ 值愈负，则 $K^{\ominus}$ 值愈大，反应正向进行得愈完全；反之，$\Delta_r G_m^{\ominus}$ 的正值愈大，$K^{\ominus}$ 值就愈小，反应进行得愈不完全，甚至不能进行。

1.3.2.2 $\Delta_r G_m^{\ominus}$ 及 $K^{\ominus}$ 与温度的关系

因为 $\Delta_r G_m^{\ominus}$ 仅仅是温度的函数，故标态下 $K^{\ominus}$ 也只与温度有关。即温度恒定时，$K^{\ominus}$ 是一个常数，称为标准平衡常数。$\Delta_r G_m^{\ominus}$ 和 $K^{\ominus}$ 与温度的关系可用吉布斯-亥姆霍兹方程和范特霍夫等压方程表示：

$$\left(\frac{\partial(\Delta_r G_m^{\ominus}/T)}{\partial T}\right)_p = -\frac{\Delta_r H_m^{\ominus}}{T^2} \tag{1-55}$$

$$\left(\frac{\partial \ln K^{\ominus}}{\partial T}\right)_p = \frac{\Delta_r H_m^{\ominus}}{RT^2} \tag{1-56}$$

式中，$\Delta_r H_m^{\ominus}$ 为化学反应的标准摩尔焓变。

从式（1-56）可以得出温度对平衡移动的影响：对于吸热反应，$\Delta_r H_m^{\ominus}>0$，$\frac{\partial \ln K^{\ominus}}{\partial T}>0$，平衡常数随温度的升高而增大，即平衡向吸热方向移动，直至建立新的平衡；对于放热反应，$\Delta_r H_m^{\ominus}<0$，$\frac{\partial \ln K^{\ominus}}{\partial T}<0$，平衡常数随温度的升高而减小，即平衡向放热方向移动，直至建立新的平衡；对于无热交换的反应体系，$\Delta_r H_m^{\ominus}=0$，$\frac{\partial \ln K^{\ominus}}{\partial T}=0$，平衡常数与温度无关，即温度改变不会使平衡移动。

对式（1-55）和式（1-56）进行积分可以得出 $\Delta_r G_m^{\ominus}$ 和 $K^{\ominus}$ 与温度的关系式。

（1）若 $\Delta_r H_m^{\ominus}$ 视为常数：

对式（1-56）进行不定积分得：$\ln K^{\ominus} = -\frac{\Delta_r H_m^{\ominus}}{RT} + I$ （1-57）

$\Delta_r H_m^{\ominus}$ 为常数，故有：

$$\ln K^{\ominus} = \frac{A'}{T} + I \tag{1-58}$$

式中，$A' = -\Delta_r H_m^{\ominus}/R$，$I$ 为积分常数。

温度变化区间不大时，$\ln K^{\ominus}$ 与 $1/T$ 呈线性关系，由直线的斜率可求出 $\Delta_r H_m^{\ominus}$。

对式（1-56）进行定积分得：

$$\ln K_1^{\ominus} - \ln K_2^{\ominus} = -\frac{\Delta_r H_m^{\ominus}}{R}\left(\frac{1}{T_1} - \frac{1}{T_2}\right) \tag{1-59}$$

可见，由两个不同温度下的平衡常数也可求出 $\Delta_r H_m^{\ominus}$。这个公式也常用来从已知一个温度下的平衡常数求出另一温度下的平衡常数。

对式（1-55）进行不定积分得：

$$\Delta_r G_m^{\ominus} = \Delta_r H_m^{\ominus} + BT = A + BT \tag{1-60}$$

式中，$A=\Delta_r H_m^{\ominus}$；B 为积分常数。

式（1-60）称为 $\Delta_r G_m^{\ominus}$ 的二项式，根据 $\Delta_r G_m^{\ominus}$ 的定义式，有 $\Delta_r G_m^{\ominus} = \Delta_r H_m^{\ominus} - T\Delta_r S_m^{\ominus}$，其中$A=\Delta_r H_m^{\ominus}$，$B=-\Delta_r S_m^{\ominus}$。故 $\Delta_r H_m^{\ominus}$ 可视为 $\Delta_r G_m^{\ominus}$-T 直线的截距，$-\Delta_r S_m^{\ominus}$ 可视为 $\Delta_r G_m^{\ominus}$-T 直线的斜率。

（2）若 $\Delta_r H_m^{\ominus}$ 是温度的函数：

根据基尔霍夫公式：

$$\Delta_r H_m^{\ominus} = \Delta_r H_{m,298K}^{\ominus} + \int_{298}^{T} \Delta_r c_{p,m} dT \quad 和 \quad \Delta_r S_m^{\ominus} = \Delta_r S_{m,\ 298K}^{\ominus} + \int_{298}^{T} \frac{\Delta_r c_{p,m}}{T} dT$$

代入吉布斯自由能的定义式 $\Delta_r G_m^{\ominus} = \Delta_r H_m^{\ominus} - T\Delta_r S_m^{\ominus}$

得：

$$\Delta_r G_m^{\ominus} = \Delta_r H_{m,\ 298K}^{\ominus} + \int_{298}^{T} \Delta_r c_{p,m} dT - T\left(\Delta S_{m,\ 298K}^{\ominus} + \int_{298}^{T} \frac{\Delta_r c_{p,m}}{T} dT\right) \tag{1-61}$$

即
$$\Delta_r G_m^{\ominus} = \Delta_r H_{m,\ 298K}^{\ominus} - T\Delta_r S_{m,\ 298K}^{\ominus} - T\int_{298}^{T}\frac{dT}{T^2}\int_{298}^{T}\Delta_r c_{p,m}dT \tag{1-62}$$

式（1-61）、式（1-62）中，$\Delta_r c_{p,m}$为化学反应中产物的定压热容与反应物的定压热容的差值，是温度的函数，可以通过下式求得：$\Delta_r c_{p,\ m} = \Delta a + \Delta bT + \Delta cT^{-2}$（$\Delta a$、$\Delta b$、$\Delta c$可查表得到），此式适用于参加反应的物质的热力学数据比较完全及在很宽温度范围内讨论反应的平衡的情况。如果物质在积分上下限的温度区间内有相变发生，则应计入相变温度的相变焓及相变熵，而$\Delta_r c_{p,m}$也要采用该温度区间内的温度式。

将式（1-62）积分得到$\Delta_r G_m^{\ominus}$的温度多项式，式中包含有$\ln T$、T^2、T^{-1}等项，计算起来非常不方便，而此多项式的$\Delta_r G_m^{\ominus}$-T图又是十分近似的直线关系。因而可采用$\Delta_r G_m^{\ominus}$的温度函数的二项式：$\Delta_r G_m^{\ominus}=A+BT$表示。式中常数$A$、$B$是二元回归法处理得到的。它们分别相当于在此二项式适用的温度范围内标准焓变及熵变的平均值。

1.3.2.3 标准吉布斯自由能及平衡常数的计算

A 利用标准生成吉布斯自由能求反应的$\Delta_r G_m^{\ominus}$

恒温下由标准态的稳定单质，生成1mol标准态的指定相态化合物，该反应的吉布斯函数变化称为该化合物的标准摩尔生成吉布斯函数，用符号$\Delta_f G_m^{\ominus}$表示。对于反应：

$$v_1B_1 + v_2B_2 = v_3B_3 + v_4B_4$$

$$\Delta_r G_m^{\ominus}(298K) = [\sum v_B\Delta_f G_m^{\ominus}(B,\ 298K)]_{产物} - [\sum v_B\Delta_f G_m^{\ominus}(B,\ 298K)]_{反应物} \tag{1-63}$$

【例题】 计算反应$TiC(s) + \frac{3}{2}O_2 = TiO_2(s) + CO(g)$的标准吉布斯自由能变化与温度的关系，并求出1600K的平衡常数。已知：$\Delta_f G_{m(TiO_2)}^{\ominus} = -941000+177.57T$ J/mol；$\Delta_f G_{m(CO)}^{\ominus} = -114400-85.77T$ J/mol；$\Delta_f G_{m(TiC)}^{\ominus} = -184800+12.55T$ J/mol。

解：
$$\begin{aligned}\Delta_r G_m^{\ominus} &= \Delta_f G_{m(TiO_2)}^{\ominus} + \Delta_f G_{m(CO)}^{\ominus} - \Delta_f G_{m(TiC)}^{\ominus}\\ &= (-941000+177.57T) + (-114400-85.77T) - (-184800+12.55T)\\ &= -870600+79.25T\end{aligned}$$

又
$$\Delta_r G_m^{\ominus} = -RT\ln K^{\ominus}$$

因此
$$\ln K^{\ominus} = -\frac{\Delta_r G_m^{\ominus}}{RT} = -\frac{-870600 + 79.25\times1600}{8.31\times1600} = 55.94$$

$$K^{\ominus} = 1.97\times10^{24}$$

B 利用二项式求反应的$\Delta_r G_m^{\ominus}$

冶金过程中很多反应的$\Delta_r G_m^{\ominus}$的二项式已经通过线性回归得到，本书附录给出了一部分反应的$\Delta_r G_m^{\ominus}$的二项式。若有溶解态的物质参加反应，要考虑标准溶解吉布斯自由能。由于$\Delta_r G_m^{\ominus}$是状态函数，可以不考虑中间步骤，而只考虑参加化学反应的始末状态物质，即所求反应的$\Delta_r G_m^{\ominus}$可以通过已知反应的$\Delta_r G_m^{\ominus}$的二项式的线性组合得到。

【例题】 试计算FeO在298~1650K温度范围内的标准生成吉布斯自由能的温度式。所需热力学数据见表1-5。已知：$\Delta_f H_m^{\ominus}$（FeO(s)，298K）= －264429J/mol，$\Delta_f S_m^{\ominus}$（FeO(s)，298K）=－70.96J/(mol·K)。

表 1-5 Fe、O_2 及 FeO 的热力学数据

物质	相态	$\Delta_f H_m^\ominus$ (298K) /J·mol^{-1}	$S_m^\ominus$ (298K) /J·(mol·K)$^{-1}$	相变温度 /K	相变焓 /J·mol^{-1}	$c_{p,m(B)}$ /J·(mol·K)$^{-1}$
Fe	α	0	27.15	1033	5021	$17.49+24.77\times10^{-3}T$
	β	0	27.15	1183	900	37.66
	γ	0	27.15	1673	690.36	$7.70+19.50\times10^{-3}T$
FeO	s	−264429	58.71	1650		$48.97+8.37\times10^{-3}T-2.80\times10^5T^{-2}$
O_2	g	0	205.04			$30+4.2\times10^{-3}T-1.67\times10^5T^{-2}$

解：参加反应的 Fe 和 FeO 在 298~1650K 内发生相变，现需分段计算 298K、1033K、1183K、1650K 各温度的 $\Delta_f G_m^\ominus(\text{FeO(s)},T)$ 值。

298 ~ 1033K：$\Delta_r c_{p,m}(\text{FeO(s)}) = 16.30 - 18.50\times10^{-3}T - 1.97\times10^5 T \quad \text{J/(mol·K)}$

1183 ~ 1650K：$\Delta_r c'_{p,m}(\text{FeO(s)}) =- 3.87 + 6.27\times10^{-3}T - 1.97\times10^5 T \quad \text{J/(mol·K)}$

现计算各温度的 $\Delta_f G_m^\ominus(\text{FeO(s)},T)$：

$$\Delta_f G_m^\ominus(\text{FeO(s)},298\text{K}) = \Delta_f H_m^\ominus(\text{FeO(s)},298\text{K}) - T\Delta_f S_m^\ominus(\text{FeO(s)},298\text{K})$$

$$= -264429 - 298\times(70.96) =- 243283\text{J/mol}$$

$$\Delta_f G_m^\ominus(\text{FeO(s)},1033\text{K}) = \Delta_f H_m^\ominus(\text{FeO(s)},1033\text{K}) - T\Delta_f S_m^\ominus(\text{FeO(s)},1033\text{K})$$

$$= \left(\Delta_f H_m^\ominus(\text{FeO(s)},298\text{K}) + \int_{298}^{1033}\Delta_r c'_{p,m}(\text{FeO(s)})\mathrm{d}T\right) -$$

$$T\left(\Delta_f S_m^\ominus(\text{FeO(s)},298\text{K}) + \int_{298}^{1033}\frac{\Delta_r c'_{p,m}(\text{FeO(s)})}{T}\mathrm{d}T\right)$$

$$= \left(-264429 + 16.30\times(1033-298) - \frac{1}{2}\times18.50\times10^{-3}\times\right.$$

$$\left.(1033^2-298^2) + 1.97\times10^5\times\left(\frac{1}{1033}-\frac{1}{298}\right)\right) - 1033\times$$

$$\left(-70.96 + 16.30\times(\ln1033-\ln298) - 18.50\times10^{-3}\times\right.$$

$$\left.(1033-298) - \frac{1}{2}\times1.97\times10^5\times(1033^{-2}-298^{-2})\right)$$

$$= 261544.68 - 1033\times(-64.20)$$

$$=- 195226\text{J/mol}$$

同理可得：

$$\Delta_f G_m^\ominus(\text{FeO(s)},1183\text{K}) = \Delta_f H_m^\ominus(\text{FeO(s)},1183\text{K}) - T\Delta_f S_m^\ominus(\text{FeO(s)},1183\text{K})$$

$$= \left(\Delta_f H_m^\ominus(\text{FeO(s)},1033\text{K}) + \int_{1033}^{1183}\Delta_r c'_{p,m}(\text{FeO(s)})\mathrm{d}T\right) - T\left(\Delta_f S_m^\ominus(\text{FeO(s)},1033\text{K}) +\right.$$

$$\left.\int_{1033}^{1183}\frac{\Delta_r c'_{p,m}(\text{FeO(s)})}{T}\mathrm{d}T\right) + \Delta_\alpha^\beta G_m$$

$$= \left(\Delta_f H_m^{\ominus}(FeO(s),\ 1033K) + \int_{1033}^{1183} \Delta_r c'_{p,m}(FeO(s))\,dT\right) - T\left(\Delta_f S_m^{\ominus}(FeO(s),\ 1033K) + \int_{1033}^{1183} \frac{\Delta_r c'_{p,m}(FeO(s))}{T} dT\right) + (\Delta_{\alpha}^{\beta} H_m - T\Delta_{\alpha}^{\beta} S_m)$$

$$= -183610 J/mol$$

$$\Delta_f G_m^{\ominus}(FeO(s),\ 1650K) = \Delta_f H_m^{\ominus}(FeO(s),\ 1650K) - T\Delta_f S_m^{\ominus}(FeO(s),\ 1650K)$$

$$= \left(\Delta_f H_m^{\ominus}(FeO(s),\ 1183K) + \int_{1183}^{1650} \Delta_r c'_{p,m}(FeO(s))\,dT\right) - T\left(\Delta_f S_m^{\ominus}(FeO(s),\ 1183K) + \int_{1183}^{1650} \frac{\Delta_r c'_{p,m}(FeO(s))}{T} dT\right) + \Delta_{\beta}^{\gamma} G_m$$

$$= \left(\Delta_f H_m^{\ominus}(FeO(s),\ 1183K) + \int_{1183}^{1650} \Delta_r c'_{p,m}(FeO(s))\,dT\right) - T\left(\Delta_f S_m^{\ominus}(FeO(s),\ 1183K) + \int_{1183}^{1650} \frac{\Delta_r c'_{p,m}(FeO(s))}{T} dT\right) + (\Delta_{\beta}^{\gamma} H_m - T\Delta_{\beta}^{\gamma} S_m)$$

$$= -149803 J/mol$$

各温度下的 $\Delta_f G_m^{\ominus}(FeO(s),\ T)$ 如下：

温度	$\Delta_f G_m^{\ominus}(FeO(s),\ T)$
298K	−243283J/mol
1033K	−194500J/mol
1183K	−183610J/mol
1650K	−149803J/mol

利用上述数据作 $\Delta_f G_m^{\ominus}(FeO(s),\ T)-T$ 图，如图 1-6 所示，$\Delta_f G_m^{\ominus}(FeO(s),\ T)$ 与 T 之间十分接近直线关系。

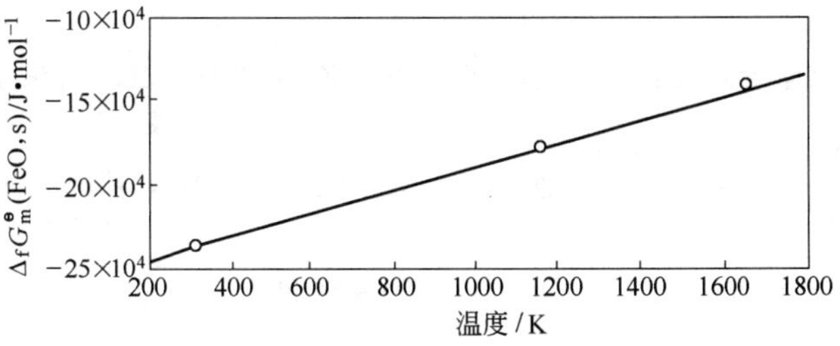

图 1-6 $\Delta_f G_m^{\ominus}(FeO(s),\ T)-T$ 图

利用回归法处理上述数据，可得出 FeO 的 $\Delta_f G_m^{\ominus}(FeO(s)) = A + BT$ 二项式。回归分析法的计算公式为 $y = A + Bx$。对本题 $y = \Delta_f G_m^{\ominus}(FeO(s))$，$x = T$；

而
$$B = \frac{\sum(x_i - \bar{x})(y_i - \bar{y})}{\sum(x_i - \bar{x})^2}$$

$$A = \bar{y} - B\bar{x}$$

式中，x_i，y_i 分别为各温度及计算的 $\Delta_f G_m^{\ominus}(FeO(s))$；$\bar{x}$，$\bar{y}$ 分别为它们的平均值。将各计算值列成表 1-6。由表 1-6 中数值得：

表 1-6 回归分析法计算值表

$-y_i$	$y_i-\bar{y}$	x_i	$x_i-\bar{x}$	$(x_i-\bar{x})^2$	$(y_i-\bar{y})^2$	$(x_i-\bar{x})(y_i-\bar{y})$
243283	-50484	298	-743	552049	258634300	37509612
194500	-1701	1033	-8	64	289304	13608
183610	9189	1183	142	20164	84437721	1304838
149803	42996	1650	609	370881	1848656000	26184564
$\sum y_i=771196$ $\bar{y}=-192799$		$\sum x_i=4164$ $\bar{x}=1041$		$(x_i-\bar{x})^2$ $=943158$	$\sum(y_i-\bar{y})^2$ $=4484621422$	$(x_i-\bar{x})(y_i-\bar{y})$ $=65012622$

$$B=\frac{\sum(x_i-\bar{x})(y_i-\bar{y})}{\sum(x_i-\bar{x})^2}=\frac{65012622}{943158}=68.93$$

$$A=\bar{y}-B\bar{x}=-192799-68.93\times1041=-264555$$

故 $$\Delta_f G_m^{\ominus}(FeO(s))=-264555+68.93T \quad J/mol$$

相关系数：

$$r=\frac{\sum(x_i-\bar{x})(y_i-\bar{y})}{\sqrt{\sum(x_i-\bar{x})^2\sum(y_i-y)^2}}=\frac{65012622}{\sqrt{943158^2\times4484621422^2}}=\frac{65012622}{65012622}=1.0$$

利用上述方法可以计算出任一化合物标准生成吉布斯自由能在一定温度范围内的 $\Delta_r G_m^{\ominus}(B)$ 二项式。但对某些反应，从多项式得到的二项式中常数项有较大误差时，可根据试验所得的平衡常数进行修正。这样的二项式称为半经验二项式。

【例题】 计算反应 $CaS(s)+[O]═CaO(s)+[S]$ 的 $\Delta_r G_m^{\ominus}$ 和 $K^{\ominus}$ 与温度的关系式。已知：

(1) $Ca(g)+\frac{1}{2}O_2═CaO(s)$ $\Delta_r G_{m,1}^{\ominus}=-786170+191.21T$ J/mol (1765 ~ 2000K)

(2) $Ca(g)+\frac{1}{2}S_2═CaS(s)$ $\Delta_r G_{m,2}^{\ominus}=-704590+191.42T$ J/mol (1760 ~ 2500K)

(3) $\frac{1}{2}O_2(g)═[O]$ $\Delta_r G_{m,3}^{\ominus}=-117150+2.89T$ J/mol

(4) $\frac{1}{2}S_2(g)═[S]$ $\Delta_r G_{m,4}^{\ominus}=-135060+23.43T$ J/mol

解： $\Delta_r G_m^{\ominus}=\Delta_r G_{m,1}^{\ominus}+\Delta_r G_{m,4}^{\ominus}-\Delta_r G_{m,2}^{\ominus}-\Delta_r G_{m,3}^{\ominus}$

$=(-786170+191.21T)+(-135060+23.43T)-(-704590+191.42T)-(-117150+2.89T)=-99490+20.33T$

根据 $$\Delta_r G_m^{\ominus}=-RT\ln K^{\ominus}$$

得 $$\ln K^{\ominus}=-\frac{\Delta_r G_m^{\ominus}}{RT}=-\frac{-99490+20.33T}{8.31T}$$

$$=\frac{11972.32}{T}-2.45$$

C 实验法求反应的 $\Delta_r G_m^\ominus$

a 由电动势求反应的 $\Delta_r G_m^\ominus$

两电极的接触电势之差称为电池的电动势。可用方向相反，但数值相同的外电压来测定这种电动势（对消法）。在可逆条件下，体系所做的电功等于电化学反应标准吉布斯自由能的减小，$W'=-\Delta_r G_m^\ominus$。而电功等于电池的电动势 $E^\ominus$ 与电量的乘积。电量为 zF，z 表示反应时电子的转移数，F 为法拉第常数（96500C/mol），故 $\Delta_r G_m^\ominus=-zFE^\ominus$。因此，通过测定某一温度下电池的电动势 $E^\ominus$，从而得出反应的 $\Delta_r G_m^\ominus$。

【例题】 利用下列固体电解质电池：Pt|Mo，MoO_2|ZrO_2 + CaO|Fe，FeO|Pt，测反应：$2FeO + Mo = 2Fe + MoO_2$ 在 1000℃时的 $\Delta_r G_m^\ominus$。已知在 1000℃时测得该电池的电动势为-1.3V。

解： 电池的电极反应及电池反应如下：

$$2FeO = 2Fe+O_2 \qquad\qquad 2O^{2-}-4e = O_2$$

$$\text{正极：}\frac{O_2+4e = 2O^{2-}}{2FeO+4e = 2Fe+2O^{2-}} \qquad \text{负极：}\frac{O_2+Mo = MoO_2}{2O^{2-}+Mo-4e = MoO_2}$$

电池反应 $$2FeO + Mo = 2Fe + MoO_2$$

$$\Delta_r G_m^\ominus = -4FE^\ominus = 4\times 96500\times 1.3 = 501800\text{kJ/mol}$$

b 由实验测定反应的平衡常数 $K^\ominus$ 求 $\Delta_r G_m^\ominus$

平衡常数 $K^\ominus$ 可由实验测定的化学反应平衡组成来求算。

测定一定温度下的平衡常数 $K^\ominus$ 即是测定该温度及某压力下一定原料配比时反应达平衡时的组成。为了缩短达到平衡的时间，可加入催化剂。可以用测定折射率、电导率、吸光度等物理方法测定其平衡时组分含量，也可以用化学方法测定。然后利用平衡常数 $K^\ominus$ 的定义式计算出 $K^\ominus$。

利用 $\Delta_r G_m^\ominus=-RT\ln K^\ominus$ 计算出 $\Delta_r G_m^\ominus$ 的值即可。

【例题】 在不同温度下测得 FeO 为 CO 还原反应的平衡常数，见表 1-7。试用图解法计算此还原反应的平衡常数 $K^\ominus$ 及 $\Delta_r G_m^\ominus$ 的温度关系式。

表 1-7 还原反应的平衡常数测定值

温度/℃	1038	1092	1177	1224	1303
$K^\ominus$	0.427	0.401	0.375	0.362	0.344

解： 利用式（1-58）可确定 $\ln K^\ominus$-$1/T$ 的直线关系。作图的数值见表 1-8。

表 1-8 作图的数值表

温度/K	1311	1365	1450	1497	1576
$1/T$	7.63×10^{-4}	7.33×10^{-4}	6.90×10^{-4}	6.68×10^{-4}	6.35×10^{-4}
$\ln K^\ominus$	-0.851	-0.914	-0.981	-1.016	-1.067

作 $\ln K^\ominus$-$1/T$ 图，如图 1-7 所示。

直线的斜率 $$A' = \frac{-0.87-(-1.04)}{(7.5-6.5)\times10^{-4}} = 1700$$

因此

$$\ln K^{\ominus} = 1700/T + B$$

将各温度的 $K^{\ominus}$ 代入上式，取平均值，得 $B=-2.15$。所以，平衡常数与温度的关系式为：

$$\ln K^{\ominus} = 1700/T - 2.15$$

标准吉布斯自由能变化的温度关系式为：

$$\Delta_r G_m^{\ominus} = -RT\ln K^{\ominus} = -8.314T(1700/T - 2.15)$$
$$= -14134 + 17.9T$$

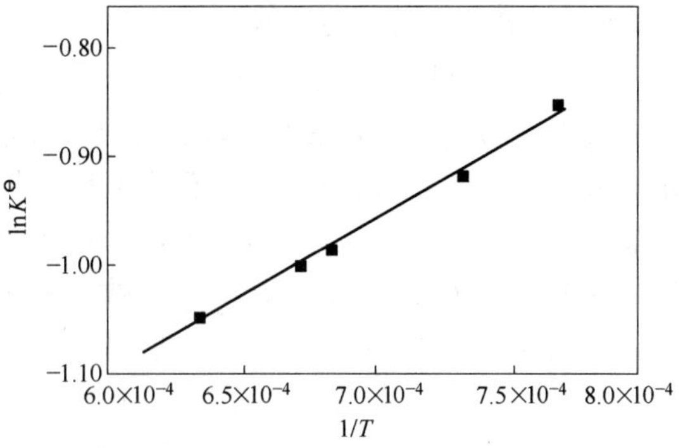

图 1-7 $\ln K^{\ominus}$-$1/T$ 关系图

1.4 热力学数据库简介

FactSage 是加拿大 Thermfact/CRCT（加拿大，蒙特利尔）和 GTT-Technologies（德国，阿亨）超过 20 年合作的结晶，是化学热力学领域中世界上完全集成数据库最大的计算系统之一，创立于 2001 年。

FactSage 软件运行于 Microsoft Windows®平台的个人计算机上，由一系列信息、数据库、计算及处理模块组成，这些模块使用各种纯物质和溶液数据库。FactSage 已经拥有数百个企业、政府和学术领域的用户，应用范围包括材料科学、火法冶金、湿法冶金、电冶金、腐蚀、玻璃工业、燃烧、陶瓷、地质等。同时，还应用于国际上大学生与研究生的教学与研究中。

FactSage 可以使用的热力学数据包括数千种纯物质数据库，评估及优化过的数百种金属溶液、氧化物液相与固相溶液、锍、熔盐、水溶液等溶液数据库。FactSage 软件可以自动使用这些数据库。这些评估过的氧化物、炉渣、锍等数据库是采用先进的模型技术对文献数据优化的结果。FactSage 同时可以使用国际上 SGTE 的合金溶液数据库，以及 The Spencer Group，GTT-Technologies 和 CRCT 所建立的钢铁、轻金属和其他合金体系的数据库。同时，FactSage 提供了与著名的 OLI Systems Inc. 的水溶液数据库的连接。

利用 FactSage，用户可以计算多种约束条件下的多元多相平衡条件，计算结果可以以图形或表格的形式输出。例如，通用的 n 元相图截面，可以通过坐标轴变量的多种选择很容易地得到；工业体系中的锍/金属/炉渣/气体/固体的平衡可以很精确地计算、列表以及作图；多元优势区图以及电位-pH 值图也很容易作出；平衡或者非平衡凝固的过程也可以考察；复杂的热平衡也可以计算。

另外应用较为广泛的还有热力学计算软件 Thermo-Calc 软件。Thermo-Calc 可提供以下应用领域的数据库：钢铁与铁合金；Ni 基超合金；Al/Ti/Mg 合金；气体、纯无机/有机物、普通合金；炉渣、液态金属、熔盐；陶瓷、硬质材料；半导体、合金焊料；材料加工，过程冶金与环境相关；水溶液、材料腐蚀和湿法冶金体系；矿石、地球化学与环境；核材料、核燃料与核废物。

习题与工程案例思考题

习　题

1-1　已知 25℃时反应，

$$C_{(石墨)} + CO_2 = 2CO, \ \Delta H_1^\ominus = 172.52\text{kJ/mol}$$

$$Fe_3O_4 + 4CO = 3Fe + 4CO_2, \ \Delta H_2^\ominus = -13.70\text{kJ/mol}$$

求反应 $Fe_3O_4 + 4C_{(石墨)} = 3Fe + 4CO$ 在 1400℃的热效应 $\Delta H_m^\ominus$。

1-2　计算 927℃时反应 $2Al_2O_3 + 3C_{(石墨)} = 4Al(l) + 3CO_2$ 的热效应。已知铝的熔点为 660.1℃，熔化热 $\Delta_{fus}H_{Al}^\ominus = 10.47\text{kJ/mol}$，液态铝的质量定压热容为 $c_{p,m}(Al(l)) = 31.80\text{J/(mol·K)}$。

1-3　在 1373K 测得 Cu-Zn 二元合金中 Zn 的蒸气压，见表 1-9，试以（1）纯 Zn，（2）假想纯 Zn 及（3）1%标准态，计算锌的活度及活度系数。

表 1-9　Cu-Zn 二元合金中 Zn 的蒸气压

x_{Zn}	0	0.05	0.11	0.31	0.52	0.73	0.82	0.90	1.00
p'_{Zn}/Pa	0	0.033×10^5	0.093×10^5	0.550×10^5	1.65×10^5	3.33×10^5	4.14×10^5	4.79×10^5	5.45×10^5

1-4　表 1-10 为 Fe-Cu 系在 1873K 时铜以纯物质为标准态的活度。试计算铜以假想纯物质和 1%标准态的活度。

表 1-10　Fe-Cu 系在 1873K 时铜的活度（纯物质为标准态）

x_{Cu}	0.015	0.025	0.061	0.217	0.467	0.626	0.792	1.000
$a_{Cu(R)}$	0.119	0.1823	0.424	0.730	0.820	0.870	0.888	1.000

1-5　查表计算成分为 0.22%C、0.07%Mn、0.01%Si、0.009%P、0.022%S 的钢液在 1873K 时硫的活度。

1-6　试计算液体铬及锰溶于铁液中形成质量分数为 1%的溶液的标准溶解吉布斯自由能。已知：$\gamma_{Mn}^0 = 1.3$，$\gamma_{Cr}^0 = 1$（1873K）。

1-7　1873K 时，与纯氧化铁渣平衡的铁液中氧的质量分数为 0.23%，而与质量分数为 40% CaO，20% SiO_2，15%FeO，10%MnO，10%MgO，5%P_2O_5 的熔渣平衡的铁液中氧的质量分数为 0.075%，试求熔渣氧化铁的活度及活度系数。

1-8　在 1600℃测得 Fe-V 系内钒的活度，见表 1-11，试计算此正规溶液组分间的混合能参量 α。

表 1-11　Fe-V 系内钒的活度

x_V	0.1	0.2	0.3	0.4	0.5	0.6	0.7	0.8	0.9
a_V	0.0138	0.0466	0.103	0.188	0.312	0.470	0.634	0.787	0.900

1-9　试计算溶解于铁液中的硅氧化反应 $[Si]+O_2 = SiO_2(s)$ 的 $\Delta_rG_m^\ominus$，硅的标准态分别取：（1）纯液态硅；（2）假想纯液态硅；（3）质量分数为 1%的硅溶液。硅的熔点为 1685K，熔化焓为 50826J/mol。

$$Si(s) + O_2 = SiO_2(s) \quad \Delta_rG_m^\ominus = -907100 + 175.73T \ \text{J/mol} \quad \gamma_{Si}^0 = 0.0013(1873\text{K})$$

1-10　利用固体电解质电池测定沸腾钢液的含氧量，电池结构为 $Mo|[O]_{Fe}|ZrO_2 + (CaO)|Mo, MoO_2|Mo$，各温度的电动势值见表 1-12，试求钢液的氧的质量分数与温度的关系式。已知：$Mo+2[O]=MoO_2$，$\Delta_rG_m^\ominus = -343980+172.28T$ J/mol。

表 1-12 各温度下的电动势

T/K	E/mV	T/K	E/mV	T/K	E/mV
1863	140	1833	172	1823	163

1-11 固体钒溶于铁液中的 $\Delta_{sol}G_V^{\ominus}=-20710-45.6T$ J/mol，求 1873K 的 $\gamma_{V(s)}^0$。

1-12 在 1813K，用 $CO+CO_2$ 混合气体与铁液中溶解的碳反应：$CO_2+[C]=2CO$，测得不同碳的质量分数的 $(p_{CO}^2/p_{CO_2})_{平}$ 比值，见表 1-13。试计算该反应的平衡常数及标准吉布斯自由能的变化。

表 1-13 不同 $w_{[C]}$ 的 $(p_{CO}^2/p_{CO_2})_{平}$ 比值

$w_{[C]}$/%	0.100	0.216	0.425	0.640	1.06	2.92	5.20(饱和)
$(p_{CO}^2/p_{CO_2})_{平}$	43	93	191	292	525	2930	15300

工程案例思考题

案例 1-1 活度在冶金中的应用

案例内容：

（1）活度的引出；

（2）活度的概念；

（3）活度的计算方法和测定方法；

（4）活度对冶金热力学计算的重要意义。

案例 1-2 高炉升温过程所需热量的计算

案例内容：

（1）高炉升温过程始、末态的温度确定；

（2）高炉原料主要成分的确定；

（3）简单状态变化过程产生热量的计算方法；

（4）高炉升温过程所需热量的计算过程。

案例 1-3 冶金中某过程进行方向的判定

案例内容：

（1）确定该过程对应的化学反应方程式；

（2）写出该反应的等温方程式；

（3）根据等温方程式确定 ΔG 的值；

（4）根据最小自由能原理判断过程的方向和限度。

2 冶金熔体的相图

冶金中的相图表示平衡体系中相的状态和数量随着温度的变化而变化的规律，是研究和解决相平衡问题的重要工具，对于高温冶金过程具有十分重要的指导作用。也是冶金、材料、化工等学科理论基础的重要组成部分。例如，由炉渣相图可以确定渣中的氧化物在高温下的相互反应，形成的不同相组分（如纯凝聚相、溶液、固溶体、复杂化合物、低共熔物、包晶体、液相分层等），各相的成分和相对量，以及炉渣的熔化温度与组成的关系等，从而为选择满足一定冶炼要求的炉渣体系和成分提供依据。

考虑到在物理化学课程中对相平衡、相律和二元系相图的基本原理已作了详细的讲解，因此，本章重点介绍冶金中重要的二元熔渣系相平衡图，三元系相图的基本知识和冶金中典型的三元熔体体系的相图。

2.1 二元相图基础知识

2.1.1 相律

相律是相图绘制和分析的理论基础，于 1876 年由吉布斯（J. W. Gibbs）最初创建，后面经不断完善和应用于实际体系，该理论逐渐成熟。

在恒温、恒压下，相律的表达式为：

$$f = K - \Phi + 2$$

式中，f 为独立变量数，也称为自由度数，习惯上简称为自由度，在相平衡系统中，自由度的改变不会引起旧相的消失和新相的生成；K 为独立组分数；Φ 为相数；数字 2 代表压力和温度两个强度性质。

二元系相图中，$\Phi=1$ 时，有 $f=3$，即二元系最多有三个自由度：温度、压力和浓度。这表明需要在三元立体坐标系中才能做出完整的二元系相图，为了使用方便，通常固定一个变量，将立体图简化为平面图，如冶金领域根据生产环境，通常固定压力不变，分析 T-x图，此时，相律形式变为：

$$f = K - \Phi + 1$$

2.1.2 二元相图的常见类型

二元系相图有很多种，冶金中常见的有如下几种：

（1）简单二元共晶相图，也称为具有最低共熔点的二元相图；

（2）生成稳定化合物（同分熔点化合物、一致熔化合物）的二元相图；

（3）生成不稳定化合物（异分熔点化合物、不一致熔化合物）的二元相图；

（4）形成连续固溶体的二元相图；

（5）具有固相分解的化合物的二元相图；

（6）具有固相晶型转变的二元相图；

（7）具有液相分层的二元相图；

（8）具有共析反应的二元相图；

（9）具有包析反应的二元相图。

当然，上述特征大部分情况下不是单独存在的。实际的二元系相图一般是几种情况共同存在，形成比较复杂的相图。

2.2 重要的二元熔渣系相图

炼钢炉渣和大多数有色金属冶金炉渣可简化为 $CaO-FeO-SiO_2$ 三元系，高炉炼铁炉渣则可用 $CaO-Al_2O_3-SiO_2$ 三元系来描述。因此，由 CaO、SiO_2、Al_2O_3、FeO 等中的氧化物组成的二元系相图是构成这两个主要的三元系相图的基础，其中的一些二元系相图本身也是火法冶金中非常重要的相图，以下着重予以介绍。

2.2.1 $CaO-SiO_2$ 二元系

图 2-1 是 $CaO-SiO_2$ 二元系的相图。由于该体系中形成了正硅酸钙、偏硅酸钙等多种性质不同的硅酸钙，而且还存在多晶转变现象，所以 $CaO-SiO_2$ 二元系相图比较复杂。

由图 2-1 知，$CaO-SiO_2$ 二元系共生成了四个化合物：硅酸三钙 $3CaO \cdot SiO_2(C_3S)$、正硅酸钙 $2CaO \cdot SiO_2(C_2S)$、二硅酸三钙 $3CaO \cdot 2SiO_2(C_3S_2)$ 和偏硅酸钙 $CaO \cdot SiO_2$（CS），其中 C_2S 和 CS 是稳定化合物，C_3S_2 是不稳定化合物，C_3S 只在 1250~1900℃的温度范围内能稳定存在。将 $CaO-SiO_2$ 二元系划分成 $CaO-C_2S$，C_2S-CS 和 $CS-SiO_2$ 三个子二元系（或分二元系）相图来分析。$CaO-C_2S$ 为具有一个共晶体的二元系相图，其中含有一个不稳定化合物 C_3S，温度低于 1250℃时，C_3S 分解为 $\alpha'-C_2S$ 和 CaO；温度高于 1900℃时，C_3S 分解为 $\alpha-C_2S$ 和 CaO。C_2S-CS 中有一个不稳定化合物 C_3S_2，在 1475℃时发生分解：$C_3S_2 \rightarrow L+\alpha-C_2S$。$CS-SiO_2$ 二元系属共晶体类型，温度高于 1700℃时，出现液相分层现象。

一般可以根据化合物组成点处液相线的形状（平滑程度），近似地推断熔融态内化合物的分解程度。若化合物组成点处的液相线出现尖锐高峰形，则该化合物是非常稳定的化合物，甚至在熔融时也不发生分解；反之，若化合物组成点处的液相线比较平滑，则该化合物熔融时会部分分解。化合物组成点处的液相线越平滑，该化合物熔融时的分解程度也越大。如图 2-1 中的化合物 C_2S 和 CS 都是稳定的化合物，熔化时 C_2S 是比较稳定的化合物，只部分分解，而 CS 在熔化时几乎完全分解。

由图 2-1 还可以看出，$CaO-SiO_2$ 二元系中各种硅酸钙的熔化温度很高，当 $w_{(CaO)}>$ 50%时，体系的熔化温度便急剧上升，可以依此通过控制炉渣中 $w_{(CaO)}$ 的组成范围，从而达到控制体系熔化温度的目的。

2.2.2 $Al_2O_3-SiO_2$ 二元系

图 2-2 所示为 $Al_2O_3-SiO_2$ 二元系相图。在这个二元系中只生成一个稳定化合物，即莫

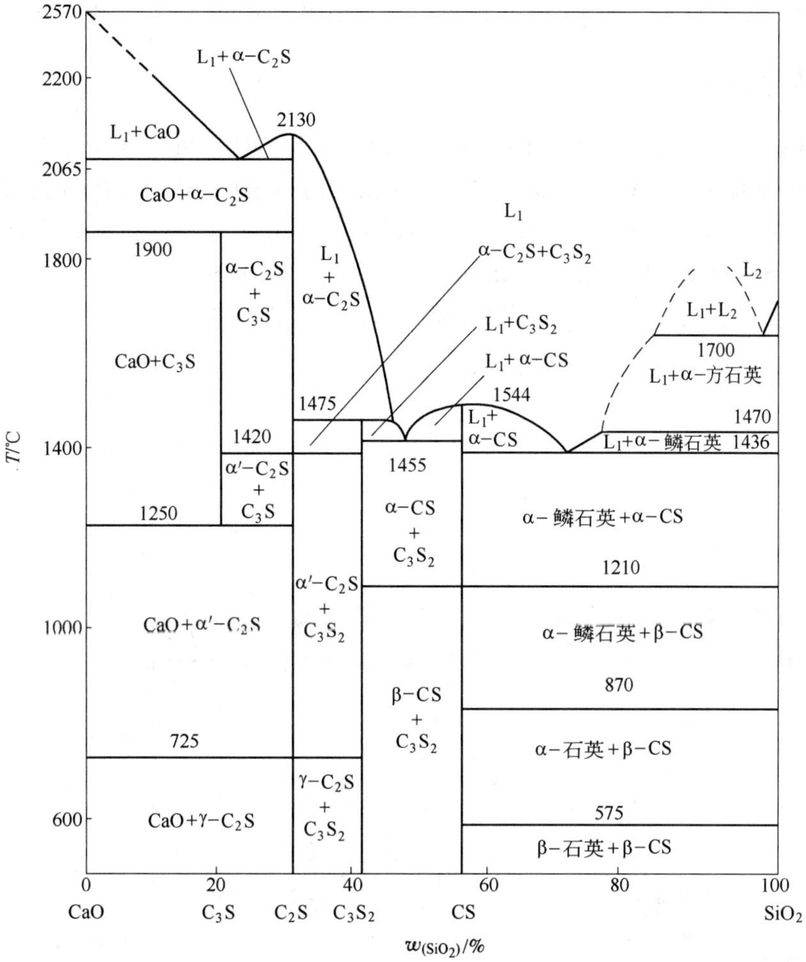

图 2-1 CaO-SiO_2 二元系相图

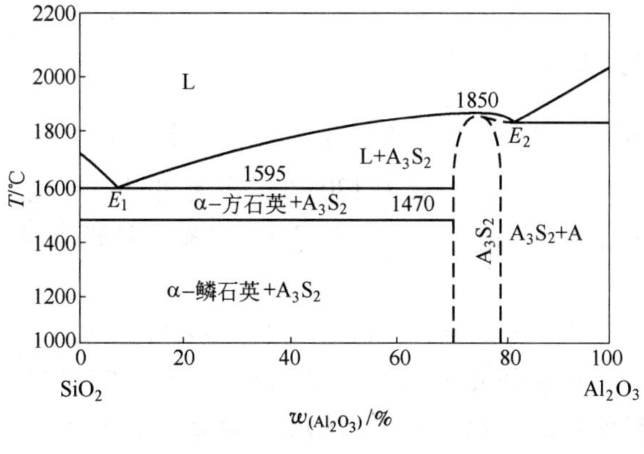

图 2-2 Al_2O_3-SiO_2 二元系相图

来石 $3Al_2O_3 \cdot 2SiO_2$(A_3S_2)。A_3S_2 中可以固溶少量 Al_2O_3，形成 $w_{(Al_2O_3)}$ 在 71.8%~78%之间的固溶体，具有确定的熔点（1850℃）。莫来石是普通陶瓷及黏土质耐火材料的重要组

分。随着 SiO_2 含量增加，体系的熔点降低，这是由于 A_3S_2 与 SiO_2 形成了共晶体。

2.2.3 CaO-Al_2O_3 二元系

CaO-Al_2O_3二元系的相图如图2-3所示。Al_2O_3与CaO之间生成了一系列复杂化合物，即$3CaO \cdot Al_2O_3$(C_3A)、$12CaO \cdot 7Al_2O_3$($C_{12}A_7$)、$CaO \cdot Al_2O_3$(CA)、$CaO \cdot 2Al_2O_3$(CA_2)和$CaO \cdot 6Al_2O_3$(CA_6)，其中 C_3A 和 CA_6是不稳定化合物，其余为稳定化合物。在 $w_{(CaO)}$为 45%~52%范围内 CaO-Al_2O_3二元系在 1450~1550℃温度范围内出现液相区，所以炼钢中配制合成渣 CaO-Al_2O_3系时，常选择这一组成范围。

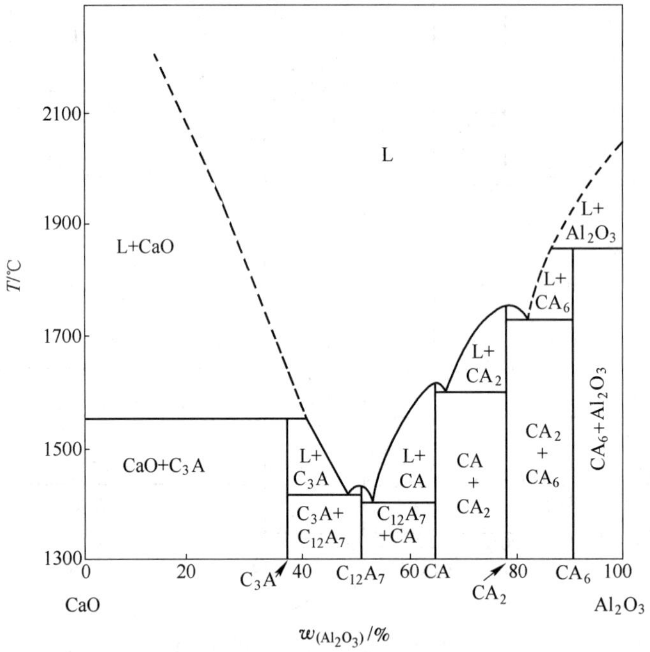

图 2-3 CaO-Al_2O_3 二元系相图

2.2.4 FeO-SiO_2 二元系

图 2-4 是 FeO-SiO_2 二元系相图。该二元系中有一个同分熔化化合物正硅酸铁（又称铁橄榄石）$2FeO \cdot SiO_2$（F_2S），熔点为 1208℃。由图可见，此化合物组成点处的液相线比较平滑，所以 F_2S 熔化时不稳定，有一定程度的分解，特别是温度高时分解生成偏硅酸亚铁$FeO \cdot SiO_2$(FS)。

$$2FeO \cdot SiO_2 \xlongequal{\quad} FeO \cdot SiO_2 + FeO \quad \Delta_r H_m^{\ominus} > 0$$

F_2S 将 FeO-SiO_2 二元系分成 SiO_2-F_2S 和 F_2S-FeO 两个简单共晶型的子二元系，其低共熔点（共晶点）温度分别是 1175℃和 1180℃。在靠近 SiO_2 的一侧，当温度高于 1698℃时，体系中出现一个很宽的液相分层区。

实际上，并不存在纯的 FeO-SiO_2 二元系，因为在实验过程中，低价铁氧化物不可避免地被氧化成高价铁的氧化物 Fe_2O_3或 Fe_3O_4。因此在绘制 FeO-SiO_2 二元系相图时，需要考虑这些氧化物的影响。通常将 Fe_2O_3的化学分析数据折算为 FeO 的质量分数（常取折算

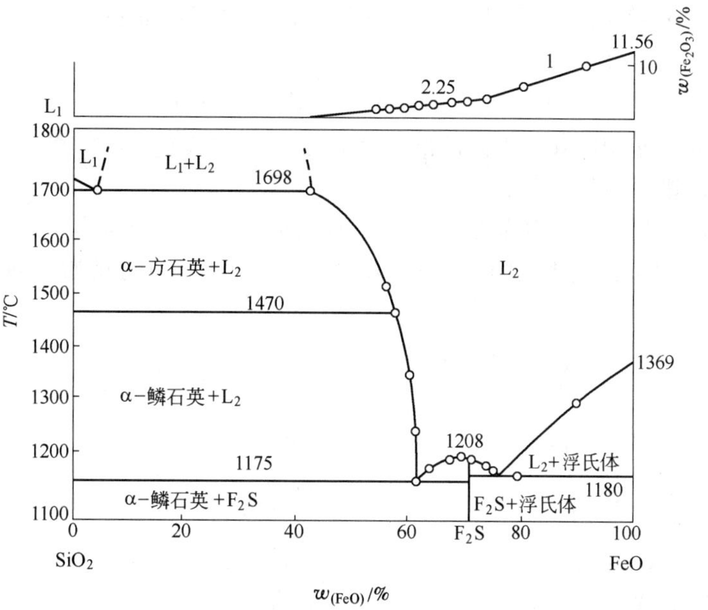

图 2-4　$FeO-SiO_2$ 二元系相图

系数为0.9)，在相图上方标出在大气压力下、沿液相线温度在相应组成的熔体中Fe_2O_3的质量分数，如图 2-4 中上方的曲线 1 所示。由图可知，在 F_2S 组成处 $w_{(Fe_2O_3)}$ 为 2.25%，而在纯 FeO 处 $w_{(Fe_2O_3)}$为 11.56%。

2.2.5　$CaO-Fe_2O_3$ 二元系

$CaO-Fe_2O_3$ 二元系相图如图 2-5 所示。在此体系中，两性氧化物 Fe_2O_3与强碱性的 CaO 形成一个同分熔化化合物 $2CaO \cdot Fe_2O_3$（C_2F）和两个异分熔化化合物 $CaO \cdot Fe_2O_3$（CF）与 $CaO \cdot 2Fe_2O_3$（CF_2）。CF 的分解温度为 1218℃，CF_2 在 1150~1240℃的温度范围内稳定存在，CF 和 CF_2 的分解温度都不高，均在 1450℃以下，因此 Fe_2O_3是石灰（CaO）的有效助熔剂。

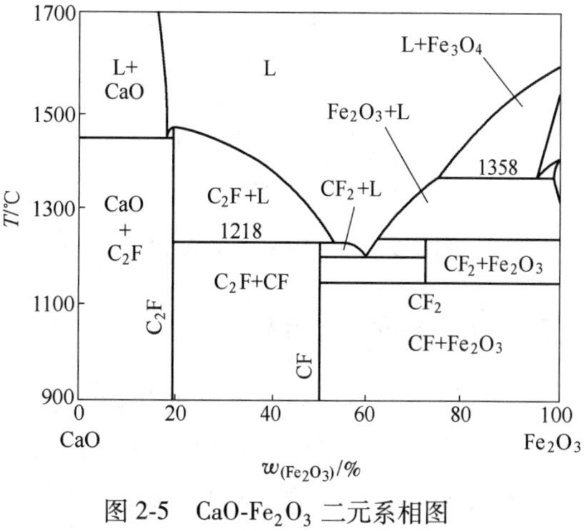

图 2-5　$CaO-Fe_2O_3$ 二元系相图

2.2.6　$NaF-AlF_3$ 和$Na_3AlF_6-Al_2O_3$ 二元系

$NaF-AlF_3$和 $Na_3AlF_6-Al_2O_3$ 二元系是构成工业铝电解质的基本体系 $Na_3AlF_6-AlF_3-Al_2O_3$三元系的基本二元系。

图 2-6 是 $NaF-AlF_3$二元系相图。此二元系中生成了一个稳定化合物 Na_3AlF_3（冰晶石），熔点为 1010℃。冰晶石在熔化时会发生一定程度的分解，因其组成线与液相线相交点处较平滑，分解率约为 30%。以冰晶石为分界将 $NaF-AlF_3$二元系分解为 $NaF-Na_3AlF_6$和$Na_3AlF_6-AlF_3$两个子二元系。二元系 $NaF-Na_3AlF_6$是简单共晶型，共晶温度

为 888℃。Na_3AlF_6-AlF_3 二元系中有一个不稳定化合物亚冰晶石（$Na_5Al_3F_{14}$）。亚冰晶石在 734℃以上发生分解：

$$3Na_5Al_3F_{14} = 5Na_3AlF_6 + 4AlF_3$$

由于在含量高时 AlF_3 具有很高的蒸气压，造成实验技术上的困难，因此 NaF-AlF_3 二元系相图只研究到 75%AlF_3 为止。

Na_3AlF_6-Al_2O_3 二元系为共晶型，其中不存在固溶体，如图 2-7 所示。低共熔点温度为 962.5℃。这说明在铝电解温度（950~960℃）下，Al_2O_3 在电解质中的溶解度不大。

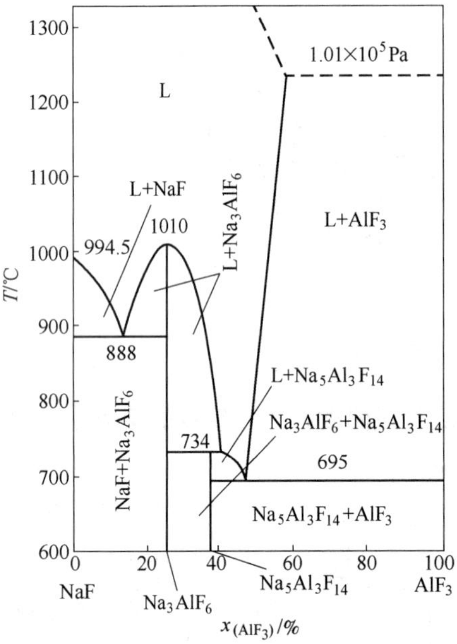

图 2-6 NaF-AlF_3 二元系相图

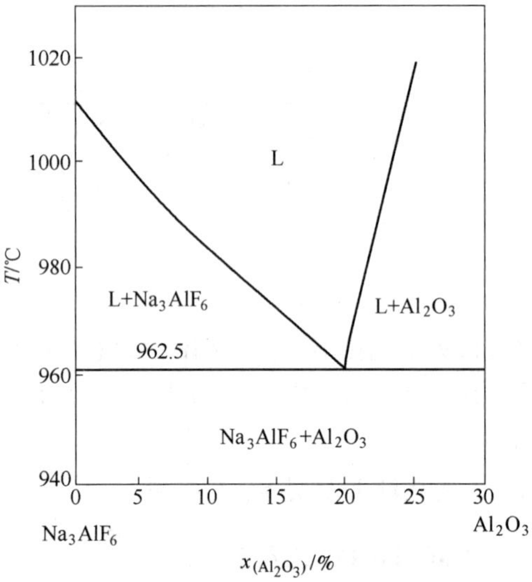

图 2-7 Na_3AlF_6-Al_2O_3 二元系相图

2.2.7 Cu_2S-FeS 二元系

铜锍是硫化铜矿造锍熔炼的产物，主要组成为 Cu_2S 和 FeS，因此认识 Cu_2S-FeS 二元系相图有助于了解铜锍的相组成及其熔化温度与组成的关系。在图 2-8 中，硫化铁是以非化学计量形式 $FeS_{1.08}$ 出现的。

从图 2-8 看，Cu_2S-$FeS_{1.08}$ 二元系的熔化温度都不太高，在 940~1191℃之间，因此，当熔炼温度在 1200℃左右时，铜锍呈液态。Cu_2S-$FeS_{1.08}$ 二元系中可能生成一个稳定化合物 $Cu_4FeS_{3.08}$（即 $2Cu_2S \cdot FeS_{1.08}$），熔点为 1090℃。$Cu_4FeS_{3.08}$ 将该二元系分成 Cu_2S-$Cu_4FeS_{3.08}$ 和 $Cu_4FeS_{3.08}$-$FeS_{1.08}$ 两个子二元系。前者属于在液态和固态均完全互溶的二元系；后者则为形成有限固溶体的共晶型，共晶温度为 940℃。

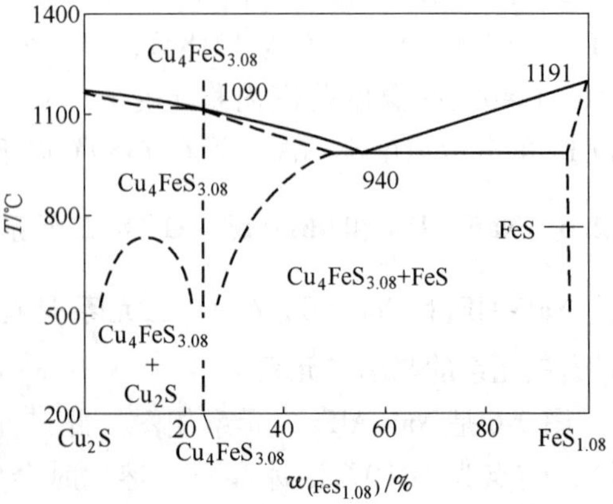

图 2-8 Cu_2S-$FeS_{1.08}$ 二元系相图

2.3 三元系相图的基础知识及基本类型

2.3.1 三元系相图的组成表示法——浓度三角形

三元系的组成是用等边三角形，又称浓度三角形来表示的。浓度三角形的每一边被等分为一百等份。如图 2-9 所示。浓度三角形的三个顶点分别表示三个纯组分 A、B、C；三条边分别代表 A-B、B-C 和 C-A 三个二元系，三角形边上的点与二元系完全一样，表示含有两个组分的二元系；三角形内部的任意一点都表示一个含有 A、B、C 三个组分的三元系的组成。

如何读出浓度三角形内一点所表示的三元系的组成呢？设三元系中任一体系的组成为图2-9中的 P 点，则该体系中三个组分的含量可用下述方法（平行法）求得：过 P 点分别作 BC、AC 和 AB 三条边的平行线 II'，JJ'和 KK'，按逆时针（或顺时针）方向读取平行线在各边所截取线段的长度 a、b 和 c，则 P 点所表示的体系中组分 A、B、C 的含量分别为 $a\%$、$b\%$和 $c\%$。根据等边三角形的几何性质，可以证明所截三条线段的长度 a、b、c 之和等于该等边三角形的边长，即 $a+b+c=AB=BC=CA=100$。

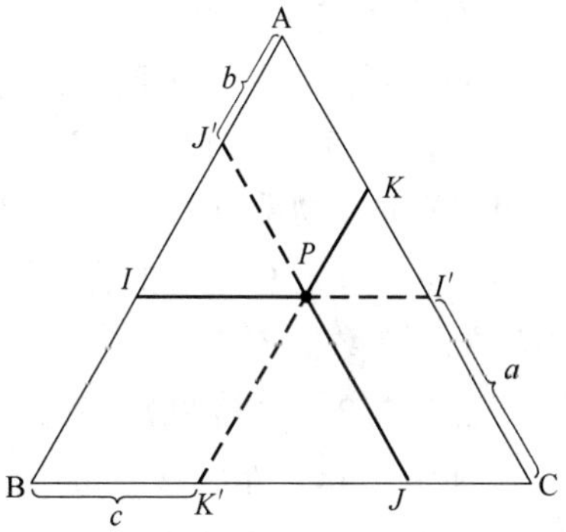

图 2-9　浓度三角形表示法

实际上，P 点的组成可用双线法确定。如图 2-10 所示，过 P 点引三角形两条边 AB 和 AC 的平行线，与 BC 边分别交于 j 点和 k 点，则线段 jk、kC 和 Bj 的长度分别表示 P 体系中组分 A、B 和 C 的含量。

相反，如已知体系三组分的含量，要确定其在浓度三角形中的位置，则可按图 2-11 所示，在三角形底边上，从 A、B 两顶角向相反方向上截取 $Aa'=b\%$、$Bb'=a\%$，得 a'、b' 两点，再从此两点分别向其相邻斜边作平行线：$a'a''/\!/AC$、$b'b''/\!/BC$，其交点 P 即为所求体系的组成点。

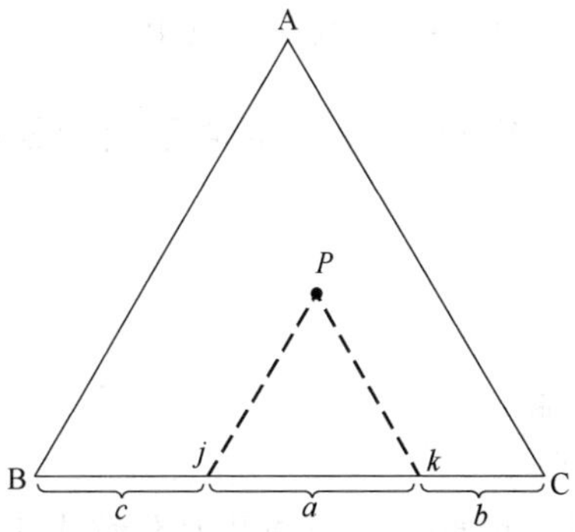

图 2-10　双线法示意图

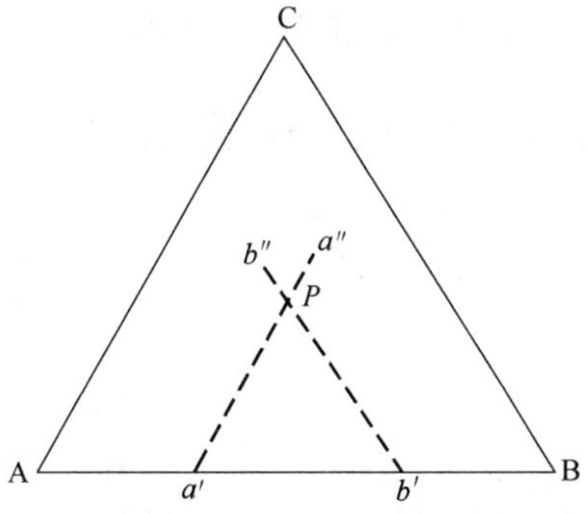

图 2-11　确定体系在三角形中的位置法示意图

2.3.2 浓度三角形的性质

利用等边三角形（浓度三角形）的几何性质，能为分析三元系相图提供许多方便。

2.3.2.1 等含量规则

平行于浓度三角形一边的直线上所有点都含有等含量的对应顶角组分。例如，在图2-12中，直线 KK' 平行于 AB 边，KK' 上的点 P_1、P_2、P_3 中C组分的含量相等。

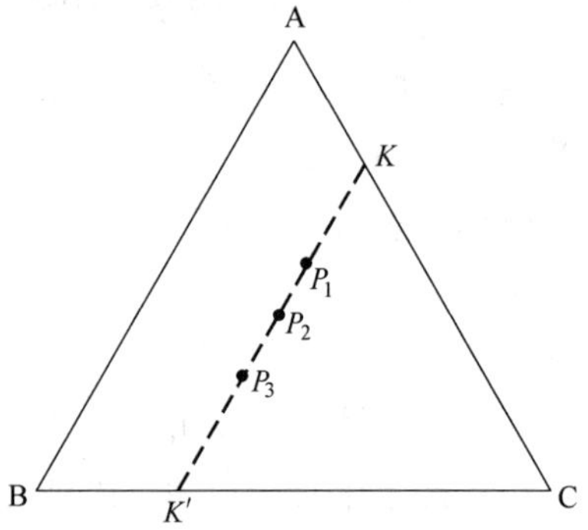

图2-12 等含量规则示意图

2.3.2.2 等比例规则

在浓度三角形某一顶点到其对应边的任一直线上，各物系点中所含另两个顶点所表示组分的量之比为一定值。例如，在图2-13中，在顶点 A 到 BC 边的直线 AF 上，物系点 P_1、P_2、P_3 中B组分的含量分别为 b_1、b_2、b_3，C组分的含量分别为 c_1、c_2、c_3，这些含量之间存在比例关系 $b_1/c_1=b_2/c_2=b_3/c_3=$ 常数。

2.3.2.3 直线规则

如图2-14，在浓度三角形内任取 M 和 N 两个物系点，当由 M 和 N 两个物系混合成一个新物系 P 时，则物系 P 的组成点必落在 MN 连线上，其具体位置根据杠杆原理确定。

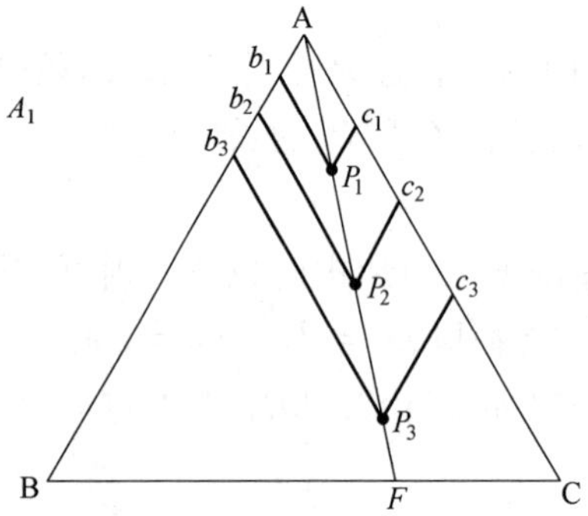

图2-13 等比例规则示意图

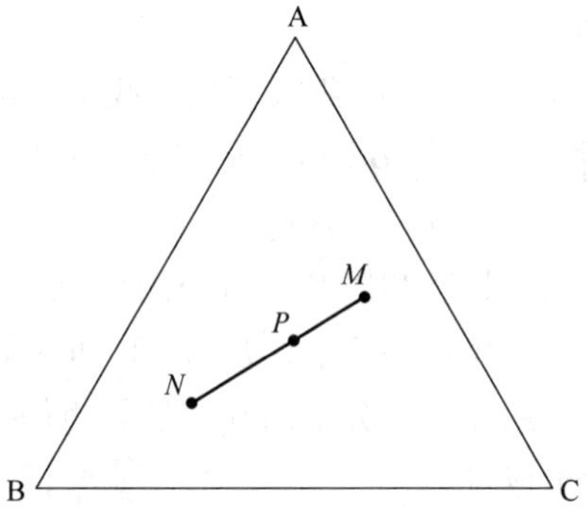

图2-14 直线规则示意图

设物系 M、N、P 的质量分别为 M_M、M_N、M_P，则根据质量守恒定律及杠杆原理有：

$$M_M+M_N=M_P$$

$$\frac{M_M}{M_N}=\frac{NP}{PM}$$

$$\frac{M_M}{M_P}=\frac{NP}{NM},\quad \frac{M_N}{M_P}=\frac{PM}{NM}$$

直线规则同样适用于一个物系分解为两个新物系的情形，即当物系 P 分解成 M 和 N 两个新物系时，M 和 N 的组成点必定落在通过 P 点的直线上，且 M 和 N 两点分别位于 P 点的两侧，这一规则在分析冷却结晶过程的方向时非常重要。当原始物系 P 的组成和质

量以及新物系 M 和 N 的组成已知时，可由杠杆原理确定 M 和 N 的质量，即

$$M_{\mathrm{M}}=\frac{NP}{NM}\cdot M_{\mathrm{P}},\quad M_{\mathrm{N}}=\frac{PM}{NM}\cdot M_{\mathrm{P}}$$

2.3.2.4　重心规则

如图 2-15 所示，浓度三角形 ABC 中，当由物系 M、N 和 Q 构成一新物系 P 时，则物系 P 的组成点必定位于三角形 MNQ 的重心位置上。需要强调的是，这里所讲的重心是三个原始物系的物理重心，而不是浓度三角形的几何重心。只有当三个原始物系 M、N 和 Q 的质量相等时，这两个重心才会重合。P 点的具体位置可以通过两次运用直线规则来确定。

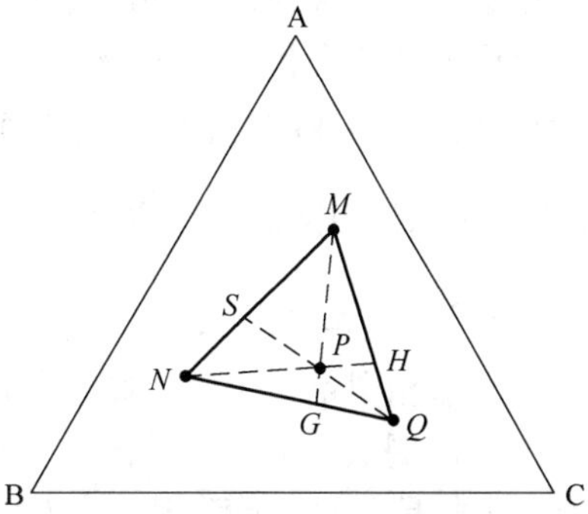

图 2-15　重心规则示意图

【例题】 图 2-15 中三个原始物系 M，N 和 Q 的质量分别为 2kg、3kg 和 5kg，利用重心规则确定新物系 P 的化学组成。

解： 根据质量守恒定律知，新物系 P 的质量 $M_{\mathrm{P}}=2+3+5=10$（kg）。

首先由物系 M 与 N 构成一中间物系 S，其质量 $M_{\mathrm{S}}=2+3=5$（kg）。

根据直线规则，S 点必在 MN 线段上，其具体位置则由关系式 $NS/SM=M_{\mathrm{M}}/M_{\mathrm{N}}=2/3$ 确定。然后再由中间物系 S 与物系 Q 构成新物系 P，P 点必在 SQ 连线上，且满足数量关系：$\frac{SP}{PQ}=\frac{M_{\mathrm{Q}}}{M_{\mathrm{S}}}=\frac{5}{5}=1$（其质量 M_{P}为 10kg）。

由新物系 P 在浓度三角形 MNQ 的位置，读得化学组成。

同样地，重心规则也适用于一个物系分解为三个新物系的情形，即由原始物系 P 分解成 3 个新物系 M、N 和 Q 时，M、N 和 Q 的组成点必定位于以 P 为重心的三角形的 3 个顶点上。当物系 P 的组成和质量以及新物系 M、N 和 Q 的组成已知时，可由杠杆原理确定物系 M、N 和 Q 的质量。以图 2-15 为例，新物系 M、N 和 Q 的质量 M 分别为：

$$M_{\mathrm{M}}=\frac{PG}{MG}\cdot M_{\mathrm{P}},\ M_{\mathrm{N}}=\frac{PH}{NH}\cdot M_{\mathrm{P}},\quad M_{\mathrm{Q}}=\frac{SP}{SQ}\cdot M_{\mathrm{P}}$$

2.3.2.5　交叉位规则

如图 2-16 所示。设处于平衡的四相（即 4 个物系）分别为 M、N、Q 和 P，P 点不在三角形 MNQ 的重心位置上，而是位于三角形 MNQ 之外及两条边（QM 和 QN）的延长线所包含范围内，P 点和 M、N、Q 所处的这种位置称作交叉位或相对位关系。

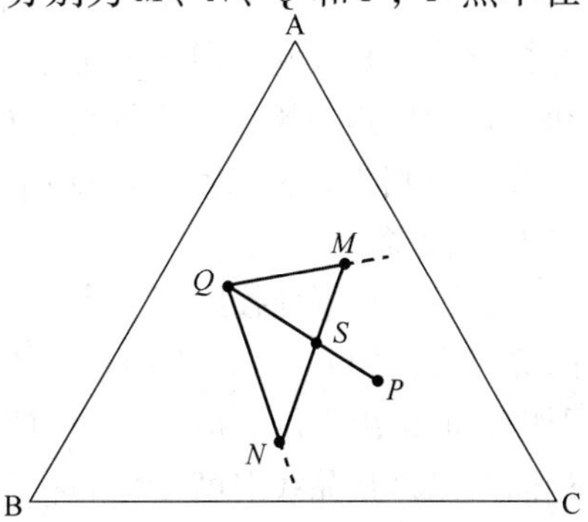

图 2-16　交叉位示意图

连接 QP 两点，交 MN 连线于 S 点。根据直线规则，平衡的四相 M、N、Q、P 与中间物系 S 之间存在以下的质量关系：

$$M_{\mathrm{M}}+M_{\mathrm{N}}=M_{\mathrm{S}},\ M_{\mathrm{Q}}+M_{\mathrm{P}}=M_{\mathrm{S}}$$

故有

$$M_{\mathrm{M}}+M_{\mathrm{N}}=M_{\mathrm{Q}}+M_{\mathrm{P}}\tag{2-1}$$

即由 M 和 N 两相可以得到 P 和 Q 相；反之，也可以由 P 和 Q 两相得到 M 和 N 相。

式（2-1）也可以改写成如下形式：

$$M_P = M_M + M_N - M_Q \tag{2-2}$$

式（2-2）表明，当由物系 M 与 N 混合成新物系 P 时，必须从 M 与 N 的混合物中取出若干量的 Q 才行。反之，若想从物系 P 中分离出物系 M 和 N，则必须向 P 中加入一定量的 Q，这就是交叉位规则。

根据交叉位规则，若在浓度三角形 ABC 中物系点 M、N、Q 和 P 构成一个四边形，则一对角线上的两个物系（如 M 和 N）必生成另一对角线上的两个物系（如 Q 和 P）。这一结论在分析相图冷却过程中经常用到。

2.3.3 三元系相图的表示方法

2.3.3.1 立体相图

三元系相图是一个以浓度三角形为底面，以垂直于底面的纵坐标表示温度的三棱体。

图 2-17 是具有简单共晶体的三元立体图，图中 3 个侧面分别表示 A-B、B-C 和 C-A 3 个具有一个共晶点的二元系相图，e'_1、e'_2 和 e'_3 为相应的二元共晶点。当有第三组分加入由其他两组分构成的熔体中时，可使此熔体的凝固点降低。二元系的液相线就扩展成液相面。这样，相图中就出现了由 3 个二元系的液相线构成的 3 个曲面，分别为 A、B、C 3 个组分从液相内结晶的初晶面，如图中的 $A'e'_1E'e'_3A'$、$B'e'_2E'e'_1B'$、$C'e'_2E'e'_3C'$ 3 个曲面分别为 A、B、C 的初晶面或液相面。它们是固、液两相平衡共存区，自由度为 2($f=3-2+1=2$)。这 3 个液相面两两相交的交线则是两组分同时从液相中结晶出的线，称为二元共晶线。如图中的 e'_1E'、e'_2E' 和 e'_3E'。它们的析晶反应分别为 e'_1E'：L →A+B，e'_2E'：L →C+B 和 e'_3E'：L →A+C。二元共晶线是三相平衡共存线（两固相与一液相），自由度为 1（$f=3-3+1=1$）。它是二元系的共晶点因第三组分的加入而不断下降的结果。这 3 条二元共晶线最后交于 E' 点，E' 点是 3 个组分同时从液相中结晶出的三元共晶点。此点处三固相和液相共存（L →A+B+C），自由度为零，也称无变量点。由于 E' 点是液相区温度的最低点，在此温度以下，体系全部凝固成固相，故 E' 点所在的等温面 $a_0b_0c_0$ 也就是三元系的固相面。

2.3.3.2 平面投影图

立体相图能直观而完整地表示出三元系的相平衡关系，但不方便应用。通常把立体相图的结构组元（点、线、面）投影到底面浓度三角形上，形成平面投影图。图 2-18 为图 2-17 的平面投影图。在平面投影图上，立体图上的 3 个空间曲面（液相面）分别投影为相应的平面区域，即 3 个初晶区Ⓐ、Ⓑ和Ⓒ；3 条空间界线（二元共晶线）e'_1E'，e'_2E' 和 e'_3E' 相应地投影为平面界线 e_1E、e_2E 及 e_3E，并且用箭头表示其温度下降的方向。e_1、e_2 及 e_3 分别为 3 个二元共晶点 e'_1、e'_2 及 e'_3 在平面上的投影，E 则是三元共晶（低共熔）点 E' 的投影。

为了能在平面投影图上表示出空间的温度坐标，采用了一系列间隔相同的平行于底面的等温面，如 t_1、t_2…去切割立体相图，把这些等温面与液相面的交线再投影到浓度三角形中，就得出标示温度 t_1、t_2…的等温线，如图 2-18 所示的弧形曲线。这些等温线表示液相面及二元共晶线温度变化的状态。越靠近顶角的等温线的温度就越高，而且等温线之间相距越近，则该区液相面的温度梯度也越大。

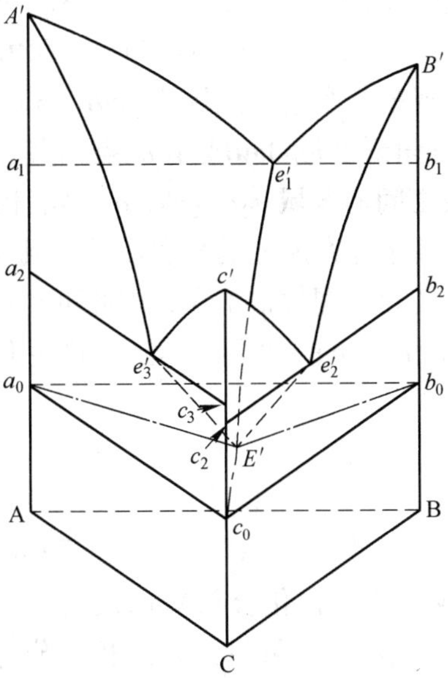

图 2-17 简单三元共晶体相图的立体图

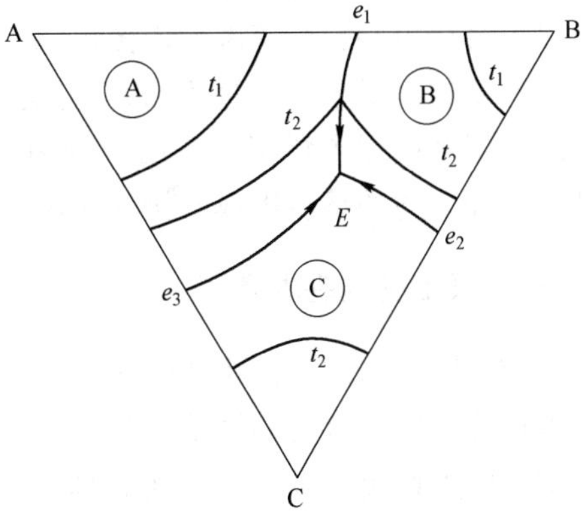

图 2-18 简单三元共晶体相图的平面投影图

2.3.3.3 等温截面图

一定温度的等温截面与立体相图切割，所得截面在浓度三角形上的投影称作等温截面图。图 2-19（b）是图 2-19（a）的三元系在 t_1温度下的等温截面图。图中扇形区域 $Aa_1a'_1A$ 和 $Bb_1b'_1B$ 分别是 A、B 的液相面与等温截面的交线在底面上的投影，所以这两个区域分别是固相与液相平衡共存的两相区（L+A）和（L+B）；两相区中绘有从顶角发出的放射线，表示固相组分与液相平衡的结线。区域 $Ca_1a'_1b'_1b_1C$ 是液相区，表明在 t_1 温度下，位

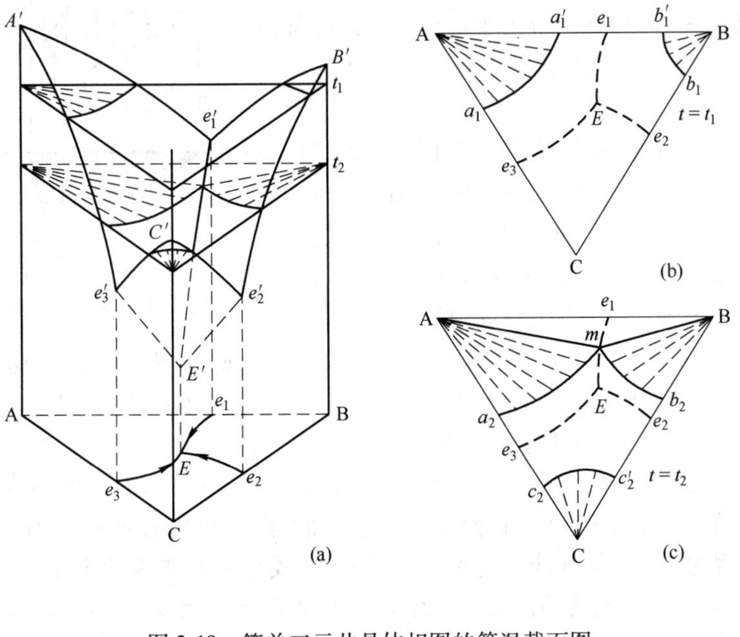

图 2-19 简单三元共晶体相图的等温截面图

于此区域的体系均处于液态。图中绘有 3 条二元共晶线的投影线 e_1E、e_2E、e_3E。图 2-19（c）是该三元系在 t_2 温度下的等温截面图。等温面 t_2 低于等温面 t_1，它不仅与 3 个液相面相交，而且与 A、B 的二元共晶线相交于 m 点。由此形成的 3 个扇形区域 Aa_2mA、Bb_2mB 和 $Cc_2c'_2C$ 分别是 L+A、L+B、L+C 两相平衡共存区；三角形区域 $AmBA$ 是 m 点与其相邻的两顶角（A 和 B）构成的三相区 L+A+B；3 条等温线之间的区域 $a_2mb_2c'_2c_2a_2$ 是液相区。

由以上分析可知，由等温截面图可以了解指定温度下体系所处的相态以及组成改变时体系相态的变化。对于冶炼过程而言，其操作温度的变化范围通常不大，因此可利用若干温度下的等温截面图了解相关的冶金熔渣体系在冶炼温度下的状态及其随温度变化的规律，从而选择合适的熔渣组成和操作温度。

2.3.4 三元系相图的基本类型

大多数实际体系的三元系相图是很复杂的，但通常都是由一些基本的三元系相图组合而成。根据体系中化合物的性质（同分熔化化合物或异分熔化化合物）以及组分在液相和固相中的溶解情况（完全不互溶、部分互溶、完全互溶等），可将三元系相图分为多种基本的类型。以下介绍冶金中常出现的几种基本类型及熔体的冷却过程（结晶过程）。

2.3.4.1 具有简单三元共晶型的三元系相图

简单三元系共晶型的相图是最简单的三元系相图，已在 2.3.3.1 节中进行了介绍。下面结合立体图 2-20 和平面投影图 2-21（a）分析简单共晶体三元系中熔体 O_1、O_2、O_3的冷却结晶过程及冷却曲线图 2-21（b）。

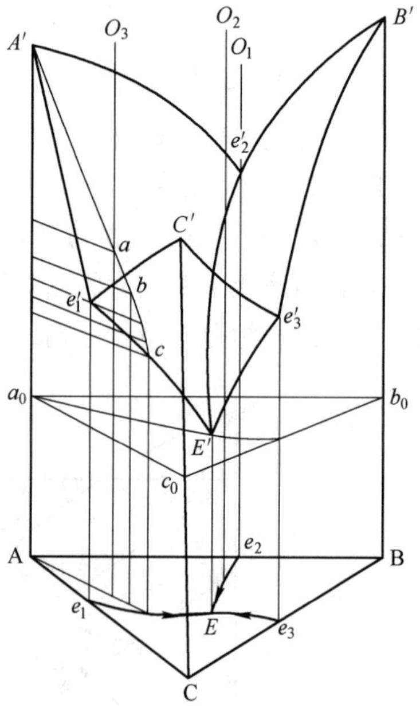

图 2-20 共晶体相图的结晶过程

O_1点：位于 A-B 二元系共晶点的组成处，仅当温度下降到 e'_2（图 2-20）或 e_2（图2-21（a））时才开始析出 A-B 共晶体（L→A+B）。析晶过程中温度保持不变（$f=k-\phi+1=2-3+1=0$），为无变量点。所以冷却曲线上出现水平线段，仅当析晶结束时，温度才继续下降，体系由 A-B 组成。

O_2 点：位于 A-B 二元共晶线 e'_2E'上（图 2-20）或 e_2E（图 2-21（a））上，仅当温度下降到此点的等温线标示的温度时（图 2-21（a），图中未绘出等温线），才开始析出 A-B 二元共晶体，$f=k-\phi+1=3-3+1=1$，此时冷却曲线上出现折点。温度不断下降时，A-B二元共晶体就不断析出，液相的成分沿 $e'_2E'(e_2E)$ 线上的 $e'_2E'(O_2E)$ 方向移动。当温度下降到 $E'(E)$ 时，开始析出三元共晶体 A-B-C，L→A+B+C，$f=k-\phi+1=3-4+1=0$，冷却曲线上又出现水平线段，结晶过程在 E 点结束。

O_3点：O_3点熔体冷却到组分 A 的液相面上的 a 点时（图 2-20），开始析出晶体 A，温度继续下降，液相将沿 a 点和 $A'A$ 垂线所在的平面与此液相面的交线 $A'abc$ 的 abc 段移动，不断析出 A，因为 abc 是等比线。达到 c 点（$A'abc$ 线与 e'_1E'的交点）后，再沿 e'_1E'线的 cE'段移动，不断析出二元共晶体 A-C，最后在 E'点析出三元共晶体 A-B-C。上述过程的投影路线见图 2-21（a），位于 A 初晶区内的 O_3点，在温度达到其所在的等温线的温度

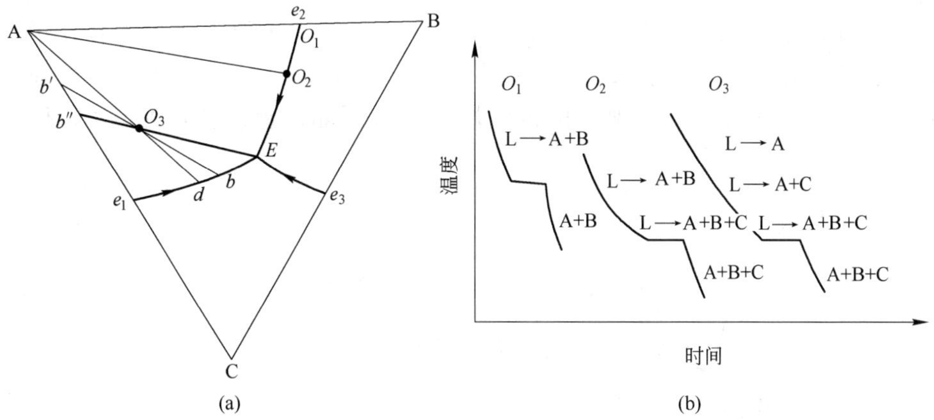

图 2-21 共晶体相图中物系点的结晶过程及冷却曲线

时，开始析出 A，然后沿 AO_3的延长线移动，不断析出 A，到达此延长线与 e_1E 线的交点 d 时，开始析出二元共晶体 A-C，液相再沿 e_1E 线的 dE 段移动，不断析出二元共晶体 A-C，到 E 点时，析出三元共晶体 A-B-C。

在液相结晶过程中，按照直线规则，物系的组成点，液相点及析出的固相点共线，因而连接每一瞬间的液相点与原物系点的直线和三角形一边的交点，即是与液相点平衡的固相点。例如，图 2-21（a）中，dO_3A 结线，bO_3b'结线，EO_3b''结线。A、b'、b''点分别为与液相点 d、b、E 平衡的固相点，其组成可从 AC 边的分度点读出。液相和其析出的固相的质量可由杠杆规则计算出。

例如，设原物系 O_3的质量为 M，对于 bO_3b'，则有

$$\text{液相量 } M_\text{b}=\frac{O_3b'}{bb'}\cdot M,\ \text{固相量 } M'_\text{b}=\frac{O_3b}{bb'}\cdot M$$

在结晶过程中，液相成分变化的途径是 $O_3\to d\to b\to E$，固相成分变化的途径是 $A\to b'\to b''\to O_3$。

2.3.4.2 生成二元化合物的三元系相图

A 生成一个稳定二元化合物的三元系相图

如图 2-22 所示，三角形 AC 边上形成了一个稳定的二元化合物 A_mC_n，用 D 表示其组成点。曲面 $e'_4D'e'_1E'_1e'_3E'_2e'_4$（立体图）或 $e_4De_1E_1e_3E_2e_4$（平面投影图）为其初晶区，此初晶区和 A、B、C 的初晶区彼此相交，共得 5 条二元共晶线 e_1E_1、e_2E_1、e_5E_2、e_4E_2 和 E_1E_2 以及两个三元共晶点 E_1 和 E_2。由于 E_1点位于 B、C、D 三个初晶区的交会点上，故与 E_1点液相平衡的晶相是 B、C、D。同理，E_2 点是 A、B、D 三个初晶区的交会点，因此与 E_2 点液相平衡的三个晶相为 A、B、D。

e_3点是 B-D 二元系相图的二元共晶点，同时又是 B、D 组分点的连线与 B、D 相的平衡分界线 E_1E_2 的交点。在 $E_1e_3E_2$ 线上 e_3是温度的最高点，而在 De_3B 线上它却是温度的最低点，称 e_3点为鞍心点。

由图 2-22 可见，稳定化合物 D 的组成点位于其初晶区 D 内，这是所有稳定化合物（二元或三元）在相图中的特点。由于 D 是稳定化合物，它可以与组分 B 构成二元系，

从而将 A-B-C 三元系划分为两个子三元系 A-B-D 和 B-C-D，而这两个子三元系的相图形式与简单共晶体型三元系完全相同。显然，如果原始熔体组成点位于 A-B-D 子三元系内，则液相必在相应的共晶点 E_2 结束析晶，析晶产物为晶体 A、B 和 D；若原始熔体组成位于 B-C-D 子三元系内，则液相必在 E_1 点结束析晶，析晶产物为 B、C 和 D 三个晶体。

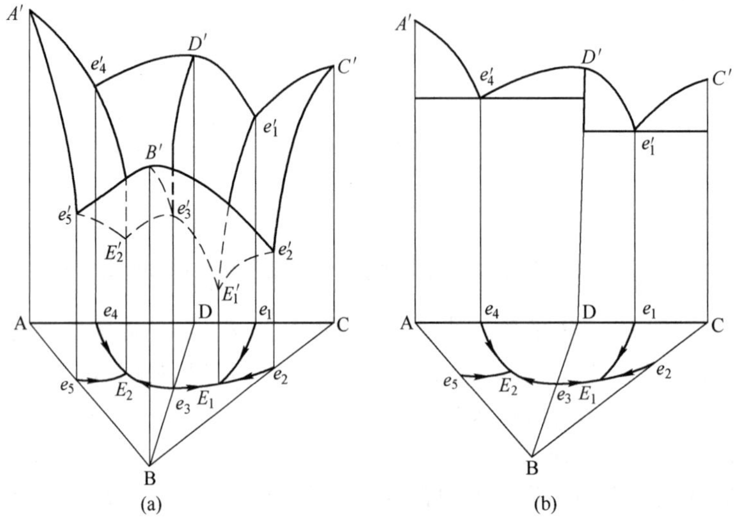

图 2-22　生成一个稳定二元化合物的三元系相图

B　生成一个不稳定二元化合物的三元系相图

如图 2-23 所示，三角形 AB 边上生成了一个不稳定的化合物 A_mB_n，其组成点用 D 表示。在 A-B 二元系内，当体系的组成点位于 Ap'_2 段内时，液相冷却到液相线 $A'p'_1$ 时，开始析出 A，温度不断下降，液相成分沿 $A'p'_1$ 线达到 p'_1 点时，先析出的 A 在此温度与剩余液相 $L_{p'_1}$ 进行转熔反应：$L_{p'_1}+A \rightarrow D$，形成了 A_mB_n，p'_1 点称作二元转熔点。如图 2-23（a）所示，当有第三组分 C 加入，且其量不断增加时，此二元转熔点将不断下降，变为二元转熔线 p'_1P'，它是两固相与液相平衡共存，自由度为 1。p'_1P'线的投影线为 p'_2P（图 2-23（b）），也称二元转熔线。P 点（平面图中）或 P'点（立体图中）是三元转熔点，其转熔反应为 $L_P+A \rightarrow D+C$，这时同时从液相中析出两个固相 D 和 C，体系四相共存，自由度为零，是无变量点。

又由 A-B 二元系相图可见，体系的组成点位于 p'_2B 段内的液相，冷却后在液相线 $p'_1e'_3$ 上将直接析出 D，这是因为在此温度下，化合物能稳定存在，故直接从液相中生成；液相在液相线 $B'e'_3$ 上将析出 B，而剩余液相在共晶温度形成二元共晶体 D-B。当有第三组分 C 加入时，$p'_1e'_3$ 及 $B'e'_3$ 液相线分别扩展为 D 及 B 组分的液相面，它们在立体图中为 $p'_1P'E'e'_3p'_1$ 及 $e'_3E'e'_1B'e'_3$，在投影图中为 $p'_2PEe_3p'_2$ 及 $e_3Ee_1Be_3$。而 e_3E 线为二元共晶点 e'_3 扩展的 e'_3E'二元共晶线的投影线，E 为 E'的投影点，它的相平衡关系是 $L_E \rightarrow B+D+C$，为四相平衡共存点，自由度为零。

由于此化合物是异分熔化化合物，加热未达到其熔点之前就分解了，所以在液相中不能存在，因此，不能作为体系相组成的组分，而规定 D 与对面顶角组分 C 不用实线，而

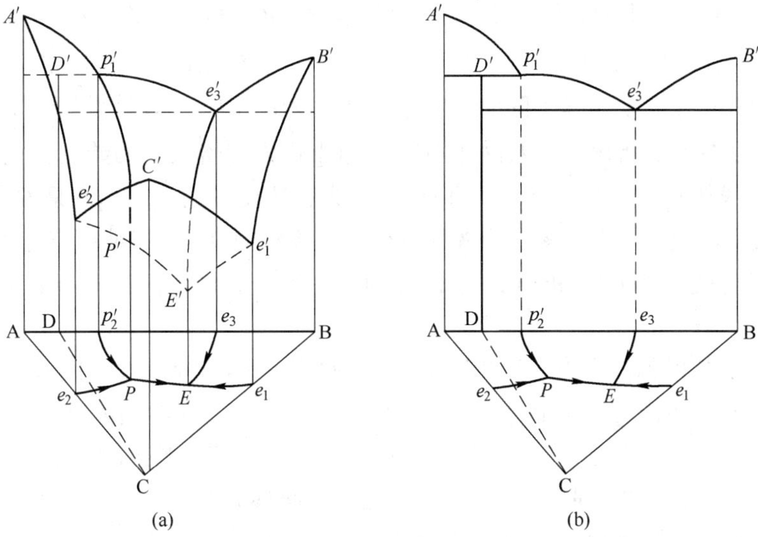

图 2-23 生成一个不稳定二元化合物的三元系相图

改用虚线连接，以示原三角形不能划分为两个独立的子三角形或分相图。由于 D 的液相面低于 D 存在的最高温度，所以 D 就位于其初晶区之外，如图 2-24 所示。这是不稳定二元化合物存在的特点。

图 2-23 中，p'_1 点的位置高于 e'_3 点，所以三角形中三元转熔点 P 的温度就高于三元共晶点 E，PE 线上的箭头应指向 E 点。因此，位于三角形 ADC 内的物系点最后应在 P 点凝固，结晶产物是 A-D-C，因为经过转熔反应后，液相无剩余。位于三角形 BDC 内的物系点最后在 E 点凝固，结晶产物是 D-B-C，因为若发生了转熔反应，转熔反应后液相有剩余。

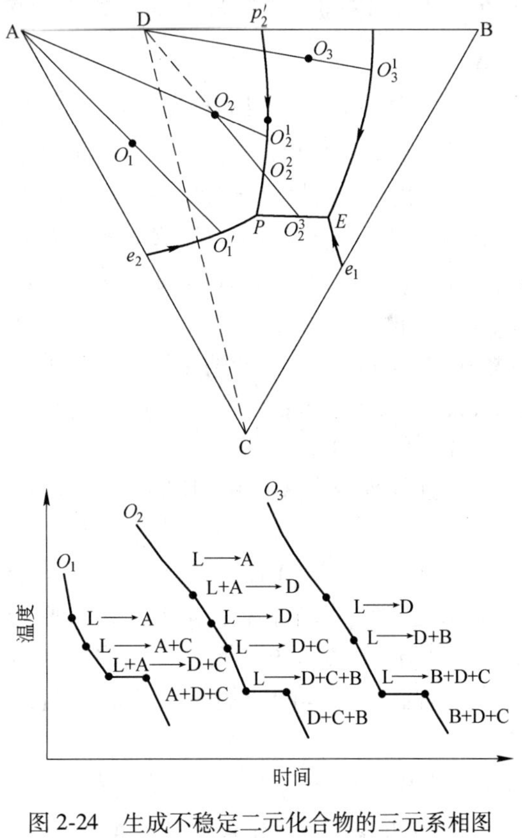

图 2-24 生成不稳定二元化合物的三元系相图物系点的结晶过程及冷却曲线

下面分析几个物系点的结晶过程（见图 2-24）。

O_1 点：位于 A 的初晶区内，液相冷却后，沿 O_1O_1' 段析出 A，达到 e_2P 线的 O_1'，开始析出二元共晶体 A-C，而后再沿 $O_1'P$ 段向 P 点移动，不断析出 A-C，最后在 P 点进行转熔反应：$L_P+A \rightarrow D+C$，液相消耗完，结晶过程结束，结晶产物是 A-D-C。

O_2 点：位于 A 的初晶区内，液相冷却后沿 $O_2O_2^1$ 段析出 A，到达 $p_2'P$ 线上时进行转熔反应（$L_{O_2^1}$+A →D）析出 D。但因 O_2 点位于三角形 DCB 内，其内 A/B 含量比小于 ACD 内的 A/B 含量比，所以在 $O_2^1O_2^2$ 段进行转熔反应后，先析出的 A 被消耗完，而液相有剩余。此剩余的液相在温度继续下降时，将沿 $O_2^2O_2^3$ 段析出 D，然后再沿 O_2^3E 段析出二元共晶体 D-C，最后在 E 点析出三元共晶体 D-B-C。O_2^1 称为转熔反应的始点，它是物系点 O_2 与顶角 A 的连线在 $p_2'P$ 线上的交点，而 O_2^2 点称为转熔反应的终点，它是 O_2 点与 D 点的连线在 $p_2'P$ 线上的交点。由于剩余的液相将继续直接析出 D，所以液相应进入 D 的初晶区内，沿 DO_2 的延长线 $O_2^2O_2^3$（析出 D 的 B/C 的等比线）移动，而后再沿 O_2^3E 段移动，在 E 点结晶结束。

O_3点：位于 D 的初晶区内，液相冷却后沿 DO_3线的延长线 $O_3O_3^1$ 移动，析出 D，然后再沿 O_3^1E 段移动，析出二元共晶体 D-B，最后在 E 点析出三元共晶体 D-C-B。

由以上结晶过程的分析可知，当转熔反应完成后，液相有剩余时，结晶过程就会延续在 D 的初晶区内进行，而结晶在 E 点结束。这一现象称为穿相区现象。穿过 D 初晶区的液相成分变化的直线是物系点和 D 点连线的延长线。只有物系点位于三角形 $Dp_2'P$ 内时，才具有这一特性。

2.3.4.3 生成三元化合物的三元系相图

A 生成一个三元稳定化合物的三元系相图

如图 2-25 所示，形成的稳定三元化合物 $A_mB_nC_p$（用 D 表示其组成点）位于三角形内，并且在其初晶区内。A、B、C、D 的初晶面在浓度三角形内的投影分别为 $Ae_3E_1e_6E_3e_2A$、$Be_2E_3e_4E_2e_1B$、$Ce_3E_1e_5E_2e_1C$、$E_2e_5E_1e_6E_3e_4E_2$。三条连线 AD、BD 和 CD 分别代表一个独立的简单共晶型二元系，而三条连线与其相应界线的交点 e_6、e_4、e_5分别是这 3 个二元系的共晶点。e_6、e_4、e_5也分别是 E_1E_3、E_3E_2 和 E_2E_1三条界线上的温度最高点。A-B-C 三元系被这 3 条连线划分成 A-C-D、B-C-D、A-B-D 3 个子三元系，E_1、E_2 及 E_3分别是它们的三元共晶点（无变量点）。同样地，由于这 3 个子三元系都是简单共晶体型三元系，如果原始熔体的组成位于某个子三元系相图内，则液相析晶过程必然在其相应的三元共晶点结束，最终析晶产物为该子三角形的 3 个顶点组分。

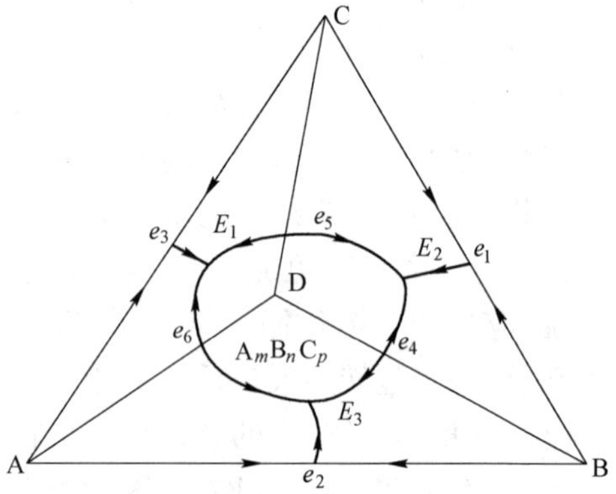

图 2-25 生成一个三元稳定化合物的三元系相图

B 生成一个三元不稳定化合物的三元系相图

在图 2-26 中，三元化合物 D 的组成点位于其初晶区 $E_2PE_1E_2$ 之外，因此是一个不稳定化合物。在此三元系中，可作出 CD、AD、BD 三条连线。连线 CD 与相应的界线 E_1E_2 相交于 m_2，故 m_2 点是此界线上的温度最高点；连线 AD 的延长线与相应的界线 E_2P 相交于 m_1，所以 m_1点为界线 E_2P 上的温度最高点。

在分析图 2-24 时，根据二元无变点的性质确定了三元相图中相应界线的性质。但对于比较复杂的三元相图，通常需要借助于切线规则来确定界线的性质。

如图 2-27 所示。为了判断相界线的性质，可作相界线上该点的切线，其与相界线组分点的连线相交，如此交点在此两组分点连线的延长线上，则相界线上该点液相的析晶具有转熔的关系：L+A →D，远离交点的晶相被转熔；如交点在此两组分点连线之间，则具有共晶的关系 L →A+D；如交点恰在两组分点之一处，则相界线上该点为共晶与转熔的分界点。因此，为求相界线性质的分界点，可从两组分点之一向相界线作切线，得切点 k，图 2-27（a）中 e_1k 段为共晶线，kP 段为转熔线，图 2-27（b）中 e_1k 为转熔线，kE_1 为共晶线。这就是所谓的切线规则。

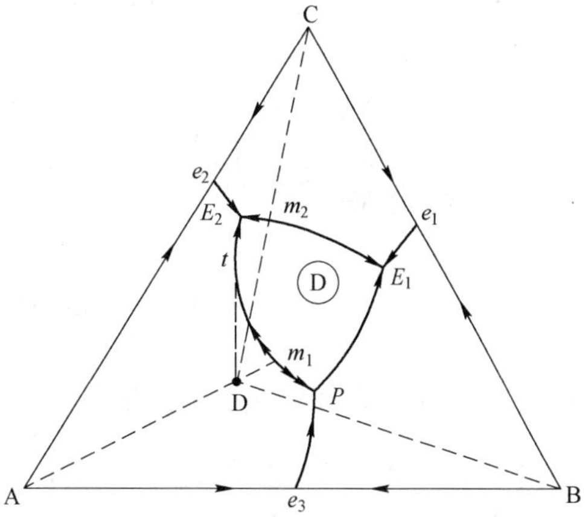

图 2-26　生成一个三元不稳定化合物的三元系相图

运用这一规则，很容易确定图 2-26 中各界线的性质，如 e_1E_1、e_2E_2、e_3P、E_1E_2、PE_1 等界线均为共晶线。但界线 E_2P 上各点的切线与相应的连线 AD 相交有两种情况，即在 E_2t 段（t 点是过 D 点作界线 E_2P 的切线所得的切点），交点在连线 AD 上，因此 E_2t 段具有共晶性质，冷却时从液相中同时析出晶体 A 和 D（L→A+D）；而在 tP 段，交点在连线 AD 的延长线上，因此具有转熔性质，冷却时远离交点的晶体 A 被转熔，析出晶体 D（L+A→D）。显然，t 点是此界线上的转折点。

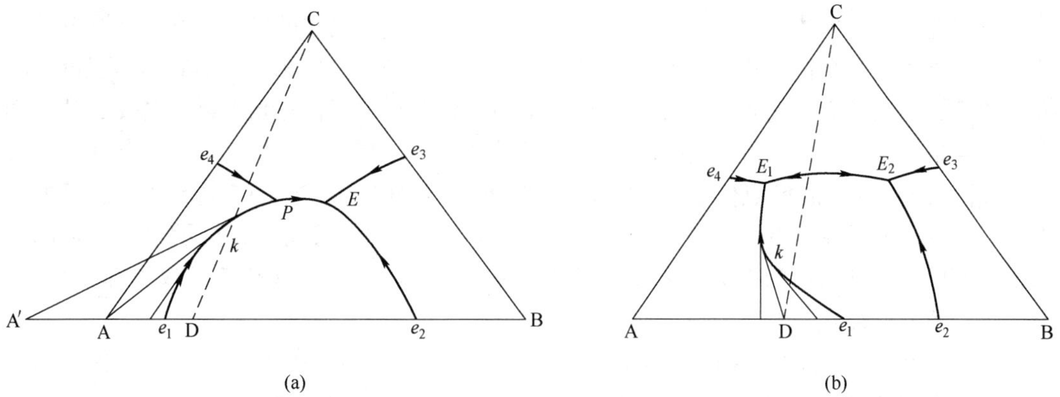

图 2-27　切线规则判断相界线的性质

（a）由稳定的 AB（共晶）转变为不稳定的 AB（转熔）；（b）由不稳定的 AB（转熔）转变为稳定的 AB（共晶）

根据切线规则还可以确定界线上任一点液相的瞬时析晶组成，即界线上任一点的切线与相应连线的交点表示液相冷却到该点温度的瞬间从该点组成的液相中析出的固相的组成，它与体系中固相的总组成是不同的。例如，当分析组成点位于界线上熔体的冷却过程时，可以根据这一规则确定析晶开始的瞬间析出固相的组成点。

图 2-26 中有 E_1、E_2、P 3 个无变量点，因此可划分出 3 个子三元系。根据重心规则，E_1 点位于相应的分三角形 *BCD* 之内，因此是低共熔点；E_2 点位于相应的分三角形 *ACD* 之内，也是低共熔点；而无变量点 *P* 位于其相应的分三角形 *ABD* 之外，因此 *P* 点为转熔点。而且由于 *P* 点处于三角形 *ABD* 的交叉位上，根据交叉位置规则，在 *P* 点发生的相变化是：$L_P + A \rightarrow B + D$。

2.4　冶金中三元系熔渣相图

2.4.1　分析复杂三元系相图的方法

实际的三元系相图通常是由上述几种基本类型的相图构成。根据前述对基本类型三元系相图的分析，可总结出分析复杂三元系相图的基本步骤如下：

（1）判断化合物的性质。根据化合物的组成点是否位于其初晶区内，确定该化合物是稳定化合物还是不稳定化合物。

（2）确定相界线的性质。根据切线规则判断每一条相界线的性质是共晶线或转熔线，用连线规则找出该界线上的温度最高点，再用单箭头（共晶线）或双箭头（转熔线）标出该相界线上的温度下降方向。特别注意的是相界线的性质与相应化合物的性质没有明显的关系。生成不稳定化合物的体系中不一定出现转熔线，而生成稳定化合物的体系中也不一定只出现共晶线。

（3）判断无变量点的性质。无变量点是液相和 3 个固相平衡共存的点，有两种不同的析晶性质：

共晶点：　　$L \longrightarrow S_1 + S_2 + S_3$

转熔点：　　$L + S_1 \longrightarrow S_2 + S_3$

不同性质的点取决于该无变量点位于各平衡的固相点所构成的三角形之内还是其外的位置。位于该三角形内重心位的是三元共晶点，交于该点的三条相界线上有指示温度下降方向的箭头指向此无变量点，此无变量点是结晶的终点；位于该三角形之外的交叉位上的无变量点是转熔点，位于此三角形一边外侧及其他两边或其延长边范围内的点称为交叉位，如图 2-27（a）的 *P* 点位于三角形 *DAC* 的 *DC* 边外侧及 *AD* 边、*AC* 边延长线包括的范围内，所以 *P* 点为交叉位。与 *P* 点相连的三条相界线中，两条线上有指示温度下降的箭头指向该点，另一条上的箭头则离开该点，这种无变量点又称为双升点（或单降点），它不一定是结晶的终点。

（4）划分子三角形。连接相邻初晶区组分的成分点构成子三角形，将复杂三元系分解成多个基本类型的子三元系。连线不能互相相交，若连线相交时，由实验方法或热力学原理确定哪一条连线正确。很显然，体系中子三角形的数目应与无变量点的个数相等。

（5）分析组分点的冷却结晶过程。按照上述步骤对复杂三元系相图进行分析之后，就可以分析复杂三元系中任意熔体组分点的冷却结晶过程。其一般步骤为：根据给定熔体的组成，在浓度三角形中找到点的位置；由点所在的等温线，确定熔体开始结晶的温度；根据点所在的初晶面，确定析出的初晶体组成；根据点所在的子三角形，确定冷却结晶的终点以及结晶终了的固相组成。

2.4.2 $CaO-SiO_2-Al_2O_3$三元系相图

图 2-28 是 $CaO-SiO_2-Al_2O_3$三元系相图，该相图不仅是一些冶金的重要炉渣基本体系，而且在硅酸盐材料领域也有非常重要的地位。图 2-29 表明了高炉渣以及各种硅酸盐材料在此三元系中的大致组成范围。

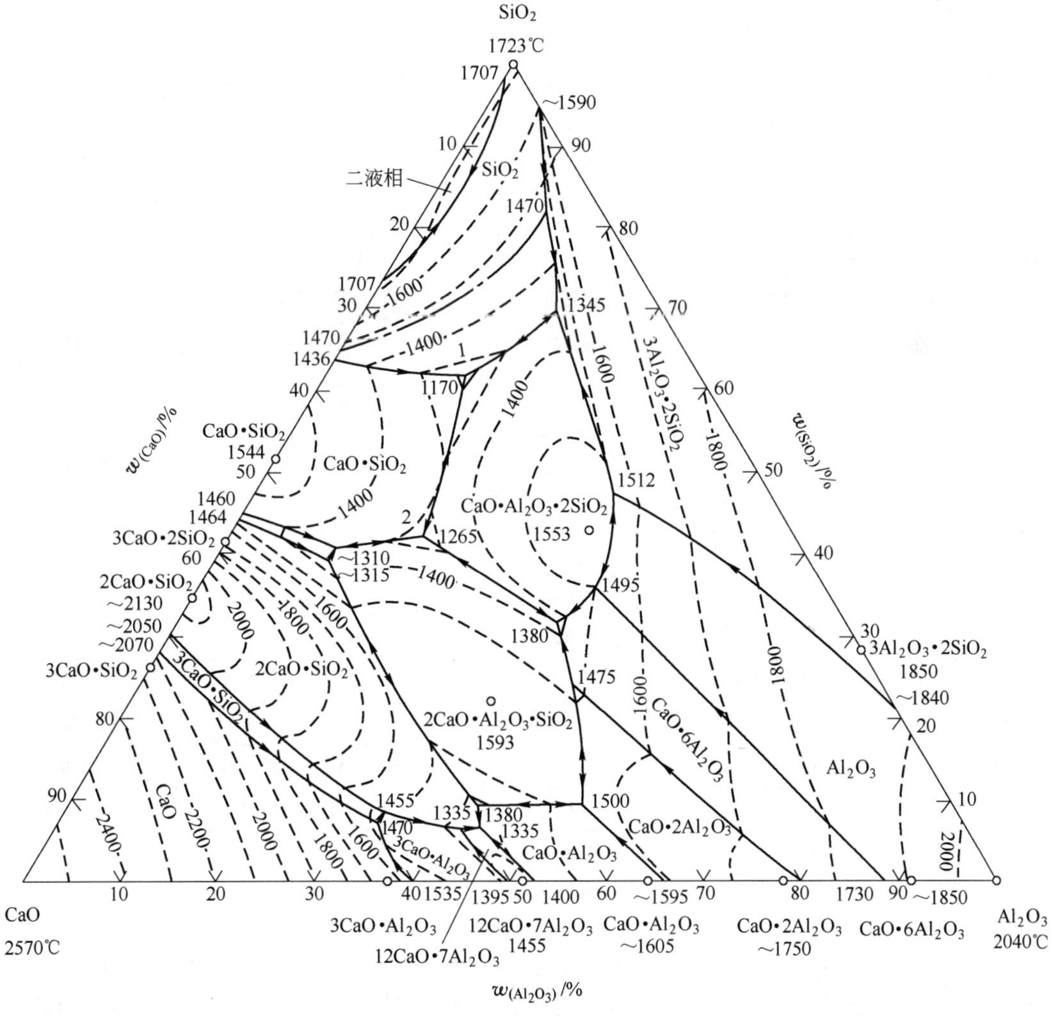

图 2-28 $CaO-SiO_2-Al_2O_3$ 三元系相图

应用 2.4.1 节中的方法分析该相图如下：体系有 10 个二元化合物（其中稳定化合物有 α-CS、C_2S、A_3S_2、$C_{12}A_7$、CA 和 CA_2，不稳定化合物有 C_3S_2、C_3S、C_3A 和 CA_6）和两个三元稳定化合物（CAS_2 和 C_2AS），再加上 CaO、SiO_2、Al_2O_3，因此该三元系相图中共有 15 个组分及 15 个与之相应的初晶区。所有化合物的名称及其熔点（或分解温度）列于表 2-1 中。

表 2-1 $CaO-SiO_2-Al_2O_3$ 系中的化合物

化 合 物	熔点或分解温度/℃	化 合 物	熔点或分解温度/℃
钙长石 CAS_2	1553	莫来石 A_3S_2	1850
铝方柱石 C_2AS	1593	铝酸三钙 C_3A	1535（分解）
硅灰石 α-CS	1544	$C_{12}A_7$	1455
硅钙石 C_3S_2	1475（分解）	铝酸钙 CA	1605
硅酸二钙 C_2S	2130	二铝酸钙 CA_2	1750
硅酸三钙 C_3S	1900（分解）	六铝酸钙 CA_6	1830（分解）

图 2-28 对应于 15 个无变点，可划分出 15 个子三角形。其中 8 个为共晶点，对应于 8 个独立的子三角形，其余 7 个为转熔点。表 2-2 列出了全部的无变量点、无变量点的性质、无变量点对应的子三角形及相平衡关系。

表 2-2 $CaO-SiO_2-Al_2O_3$ 系中的无变量点

无变量点	对应子三角形	性 质	相平衡关系	温度/℃
1	SiO_2-α-CS-CAS_2	共晶点	$L \longrightarrow SiO_2+CAS_2+$α-CS	1170
2	CAS_2-C_2AS-α-CS	共晶点	$L \longrightarrow CAS_2+C_2AS+$α-CS	1310
3	C_2AS-C_3S_2-α-CS	共晶点	$L \longrightarrow C_2AS+C_3S_2+$α-CS	1380
4	C_3S_2-C_2AS-C_2S	转熔点	$L+C_2S \longrightarrow C_3S_2+C_2AS$	1315
5	C_2S-C_2AS-CA	转熔点	$L+C_2AS \longrightarrow C_2S+CA$	1380
6	C_2S-CA-$C_{12}A_7$	共晶点	$L \longrightarrow C_2S+CA+C_{12}A_7$	1335
7	C_2S-C_3A-$C_{12}A_7$	共晶点	$L \longrightarrow C_2S+C_3A+C_{12}A_7$	1335
8	C_3S-C_2S-C_3A	转熔点	$L+C_3S \longrightarrow C_2S+C_3A$	1455
9	CaO-C_3S-C_3A	转熔点	$L+CaO \longrightarrow C_3S+C_3A$	1470
10	C_2AS-CA-CA_2	共晶点	$L \longrightarrow C_2AS+CA+CA_2$	1505
11	C_2AS-CA_2-CA_6	转熔点	$L+CA_2 \longrightarrow C_2AS+CA_6$	1475
12	CAS_2-C_2AS-CA_6	共晶点	$L \longrightarrow CAS_2+C_2AS+CA_6$	1380
13	Al_2O_3-CAS_2-CA_6	转熔点	$L+Al_2O_3 \longrightarrow CAS_2+CA_6$	1495
14	Al_2O_3-CAS_2-A_3S_2	转熔点	$L+Al_2O_3 \longrightarrow CAS_2+A_3S_2$	1512
15	SiO_2-CAS_2-A_3S_2	共晶点	$L \longrightarrow CAS_2+A_3S_2+SiO_2$	1345

相图中靠近 SiO_2 顶角，紧接 $CaO-SiO_2$ 边有一个液相分层区，它是由 $CaO-SiO_2$ 二元系中的液相分层区因 Al_2O_3 的加入而发展来的；在 SiO_2 初晶区内，有一条方石英与鳞石英之间的晶型转变线（图中用点画线表示）。

由图 2-28 及表 2-2 可见，该体系在组成（质量分数）为 62% SiO_2、23% CaO、15% Al_2O_3 和 42% SiO_2、38% CaO、20% Al_2O_3 处分别是三元低共熔点 1 和 2，其平衡温度分别为 1170℃ 和 1310℃。组成位于以这些低共熔点为中心的周围区域中的炉渣体系具有较低的熔化温度，因此高炉渣的组成通常位于此区域内，如图 2-29 所示。

【例题】 应用 $CaO-SiO_2-Al_2O_3$ 系相图计算组成为 $w_{(CaO)} = 40.53\%$，$w_{(SiO_2)} = 32.94\%$，$w_{(Al_2O_3)} = 17.23\%$，$w_{(MgO)} = 2.53\%$ 的炉渣凝固后的相成分。

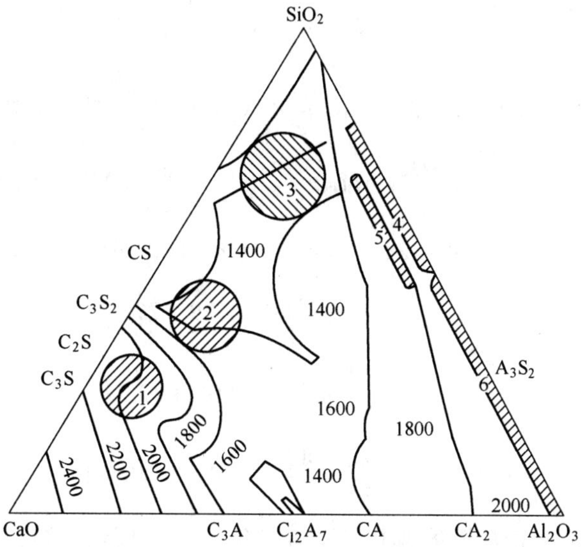

图 2-29　$CaO\text{-}SiO_2\text{-}Al_2O_3$ 体系中各种材料的组成范围

1—硅酸盐水泥；2—高炉渣；3—玻璃；4—耐火材料；

5—陶瓷；6—高铝砖、莫来石、刚玉

解：已知组成的炉渣有 4 个组分，需换算成 3 个组分（伪三元系）的质量分数，才能利用 $CaO\text{-}SiO_2\text{-}Al_2O_3$ 系相图计算其凝固后的相成分。

炉渣组分总量为 93.23%，可将 MgO 并入 CaO 内，重新计算，使组分之和为 100%，得 $w_{(CaO)}=46.19\%$，$w_{(SiO_2)}=35.33\%$，$w_{(Al_2O_3)}=18.48\%$。

由图 2-30 可见，上述组成的高炉渣位于三角形 $CS\text{-}C_3S_2\text{-}C_2AS$ 内的 O 点，因此凝固的相成分为 CS、C_3S_2、C_2AS。现分别用杠杆规则及重心规则计算其相成分。

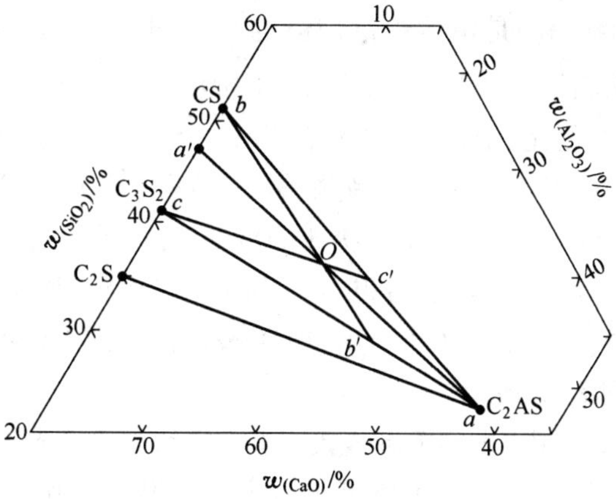

图 2-30　相成分计算图

（1）杠杆规则法。连接三角形顶角（CS）b 与 O 点的直线，交 ca 边上的 b'点。设 O 点代表的炉渣质量为 100kg，三个固相质量分数分别为 $w_{(CS)}$、$w_{(C_3S_2)}$、$w_{(C_2AS)}$，在 bb'杠杆上：

$$w_{(CS)} = \frac{b'O}{bb'} \times 100\%,\quad w_{b'} = \frac{bO}{bb'} \times 100\%$$

又在 $cb'a$ 杠杆上，求 $w_{(C_3S_2)}$ 和 $w_{(C_2AS)}$，并代入 $w_{b'} = \frac{bO}{bb'} \times 100\%$ 得：

$$w_{(C_3S_2)} = \frac{b'a}{ca} \cdot \frac{bO}{bb'} \times 100\%,\quad w_{(C_2AS)} = \frac{cb'}{ca} \cdot \frac{bO}{bb'} \times 100\%$$

从图中分别量得 $b'O=7$，$bb'=24$，$bO=17$，$b'a=12$，$ca=34$，$cb'=22$，代入上式得：

$$w_{(CS)} = \frac{7}{24} \times 100\% = 29.17\%$$

$$w_{(C_3S_2)} = \frac{12}{34} \times \frac{17}{24} \times 100\% = 25\%$$

$$w_{(C_2AS)} = \frac{22}{34} \times \frac{17}{24} \times 100\% = 45.83\%$$

（2）重心规则法。由 O 点分别用直线与三角形 3 个顶角连接，并延长与对边相交，得交点 a'、b'、c'，则

$$w_{(CS)} = \frac{Ob'}{bb'} \times 100\% = \frac{7}{24} \times 100\% = 29.17\%$$

$$w_{(C_3S_2)} = \frac{Oc'}{Cc'} \times 100\% = \frac{5.5}{22} \times 100\% = 25\%$$

$$w_{(C_2AS)} = \frac{Oa'}{aa'} \times 100\% = \frac{16}{35} \times 100\% = 45.71\%$$

可见，用重心规则计算比杠杆法简单。

2.4.3 CaO-SiO_2-FeO 三元系相图

CaO-SiO_2-FeO 三元系相图是碱性炼钢炉渣的基本相图，同时也是大多数有色冶金炉渣（如炼铜炉渣、炼锡炉渣）的相图，如图 2-31 所示。

该三元渣系中有 4 个稳定化合物：硅灰石 CaO · SiO_2(CS)，熔点为 1544℃；正硅酸钙 2CaO · SiO_2(C_2S)，熔点为 2130℃；铁橄榄石 2FeO · SiO_2(F_2S)，熔点为 1208℃；钙铁橄榄石 CaO · FeO · SiO_2（CFS），熔点为 1230℃。两个不稳定化合物：硅钙石 3CaO · 2SiO_2（C_3S_2），1464℃分解；硅酸三钙 3CaO · SiO_2（C_3S），1250～1900℃间稳定。再计入 SiO_2、CS 和 C_2S 存在晶型转变（图中用点画线表示），则 CaO-SiO_2-FeO 三元系相图中存在 12 个初晶区，如图 2-32 所示。

由图 2-31 可以看出，图中 CS 与 F_2S 连接线上靠近铁橄榄石的一个斜长带状区域是该三元系熔化温度比较低的区域。熔化温度最低点位于 45%FeO、20%CaO、35%SiO_2 附近，约为 1093℃。以此点为核心向周围扩展的低熔点区域，都是可供选用的三元冶金炉渣的组成范围。而靠近 CaO 顶角和 SiO_2 顶角区域的熔化温度都很高，冶金炉渣的组成应避开这些区域。当然，炉渣的选择还取决于熔炼时冶金炉内要求达到的温度。如果熔炼的温度较高，渣组成的选择范围便可宽一些；反之，炉渣组成的选择范围须窄一些。同时还应该考虑炉渣的其他性质对熔炼过程的影响，比如黏度、密度、电导率、对主金属的溶解能力等。

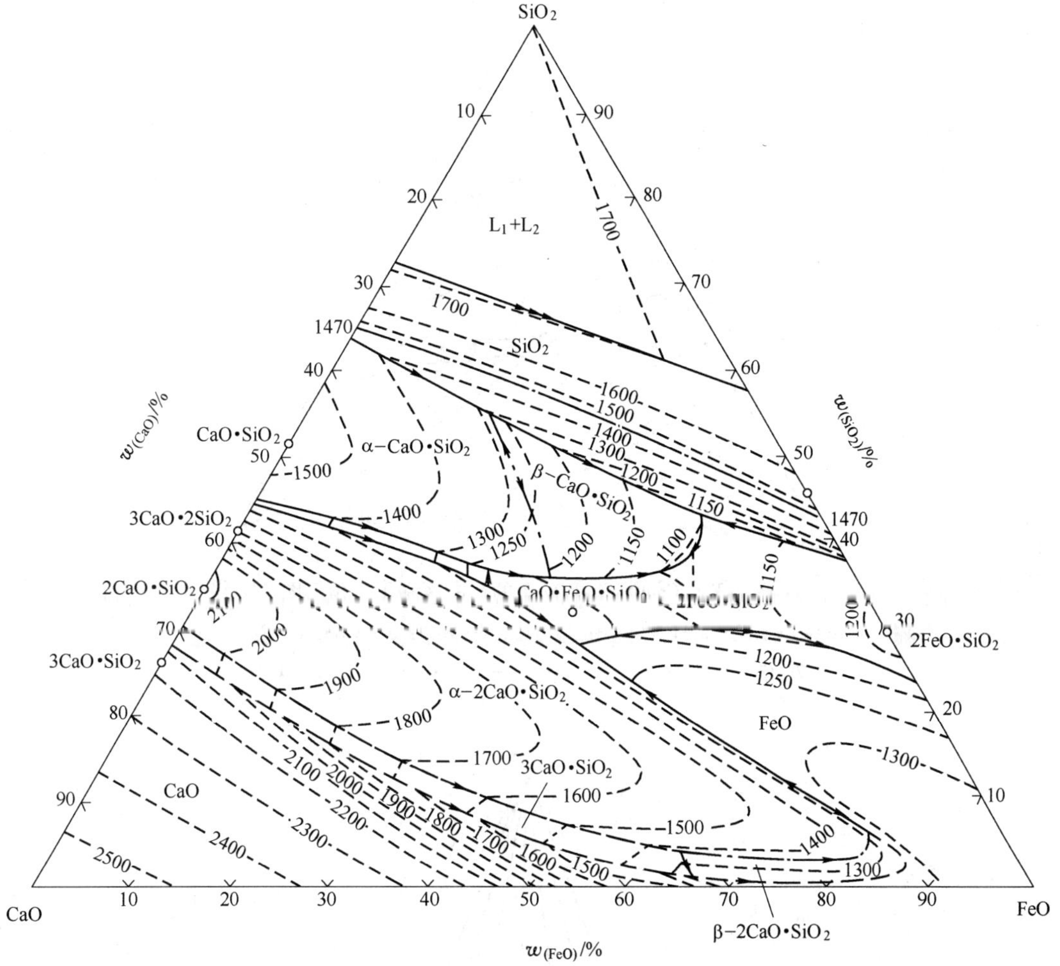

图 2-31　CaO-SiO_2-FeO 三元系相图

根据图 2-31 中的等温线，可以绘制出该体系给定温度下的等温截面图。图 2-33 是 CaO-SiO_2-FeO 三元系在 1400℃时的等温截面图。图中标出了各相区内平衡共存的相。利用该图可以了解在 1400℃下熔渣所处的状态，以及熔渣组成改变时相态变化的情况，从而控制熔渣的状态及性质。下面利用 CaO-SiO_2-FeO 三元系的等温截面图分析氧气顶吹转炉炼钢过程中初渣和终渣成分范围的选择，为正确选择吹炼过程的工艺参数指明方向。

炼钢炉渣实际上是非常复杂的多元组分体系，其中不但含有 CaO、MnO、MgO、FeO、Fe_2O_3、Al_2O_3、SiO_2、P_2O_5等氧化物，而且含有 CaF_2、CaS 等成分。但在吹炼过程中，CaO、SiO_2 及 FeO 3 个主要组分质量分数的和变化不大，约为 80%。因此，通常可将含量少的组分并入这 3 个主要组分中，如将 Al_2O_3、P_2O_5并入 SiO_2 中，MnO、MgO 并入 CaO 中，从而将转炉炼钢炉渣简化为 CaO- SiO_2-FeO 的三元系。图 2-34 是简化了的 CaO-SiO_2-FeO 三元系在炼钢温度下（1600℃）的等温截面图，图中的数字及其表示的含义与图 2-33 中的相同。

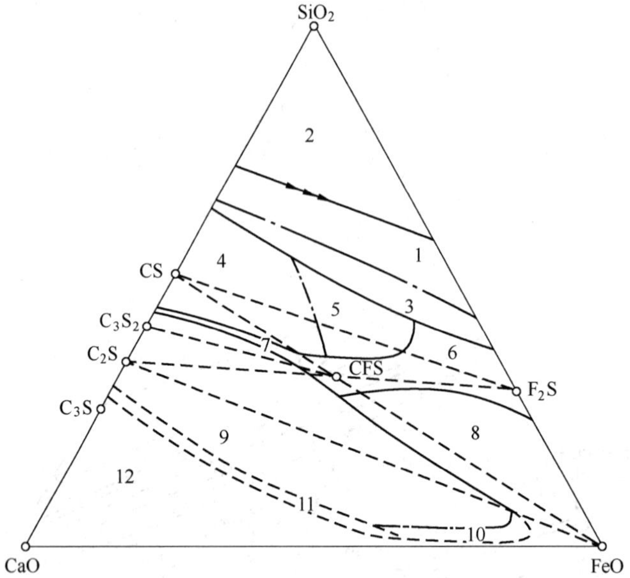

图 2-32　$CaO-SiO_2-FeO$ 系的初晶区和子三角形图

1—方石英；2—L_1+L_2；3—鳞石英；4—α-CS；5—β-CS；6—F_2S；7—CS_2；8—FeO；9—α-C_2S；10—β-C_2S；11—C_3S；12—CaO

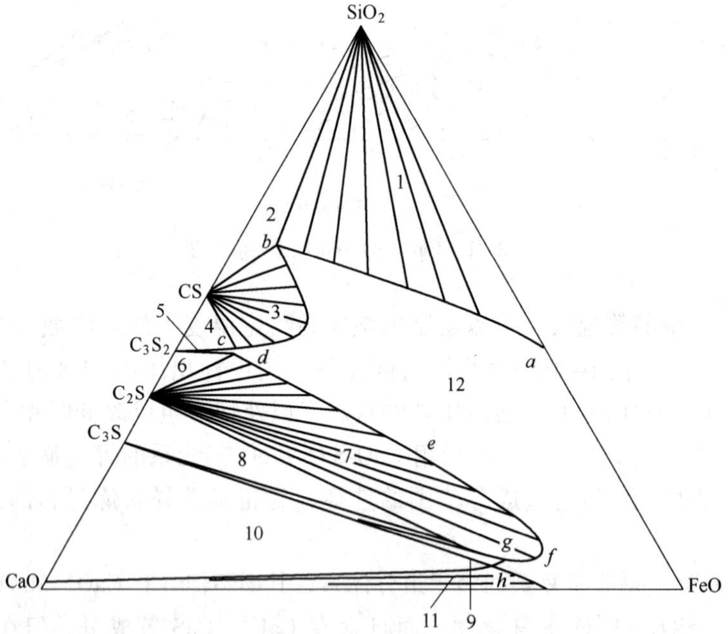

图 2-33　$CaO-SiO_2-FeO$ 三元系 1400℃时的等温截面

1—L+鳞石英；2—L+α-CS+鳞石英；3—L+α-CS；4—L+α-CS+C_3S_2；5—L+C_3S_2；6—L+C_3S_2+C_2S；7—L+C_2S；8—L+C_2S+C_3S；9—L+C_3S；10—L+C_3S+CaO；11—L+CaO；12—液相（L）

氧气顶吹转炉炼钢的吹炼初期，铁水中的硅、锰、铁氧化，迅速形成含$\sum$FeO（表示

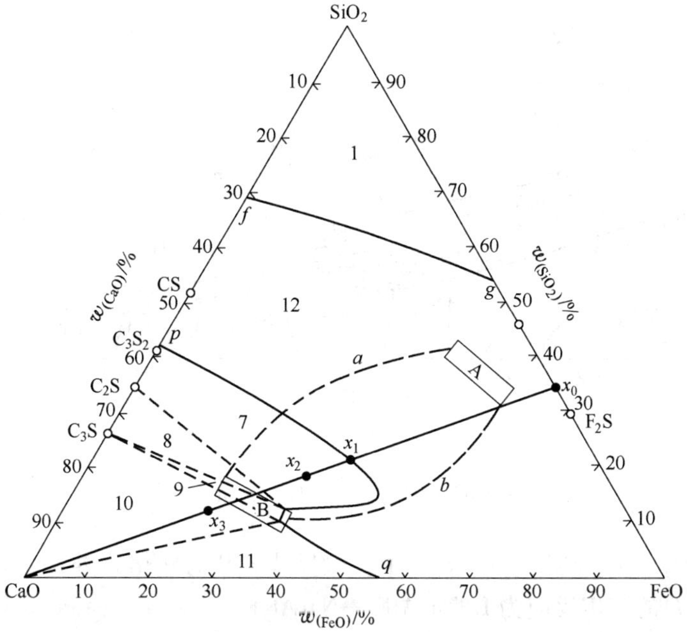

图 2-34 炼钢过程中炉渣成分变化的途径

渣中 $FeO+Fe_2O_3$的总和）很高的炉渣，假设其组成位于图 2-34 中 SiO_2-FeO 边上的 x_0点。为了在吹炼过程中去除铁水中的磷和硫，需要加入石灰造渣料。随着吹炼的进行，熔池温度上升，石灰逐渐溶解于初期渣中，形成初期渣的组成大体上位于图 2-34 中的 A 区。为了脱除钢中的磷和硫，终渣成分须达到图中的 B 区。图中标出了炉渣成分从 A 区变化到 B 区的两条不同途径 a 和 b。当炉渣中$\sum$FeO 含量缓慢增加时，由于 CaO 的造渣作用使得熔渣内 FeO 含量较低，因此炉渣成分将沿途径 a 到达 B 区，这时必须通过液固两相区（L+C_2S），渣中出现固相 C_2S，导致石灰块表面形成致密的 C_2S 壳层，阻碍石灰在熔渣中的进一步溶解，导致炉渣黏度较大，不利于磷、硫的脱除，为了加速石灰的溶解和造渣，生产上必须采取适当的措施，如提高熔池温度、加入添加剂或熔剂（如 MgO、MnO、CaF_2、Al_2O_3、Fe_2O_3）降低炉渣熔化温度等。如果渣中 FeO 含量增加速度比较快，以致熔渣内始终保持较高的$\sum$FeO 含量，熔渣成分则在单一液相区内沿途径 b 到达 B 区，此时熔渣黏度较小，有利于快速脱磷和脱硫。通过以上分析可知，炉渣中$\sum$FeO 含量的增加速度直接影响到石灰的溶解，是促使石灰加速造渣的关键，进而影响熔渣的状态和性质以及杂质的脱除效果。

2.4.4 Na_3AlF_6-AlF_3-Al_2O_3三元系相图

Na_3AlF_6-AlF_3-Al_2O_3 三元系相图是研究工业铝电解的熔盐电解质的基础相图。由于 AlF_3的挥发性很大，对 AlF_3-Al_2O_3二元系的研究基本上还是空白，因此至今还没有一个完整的Na_3AlF_6-AlF_3-Al_2O_3三元系相图。如图 2-35 所示的相图也只限于对铝电解有实际意义的冰晶石。

图中共有 4 个初晶区，分别是 Na_3AlF_6、AlF_3、$Na_5Al_3F_{14}$和 Al_2O_3的初晶区。

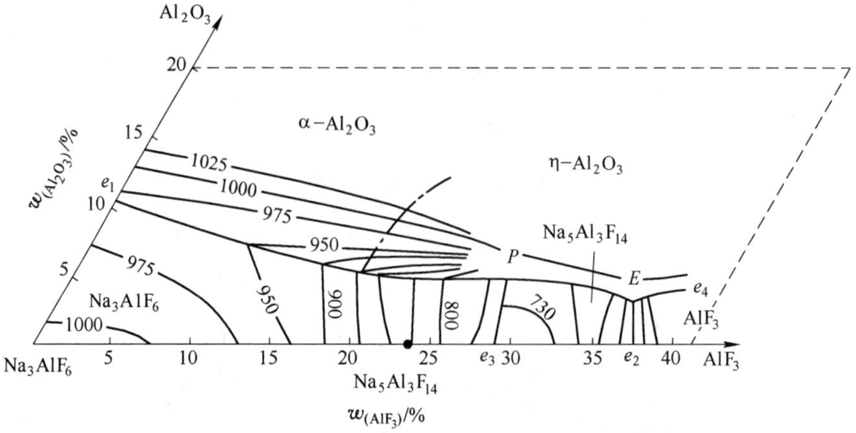

图 2-35 Na_3AlF_6-AlF_3-Al_2O_3 三元系相图

5 条界线 e_1P，e_3P，PE，e_2E，e_4E 中，除界线 e_3P 为转熔线外，其余 4 条界线均为共晶线。界线 e_3P 的转熔反应为 L+Na_3AlF_6→$Na_5Al_3F_{14}$。

无变量点 E 为三元共晶点，是整个体系的最低熔化温度点（684℃），其组成为 59.5%$Na_5Al_3F_{14}$，37.3%AlF_3和 3.2%Al_2O_3。在该点上发生如下的共晶反应：

$$L_E \longrightarrow Na_5Al_3F_{14} + AlF_3 + Al_2O_3$$

即从熔体中同时析出亚冰晶石、氟化铝和氧化铝的晶体。

无变量点 P 是三元转熔点，组成为 67.3%Na_3AlF_6，28.3%AlF_3，4.4%Al_2O_3，温度为 723℃。在该点上发生转熔反应，生成亚冰晶石和氧化铝晶体：

$$L_P + Na_3AlF_6 \longrightarrow Na_5Al_3F_{14} + Al_2O_3$$

图中还标出了相关二元系的二元无变量点，其中 e_1 是 Na_3AlF_6-Al_2O_3二元系的共晶点（961℃），e_2 和 e_3 分别是 Na_3AlF_6-AlF_3二元系的共晶点（694℃）和转熔点（740℃），e_4 则是 AlF_3-Al_2O_3二元系的共晶点（684℃，图中未标出）。

由图可以看出，在 Na_3AlF_6-Al_2O_3二元系中添加 AlF_3后，初晶温度显著降低。在铝电解生产中，综合考虑熔化温度、黏度、电导率、密度等物理化学性质，常采用的电解质组成为 86%~88%Na_3AlF_6，8%~10%AlF_3，3%~5%Al_2O_3，电解质温度为 950~970℃，仅比电解质的初晶温度高 10~20℃。

习题与工程案例思考题

习　题

2-1 试从 CaO-SiO_2 系相图中说明（1）SiO_2 为 25%；（2）SiO_2 为 35%；（3）SiO_2 为 90%的熔体冷却过程中相态的变化。

2-2 在三元系 A-B-C 的浓度三角形中，画出熔体的组成点 a（10%A，70%B，20%C）、b（10%A，20%B，70%C）、c（70%A，20%B，10%C），并说明其变化规律。若将 3kg a 熔体与 2kg b 熔体和 5kg c 熔体混合，试依据杠杆规则用作图法和计算法求出混合后熔体的组成点。

2-3 绘出 $CaO-SiO_2-Al_2O_3$ 系中 $w_{(CaO)}/w_{(SiO_2)}=1.2$ 的等比线。

2-4 如何正确判断无变量点的性质，它与化合物的性质和界线的性质有何联系？

2-5 在进行三元系中某一熔体的冷却过程分析时，有哪些基本规律？

2-6 图 2-36 为三元系相图。(1) 写出各界线上的平衡反应；(2) 写出 P，E 两个无变量点的平衡反应；(3) 绘出图中物系点为 a、b、c、d、e 点的结晶路线及冷却曲线。

2-7 根据 $CaO-SiO_2-FeO$ 系相图，指出下列组成（质量分数）熔体的熔点及冷却时首先析出什么物质？(1) CaO 15%、FeO 25%、SiO_2 60%；(2) CaO 60%、FeO 10%、SiO_2 30%；(3) CaO 5%、FeO 80%、SiO_2 15%；(4) CaO 40%、FeO 40%、SiO_2 20%；(5) CaO 10%、FeO 55%、SiO_2 35%；(6) CaO 20%、FeO 45%、SiO_2 35%。

2-8 试从 $CaO-SiO_2-Al_2O_3$ 系相图计算组成为 40.53%CaO，32.94%SiO_2，17.23%Al_2O_3 及 2.55%MgO 的熔渣冷却过程中液相及固相成分的变化。并计算凝固后的相成分。

2-9 试说明如何绘制三元系等温截面图。

2-10 请绘出 $CaO-SiO_2-FeO$ 系相图中 1500℃的等温截面图，标出各相区的相平衡关系。指出组成为 55% CaO，25%SiO_2 及 20%FeO 的熔渣在此温度析出什么相，并求出与此析出相平衡的液相成分，用杠杆规则计算平衡的此两相的质量比。怎样才能使此熔渣中的固相减少或消除？

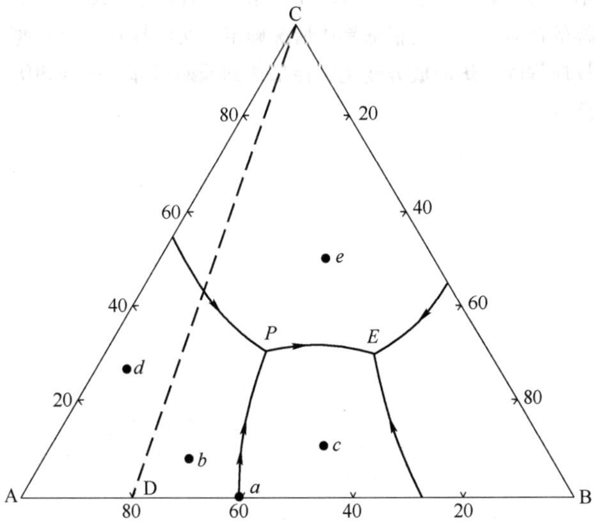

图 2-36 生成一个不稳定二元化合物的相图

工程案例思考题

案例 2-1 高炉炼铁适宜炉渣成分的确定

案例内容：

(1) 炉渣成分对高炉炼铁的意义；

(2) 适宜炉渣成分对高炉炼铁的积极作用；

(3) 高炉炼铁炉渣成分的确定原则；

(4) 高炉炼铁炉渣成分的确定过程。

高炉炼铁过程中，高炉炉缸排出的炉渣温度约为 1550℃，考虑炉缸内的温度波动，要求炉渣熔点一般不能高于 1400℃，否则可能导致炉渣不能完全熔化而无法从高炉顺利排出，从而影响高炉的顺行。根据高炉炉渣三元系相图，从炉渣的熔点，黏度，脱硫能力等要求出发，选择炉渣的合理组成。

案例 2-2 添加 MgO 降低烧结矿低温烧结粉化分析

案例内容：

（1）烧结矿低温粉化产生的原因；

（2）烧结矿低温粉化对炼铁过程的危害；

（3）MgO 在烧结矿中的作用；

（4）MgO 降低烧结矿低温烧结矿粉化的原理。

烧结矿在三氧化二铁还原为四氧化三铁时，将产生体积膨胀。低温条件下，由于烧结矿脆性较大，自身无法吸收伴随还原发生的膨胀，导致产生烧结矿粉化现象，此现象被称为烧结矿低温还原粉化。利用 MgO-FeO 相图和 MgO-Fe_2O_3 相图分析添加 MgO 可以降低烧结矿低温烧结粉化的程度。

案例 2-3 氧气顶吹转炉炼钢吹炼工艺路线的选择

案例内容：

（1）氧气顶吹转炉炼钢吹炼工艺的基本特征；

（2）氧气顶吹转炉炼钢需要达到的目的；

（3）氧气顶吹转炉炼钢吹炼工艺路线的选择标准；

（4）氧气顶吹转炉炼钢吹炼工艺路线的选择方法。

氧气顶吹转炉炼钢冶炼时间短，一台 300t 的转炉，冶炼时间仅需 20~45min，因此，造渣制度的选择非常重要。选择什么样的造渣路线，要根据具体情况确定。实际操作中是根据冶炼铁水的成分，通过控制合适的温度、碳氧反应程度、炉渣成分变化路径来达到预期目标。根据 SiO_2-FeO-CaO 相图分析高磷铁水和低磷铁水的造渣路线。

3 冶金熔体的结构与性质

3.1 概　　述

冶金熔体是火法冶金中的反应介质和反应产物。它包括元素互溶形成的金属熔体（如高炉炼铁中的铁水、各种炼钢工艺中的钢水、火法炼铜中的粗铜液、铝电解得到的铝液等）、氧化物互溶形成的熔渣、有色冶金中用于金属及其合金的电解生产与精炼的熔盐、硫化物互溶形成的熔锍。由于熔渣、熔盐和熔锍的主要成分均为各种金属或非金属的化合物，而不是金属，因此通常又将这三类熔体统称为非金属熔体。

炉渣主要是由各种氧化物熔合而成的熔体。其来源有矿石或精矿中的脉石、为满足冶炼过程需要而加入的熔剂、冶炼过程中金属或化合物（如硫化物）的氧化产物、被侵蚀和冲刷下来的炉衬材料等。根据炉渣在冶炼过程中的作用不同，将炉渣分为四类。

（1）冶炼渣。这种炉渣是在以矿石或精矿为原料、以粗金属或熔锍为冶炼产物的熔炼过程中生成的，这种炉渣的主要作用在于汇集炉料（矿石或精矿、燃料、熔剂等）中的全部脉石成分、灰分以及大部分杂质，从而使其与熔融的主要冶炼产物（金属、熔锍等）分离。例如，高炉炼铁的铁矿石中含有大量的脉石，在冶炼过程中，脉石成分（如 Al_2O_3、CaO、SiO_2 等）与燃料（焦炭）中的灰分以及为改善熔渣的物理化学性能而加入的熔剂（石灰石、白云石、硅石等）反应，形成炉渣，从而与金属铁分离。

（2）精炼渣。精炼渣是粗金属精炼过程的产物，其主要作用是捕集粗金属中杂质元素的氧化产物，使之与主金属分离。例如，在炼钢时，原料（生铁或废钢）中杂质元素的氧化产物（FeO、Fe_2O_3、SiO_2、MnO、TiO_2、P_2O_5 等）与加入的造渣熔剂（如 CaO 等）融合成炉渣，以除去钢液中的硅、锰、磷等有害杂质，同时吸收钢液中的非金属夹杂物，并可以防止金属熔体被氧化性气体氧化，减小有害气体（如氢气、氮气）在金属熔体中的溶解。在电炉炼钢中炉渣还起到电阻发热体的作用。

（3）富集渣。富集渣的作用在于使原料中的某些有用成分富集于炉渣中，以便在后续工序中将它们回收利用。例如，以钛铁精矿（$FeO \cdot TiO_2$）为原料提取金属钛时，精矿中主要伴生物质为氧化铁（约占 40%~80%）。为了将钛与铁分离并富集钛，生产中一般先将钛铁精矿在电弧炉中进行还原熔炼，使氧化铁还原成生铁而除去，得到 $w_{(TiO_2)}$ 为 80%~85%的高钛渣；然后从高钛渣中进一步提取金属钛。

（4）合成渣。合成渣是指为达到一定的冶炼目的，按一定成分预先配制的渣料熔合而成的炉渣，如电渣重熔渣、铸钢用的保护渣及炉外精炼用渣。这些炉渣所起的冶金作用差别很大。例如，保护渣的主要作用是覆盖在熔融金属表面，将其与大气隔离开来，防止其二次氧化，从而使金属免受污染。而电渣重熔渣一方面作为发热体，为精炼提供所需要的热量；另一方面还能脱除钢液中的杂质、吸收非金属夹杂物。

以上几类炉渣的典型成分见表 3-1。实际上，炉渣通常是一种非常复杂的多组分体系，除含有 SiO_2、CaO、Al_2O_3、FeO、MnO、MgO 等氧化物外，还可能含有少量的氟化物（如 CaF_2）、氯化物（如 NaCl）、硫化物（如 CaS、MnS）等其他类型的化合物，甚至还夹带少量的金属。

表 3-1 常见冶金炉渣的主要化学成分

炉渣类别		化学成分（质量分数）/%						
		SiO_2	Al_2O_3	CaO	FeO	MgO	MnO	其他
冶炼渣	高炉炼铁渣	30~40	10~20	35~50	<1	5~10	0.5~1	S 1~2
	铜闪速炉熔炼渣	28~38	2~12	5~10	38~54	1~3		Fe_3O_4 12~15 S 0.2~0.4 Cu 0.5~0.8
	矿热炉渣（SiMn 合金）	38~42	13~21	20~28		1~4	4~8	
精炼渣	电炉炼钢渣	10~25	0.7~8.3	20~65	0.5~35	0.6~2.5	0.3~11	
	转炉炼钢渣	9~20	0.1~2.5	37~59	5~20	0.6~8	1.3~10	P_2O_5 1~6
富集渣	钒渣	20~24			28~42		3~8	V_2O_5 9~16 TiO_2 0~12
	高钛渣	1.8~5.6	1~6	0.3~1.2	2.7~6.5	1.5~5.6	1~1.5	TiO_2 82~92
合成渣	铸钢用保护渣	33~50	5~20	2~20				Na_2O 0~8 CaF_2 2~20 C 0~24
	电渣重熔渣	0~10	0~30	0~20		0~15		CaF_2 45~80

熔渣是金属提炼和精炼过程中除金属熔体以外的另一熔体产物，大多数冶炼过程中产出的熔渣按质量计约为熔融金属或熔锍产量的 1~5 倍。熔渣在冶炼过程中起着非常重要的作用，俗话说“好渣之下出好钢”生动地说明了熔渣对于冶炼过程的重要性。冶金过程的正常进行及技术经济指标在很大程度上取决于熔渣的物理化学性质，而熔渣的物理化学性质主要是由熔渣的组成决定的。在生产实践中，必须根据各种冶炼过程的特点，合理地选择熔渣成分，使之具有符合冶炼要求的物理化学性质，如适当的熔化温度和酸碱性、较低的黏度和密度等。

当然，熔渣对冶炼过程也会有一些不利的影响。例如，熔渣对炉衬的化学侵蚀和机械冲刷，大大缩短了炉子的使用寿命；产量很大的炉渣带走了大量热量，因而大大地增加了燃料的消耗；渣中含有各种有价金属，降低了金属的直收率。而熔渣的产量大，若不加以综合利用，它的堆放不仅占用了国土资源，对环境造成的污染也是不允许的。所以应最大限度地回收炉渣中有价元素，对炉渣进行综合利用。

熔盐通常是指无机盐的熔融体，最常见的熔盐是由碱金属或碱土金属的卤化物、碳酸盐、硝酸盐以及磷酸盐等组成的。表 3-2 为一些冶金熔盐体系的主要化学成分。在冶金领域，熔盐主要用于金属及其合金的电解生产与精炼，以熔盐为介质的熔盐电解法已广泛应用于铝、镁、钠、锂等轻金属和稀土金属的电解提取或精炼。这些金属都属于负电性金属，不能从水溶液中电解沉积出来，熔盐电解往往成为唯一的或占主导地位的生产方法。例如，铝的熔盐电解是目前工业上生产金属铝的唯一方法。其他的碱金属、碱土金属以及钛、铌、钽等高熔点金属也适合用熔盐电解法生产。利用熔盐电解法也可制取某些合金或化合物，如铝锂合金、铅钙合金、稀土铝合金等。此外，熔盐还在一些氧化物料（如 TiO_2、MgO）的熔盐氯化工艺以及某些金属（如镁）的熔剂精炼法提纯过程中获得了广泛应用。

表 3-2 一些冶金熔盐体系的主要化学组成

熔 盐	化学组成（质量分数）/%
铝电解的电解质	Na_3AlF_6 82~90，AlF_3 5~6，Al_2O_3 3~7，添加剂（CaF_2，MgF_2 或 LiF）3~5
镁电解的电解质（电解氯化镁）	$MgCl_2$ 10，$CaCl_2$ 30~40，NaCl 50~60，KCl 6~10
锂电解的电解质	LiCl 60，KCl 40
铝电解精炼的电解质（氟氯化物体系）	AlF_3 25~27，NaF 13~15，$BaCl_2$ 50~60，NaCl 5~8
镁熔剂精炼熔剂	$MgCl_2$ 32~38，KCl 31~37，NaCl 4~10，$CaCl_2$ 4~10，$BaCl_2$ 5~11，CaF_2 6~10

熔锍是溶有少量金属氧化物和多种金属硫化物（如 FeS、Cu_2S、Ni_3S_2、CoS、Sb_2S_3、PbS 等）的共熔体。大多数有色金属矿以硫化物形态存在于自然界中，如 Cu、Pb、Zn、Co、Ni、Hg、Mo、Ti，稀散金属 In、Ge、Ga（与铅锌硫化物共存），铂族金属（常与 Co、Ni 共存）。硫化物多为共生矿、复合矿。硫化物不能用 C 直接还原，必须根据硫化物矿的成分及性质选择不同的冶炼方法，多采用高温下的化学反应。如用硫化精矿生产金属铜的工业过程，硫化铜矿一般都含有硫化铜和硫化铁，如 $CuFeS_2$（黄铜矿），其精矿品位低，如果一次熔炼把金属铜提取出来，必然会产生大量的含铜炉渣，造成 Cu 的损失增大；为了提高 Cu 的回收率，采取先富集，再吹炼的工艺。富集过程是利用 MeS 与含 SiO_2 的炉渣不互溶及密度差别的特性，使 Cu 和一部分 Fe 与其他的脉石分离，此过程称为造锍。这种 MeS 的共熔体在工业上一般称为冰铜（铜锍）。例如，冰铜的主体为 Cu_2S，其余为 FeS 和其他的 MeS；铅冰铜含 $PbS+Cu_2S+Fe_2S+MeS$；冰镍为 $Ni_3S_2 \cdot FeS$ 等，统称为锍。所以熔锍是铜、镍、钴等重金属硫化矿火法冶金过程的重要中间产物。表 3-3 给出了几种工业熔锍的主要化学成分。

表 3-3 几种工业熔锍的主要化学成分

熔 锍	化学成分（质量分数）/%							
	Cu	Fe	Ni	S	Pb	Zn	Au	Ag
反射炉铜锍	43.6	26.7		24.8				
电炉铜锍	42.4	25.9		23.3				
闪速炉铜锍	59.3	16.0		22.8	0.59	0.57	28.4	243
诺兰达炉铜锍	72.4	3.5		21.8	1.8	0.7		
瓦纽科夫炉铜锍	40~52	20~27		23~24				
三菱法铜锍	64.6	10.6		22.0				

续表 3-3

熔 锍	化学成分（质量分数）/%							
	Cu	Fe	Ni	S	Pb	Zn	Au	Ag
低镍锍	6~8	47~49	13~16	23~28				
高镍锍	22~24	2~3	49~54	22~23				

一方面，许多高温冶金过程（如炼铁、炼钢、粗铜的火法精炼、铝电解等）都是在冶金熔体介质中进行的；另一方面，因为在诸如高炉炼铁、硫化铜精矿的造锍熔炼、铅烧结块的鼓风炉熔炼等众多冶炼过程中，人们得到的是熔融状态的产物或中间产品，所以，冶金熔体的性质对于金属与杂质的分离、冶炼过程的各项工艺指标及冶金产品的质量等都有重要的影响。为了提高有价金属的回收率、优化各项工艺指标及提高冶金产品的质量，必须使冶金熔体具有合适的物理化学性质，必须深入研究微观结构及其与物理化学性质的关系，以便人们能从理论上掌握和预报未知体系的性质，从而有效地控制冶金过程的进行。本章主要介绍冶金熔体的结构，冶金熔体的化学性质与热力学性质，冶金熔体的物理性质。

3.2 冶金熔体的结构

冶金熔体的物理化学性质与其结构密切相关。相对于固态和气态，人们对液态结构，尤其是冶金熔体结构的认识还很不够。冶金熔体的结构是指冶金熔体中各种质点（分子、原子或离子）的排列状态，其主要取决于质点间的交互作用能。理想气体是完全无序的结构，理想固体（晶体）是完全有序的结构，而液体是介于固体和气体之间的一种物质状态。液体的性质和结构究竟更接近于固体还是更接近于气体，主要取决于液体所处的条件。在接近临界温度时，液体是接近于气态的。在接近熔点范围，液体则与固态更加接近。在冶金条件下，冶金熔体一般都处在略高于其熔化温度范围，例如钢水温度为1600℃左右，铁水温度约为1450℃，都只比相应的液相线温度高出100~200℃，而它们的临界温度则比它们的实际温度高出很多。因此通常情况下，冶金熔体的过热度不大时，其结构和性质更接近于其固态，且不同的冶金熔体具有明显不同的结构和性质。

3.2.1 金属熔体的结构

研究液体金属的结构对液体金属本身的应用、控制冶金溶液的性能以及改善固体金属材料的性能都有极重要的意义。

3.2.1.1 固体金属的结构

固体纯金属及其合金都是晶体。晶体是由占有晶体整个体积的、在三维方向上以一定距离呈现周期性而重复的、有序排列的原子或离子构成，这种状态称为结构的远程有序性。以想象的直线连接这种空间排列中最邻近的原子中心而构成的体积单元称为单位晶胞，而单位晶胞棱边的长度（即原子中心间距）称为晶格常数。位于每一原子周围最邻近、等距离的原子数则称为配位数。此外，晶格中的每个原子又在一定的位置上不断地做微小的振动，而每个原子的这种平衡位则称为晶格的结点。原子分布在结点上，并在这些平衡位上做微小振动，这些是固体金属中原子排列的特点。

金属原子凝聚而成晶体时，外层价电子脱离原来的原子，成为整个晶体所共有，而失去价电子的原子变成离子，占据在晶格的结点上，并不停地振动。这种公有化了的电子在离子之间运动，形成电子云，它们之间的静电力就称为金属键。这种公有化的电子能够导电，所以金属是电的良导体。也正是由于电子公有化了，所以金属键没有方向性，而且金属离子也不会彼此排斥而形成单独的离子。另一方面，为了增加晶体的稳定性，原子都是具有密堆程度高、对称性强和配位数大的晶体结构排列。典型的晶体结构有三种：面心立方、体心立方和密堆六方。在这种密堆结构的原子间有两种空隙位，即四面体空隙位和八面体空隙位。而在某种条件下，这些空隙位可成为金属或合金中外来原子的所在位。例如，氮原子就可占据在铁晶体结点间的空隙位。

当有其他固体原子溶入某种固体时称为固溶体。固溶体有两种类型。一种类型是当溶入的异种原子半径与固体原子半径差别不大时，各组分的原子在晶格结点位相互置换，形成置换型固溶体；另一种类型为间隙型固溶体，是当两种原子的半径差别很大，组分的原子占据了本体晶格的空隙位。另外，由两种或两种以上的金属元素以简单的比例形成的有新性质的化合物，称金属间化合物，其组成与组分原子在一般化合物中表示的原子价几乎无关，它们的原子价数之和与原子数之比相同时，晶型结构则相同。

3.2.1.2 液态金属的结构

一般说来，在发生相变时物质的各种性质都会发生变化，相变过程的热效应可视为原子间结合力变化的标志。根据金属在不同状态下的热学性质可知，金属的熔化潜热仅为汽化潜热的3%~8%（如纯铁熔化潜热为15.2kJ/mol，汽化潜热是340.2kJ/mol），金属熔化时，熵值的变化也不大，约为5~10J/(mol·K)。由此可见，液态金属与固态金属的原子间结合力差别很小，原子间的交互作用能和晶体中的相近，熔化时金属中原子分布的有序度改变很小。

原子间结合力的另一表征量是原子间距，而原子间距的变化可用体积变化来衡量。熔化时大多数金属的体积仅增加2.5%~5%，相当于原子间距增加0.8%~1.6%，如铁等金属熔化时，体积增加不大于4%，相当于原子间距只增加了1%~2%。这表明金属在液态和固态下原子的分布大体相同，原子间结合力相近。

比热容可作为判断原子运动特性的依据。金属液、固态的比热容差别一般在10%以下，而液、气态比热容相差为20%~50%。可见，金属液、固态中的原子运动状态也是相近的，而液态与气态的差别较大。

此外，大多数金属熔化后电阻增加，并且随温度升高继续增大，即具有正的电阻温度系数。这说明液态金属仍具有金属键结构，而气态金属则完全失去了金属特性。

以上这些事实都说明，在熔点附近液态金属和固态金属具有相同的结合键和近似的原子间结合力，原子的热运动特性大致相同，原子在大部分时间仍是在其平衡位（结点）附近振动，只有少数原子从一平衡位向另一平衡位以跳跃方式移动。

X射线衍射分析结果证明，在熔点附近的液态金属中存在与固态金属相似的原子堆垛和配位情况。表3-4列出了由X射线衍射分析得到的某些金属液态、固态时的结构参数。

表中数据说明，液态金属中原子之间的平均间距比固态中原子间距略大，而配位数略小，故熔化时形成空隙使自由体积略有增加，固体中的远程有序排列在熔融状态下会消失，而成为近程有序、远程无序的排列，如图 3-1 所示。

表 3-4 金属液态和固态的结构数据比较

金属	液态		固态	
	原子间距/nm	配位数	原子间距/nm	配位数
Al	0.296	10.6	0.286	12
Mg	0.335	10	0.320	12
Cu	0.257	11.5	0.256	12
Au	0.286	8.5	0.288	12

由上面的讨论可以认为，金属熔体在过热度不高的温度下具有准晶态的结构，即熔体中接近中心原子处原子基本上呈有序的分布，与晶体中的相同（即保持近程有序），而在稍远处原子的分布则几乎是无序的（即远程有序消失）。

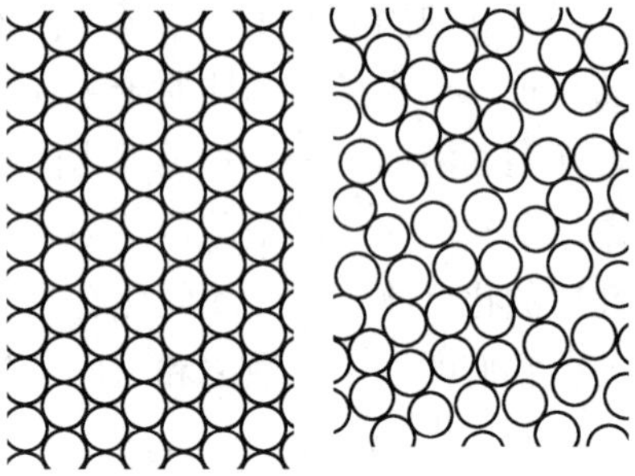

(a) (b)

图 3-1 纯金属的原子结构模型
（a）固体；（b）液体

为了揭示液态金属原子分布的具体结构，自 20 世纪 60 年代以来先后提出了几种与实验结果较为相符的液态金属结构模型。

（1）自由体积模型。液体中每个原子具有一个大小相同的自由体积，而液体由这种自由体积所组成。这个模型能说明金属液体的迁移现象。例如，液体的黏度 η 与自由体积 V 成反比，即 $\eta \propto 1/(V_{液}-V_{固})$（$V_{液}$、$V_{固}$表示一单位的液体及熔点时固体的体积，其差值表示自由体积）。也可用此模型来说明温度升高，自由体积增加，液体的黏度减小。

（2）空位模型。加热时金属原子的热振动加强，供给的热量提高了金属的内能和熵值的同时原子间距增大及密度减小。原子间距的增加使原子间的作用力减弱，于是原子或离子离开了原来的结点位置而形成了空位，因而原子排列的有序性比晶体内的小。当加热金属到熔化时，空位数急剧增加，这时空位的体积相当于熔融时体积的膨胀量。这些空位在原子的结点附近形成，而原子可向空位上跃迁，发生空位位置的变化，因而液体中出现了导电、黏度、扩散等传输性质。

（3）群聚态模型。这个模型是近年来比较流行的模型。金属熔化在其过热度不高时，在一定程度上仍保持着固相中原子间的键。但原子的有序分布不仅局限于直接邻近于该原子的周围，而是扩展到较大体积的原子团内，即在这种原子团内保持着接近于晶体中的结构，这被称为金属熔体的有序带或群聚态。有序带的周围则是原子混乱排列的所谓无序带，它们之间无明显的分界面，所以不能视为两个相。这种群聚态不断消失，又不断产生，而且一个群聚态的原子可向新形成的群聚态内转移。

金属液中这种群聚态的存在，可以认为是金属液处于微观不均匀的非平衡态。这种非平衡态的存在主要是因为使组成均匀化的扩散作用较缓慢的缘故，群聚态可能使金属液的浇铸及凝固性能或某些力学性能变坏。如较长时间地保持在较高温度下，比如液相线以上 800～900℃，或有强度地搅拌金属液，可使群聚态碎散，微观结构均匀。

当金属液中溶解有其他元素，而异类原子间又有较强的键存在时，则可形成相当于某种化合物组成的原子（离子）群聚团。这种群聚团或者位于和此种金属特性有关的有序带内，或者其本身就形成了有序带。这种相当于某种化合物的群聚团在固体合金中大都已经存在。熔化后，是否仍存在或有变化，除可由衍射图的径向分配曲线的第一峰是否分裂为双峰来证明外，还可利用下列方法确定。

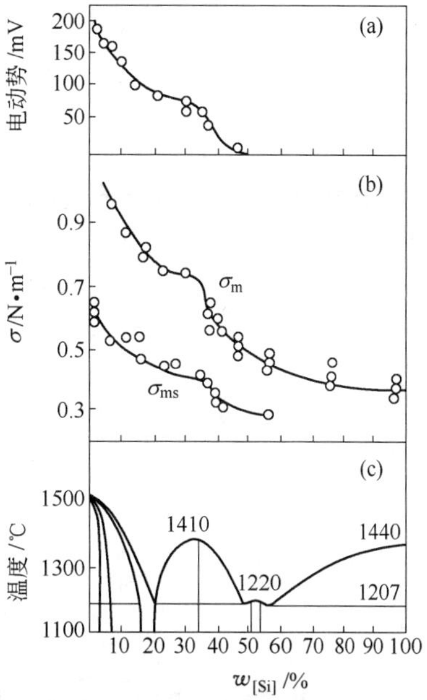

图 3-2 Fe-Si 合金熔体的性质-组成图
（a）高温熔体的电动势；（b）熔体的表面张力（σ_m）及界面张力（σ_{ms}）；（c）Fe-Si 系的相图

1）物性-组成的特性。利用金属熔体对结构有敏感的物性，如密度、黏度、表面张力、导电性等随组成变化反映的特点来推测原子群聚团的结构。因为在等温条件下，当测定的物性-组成的关系线上出现了转折点时，该组成处的合金就有某种原子团出现。如图 3-2 所示，Fe-Si 合金内，Si 为 33% 时，表面张力-组成、导电性-组成关系线出现了转折，有相当于 FeSi 化合物的群聚原子团形成。

2）相图分析法。这是根据二元系相图中化合物组成线与液相线相交处的液相线上最高点的形状来判断液相中相当于化合物组成的原子群聚团出现的可能性。尖锐的最高点表明该化合物在固相及液相中均存在，如图 3-3（a）的 Fe-S 系中的 FeS。平滑的最高点表明此化合物在固相中存在，但在其熔点以上的温度发生了部分分解，如图 3-3（b）中的 Fe_2P。液相线上不出现最高点的化合物则在液相中完全不存在，因为未达其熔点前，该化合物就分解了，如图 3-3（b）中的 Fe_3P。

3.2.2 熔渣的结构

通过化学分析能确定炉渣是由哪些氧化物组成的，但这些氧化物以何种质点（分子或离子）存在于熔渣中？质点之间的作用力如何？质点是如何排列的？即熔渣的结构问题是研究者们非常重视的问题，因为熔渣的物理化学性质、熔渣与金属熔体（或熔锍）及气体之间的化学反应等，主要与熔渣的结构有关。

实际上，高温熔渣的结构是很复杂的，又缺少直接观察高温熔渣结构的有效手段，故早期有关熔渣结构的理论大多是用凝固渣的矿相分析、相图分析、X 射线衍射分析等间接方法推断来的。现代材料测试技术的发展为熔渣结构的研究提供了崭新的研究手段，比如电子与中子衍射、振动光谱、核磁共振、电子自旋共振波谱以及 X 射线光电子能谱等新技术已经在熔渣结构理论研究中得到了应用。可利用这些新兴的测试技术直接测定熔融炉渣的离子间距、配位数、键的强度和键角等结构参数，为人们认识熔渣的结构提供了有力的实验依据。同时，利用计算机进行的分子动力学模拟在研究熔渣的结构、预报熔渣的物

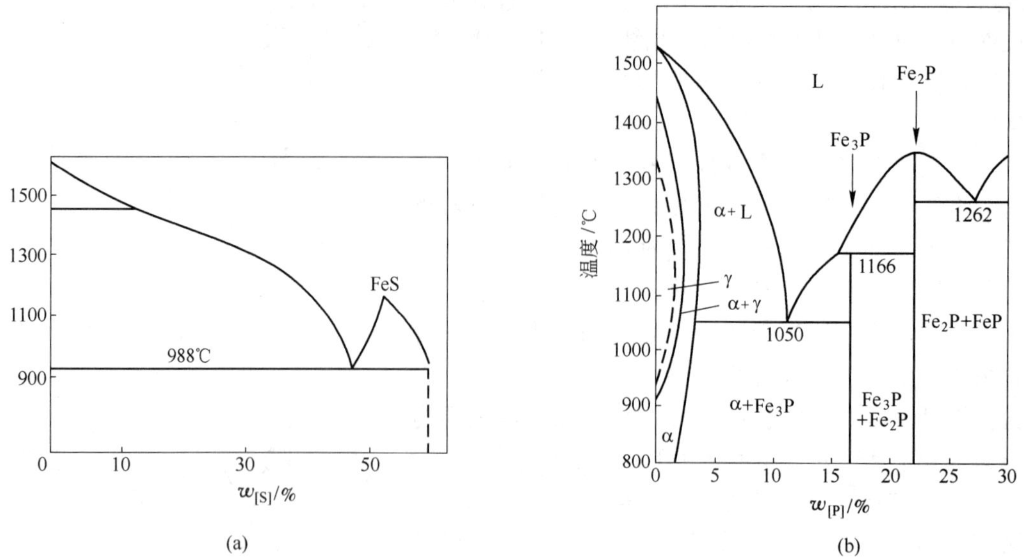

图 3-3 Fe-S、Fe-P 系相图

（a）Fe-S 系相图；（b）Fe-P 系相图

理性质等方面也取得了进展。但是对于多组元复杂熔渣的结构和性质，还需要用实验或半经验的方法来研究。

3.2.2.1 熔渣的分子结构理论

熔渣的分子结构理论是由申克（Schenk）和启普曼（Chipman）等人提出的一种熔渣结构假说。它是最早出现的熔渣结构理论。

熔渣分子结构理论的要点如下：

（1）熔渣的结构单元（质点）是电中性的分子，这些分子中有的是简单氧化物（或自由氧化物），如 CaO、MgO、FeO、MnO、SiO_2、Al_2O_3等；有的是由简单氧化物相互作用形成的复杂化合物（或结合氧化物），如 $2CaO \cdot SiO_2$、$CaO \cdot SiO_2$、$2FeO \cdot SiO_2$、$3CaO \cdot P_2O_5$等。因此，每种氧化物有两种不同的形态，如氧化钙有自由的 CaO 和化合物（$2CaO \cdot SiO_2$、$CaO \cdot SiO_2$ 等）中的结合 CaO。

（2）分子间的作用力为范德华力。由于这种作用力很弱，故熔渣中分子运动比较容易，特别在高温时分子更是呈无序状态分布的，因此可假定熔渣为理想溶液，其中各组元的活度可以用其摩尔分数表示，即

$$a_{(CaO)} = x_{(CaO)}, \quad a_{(CaO \cdot SiO_2)} = x_{(CaO \cdot SiO_2)}, \quad \cdots$$

（3）在一定条件下，熔渣中的简单氧化物分子与复杂化合物分子间处于动态平衡，如：

$$(CaO) + (SiO_2) \xlongequal{} (CaO \cdot SiO_2) \qquad \Delta_r G_m^{\ominus} = -992470 + 2.15T \quad J/mol$$

当反应达到平衡时，其平衡常数为：

$$K^{\ominus} = \frac{x_{(CaO \cdot SiO_2)}}{x_{(CaO)} \cdot x_{(SiO_2)}}$$

因此，在一定温度下必有平衡的 CaO、SiO_2 和 $CaO \cdot SiO_2$ 存在。

（4）熔渣的性质主要取决于自由氧化物的含量，也只有自由氧化物才具有参加化学反应的能力。如炉渣中只有自由 CaO 才参与钢渣的脱硫、脱磷反应，而结合为复杂化合物 $2CaO \cdot SiO_2$、$CaO \cdot SiO_2$ 中的 CaO 不起脱硫、脱磷的作用。又如只有炉渣中的自由 FeO 才参与炉渣-金属液间的氧化反应，而 $2FeO \cdot SiO_2$ 中的 FeO 不参与反应。所以，当向渣中加入 SiO_2时，由于 SiO_2 与 CaO、FeO 结合成了复杂化合物，降低了渣中自由 CaO、自由 FeO 的含量，炉渣的脱硫、脱磷、氧化能力（氧化金属元素的能力）均降低。因此，炉渣-金属液间的化学反应用物质的分子式表示，能简单、直观地说明炉渣组成对反应平衡移动的作用。

运用分子理论可以定性分析和解释一些实际现象。例如，熔渣脱硫的过程，根据分子理论，脱硫反应可写成：

$$(CaO) + [FeS] = (CaS) + (FeO) \qquad \Delta_r H_m^{\ominus} > 0$$

式中，[FeS] 表示溶于铁液中的 FeS；(CaO)、(CaS) 和(FeO) 分别表示熔渣中的 CaO、CaS 和 FeO，此反应的平衡常数及金属液中 FeS 的活度为：

$$K^{\ominus} = \frac{x_{(CaS)} \cdot x_{(FeO)}}{x_{(CaO)} \cdot a_{[FeS]}} \qquad a_{[FeS]} = \frac{1}{K^{\ominus}} \cdot \frac{x_{(CaS)} \cdot x_{(FeO)}}{x_{(CaO)}}$$

由上式可知，在一定温度下，$K^{\ominus}$为常数，当 x_{CaO}增大或 x_{FeO}减小时，均可使 $a_{[FeS]}$下降，即有利于硫的脱除。另外，由于脱硫反应为吸热反应，所以升高温度也有利于脱硫反应。

生产实践中也发现，增加渣中 CaO 含量（即增大 x_{CaO}，增加炉渣的碱度）、降低渣中 FeO 含量（即减小 x_{FeO}）、提高过程的温度均有利于硫的脱除。由此可见，上述由分子结构理论所得出的结论与生产实践是一致的。

又比如按照分子结构理论，熔渣的氧化能力取决于其中未与 SiO_2 或其他酸性氧化物结合的自由 FeO 的含量，而在熔渣-金属液界面上氧化过程的强度及氧从炉气向金属液中转移的量都与渣中自由 FeO 的含量有关。这一结论与实验现象相吻合。

应该指出，尽管运用分子结构理论可以分析和解释生产实践中的一些现象，但运用分子结构理论进行定量计算时，因为复杂化合物的提出是在假定熔渣为理想溶液的前提下，为了使热力学计算结果与实验数据相吻合而人为假定的，所以，就必然会提出多种形式的复杂化合物，使结果非唯一性。例如，在研究钢-渣间的脱磷反应时，就曾提出过 $(2CaO \cdot SiO)_2$、$(CaO \cdot SiO)_2$、$4CaO \cdot P_2O_5$、$4CaO \cdot CaF_2 \cdot P_2O_5$ 和 $2CaO \cdot Al_2O_3$ 等一系列复杂化合物。很显然，根据分子理论计算的熔渣组分的活度与复杂化合物的选择有关。同时分子理论无法解释熔渣的导电性等性质。

现在熔渣结构的研究中已很少应用分子结构理论，但在冶金生产实践中仍常用，分子反应的形式仍为熔渣热力学所采用。

3.2.2.2 熔渣的离子结构理论

A 提出熔渣离子结构理论的依据

（1）熔渣是离子，能导电，并能电解。电渣重熔精炼及电弧炉炼钢是利用炉渣的离子导电性质。如对 $FeO\text{-}SiO_2\text{-}CaO\text{-}MgO$ 和 $Fe_2O_3\text{-}CaO$ 渣电解，发现阴极上析出了金属铁。

（2）由 X 射线衍射研究指出，组成炉渣的简单氧化物及复杂化合物的基本组成单元均是离子，即带电的质点。例如，FeO、MnO、CaO 等是 NaCl 型晶格，其中每个金属阳离子 Fe^{2+}、Mn^{2+}、Ca^{2+}被 6 个阴离子 O^{2-}所包围，而每个 O^{2-}被 6 个金属离子所包围，形成八面体结构（配位数为 6），如图 3-4（a）所示。不同晶型的 SiO_2 的单位晶胞，则是在硅离子 Si^{4+}的周围有 4 个氧离子 O^{2-}的正四面体结构（配位数为 4），如图 3-4（b）所示。这些四面体在共用顶角的氧离子下，形成有序排列的三度空间网状结构，如图 3-4（c）所示。复杂化合物如 $2CaO \cdot SiO_2$，由 Ca^{2+}及 SiO_4^{4-} 组成，$3CaO \cdot P_2O_5$由 Ca^{2+}及磷氧离子 PO_4^{3-} 组成，$FeO \cdot Al_2O_3$由 Fe^{2+}及铝氧离子 AlO_2^- 组成。

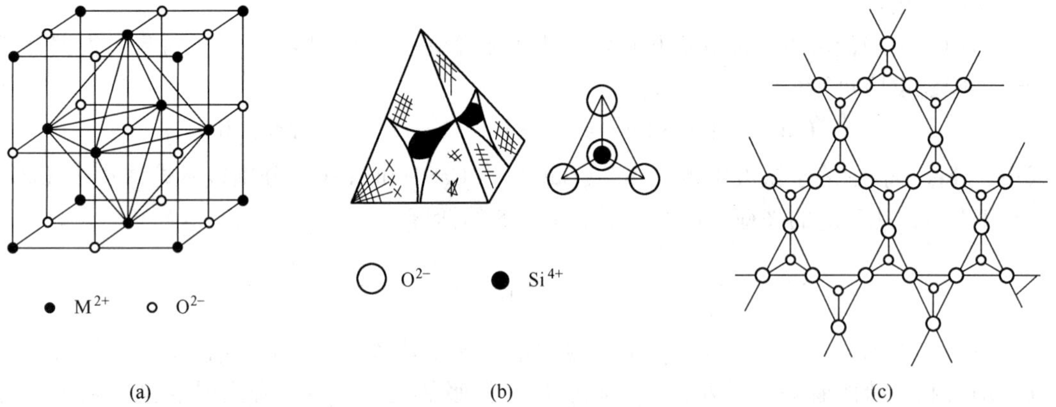

图 3-4　金属氧化物及 SiO_2 的晶体结构图

（a）MO 的结构（内八面体为 M^{2+}或 O^{2-}的配位数）；（b）SiO_4^{4-} 的四面体结构；（c）SiO_2 的二维网状结构

（3）SiO_2 含量高的熔渣有较高的黏度，证实其内有 $Si_xO_y^{z-}$ 离子的存在。向金属液-熔渣界面通入电流时，界面张力发生了变化，证明在两相间有离子和电子在转移。

B　熔渣离子结构理论的要点

（1）熔渣的结构单元是离子，有简单正、负离子和复杂阴离子。各种固体氧化物是离子晶体结构，离子之间的键很强，导电性很小，即不会形成单独活动的离子。形成熔渣后，离子间的距离增大，出现了“离解”：

$$CaO = Ca^{2+} + O^{2-} \qquad 2MO \cdot SiO_2 = 2M^{2+} + SiO_4^{4-}$$
$$FeO = Fe^{2+} + O^{2-} \qquad 3MO \cdot 2SiO_2 = 3M^{2+} + Si_2O_7^{6-}$$
$$MgO = Mg^{2+} + O^{2-} \qquad 3CaO \cdot P_2O_5 = 3Ca^{2+} + 2PO_4^{3-}$$
$$MnO = Mn^{2+} + O^{2-} \qquad FeO \cdot Fe_2O_3 = Fe^{2+} + 2FeO_2^-$$
$$CaS = Ca^{2+} + S^{2-} \qquad 2FeO \cdot Fe_2O_3 = 2Fe^{2+} + Fe_2O_5^{4-}$$
$$CaF_2 = Ca^{2+} + 2F^- \qquad Al_2O_3 + O^{2-} = 2AlO_2^-$$
$$SiO_2 + 2O^{2-} = SiO_4^{4-} \qquad P_2O_5 + 3O^{2-} = 2PO_4^{3-}$$

因此可以认为组成炉渣的基本离子是简单离子 Ca^{2+}、Mn^{2+}、Fe^{2+}、Mg^{2+}、O^{2-}、S^{2-}、F^-和复合阴离子（络离子）SiO_4^{4-}、$Si_2O_7^{6-}$、PO_4^{3-}、FeO_2^-、AlO_2^- 等。碱性氧化物给出 M^{2+}和 O^{2-}，而酸性氧化物吸收 O^{2-}形成络离子。每个络离子是较稳定的共价键结构，其中的键能远高于络离子与周围阳离子的离子键能，所以络离子能在渣中稳定存在，成为参加反应的结构单元。

（2）离子间的作用力。各种氧化物以不同的离子存在，是因为阳离子与氧离子间的键能不同所致。氧化物中阳离子与氧离子间的作用力可由两带电质点之间的库仑定律简化得出。即：

$$F = k\frac{z^+ e \cdot z^- e}{(r_1 + r_2)^2} = k\frac{2e^2 z^+}{(r_1 + r_2)^2}$$

式中，k 为静电常数量，$k = 9.0\times10^9 \mathrm{N \cdot m^2/C^2}$；$z^+$、$z^-$分别为阳离子与氧离子（$z^- = 2$）的电荷数；$r_1$、$r_2$ 分别为阳离子和氧离子（$r_2 = 1.32\times10^{-10}\mathrm{m}$）的半径，m；$e$ 为一个电子所携带的电量 $1.6\times10^{-9}\mathrm{C}$。

氧离子与阳离子的静电力：

$$F = k\frac{2e^2 z^+}{(r_1 + 1.32 \times 10^{-10})^2} \tag{3-1}$$

式（3-1）的右边，除 z^+ 和 r_1 外，其余为常数。为讨论问题的方便，若用 $I = \frac{z^+}{r_1}$ 表示阳离子的静电场（也称静电势或静电矩）。由式（3-1）可知，z^+ 愈大，r_1 愈小，F 愈大，I 愈大。

由表 3-5 可知，阳离子与氧离子间作用力愈大，阳离子的静电矩愈大，则阳离子的静电场就愈强，产生了能使周围氧离子变形的极化作用（离子变形后，阳电荷与阴电荷的中心不重合，形成偶极子），因而阳离子与氧离子之间作用时共价键的分数增大，促进络离子的形成。所以 SiO_2 中的 Si^{4+}、P_2O_5 中的 P^{5+}、Al_2O_3 中的 Al^{3+} 与 O^{2-} 分别形成了 SiO_4^{4-}、PO_4^{3-}、AlO_2^- 一类的络离子。静电矩小的阳离子对 O^{2-} 的作用力小，极化力弱，能与 O^{2-} 形成离子键的离子团，如 CaO 形成 $Ca^{2+} \cdot O^{2-}$。

表 3-5　氧化物的离子键分数、离子间作用力和配位数

氧化物	阳离子半径/m	阳离子-氧离子间作用力	离子键分数	氧配位数
K_2O	1.39×10^{-10}	0.72	0.68	
Na_2O	0.95×10^{-10}	1.05	0.82	
BaO	1.43×10^{-10}	1.40	0.65	6
CaO	1.06×10^{-10}	1.89	0.79	6
MnO	0.91×10^{-10}	2.20	0.625	6
FeO	0.75×10^{-10}	2.67	0.51	6
MgO	0.65×10^{-10}	3.08	0.54	6
Cr_2O_3	0.64×10^{-10}	4.69	0.41	4
Fe_2O_3	0.60×10^{-10}	5.00	0.36	4
Al_2O_3	0.50×10^{-10}	6.00	0.46	6，4
TiO_2	0.68×10^{-10}	5.88	0.41	6
SiO_2	0.41×10^{-10}	9.76	0.37	4
P_2O_5	0.34×10^{-10}	14.71	0.29	4

不同氧化物中的阳离子静电场强的差别大，因此它们对氧离子的作用行为也是明显的

不同。可以根据氧化物对 O^{2-} 的作用，将氧化物分为三类，即：

1）碱性氧化物。能献出 O^{2-} 的物质。例如，$CaO(CaO = Ca^{2+} + O^{2-})$、$Na_2O$、BaO、FeO、MnO、MgO、$V_2O_3$、$V_2O_2$、TiO 等。

2）酸性氧化物。能吸收 O^{2-} 生成络离子的物质。例如 $SiO_2(SiO_2 + 2O^{2-} = SiO_4^{4-})$、$P_2O_5$、$V_2O_5$等。

3）两性氧化物。在酸性渣中能献出 O^{2-}，显示碱性；而在碱性渣中能吸收 O^{2-} 形成络离子，显示酸性。例如，$Al_2O_3 = 2Al^{3+} + 3O^{2-}$（酸性渣中），$Al_2O_3 + O^{2-} = 2AlO_2^-$（碱性渣中），类似的有 Cr_2O_3、Fe_2O_3、TiO_2 等氧化物。

对同一种金属，其高价氧化物显示酸性，低价氧化物表现碱性。如铁的氧化物、钒的氧化物等。

表 3-5 中，位置越靠前的氧化物，碱性越强，而位置越靠后的氧化物，则酸性越强。

（3）复合阴离子的聚合和解体。复合阴离子能在熔渣中形成一系列结构比较复杂的络离子。例如，硅氧络离子，如图 3-5 及表 3-6 所示，因熔渣中 O/Si 原子比的不同，可形成一系列的硅氧络离子，用通式 $Si_xO_y^{z-}$ 表示（x 为硅原子数，y 为氧原子数，而 z 为离子团的电荷数）。随着渣中 O/Si 原子比降低，即加入的酸性氧化物（SiO_2）使 $w_{(SiO_2)}/w_{(RO)}$ 比（RO 代表碱性氧化物）增加，需消耗 O^{2-} 转变成络阴离子，因而许多个 SiO_4^{4-} 离子就聚合起来共用 O^{2-}，形成复杂的络离子，以满足 O^{2-} 的这种关系，这称为硅氧络离子的聚合。相反，O/Si 原子比增加，即加入的碱性氧化物（RO）降低了渣中 $w_{(SiO_2)}/w_{(RO)}$ 比，供给的 O^{2-} 则可使熔渣中由聚合而形成的复杂结构的硅氧络离子分裂成比较简单的硅氧络离子，这称为硅氧络离子的解体。这种关系可用下列离子反应式表示：

$$3SiO_4^{4-} \underset{\text{解体}}{\overset{\text{聚合}}{\rightleftharpoons}} Si_3O_9^{6-} + 3O^{2-}$$

$$3SiO_2 + 3O^{2-} = Si_3O_9^{6-}$$

$$\overline{3SiO_2 + 3SiO_4^{4-} = 2Si_3O_9^{6-}}$$

即硅氧络离子聚合而供出的 O^{2-} 被加入的 SiO_2 形成 $Si_3O_9^{6-}$ 所共用。相反，络离子解体则需消耗 O^{2-}。因此熔渣中可能有许多种硅氧络离子平衡共存。

P_2O_5和 SiO_2 相似，能形成磷氧络离子，它的最简单结构单元是四面体的 PO_4^{3-}，当含磷量高时，也可能形成如 $P_2O_7^{6-}$、$P_3O_9^{6-}$ 等更复杂的络离子。

由于酸性氧化物在渣中吸收 O^{2-} 形成复杂网状结构的络离子，故称酸性氧化物为形成网状结构的氧化物。而碱性氧化物在渣中能给出 O^{2-}，切断 SiO_4^{4-} 形成的网状结构，使络离子解体，故称碱性氧化物为破坏网状结构的氧化物。

（4）离子的分布状态。在由离子化合物形成的离子晶格中或固体渣内，阳离子和阴离子交互位于晶格的结点上，每个离子被电荷符号相反的一定数目的离子所包围，具有一定的配位数。离子间的键都是等价的，离子晶格的强度取决于离子间静电吸力，而排斥力却很小。

当炉渣熔化后，温度升高时，离子的活动范围增大，能够自由移动，离子在固态时键的等价性消失，显示了各自的静电矩，如 Fe^{2+} 比 Mn^{2+}、Ca^{2+} 的静电矩强，这就使渣中阳离子及阴离子的分布显示微观不均匀性，出现了有序态的离子团。例如，在含有 Fe^{2+}、Ca^{2+}、

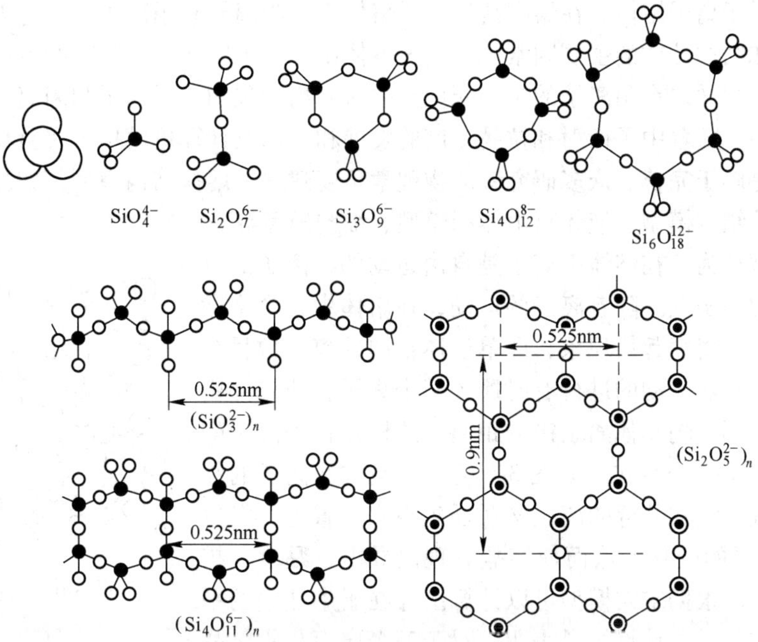

图 3-5 硅氧络离子的结构示意图

表 3-6 硅氧络离子的结构、形状及参数

离子种类	O/Si 比	离子的结构形状	化 学 式	矿物名称
SiO_4^{4-}	4.0	简单四面体	$M_2SiO_4(2MO \cdot SiO_2)$	橄榄石
$Si_2O_7^{6-}$	3.5	双连四面体	$M_3Si_2O_7(3MO \cdot 2SiO_2)$	方柱石
$(SiO_3^{2-})_n$	3.0	由 3、4、6 个四面体构成环状	$MSiO_3(MO \cdot SiO_2)$	绿柱石
$(SiO_3^{2-})_n$	3.0	无限多个四面体构成线状	$MSiO_3(MO \cdot SiO_2)$	辉 石
$(Si_4O_{11}^{6-})_n$	2.75	无限多个四面体构成链状	$M_3Si_4O_{11}(3MO \cdot 4SiO_2)$	闪 石
$(Si_2O_5^{2-})_n$	2.50	许多个四面体构成三维平面网状	$MSi_2O_5(MO \cdot 2SiO_2)$	云 母
$(SiO_2)_n$	2.0	三维空间网架	SiO_2	石 英

O^{2-}及 SiO_4^{4-} 组成的熔渣中，Fe^{2+}的邻近者大半是 O^{2-}，而 Ca^{2+}位于 SiO_4^{4-} 的周围，分别形成了离子团 $Fe^{2+} \cdot O^{2-}$及 $Ca^{2+} \cdot SiO_4^{4-}$。这是因为强电场（静电矩大）的阳离子和强电场的阴离子分布在一起，形成了强离子对或离子团，而弱电场的阳离子和阴离子分布在一起，形成了弱离子对或离子团。在 O^{2-}数很少的渣中，静电矩大的 Fe^{2+}还能使络离子发生极化，离子变形，从中可分裂出 O^{2-}来，因而 Fe^{2+}的邻近是 O^{2-}；部分 Ca^{2+}与 SiO_4^{4-} 相邻，部分 Ca^{2+}将与 $Si_xO_y^{z-}$ 破坏后形成的络离子 $Si_2O_7^{6-}$、$Si_3O_9^{6-}$ 等接触，组成离子团，如 $Fe^{2+} \cdot O^{2-}$、$Ca^{2+} \cdot SiO_4^{4-}$、$Ca^{2+} \cdot Si_2O_7^{6-}$ 等。阳离子的静电矩比较大时，这种离子分布的微观不均匀性就会导致熔渣出现液相分层现象。

3.2.3 熔盐的结构

近代熔盐理论认为熔融盐在接近熔点或结晶温度时，其质点间的排列应保持相应固态时的排列，明显呈现“近程有序，远程无序”的特性。现代熔盐理论认为，熔盐和熔盐的混合物都属于离子熔体。在熔融盐的离子熔体中，阴离子和阳离子的库仑力作用是决定溶液热力学和结构性质的主要因素。在离子熔体中，每个阳离子的第一配位层内部都由阴离子所包围；同样，在阴离子的第一配位层内由阳离子包围；阴离子和阳离子随机统计地分布在熔体中。随着中子衍射和拉曼光谱的发展和应用及计算机模拟与实验相结合，使熔盐结构理论更趋于完善。众多研究者从物理学角度建立了熔盐结构模型，如晶格模型、空穴模型、有效结构模型、液体自由体积模型、细胞模型等。

空穴模型认为，在熔体中离子是自由运动的，离子的分布没有完整的格子点。随着离子的运动，在熔体中将产生微观范围内的局部密度起伏现象，即单位体积内的离子数目会发生变化。随着热运动的进行有时挪去某个离子，使局部密度下降，但又不影响其他离子键的距离，这样在移去离子的位置上就产生了一个空穴，如图 3-6 所示。空穴在离子的邻近位置上形成，空穴邻近的离子又跃迁到空穴位置上，发生离子-空穴位置的变化，从而使熔盐表现出导电、黏度、扩散等传输性质。根据空穴模型可以计算出存在于熔盐中的平均体积的空穴数目。计算结果表明，对于碱金属卤化物，晶格的 1/6~1/5 被空穴占据着。

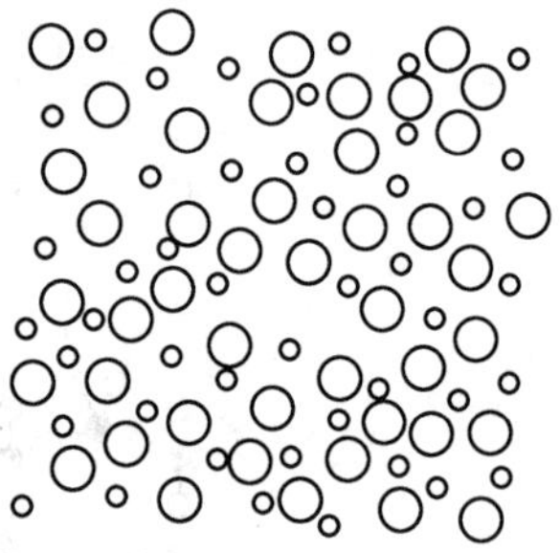

图 3-6 空穴模型

3.3 冶金熔体的化学性质与热力学性质

3.3.1 熔渣的酸-碱度

熔渣主要由氧化物组成，按照氧化物对氧离子的行为，把氧化物分为三类（在 3.2.2.2 节中已介绍）。熔渣的酸-碱度是为了表示熔渣酸碱性的相对强弱而提出的概念，通常用熔渣中碱性氧化物与酸性氧化物的相对含量来表示。熔渣酸-碱度的值则取决于其中占优势的氧化物是酸性或是碱性。

3.3.1.1 熔渣的酸-碱度表示

在钢铁冶金中，常用碱度表示熔渣的酸碱性。所谓碱度是指熔渣中主要碱性氧化物含量与主要酸性氧化物含量之比，一般用 R 表示。常见的碱度表达式如下：

（1）当渣中除 CaO 和 SiO_2 外的其他氧化物含量较低，或者其他碱性和酸性氧化物的含量变化不大时，通常用 $R=\frac{w_{(CaO)}}{w_{(SiO_2)}}$ 来表示。此表达式简单方便，故在生产中应用最为普遍。

（2）对于 Al_2O_3、MgO 或 P_2O_5 含量较高的炉渣，则需要考虑 Al_2O_3、MgO 或 P_2O_5 含量的影响，故常用如下表达式：

高炉渣：
$$R=\frac{w_{(CaO)}}{w_{(SiO_2)}+w_{(Al_2O_3)}} \quad 或 \quad R=\frac{w_{(CaO)}+w_{(MgO)}}{w_{(SiO_2)}+w_{(Al_2O_3)}}$$

碱性炼钢炉渣：
$$R=\frac{w_{(CaO)}}{w_{(SiO_2)}+w_{(P_2O_5)}}$$

上述表达式中，将各种氧化物的碱性或酸性按质量同等看待，未作加权处理。这种处理方法虽然简单，但不尽合理，因为相同质量的不同氧化物对熔渣的碱性或酸性的影响显然是不一样的。为此，可在这些氧化物的质量分数前引入根据化学计量关系或通过实验观测得到的系数。此外，各种碱度表达式中氧化物的量也可用其物质的量或摩尔分数表示，则结果更为合理，但计算过程比较麻烦。

对于高炉渣，碱度大于 1 的渣是碱性渣，碱度小于 1 的渣是酸性渣；炼钢碱性渣的碱度约为 2~3.5。

在有色冶金中，习惯上用酸度（或硅酸度）表示熔渣的酸碱性，通常表示成熔渣中所有酸性氧化物的氧的质量之和与所有碱性氧化物的氧的质量之和的比值，一般用符号 r 表示。因此，熔渣酸度的表达式可写成：

$$r = \frac{\sum w_{O(\text{酸性氧化物})}}{\sum w_{O(\text{碱性氧化物})}}$$

一般说来，酸度不大于 1 的渣属于碱性渣；反之，属于酸性渣。

【例题】 某铅鼓风炉熔炼的炉渣成分为：$w_{(SiO_2)} = 36\%$、$w_{(CaO)} = 10\%$、$w_{(FeO)} = 40\%$、$w_{(ZnO)} = 8\%$，试计算该炉渣的酸度。

解：此炉渣中的酸性氧化物为 SiO_2，碱性氧化物为 CaO 和 FeO，由于此渣的 SiO_2 含量较高，其中的 ZnO 可视为碱性氧化物。故此炉渣的酸度为：

$$r = \frac{36 \times \frac{32}{60}}{10 \times \frac{16}{56} + 40 \times \frac{16}{71.8} + 8 \times \frac{16}{81.4}} = 1.44$$

因此，该炉渣为酸性渣。

3.3.1.2 熔渣的光学碱度

根据熔渣的结构理论可知，熔渣中的碱性氧化物，如 CaO、FeO 等向渣中提供自由 O^{2-}；而酸性氧化物，如 SiO_2、P_2O_5等，则与渣中的 O^{2-}结合为复合阴离子，即酸性氧化物吸收渣中的自由 O^{2-}。或者说，碱性氧化物提高渣中自由 O^{2-}的活度，酸性氧化物则降低渣中自由 O^{2-}的活度。因此，可以用渣中自由 O^{2-}的活度（即 $a_{O^{2-}}$）的大小作为熔渣酸碱性的量度。$a_{O^{2-}}$越大，则熔渣的碱性越大；反之 $a_{O^{2-}}$越小，则熔渣的酸性越大。但是，炉渣中 O^{2-}的活度较难单独测量。因此，提出了在氧化物中加入某种显示剂，然后用光学的方法测定氧化物“施放电子”的能力来表示出 O^{2-}的活度，从而确定其酸碱性，即提出了光学碱度的概念。

光学碱度的概念是 20 世纪 70 年代由杜菲（Duffy）等在研究玻璃等硅酸盐物质时提出的，并由萨莫维耶（Sommerville）引入冶金领域，后经证实在研究炉渣及熔盐的性质方面具有应用价值，并逐渐显示出某些优越性。

作为测定氧化物光学碱度的显示剂，通常采用含有 $d^{10}s^2$电子结构层的 Pb^{2+}的氧化物。这种氧化物中的 Pb^{2+}受到光的照射后，吸收相当于电子从 6s 轨道跃迁到 6p 轨道的能量 E，而 $E=h\nu$，h 为普朗克常数，ν 为吸收光子的频率。

当将这种含正电性很强的 $d^{10}s^2$ 电子层结构的 Pb^{2+} 加入氧化物中时（用量 $w_{[Pb]}$ =

0.04%~1%)，氧化物中的 O^{2-} 的核外电子受 Pb^{2+} 的影响会产生一种“电子云膨胀效应”，从而使频率 ν 发生变化。如以 $E_{Pb^{2+}}$ 表示纯 PbO 中 Pb^{2+} 的电子从 6s→6p 跃迁吸收的能量，$E_{M^{2+}}$ 为氧化物 MO 内加入的 Pb^{2+} 的电子发生同样跃迁吸收的能量，则 $E_{Pb^{2+}}-E_{M^{2+}}$ 就是由于 MO 中 O^{2-} 施放电子给 Pb^{2+}，Pb^{2+} 的电子跃迁比其在 PbO 中少吸收的能量，所以，它代表了 MO 中 O^{2-} 施放电子的能力。与此类似，$E_{Pb^{2+}}-E_{Ca^{2+}}$ 表示 CaO 中加入 Pb^{2+} 后少吸收的能量，如图 3-7 所示。因为 CaO 是炉渣中标准的碱性氧化物，所以，规定以 CaO 作为比较的标准来定义氧化物的光学碱度，用符号 Λ 表示。

$$\Lambda = \frac{E_{Pb^{2+}} - E_{M^{2+}}}{E_{Pb^{2+}} - E_{Ca^{2+}}} = \frac{h\nu_{Pb^{2+}} - h\nu_{M^{2+}}}{h\nu_{Pb^{2+}} - h\nu_{Ca^{2+}}} = \frac{\nu_{Pb^{2+}} - \nu_{M^{2+}}}{\nu_{Pb^{2+}} - \nu_{Ca^{2+}}}$$

实验测得 $\nu_{Pb^{2+}} = 60700cm^{-1}$，$\nu_{Ca^{2+}} = 29700cm^{-1}$。所以任一氧化物的光学碱度为：

$$\Lambda_{MO} = \frac{60700 - \nu_{M^{2+}}}{60700 - 29700} = \frac{60700 - \nu_{M^{2+}}}{31000}$$

对于 CaO，$\Lambda_{CaO}=1$。故氧化物的光学碱度就是以 CaO 的光学碱度为 1 作标准得出的相对值。表 3-7 为冶金中常见的氧化物的光学碱度及有关参数。

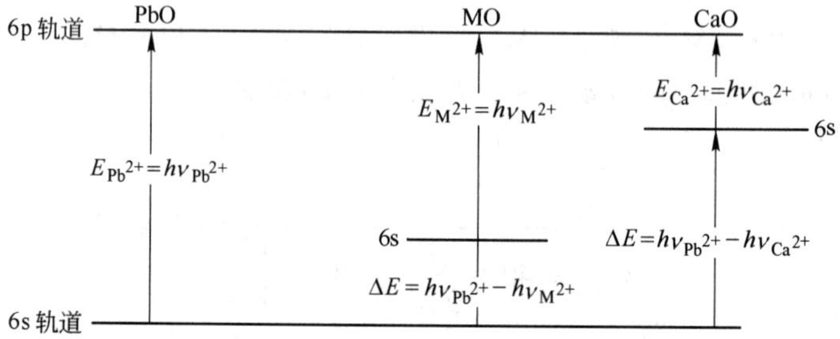

图 3-7 PbO、MO 及 CaO 中 Pb^{2+} 的电子跃迁能量

表 3-7 氧化物的光学碱度及其有关参数

氧化物	光学碱度 Λ		电负性 χ	氧化物	光学碱度 Λ		电负性 χ
	测定值	理论值			测定值	理论值	
K_2O	1.40	1.37	0.8	SrO	1.07	1.01	1.0
Na_2O	1.15	1.15	0.9	CaO	1.00	1.00	1.0
BaO	1.15	1.15	0.9	MgO	0.78	0.80	1.2
MnO	0.59	0.60	1.5	Fe_2O_3	0.48	0.48	1.8
Cr_2O_3	0.55	0.55	1.6	SiO_2	0.48	0.48	1.8
FeO	0.51	0.48	1.8	B_2O_3	0.42	0.43	2.0
TiO_2	0.61	0.60	1.5	P_2O_5	0.40	0.40	2.1
Al_2O_3	0.605	0.60	1.5	CaF_2		0.20	4.0

除使用上述光学方法测定外，还可利用氧化物中金属元素的电负性来计算光学碱度。因为电负性是金属原子与电子的结合能力的量度。电负性小时，金属原子易失去电子，而其氧原子形成 O^{2-}的活度较大的氧离子。因此，金属原子的电负性与 O^{2-}施放电子的能力成反比。用测定的氧化物的光学碱度 Λ 的倒数 $1/\Lambda$ 对其电负性作图，就可得出下列关系式：

$$\Lambda' = \frac{0.74}{\chi - 0.26} \tag{3-2}$$

式中，χ 为金属原子的电负性。这样计算出的光学碱度称为理论光学碱度，用 Λ'表示。从表 3-7 可以看出，计算值与测量值十分吻合。

需要指出的是，上述两种方法不适合过渡元素的氧化物（如 FeO 、Fe_2O_3、MnO、Cr_2O_3等）。因为这些氧化物原子的外层电子已被填满，且它们又是多价的。而电负性只适用于恒定价数的元素。因此，对于过渡元素的氧化物，只能采用其他方法进行测定。如采用硫化物容量作为炉渣的碱性指标，导出它和光学碱度的关系来间接推出。

炉渣是由多种氧化物或其他化合物组成的，应由渣中各氧化物或化合物施放电子能力的总和来表示炉渣的光学碱度。即可用下式计算炉渣的光学碱度：

$$\Lambda = \sum_{i=1}^{n} x_i \Lambda_i \tag{3-3}$$

式中，Λ_i 为氧化物的光学碱度；x_i为氧化物中阳离子的摩尔分数，它是每个阳离子的电荷中和负电荷的分数，即氧化物在渣中氧原子的摩尔分数：

$$x_i = \frac{n_O x_i'}{\sum n_O x_i'} \tag{3-4}$$

式中，x_i' 为氧化物的摩尔分数；n_O 为氧化物中氧原子数。对 CaF_2，因为两个 F^-与一个 O^{2-}的电荷数相同，所以一个氟原子数应取 1/2，那么在 CaF_2 分子中，氟原子数应为 1。

【例题】 试计算成分为 $w_{(CaO)} = 44.05\%, w_{(SiO_2)} = 48.95\%, w_{(MgO)} = 2.0\%, w_{(Al_2O_3)} = 5.0\%$的炉渣的光学碱度。

解：以 100g 渣计，按式（3-4），先计算渣中各氧化物的摩尔分数 $x_i' = \frac{n_i}{\sum n}$

组分	CaO	SiO_2	MgO	Al_2O_3	
n_i/mol	0.79	0.82	0.05	0.05	$\sum n = 1.71$mol
x_i'	0.46	0.48	0.03	0.03	

$$\sum n_O x_i' = 1 \times 0.46 + 2 \times 0.48 + 1 \times 0.03 + 3 \times 0.03 = 1.54$$

查表 3-7 得各氧化物的光学碱度，再由式（3-3）计算炉渣的光学碱度为：

$$\Lambda = \sum x_i \Lambda_i = \frac{1 \times 0.46}{1.54} \times 1 + \frac{2 \times 0.48}{1.54} \times 0.48 + \frac{1 \times 0.03}{1.54} \times 0.78 + \frac{3 \times 0.03}{1.54} \times 0.605 = 0.65$$

3.3.2 熔渣的氧化-还原性

3.3.2.1 氧化渣与还原渣

熔渣可分为氧化渣和还原渣两种。所谓氧化渣是指能向与之接触的金属液供给氧，使其中的杂质元素氧化的熔渣。反之，能从金属液中吸收氧、使金属液发生脱氧过程的熔渣称为还原渣。

熔渣向金属液供氧（或从金属液吸收氧）的能力取决于熔渣中氧的化学势与金属液中氧的化学势的相对大小。当熔渣中的氧的化学势大于金属液中的氧的化学势时，此炉渣为氧化性渣。反之，则为还原性渣。

3.3.2.2 熔渣氧化性的表示方法

熔渣向金属液供氧的能力与渣的组成和温度有关。熔渣的氧化性表示当熔渣与金属液接触时，熔渣向金属液提供氧的能力，一般以熔渣中能提供氧的组分的含量进行表征。钢铁冶金中，用渣中氧化亚铁（FeO）的含量来表示熔渣的氧化性。因为熔渣的各种氧化物（如 CaO、MgO、MnO、FeO 等）中，FeO 的稳定性最差，且 FeO 能在铁液中溶解，即 FeO 的供氧可能性最大。同样的道理，铜冶炼中以 CuO 的含量来表示炼铜渣的氧化性，因为熔渣中 CuO 最不稳定。

熔渣中 FeO 的供氧过程为：

$$(\mathrm{FeO}) = [\mathrm{Fe}] + [\mathrm{O}] \tag{3-5}$$

实际上，熔渣中铁的氧化物是以 FeO 和 Fe_2O_3 两种不同的形式存在的，它们之间存在如下的化学平衡：

$$(\mathrm{Fe_2O_3}) = 2(\mathrm{FeO}) + \frac{1}{2}\mathrm{O_2} \tag{3-6}$$

可见，熔渣中除 FeO 外，Fe_2O_3 对渣的氧化能力也有贡献。通过化学分析可以确定渣中的总铁含量 $\sum w_{(\mathrm{Fe})}$ 及 $w_{(\mathrm{FeO})}$，再通过计算可以得出 $w_{(\mathrm{Fe_2O_3})}$ 的含量。因此，在讨论熔渣的氧化能力时，还应考虑熔渣中 Fe_2O_3 的贡献。为此，通常将 Fe_2O_3 的含量 $w_{(\mathrm{Fe_2O_3})}$ 折合为 FeO 的含量 $w_{(\mathrm{FeO})}$，以熔渣中总氧化铁的含量 $\sum w_{(\mathrm{FeO})}$ 表示熔渣的氧化性。其折合方法有两种：

（1）全氧法：按 $Fe_2O_3 \rightarrow 3FeO$ 计算，1kg Fe_2O_3 形成 3×72/160=1.35kg FeO，则：

$$\sum w_{(\mathrm{FeO})} = w_{(\mathrm{FeO})} + 1.35 w_{(\mathrm{Fe_2O_3})}$$

（2）全铁法：按 $Fe_2O_3 \rightarrow 2FeO$ 计算，1kg Fe_2O_3 形成 2×72/160=0.9kg FeO，则：

$$\sum w_{(\mathrm{FeO})} = w_{(\mathrm{FeO})} + 0.9 w_{(\mathrm{Fe_2O_3})}$$

两种折算方法各有利弊。全铁法的缺点是折算过程中少算了一个氧原子，全氧法则会因为熔渣在取样及冷却时，部分 FeO 会被氧化为 Fe_2O_3 或 Fe_3O_4，而使得计算值偏高。

熔渣中的 Fe_2O_3 不但能提高熔渣的氧化性，还能促使熔渣从炉气中吸收氧、并能向金属液中传递氧，从而保证熔渣的氧化作用。其反应过程为：炉气中的氧能使气-渣界面上的 FeO 变为 Fe_2O_3，但 Fe_2O_3 在 1873~1973K 的分解压为 $2.5\times10^5 \sim 66.5\times10^5$ Pa，比炼钢炉内的氧分压大，所以仅当生成的 Fe_2O_3 与渣中的 CaO 结合成铁酸钙（$CaO \cdot Fe_2O_3$）或 FeO_2^- 时，才能稳定存在，起到传递氧的作用，其反应为：

$$2(\mathrm{FeO}) + \frac{1}{2}\mathrm{O_2} + (\mathrm{CaO}) = (\mathrm{CaO \cdot Fe_2O_3})$$

或

$$2(\mathrm{Fe^{2+}}) + \frac{1}{2}\mathrm{O_2} + 3(\mathrm{O^{2-}}) = 2(\mathrm{FeO_2^-})$$

形成的铁酸钙在熔渣-金属界面上能被金属铁所还原，致使金属中氧的含量增加，其反应为：

$$(CaO \cdot Fe_2O_3) + [Fe] = 3[O] + 3[Fe] + (CaO)$$

或
$$4(FeO_2^-) + [Fe] = [O] + 5(Fe^{2+}) + 7(O^{2-})$$

因此，随着熔渣中 Fe_2O_3 的含量和碱度的提高，熔渣中 Fe^{3+}/Fe^{2+} 比值增大，熔渣的氧化性增强。

严格地讲，由于熔渣不是理想溶液，故应该用熔渣中 FeO 的活度 $a_{(FeO)}$ 来表示其氧化性。对熔渣中 FeO 的供氧反应式（3-5）的平衡常数为：

$$K^{\ominus} = \frac{a_{[Fe]} \cdot a_{[O]}}{a_{(FeO)}} \tag{3-7}$$

铁液中的［Fe］以纯物质为标准态时，$a_{[Fe]} = x_{[Fe]} = 1$。铁液中的［O］以质量分数为 1%且服从亨利定律的假想溶液为标准态时，因为［O］的含量很低，可视为稀溶液，故 $a_{[O]} = w_{[O]\%}$。式（3-7）变为：

$$K^{\ominus} = \frac{w_{[O]\%}}{a_{(FeO)}} \tag{3-8}$$

在钢铁冶金中，通常将一定温度下，铁液中氧的活度与熔渣中 FeO 的活度之比定义为氧在铁液与熔渣之间的分配比，用符号 L_O 表示，故有：

$$L_O = \frac{a_{[O]}}{a_{(FeO)}} = \frac{w_{[O]\%}}{a_{(FeO)}} = K^{\ominus} \tag{3-9}$$

由纯氧化铁渣与铁液的平衡实验测得 $\lg L_O = -\frac{6320}{T} + 2.734$，在一定温度下 L_O 或 $K^{\ominus}$ 为常数，故 $a_{(FeO)}$ 增大时，铁液中 $a_{[O]}$ 也增大，因而熔渣的氧化能力越强。反之，熔渣 $a_{(FeO)}$ 减小时，铁液中 $a_{[O]}$ 也减小，熔渣的氧化能力也就减弱。

以上的讨论主要是以炼钢过程为例进行的。类似地，在其他情况下熔渣的氧化性取决于熔渣中作为氧化剂的组分的活度。例如，对于粗铜的氧化精炼而言，熔渣的氧化性可用渣中 Cu_2O 的活度表示；而在粗铅氧化精炼时，熔渣的氧化性则为渣中 PbO 的活度。

需要指出的是，熔渣的氧化性只与其中能提供氧的组分（如炼钢渣中的 FeO，粗铜氧化精炼渣中的 Cu_2O，粗铅氧化精炼渣中的 PbO 等）的含量有关，所以用相应氧化物的活度表示。而熔渣的 $a_{O^{2-}}$ 值的大小与其中各种氧化物的数量及种类有关，因此不能用 $a_{O^{2-}}$ 表示熔渣的氧化性。

3.3.3 物质在冶金熔体中的溶解

3.3.3.1 常见元素在铁液中的溶解

A 过渡族元素在铁液中的溶解

过渡族元素 Mn、Ni、Co、Cr、Mo 的原子半径和铁原子的半径相差很小，在铁液内可无限溶解，以阳离子的金属键结构形成置换式溶液，其溶解焓约为零，所以可近似认为它们与 Fe 形成的溶液为理想溶液。

B 碳、氧、硫、磷和硅

这些元素的电负性比铁原子高，与铁原子形成相当于某种分子的群聚团。

a 碳

碳溶于铁液能形成饱和液，溶解热为23kJ/mol。说明Fe-C原子间有一定的键能存在，它在$x_{[C]}>0.08\%$（或$w_{[C]}=2\%$）以上对理想溶液形成正偏差，$\lg\gamma_C=-0.21+4.3x_{[C]}$，$\lg\gamma_C^0=\frac{694}{T}-0.587$。图3-8为1823K时Fe-C系的$a_C$与$x_{[C]}$的关系。

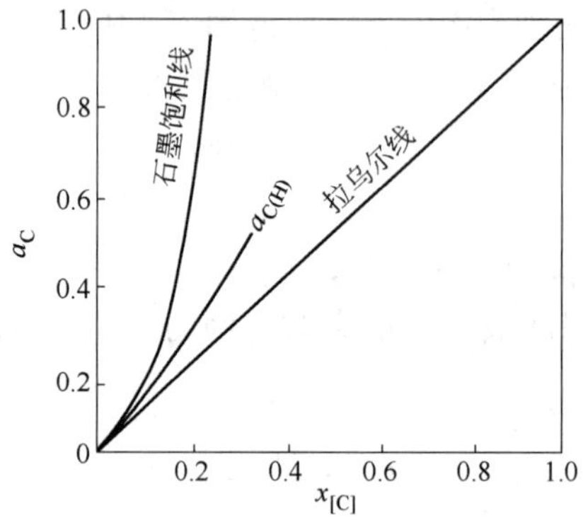

图3-8 1823K时Fe-C系的a_C与$x_{[C]}$的关系

碳原子溶于铁液中放出4个电子，成为具有过剩电荷的C^{4+}离子。但由于碳离子的半径仅为0.2×10^{-10}m，它和Fe^{2+}半径之比（$r_{C^{4+}}/r_{Fe^{2+}}=0.20/0.75=0.27$）很小，所以$C^{4+}$位于铁原子形成的八面体或四面体空隙内，形成间隙式溶体。当$w_{[C]}$小于3.65%时，铁液中可能形成Fe_3C或Fe_4C的群聚团，而在碳含量很高时，可能形成FeC群聚团，其内还可能有微观石墨析出。即随着碳含量的增加，以群聚团结合的碳的分数降低，而碳的活度提高。由于Fe_xC群聚团内碳原子的键未完全饱和，和邻近的铁原子等效结合，不断交换铁原子，所以可认为Fe_xC群聚团是不稳定的，也不能以分子状析出。

b 氧

氧溶于铁液的溶解焓为-117.14kJ/mol，说明Fe-O原子间的键很强。但它在铁液中的溶解度却很小，氧的质量分数在0.01%~0.23%范围内，属于稀溶液的类型，$f_O=0.998\sim0.899$，故一般取$f_O\approx1$。当$p'_{O_2}<10^{-3}$Pa时，氧在铁液中的溶解服从平方根定律，即

$$\frac{1}{2}O_2 = [O] \qquad w_{[O]\%}=K_O^{\ominus}(p_{O_2}/p^{\ominus})^{1/2}$$

氧的溶解焓包括气体分子的离解及离解后的溶解焓：

$$\frac{1}{2}O_2 = O(g) \qquad \Delta G_{O_2}^{\ominus}=246856+58.45T \quad \text{J/mol}$$

$$O(g) = [O] \qquad \Delta G_O^{\ominus}=-364006-61.34T \quad \text{J/mol}$$

$$\frac{1}{2}O_2 = [O] \qquad \Delta G_{O_2}^{\ominus}=-117150-2.89T \quad \text{J/mol}$$

以单原子溶解的氧在铁液中吸收电子，形成O^{2-}离子，与Fe^{2+}形成$Fe^{2+}\cdot O^{2-}$或FeO群聚团，这种群聚团内离子间的键不是恒定的，而是随着氧含量的增加而增加的，并可达到饱和。当这些键完全饱和时，FeO群聚团与周围的Fe原子的键减弱，以FeO相从铁液中析出，在铁液面上形成氧化铁膜。此外，又由于每个FeO群聚团内仅有一个氧原子，

所以常用溶解的氧原子［O］表示铁液中的氧。

氧在铁中的溶解度在铁凝固时急剧地减小。例如 1873K，氧在铁液中的溶解度 $w_{[O]}$ = 0.23%，但在 δ-Fe 的凝固点时，仅为 0.034%，而在室温接近于零。铁凝固时，FeO 在铁的晶界成液相析出（其熔点为 1669K），破坏了晶粒间的结合，形成了所谓“热脆”的危害。氧在 α-Fe 及 γ-Fe 中的溶解度有个突变，当 α-Fe 转变为 γ-Fe 时，氧的溶解度由 0.03%下降到 0.003%，氧的析出使钢产生时效，对于高温使用的软铁应注意该变化。

【例题】 试求在 1873K 时与纯氧化铁渣平衡的铁液的氧量及气相的氧分压。

解：（1）两相间反应为：

$$[Fe] + [O] = FeO(l) \qquad \Delta_r G_m^{\ominus} = 121009 - 52.35T \quad J/mol$$

$$K_O^{\ominus} = \frac{a_{FeO}}{a_{Fe}a_O} = \frac{1}{a_O}，故\ a_O = 1/K_O^{\ominus}$$

又 $$a_O = f_O w_{[O]\%}，故\ w_{[O]\%} = 1/(f_O K_O^{\ominus})$$

对上式取对数 $\lg w_{[O]\%} = -\lg f_O - \lg K_O^{\ominus}$，而 $\lg f_O = e_O^O w_{[O]\%} = -0.20 w_{[O]\%}$

$$\lg K_O^{\ominus} = \frac{121009}{19.147 \times 1873} - \frac{52.35}{19.147} = 0.64$$

故 $$\lg w_{[O]\%} - 0.20 w_{[O]\%} + 0.64 = 0$$

求解得 $$w_{[O]\%} = 0.25$$

（2） $$\frac{1}{2}O_2 = [O] \qquad \Delta_r G_{[O]}^{\ominus} = -117150 - 2.89T \quad J/mol$$

$$K_{O_2}^{\ominus} = a_O/(p_{O_2}/p^{\ominus})^{1/2} \qquad p_{O_2} = (a_O/K_{O_2}^{\ominus})^2 p^{\ominus}$$

而 $$\ln K_{O_2}^{\ominus} = \frac{117150}{8.314 \times 1873} - \frac{2.89}{8.314} \qquad K_{O_2}^{\ominus} = 2630$$

$$a_O = f_O w_{[O]\%} = 0.891 \times 0.25 = 0.22$$

式中，$\lg f_O = -0.20 w_{[O]\%} = -0.20 \times 0.25 = -0.05$，故 $f_O = 0.891$。

所以 $$p_{O_2} = (a_O/K_{O_2}^{\ominus})^2 p^{\ominus} = 7.0 \times 10^{-9} \times 10^5 = 7.0 \times 10^{-4} Pa$$

可见，与铁液中溶解氧平衡的氧分压相当低，这样低的氧分压测定很困难。而且溶解氧达到饱和时，有氧化铁析出，使铁中溶解氧的分析也十分困难。因此，一般利用 H_2-$H_2O(g)$ 或 CO-CO_2 混合气体与铁液的平衡实验，或在坩埚内放置铁液与纯 FeO 渣作平衡实验，再由分配定律来测定铁液中氧，并得出氧溶解度的温度关系式 $\lg w_{[O]} = -6320/T + 2.734$。

c　硫和磷

硫在铁液中的溶解焓为−135kJ/mol，它在铁液中可以无限互溶，成 S^{2-} 状，与 Fe^{2+} 作用，形成相当于 FeS 的群聚团。从图 3-3（a）的 Fe-S 系相图可知，$x_{[S]}$ = 50%处液相线的尖锐最高点，可证明 FeS 群聚团的存在。但这种群聚团内的键比 FeO 群聚团的键弱些，因为 S^{2-} 的半径比 O^{2-} 的半径大，所以 $Fe^{2+} \cdot S^{2-}$ 的作用力比 $Fe^{2+} \cdot O^{2-}$ 的作用力弱。而 $Fe^{2+} \cdot S^{2-}$ 群聚团与周围 Fe^{2+} 的作用力就比 $Fe^{2+} \cdot O^{2-}$ 群聚团与周围的 Fe^{2+} 作用力强，所以 FeS 不能以分子状析出。

虽然硫在铁液中可以无限互溶，但在固体铁中的溶解度却很小。例如，在 γ-Fe 中可溶解 $w_{[S]}$ = 0.05%，而在 Fe-FeS 共晶温度（988℃）时仅 0.013%。因此，高硫钢热加工时，出现了“热脆”现象，这是因为低熔点的 Fe-FeS 共晶体在热加工温度下以液态出现于晶界面上，使钢的热加工性能恶化。

磷在铁液中的溶解焓为-144kJ/mol，实际上相当于 Fe_2P 的生成热。另一方面，在图 3-3（b）的 Fe-P 系相图中，$w_{[P]}$ 为 21.5%处的液相线出现最高点，均可证明磷在铁液中形成相当于 Fe_2P 的群聚团。因此磷在铁液中的活度系数也非常小，接近于 0.01。

磷在铁液中的溶解度大，但在固体铁中的溶解度很小，特别是温度很低时，易在晶界面上析出，出现“冷脆”现象。

d 硅

硅在铁液中的溶解焓为-84kJ/mol，而与理想溶液形成较大的负偏差。硅在铁液中与铁原子形成共价键分数很高的 FeSi 群聚团（Fe_3Si、FeSi、$FeSi_2$）。可根据 Fe-Si 相图（见图 3-2）中物性-组成图的等温线和溶解焓推断出，但这种群聚团和 Fe_xC 群聚团一样，其内键未完全饱和，与周围 Fe 原子有作用力，所以也不会有 FeSi 分子析出。此外，硅还可能与铁液中溶解的其他过渡族元素（V、Cr、Mn、Ni）形成类似的群聚团。

硅能促进 Fe_xC 群聚团的分解，降低铁液中碳的溶解度，铁液中碳的溶解度与含硅量的关系为：

$$w_{[C]_{饱}\%} = 1.34 + 2.54 \times 10^{-3}t - 0.3w_{[Si]\%}$$

式中，t 表示温度，℃。

C 氢和氮

氢和氮是钢铁中溶解的气体。它们在铁液中的溶解度很小，远在 0.1%（质量分数）以下。

在一定温度下，氢和氮气在金属液中的溶解反应可表示为：

$$\frac{1}{2}X_2(g) = [X]$$

式中，$X_2(g)$ 表示 H_2 或 N_2 气体。

$$K^\ominus = \frac{a_{[X]}}{(p_{X_2}/p^\ominus)^{1/2}} \qquad w_{[X]\%} = \frac{K^\ominus}{f_{[X]}} \cdot \left(\frac{p_{X_2}}{p^\ominus}\right)^{1/2}$$

当形成稀溶液时，$f_{[X]}=1$，则

$$w_{[X]\%} = K^\ominus\sqrt{p_{X_2}/p^\ominus}$$

即在一定温度下，氢气和氮气在金属液中的溶解度服从平方根定律。

氢和氮溶于铁液中以 H^+ 或 N^{3+}、N^{5+} 离子形式存在，它们的半径很小，r_{H^+} 约 5×10^{-16}m，$r_{N^{5+}}$ 约 2.5×10^{-11}m，在铁原子间形成间隙溶液。

氢及氮在铁中的溶解度不仅随温度变化，而且与铁的晶型及状态有关。下列实验关系式及图 3-9 表示出了它们的关系。

α-Fe	$\lg w_{[H]\%} = -1418/T - 2.369$	$\lg w_{[N]\%} = -1520/T - 1.04$
γ-Fe	$\lg w_{[H]\%} = -1182/T - 2.369$	$\lg w_{[N]\%} = 450/T - 1.995$
δ-Fe	$\lg w_{[H]\%} = -1418/T - 2.369$	$\lg w_{[N]\%} = -1520/T - 1.04$
Fe(l)	$\lg w_{[H]\%} = -1909/T - 1.591$	$\lg w_{[N]\%} = -518/T - 1.063$

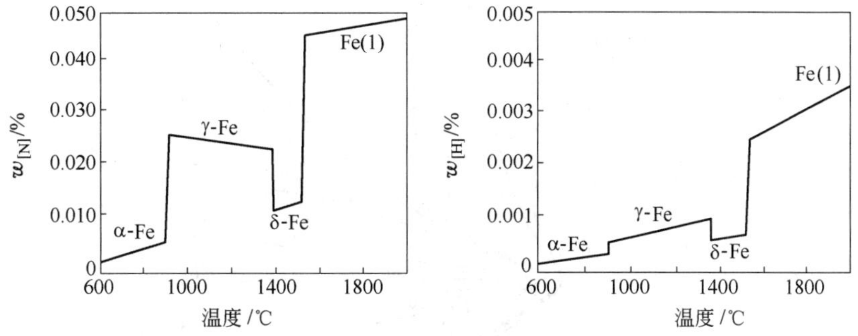

图 3-9 氢和氮在铁中的溶解度与温度的关系

可见，氢和氮在铁液中的溶解度比固态铁中的大。1873K 时，$w_{[H]}=0.0026\%$，$w_{[N]}=0.044\%$，氮的溶解度比氢高一个数量级。由图 3-9 可知，在铁的熔点及晶型转变温度处，溶解度有突变。总体趋势是氢和氮的溶解度随温度下降而减小。氮在 γ-Fe 中的溶解度较大，且随着温度的降低而增加。这是因为 γ-Fe 中有 Fe_2N、Fe_4N 形成，但稳定性差，温度升高，这种化合物发生分解，所以这种氮化物形式的溶解度降低。由于 α-Fe 及 δ-Fe 是相同的体心立方晶型，所以气体的溶解度随温度的变化有相同的线性关系。γ-Fe 是面心立方晶型，较“疏松”，故能溶解较多的气体。

由于铁液凝固时，氢及氮的溶解度急剧降低，所以钢的性能变坏。氢从铁液中析出，变为 H_2 分子，集中在晶格的缺陷（微孔）处，在塑性加工中，微孔尺寸减小，其中的氢气产生很高的压力（10MPa），形成能引起金属塑性降低的应力，出现“白点”，引起“氢脆”和应力腐蚀。氮虽对少数钢种，特别是耐磨性强的钢是有益元素，但它能降低一般钢种的塑性，提高硬度及脆性，所以是钢中有害杂质。这是因为当钢中不含能生成其他氮化物的元素时，α-Fe 形成后，在温度下降时，析出了细分散状的氮化铁（Fe_2N，Fe_4N），位于晶界上，阻止位错移动，使钢的冲击值降低，塑性降低，同时提高钢的硬度和强度。

铁液中存在的元素对氢和氮的溶解度有不同程度的影响，如图 3-10 和图 3-11 所示。这种影响可分为四类：

（1）与氢及氮能形成化合物的元素，如 Ti、Nb、V 等，能较大地提高溶解度及降低活度系数。

（2）与气体元素的亲和力大于 Fe 与气体元素的亲和力的元素，能提高溶解度及降低 f_H、f_N，如 Cr、Mn 等。

（3）能降低氢及氮的溶解度的元素，如 C、P、Si、S、O 等非金属元素或准金属元素，能提高 f_H、f_N。

（4）对氢及氮的溶解度几乎无影响的元素，如 Co、Cu 等。

此外，可由这些元素与溶解气体的相互作用系数的一级近似式（$\lg f_X=\sum e_X^K w_K$）估算这种影响。

【例题】 试计算成分为 $w_{[C]}=0.12\%$、$w_{[Cr]}=2\%$、$w_{[Ni]}=4\%$、$w_{[Si]}=0.5\%$、$w_{[Mo]}=1.0\%$的钢液在 1820K 及氮分压为 30kPa 下的含氮量。

解： $$\frac{1}{2}N_2 = [N] \qquad K_N^{\ominus}=a_{[N]}/(p_{N_2}/p^{\ominus})^{1/2}$$

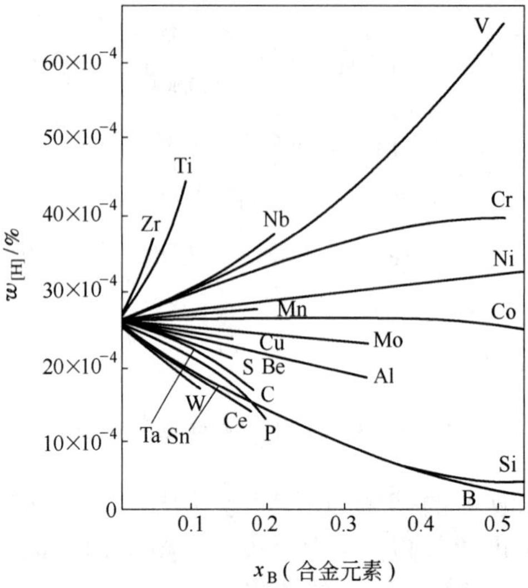

图 3-10 合金元素对氢溶解度的影响（1873K，100kPa）

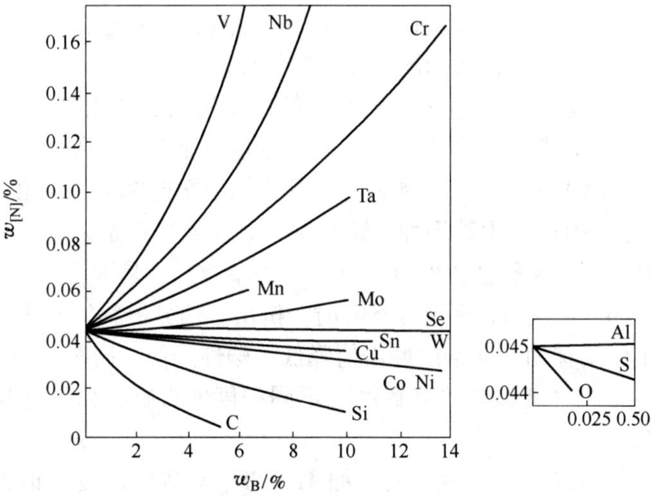

图 3-11 合金元素对氮溶解度的影响（1873K，100kPa）

故
$$w_{[N]\%}=K_N^{\ominus}\ (p_{N_2}/p^{\ominus})^{1/2}/f_{[N]}$$

$$\lg K_N^{\ominus}=\lg w_{[N]\%}=\frac{518}{1820}-1.063=-1.348$$

$$\begin{aligned}\lg f_{[N]}&=e_N^N w_{[N]\%}+e_N^C w_{[C]\%}+e_N^{Cr} w_{[Cr]\%}+e_N^{Ni} w_{[Ni]\%}+e_N^{Si} w_{[Si]\%}+e_N^{Mo} w_{[Mo]\%}\\&=0+0.13\times0.12+(-0.047)\times2+0.01\times4+0.047\times0.5+(-0.011)\times1\\&=-0.0259\end{aligned}$$

$$f_{[N]}=0.942$$

故
$$w_{[N]\%}=K_N^{\ominus}(p_{N_2}/p^{\ominus})^{1/2}/f_{[N]}=\frac{0.0449\times(0.3)^{1/2}}{0.942}=0.026$$

【例题】 含水汽 80g/m³ 的氩气与铁液接触时，铁液中氧的质量分数为 0.003%，试求 1600℃时，铁液中氢的质量分数。

解：水汽与铁液接触时将发生下列反应：

$$H_2O(g) = H_2 + [O] \qquad K^{\ominus}_{H_2O(g)} = \frac{p_{H_2} w_{[O]\%}}{p_{H_2O(g)}} \tag{1}$$

$$\frac{1}{2}H_2 = [H] \qquad p_{H_2} = (w_{[H]\%}/K^{\ominus}_H)^2 p^{\ominus} \tag{2}$$

由于水汽与铁反应后，气相的体积保持不变：

$$p^0_{H_2O(g)} = p_{H_2(平)} + p_{H_2O(平)}$$

故式（1）变为：

$$K^{\ominus}_{H_2O(g)} = \frac{p_{H_2} w_{[O]\%}}{p^0_{H_2O(g)} - p_{H_2(平)}} \tag{3}$$

将式（2）代入式（3），得

$$w_{[H]\%} = K^{\ominus}_H \sqrt{p^0_{H_2O(g)} / [p^{\ominus}(1 + w_{[O]\%}/K^{\ominus}_{H_2O})]}$$

$K^{\ominus}_{H_2O(g)}$：$H_2O(g) = H_2 + \frac{1}{2}O_2 \qquad \Delta_r G^{\ominus}_m = 247500 - 55.88T \quad J/mol$

$\frac{1}{2}O_2 = [O] \qquad \Delta_r G^{\ominus}_m = -117150 - 2.89T \quad J/mol$

$H_2O(g) = H_2 + [O] \qquad \Delta_r G^{\ominus}_m = 130350 - 58.77T \quad J/mol$

$$\lg K^{\ominus}_{H_2O(g)} = \frac{-130350}{19.147 \times 1873} + \frac{58.77}{19.147} = -0.565 \qquad K^{\ominus}_{H_2O(g)} = 0.272$$

$$\lg K^{\ominus}_H = -\frac{1909}{1873} - 1.591 = -2.610 \qquad K^{\ominus}_H = 2.45 \times 10^{-3}$$

$$p^0_{H_2O(g)} = \frac{V_{H_2O(g)}}{\sum V} \times 10^5 = \frac{80}{18} \times 0.0224 \times 10^5 = 10^4 Pa$$

故 $\qquad w_{[H]\%} = 2.45 \times 10^{-3} \sqrt{10^{-1}/(1 + 0.003/0.272)} = 7.7 \times 10^{-4}$

D 其他

碱土金属 Ca、Ba、Mg、Sr 等，因为有脱氧和脱硫（或磷）的作用而加入钢液中。但因它们的熔点（低于 850℃）及沸点（低于 1650℃）较低，在炼钢温度下呈气态。它们在铁液中的溶解度也很低（$w_{[Ba]} = 0.013\%$、$w_{[Ca]} = 0.032\%$、$w_{[Mg]} = 0.056\%$、$w_{[Sr]} = 0.076\%$），所以对钢性能的影响较小。C、Si 等能提高 Ca 的溶解度，因为它们能形成 CaC_2、CaSi 化合物。

有色金属 Cu、Sn、As、Sb 等，从矿石中被还原而进入生铁中，在炼钢过程中不能氧化除去，少量铜虽能改善钢的耐腐蚀性，但 $w_{[Cu]}$ 超过 0.7%后，就会使钢产生热脆和表面龟裂。As 使钢冷脆，不易焊接。且溶于铁中的这些元素的挥发性比铁大，因此，应在炼钢原料（生铁、废钢）中限制它们的入炉量。

钛及钒是冶炼钒钛磁铁矿进入生铁中的有价元素。它们在铁中的溶解焓较大（分别为-31kJ/mol 和-21kJ/mol)，对拉乌尔定律有负偏差。

3.3.3.2 气体在熔渣中的溶解

冶金生产中对钢铁性能有害的物质如硫（S_2）、磷（P_2）、氮（N_2）、氢（H_2）或水汽（$H_2O(g)$）等均能在熔渣中溶解，并通过熔渣向金属液传递。把熔渣具有容纳或溶解这些物质的能力称为炉渣的容量性质。这些气体是中性分子，而熔渣是离子熔体，气体必须吸收电子（即发生还原反应）转变为阴离子后才能进入熔渣，反应所需要的电子通常是由熔渣中的 O^{2-} 离子的氧化反应提供的，故气体在熔渣中的溶解反应是有 O^{2-} 离子参加的电化学反应。

A S_2 在熔渣中的溶解

为了确定 S_2 在熔渣中的溶解反应，必须首先确定硫在渣中的存在形态。研究表明，熔渣中硫的形态与体系的氧分压有关。当 $p_{O_2}<0.1$Pa 时，硫以 S^{2-} 的形态存在；而当 $p_{O_2}>10$Pa 时，硫的存在形态为 SO_4^{2-} 离子。在钢铁冶金中，平衡氧分压很低（约为 10^{-3} Pa)，故可认为熔渣中的硫以 S^{2-} 的形态存在。因此，气体硫在熔渣中的溶解反应可写成：

$$(CaO) + \frac{1}{2}S_2 = \frac{1}{2}O_2 + (CaS) \qquad \Delta_r G_m^{\ominus} = 97111 - 5.61T \quad J/mol$$

或

$$(O^{2-}) + \frac{1}{2}S_2 = \frac{1}{2}O_2 + (S^{2-}) \tag{3-10}$$

$$K^{\ominus} = \frac{a_{S^{2-}}}{a_{O^{2-}}}\left(\frac{p_{O_2}}{p_{S_2}}\right)^{1/2} = \frac{x_{S^{2-}} \cdot \gamma_{S^{2-}}}{a_{O^{2-}}}\left(\frac{p_{O_2}}{p_{S_2}}\right)^{1/2}$$

将 $x_{S^{2-}}=w_{(S)}/(32\sum n)$ 代入上式，并改写成：

$$w_{(S)}\left(\frac{p_{O_2}}{p_{S_2}}\right)^{1/2} = K \times \frac{a_{O^{2-}}}{\gamma_{S^{2-}}} 32\sum n \tag{3-11}$$

定义

$$C_S = w_{(S)\%}\left(\frac{p_{O_2}}{p_{S_2}}\right)^{1/2}$$

为熔渣的硫化物容量或简称硫容量，表示熔渣容纳或吸收硫的能力。$w_{(S)}$、p_{O_2} 和 p_{S_2} 均为可测定的量。式中，$w_{(S)}$ 为渣中硫的质量分数；p_{O_2} 和 p_{S_2} 分别为气相中氧和硫的分压，Pa；$\sum n$ 为渣中所有组分的物质的量之和。

铁液中的硫在熔渣中的溶解：

$$[S] + (O^{2-}) = (S^{2-}) + [O]$$

$$C_S = w_{(S)\%}\frac{a_{[O]}}{a_{[S]}} = K'\left(\frac{a_{O^{2-}}}{\gamma_{S^{2-}}}\right) \tag{3-12}$$

式中，硫容量 C_S 表示了炉渣的脱硫能力；$K'=32K^{\ominus}\sum n$。

从式（3-11）和式（3-12）可以看出，在一定温度下，硫化物容量随渣中氧离子的活度 $a_{(O^{2-})}$，即炉渣碱度的增加及渣中硫离子的活度系数 $\gamma_{(S^{2-})}$ 的减小（或硫在渣中含量的增大）而增大。说明炉渣的硫容量与炉渣的组成，特别是碱度有很大的关系。

被碳饱和的铁液成分 $w_C=4.96\%$、$w_{Mn}=1\%$ 、$w_{Si}=1\%$；高炉渣的组成为 $w_{(SiO_2)}=37.51\%$、$w_{(Al_2O_3)}=10\%$、$w_{(CaO)}=42.5\%$、$w_{(MgO)}=10\%$，在 1800K、$p_{CO}=p^{\ominus}$ 的气氛下，渣铁平衡时，硫在渣铁间的分配比为 $L_S=172.32$，可见高炉脱硫能力很强。

图 3-12 为 $CaO-SiO_2-Al_2O_3$ 熔渣的等硫容量曲线。可以看出，随着 CaO 含量的增大，硫容量迅速增大，渣有较强的吸收硫的能力。用 Al_2O_3 取代 SiO_2，也会使 C_S 提高，因为 Al_2O_3 的酸性比 SiO_2 的酸性弱。显然，硫容量还与温度有关，一般来说，随着温度的升高，硫容量增大。

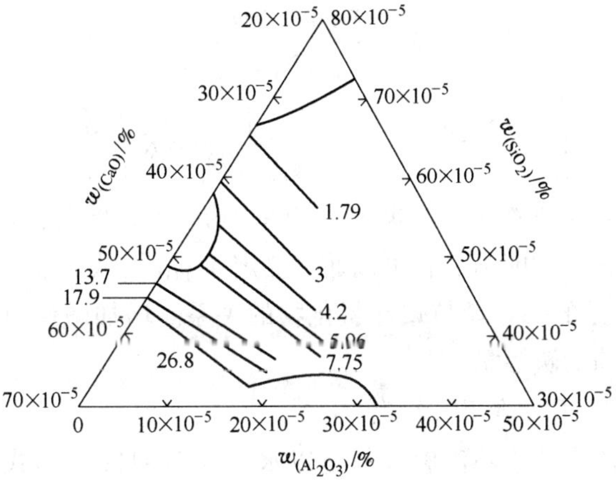

图 3-12　1923K 时 $CaO-SiO_2-Al_2O_3$ 熔渣的硫容量

B　磷在熔渣中的溶解

磷在熔渣中的存在形式与氧分压的关系为：

1873K，若 $p_{O_2}>10^{-12}$Pa

$$\frac{1}{2}P_2(g)+\frac{3}{2}(O^{2-})+\frac{5}{4}O_2 = (PO_4^{3-}) \tag{3-13}$$

若 $p_{O_2}<10^{-13}$Pa

$$\frac{1}{2}P_2(g)+\frac{3}{2}(O^{2-}) = (P^{3-})+\frac{3}{4}O_2 \tag{3-14}$$

在炼钢氧化气氛条件下，渣中的磷以 PO_4^{3-} 状态存在，即式（3-13）。其反应的平衡常数

$$K^{\ominus}_{(3\text{-}13)}=\frac{x_{(PO_4^{3-})}\cdot\gamma_{(PO_4^{3-})}}{(p_{P_2}/p^{\ominus})^{1/2}\cdot(p_{O_2}/p^{\ominus})^{5/4}\cdot a^{3/2}_{(O^{2-})}}$$

或

$$K^{\ominus}_{(3\text{-}13)}=\frac{w_{(PO_4^{3-})\%}\cdot\gamma_{(PO_4^{3-})}}{(p_{P_2}/p^{\ominus})^{1/2}\cdot(p_{O_2}/p^{\ominus})^{5/4}\cdot a^{3/2}_{(O^{2-})}}$$

令

$$C_{(PO_4^{3-})}=\frac{K^{\ominus}_{(3\text{-}13)}\cdot a^{3/2}_{(O^{2-})}}{\gamma_{(PO_4^{3-})}}=\frac{w_{(PO_4^{3-})\%}}{(p_{P_2}/p^{\ominus})^{1/2}\cdot(p_{O_2}/p^{\ominus})^{5/4}} \tag{3-15}$$

在还原气氛下，渣中的磷以 P^{3-} 状态存在，即式（3-14）。其反应的平衡常数

$$K^{\ominus}_{(3\text{-}14)}=\frac{x_{(P^{3-})}\cdot\gamma_{(P^{3-})}\cdot(p_{O_2}/p^{\ominus})^{3/4}}{(p_{P_2}/p^{\ominus})^{1/2}\cdot a^{3/2}_{(O^{2-})}}$$

令

$$C_{(P^{3-})}=\frac{K^{\ominus}_{(3\text{-}14)}\cdot a^{3/2}_{(O^{2-})}}{\gamma_{(P^{3-})}}=\frac{w_{(P^{3-})\%}\cdot(p_{O_2}/p^{\ominus})^{3/4}}{(p_{P_2}/p^{\ominus})^{1/2}} \tag{3-16}$$

对钢液的脱磷反应：

$$[P]+\frac{5}{2}[O]+\frac{3}{2}(O^{2-})=\!=\!=(PO_4^{3-})$$

$$K'=\frac{x_{(PO_4^{3-})}\gamma_{(PO_4^{3-})}}{a_{[P]}a^{5/2}_{[O]}a^{3/2}_{(O^{2-})}}$$

$$C_{(PO_4^{3-})}=w_{(PO_4^{3-})\%}\times\frac{1}{a_{[P]}a^{5/2}_{[O]}}=K\frac{a^{3/2}_{(O^{2-})}}{\gamma_{(PO_4^{3-})}}$$

称 $C_{(PO_4^{3-})}$ 或 $C_{(P^{3-})}$ 为炉渣的磷酸盐容量或磷化物容量，即磷容量。磷容量表示熔渣容纳或吸收磷酸盐或磷化物的能力。它可以通过测定 $w_{(PO_4^{3-})\%}$ 或 $w_{(P^{3-})\%}$、p_{P_2} 和 p_{O_2} 得到。

图 3-13 为某些渣系的磷容量与碱性氧化物的关系。增加碱性氧化物，炉渣的磷容量提高。BaO 渣系有很高的磷容量。

C　H_2（或 H_2O）在熔渣中的溶解

干燥的氢气在熔渣中几乎不溶解，但是以水蒸气 $H_2O(g)$ 形式存在的氢则可大量溶解于熔渣中。如 $p_{H_2O}=(0.2\sim0.3)\times10^5$Pa 时，熔渣吸收的水蒸气可达 0.04%~0.4%。图 3-14 为 1823K 时熔渣 $CaO\text{-}SiO_2\text{-}Al_2O_3$ 和 $CaO\text{-}FeO\text{-}SiO_2$ 中 $H_2O(g)$ 的溶解度曲线。

$H_2O(g)$ 在熔渣中的形态与渣的碱度有关，可以用下列反应式给出。

在酸性渣中　$H_2O(g)+(\vdots Si\text{—}O\text{—}Si\vdots)=\!=\!=2(\vdots Si\text{—}OH)$

在碱性渣中　$H_2O(g)+2(SiO_4^{4-})=\!=\!=(Si_2O_7^{6-})+2(OH^-)$

在强碱性渣中　$H_2O(g)+(O^{2-})=\!=\!=2(OH^-)$

可见，$H_2O(g)$ 表现为两性氧化物，在酸性渣中表现为碱性，可以使硅氧阴离子发生离解；在碱性渣中表现为酸性，能使硅氧阴离子聚合；在强碱性渣中，吸收熔渣中的自由氧 O^{2-} 转变为 OH^-。

溶解于熔渣中的 OH^- 通过下列反应进入金属液，而使氢量增加。即：

$$2(OH^-)+[Fe]=\!=\!=2[H]+2(O^{2-})+(Fe^{2+})$$

D　氮气在熔渣中的溶解

N_2 在酸性渣和碱性渣中均能溶解，但溶解的机理不同。

碱性渣中　$\frac{1}{2}N_2+\frac{3}{2}(O^{2-})=\!=\!=(N^{3-})+\frac{3}{4}O_2$

酸性渣中　$\frac{1}{2}N_2+(\vdots Si\text{—}O\text{—}Si\vdots)=\!=\!=(\vdots Si\text{—}N\text{—}Si\vdots)+\frac{1}{2}O_2$

在氧化性和中性气氛中，N_2 在硅酸盐熔渣中的溶解度不高（0.001%~0.01%）。因为在氧化性渣中，$w_{(FeO)}$ 大，表面活性物 FeO 占据了气-渣界面上的活性点，减少了氮溶解前需进行吸附的活性点，所以氧化渣能很好地阻隔炉气中的氮与金属液的作用。

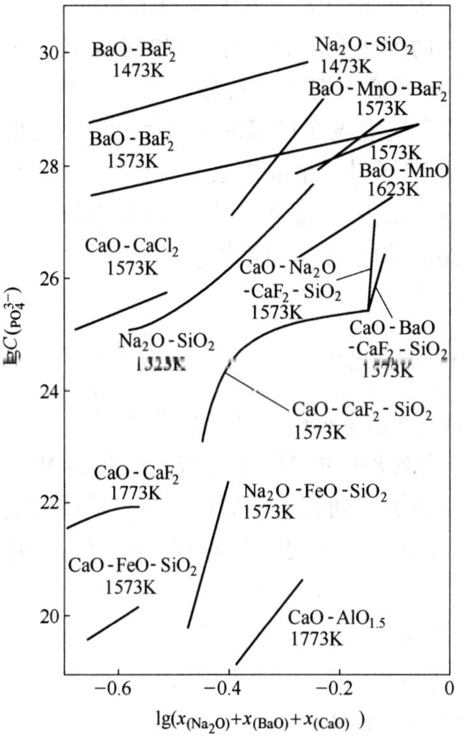

图 3-13 渣系的磷容量与碱性氧化物的关系

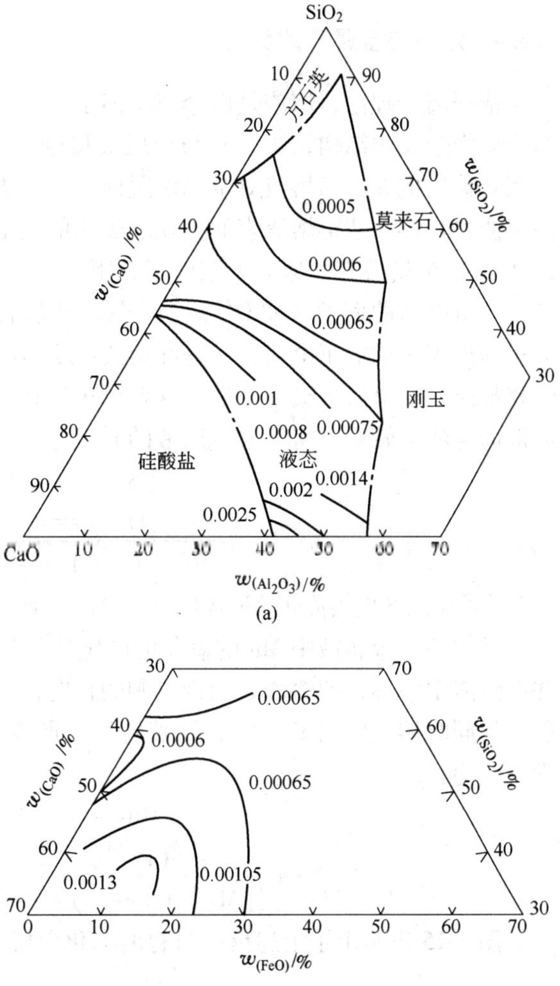

图 3-14 1823K 时熔渣中 $H_2O(g)$ 的溶解度

(a) $CaO\text{-}SiO_2\text{-}Al_2O_3$；(b) $CaO\text{-}FeO\text{-}SiO_2$

在 C、CO、H_2 和 NH_3 等还原性气氛下，氮在熔渣中的溶解度比较大，特别是在含有 CaC_2 的电炉渣中，氮可以大量地溶解。例如，在含 0.5%CaC_2 的电炉渣中，氮的溶解度为 0.05%~0.075%。随着 CaC_2 含量的增大，渣中的氮质量分数可提高到 0.1%~0.5%。

当有碳存在时，氮在渣中的溶解可用下列反应来描述：

$$\frac{3}{2}(O^{2-}) + \frac{3}{2}C + \frac{1}{2}N_2 = (N^{3-}) + \frac{3}{2}CO$$

$$\frac{1}{2}(O^{2-}) + \frac{3}{2}C + \frac{1}{2}N_2 = (CN^{-}) + \frac{1}{2}CO$$

因此，在有碳存在时，渣中的氮是以 N^{3-} 或 CN^- 离子的形式存在，其含量多少与熔渣的碱度有关。随着碱度的增大，熔渣中 CN^- 的含量增大，N^{3-} 的含量减小。

3.3.4 熔渣与金属液的反应

依据离子理论，熔渣是由金属阳离子、络阴离子和氧阴离子等组成的离子溶液，而液态金属为金属键结构，当熔渣与金属液接触时，就会有带电质点（离子和电子）在两相之间转移。例如，当熔渣对金属液脱硫时，一方面，金属液中的硫成为带负电荷的 S^{2-} 并向熔渣中转移，使得熔渣表面出现了过剩的负电荷，而金属液表面带有过剩的正电荷，因此在熔渣-金属液界面形成了双电层，阻止硫继续从金属液向熔渣中转移。另一方面，熔渣中带负电荷的离子（如 O^{2-}）向金属液中转移，使金属液表面将带过剩的负电荷，而熔渣表面出现过剩的正电荷，于是在熔渣-金属液界面形成了另一个双电层，其极性与由 S^{2-} 转移形成的双电层的极性相反。这两个极性相反的双电层互相抵消，使 S^{2-} 得以继续从金属液向熔渣中转移。将上述金属液的脱硫过程写成如下的电化学反应式：

$$[S] + 2e = (S^{2-})$$
$$(O^{2-}) = [O] + 2e$$
$$\overline{[S] + (O^{2-}) = (S^{2-}) + [O]}$$

即金属液中的 S 向熔渣转移所需的电子是由熔渣中的 O^{2-} 向金属液转移放出的电子提供的。

类似地，金属液中 Mn 的氧化的电化学过程为：金属液中的 Mn 成为带正电荷的 Mn^{2+} 并向熔渣中转移，使熔渣表面带过剩的正电荷，金属液表面则有过剩的负电荷，形成双电层。但同时熔渣中的 Fe^{2+} 向金属液转移，形成一个极性相反的另一双电层。相应的电化学反应为：

$$[Mn] = (Mn^{2+}) + 2e$$
$$(Fe^{2+}) + 2e = [Fe]$$
$$\overline{[Mn] + (Fe^{2+}) = (Mn^{2+}) + [Fe]}$$

图 3-15 表示出了上述反应过程的电化学模型。

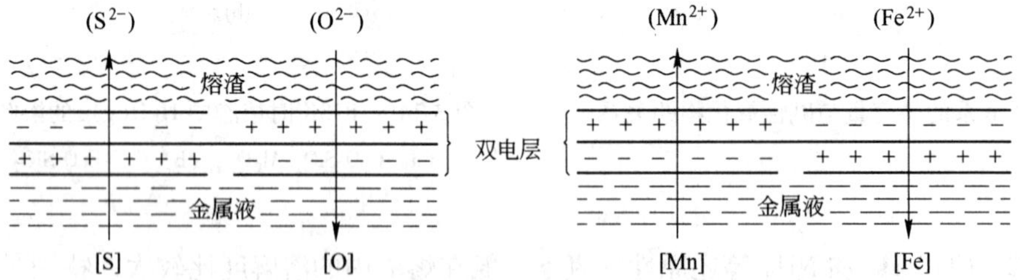

图 3-15 熔渣-液态金属间的电化学反应模型

用类似的方法，可写出熔渣-金属液之间的其他电化学反应，如：

渣中氧的转移 $(O^{2-}) + (Fe^{2+}) = [O] + [Fe]$

金属中碳的氧化 $[C] + (O^{2-}) + (Fe^{2+}) = [Fe] + CO$

金属中硅的氧化 $[Si] + 4(O^{2-}) + 2(Fe^{2+}) = (SiO_4^{4-}) + 2[Fe]$

金属中磷的氧化 $2[P] + 8(O^{2-}) + 5(Fe^{2+}) = 2(PO_4^{3-}) + 5[Fe]$

渣中 SiO_2 被 C 还原　$(SiO_4^{4-}) + 2C = [Si] + 2(O^{2-}) + 2CO$

需要指出的是，书写这种电化学反应式时，熔渣中的组分要用其相应的离子形式来表示，复合阴离子转移或形成时，只有其中的金属或准金属离子才参与电荷数的改变（电子的得失），而 O^{2-} 无变化，仅起分离或结合的作用。而金属液中的元素用其原子来表示，因为这里未考虑金属液中原子转变为离子或其相反的转变。

3.3.5 熔渣组分的活度

熔渣中组分的活度是金属液-熔渣间的反应平衡热力学定量计算最主要的数据。有两种获得组分活度的方法——熔渣结构模型法和实验测定法。

3.3.5.1 熔渣结构模型法计算组分的活度

由分子结构理论可知，熔渣中组分的活度等于其摩尔分数。而由离子结构理论建立各种模型，计算熔渣中组分的活度时，需要假定熔渣离子的结构、离子间作用能的特性、离子的分布状态以及离子含量的计算方法。

熔渣离子溶液模型大致可分为统计热力学模型和经典热力学模型。统计热力学模型是利用统计方法分别由离子间的作用能（用混合热表示）和离子分布的组态来计算离子溶液形成的偏摩尔焓变量和偏摩尔熵变量，再由此计算熔渣组元的活度。如完全离子溶液模型，正规离子溶液模型等。经典热力学模型是假定硅酸盐熔渣中的各种复合阴离子和氧离子之间存在着聚合型的化学反应平衡，利用这类聚合反应的平衡常数计算熔渣组分的活度，如马松（Masson）模型等。

A　完全离子溶液模型

这个模型的主要内容是：（1）熔渣仅由离子组成，其中不出现电中性质点；（2）离子的最邻近者仅是异类电荷的离子，不可能是同符号电荷的离子；（3）所有的阴离子同阳离子的作用力是等价的，而所有的阳离子同阴离子的作用力也是等价的。

完全离子溶液模型假定熔渣是由阳离子及阴离子两种理想溶液组成，因而熔渣的混合焓等于零（$\Delta H=0$），同号离子的混合熵为无序混合熵。由此导出完全离子溶液模型的离子摩尔分数表达如下：

$$x_{B^+} = n_{B^+}/\sum n_{B^+} \quad x_{B^-} = n_{B^-}/\sum n_{B^-}$$

式中，$\sum n_{B^+}$、$\sum n_{B^-}$ 分别为所有阳离子及所有阴离子物质的量之和。在这种情况下，是分别按阳离子及阴离子计算离子的摩尔分数，所以熔渣全部离子摩尔分数之和等于 2。

那么，熔渣中任意组分 A_mB_n 的活度如何计算？根据前述的完全离子溶液的理想溶液行为，对于 1mol A_mB_n：

$$A_mB_n = mA^{n+} + nB^{m-}$$

$$\begin{aligned}\mu_{A_mB_n(R)}(T,\ p) &= m\cdot\mu_{A^{n+}}(T,\ p) + n\cdot\mu_{B^{m-}}(T,\ p)\\ &= m\cdot(\mu^*_{A^{n+}}(T,\ p) + RT\ln x_{A^{n+}}) + n\cdot(\mu^*_{B^{m-}}(T,\ p) + RT\ln x_{B^{m-}})\\ &= m\cdot\mu^*_{A^{n+}}(T,\ p) + n\cdot\mu^*_{B^{m-}}(T,\ p) + RT\ln(x^m_{A^{n+}}\cdot x^n_{B^{m-}})\end{aligned}$$

而

$$m\cdot\mu^*_{A^{n+}}(T,\ p) + n\cdot\mu^*_{B^{m-}}(T,\ p) = \mu^*_{A_mB_n}(T,\ p) = G^*_{A_mB_n}(T,\ p)$$

式中，$G^*_{A_mB_n}(T,\ p)$ 为在 T、p 下，纯 A_mB_n 的摩尔吉布斯自由能。

于是

$$\mu_{A_mB_n(R)}(T,\ p) = G^*_{A_mB_n}(T,\ p) + RT\ln(x^m_{A^{n+}} \cdot x^n_{B^{m-}}) \tag{3-17}$$

又熔渣组分 A_mB_n 的偏摩尔吉布斯自由能为：

$$\mu_{A_mB_n}(T,\ p) = G^*_{A_mB_n}(T,\ p) + RT\ln a_{A_mB_n} \tag{3-18}$$

比较式（3-17）及式（3-18），可得：

$$a_{A_mB_n} = x^m_{A^{n+}}x^n_{B^{m-}}$$

如 $FeO = Fe^{2+} + O^{2-}$ $\quad a_{FeO} = x_{Fe^{2+}}x_{O^{2-}}$

$CaF_2 = Ca^{2+} + 2F^-$ $\quad a_{CaF_2} = x_{Ca^{2+}}x^2_{F^-}$

完全离子溶液模型忽略了离子间静电势的差别，因而与实际熔渣系的性质有差别。经实验证明，该模型仅适用于 SiO_2 的质量分数小于11%~12%的高碱度熔渣。如在处理硫和氧在高碱度熔渣与铁液之间的分配时，应用此模型得到了比较满意的结果。当 SiO_2 的含量增加时，必须引入离子的经验活度系数对完全离子溶液导出的公式进行修正。例如，对于FeO，有：

$$a_{FeO} = x_{Fe^{2+}}x_{O^{2-}}\gamma_{Fe^{2+}}\gamma_{O^{2-}}$$

而 Fe^{2+} 及 O^{2-} 离子活度系数的乘积由实验得出的以下经验式计算：

$$\lg(\gamma_{Fe^{2+}}\gamma_{O^{2-}}) = 1.53\sum x_{SiO_4^{4-}} - 0.17 \tag{3-19}$$

式中，$\sum x_{SiO_4^{4-}}$ 为熔渣中所有络离子（SiO_4^{4-}、PO_4^{3-}、AlO_2^- 等）的摩尔分数之和。

对于FeS，近似认为与FeO有相同的活度系数，所以有：

$$\lg(\gamma_{Fe^{2+}}\gamma_{S^{2-}}) = 1.53\sum x_{SiO_4^{4-}} - 0.17 \tag{3-20}$$

【例题】 熔渣的组成为 $w_{(FeO)} = 12.03\%$，$w_{(MnO)} = 8.84\%$，$w_{(CaO)} = 42.68\%$，$w_{(MgO)} = 14.97\%$，$w_{(SiO_2)} = 19.34\%$，$w_{(P_2O_5)} = 2.15\%$。试用完全离子溶液模型计算FeO、CaO，MnO的活度及活度系数。在1873K时测得与此渣平衡的钢液中 $w_{[O]} = 0.058\%$，试确定计算的FeO活度的正确性。

解：（1）计算熔渣组分活度的公式为：

$$a_{MO} = x_{M^{2+}}x_{O^{2-}}$$

假定熔渣中有 Fe^{2+}、Mn^{2+}、Ca^{2+}、Mg^{2+}、O^{2-}、SiO_4^{4-}、PO_4^{3-} 等离子。先计算各离子的物质的量。以100g熔渣作为计算基础：

$$n_{FeO} = \frac{12.03}{72} = 0.167\text{mol},\ n_{SiO_2} = \frac{19.34}{60} = 0.322\text{mol},\ n_{MnO} = \frac{8.84}{71} = 0.125\text{mol}$$

$$n_{MgO} = \frac{14.97}{40} = 0.374\text{mol},\ n_{CaO} = \frac{42.68}{56} = 0.762\text{mol},\ n_{P_2O_5} = \frac{2.15}{142} = 0.015\text{mol}$$

每1mol碱性氧化物电离形成1mol阳离子和 O^{2-}，即

$CaO = Ca^{2+} + O^{2-}$，$FeO = Fe^{2+} + O^{2-}$，$MnO = Mn^{2+} + O^{2-}$，$MgO = Mg^{2+} + O^{2-}$

故 $n_{Ca^{2+}} = n_{CaO}$，$n_{Fe^{2+}} = n_{FeO}$，$n_{Mn^{2+}} = n_{MnO}$，$n_{Mg^{2+}} = n_{MgO}$

$$\sum n_{B^+} = n_{CaO} + n_{FeO} + n_{MnO} + n_{MgO} = 1.428\text{mol}$$

络离子按下列反应形成：

$SiO_2 + 2O^{2-} = SiO_4^{4-}$，故 $n_{SiO_4^{4-}} = n_{SiO_2} = 0.322\text{mol}$；

$P_2O_5 + 3O^{2-} = 2PO_4^{3-}$，故 $n_{PO_4^{3-}} = 2n_{P_2O_5} = 2 \times 0.015 = 0.030\text{mol}$。

又自由氧离子的物质的量等于熔渣内碱性氧化物释放出的 O^{2-} 的物质的量之和减去酸性氧化物形成络离子消耗的 O^{2-} 的物质的量之和的差值。而1mol SiO_2 消耗2mol的 O^{2-}（即

$n_{O^{2-}} = 2n_{SiO_2}$），1mol P_2O_5 消耗 3mol 的 O^{2-}（即 $n_{O^{2-}} = 3n_{P_2O_5}$），故

$$n_{O^{2-}} = \sum n_{B^+} - 2n_{SiO_2} - 3n_{P_2O_5} = 1.428 - 2\times0.322 - 3\times0.015 = 0.739\text{mol}$$

而 $\sum n_{B^-} = n_{O^{2-}} + n_{SiO_4^{4-}} + n_{PO_4^{3-}} = n_{O^{2-}} + n_{SiO_2} + 2n_{P_2O_5} = 0.739 + 0.322 + 2\times0.015 = 1.091\text{mol}$

阳离子及氧离子的摩尔分数分别为：

$$x_{Fe^{2+}} = \frac{n_{Fe^{2+}}}{\sum n_{B^+}} = \frac{0.167}{1.428} = 0.117，\quad x_{Mg^{2+}} = \frac{n_{Mg^{2+}}}{\sum n_{B^+}} = \frac{0.374}{1.428} = 0.262$$

$$x_{Mn^{2+}} = \frac{n_{Mn^{2+}}}{\sum n_{B^+}} = \frac{0.125}{1.428} = 0.088，\quad x_{O^{2-}} = \frac{n_{O^{2-}}}{\sum n_{B^-}} = \frac{0.739}{1.091} = 0.677$$

$$x_{Ca^{2+}} = \frac{n_{Ca^{2+}}}{\sum n_{B^+}} = \frac{0.762}{1.428} = 0.534$$

FeO、CaO、MnO 的活度如下：

$$a_{FeO} = x_{Fe^{2+}}x_{O^{2-}} = 0.117\times0.677 = 0.079$$

$$a_{CaO} = x_{Ca^{2+}}x_{O^{2-}} = 0.534\times0.677 = 0.362,$$

$$a_{MnO} = x_{Mn^{2+}}x_{O^{2-}} = 0.088\times0.677 = 0.060$$

它们的活度系数按 $\gamma_{A_mB_n} = a_{A_mB_n}/x_{A_mB_n}$ 计算如下：

$$\gamma_{FeO} = \frac{0.079}{0.167/1.765} = 0.83，\quad \gamma_{CaO} = \frac{0.362}{0.762/1.765} = 0.84，\quad \gamma_{MnO} = \frac{0.060}{0.125/1.765} = 0.85$$

（2）根据与熔渣平衡的钢液的氧量（0.058%）计算

$$a_{FeO} = \frac{w_{[O]\%}}{K^{\ominus}} = \frac{0.058}{0.23} = 0.252$$

式中，$K^{\ominus} = 0.23$，由 $\lg K^{\ominus} = -6320/T + 2.734$ 计算得到。

可见，由完全离子溶液模型计算的 a_{FeO} 偏低，这是因为熔渣的 SiO_2 含量很高。须引入离子活度系数对 a_{FeO} 进行计算。

用式（3-19）计算：

$$\lg(\gamma_{Fe^{2+}}\gamma_{O^{2-}}) = 1.53(x_{SiO_4^{4-}} + x_{PO_4^{3-}}) - 0.17$$

$$= 1.53\times\frac{0.322 + 0.030}{1.091} - 0.17 = 0.324$$

$\gamma_{Fe^{2+}}\gamma_{O^{2-}} = 2.10$，故 $a_{FeO} = x_{Fe^{2+}}x_{O^{2-}}\gamma_{Fe^{2+}}\gamma_{O^{2-}} = 2.10\times0.079 = 0.166$。即引入离子活度系数后，$a_{FeO}$ 的计算值与实测值（0.252）的差别减小了。

B　规则离子溶液模型

在相似于不带电质点组成的规则溶液基础上提出了熔渣的规则离子溶液模型。它的主要内容是：（1）熔渣由简单阳离子（Fe^{2+}、Mn^{2+}、Mg^{2+}、Ca^{2+}、Si^{4+}、P^{5+}）和阴离子 O^{2-} 组成，阴离子中仅 O^{2-} 一种，高价阳离子不形成络离子；（2）由于阳离子与 O^{2-} 作用的静电矩不相同，所以有混合热产生；（3）各阳离子无序分布于 O^{2-} 之间，和完全离子溶液的状态相同，故组分的混合熵和完全离子溶液的相同。

由二元系规则溶液组分活度系数的热力学公式，推广到 k 个组分的多元系熔渣，可得出任一组分 1 活度系数的表达式：

$$RT\ln\gamma_1 = \sum_{B\neq1}^{k} \alpha_{B1}x_B - \sum_{B=1}^{k-1}\sum_{j=B+1}^{k} \alpha_{Bj}x_Bx_j$$

式中，$B\neq1$ 表示上式第一项不包括有组分 1 的 x_1 在内的项；γ_1 为组分 1 的活度系数；α_{B1}、α_{Bj}为 B、1 及 B、j 离子对的交互作用能或混合能；x_B、x_j 为阳离子 B^{z+}、j^{z+}的离子分数。

如多元系熔渣由组分 FeO、MnO、CaO、MgO、SiO_2、P_2O_5 组成，混合能可由相应组分的二元系相图或按经验数据得出，则可得出熔渣组分的活度表达式：

$$\lg\gamma_{FeO}=\lg\gamma_{Fe^{2+}}=\frac{1000}{T}[2.18x_{Mn^{2+}}x_{Si^{4+}}+5.90(x_{Ca^{2+}}+x_{Mg^{2+}})x_{Si^{4+}}+10.50x_{Ca^{2+}}x_{P^{5+}}] \tag{3-21}$$

$$\lg\gamma_{MnO}=\lg\gamma_{Mn^{2+}}=\lg\gamma_{Fe^{2+}}-\frac{2180}{T}x_{Si^{4+}} \tag{3-22}$$

$$\lg\gamma_{MgO}=\lg\gamma_{Mg^{2+}}=-\frac{5900}{T}(x_{Fe^{2+}}+x_{Mn^{2+}}+x_{Si^{4+}})x_{Si^{4+}} \tag{3-23}$$

$$\lg\gamma_{P_2O_5}=\lg\gamma_{P^{5+}}=\lg\gamma_{Fe^{2+}}-\frac{10500}{T}x_{Ca^{2+}} \tag{3-24}$$

任一组分的活度可按完全离子溶液模型的公式计算，但仅引入阳离子的活度系数。例如，对于 FeO，P_2O_5 有：

$$a_{FeO}=x_{Fe^{2+}}x_{O^{2-}}\gamma_{Fe^{2+}}\gamma_{O^{2-}}=\gamma_{Fe^{2+}}x_{Fe^{2+}}$$

$$a_{P_2O_5}=\gamma_{P^{5+}}^2x_{P^{5+}}^2$$

$$a_{M_mO_n}=(\gamma_{M^{(2n/m)+}}x_{M^{(2n/m)+}})^m$$

规则离子溶液模型能较好地用于碱性氧化渣，处理熔渣与钢液间氧、磷、硫的分配问题，它也可推广应用到其他类型的渣系。它的最大优点是不用考虑熔渣中络离子的结构。

【例题】 试用规则离子溶液模型计算组成为 $w_{(FeO)}=15\%$，$w_{(MnO)}=7\%$，$w_{(CaO)}=28\%$，$w_{(MgO)}=8\%$，$w_{(SiO_2)}=21\%$，$w_{(P_2O_5)}=10.5\%$的熔渣中 FeO、MnO 及 P_2O_5 的活度。温度为 1853K。

解：先计算 100g 熔渣组分的物质的量：

$$n_{(FeO)}=\frac{15}{72}=0.208\text{mol},\quad n_{(MnO)}=\frac{7}{71}=0.099\text{mol}$$

$$n_{(CaO)}=\frac{28}{56}=0.500\text{mol},\quad n_{(MgO)}=\frac{8}{40}=0.200\text{mol}$$

$$n_{(SiO_2)}=\frac{21}{60}=0.350\text{mol},\quad n_{(P_2O_5)}=\frac{10.5}{142}=0.074\text{mol}$$

$$\sum n_{(M^{(2n/m)+})}=n_{(FeO)}+n_{(CaO)}+n_{(MnO)}+n_{(MgO)}+n_{(SiO_2)}+2n_{(P_2O_5)}=1.505\text{mol}$$

熔渣中阳离子的摩尔分数为：$x_{(Fe^{2+})}=n_{(FeO)}/\sum n_{(M^{(2n/m)+})}=0.208/1.505=0.138$，同理得 $x_{(Mn^{2+})}=0.066$，$x_{(P^{5+})}=0.098$，$x_{(Ca^{2+})}=0.332$，$x_{(Mg^{2+})}=0.133$，$x_{(Si^{4+})}=0.233$。

利用式（3-21）~式(3-24) 计算阳离子的活度系数：

$$\lg\gamma_{(Fe^{2+})}=\frac{1000}{T}[2.18\times0.066\times0.233+5.90\times(0.332+0.133)\times0.233+10.50\times0.332\times0.098)]=0.547,\quad \gamma_{(Fe^{2+})}=3.52$$

$$\lg\gamma_{(Mn^{2+})}=0.547-\frac{2180\times0.233}{1853}=0.273,\quad \gamma_{(Mn^{2+})}=3.52$$

$$\lg\gamma_{(P^{5+})} = 0.547 - \frac{2180 \times 0.332}{1853} = -1.334, \quad \gamma_{(P^{5+})} = 0.046$$

故

$$a_{(FeO)} = \gamma_{(Fe^{2+})} x_{(Fe^{2+})} = 3.52 \times 0.138 = 0.486$$

$$a_{(MnO)} = \gamma_{(Mn^{2+})} x_{(Mn^{2+})} = 1.87 \times 0.066 = 0.123$$

$$a_{(P_2O_5)} = \gamma^2_{(P^{5+})} x^2_{(P^{5+})} = 0.046^2 \times 0.098^2 = 2.03 \times 10^{-5}$$

C　离子聚合反应模型（Masson 模型）

这个模型假定熔渣中有 SiO_4^{4-}，$Si_2O_7^{6-}$，$Si_3O_{10}^{8-}$，…，$Si_nO_{3n+1}^{2(n+1)-}$ 络离子存在。这些离子是由下列聚合反应形成的：

$$SiO_4^{4-} + SiO_4^{4-} = Si_2O_7^{6-} + O^{2-}$$

$$SiO_4^{4-} + Si_2O_7^{6-} = Si_3O_{10}^{8-} + O^{2-}$$

$$\vdots$$

$$SiO_4^{4-} + Si_nO_{3n+1}^{2(n+1)-} = Si_{n+1}O_{3n+4}^{2(n+2)-} + O^{2-}$$

由于这些聚合反应中每个反应都只增加一节链长，且加入的单聚体只能处于链的两端，因此可以假定这些反应的平衡常数都相同，而与离子的种类无关。对于 $MO-SiO_2$ 二元系，利用完全离子溶液模型计算组分活度的公式 $a_{(MO)} = x_{(M^{2+})} x_{(O^{2-})}$，但因 $x_{(M^{2+})} = 1$，故 $a_{(MO)} = x_{(O^{2-})}$。因此求得此二元渣系中 O^{2-} 的摩尔分数即可计算出 $a_{(MO)}$。

这种渣系中，阴离子的含量和 SiO_2 的含量之间有下列关系式存在：

（1）根据以上各聚合反应的平衡常数式可写出各络离子的摩尔分数为 $x_{SiO_4^{4-}}$ 的函数式：$x_{Si_nO_{3n+1}^{2(n+1)-}} = f(x_{SiO_4^{4-}})$。

（2）阴离子摩尔分数的总和为 1：$\sum x_{Si_nO_{3n+1}^{2(n+1)-}} + x_{O^{2-}} = 1$。

（3）利用 SiO_2 形成各络离子的反应 $nSiO_2 + (n+1)O^{2-} = Si_nO_{3n+1}^{2(n+1)-}$，可得出：

$$x_{SiO_2} = f(\sum x_{Si_nO_{3n+1}^{2(n+1)-}})$$

解上列方程，并采用级数求和公式，可得：

$$x_{SiO_2} = 1 \Bigg/ \left[3 - K + \frac{a_{MO}}{1 - a_{MO}} + \frac{K(K-1)}{\dfrac{a_{MO}}{1 - a_{MO}} + K}\right] \tag{3-25}$$

式中，K 为离子聚合反应的平衡常数，由实验数据选定。

例如，1873K 时，$CaO-SiO_2$ 系的 $K = 0.0016$，$FeO-SiO_2$ 系的 $K = 1.0$，$MnO-SiO_2$ 系的 $K = 0.25$，$MgO-SiO_2$ 系的 $K = 0.010$。

利用式（3-25）及选定的 K 可计算出 $x_{SiO_2} \leqslant 50\%$ 的 $MO-SiO_2$ 系内组分 MO 的活度。

除上述三个通用的模型外，还有熔渣中离子和不带电的分子同时存在的分子-离子共存模型，还有考虑到熔渣微观不均匀性对活度影响的准化学理论模型、离子反应平衡商模型等，但均未得到普遍应用。

3.3.5.2　等活度图

在熔渣结构理论的基础上建立的各种计算熔渣组元活度的热力学模型，一般只适用于简单的熔渣体系或某些特殊的熔渣（如高碱度的炼钢渣），而且所得的数值往往与实测值有一定的偏差。因此，熔渣组元的活度主要还是通过实验测定的。通常将所测得的活度值绘成二元系和三元系的等活度曲线图或等活度系数曲线图。本节主要介绍冶金中一些常用的三元熔渣体系的等活度曲线图。

A $CaO-Al_2O_3-SiO_2$ 系

图 3-16 为 $CaO-Al_2O_3-SiO_2$ 渣系的等活度曲线图。是先利用电动势法测定 SiO_2 的活度，再利用吉布斯-杜亥姆（Gibbs-Duhem）方程由 SiO_2 的活度曲线计算出 CaO 和 Al_2O_3 的活度曲线。

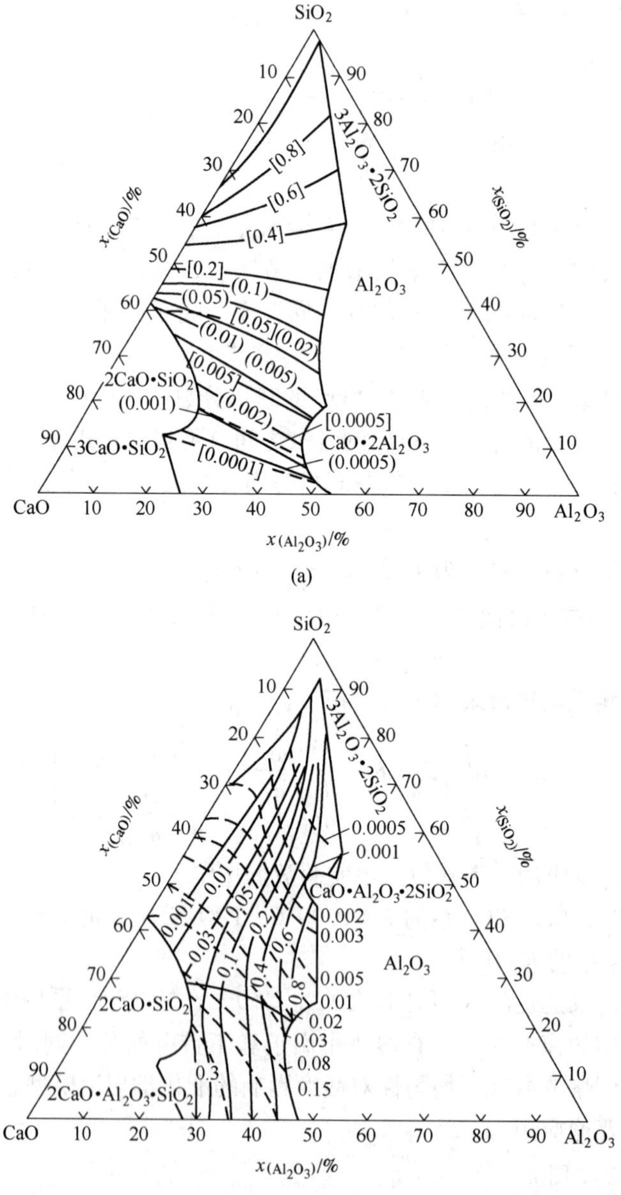

图 3-16 1873K 时 $CaO-Al_2O_3-SiO_2$ 系组分的等活度曲线（标准态：纯固体）

（a）SiO_2 的活度；（b）Al_2O_3 的活度（实线）和 CaO 的活度（虚线）

由图3-16(a)可见，a_{SiO_2}受熔渣组成，即碱度（CaO/SiO_2比）和Al_2O_3含量的影响。随着碱度的增加，a_{SiO_2}减小。当碱度很高时，其值非常小。Al_2O_3的影响则与碱度有关，碱度低时，Al_2O_3呈碱性，与渣中SiO_2结合，故a_{SiO_2}随着Al_2O_3含量的增加而减小；碱度高时，Al_2O_3呈酸性，与渣中CaO结合，故a_{SiO_2}随着Al_2O_3含量的增加而增大。

B　$CaO-FeO-SiO_2$系

图3-17实际上是由$\sum FeO-(CaO+MgO+MnO)-(SiO_2+P_2O_5)$构成的伪三元系，即把MgO、MnO并入CaO中，$P_2O_5$并入$SiO_2$中；$\sum FeO$则表示渣中的总FeO量，即（$FeO+Fe_2O_3$）。绘得此图需要首先测定与不同FeO含量的$CaO-FeO-SiO_2$熔渣平衡时铁液中的氧含量，由氧在铁液与熔渣间的分配常数计算得到a_{FeO}。

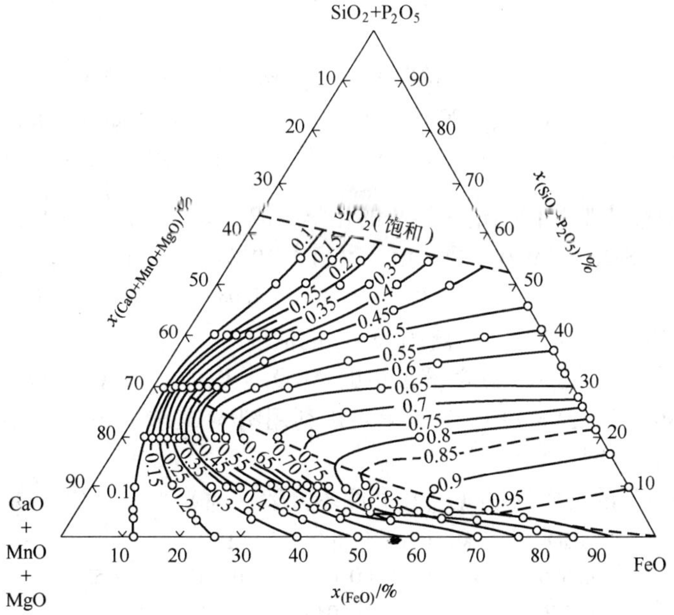

图3-17　1873K时$CaO-SiO_2-FeO$熔渣中FeO的等活度曲线

（标准态：与铁液平衡的纯氧化铁）

由图3-17可知，a_{FeO}受FeO含量及碱度的影响。随着FeO含量的增加，a_{FeO}增大；当FeO的含量一定时，随着碱度的增加，a_{FeO}增大，至碱度接近2时，a_{FeO}达到最大值，之后a_{FeO}随碱度的增加反而降低，即各曲线在$\frac{w_{CaO}}{w_{SiO_2}}=2$的等比线上有最高点，图3-18表明了这种关系。当在$FeO-SiO_2$渣中加入CaO时，由于CaO的碱性远强于FeO，因而它与SiO_2结合，致使自由状的FeO的量增多，熔体对理想溶液形成正偏差，$\gamma_{FeO}>1$。随着碱度的提高，加入的CaO逐步与SiO_2形成$CaO\cdot SiO_2$、$2CaO\cdot SiO_2$、$3CaO\cdot SiO_2$，致使自由状的FeO含量继续增加，a_{FeO}不断增大。当渣内出现$2CaO\cdot SiO_2$时，即碱度为2时，a_{FeO}达到其最高值。若再增加碱度，a_{FeO}反而降低，这是由于铁酸钙的（$CaO\cdot Fe_2O_3$）的形成导致自由状的FeO的含量下降，故a_{FeO}减小。

$FeO-CaO-SiO_2$渣系中CaO和SiO_2的等活度系数曲线，如图3-19所示。

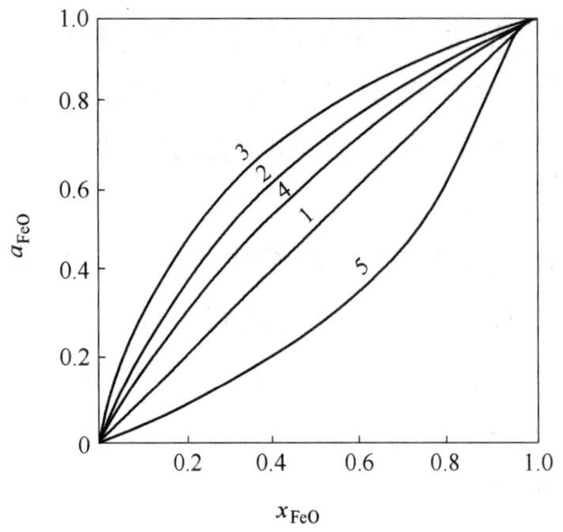

图 3-18 CaO-SiO_2-FeO 系中 a_{FeO} 与 x_{FeO} 的关系

1—FeO-SiO_2；2—FeO-CaO · SiO_2；3—FeO-2CaO · SiO_2；4—FeO-3CaO · SiO_2；5—FeO-CaO，有铁酸钙形成

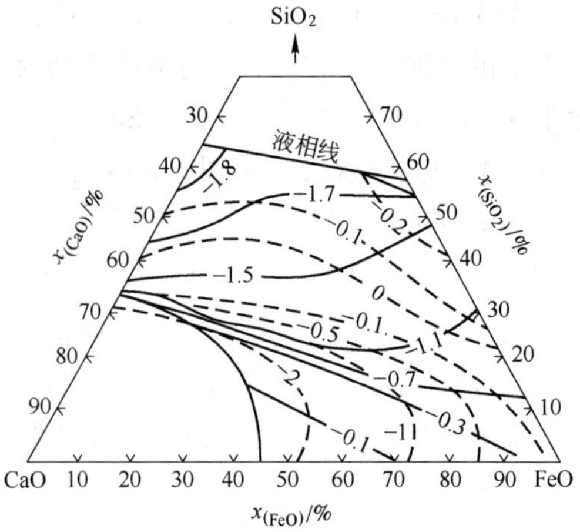

图 3-19 1873K 时 CaO-SiO_2-FeO 系中 CaO 和 SiO_2 的活度系数（实线表示 $\lg\gamma_{CaO}$，虚线表示 $\lg\gamma_{SiO_2}$）

【例题】 通过化学分析确定一熔渣的化学组成 $w_{(B)\%}$ 如下：

CaO	SiO_2	MgO	Al_2O_3	MnO	P_2O_5	FeO	Fe_2O_3	S
33.08	34.80	2.10	1.04	11.80	1.08	13.15	1.40	0.047

试利用图 3-19 计算 1873K 时熔渣中 SiO_2 的活度。

解： 为了简化计算，不考虑含量很少的 Al_2O_3、P_2O_5、Fe_2O_3 和 S 对 SiO_2 活度的影响，将 MnO 和 MgO 并入 CaO 中，这样就可以利用图 3-19 求出 SiO_2 的活度系数，然后再进一步计算 SiO_2 的活度。

先计算出各组分的物质的量（n_B）和摩尔分数（x_B）如下（以 100g 熔渣计算）：

	CaO	MnO	MgO	FeO	SiO_2	合计
n_B	0.590	0.166	0.052	0.183	0.579	1.570
x_B	0.376	0.106	0.033	0.116	0.369	1.0

由上述数据可得：

$$\sum x_{CaO} = x_{(CaO+MnO+MgO)} = 0.515,\ x_{SiO_2} = 0.369,\ x_{FeO} = 0.116$$

查图 3-19 可得熔渣中 SiO_2 的活度系数：

$$\lg\gamma_{SiO_2} = -0.06,\ \gamma_{SiO_2} = 0.871$$

故熔渣中 SiO_2 的活度为：

$$a_{SiO_2} = \gamma_{SiO_2} \cdot x_{SiO_2} = 0.871 \times 0.368 = 0.321$$

3.4 冶金熔体的物理性质

对冶金过程有较大影响的冶金熔体的物理性质主要包括熔点、黏度、密度、表面性质及界面性质、导电性及扩散等。本节介绍这些性质的理论及其影响因素。

3.4.1 熔点

冶金熔体通常都是十分复杂的多组分体系，其固体熔化时不像晶体物质那样具有确定的熔点，而是在一定的温度范围内熔化。其熔点或熔化温度定义为加热时固态物完全转变为均匀液相或冷却时液态开始析出固相的温度。一定组成物系的熔点，可从相图上该组成点所在的液相线、液相面或等温线（三元系）的温度来确定。但由相图确定的值比实际的熔点要高，这是因为未计入少量其他组分对熔点降低的影响，所以最好是用实验方法测定物系的熔点。比较准确的实验测定方法是淬火法，它是用淬火急冷高温渣样，用显微镜观察确定固相完全转变为均匀液相的温度。对于铸钢用的合成渣，则常用半球点法，即测定加热一定尺寸的固体渣样到其高度下降一半的温度规定为熔点。熔点的高低反映了物质对温度抵抗能力的强弱，也是研究熔体质点键能的性质之一。

3.4.1.1 铁及铁合金的熔点

化学纯铁的熔点为1811K，工业纯铁的熔点为1803K。当有其他元素溶解于其中时，其熔点就有所下降。由于钢及生铁的熔化或凝固是在一个温度区间内进行的，一般定义钢的熔点是其开始析出固相的温度。钢的熔点是选择冶炼和浇铸温度的重要依据。

利用物理化学中溶液冰点下降原理，可以估计各种元素对铁液凝固点或熔点的影响，其计算公式为：

$$\Delta T = \frac{984}{M_B} \cdot (1 - L_B) w_{[B]\%} \tag{3-26}$$

式中，ΔT 为纯铁凝固点降低值；M_B 为元素 B 的摩尔质量；L_B 为元素 B 在铁液凝固或熔化过程中，在固相及液相内质量分数的分配比，即 $L_B = w_{B(s)\%}/w_{B(l)\%}$；$1 - L_B$ 表示元素的偏析程度，称为偏析系数。

利用式（3-26）计算纯铁液凝固点降低值（ΔT）需要知道 L_B 值。如图 3-20 所示，当组成为 w_B^0 的二元合金温度从 T_1 下降到 T 时，析出的固溶体的成分沿固相线的1—3段变化，其中B的含量比原合金的成分 w_B^0 低，而剩余液相的成分沿液相线的2—4段变化，其中B的含量比原合金的成分 w_B^0 高，偏离了原来的平均成分 w_B^0。因此，不同温度凝固的固相成分是不一致的，这样就形成了合金元素的偏析。假定凝固出来的固相成分不发生扩散，而剩余液相内的元素发生扩散，能保持均匀的成分，则在温度 T 时，组分 B 在固、液两相间的分配比为 $L_B = w_{B(s)\%}/w_{B(l)\%}$，由式（3-26）可知，$L_B$ 愈小，铁液凝固过程中元素 B 的偏析程度（$1 - L_B$）就愈大，纯铁凝固点的降低值也愈大。

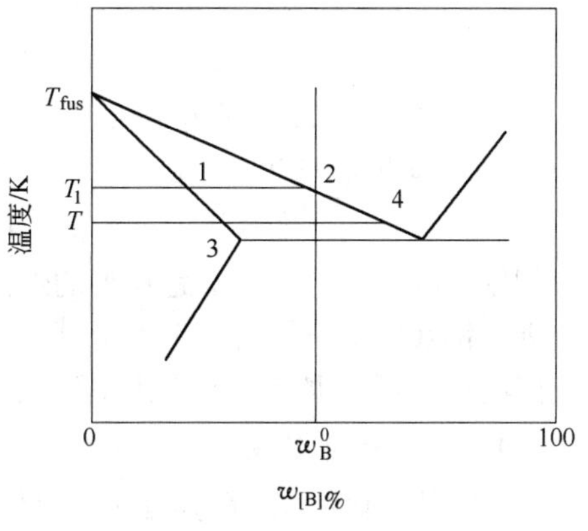

图 3-20 铁液凝固过程固、液中元素的分配

L_B 值是计算 ΔT 值的重要数据，一般假定是常数，由实验得出。但是如图 3-20 所示，当相图富铁端的液相线及固相线是直线时，L_B 才是常数，而大多数元素的这种关系是曲线，故 L_B 不能作常数看待。另一方面，式（3-26）又是在假定铁液服从拉乌尔定律的基础上导出的，而实际的合金溶液并非如此，仅有 Mn、Co、Ni、Cr 的铁液才是近似的理想溶液。因此，式（3-26）仅能近似地用来估计合金元素对纯铁凝固点的降低值。表 3-8 为各种合金元素 $w_{[B]\%} = 1$ 降低纯铁液凝固点的值（ΔT）。

表 3-8　铁液中元素降低纯铁凝固点的 ΔT

元　素	Al	B	C	Cr	Co	Cu	H	Mn	Mo	Ni	N	O	P	S	Ti	W	V	Si
ΔT 按式（3-26）计算	5.1	100	90	1.8	1.7	2.6	—	1.7	1.5	2.9	—	65	28	40	17	<1	1.3	6.2
ΔT 由斜率取值	2.7	102	82	1.5	1.7	4.5	—	3.8	1.7	3.6	—	—	46.1	55.6	13.9	0.5	2.1	13.6

此外，据文献报道，当溶解元素的含量小时，相图富铁端的液相线可近似视为一直线，即可认为元素 B 降低纯铁凝固点的温度是与元素的含量成正比的，因而可直接由相图富铁端液相线的斜率求出 ΔT 值。表 3-8 列出了这样得到的 ΔT，与计算结果进行比较。

由表 3-8 可见，金属元素（Mn、Cr、Ni、Co、Mo 等）对 ΔT 的影响很小，仅降低 0~3℃，而非金属元素（C、B、S、P）的影响则较大，降低了 30~100℃，在钢铁冶金中 C 的影响最大。

钢液的凝固点可利用表 3-8 的 ΔT 数值由下面公式近似计算：

$$T = 1538 - \sum \Delta T_B \cdot w_{[B]\%} \tag{3-27}$$

式中，1538 为纯铁的熔点，℃；ΔT_B 为元素 B 质量分数为 1%降低钢的熔点。

【例题】 试计算下列成分的滚珠轴承钢 GCr15SiMn 的熔点。钢的化学成分 $w_{[C]}=1.0\%$、$w_{[Si]}=0.5\%$、$w_{[Mn]}=1.0\%$、$w_{[Cr]}=1.5\%$、$w_{[P]}=0.02\%$、$w_{[S]}=0.01\%$。

解： 因钢中气体的含量低，钢种成分中未列入，所以一般不用单独计算，而是假定它们的$\sum \Delta T \approx 7$℃，于是钢的熔点：

$$T = 1538 - (90 \times 1.0 + 6.2 \times 0.5 + 1.7 \times 1.0 + 1.8 \times 1.5 + 28 \times 0.02 + 40 \times 0.01 + 7) = 1433℃$$

但由表 3-8 可知，这里碳降低铁熔点的作用最显著。因此，在生产上大概估计时，取工业纯铁的熔点为 1530℃，则可用下式近似计算钢的熔点：

$$T = 1530 - 90w_{[C]\%} \tag{3-28}$$

利用式（3-28）计算上题钢种的熔点为 $T = 1530 - 90 \times 1.0 = 1440$℃。

碳素钢在精炼终了时，钢液中其他元素的含量已很低了，其凝固点也就主要取决于碳量。因此，也可根据测定的凝固温度反过来估计其碳量。

3.4.1.2　熔渣的熔点

熔渣中的氧化物及硅酸盐是离子晶体结构，熔渣的熔点取决于晶体中与离子间库仑引力有关的晶格能，其值大，熔点就高。当一种物质溶解于另一种物质中，两种或多种氧化物形成复合化合物或多元共晶体时，均可使它们构成的渣系的熔点降低。如图 3-21 所示，CaF_2 能与 CaO、Al_2O_3、MgO 等高熔点的氧化物形成低熔点的共晶体，从而降低了它们的熔点。

熔渣的熔化温度往往决定了冶炼时所采用的温度制度。从冶炼过程节能和降低耐火材料消耗的角度出发，在条件允许的情况下，应尽可能采取较低的冶炼温度，这就要求熔渣有较低的熔点。为了达到这一目的，有时候需要在熔渣中加入助熔剂。所谓助熔剂是指能使熔渣的熔化温度显著降低，但又对冶炼过程无不利影响的一类物质，像 CaF_2、Na_2O、Na_2CO_3 等。例如，连铸保护渣的主要成分是 CaO、SiO_2 和 Al_2O_3，但仅由这三种物质组成的保护渣的熔化温度达不到连铸工艺的要求（低于 1200℃）；若在其中加入适量的 CaF_2 或 Na_2O，则可使保护渣的熔化温度降至 1200℃ 以下，从而满足连铸工艺的要求。

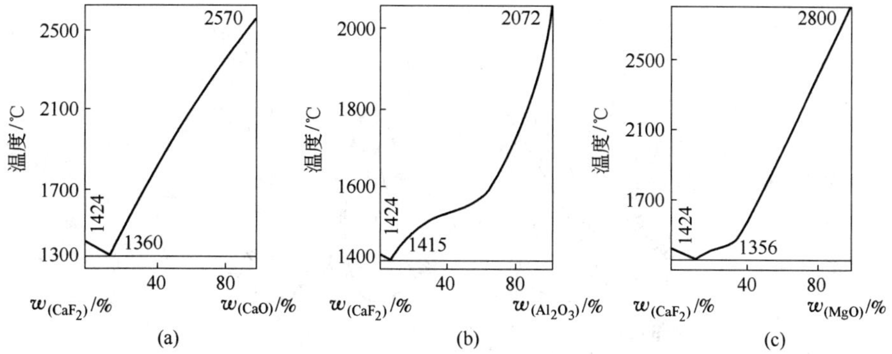

图 3-21 CaF_2-CaO(a)、CaF_2-Al_2O_3(b)、CaF_2-MgO(c)系相图

图 3-22和图 3-23 分别是 $w_{Al_2O_3}=10\%$时的 CaO-Al_2O_3-SiO_2-CaF_2 和 CaO-Al_2O_3-SiO_2-Na_2O 四元渣系的等熔化温度曲线。由图 3-22 可见，w_{CaF_2}在 0%～25%的范围内，随着 $w_{(CaF_2)}$ 的增大，CaO-Al_2O_3-SiO_2-CaF_2 渣系的熔化温度显著降低。类似地分析图 3-23，CaO-Al_2O_3-SiO_2-Na_2O 渣系的熔化温度随着 Na_2O 含量的增大而迅速下降，在 CaO 含量低的区域，Na_2O 含量的影响尤为显著。

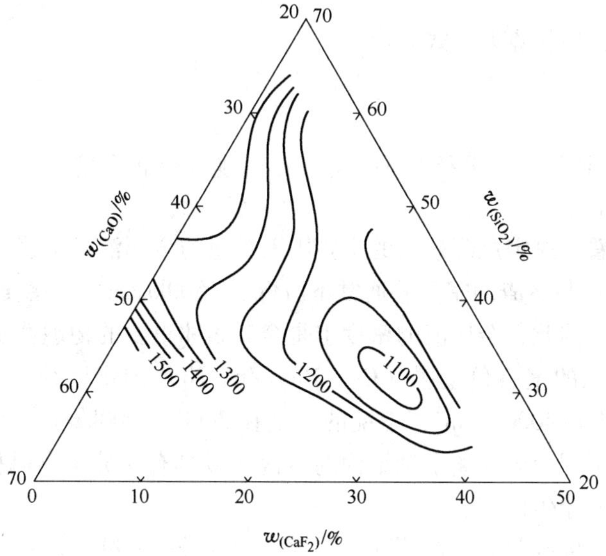

图 3-22 CaO-Al_2O_3-SiO_2-CaF_2 渣系（$w_{(Al_2O_3)}=10\%$）的熔化等温线

3.4.2 密度

单位体积物质的质量称为物质的密度。冶金过程中金属与熔渣、熔锍与熔渣、金属与熔盐的分离与它们的密度及密度差有关。金属或熔锍常以极小的液滴分散于熔渣中，要使产物金属液或熔锍与熔渣分离，减少金属的损失，只有悬浮或浸没的金属微小液滴所受的重力大于浮力时，金属或熔锍微粒从熔渣中沉降下来，才能与熔渣分离。金属或熔锍在熔

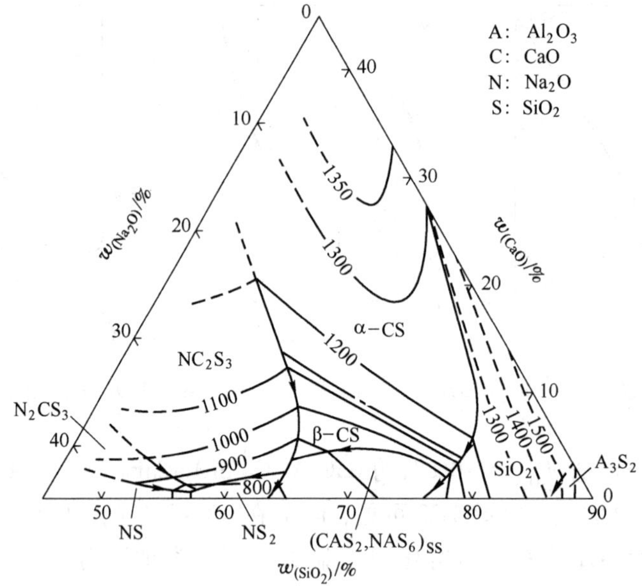

图 3-23 $CaO-Al_2O_3-SiO_2-Na_2O$ 渣系（$w_{(Al_2O_3)}=10\%$）的熔化等温线

渣中的沉降速度可用斯托克斯公式表示：

$$v=\frac{2gr^2}{9\eta_S}(\rho_M-\rho_S) \tag{3-29}$$

式中，r 为金属或熔锍微粒的半径，m；ρ_M、ρ_S 分别为金属和熔渣的密度，kg/m^3；η_S 为熔渣的黏度，Pa·s。

从式（3-29）看，决定沉降效果的主要因素是渣与金属液或熔锍的密度差。生产实践中，金属（或熔锍）与熔渣的密度差通常不应低于 $1500kg/m^3$。当然还与金属液滴的尺寸及渣相的黏度有关。因此，金属液的密度也是金属熔体重要的物理性质之一。

熔融的铁及常见的重有色金属（Cu、Pb、Zn、Ni）的密度约为 $7000\sim11000kg/m^3$，熔渣的密度约为 $3000\sim4000kg/m^3$，熔锍的密度在 $3000\sim5000kg/m^3$ 之间。熔盐的密度与其结构的关系符合下列规则：离子型结构的熔盐一般具有比分子型晶格结构更大的密度，并相应地具有较小的摩尔体积。

熔体的密度与温度有关。通常情况下，随温度的升高而减小，并有以下的线性关系：

$$\rho_T=\beta-\alpha T \tag{3-30}$$

式中，β 和 α 是与熔体性质有关的常数；ρ_T 为温度为 T K 时熔体的密度，kg/m^3。

表 3-9 列出了一些熔体的 β 和 α 值。由表 3-9 可知，纯铁液的密度和温度的关系为：$\rho_T=8580-0.853T$。

表 3-9 熔体的 β 和 α 值

熔体	纯铁	纯铝	冰晶石	NaF	CaF_2	$MgCl_2$	$BaCl_2$	LiCl	KCl
β 值	8580	2487	3288	2734	3179	1976	4015	1884	2136
α 值	0.853	0.272	0.937	0.610	0.391	0.302	0.681	0.433	0.583

金属液的密度除与温度有关外，还与溶解元素的种类及含量有关。比如溶于铁液的元素中，密度比铁液高的 W、Mo 能提高铁液的密度，密度比铁液低的 Al、Si、Mn、P、S 则能降低铁液的密度，而 Ni、Co、Cr 过渡金属的作用很小。但 C 对铁液密度的影响则有较为复杂的关系，这是由于碳影响了铁液的过热度和结构，以致影响了密度的变化。

当形成金属熔体组分元素的物化性质相近时，其密度具有加和性：$\rho = \sum x_B \rho_B$，如 Fe-Ni、Fe-Mn 等。而性质相差较大的元素形成的金属液，其密度不具加和性，需用实验方法测定。

熔渣的密度与温度及组分氧化物的种类有关。熔渣的密度不服从组分密度的加和规律，因为组分之间可能引起熔体某些有序态改变的化学键出现，因而能改变熔渣的密度。对于碱性及半酸性渣，可按下式进行估算：

当 $T=1673$K 时

$$\frac{1}{\rho} = 0.45w_{SiO_2\%} + 0.286w_{CaO\%} + 0.204w_{FeO\%} + 0.35w_{Fe_2O_3\%} + 0.237w_{MnO\%} + 0.367w_{MgO\%} + 0.48w_{P_2O_5\%} + 0.402w_{Al_2O_3\%}$$

式中，$\frac{1}{\rho}$的单位为 cm^3/g（等于$10^{-3}m^3/kg$）；$w_{M_xO_y\%}$表示熔渣中氧化物 M_xO_y 的质量百分数。

$T>1673$K 时的密度可用下式得出：

$$\rho_T = \rho_{1673} + 7 \times (1673 - T) \quad kg/m^3$$

3.4.3 黏度

黏度、扩散和电导率等是液体的传输性质。熔体的黏度不仅是研究熔体结构的基础，也对冶炼反应的传热、传质、液体金属中非金属杂质和气泡的排除、金属或熔锍与熔渣的分离及炉衬的寿命有很大的影响。任何冶炼过程中，都要求熔体有适宜的黏度。

3.4.3.1 黏度的概念

在流动的液体中，各层的定向运动速度并不相等，相邻层间发生了相对运动，相邻两层间产生的内摩擦力力图阻止这种运动的延续，液体的流速因而减慢，这就是黏滞现象。

假定平行于液体流动方向的两个相邻液层相距 dx，面积均为 A，两液层间流体沿流动方向的速度差为 dv，则 dv/dx 表示两液层间的速度梯度。牛顿黏性定律指出，两液层间的内摩擦力 F 正比于两液层的接触面积和速度梯度，即

$$F = \eta A \frac{dv}{dx} \tag{3-31}$$

式中，F 为层间的内摩擦力，N；A 为层间的接触面积，m^2；dv/dx 为速度梯度，s^{-1}；η 为比例系数，称为黏滞系数或动力黏度，简称黏度。

如取 $A=1$，dv/d$x=1$，则 $F=\eta$，故黏度是单位速度梯度下，作用于液层间单位面积的摩擦力。单位为 Pa·s 或 $N \cdot s \cdot m^{-2}$，1Pa·s=10P（泊）。流体力学中还常用运动黏度（ν），它是动力黏度（η）与液体密度（ρ）之比即 $\nu=\eta/\rho$，其单位为 $m^2 \cdot s^{-1}$。

3.4.3.2 黏度和温度的关系

温度提高，不仅使原子热运动的能量增加，供给质点移动所需的活化能使具有 E_η 的

质点数增加，而且也有可能使尺寸较大的流动单元（或称黏滞流动单元）的尺寸减小，如熔渣中的聚合体解体，有利于质点的移动，从而熔体的黏度降低。黏度与温度的关系有多种表达，其中应用最广泛的是阿累尼乌斯表达式：

$$\eta = A_\eta \exp\left(\frac{E_\eta}{RT}\right) \tag{3-32}$$

式中，A_η 为常数，Pa·s；E_η 为黏流活化能，J/mol。

式（3-32）也可表示为对数式：

$$\ln\eta = E_\eta/(RT) + \ln A_\eta \quad 或 \quad \lg\eta = A/T + B \tag{3-33}$$

式中，$A=E_\eta/(2.3R)$，$B=(\ln A_\eta)/2.3$。

对于大多数的冶金熔体，在温度变化范围不大时，实验数据证实了式（3-33）的 $\ln\eta$-$1/T$ 或 $\lg\eta$-$1/T$ 是直线关系。由此可求得黏流活化能 E_η。

$$E_\eta = R \times (斜率) \quad 或 \quad E_\eta = 2.3R \times (斜率) \tag{3-34}$$

黏流活化能可视为液体的黏滞单元（质点或团结构）在速度梯度的驱动下，用以克服移动中的内摩擦力（或能碍）的能量，这种能量可认为是消耗于形成质点移动的空位和质点通过空位移动所需的能量总和。如果黏滞单元的结构不改变，那么 E_η 是常数。黏滞单元的结构取决于质点间的作用力，而这种单元质点尺寸愈小，E_η及黏度就愈小。

3.4.3.3 金属熔体的黏度

表 3-10 是一些液体的黏度。过热度不高的纯液态金属和熔盐的黏度很小，有的小于常温下的水；熔渣的黏度比液态金属和熔盐的黏度大 2~3 个数量级；熔锍的黏度介于液态金属和熔渣之间。

表 3-10 一些液体的黏度

物质		温度/K	黏度/Pa·s
液态金属	Fe	1823	0.005
	Cu	1473	0.0032
	Pb	1173	0.0012
	Sn	593	0.0013
熔盐	KCl	1308	0.0007
	$MgCl_2$	1081	0.041
熔渣	FeO-SiO_2（SiO_2 0%~4%）	1673	0.04~0.3
	CaO-SiO_2（SiO_2 45%~60%）	1825	0.02~1.0
熔锍		1273	约 0.01
玻璃	Na_2O-SiO_2（SiO_2 50%~80%）	1473	1~10
水	H_2O	298	0.001

金属熔体的黏度与温度的关系符合式（3-32）。

金属熔体的黏度与组成有关。金属液中异类原子群聚团的形成使熔体的黏度增大，例如，群聚团 $Fe^{2+}\cdot O^{2-}$、$Fe^{2+}\cdot S^{2-}$的存在，增大了黏滞单元的平均尺寸，这时黏度取决于这种群聚团移动需克服的内摩擦阻力。也就是说，金属熔体的黏度与溶解元素的量和种类有关，当铁中其他元素的总量不超过 0.02%~0.03%时，1600℃时液态铁的黏度为（4.7~

5.0）$\times10^{-3}$Pa · s；当其他元素的总量为 0.1%～0.122%时，1600℃时液态铁的黏度为（5.5～6.5）$\times10^{-3}$Pa · s。研究表明，V、Ta、Nb、Ti、W、Mo、N、O、S 使铁液的黏度增加；Cu、H 等元素对铁液黏度的影响很小；Ni、Cr、Si、Mn、P、C、As、Al、Co 和 Ge 等元素使铁液的黏度下降，其中的碳 $w_{[C]}$ 在 0.5%以下，有较为复杂的变化，图 3-24 为部分元素对铁液黏度的影响。

【例题】 衰减振动黏度计测得铁液在不同温度的黏度见表 3-11，试求铁液的黏流活化能及黏度的温度关系式。

表 3-11　铁液在不同温度下的黏度

温度/℃	1502	1552	1630	1700
黏度/Pa · s	5.0×10^{-3}	4.5×10^{-3}	4.3×10^{-3}	3.6×10^{-3}

解：由式 $\lg\eta=E_\eta/(2.3RT)+\lg A_\eta/2.3$ 计算各温度的 $\lg\eta$ 及 $1/T$，见表 3-12，以计算的 $\lg\eta$-$1/T$ 作图，如图 3-25 所示。

表 3-12　$\lg\eta$ 及 $1/T$ 的数值

温度/℃	1502	1552	1630	1700
温度/K	1775	1825	1903	1973
$1/T$	$5.63\times10^{\ 4}$	5.48×10^{-4}	5.25×10^{-4}	5.07×10^{-4}
$\lg\eta$	−2.301	−2.347	−2.367	−2.444

$$E_\eta = 2.3R\cdot\frac{\lg\eta_1-\lg\eta_2}{(T_1^{-1}-T_2^{-1})\times10^{-4}} = 19.147\times\frac{-2.367-(-2.25)}{(5.25-5.75)\times10^{-4}} = 44804\text{J/mol}$$

$$\lg\eta = 44804/19.147T + B = 2340/T + B$$

将各温度的 $\lg\eta$ 值代入上式，求 B，取平均值，$B=-3.62$。

故　　$\lg\eta=2340/T-3.62$

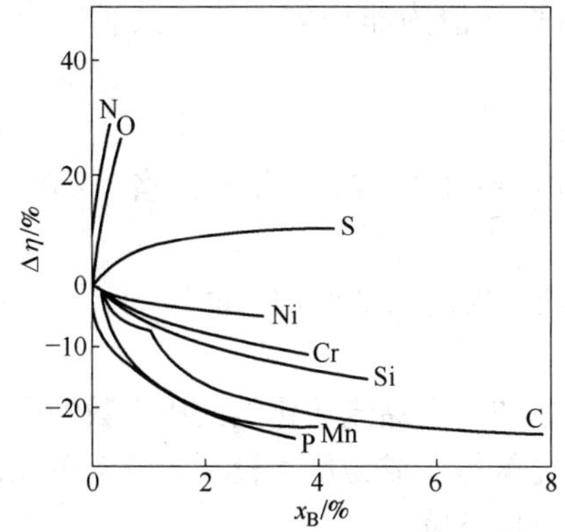

图 3-24　1873K 时元素对铁液黏度的影响

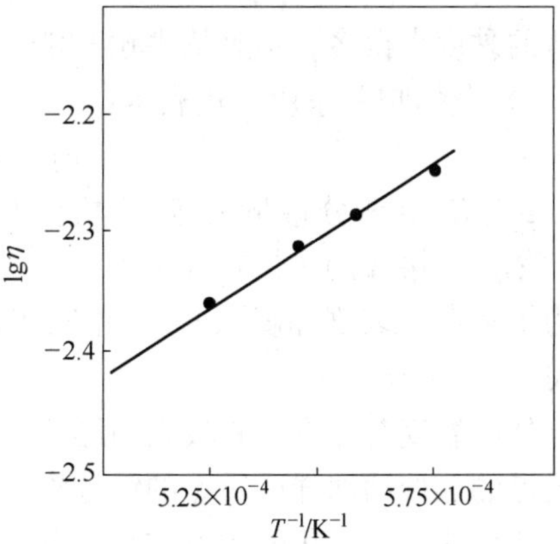

图 3-25　$\lg\eta$-$1/T$ 关系曲线

3.4.3.4　熔渣的黏度

通常情况下，熔渣的黏度比液体金属高得多。而均匀性熔渣与非均匀性（多相）熔渣的黏度有很大的不同。对于均匀性的熔渣，它的黏度服从牛顿黏滞液体的规律，黏度取决于移动质点的活化能。在硅酸盐渣系中，硅氧络离子的尺寸远比阳离子的尺寸大，移动时需要的活化能大，因此，硅氧聚合体成为熔渣中主要的黏滞流动单元。当熔渣的组成改变，引起硅氧聚合体的解体或聚合，从而使黏滞流动单元的尺寸减小或增加，熔渣的黏度就会相应地降低或提高。碱性氧化物能切断硅氧络离子网状结构，所以有降低黏度的作用。SiO_2 等酸性氧化物能使黏滞流动单元尺寸变大，所以能提高黏度。金属氟化物如 CaF_2 溶入渣中，引入的 F^- 和 O^{2-} 一样，能使络离子解体，因此 CaF_2 是调整熔渣黏度的有效熔剂。

如图 3-26 所示，在过热温度高时，碱性渣的黏度比酸性渣的黏度小。因为前者具有尺寸较小的络离子。当温度下降时，酸性渣的黏度变化平缓，凝固时形成玻璃状，而黏度曲线上没有明显的转折点；碱性渣的黏度则变化急剧，凝固时形成结晶状，而黏度曲线上有明显的转折点。这是由于酸性渣中络离子的尺寸大，在冷却过程中络离子移动缓慢，来不及排列到晶格上，以致保持过冷的状态，形成玻璃质；由于随着温度的降低，渣中质点的活动能力逐渐变差，所以渣的黏度平缓上升，如图 3-26 的曲线 2 所示。碱性渣中络离子的尺寸小，移动性好，冷却时络离子移动得快，能在晶格上排列，不断析出晶体，很快变为非均匀相，以致失去流动性，故在黏度曲线上出现明显的转折点，如图 3-26 中曲线 1 所示。

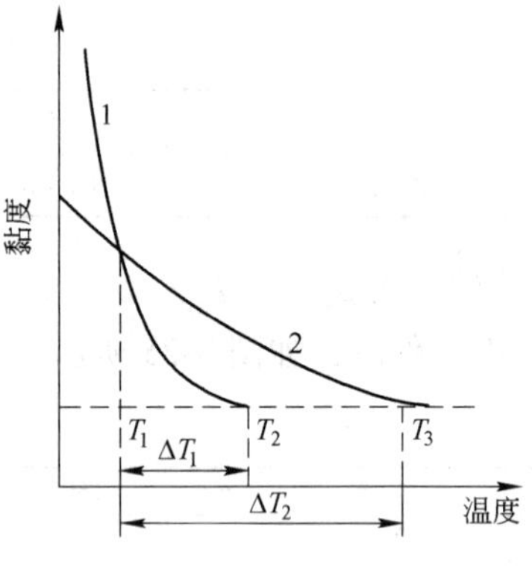

图 3-26 碱性及酸性渣的黏度与温度的关系

1—碱性渣（$R=1.5$）；

2—酸性渣（$R=0.93$）

当熔渣内出现了不溶解的组分质点（如炼钢渣内未溶渣料及耐火材料质点（方镁石等）的存在），或是在温度下降时，高熔点组分的溶解度减小，成为难溶的细分散状的固相质点而析出（如高炉内冶炼钒钛磁铁矿时，渣中的 TiO_2 大量还原，形成高熔点（大于 3000℃）的 TiC、TiN 等细分散固相），这时熔渣变为不均匀性的多相渣，其黏度要比均匀性渣的黏度大得多，不服从牛顿黏滞定律，称这种熔渣为非均匀性渣，其黏度为“表观黏度”，其影响关系用下式表示：

$$\eta = \eta_0(1 + \alpha\varphi) \tag{3-35}$$

式中，φ 为渣中细分散固体粒子的体积分数，$\varphi = 0 \sim 1.0$；α 为常数，当 $\varphi < 0.1$ 时，$\alpha = 2.5$；η_0 为熔渣的牛顿黏度，Pa · s。

为了降低“表观黏度”，应防止固相物进入熔渣。提高温度或加入助熔剂，可使固相物消失。

此外，温度对黏度也有较大的影响。温度提高，使具有黏流活化能的质点数增多；同时，质点的热振动加强或质点的键分裂，络离子可能解体，成为尺寸较小的流动单元；温度提高还可能使未熔化的质点在高温下熔化，因而黏度下降。

图 3-27 为 CaO-SiO_2-Al_2O_3 系在 1900℃时的等黏度曲线图。在 Al_2O_3 含量不大的碱性渣区域，等黏度线几乎平行于 SiO_2-Al_2O_3 边。这表明，如果维持渣中 CaO 含量不变，用 Al_2O_3 取代 SiO_2 时不影响黏度值，反映了在碱性渣范围内，Al^{3+} 可以取代硅氧络离子中的 Si^{4+} 而形成铝氧阴离子，就是说 Al_2O_3 呈酸性。在酸性渣和高 Al_2O_3 含量的区域，当 CaO 含量不变时，用 Al_2O_3 取代 SiO_2 则黏度下降，说明 Al_2O_3 呈碱性，对硅氧络阴离子有一

定的解离作用。如果在图中作一条 CaO/Al_2O_3 摩尔比等于 1 的直线 SiO_2-B，则可以认为在 SiO_2-B 线以左的 CaO 一侧，Al_2O_3 表现为酸性氧化物的性质；而在 SiO_2-B 线以右的 Al_2O_3 一侧，Al_2O_3 表现为碱性氧化物的性质。

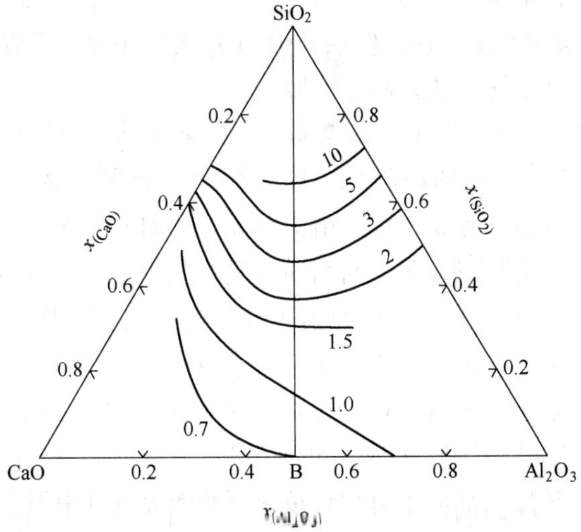

图 3-27 $CaO-SiO_2-Al_2O_3$ 系的黏度曲线（1900℃）

图 3-28 为 $CaO-SiO_2-Al_2O_3$ 系在 1500℃时的等黏度曲线图。虚线所围区域为该温度下的液相区，其黏度的变化规律与图 3-27 大致相似。

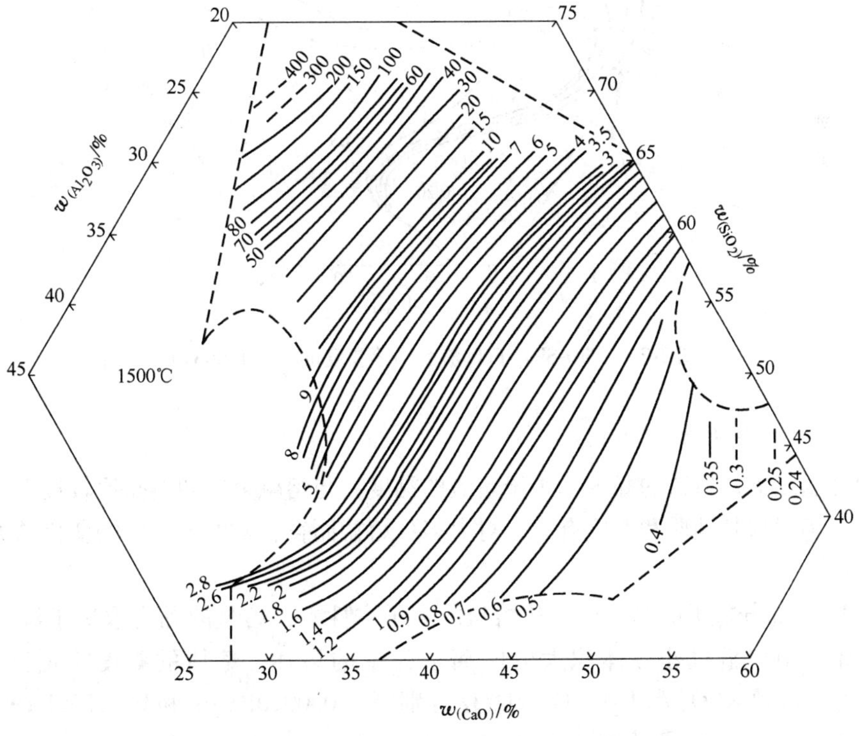

图 3-28 $CaO-SiO_2-Al_2O_3$ 系的黏度曲线（1500℃）

上述渣系在不同冶炼条件下，还可能含有 MgO、MnO、BaO、Na_2O、CaF_2、TiO_2 等组分，它们对熔渣的黏度也有不同程度的影响。前五者均能使硅氧络离子解体，同时还可能形成低熔点的复杂化合物，能降低炉渣的熔点及黏度。TiO_2 在低碱性渣中一般成 TiO_4^{4-} 四面体结构，但因 Ti^{4+} 的静电矩较 Si^{4+}、Al^{3+} 的小，与 O^{2-} 的作用较弱，一般不形成网状络离子，所以 TiO_2 不会使黏度增加，但如其中 TiO_2 大量还原，形成高熔点细分散的 TiC、TiN、TiCN 等固相时，则会使黏度急剧地增加。

图 3-29 为 CaO-SiO_2-FeO 渣系的等黏度曲线。由图可见，均匀相的碱性炼钢渣的黏度都比较小，并随 FeO 含量的增加而降低，因为熔渣的碱度（大于 2）及 $w_{(FeO)}$（大于 10%）高，硅氧络离子为最简单的 SiO_4^{4-} 结构单元，而且这种渣的熔点也比较低。但是，在冶炼过程中，因为不断有熔剂及耐火材料质点进入其中，导致渣多是不均匀性渣，因此使炼钢渣黏度显著增大。如渣中含有 MgO 及 Cr_2O_3 等氧化物，特别是当它们的含量超过熔渣的最大溶解能力（$w_{(MgO)}$>10%～12%，$w_{(Cr_2O_3)}$>5%～6%）时，渣中就有难溶解的固相物如方镁石、铬铁矿、尖晶石（FeO·Cr_2O_3，MgO·Cr_2O_3）出现。提高温度，加入助熔剂，如 Al_2O_3（5%～7%），CaF_2（2%～5%），SiO_2（黏土块），Fe_2O_3（铁矿石）等能使碱性渣的黏度降低。适度增加渣中氧化铁量，可有效促进其中石灰块迅速溶解，熔渣转变为均匀渣。因此，在氧化熔炼过程中，熔渣应保持足够量的氧化铁。

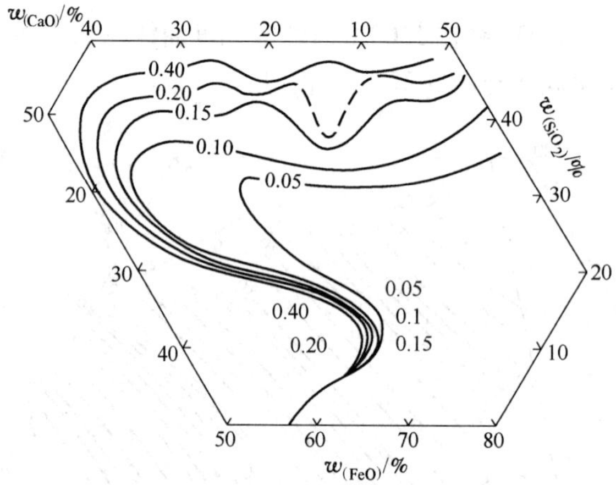

图 3-29　CaO-SiO_2-FeO 渣系的等黏度曲线（1600℃）

3.4.3.5　熔锍和熔盐的黏度

在冶炼温度下，熔锍的黏度远小于熔渣的黏度，与熔融金属和熔盐比较接近。

熔盐的黏度与其性质和温度有关，对大多数熔盐而言，黏度随温度的变化的关系遵循式（3-32）。

表 3-13 是部分盐类的黏度值，从熔盐的离子本性看，熔盐的黏度取决于淌度小的阴离子。凡结构中以淌度小、体积大的阴离子为主的熔体，熔体的黏度将增高。例如，673.15K 时，熔融 KNO_3 和 $K_2Cr_2O_7$ 的黏度分别等于 0.0020Pa·s 和 0.01259Pa·s。黏度增高是由于 $Cr_2O_7^{2-}$ 比 NO^{3-} 体积较大而淌度又较小的缘故。

表 3-13 部分盐类的黏度值

盐 类	温度/K	黏度/Pa·s	盐 类	温度/K	黏度/Pa·s
LiCl	890	0.001810	$LiNO_3$	533	0.006520
NaCl	1089	0.001490	$NaNO_3$	589	0.002900
AgCl	876	0.001606	KNO_3	673	0.002010
AgI	878	0.3026	$AgNO_3$	517	0.003720
KCl	1073	0.001080	NaOH	623	0.004000
NaBr	1035	0.111420	KOH	673	0.002300
KBr	1013	0.001480	$K_2Cr_2O_7$	673	0.012590
$PbCl_2$	771	0.005532	$MgCl_2$	1081	0.004120
$PbBr_2$	645	0.010190	$CaCl_2$	1073	0.004940
$BiBr_2$	533	0.032000	Na_3AlF_6	1273	0.002800

Na_3AlF_6-AlF_3-Al_2O_3 熔盐体系的黏度如图 3-30 所示。根据图中曲线可知，熔体黏度随着 Al_2O_3 含量的增大而增大，主要是因为熔体中生成了如 $AlOF_2^-$、$AlOF_3^{2-}$ 等尺寸大的铝氧氟络离子。随着 Al_2O_3 含量的进一步增大，这些络离子数目增多，而且还会缔合生成含有 2~3 个氧原子的尺寸更大的络离子，故黏度急剧增大。

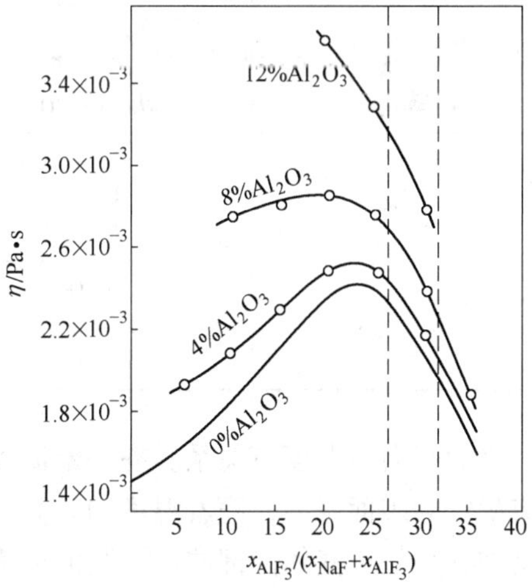

图 3-30 Na_3AlF_6-AlF_3-Al_2O_3 系的黏度（1000℃）

图中两根虚线之间的区域相当于工业铝电解质的组成范围。可以看出，随着 Al_2O_3 含量的增大，铝电解质的黏度显著增大；增加 AlF_3 的含量，电解质的黏度则显著降低。

阳离子的淌度对熔盐的黏度也有影响。如熔融 KCl 和 NaCl 在稍高于 1073K 温度下的黏度各为 0.001080Pa·s 和 0.001490Pa·s，而 $MgCl_2$ 在 1081K 和 $CaCl_2$ 在 1073K 时的黏度分别为 0.00412Pa·s 和 0.00494Pa·s。熔融 $PbCl_2$ 在 771K 时的黏度为 0.00553Pa·s。可以看出，熔融二价金属氯化物的黏度比一价金属氯化物的黏度大约 3~4 倍。

3.4.4 熔体的表面性质与界面性质

冶金熔体的表面张力是阐明金属冶炼过程中各种界面现象不可缺少的重要性质。熔渣-金属液间的界面张力，对气体-熔渣-金属液的界面反应有很重要的作用。它们不仅影响到界面反应的进行，而且影响到熔渣与金属的分离，钢液中夹杂物的排出，反应中新相核的形成，熔渣的起泡性、金属的乳化，熔渣对耐火材料的侵蚀等。此外，它们对反应机理的探讨及相界面结构的研究也有重要的作用。

3.4.4.1 熔体的表面性质

人们习惯上将液体与气体之间的界面称为液体的表面。液体的表面张力与液体中质点的结合状态有直接的关系，质点之间键的强度愈大，液体的表面张力也愈大。金属键物质（如液态金属）的表面张力最大，一般为 1~2N/m；离子键物质（如熔盐、炉渣）的表面张力次之，一般为 0.2~0.8N/m；分子键物质（如水、乙醇）的表面张力最小，通常小于 0.1N/m。表 3-14 列出了一些液体的表面张力。

表 3-14 一些液体的表面张力

结合方式	物 质	温度/K	表面张力/mN · m^{-1}
金属键	Ni	1743	1615(He)
	Fe	1823	1560(He)
	Cu	1356	1350
	Cd	773	600
共价键	FeO	1673	584
	Al_2O_3	2323	580
	Cu_2S	1403	410(Ar)
炉 渣	$MnO \cdot SiO_2$	1843	415
	$CaO \cdot SiO_2$	1843	400
	$Na_2O \cdot SiO_2$	1673	284
离子键	Li_2SO_4	1133	220
	$CaCl_2$	1073	145(Ar)
	$CuCl_2$	723	92(Ar)
分子键	H_2O	273	76
	甘油	293	63.4
	乙醇	293	22.5

表面张力与温度有关系。在一定温度下，纯液体有确定的表面张力，随着温度的升高，原子的热运动加强，位于液体内部的质点与液体表面上的质点间的相互作用力减弱，所以表面张力减小。当温度升高到临界温度时，气-液相界面消失，液体的表面张力为零。实际上，对于大多数液体而言，其表面张力与温度都呈线性关系，而且通常可用约特沃斯方程描述：

$$\sigma\left(\frac{M}{\rho}\right)^{2/3} = K(T_c - T)$$

式中，σ 为表面张力；M 是液体的摩尔质量；ρ 是液体密度；M/ρ 是摩尔体积；T_c 是临界温度；K 是常数。对于液态金属，$K=6.4\times10^{-8}$J/K；对于熔融 NaCl，$K=4.8\times10^{-8}$J/K。

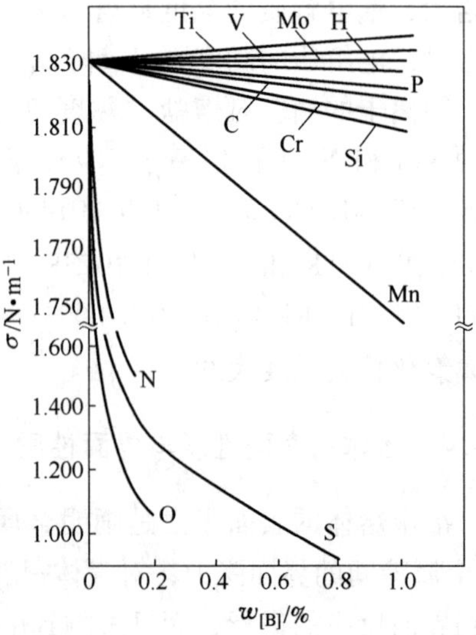

图 3-31 元素对铁液的表面张力的影响（1873K）

表面张力与熔体成分有关系。铁液中主要元素对其表面张力的影响如图 3-31 所示。微量 O、S、

N 等元素的存在会导致铁液的表面张力显著降低，这种能导致溶剂表面张力剧烈降低的物质称为表面活性物质。这种物质自身的表面张力通常都非常小，因此即使其加入量很小，也会使溶液的表面张力急剧降低。对铁液而言，氧的表面活性比硫大，其对铁液表面张力的影响也更大。这是因为铁液中的氧和硫分别以 FeO 和 FeS 群聚团的形式存在，而 FeO 群聚团中的 Fe—O 键比 FeS 群聚团中的 Fe—S 键强，因此 FeO 群聚团与其周围 Fe 原子的作用力小于 FeS 群聚团与其周围 Fe 原子的作用力，故 FeO 群聚团更容易被排斥至铁液表面，并吸附在表面。此外，Mn 对铁液表面张力的影响也很大，Si、Cr、C 及 P 的影响则相对较小，而 Ti、V、Mo 等元素对铁液的表面张力几乎没有影响。

图 3-32 和图 3-33 为铜液的表面张力与铜液氧和硫含量的关系。可以看出，微量氧和硫的存在使铜液的表面张力显著降低，这与氧、硫和氮对铁液表面张力的影响非常相似，所以氧、硫是铜液的表面活性元素。

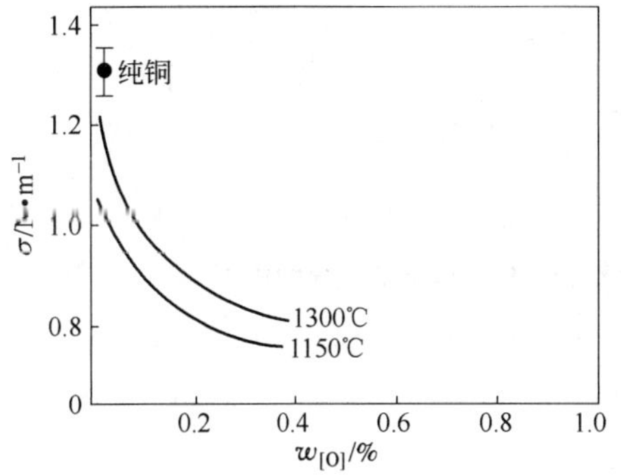

图 3-32 氧对铜液表面张力的影响

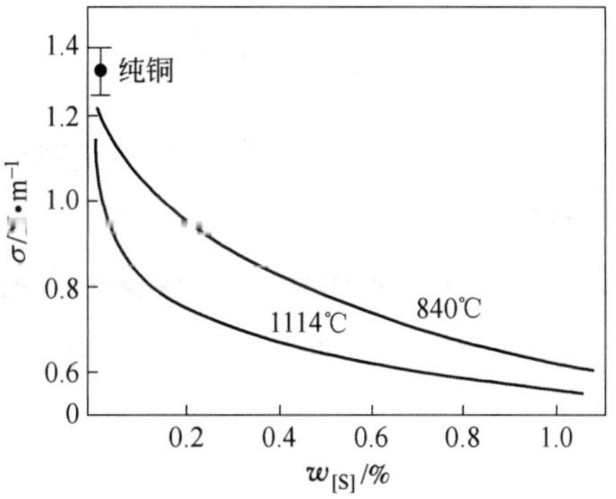

图 3-33 硫对铜液表面张力的影响

纯氧化物的表面张力位于 0.3~0.6N/m 之间（熔点附近温度），主要与离子间的键能有关。形成氧化物的阳离子的静电矩大，而离子键分数又高的氧化物有较高的表面张力。图 3-34 表明了这种关系。例如，K^+、Na^+ 离子的离子键分数较高，但它们的静电矩比较小，所以表面张力比较低；Ca^{2+}、Mn^{2+}、Fe^{2+} 的静电矩依次略有增加，但它们的离子键分数则依次有所减小，所以综合表现为它们氧化物的表面张力值相近似；Ba^{2+}、Al^{3+}、Mg^{2+} 的氧化物的表面张力值也是这两项性质反映的结果。Si^{4+}、Ti^{4+}、B^{5+}、P^{5+} 等离子虽然静

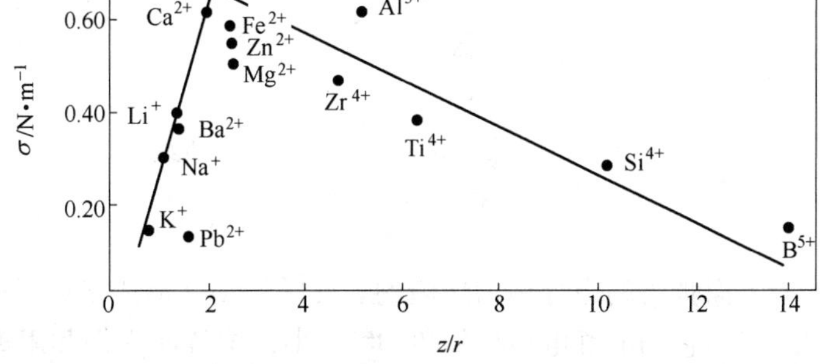

图 3-34 氧化物的表面张力与阳离子静电矩的关系（1673K）

电矩很高，但它们氧化物的离子键分数很低（小于50%），形成了共价键大而静电矩小的络离子，所以它们氧化物的表面张力随 z/r 的增加而降低。

当氧化物共熔形成熔体时，熔体的表面张力将随着表面张力低的氧化物的加入而不断降低。图3-35为 SiO_2 对碱性氧化物表面张力的影响，基本保持了直线的关系。图3-36为 $CaO\text{-}SiO_2\text{-}Al_2O_3$ 系的表面张力曲线，大致成平行关系，图3-37为 $CaO\text{-}SiO_2\text{-}FeO$ 系的表面张力曲线。这些曲线说明其值仅向 SiO_2 量增加的方向而降低，即 SiO_2 是决定表面张力的主要因素。

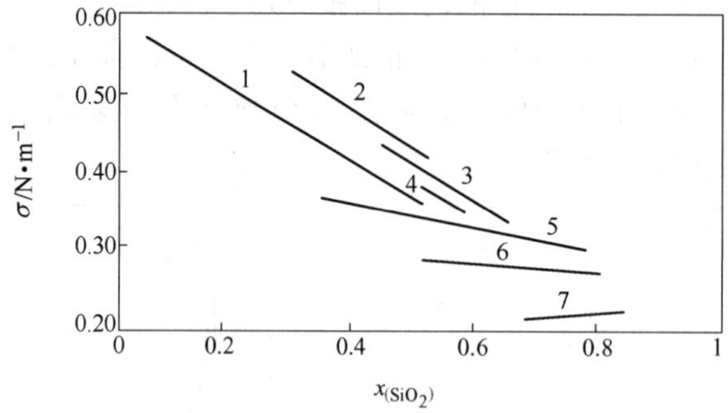

图3-35　二元硅酸盐系 SiO_2 含量与熔体表面张力的关系（1673K）

1—$FeO\text{-}SiO_2$；2—$MnO\text{-}SiO_2$；3—$CaO\text{-}SiO_2$；4—$MgO\text{-}SiO_2$；5—$Li_2O\text{-}SiO_2$；6—$Na_2O\text{-}SiO_2$；7—$K_2O\text{-}SiO_2$

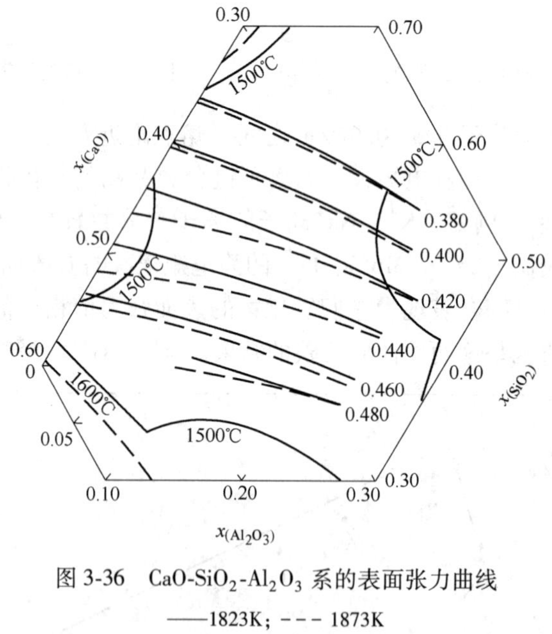

图3-36　$CaO\text{-}SiO_2\text{-}Al_2O_3$ 系的表面张力曲线

——1823K；- - - 1873K

能显著降低熔渣表面张力的组分称为熔渣的表面活性物。形成络离子的氧化物显著降低熔渣的表面张力，因为它们的静电矩比简单 O^{2-} 的小，这就使它们和阳离子间的键能减弱，从而被排至表面层，发生吸附，降低了熔渣的表面张力，如 SiO_2、P_2O_5、TiO_2、Fe_2O_3 等。

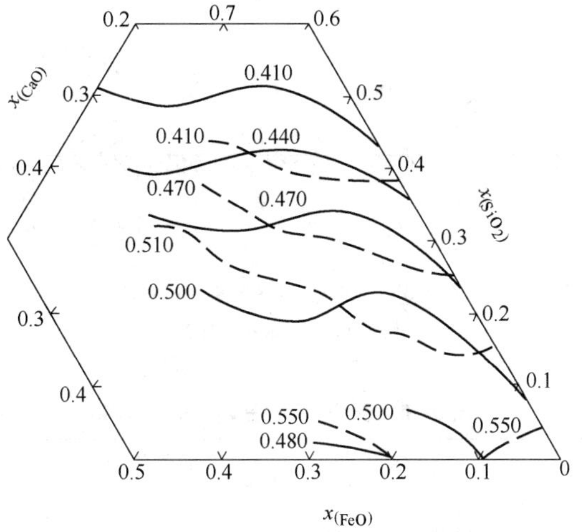

图 3-37 CaO-SiO_2-FeO 系的表面张力曲线

——Kowai；---Kazakevitch

CaF_2 含量的增大也会导致熔渣的表面张力降低，是由于 F^- 的静电场比 O^{2-} 小，容易被排斥至表面层的缘故。Na^+、K^+ 有比其他阳离子低的静电矩，所以 Na_2O、K_2O 也是表面活性物。

由于高温实验的困难，熔渣表面张力的数据很不全。在此情况下，可以用下式估算多种氧化物构成的炉渣的表面张力：

$$\sigma = \sum \sigma_B x_B \tag{3-36}$$

式中，x_B 为组分的摩尔分数；σ_B 为组分的表面张力因子，其值（1400℃）见表 3-15。

表 3-15 熔渣组分在 1400℃的表面张力因子 (N/m)

渣 系	CaO	MgO	FeO	MnO	SiO_2	Al_2O_3
玻 璃	0.51	0.52	0.49	0.39	0.29	0.58
熔 渣	0.52	0.53	0.59	0.59	0.40	0.72

3.4.4.2 熔体的界面性质

当两凝聚相（液-固，液-液）接触时，相界面上的相质点间出现的张力称为界面张力。

将熔体与固体材料接触，并置于气相中时，固相的表面张力 σ_1，熔体的表面张力 σ_2，固相与熔体间的界面张力 σ_{12}。如图 3-38 所示，当三个张力达到平衡时，各相的状态不变，三者之间满足如下关系：

$$\sigma_{12} = \sigma_1 - \sigma_2 \cos\theta \tag{3-37}$$

式中，接触角或润湿角 θ 是熔体对固体材料的润湿性能的量度。当 $\theta<90°$ 时，熔体对固体的润湿性好；当 $\theta>90°$ 时，熔体对固体的润湿性差。在极端情况下，当 $\theta=0°$ 时，固体被熔体完全润湿，二者不易分离；而当 $\theta=180°$ 时，固体则完全不被熔体润湿。显然，熔体与固体材料间的界面张力越小，接触角也越小，熔体对固体的润湿性越好，反之则相反。某些熔融卤化物在熔点附近温度下在碳上的润湿角数据见表 3-16。

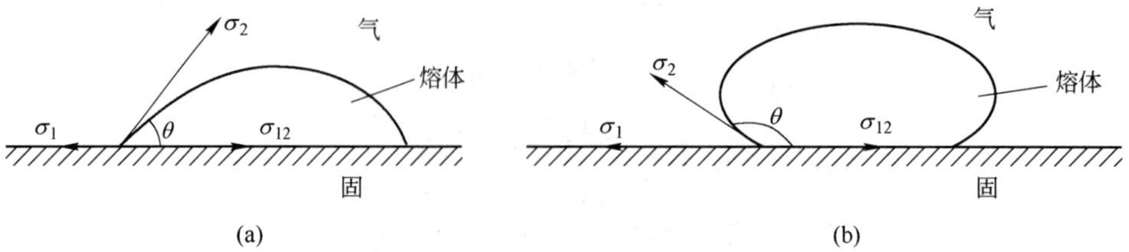

图 3-38 固-熔体界面张力示意图

（a）$\theta<90°$；（b）$\theta>90°$

表 3-16 某些熔盐在碳上的润湿角

盐	温度/K	润湿角 θ/（°）	阳离子半径/nm
NaCl	1123	78	0.098
KCl	1073	28	0.133
$CaCl_2$	1098	119	0.104
$BaCl_2$	1273	116	0.138
LiF	1323	134	0.072
NaF	1323	75	0.098
KF	1233	49	0.133

图 3-39（a）给出了两种密度不同并且不互相混溶的熔体相互接触的情形。图中熔体 1 为密度较大的熔体（如金属液），在其表面漂浮有一滴密度较小的熔体 2（如熔渣）。在表面张力、界面张力、重力和浮力的共同作用下，熔体 2 的液滴形成了如图所示的形状。图中，σ_1 和 σ_2 分别是熔体 1 和熔体 2 的表面张力；σ_{12}为两熔体之间的界面张力；θ 为 σ_2 与 σ_{12}之间的夹角（$\theta=\alpha+\beta$），称为熔体 2 对熔体 1 的接触角（或润湿角）。

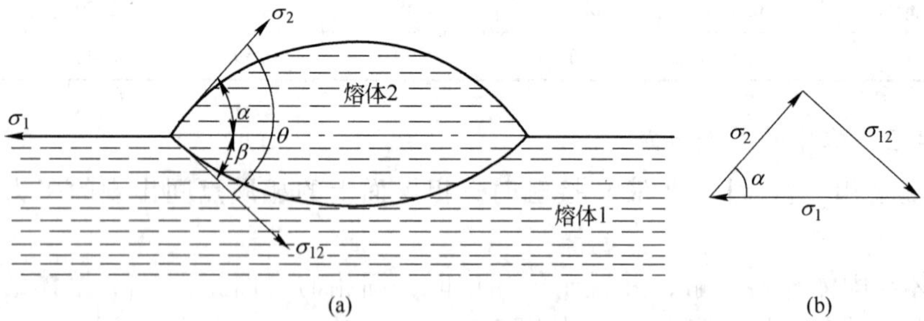

图 3-39 熔体-熔体间的界面张力示意图

当两个熔体的接触达到平衡时，三个张力之间的平衡关系如图 3-39（b）所示。根据余弦定理可得出三者间的数值关系

$$\sigma_{12} = \sqrt{\sigma_1^2 + \sigma_2^2 - 2\sigma_1\sigma_2\cos\alpha} \tag{3-38}$$

因此，如果已知两个熔体的表面张力，并通过实验测得 α 角，则可以利用式（3-38）求出两个熔体之间的界面张力。

当 α 角很小时，式（3-38）可简化成：

$$\sigma_{12} = \sigma_1 - \sigma_2 \tag{3-39}$$

熔渣-金属液间的界面张力一般在 0.2～1.0N/m 范围内，其值对冶炼过程中金属的收得效率有较大的影响。若二者间的界面张力太小，则金属易分散于熔渣中，造成金属的损失；只有当二者间的界面张力足够大时，分散在熔渣中的金属微滴才会聚集长大并沉降下来，从而与熔渣分离。

熔渣和金属液的界面张力与熔渣和金属液的组成及温度有关。图 3-40 反映了熔渣-铁液间的界面张力与铁液氧含量的关系。可以看出，铁液中的微量氧含量的增加都会导致界面张力的急剧下降。这是由于铁液中氧的存在使得铁液与熔渣的界面结构趋于接近，降低了表面质点所受作用力的不对称性。

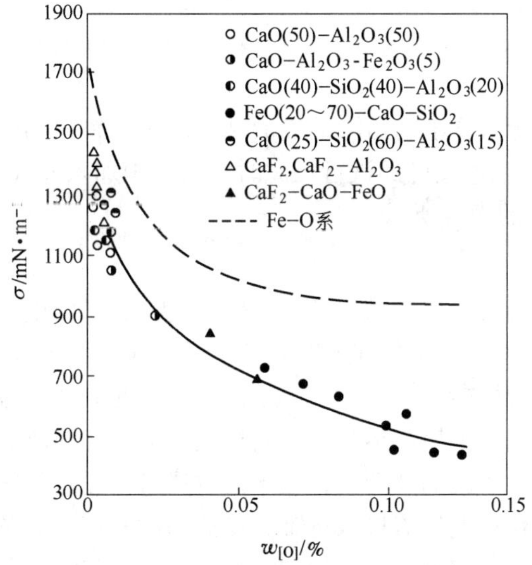

图 3-40 熔渣-铁液间的界面张力与铁液氧含量的关系

影响金属液界面张力的元素可分为三类：一是不转入渣相中的元素，如 C、W、Mo、Ni 等对 σ_{12} 基本无影响；二是能以氧化物形式转入渣中的元素，如 Si、P、Cr、Mn 能降低 σ_{12}，因为它们能形成络离子，成为渣中的表面活性成分；三是表面活性很强的元素，如 O、S 降低 σ_{12} 作用很强烈，即使它们的含量很低，所起的作用也很大，远超过酸性氧化物带来的作用。

影响界面张力的熔渣组分可分为两类：一是不溶解于金属液中的熔渣组分，如 SiO_2、CaO 等不会引起 σ_{12} 明显变化；二是能分配在熔渣与金属液中的组分，如 FeO、FeS、MnO、对 σ_{12} 的降低影响很大，因为这些组分中的非金属元素能进入金属液中，使金属液和熔渣的界面结构趋于相近，降低了表面质点力场的不对称性，特别是进入金属液中的氧对 σ_{12} 的降低起着决定性的作用。如图 3-41 所示，可以看出 FeO、MnO 可使界面张力显著降低，这是由于向渣中加入 FeO、MnO 的作用相当于向金属液供氧的缘故。例如，加入 MnO 界面上发生的反应：

$$(MnO) + [Fe] = (FeO) + [Mn]$$

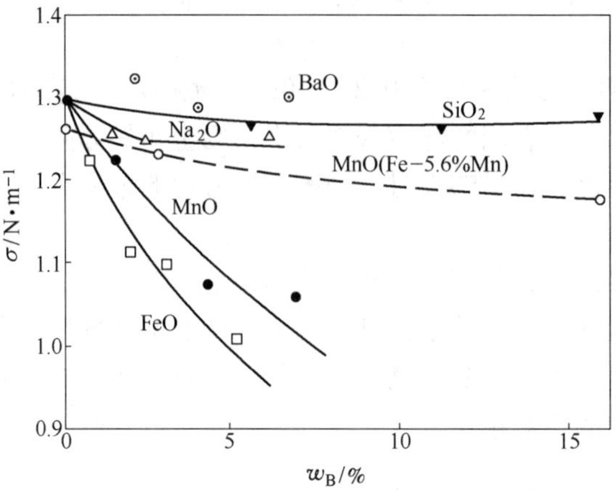

图 3-41 熔渣组成对铁液-熔渣间界面张力的影响

其结果是使铁液含氧，导致铁液与熔渣的界面结构趋于一致，界面张力降低。如果铁液中预先含有 Mn，则会抑制上述反应的进行，此时向渣相中加入 MnO 而引起的界面张力降低就会很小，如图 3-41 中的虚线所示。

3.4.4.3 熔渣的起泡性和乳化性

进入熔渣内的不溶解气体（金属-熔渣间反应产生的气体或从外界吹入的气体）被分散在其中形成无数小气泡时，熔渣的体积膨胀，形成被液膜分隔的密集排列的气孔状结构，称为泡沫渣。泡沫渣虽能增大气-渣-金属液间反应的界面及速率，但它的导热性差，在某些条件下恶化了熔渣对金属的传热。在高炉内形成的泡沫渣能使下部炉料的透气性恶化，压差提高，出铁前后风压的波动大，难于接收风量；而且下料不畅，破坏冶炼行程的稳定及限制了冶炼的强化；泡沫渣进入渣罐，使渣罐的利用率低及炉渣收集困难。在转炉冶炼中，泡沫渣能引起炉内渣-钢喷溅及从炉门溢出，并发生黏附氧枪头等问题。

泡沫渣的形成与熔渣的起泡能力及泡沫的稳定性有关：进入熔渣的高能量气体被分散成许多小气泡，气-渣两相接触面积大，若熔渣的表面张力大时，体系的吉布斯表面自由能（$G=\sigma A$）很高，在热力学上是非稳定态，气泡趋于自动合并而排出，使泡沫消失。但若熔渣含有大量的表面活性物（PO_4^{3-}、F^-、$Si_xO_y^{z-}$ 等），熔渣的表面张力小，体系处于能量较低的状态，渣中的气泡能暂时稳定存在，形成了泡沫渣。所以，泡沫渣多出现在碱度低的熔渣内。悬浮在熔渣中的固相粒子，使渣变稠，高黏度的渣能有力地阻止气泡运动及互相合并，使泡沫渣稳定，所以非均匀相熔渣比均匀相的熔渣易于起泡；熔渣内各气泡之间的分隔膜的结构和性质决定了气泡的稳定性。这种分隔膜是熔渣和气体之间的表面相。它是一个界限不很分明的薄层，只有两三个分子厚，由吸附的离子（特别是络离子）及分子组成。这些带电的离子能使相邻液膜间出现排斥力，在气泡内压的作用下，液膜被拉长，单位面积上吸附的活性物质的含量降低，表面张力瞬时增加，使表面积收缩。于是熔渣向此处流动，阻碍了气泡之间熔渣的排出（称为排液），从而妨碍了气泡之间的合并，而使气泡的寿命增长，这称为楔压效应。

熔渣以液珠状分散在铁液中，形成乳化液，这称为熔渣的乳化性。它主要与熔渣、金属液的表面张力及界面张力有关。如图 3-42 所示，利用熔渣的内聚功和熔渣-金属的黏附功可得出确定熔渣在钢液中乳化的趋势或两相的铺展性：

$$S = W_{黏} - W_{内} = \sigma_m - \sigma_s - \sigma_{ms} \tag{3-40}$$

式中，S 称为铺展系数或乳化系数；σ_s 为熔渣的表面张力；σ_m 为金属液的表面张力；σ_{ms}为熔渣-金属液的界面张力。

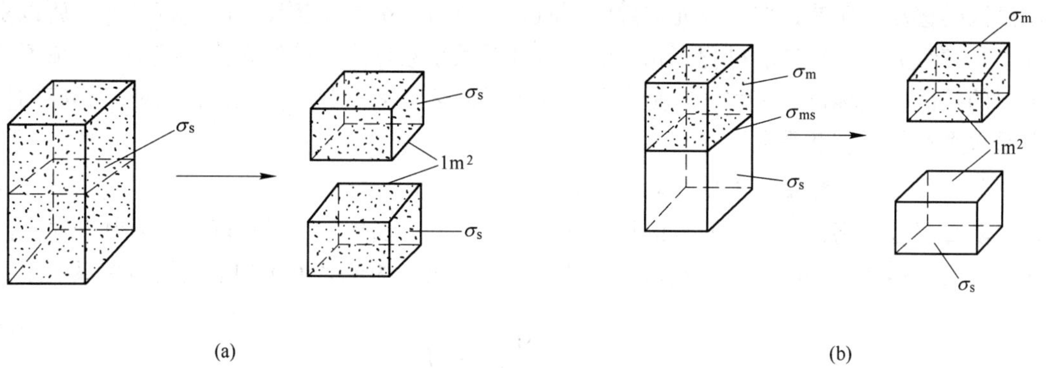

图 3-42 内聚功及黏附功的计算示意图

（a）$W_{内}=2\sigma_s$；（b）$W_{黏}=\sigma_m+\sigma_s-\sigma_{ms}$

同种质点的聚合称为内聚，与质点的内聚功 $W_{内}$ 有关，定义为使截面为 $1m^2$ 的熔体分离成 $1m^2$ 新表面的两液相所需的功，如图 3-42（a）所示，即为 $W_{内}=2\sigma_s$。分离接触面积为 $1m^2$ 的两接触异相（金属液与熔渣）成各具 $1m^2$ 的两个相所需的功称为黏附功 $W_{黏}$，如图 3-42（b）所示，由于消失的界面能为 $\sigma_{ms}(J/m^2)$，增加的界面能为 $\sigma_m+\sigma_s(J/m^2)$，故黏附功为 $W_{黏}=\sigma_m+\sigma_s-\sigma_{ms}$。显然，黏附功越大，$S$（>0）越大，熔渣就易于在钢液中乳化。相反，为使熔渣能与钢液很好分离，S（<0）应尽可能小。

熔渣-金属液的黏附功也同界面张力一样，受金属液中活性组分，如氧、硫的影响很大。氟化物渣系的黏附功远比氧化物渣系的大。能使界面张力降低的 FeO 则能提高黏附功。

出钢时，钢液流入盛钢桶内的渣层中进行炉外精炼处理，大约有 40%~50%的熔渣被乳化，渣滴的大小为10^{-4}~10^{-2}m，处理后，这种乳化渣又可聚合及浮出。

【例题】 测得两种电炉钢和还原渣的表面张力（1600℃）分别为 GCr15 的 σ_m = 1.630N/m，3Cr13 的 σ_m = 1.660N/m；熔渣的 σ_s = 0.466N/m，而界面张力，GCr15-渣为 1.290N/m，3Cr13-渣为 1.000N/m。试确定此种渣在此两种钢液中是否发生乳化？

解： 由式（3-40）得出的乳化系数可确定渣在钢液中乳化的程度。

对 GCr15　　$S=\sigma_m-\sigma_s-\sigma_{ms}=1.630-0.466-1.290=-0.126$，$S<0$

故此种渣在此钢液中难于乳化。

对 3Cr13　　$S = \sigma_m - \sigma_s - \sigma_{ms} = 1.660 - 0.466 - 1.000 = 0.194$，$S > 0$

故此种渣能在此钢液中出现乳化。

3.4.5 扩散

冶金熔体中组分的扩散是与冶金反应的动力学有关的重要物性，因为凡是有熔体参与的冶金反应，其反应机理中均包括反应物或产物在熔体中的扩散过程，而且往往是整个反应的速度限制环节。

3.4.5.1 扩散与扩散系数

通常所说的溶液中的扩散，指的是溶液中的组分在浓度梯度的作用下由高浓度区向低浓度区的移动。显然，在一组元扩散的同时，必有另一组元向相反方向进行扩散，所以实际上是各组元相互扩散的过程。相应的，这种扩散系数称为互扩散系数。把不存在浓度梯度时的扩散过程称作自扩散，它是由于物质内部的热运动引起的质点迁移过程，相应的扩散系数则称作自扩散系数。

3.4.5.2 温度及黏度对扩散系数的影响

随着温度升高，一方面质点的热运动加快，另一方面熔体的黏度降低也有利于质点的运动，因此熔体组分的扩散系数增大。扩散系数与温度的关系可用如下的指数关系表示：

$$D = A_D \exp\left(-\frac{E_D}{RT}\right) \tag{3-41}$$

式中，A_D 为比例常数；E_D 为扩散活化能，J/mol。

熔体中组元的扩散系数还与熔体的黏度有关。可用下式表示：

$$D^n \cdot \eta = K \tag{3-42}$$

式中，n 为黏流活化能 E_η 与扩散活化能 E_D 之比；K 为常数。

由此，熔体中组元的扩散系数随着熔体黏度的降低而增大。

3.4.5.3 冶金熔体中组分的扩散

冶金熔体中组分的扩散系数与温度及黏度的关系如式（3-41）和式（3-42）。

冶金熔体中组分的扩散系数与熔体的组成有关。熔渣的组成对扩散系数的影响是因为组分的扩散与质点（离子或分子）的尺寸及键能有关。质点半径小，扩散容易。阳离子的静电矩大，扩散就慢些，共价键分数高的络离子扩散也慢。需要知道，在强烈沸腾的熔池中，对流传质加快了质点的扩散，使熔渣中各组分的传质速率差不多相同，而与组分的性质关系不大，因此，它们的扩散系数可取相同的数量级。熔渣内组分的扩散系数要比熔铁内的低 1~2 个数量级，为 $1\times10^{-10} \sim 1\times10^{-11} m^2/s$。因此，冶金反应过程动力学的限制环节往往与熔渣内组分的扩散有关。

3.4.6 导电性

电弧炉炼钢、电渣重熔冶炼等是利用电流通过熔渣产生的热量进行冶炼。在熔盐电解过程中，在一定的电流密度和温度下，极间距离取决于电解质的导电性。在一定范围内，导电性越好，极间距离可以越大，电流效率就越高，而且在相同极间距离下，提高熔融盐电解质的导电性，可以降低电能消耗。所以，冶金熔体的导电性对冶金生产有很大的影响。

3.4.6.1 导电性与熔体组成的关系

金属熔体通常都是电的良好导体，如液体铅在 1000℃ 时的电导率约为 8.0×10^5S/m，液体铜在 1200℃ 时的电导率则高达 4350kS/m。冶金熔渣的电导率位于 10~1000S/m 之间，由于组成熔渣的氧化物结构不同，电导率的数值差别很大。共价键成分很大的酸性氧化物，在熔渣中形成聚合阴离子，这种大尺寸的阴离子在电场作用下实现迁移难，故电导率很小，如 SiO_2、B_2O_3 等。所以酸性氧化物含量的增加将导致熔渣的电导率下降。在碱性氧化物中，离子键占优势，熔融时易离解成为简单阴、阳离子，有利于实现电迁移，在熔点时电导率约 100S/m，故熔渣的电导率随着碱度的增加而增大。一些变价金属的氧化物，如 FeO、CoO、NiO、Cu_2O、MnO、V_2O_3 和 TiO_2 等，由于金属阳离子的价数改变，将形成相当数量的自由电子或电子空穴，使氧化物表现出很大的电子导电性，其电导率高达 15~20kS/m。例如，1673K 时 FeO 与 SiO_2 摩尔比为 2 的 FeO-SiO_2 熔体的离子导电性约占 90%，而 FeO 与 SiO_2 摩尔比为 19 的 FeO-SiO_2 熔体的离子导电性下降为 10%，Al_2O_3-SiO_2 熔体的共价键成分较大，因而其电导率很小。

图 3-43 为 CaF_2-CaO-Al_2O_3 熔渣的等电导率曲线。由图可见，随着 $w_{(CaF_2)}$ 的提高，熔渣的电导率迅速增大；当 $w_{(CaF_2)}>70\%$时，熔渣的电导率超过 300S/m。这是因为加入熔渣中的 CaF_2 不仅可使复杂阴离子解体，有利于离子的电迁移，还能提高导电性很强的简单离子（Ca^{2+}、F^-）的含量，因而导致熔渣的电导率显著增大。

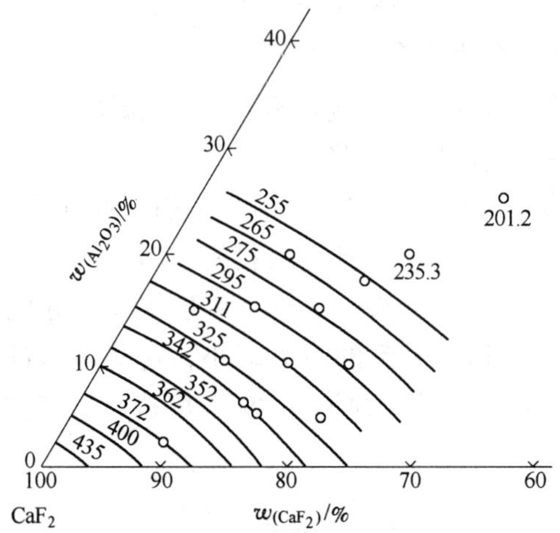

图 3-43 CaF_2-CaO-Al_2O_3 熔渣的电导率（1500℃，S/m）

CaO-MnO-SiO_2 熔渣的等电导率曲线如图 3-44 所示。该图表明，CaO-MnO-SiO_2 熔渣的电导率随着 $w_{(SiO_2)}$ 的升高而减小，随着 $w_{(MnO)}$ 的升高则显著增大，而 CaO 对该渣系电导率的影响不明显。

熔盐是典型的离子熔体，通常都具有良好的导电性能，如工业铝电解质的电导率约为 200S/m。但是，不同熔盐的导电性能有很大的差别。随着熔盐结构中离子键分数的减小及阳离子价数的增加，熔盐的电导率降低。熔盐混合物的电导率与其组成的关系通常都比较复杂，因为熔盐混合物可以完全由导电性好的盐组成，也可以由导电性好的盐与导电性差的盐混合而成，或者完全由导电性差的盐组成。研究表明，各种熔盐混合物的电导率与组成的关系是不同的，它与熔盐结晶时体系中是否形成化合物或新的络合离子有关。

熔锍的导电性能非常好，在冶炼温度（1150~1400℃）时其电导率高达 50~80kS/m，

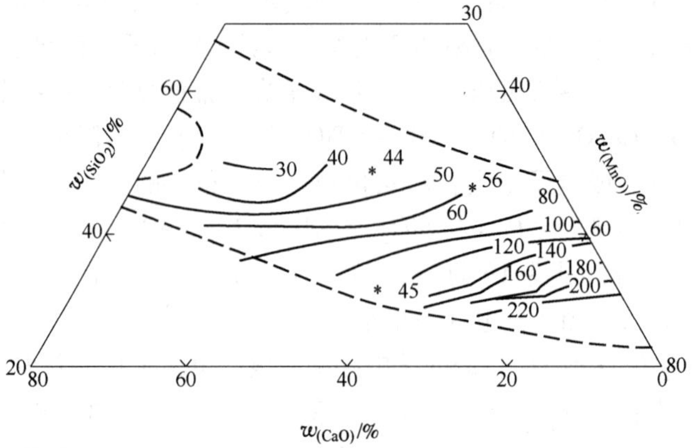

图 3-44 CaO-MnO-SiO_2 熔渣的电导率（1500℃，S/m）

远高于熔盐和熔渣的电导率，但明显低于金属熔体的电导率。

3.4.6.2 电导率与温度的关系

温度对不同种类熔体的电导率的影响是不同的。金属熔体及熔锍属于自由电子导电的导体，当温度升高时，它们的电导率下降。

熔盐和熔渣则属于离子导电的导体，其电导率随着温度升高而增大，这是因为：一方面温度升高，离子的动能增加，更容易克服离子间的吸引力，便于在电场的作用下移动；另一方面，温度上升使复杂离子解体，单位体积内导电离子的数目增加；同时温度升高使黏度下降，离子运动受到的阻力减小，这些因素都导致电导率增大。对熔盐来说，温度升高 1℃，电导率增大约为 0.2%。熔盐和熔渣的电导率与温度的关系可表示为：

$$k = A_k \exp\left(-\frac{E_k}{RT}\right) \tag{3-43}$$

式中，A_k 为常数；E_k 为电导活化能，J/mol。

对于成分确定的熔盐或熔渣，通常 E_k 应是常数，但事实上有些熔盐（如 $ZnCl_2$ 及 $BeCl_2$）和熔渣（如 MgO-SiO_2 渣系）的 E_k 值只能在一定温度范围内保持常数。

3.4.6.3 电导率与黏度的关系

对于一定组成的熔盐或熔渣，降低黏度有利于离子的运动，从而使电导率增大。电导率与黏度的关系可用下式描述：

$$k^n \cdot \eta = K \tag{3-44}$$

式中，n 为黏流活化能 E_η 与电导活化能 E_k 之比，即 $n=E_\eta/E_k$；K 为常数。

对熔渣来说，由于电导率主要取决于尺寸小、迁移速度快的简单离子的运动，而黏度则取决于尺寸大、迁移速度慢的复合阴离子的运动，因此黏流活化能远大于电导活化能。例如，对于硅酸盐熔渣，E_η 比 E_k 大 40kJ/mol 左右。由于 E_η 大于 E_k，故 $n>1$，即电导率的增长率小于黏度的下降率。

习题与工程案例思考题

习　题

3-1　什么是冶金熔体，它分为几种类型?

3-2　什么是熔渣? 简述冶炼渣和精炼渣的主要作用。

3-3　什么是富集渣，它与冶炼渣的根本区别是什么?

3-4　试说明熔盐在冶金中的主要应用。

3-5　熔锍的主要成分是什么?

3-6　熔渣的分子结构理论与离子结构理论的主要内容是什么?

3-7　什么是熔渣的碱度和酸度?

3-8　一工厂炉渣的组成为：$w_{(SiO_2)}=44.5\%$、$w_{(CaO)}=13.8\%$、$w_{(FeO)}=36.8\%$、$w_{(MgO)}=4.9\%$。试计算该炉渣的碱度和酸度。

3-9　熔渣的氧化性是如何表示的?

3-10　什么是硫容量，为什么硫容量可以表示熔渣吸收硫的能力?

3-11　利用熔渣-金属液间电化学反应原理将下列分子反应式改写成离子反应式。

(1) $[Mn]+(FeO)=\!=\!=(MnO)+[Fe]$

(2) $[C]+(FeO)=\!=\!=CO+[Fe]$

(3) $2[P]+5(FeO)+4(CaO)=\!=\!=(4CaO\cdot P_2O_5)+5[Fe]$

(4) $[Si]+2(FeO)=\!=\!=(SiO_2)+2[Fe]$

(5) $(SiO_2)+2C=\!=\!=[Si]+2CO$

(6) $2(Fe_2O_3)+2[Fe]=\!=\!=5(FeO)+[FeO]$

3-12　利用完全离子溶液模型计算组成为 $w_{(CaO)}=48\%$、$w_{(MgO)}=3\%$、$w_{(MnO)}=7\%$、$w_{(FeO)}=17\%$、$w_{(Fe_2O_3)}=3\%$、$w_{(SiO_2)}=22\%$的熔渣中 FeO、CaO、MnO 的活度及活度系数。

3-13　试用规则离子溶液模型计算组成为 $w_{(CaO)}=48\%$、$w_{(MnO)}=8\%$、$w_{(FeO)}=17\%$、$w_{(Fe_2O_3)}=3\%$、$w_{(SiO_2)}=22\%$、$w_{(P_2O_5)}=2\%$的熔渣中 FeO、MnO 及 P_2O_5 的活度，温度为 1600℃。

3-14　试用完全离子溶液模型计算组成为 $w_{(CaF_2)}=80\%$、$w_{(CaO)}=20\%$的电渣重熔渣 CaO 及 CaF_2 的活度。

3-15　利用 CaO-SiO_2-Al_2O_3 系等活度曲线图，求 1600℃时，碱度为 1，$w_{(SiO_2)}$ 为 30%~60%的熔渣中 SiO_2 的活度，绘出 SiO_2 活度与 $w_{(SiO_2)}$ 的关系图。

3-16　已知某熔渣的组成为 $w_{(CaO)}=35\%$、$w_{(SiO_2)}=20\%$、$w_{(FeO)}=20\%$、$w_{(Fe_2O_3)}=4\%$、$w_{(MnO)}=8\%$、$w_{(MgO)}=5\%$、$w_{(P_2O_5)}=8\%$。试利用 CaO-FeO-SiO_2 系等活度曲线图，求 1600℃时渣中 FeO 的活度及活度系数。

3-17　已知某熔渣的碱度为 2.5，$x_{(FeO)}$ 为 15%。试利用 CaO-FeO-SiO_2 系等活度曲线图，求 1600℃时此熔渣中 FeO 的活度。

3-18　某熔渣的成分为：$w_{(CaO)}=44.5\%$、$w_{(SiO_2)}=14.3\%$、$w_{(FeO)}=12.1\%$、$w_{(MnO)}=16.2\%$，$w_{(P_2O_5)}=6.1\%$、$w_{(MgO)}=6.8\%$。试利用等活度图计算 1600℃时熔渣中 FeO 的活度以及与之平衡的钢液中的 $w_{[O]}$。已知 1600℃时 $L_O=0.23$。

3-19　试用元素降低纯铁的凝固点值 ΔT 计算 15Cr4Mo3SiMnVAl 钢（组成（质量分数）为 0.51%C,

0.95%Si，1.02%Mn、0.005%S，0.017%P，4.17%Cr，0.13%Ni，2.99%Mo，1.02%V，0.5%Al）的熔点，并与实测值1462℃进行比较。

3-20 什么是熔渣的熔化性温度？

3-21 实验测得组成（质量分数）为：CaO42.5%、$SiO_2$42.5%、MgO9.5%、$Al_2O_3$5.5%的熔渣在不同温度下的黏度，见表3-17。试求出黏度与温度的指数方程及黏流活化能。

表3-17 不同温度下的黏度

t/℃	1300	1350	1400	1450	1500
η/Pa·s	63	1.34	1.09	0.91	0.75

3-22 试利用熔渣的等黏度曲线图（$CaO-SiO_2-Al_2O_3$ 系）估计组成为 $w_{(CaO)}=38.0\%$、$w_{(SiO_2)}=38.39\%$、$w_{(Al_2O_3)}=16.0\%$、$w_{(MgO)}=2.83\%$的高炉渣在1500℃时的黏度。如果将温度提高到1900℃，此熔渣的黏度降低到多大？

3-23 根据 $CaO-Al_2O_3-SiO_2$ 系熔渣的等黏度曲线图（图3-29）讨论碱度分别为0.2和1.0时，增大 Al_2O_3 含量对熔渣黏度的影响，并解释其原因。

3-24 试利用加和性规则计算1400℃时，组成为 $w_{(CaO)}=35\%$、$w_{(SiO_2)}=50\%$、$w_{(Al_2O_3)}=15\%$的高炉渣的表面张力，并与由等表面张力曲线图所得的结果（图3-37）进行比较。

3-25 什么是表面活性物质，哪些元素是铁液的表面活性物质？

3-26 测得某还原渣及GCr15钢的表面张力分别为0.45N/m及1.63N/m（1873K），两者接触的角α = 35℃。试求钢-渣的界面张力，并确定此种还原渣能否在钢液中乳化？

3-27 试用离子结构理论说明温度及碱度对熔渣的黏度、表面张力及氧化能力的影响。

3-28 某熔渣的组成为 $w_{(CaF_2)}=80\%$、$w_{(CaO)}=10\%$、$w_{(Al_2O_3)}=10\%$，实验测得此熔渣在不同温度下的电导率见表3-18，试求出电导率与温度的关系式及电导活化能。

表3-18 不同温度下的电导率

t/℃	1500	1550	1600	1650	1700	1750
k/S·m^{-1}	155	350.8	387.3	425.6	465.6	507.0

工程案例思考题

案例3-1 高炉渣黏度改善分析

案例内容：

（1）高炉渣黏度的影响因素；

（2）高炉渣中不同组分及其含量对高炉渣黏度的影响；

（3）温度对高炉渣黏度的影响。

案例3-2 炉渣氧化性影响因素分析

案例内容：

（1）炉渣氧化性的定义；

（2）炉渣氧化性的表示方法；

（3）炉渣氧化性高低对炼钢的影响；

（4）炉渣氧化性影响因素系统分析。

案例 3-3　冶金熔体表面张力对冶金的影响分析

案例内容：

（1）表面张力的概念；

（2）金属溶液表面张力的大小及影响因素；

（3）熔渣表面张力的大小及影响因素；

（4）金属溶液表面张力和熔渣表面张力相对关系对冶金过程的影响分析。

4 冶金动力学基础

4.1 概　　述

冶金热力学确定反应在指定条件下的可能性和最大产率，以及外界条件改变对产率的影响。但它没有考虑到时间的因素和转变的具体中间过程（即反应的历程或机理），所以不能解决反应的速率问题。某些反应热力学的驱动力很大，但反应的速率却很低。如反应

$$C(s) + O_2(g) \xlongequal{} CO_2(g),\ H_2(g) + \frac{1}{2}O_2(g) \xlongequal{} H_2O(l)$$

在 298K 时的 $\Delta_r G_m^{\ominus}$ 分别为−395.51kJ/mol 和−230.85kJ/mol，应该说热力学趋势很大，但常温下它们的反应速率非常低，实际上可以认为是不能进行的。所以，反应可能进行与实际上反应以何种速率进行，即反应是否具有现实性是完全不同的两个问题。因此，必须同时研究冶金反应的热力学和动力学，才能全面理解冶金反应过程。

冶金反应动力学是研究反应的速率、反应的机理、各种因素对反应速率的影响，找出控制反应速率的措施，改进实际操作，强化或控制冶金过程，提高生产效率。所以，冶金动力学研究对冶金工程学科具有现实意义。同时动力学的研究对新材料的制备也具有非常重要的意义，往往通过控制恰当的动力学条件获得某些特种材料。例如，通过将非晶金属加热使之晶化，控制晶化动力学的进程，可获得纳米材料。

微观动力学是从分子理论微观地研究化学反应的速率和机理。在有流体流动、传质、传热条件下宏观地研究反应的速率和机理，称宏观动力学。冶金过程中的反应多为高温多相反应，常常伴有流体流动和传热传质现象发生，所以冶金动力学是宏观动力学的范畴。

冶金反应常见的类型有：

（1）气-固反应：如铁矿石的还原、高炉内碳的燃烧反应等；

（2）液-液反应：如氧气顶吹转炉炼钢过程中渣-金界面的脱硫反应；

（3）气-液反应：如钢液中脱碳反应。

研究冶金反应动力学的目的就在于了解反应在各种条件下的组成环节（机理）及其速率表达式，导出总反应的速率方程，确定反应过程的限制环节，讨论反应的机理以及各种因素对速率的影响，以便选择合适的反应条件，控制反应的进行，达到强化冶炼过程，缩短冶炼时间及提高反应器生产率的目的。

冶金多相反应发生在体系的相界面上，反应一般有如下 3 个环节：

（1）反应物通过传质到反应界面；

（2）在界面上进行化学反应；

（3）产物通过传质离开反应界面。

因此，冶金反应过程的速率主要包括界面化学反应的速率和质量传输的速率，这也是本章主要阐述的内容。

4.2 化学反应的速率

4.2.1 化学反应的速率式

对于反应
$$aA + bB = cC + dD \tag{4-1a}$$
有：
$$v = -\frac{dc_A}{dt} = kC_A^{\alpha}C_B^{\beta} \tag{4-1b}$$

式（4-1b）称为反应的速率方程或化学反应速率式的微分式。式中的常数 k 称为反应的速率常数或速率系数。其值主要与反应本性、温度及溶剂的性质有关。

等式（4-1b）右端物质 A 和 B 浓度指数之和（$\alpha+\beta$）称为反应级数。它表明反应物的浓度对反应速率影响的程度。

反应级数与反应机理有关，大多由实验测定。如果由实验测定的反应级数等于反应式中反应物分子数之和，即 $\alpha=a$，$\beta=b$ 时，则这类反应的反应式能代表反应的机理，则此化学反应式是基元反应。反之，则反应比较复杂，实际步骤并不是按照化学反应式来进行的，往往反应是由几个基元反应所组成，而测定的级数是速率最慢的那个基元反应的级数。但若几个基元反应的速率相差不大，对总反应速率均起限制作用，这时级数可能是分数，而由化学反应式就不能写出其速率方程。

对于同一反应，可用不同物质表示出不同的速率，但它们有一定的关系存在。例如，对反应式（4-1a）的速率可表示为：
$$v = -\frac{1}{a}v_A = -\frac{1}{b}v_B = \frac{1}{c}v_C = \frac{1}{d}v_D$$
式中，a、b、c、d 为参加反应物质的化学计量数。

多相反应中物质的浓度可采用不同的单位，因而在处理不同类型的反应时，反应速率就有更多种的表示法。如在均相反应中，浓度采用单位体积 V 内物质的量表示，则 $v_A=-\frac{1}{V}\cdot\frac{dn_A}{dt}$，式中 n_A 为物质 A 的物质的量；在流体与固体的反应中，以单位质量固体中所含物质 A 的物质的量来表示浓度，则 $v_A=-\frac{1}{W}\cdot\frac{dn_A}{dt}$，式中 W 为固体物质的质量；在两流体间进行的界面反应，如渣-钢反应，或者气-固界面反应（如高炉中 CO 还原铁矿石的反应），以界面上单位面积 A 为基础，即用单位界面上所含的物质的量来表示浓度，则 $v_A=-\frac{1}{A}\cdot\frac{dn_A}{dt}$；在气-固相反应中，有时也以固体物质的单位体积 V_s 来表示浓度：$v_A=-\frac{1}{V_s}\cdot\frac{dn_A}{dt}$。

由于反应物的浓度随反应的进展而变化，由速率方程的积分形式能确定一定反应时间的浓度或达到一定浓度所需的时间，所以速率方程的积分式是一种更为有用的形式。表 4-1列出了常见三种级数的反应速率的微分式及积分式。表中 t 是反应的时间，s；c^0 是初始浓度，mol/m^3；c 是时间 t 时的浓度，mol/m^3；x 是反应物在时间 t 时已反应了的浓度，mol/m^3；因而在时间 t 时，反应物的浓度（残存浓度）为 $c=c^0-x$。

表 4-1 几种反应级数的反应速率式及其特征

级数	微分式	积 分 式	k 的单位	c-t 关系
0	$-\frac{dc}{dt}=k$	$c=-kt+c^0$， $k=\frac{1}{t}(c^0-c)$，$k=\frac{x}{t}$	mol/（m^3·s）	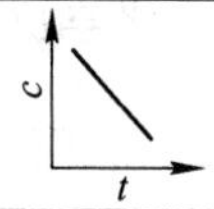
1	$-\frac{dc}{dt}=kc$	$\ln c=-kt+\ln c^0$， $k=\frac{1}{t}\ln\frac{c^0}{c}$，$k=\frac{1}{t}\ln\frac{c^0}{c^0-x}$	s^{-1}	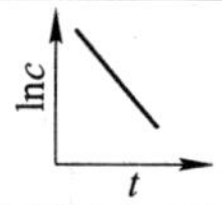
2	$-\frac{dc}{dt}=kc^2$	$\frac{1}{c}=kt+\frac{1}{c^0}$， $k=\frac{1}{t}\cdot\frac{c^0-c}{c^0c}$，$k=\frac{1}{t}\cdot\frac{x}{c^0(c^0-x)}$	m^3/（mol·s）	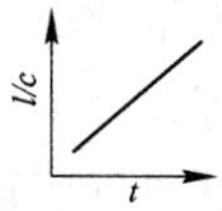

对于一定的反应，反应速率常数和温度的关系由阿累尼乌斯（Arrhenius）方程表示：

$$k = k_0 e^{-E_a/RT} \tag{4-2}$$

式中，k 为化学反应的速率常数；E_a 为化学反应的活化能（activation energy），与反应的机理有关；k_0 为指数前系数，又称频率因子。

E_a 值愈大，k 随温度的变化就愈强烈。对 k_0 有相近值的不同反应，活化能愈小，则在一定温度时的 k 就愈大，即反应趋向于沿着活化能较小的途径进行。故可将活化能看作反应进行中需要克服的一种能碍。任一反应都是沿着阻力（能碍）最小的途径进行的。

将式（4-2）用对数表示为：

$$\ln k = -\frac{E_a}{RT} + k_0' \quad 或 \quad \lg k = -\frac{E_a}{2.3RT} + \frac{k_0'}{2.3} \tag{4-3}$$

式中，$k_0'=\ln k_0$。

以不同温度下得出的 $\ln k$ 或 $\lg k$ 对 $1/T$ 作图得一条直线，如图 4-1（a）所示，斜率为 $-E_a/R$ 或 $-E_a/(2.3R)$，截距为 k_0' 或 $k_0'/2.3$，从而可得出：

$$E_a=-R\times(斜率) \text{ 或 } E_a=-2.3R\times(斜率) \quad 和 \quad \ln k=\frac{A}{T}+B \text{ 或 } \lg k=\frac{A}{T}+B \tag{4-4}$$

式中，$A=-E_a/R$ 或 $-E_a/(2.3R)$，$B=k_0'$ 或 $k_0'/2.3$。

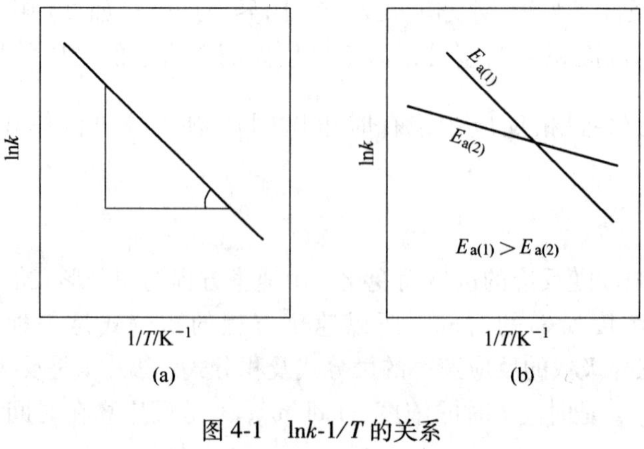

图 4-1 $\ln k$-$1/T$ 的关系

上式是在一定的温度范围内，活化能 E_a 可看作与温度关系不大的常数，但它反映了温度对反应速率的影响。E_a 值很大的反应，在低温下的 k 值较小，升高温度，k 值增加得很显著；E_a 值小的反应，在低温下有较高的 k 值，升高温度，k 值增加得不显著，如图 4-1（b）所示。

假如活化能随温度改变，则 $\ln k$ 与 $1/T$ 的关系是曲线，这时可由曲线上的温度点作切线，由切线的斜率得出该温度的活化能，如图 4-2（a）所示。但是，如反应由两个以上的基元反应组成，各基元反应有恒定的活化能，则可由上述方法作出两根相交的直线，求得各条直线的活化能，它们分别代表不同温度范围内反应速率的限制者。如图 4-2（b）所示，$T>T_0$，活化能为 $E_{a(2)}$ 的反应为反应速率的限制者；$T<T_0$，活化能为 $E_{a(1)}$ 的反应是限制者。活化能随温度的改变多出现于反应机理发生了变化的情况。

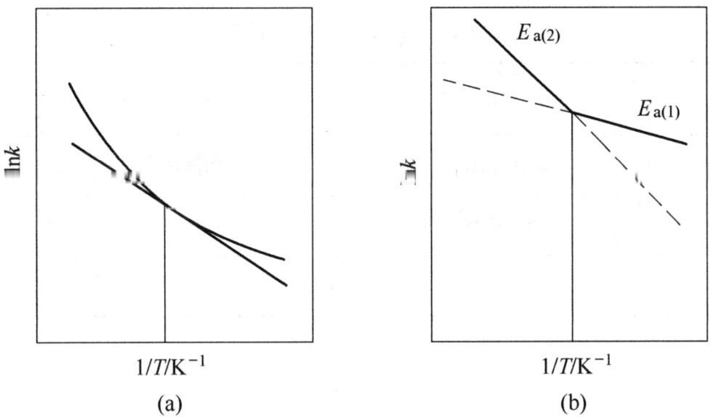

图 4-2 E_a 与 T 有关的图形

【例题】 含硫 $w_S=0.460\%$ 的球团矿，在氧化焙烧过程中其含硫量的变化见表 4-2。焙烧中采用了粒度较小的矿球及强大的空气流，使反应处于界面化学反应（$2FeS(s)+\frac{7}{2}O_2 = Fe_2O_3(s)+2SO_2$）限制的条件下，同时经证实知反应为 2 级。试计算脱硫反应速率常数的温度式。

表 4-2 球团矿焙烧过程中含硫量的变化

温度/K \ 时间/min	10	20	30	40
1103	0.392	0.370	0.325	0.297
1208	0.325	0.264	0.159	0.119
1283	0.254	0.174	0.130	0.105

解： 反应为 2 级，由表 4-1 可知，作 $1/w_S$-t 关系图，如图 4-3 所示。作图所需数据计算见表 4-3。

表 4-3 计算的作图数据

温度/K \ 时间/min	10		20		30		40	
	w_S	$1/w_S$	w_S	$1/w_S$	w_S	$1/w_S$	w_S	$1/w_S$
1103	0. 392	2. 55	0. 370	2. 70	0. 325	3. 08	0. 297	3. 37
1208	0. 325	3. 08	0. 264	3. 79	0. 159	6. 29	0. 119	8. 40
1283	0. 254	3. 94	0. 174	5. 75	0. 130	7. 69	0. 105	9. 52

由各温度直线的斜率或按 2 级反应速率的积分式计算出 k（取平均值），以 $\lg k$ 对 $1/T$ 作图，可得出直线方程，由直线的斜率和截距得出反应速率常数的温度关系式。计算数值见表 4-4。$\lg k-1/T$ 关系如图 4-4 所示。

表 4-4 lg*k* 及 1/*T* 的计算值

T/K	1103	1208	1283
$1/T$	9.07×10^{-4}	8.28×10^{-4}	7.79×10^{-4}
k	0. 0308	0. 113	0. 184
$\lg k$	−1. 511	−0. 947	−0. 742

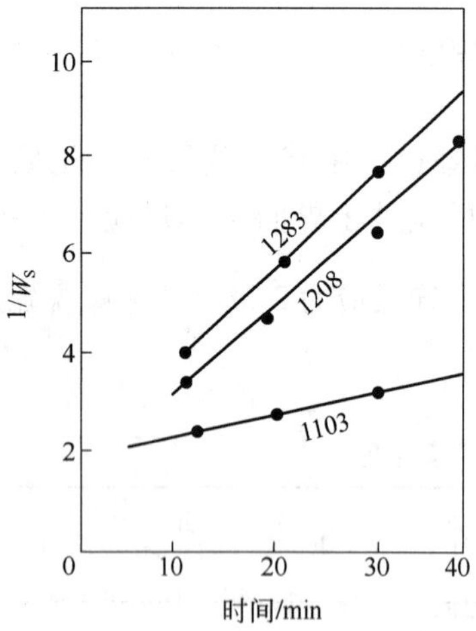

图 4-3 $1/w_S$-t 关系

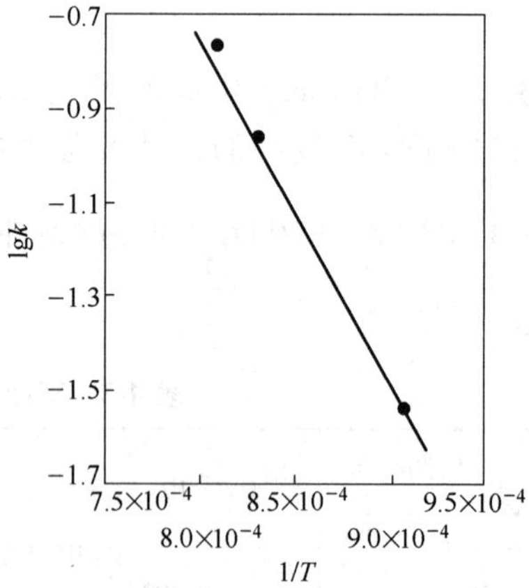

图 4-4 $\lg k$-$1/T$ 关系

由图 4-4 得直线的斜率为$\dfrac{-1.45-(-0.84)}{(9.0-8.0)\times10^{-4}}=-6100$，所以 $\lg k=\dfrac{6100}{T}+B$。

以各温度的 $\lg k$ 值代入上式，取平均值，得 $B=4.04$，所以 $\lg k=-6100/T+4.04$。

以上也可用回归分析法进行计算得到。设直线方程为 $y=Ax+B$，式中 $y=\lg k$，$x=1/T$。计算 A、B 及相关系数即可。计算值见表 4-5。

表 4-5 回归分析法的计算值

x_i	y_i	$x_i-\bar{x}$	$y_i-\bar{y}$	$(x_i-\bar{x})^2$	$(y_i-\bar{y})^2$	$(x_i-\bar{x})(y_i-\bar{y})$
9.07×10^{-4}	-1.511	0.69×10^{-4}	-0.441	0.476×10^{-8}	0.194	-0.304×10^{-4}
8.28×10^{-4}	-0.947	-0.1×10^{-4}	0.123	0.01×10^{-8}	0.015	-0.012×10^{-4}
7.79×10^{-4}	-0.742	-0.59×10^{-4}	0.328	0.35×10^{-8}	0.108	-0.193×10^{-4}
$\bar{x}=$ 8.38×10^{-4}	$\bar{y}=$ -1.070			$\Sigma(x_i-\bar{x})^2=$ 0.836×10^{-8}	$\Sigma(y_i-\bar{y})^2$ $=0.317$	$\Sigma(x_i-\bar{x})(y_i-\bar{y})$ $=-0.509\times10^{-4}$

$$A=\frac{\Sigma(x_i-\bar{x})(y_i-\bar{y})}{\Sigma(x_i-\bar{x})^2}=\frac{-0.509\times10^{-4}}{0.836\times10^{-8}}=-6089$$

$$B=\bar{y}-A\bar{x}=-1.072-(-6089)\times8.38\times10^{-4}=4.03$$

$$r=\frac{\Sigma(x_i-\bar{x})(y_i-\bar{y})}{\sqrt{\Sigma(x_i-\bar{x})^2\Sigma(y_i-\bar{y})^2}}=\frac{-0.509\times10^{-4}}{\sqrt{(0.836\times10^{-8}\times0.317)^2}}$$

而 $$\lg k=-6089/T+4.03$$

4.2.2 可逆反应的速率式

当化学反应出现了逆向反应时，在确定反应的总速率时，应该考虑逆反应的速率。

设可逆反应为 $$A+B \underset{k_-}{\overset{k_+}{\rightleftharpoons}} C+D$$

其净反应的速率为 $$v_A=v_{正}-v_{逆}=k_+c_Ac_B-k_-c_Cc_D$$
式中，k_+、k_-分别为正反应及逆反应的速率常数。

当反应达到平衡时，$v_A=0$，故有 $\frac{k_+}{k_-}=\left(\frac{c_Cc_D}{c_Ac_B}\right)_{平}=K$（化学反应的平衡常数），于是得

$$v_A=k_+(c_Ac_B-c_Cc_D/K) \tag{4-5}$$

积分上式，可得反应物浓度与反应时间 t 的关系式。

【例题】 FeO(s) 被 CO 还原反应为一级可逆反应 $FeO(s)+CO \underset{k_-}{\overset{k_+}{\rightleftharpoons}} Fe(s)+CO_2$，试导出速率方程的微分式及积分式。

解：还原反应速率方程的微分式为 $$v=-\frac{dc_{CO}}{dt}=v_{正}-v_{逆}=k_+c_{CO}-k_-c_{CO_2} \tag{1}$$

反应中消耗 CO 和生成 CO_2 的物质的量相等，故令 $c_{CO}+c_{CO_2}=C=$常数并代入式（1）得：

$$v=-\frac{dc_{CO}}{dt}=(k_++k_-)c_{CO}-k_-C=(k_++k_-)\left(c_{CO}-\frac{k_-}{k_++k_-}C\right) \tag{2}$$

当反应达到平衡时，$v=0$，由式（2）得： $$c_{CO(平)}=\frac{k_-C}{k_++k_-} \tag{3}$$

又 $$k_++k_-=k_+\left(1+\frac{k_-}{k_+}\right)=k_+\left(1+\frac{1}{K}\right) \tag{4}$$

将式（3）、式（4）代入式（2）得：

$$v=\frac{dc_{CO}}{dt}=k_{+}\left(1+\frac{1}{K}\right)(c_{CO}-c_{CO(平)})=k(c_{CO}-c_{CO(平)}) \tag{4-6}$$

式中，$k=k_{+}\left(1+\frac{1}{K}\right)$，称 k 为可逆反应的速率常数。它是由正反应的速率常数及反应的平衡常数组成，体现了动力学因素和热力学因素对反应的影响。

将式（4-6）变为通式：$v=-\frac{dc}{dt}=k\ (c-c_{(平)})$，并在 $0\sim t$，$c^0\sim c$ 内积分后，得

$$\ln\frac{c-c_{平}}{c^0-c_{平}}=-kt \tag{4-7}$$

作 $\ln\frac{c-c_{平}}{c^0-c_{平}}$-$t$ 图可得速率常数。

4.3 扩散传质及对流传质

在冶金生产过程中总是涉及动量传输、热量传输、质量传输和化学反应等基本过程。其质量传输在冶金动力学研究中具有十分重要的作用。在均相多元体系中，某种组分存在浓度梯度，则该组分有向低浓度方向传输的趋势。正如速度梯度是动量传输的驱动力一样，浓度梯度是质量传输的推动力。质量传输的基本方式可以分为两种形式：一是静止体系中物质从高浓度区向低浓度区迁移的所谓分子扩散（扩散传质）；另一种则是流动体系中由分子扩散与流体整体流动使物质迁移的所谓对流扩散（对流传质）。

4.3.1 扩散传质

菲克定律奠定了扩散传质理论的基础，但对不同状态下的扩散有不同的表达式。单位时间进入某扩散层单位面积内的物质量（扩散通量）等于其流出的物质量时，扩散层内物质的量无变化，这称为稳定态扩散。进入某扩散层的物质的通量不等于其流出的量时，扩散层内物质的量有变化，浓度随时间和距离而改变，这就是非稳定态的扩散。

在稳定态的扩散中，物质扩散的速率服从菲克第一定律，即单位时间内，物质通过垂直于扩散方向单位截面积的物质的量与该物质的浓度梯度成正比，可用下式表示：

$$J=\frac{dn}{Adt}=-D\frac{\partial c}{\partial x} \tag{4-8}$$

式中，J 为扩散通量，$mol/(m^2\cdot s)$；$\partial c/\partial x$ 为浓度梯度，浓度在扩散方向上随距离的变化率，mol/m^4；D 为扩散系数，m^2/s；A 为扩散流通过的截面面积，m^2。

在稳定态的扩散中，扩散速率不变，扩散场内各参数如浓度分布不随时间变化，$\partial c/\partial x$是常数。式（4-8）可改写成：

$$J=-D\frac{\partial c}{\partial x}=-D\frac{\Delta c}{\Delta x}=-D\frac{c-c^0}{\Delta x} \tag{4-9}$$

式中，c^0、c 为扩散层两端的浓度。

非稳定态扩散的扩散层内物质的扩散通量随距离和时间而改变（$\partial J/\partial x$）。非稳定态的扩散服从菲克第二定律。

菲克第二定律在一维 x 轴方向上可表示为

$$\frac{\partial c}{\partial t}=\left(D\frac{\partial^2 c}{\partial x^2}\right) \tag{4-10}$$

式（4-10）可根据扩散物质的质量平衡关系导出。在微元体（$1\text{m}^2\times\text{d}x$）内物质积累的速率为 $\frac{\partial c}{\partial t}\text{d}x$，而流入和流出此微元体的扩散通量之差为 $J-\left[J+\left(\frac{\partial J}{\partial x}\right)\text{d}x\right]$。两者相等，即

$$J-\left[J+\left(\frac{\partial J}{\partial x}\right)\text{d}x\right]=\frac{\partial c}{\partial t}\text{d}x$$

$$\frac{\partial c}{\partial t}=-\frac{\partial J}{\partial x}$$

将式（4-8）代入上式，当视 D 为常数时，可得

$$\frac{\partial c}{\partial t}=-\frac{\partial}{\partial x}\left(-D\frac{\partial c}{\partial x}\right)=D\frac{\partial^2 c}{\partial x^2}$$

若在 x-y-z 三维空间中，菲克第二定律的表示式为：

$$\frac{\partial c}{\partial t}=D\left(\frac{\partial^2 c}{\partial x^2}+\frac{\partial^2 c}{\partial y^2}+\frac{\partial^2 c}{\partial z^2}\right) \tag{4-11}$$

式（4-10）、式（4-11）是菲克第二定律的微分方程，这是流量连续变化的方程。在选定的初始条件和边界条件下解微分方程，可得出 f（t、x、c）$=0$ 的数学式。如在固体表面的溶液中，扩散溶质的浓度是不随时间变化的，并等于饱和浓度 c^*，扩散只向一个方向进行（x 轴），液相没有对流。类似这种扩散称为半无限介质扩散。对半无限介质扩散解式（4-10）得：

$$\frac{c-c^0}{c^*-c^0}=1-\text{erf}\left(\frac{x}{2\sqrt{Dt}}\right) \tag{4-12}$$

式中，c^* 也称为界面浓度；c^0 为初始浓度；erf 为误差函数符号。

式（4-12）的右边称为补余误差函数，它是 $\frac{x}{\sqrt{Dt}}$ 的函数，可用 $\frac{c-c^0}{c^*-c^0}=f\left(\frac{x}{\sqrt{Dt}}\right)$ 关系的曲线求解，如图4-5所示。

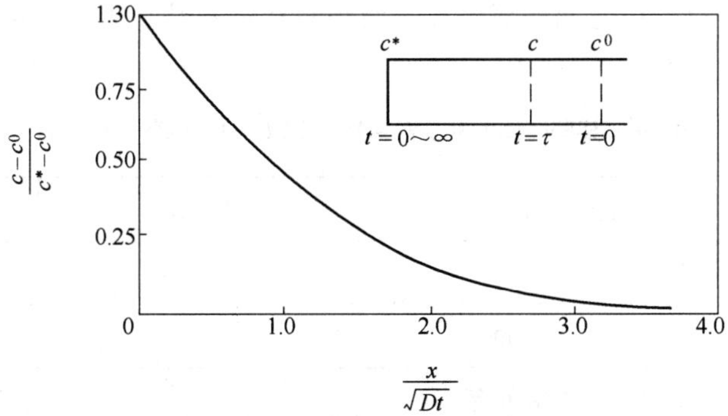

图 4-5 $\frac{c-c^0}{c^*-c^0}=f\left(\frac{x}{\sqrt{Dt}}\right)$ 函数曲线

【例题】 在800℃时用CO-CO_2混合气体对低碳钢（w_C=0.1%）进行渗碳，气相成分为96%CO及4% CO_2时，钢件表面碳的质量分数为1.27%。求渗碳6h后钢件表面下0.3×10^{-2}m处碳的质量分数。已知$D=3\times10^{-11}\mathrm{m^2/s}$。

解： 根据所给数据计算 $\dfrac{x}{\sqrt{Dt}} = \dfrac{0.3\times10^{-2}}{\sqrt{3\times10^{-11}\times6\times3600}} = 0.118$

查图4-5得
$$\frac{c-c^0}{c^*-c^0}=0.90$$

渗碳6h后钢件表面下0.3×10^{-2}m处碳的质量分数为
$$w_C = 0.90\times(1.27\% - 0.1\%) + 0.1\% = 1.153\%$$

4.3.2 扩散系数

扩散系数是计算扩散通量最基本的数据。由式（4-8）知，扩散系数数值上等于浓度梯度为1的扩散通量。不同组元的扩散系数不同，同一个组元在不同的扩散介质中或相状态不同，其扩散系数也不同。

4.3.2.1 气体中的扩散

由气体的特性，在A-B二元气体的体系中，没有对流作用时，气体A在一个方向上的扩散通量必等于气体B在相反方向上的扩散通量。由菲克第一定律，A、B两种气体互扩散通量：

$$J_A = -D_A\frac{\partial c_A}{\partial x} = -D_{AB}\frac{\partial c_A}{\partial x},\ J_B = -D_B\frac{\partial c_B}{\partial x} = -D_{AB}\frac{\partial c_B}{\partial x}$$
$$J_A = -J_B,\ D_A = D_B = D_{AB}$$

式中，D_A、D_B、D_{AB}分别为A、B的扩散系数及互扩散系数。而根据气体分子的动力理论，D_{AB}可由下式得出：

$$D_{AB} = \frac{T^{1.75}\cdot10^{-7}}{(V_A^{1/3}+V_B^{1/3})^2p}\cdot\left(\frac{M_A+M_B}{M_AM_B}\right)^{1/2}$$

即
$$D_{AB} = \frac{K_{AB}}{p}\cdot T^{1.75} \tag{4-13}$$

式中，M_A、M_B为A、B的摩尔质量，kg/mol；V_A、V_B为A、B的摩尔体积，$\mathrm{m^3/mol}$；K_{AB}是与压力及温度无关的常数；p为总压，Pa。

可见，气体的扩散系数与温度成正比，而与总压成反比。表4-6为某些气体的互扩散系数。

表4-6 某些气体的互扩散系数（273K，1.01325×10^5 Pa）

气 体	互扩散系数/$\mathrm{m^2\cdot s^{-1}}$	气 体	互扩散系数/$\mathrm{m^2\cdot s^{-1}}$
H_2-H_2O	7.47×10^{-5}	CO-CO_2	1.39×10^{-5}
H_2-空气	2.19×10^{-5}	CO-N_2	1.44×10^{-5}
H_2O-CO_2	1.38×10^{-5}		

上述气体在其他温度的扩散系数可用下面的公式计算：

$$\frac{D_T}{D_o} = \left(\frac{T}{T_o}\right)^n$$

式中，D_T、D_o 分别为 TK 及 273K 的扩散系数；n=1.5~2 。

4.3.2.2　多孔介质内的扩散

在冶金过程中，经常有气体在多孔介质中扩散的问题，如矿石的还原、焙烧等。当气体在多孔介质中扩散时，扩散主要是通过未被占据的空间（空隙）进行的，扩散系数与孔隙的大小、形状及分布状态有关。由于多孔固体介质空隙的弯曲特性，分子扩散的实际路径也相应地变长。

当孔隙的直径 d 远大于气体分子的平均自由程 $\bar{\lambda}$ 时，即 $\frac{\bar{\lambda}}{d} \leqslant 0.01$ ，扩散的阻力主要来自气体分子间发生撞碰，而分子与孔壁的碰撞则相对较少，这种情况的扩散称为普通分子扩散。但因空隙度 ε 降低了扩散的有效横截面积，空隙的曲折度 τ_p 有降低有效扩散的作用，所以，气体从介质的一个侧面到另一个侧面，总的扩散路径要比不存在介质时的长，于是混合气体A-B通过多孔介质时的扩散系数 D_e 可修正为：

$$D_e = \frac{D_{AB}\varepsilon}{\tau_p} \tag{4-14}$$

式中，D_{AB} 为 A-B 气体内的互扩散系数；ε 为 $\varepsilon<1$ 的正数；τ_p 为 $\tau_p>1$ 的数，与粒度大小、分布和形状有关，由实验来确定，其值一般介于 1.5~10 之间，对于不固结的粒料 τ_p=1.5~2.0，压实的粒料 τ_p=7~8。

当孔隙的直径 d 远小于气体分子的平均自由程 $\bar{\lambda}$，$\frac{\bar{\lambda}}{d} \geqslant 10$ 时，气体的密度又不大，气体分子与孔隙的壁面碰撞几率远大于分子间相互碰撞概率。这种情况下，扩散的阻力主要取决于分子与壁面的碰撞，而气体分子间的碰撞阻力可以忽略不计，这种扩散被称为克努森（knudsen）扩散。其扩散系数为：

$$D_K = 3.07r\sqrt{\frac{T}{M_A}} \tag{4-15}$$

式中，M_A 为扩散气体 A 的摩尔质量，kg/mol；r 为固体物微孔的平均半径，m；T 为热力学温度，K。

如果考虑到气体分子在多孔固体介质中实际扩散截面积的减少和扩散路径的增大，则同样需要对克努森扩散系数进行校正

$$D_{e,K} = \frac{D_K\varepsilon}{\tau_p}$$

式中，$D_{e,K}$ 为有效克努森扩散系数。

4.3.2.3　液体中的扩散

由于对高温熔体结构的认识远不及对固态晶体深入，再者液体中对流的存在及其取样的困难使扩散系数的测量难以实现，所以至今为止，液体中特别是高温熔体中组元的扩散系数数据较少。在估计非电解质溶液，扩散原子（质点）的尺寸比介质质点的尺寸大得多时，可用斯托

克斯-爱因斯坦方程：

$$D_A = \frac{kT}{6\pi r\eta_B} \tag{4-16}$$

式中，D_A 为溶质 A 在稀溶液 A−B 中的扩散系数；k 为玻耳兹曼常数；r 为质点 A 的半径，m；η_B 为溶剂 B 的黏度，Pa · s。

实验表明熔盐的扩散系数与液态金属中的扩散系数接近。熔渣中的扩散系数比液态金属和熔盐的扩散系数都要小。熔渣中的不同组元分别以阳离子（如 Ca^{2+}、Fe^{2+}、Mg^{2+}等）、阴离子（如 O^{2-}、S^{2-}等）或络合阴离子（如 SiO_4^{4-}、AlO_3^{3-}）的形态存在，扩散系数的大小有助于说明组元在炉渣中的存在形态和扩散机理。如不同组元在 $CaO-SiO_2-Al_2O_3$ 炉渣系中的扩散系数是不同的，炉渣中 Ca、Ce、Fe 的扩散系数大，说明这些组元在这种炉渣中可能以尺寸较小的阳离子迁移；而 Al、Si 的扩散系数比其他组元小得多，这是由于 Al、Si 会与氧形成尺寸较大的复合阴离子，从而使它们的移动变得困难。

4.3.3 对流扩散

对流扩散的传质总量是由浓度梯度作为驱动力的分子扩散的传输量和流体对流引起的传质量之和。对于对流扩散，若像扩散传质那样建立过程的微分方程，数学上是比较繁杂的，因此以下从实验的角度提出了传质系数的概念。

冶金过程中的反应多为多相反应，很多反应发生在流体和固体之间或两个不相溶的流体之间。如果流体在固体物表面上流动，流体内的某组分向此固体内扩散或固体物的组分向流体内扩散。设流体内某组分的浓度是 c，而该组分在固体表面的浓度是 c^*。若 $c^*>c$，则组分的传质方向是从固体物传向流体内，其扩散通量 J 将与浓度差（$c^* - c$）成正比，可表示为：

$$J = \beta(c^* - c) \tag{4-17}$$

式中，c^*、c 分别为界面浓度及体系本体浓度，mol/m^3；β 为比例系数，称为传质系数，m/s。传质系数可由以下理论和方法得到。

4.3.3.1 边界层理论

在流体参与的异相传质过程中，工程上经常假定传质的阻力主要存在于反应的界面附近，因此可用传输原理中的边界层理论来讨论。如图 4-6 所示，在相界面分别存在速度边界层和浓度边界层，两条粗实线分别为速度边界层及浓度边界层中的速度分布 u 和浓度分布 c。c^* 为界面处的浓度，c 为浓度边界层外液体本体的浓度，且 $c^*>c$。在浓度边界层中浓度发生急剧变化，边界层厚度 δ' 不存在明显的界限，使得数学处理很不方便。在浓度边界层中，同时存在分子扩散和对流传质，在数学上可以做等效处理，在非常贴近于固体的界面处，浓度分布呈直线。因此在界面处（$x=0$），对浓度分布曲线引一条切线，此线与浓度边界层外流体本体的浓度 c 的延长线相交，通过交点作一个与界面平行的平面，此平面与界面之间的区域叫作有效边界层，用 δ 来表示有效边界

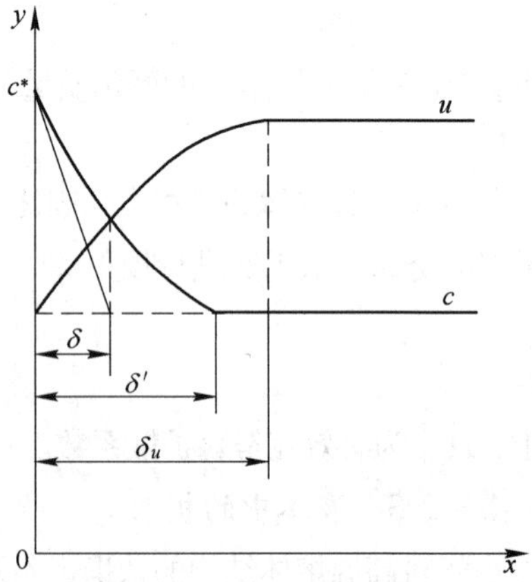

图 4-6 速度边界层、浓度边界层及有效边界层示意图

层的厚度（单位为 m）。在界面处的浓度梯度即为直线的斜率：

$$\left(\frac{\partial c}{\partial x}\right)_{x=0} = \frac{c - c^*}{\delta} \tag{4-18}$$

$$\delta = \frac{c - c^*}{\left(\frac{\partial c}{\partial x}\right)_{x=0}} \tag{4-19}$$

由式（4-19）可知，相界面附近的浓度梯度越大，则边界层的厚度就越薄。提高流体的流速，可使此处的浓度梯度变大，从而降低了边界层的厚度。当流速增大到使此边界层的厚度趋近于零时，扩散阻力就不存在了，此时的流速称为临界流速。因此，保持临界流速的体系内可以不考虑传质阻力的存在。

由于在界面处（$x=0$），流体在 x 方向上流速为零，所以在 x 方向上传质以分子扩散一种方式进行，看作稳态扩散，其扩散通量为：

$$J = -D\left(\frac{\partial c}{\partial x}\right)_{x=0} \tag{4-20}$$

将式（4-18）代入式（4-20）得

$$J = -D\left(\frac{c - c^*}{\delta}\right) = D\left(\frac{c^* - c}{\delta}\right) \tag{4-21}$$

比较式（4-17）与式（4-21）得

$$\beta = \frac{D}{\delta} \tag{4-22}$$

必须说明的是：虽然在有效边界层理论中应用了稳态扩散方程来处理流体界面附近的传质问题，但有效边界层内仍有流体的流动，因此，有效边界层内传质不是单纯的分子扩散一种方式。有效边界层实质上是将边界层中的对流传质和分子扩散等效地处理为厚度为 δ 的边界层中的分子扩散。有效边界层的厚度约为浓度边界层（即扩散边界层）厚度 δ' 的 2/3，即 $\delta=0.667\delta'$。

对于固体溶解于液体的过程，界面处液体的浓度 c^*，总保持固体在该液体中的饱和浓度；高温下的界面化学反应的速率往往远比传质的速率快，因此常把化学反应当作达到平衡的反应看待，而 c^* 保持热力学平衡浓度。因此，在一定的高温下，c^* 可看作常量，用 $c_{平}$ 表示。于是：

$$J = \frac{1}{A}\frac{\partial n}{\partial t} = -D\frac{\partial c}{\partial x} \quad 或 \quad \frac{1}{A}\frac{d(Vc)}{dt} = -D\frac{\partial c}{\partial x}$$

$$\frac{dc}{dt} = -\frac{DA}{V}\cdot\frac{\partial c}{\partial x} = -\frac{DA}{V}\cdot\frac{c - c_{平}}{\delta} = -\beta\cdot\frac{A}{V}\cdot(c - c_{平}) \tag{4-23}$$

式中，A 为相界接触面面积，m^2；V 为流体的体积，m^3；D 是扩散系数，m^2/s；其余同前。

$$\frac{dc}{c - c_{平}} = -\beta\cdot\frac{A}{V}\cdot dt$$

在时间 $0\sim t$ 及相应的浓度 $c^0\sim c$ 内积分上式，得：

$$\lg\frac{c - c_{平}}{c^0 - c_{平}} = -\frac{\beta}{2.3}\cdot\frac{A}{V}\cdot t \tag{4-24}$$

式中，c^0 为初始浓度，mol/m^3。

式（4-24）表示了扩散过程中浓度与时间的关系。如由实验测得各时间的浓度，以 $\lg\frac{c-c_{平}}{c^0-c_{平}}$ 对 t 作图，直线的斜率为 $-\frac{\beta}{2.3}\cdot\frac{A}{V}$，由此可求出传质系数或边界层的厚度。在紊流的流体中，δ 一般为 $1\times10^{-4}\sim1\times10^{-5}$m，随着流体搅拌强度的变化，$\beta$ 值波动在 $1\times10^{-4}\sim1\times10^{-3}$m/s之间，对于紊流的气体，$\beta=0.01\sim0.1$m/s。

【例题】 使用如图 4-7 所示的旋转石墨坩埚内的高炉渣（$w_{CaO}=39.0\%$，$w_{SiO_2}=40.0\%$，$w_{Al_2O_3}=12.6\%$，$w_{MgO}=8.4\%$）对含硫（$w_{[S]}=0.8\%$）的铁水做脱硫实验。坩埚的转速为 100rad/min，实验温度（1500±10）℃。脱硫过程中测得各时间铁水的含硫量见表 4-7。渣-铁界面硫的 $w_{[S](平)}=0.013\%$。铁水中硫的扩散系数 $D_s=3.9\times10^{-9}m^2/s$。坩埚内熔池深度 $L=0.0234$m。在这些条件下脱硫反应的速率是受铁水中硫的扩散所限制。试求硫在铁水中的传质系数及浓度边界层的厚度。

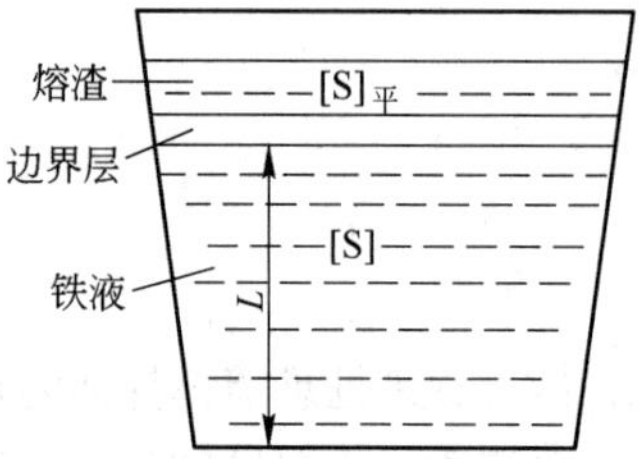

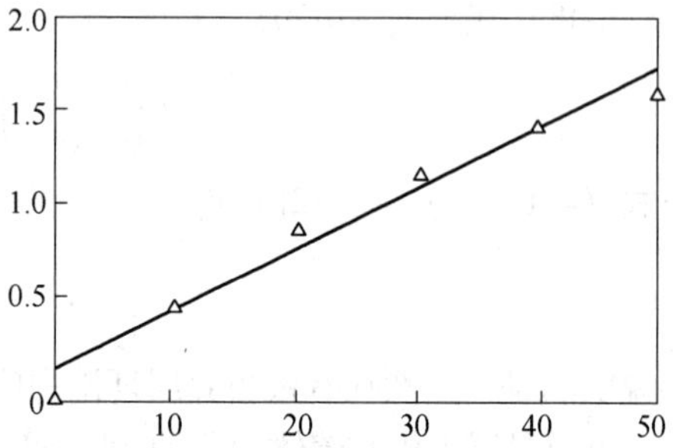

图 4-7　石墨坩埚内铁水的边界层及求 β 的图形

表 4-7　各时间铁水的含硫量

时间/min	0	10	20	30	40	50
$w_{[S]}$/%	0.80	0.263	0.113	0.065	0.044	0.033

解：利用式（4-24），可由作图法求出 β。采用质量分数计算时，可得：

$$\lg\frac{w^0_{[S]}-w_{[S]平}}{w_{[S]}-w_{[S]平}}=\frac{\beta}{2.3}\cdot\frac{A}{V}\cdot t=\frac{\beta}{2.3L}\cdot t$$

式中，$w^0_{[S]}$、$w_{[S]}$、$w_{[S]平}$分别为铁水最初时、时间 t 时硫的质量分数以及渣-铁界面硫的平衡时的质量分数；L 为坩埚内熔池的深度，等于渣-铁界面积对熔池体积之比的倒数，即 $A/V=1/L$。

将各时间测得的铁水的硫的质量分数代入上式左边计算，计算值见表 4-8。

表 4-8　计　算　值

时间/min	0	10	20	30	40	50
$w_{[S]}$/%	0.8	0.263	0.113	0.065	0.044	0.033

续表 4-8

时间/min	0	10	20	30	40	50
$\frac{w^0_{[S]}-w_{[S]平}}{w_{[S]}-w_{[S]平}}$	1	3.15	7.87	15.1	25.39	39.35
$\lg\frac{w^0_{[S]}-w_{[S]平}}{w_{[S]}-w_{[S]平}}$	0	0.498	0.896	1.179	1.405	1.595

以 $\lg\dfrac{w^0_{[S]}-w_{[S]平}}{w_{[S]}-w_{[S]平}}$ 对 t 作图，如图 4-7 所示。直线斜率 $=(1/(2.3\times0.0234))\times\beta=0.0314$

故
$$\beta=2.3\times0.0234\times0.0314=1.69\times10^{-3}\text{m/min}$$
$$\delta=\frac{D}{\beta}=\frac{3.9\times10^{-9}\times60}{1.69\times10^{-3}}=1.31\times10^{-4}\text{m}$$

4.3.3.2 渗透理论和表面更新理论

黑碧（R. Higbie）在研究流体间传质过程中提出了溶质渗透理论模型。该理论认为，流体可看作由许多微元体组成，相间的传质是由流体中的微元体来完成的。如图 4-8 所示，设流体Ⅱ微元体内组分 A 的浓度为 $c_{\text{Ⅱ}}$，由于对流作用，某微元体被带到界面上与另一流体（流体Ⅰ）相接触，若流体Ⅰ中的浓度大于流体Ⅱ中组分 A 的浓度，即 $c_{\text{Ⅰ}}>c_{\text{Ⅱ}}$，则微元体在界面上停留时，组分 A 从流体Ⅰ向流体Ⅱ微元体中迁移。微元体在界面停留的时间很短（约 0.01~0.1s），微元体停留的时间称为微元体的寿命，用 t_e 表示。经 t_e 后，微元体又进入流体Ⅱ，这时微元体内组分 A 的浓度增加到 $c_{\text{Ⅱ}}+\Delta c$。由于微元体在界面停留的时间很短，组分透入微元体中的深度远小于微元体的厚度，这一传质过程可看作非稳态的一维半无限体扩散过程。

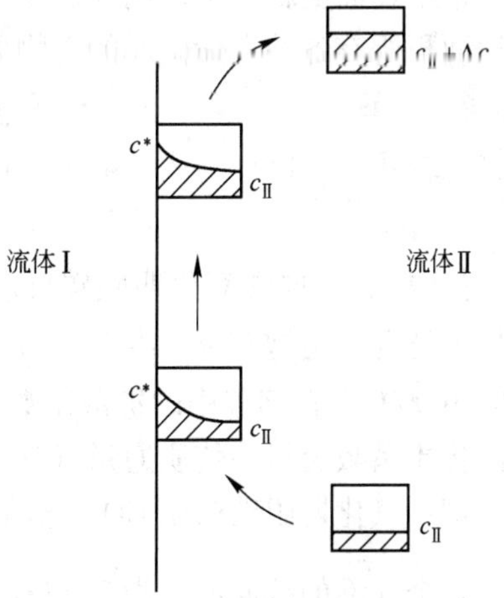

图 4-8 流体微元流动及传质过程示意图

由半无限体扩散的初始条件和边界条件：

$$t=0,\ x\geqslant0,\ c=c_{\text{Ⅱ}}$$
$$0<t\leqslant t_e,\ x=0,\ c=c^*;\ x=\infty,\ c=c_{\text{Ⅱ}}$$

式中，c^* 为界面浓度。

解菲克第二定律得：

$$\frac{c-c_{\text{Ⅱ}}}{c^*-c_{\text{Ⅱ}}}=1-\text{erf}\left(\frac{x}{2\sqrt{Dt_e}}\right) \tag{4-25}$$

$$c=c^*-(c^*-c_{\text{Ⅱ}})\text{erf}\left(\frac{x}{2\sqrt{Dt_e}}\right) \tag{4-26}$$

在 $x=0$ 处（即界面上），组元的扩散通量：

$$J = -D\left(\frac{\partial c}{\partial x}\right)_{x=0} = D(c^* - c_{\text{II}})\left[\frac{\partial}{\partial x}\left(\text{erf}\frac{x}{2\sqrt{Dt}}\right)\right]_{x=0}$$

$$= D(c^* - c_{\text{II}})\frac{1}{\sqrt{\pi Dt}} = \sqrt{\frac{D}{\pi t}}(c^* - c_{\text{II}}) \tag{4-27}$$

在寿命 t_e 内的平均扩散流通量：

$$\bar{J} = \frac{1}{t_e}\int_0^{t_e}\sqrt{\frac{D}{\pi t}}(c^* - c_{\text{II}})\mathrm{d}t = 2\sqrt{\frac{D}{\pi t_e}}(c^* - c_{\text{II}}) \tag{4-28}$$

比较式（4-17）与式（4-28）得到溶质渗透理论的传质系数公式：

$$\beta = 2\sqrt{\frac{D}{\pi t_e}} \tag{4-29}$$

值得提出的是黑碧理论认为，微元体在界面上的传质是非稳态的，微元体在相界面上的停留时间 t_e是定值，即代表的是平均寿命。实际上 t_e 不是固定不变的，而是在 $0\sim\infty$ 之间分布，服从统计分布规律，据此提出的理论称为表面更新理论。

依据表面更新理论，用 S 表示单位时间内更新的表面占全部表面的分数，对于构成全部表面积所有各种寿命微元的总物质流通量为：

$$J = \sqrt{DS}(c^* - c_{\text{II}}) \tag{4-30}$$

比较式（4-17）与式（4-30）可知，传质系数为：

$$\beta = \sqrt{DS} \tag{4-31}$$

【例题】 电炉氧化期脱碳反应产生 CO 气泡。钢液中 $w_{[O]} = 0.05\%$，熔体表面和炉气接触处含氧达饱和 $w_{[O]} = 0.16\%$，每秒每 10cm^2表面溢出一个气泡，气泡直径为 4cm。已知 1600℃氧在钢液中的扩散系数为 $1\times10^{-8}\text{m}^2/\text{s}$，钢液密度为 $7.1\times10^3\text{kg/m}^3$。求钢液中氧的传质系数及氧的传质通量（速率）。

解： 氧化期脱碳产生 CO 气泡的反应为 $[\text{C}] + [\text{O}] = \text{CO}$

每个气泡的截面面积为 $3.14\times\left(\frac{4}{2}\right)^2 = 12.5\text{cm}^2$，表面更新的分数为 $12.5/10 = 1.25\text{s}^{-1}$

由表面更新理论可知，传质系数为 $\beta = \sqrt{DS} = \sqrt{10^{-8}\times1.25} = 1.12\times10^{-4}\text{m/s}$

氧的传质通量：$J = \beta(c^* - c_{\text{II}}) = 1.12\times10^{-4}\times\left(\frac{0.16\% - 0.05\%}{16\times10^{-3}}\right)\times7.1\times10^3$

$$= 5.48\times10^{-2}\text{mol/(m}^2\cdot\text{s)}$$

4.3.3.3 量纲分析法

实际的对流传质是一个非常复杂的过程，对于较为简单的可以对某一微元进行分析，写出描述过程的微分方程，并给出相应的初始条件和边界条件，求解变量之间的关系。有些传质过程非常复杂，影响因素很多，难以建立微分方程，或即使建立了微分方程，求解也很烦琐。对这类问题，可以采用量纲分析法进行处理。

传质系数的量纲分析法，是利用低温模型实验得出的无量纲准数来计算传质系数。

由于传质系数与流体的物性（速度 u，黏度 η 或 ν（运动黏度 $\nu = \eta/\rho$），扩散系数 D），相界面几何参数（固相物用特性尺寸 L 表示，它等于同体积的球形的直径）等因素有关，故可用下列函数式表示：

$$\beta = f(u、D、\nu、\rho、L)$$

这个函数关系可通过量纲分析法建立数学方程。

所谓量纲分析法是把与某一物理量有关的因素组成几个无量纲准数，而这些准数之间的关系可用它们的指数乘积式表示，通过模型实验确定式中各准数的指数及常数。为求传质系数，将其有关的因素组成如下的无量纲准数：

（1）雷诺数（Reynolds number）。雷诺数是表征流体运动特征的准数。

$$Re = \frac{uL}{\nu}$$

（2）舍伍德数（Sherwood number）。舍伍德数是表征传质特性的准数。

$$Sh = \frac{\beta L}{D}$$

（3）施密特数（Schmidt number）。施密特数是表征流体物理化学性质的准数。

$$Sc = \frac{\nu}{D}$$

按照上述原理，这 3 个准数之间可写成下列指数函数关系：

$$Sh = KRe^{a}Sc^{b}$$

式中，K、a、b 常数由模型实验确定。

实验研究得出下列求传质系数的公式：

强制对流流体流过球形物体表面时：$Sh = 2 + 0.6Re^{\frac{1}{2}}Sc^{\frac{1}{3}}$ （4-32）

强制对流流体流过平板表面时： $Sh = 0.664Re^{\frac{1}{2}}Sc^{\frac{1}{3}}$ （4-33）

而 $\beta = (D/L) \cdot Sh$

【例题】 在直径为 7.7×10^{-2}m 的炉管中装有一层直径为 1.27×10^{-2}m 的氧化铁球团，在 1089K 及 1.01325×10^{5}Pa 下通入流量为 8.9L/min 的 CO 气体进行还原，假定球团表面气体的成分为 95%CO+5%CO_2（摩尔分数）。CO_2 和 CO 的黏度在 1089K 分别为 4.4×10^{-5} Pa·s 及 4.2×10^{-5}Pa·s；CO 的扩散系数 $D_{CO} = 1.44\times10^{-4}\text{m}^2/\text{s}$。试求 CO 的传质系数。

解： 由 $\beta = (D/L) \cdot Sh$ 可求出 CO 的传质系数。由式（4-32），先计算 Re 和 Sc 准数，其中 η 和 ρ 由气体的平均成分计算。

$$\eta = x_{CO}\eta_{CO} + x_{CO_2}\eta_{CO_2} = 0.95 \times 4.2 \times 10^{-5} + 0.05 \times 4.4 \times 10^{-5} = 4.21 \times 10^{-5}\text{Pa} \cdot \text{s}$$

$$\rho = \frac{M}{V} = \frac{Mp'}{RT} = M_{CO+CO_2} \cdot \frac{p'}{RT} = (0.95 \times 28 + 0.05 \times 44) \times 10^{-3} \times \frac{1.01325 \times 10^{5}}{8.314 \times 1089} = 0.32\text{kg/m}^3$$

$$u = \frac{(8.9 \times 10^{-3}/60) \times (1089/273)}{3.14 \times (3.85 \times 10^{-2})^2} = 0.127\text{m/s}$$

故

$$Re = \frac{du\rho}{\eta} = \frac{1.27 \times 10^{-2} \times 0.127 \times 0.32}{4.21 \times 10^{-5}} = 12.26$$

$$Sc = \frac{\eta}{\rho D} = \frac{4.21 \times 10^{-5}}{0.32 \times 1.44 \times 10^{-4}} = 0.91$$

又

$$Sh = 2.0 + 0.6Re^{1/2}Sc^{1/3} = 2.0 + 0.6 \times 12.26^{1/2}0.91^{1/3} = 4.04$$

$$\beta = \frac{Sh \cdot D}{d} = \frac{4.04 \times 1.44 \times 10^{-4}}{1.27 \times 10^{-2}} = 4.58 \times 10^{-2}\text{m/s}$$

4.4　冶金多相反应动力学

4.4.1　限制性环节与稳态或准稳态原理

4.4.1.1　反应的阻力及限制性环节

冶金多相反应的动力学过程往往是多组分参加、由多个反应步骤完成，每一步骤都有一定的阻力。对于传质步骤，传质系数的倒数（$1/\beta$）相当于这一步骤的阻力。对于界面化学反应步骤，反应速率常数的倒数（$1/k$）相当于化学反应步骤的阻力。对于任意一个复杂反应过程，若是由前后相接的步骤串联组成的串联反应，则总阻力等于各步骤阻力之和。若任意一个复杂反应包括两个或多个平行的途径组成的步骤，则这一步骤阻力等于两个或多个平行反应阻力之和。总阻力的计算与电路中总电阻的计算十分相似，串联反应相当于电阻串联，并联反应相当于电阻并联。

在多相串联反应中，反应总速率取决于各个环节中最慢的环节，这一环节称为限制性环节。研究动力学问题，导出动力学方程，首先必须找出反应的限制性环节。在平行反应中，若某一途径的阻力比其他途径小得多，反应将优先以这一途径进行。在串联反应中，如某一步骤的阻力比其他步骤的阻力大得多，则整个反应的速率就基本上由这一步骤决定，称这一步骤为速率控制步骤（速控步）。

例如，物质A由相内部扩散到相界面处，并在界面上发生化学反应。假定界面上的化学反应为一级反应。则物质A由相内部扩散到相界面处的扩散速率为：$J = \beta(c_A - c_A^*)$；界面上化学反应的速率：$v = kc_A^*$；总阻力为 $\frac{1}{k_总} = \frac{1}{k} + \frac{1}{\beta}$，即反应的总阻力等于界面反应阻力和传质阻力之和。

当 $\beta \ll k \left(\frac{1}{k} \ll \frac{1}{\beta}\right)$ 时，即界面化学反应的阻力可忽略，过程为传质所控制，传质为限制环节。

当 $\beta \gg k \left(\frac{1}{k} \gg \frac{1}{\beta}\right)$ 时，即传质阻力可忽略，过程的总速率由界面化学反应速率所决定，界面化学反应为限制环节。

β 与 k 相差不大时，综合控制，总阻力为 $\frac{1}{k_总} = \frac{1}{k} + \frac{1}{\beta}$。

对于复杂反应，通过分析、计算和实验找出限制环节，近似地将限制环节的阻力等于反应的总阻力。由反应过程总的推动力与限制性环节阻力之比可近似地得出反应的速率。这相当于忽略了其他进行较快步骤的较小阻力。这些被忽略了阻力的步骤被近似地认为达到平衡，相对于真正的热力学平衡这是一种局部平衡。作为近似处理，对于达到局部平衡的化学反应步骤，可以用通常的热力学平衡常数计算各物质浓度之间的关系，且 $c^* = c_平$；对于传质步骤，达到局部平衡时，边界层和体相内具有均匀的浓度，即 $c^* = c$。

限制环节的确定可用下列方法：

（1）活化能法。该方法是基于温度对多相反应速率的影响来预测的。

$$v = A\mathrm{e}^{-Q/RT} \tag{4-34}$$

式中，A 为指数前系数，与温度无关；Q 为界面反应或扩散的活化能；v 为总反应的速率。

如以测定的 $\ln v$ 对 $1/T$ 作图，由直线的斜率（$-Q/R$）求得的活化能就是限制环节的活化能。如果直线在某温度发生转折，说明该反应的限制环节通过该温度后有改变。

对于有固体产物层的致密颗粒与气体的反应，活化能为 42～420kJ/mol 时化学反应是限制环节；活化能为 4.2～21kJ/mol 时扩散是限制环节。液相内组分扩散活化能不大于 150kJ/mol，铁液中组分的扩散活化能为 17～85kJ/mol，熔渣中组分的扩散活化能为 170～180kJ/mol。

（2）浓度差法。当界面反应速率很快，同时有几个扩散环节存在时，其中相内与界面浓度差较大者为限制性环节；若各环节的浓度差相差不大，则同时对过程起作用。如果在界面附近不出现浓度差或浓度差极小，则说明过程处于界面化学反应控制之中。

（3）搅拌法。如果温度对反应速率影响不大，而增加搅拌强度，则使反应速率迅速增大，这就说明扩散传质是限制环节。如 $CaO-SiO_2-MgO-Al_2O_3$ 渣中的 MnO 被铁水中硅还原的反应：

$$2(\mathrm{MnO}) + [\mathrm{Si}] = 2[\mathrm{Mn}] + (\mathrm{SiO_2})$$

该反应的步骤为（MnO）和［Si］向渣-钢界面扩散，在界面处发生化学反应，还原出来的［Mn］离开界面向铁液中扩散，（SiO_2）离开界面进入渣相。通过试验知，搅拌可以显著地增加反应的速率。试验指出，温度对反应速率影响较小，反应的活化能为 29.3kJ/mol。所以认为反应是［Mn］或［Si］的扩散控制。同时增加渣量不能提高反应的速率，增加铁量，则能明显提高反应的速率，进一步证实了上述结论是正确的。且［Mn］的扩散是反应的限制环节。

4.4.1.2 稳态或准稳态原理

对不存在或找不出唯一的限制性环节的反应过程，常用稳态或准稳态原理来处理。稳态或准稳态原理是动力学研究的重要方法，用于复杂的串联反应动力学分析，可以使复杂的串联反应在数学上的处理变得简单。以下以包括两个基元反应步骤的串联反应为例来说明。

$$\mathrm{A} \xrightarrow[v_1]{k_1} \mathrm{B} \xrightarrow[v_2]{k_2} \mathrm{C}$$

$$\frac{\mathrm{d}c_\mathrm{B}}{\mathrm{d}t} = k_1 c_\mathrm{A} - k_2 c_\mathrm{B} \tag{4-35}$$

反应开始时，式（4-35）右边的第一项为 $k_1 c_\mathrm{A}^0$（c_A^0 为 A 的初始浓度），第二项为零。随着反应的进行，第一项逐渐减小，第二项逐渐增大，到某一时刻两项相等，即

$$\frac{\mathrm{d}c_\mathrm{B}}{\mathrm{d}t} = k_1 c_\mathrm{A} - k_2 c_\mathrm{B} = 0 \tag{4-36}$$

假定此时生成和消耗 B 的速率完全相等，B 的浓度恒定，$\frac{\mathrm{d}c_\mathrm{B}}{\mathrm{d}t}$ 保持为零，则认为反应达到了稳态（steady state）。即反应经历一段时间后，其各步骤的速率经相互调整，达到

速率相等，此时反应的中间产物及反应体系不同位置上的浓度相对稳定，称这种状态为反应达到了稳态。

随着反应时间的延长，c_B 随时间 t 的变化很小，故

$$\frac{dc_B}{dt} = k_1c_A - k_2c_B \approx 0 \tag{4-37}$$

这时反应便达到了准稳态（quasi-steady state）。

不管反应达到了稳态或准稳态，我们都可以用 $k_1c_A - k_2c_B = 0$ 这一代数方程来代替式（4-35）所表达的微分方程，从而简化数学运算。我们把这种方法称为稳态或准稳态法，也称为伯登斯坦（Bodenstein）稳态近似原理。

下面我们利用这一原理来处理串联反应 $A \xrightarrow[v_1]{k_1} B \xrightarrow[v_2]{k_2} C$。

A 的微分速率方程和积分速率方程分别为：

$$\frac{dc_A}{dt} = k_1c_A,\ c_A = c_A^0 e^{-k_1t} \tag{4-38}$$

中间产物 B 的微分速率方程为式（4-35），利用稳态原理得式（4-36）。由式（4-36）和式（4-38）可得到：

$$c_B = \frac{k_1}{k_2}c_A = \frac{k_1}{k_2}c_A^0 e^{-k_1t} \tag{4-39}$$

因此，产物 C 的速率方程可以表示为：

$$\frac{dc_C}{dt} = k_2c_B = k_2\frac{k_1}{k_2}c_A^0 e^{-k_1t} = k_1c_A^0 e^{-k_1t} \tag{4-40}$$

积分得：

$$c_C = c_A^0(1 - e^{-k_1t}) \tag{4-41}$$

需要说明的是，只有当中间产物的浓度变化率远小于反应物或最终产物的浓度变化率时，应用稳态法或准稳态法处理串联反应的结果才是比较精确的。如果中间产物的浓度变化率较大，则不适宜用稳态法或准稳态法进行处理。

在稳态或准稳态处理方法中，各步骤的阻力都不能忽略。串联反应中总的阻力等于各步骤阻力之和。总反应的速率等于达稳态或准稳态时各步骤的速率。

4.4.2 气-固反应的动力学

冶金过程中许多反应是属于气/固反应。如铁矿石的还原、碳酸钙和氧化物的分解、硫化矿的焙烧等。在气/固反应的动力学研究中，人们建立了多种模型。其中气体与致密固体反应物间的未反应核模型是最主要的动力学模型，它获得了广泛的应用。

如图 4-9 所示，以反应 $3CO(g) + Fe_2O_3(s) = 3CO_2(g) + 2Fe(s)$ 为例，假设固体产物层是多孔的，则界面化学反应发生在多孔固体产物层和未反应的固体反应核之间。随着反应的进行，未反应的固体反应核逐渐缩小。由此建立起来的预测气/固反应速率的模型称为未反应核模型。

气/固反应的类型有以下四类：

$$aA(g) + bB(s) = gG(g) + cC(s) \tag{I}$$

如铁矿石被 CO 或 H_2 的还原反应属于此类。

当无气体产物生成时，反应式为：

$$aA(g) + bB(s) = cC(s) \tag{Ⅱ}$$

当无固相生成时（如燃烧反应），反应式为：

$$aA(g) + bB(s) = gG(g) \tag{Ⅲ}$$

当无气体反应物时（如碳酸盐分解），反应式为：

$$bB(s) = gG(g) + cC(s) \tag{Ⅳ}$$

下面讨论类型（Ⅰ）的情况，其余反应的机理可在此基础上简化分析得到。

设反应类型（Ⅰ）中固相 B 为致密的，则气/固相的反应过程由下列步骤组成：

（1）气体反应物 A 通过气相扩散边界层到达固体物表面，称为外扩散；

（2）气体反应物 A 通过多孔的还原产物层 C，扩散到化学反应的界面，称为内扩散；

（3）气体反应物 A 与固体物 B 的界面反应，这一步骤称为界面化学反应；

（4）气体产物 G 通过多孔的固相产物层 C 扩散到多孔产物层的表面；

（5）气体产物 G 通过气相扩散边界层扩散到气相内。

若步骤（2）和步骤（3）混合控制时，依据准稳态原理建立速率方程的过程介绍如下。

如图 4-10 所示，设原始固体反应物 B 为球形颗粒，其半径为 r_0；反应进行到 t 时刻时，未反应核半径为 r；反应前后颗粒半径不变，界面反应为一级可逆反应；气体 A 在固体产物层 C 中的扩散系数为 D_e；气体 A 在气相中的浓度为 c_0，反应界面浓度为 c；反应气体的平衡浓度为 $c_平$。

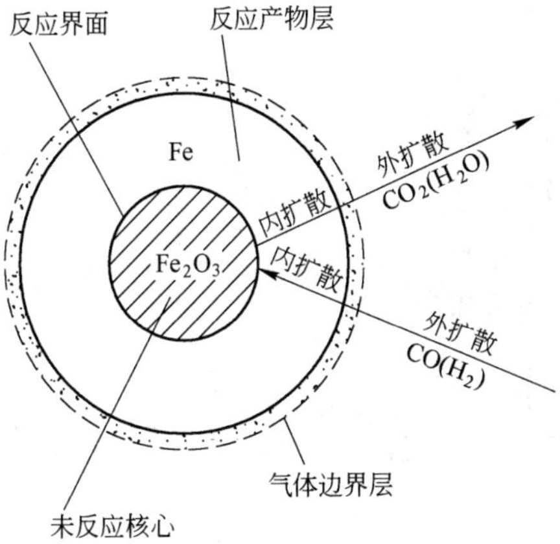

图 4-9 未反应核模型示意图

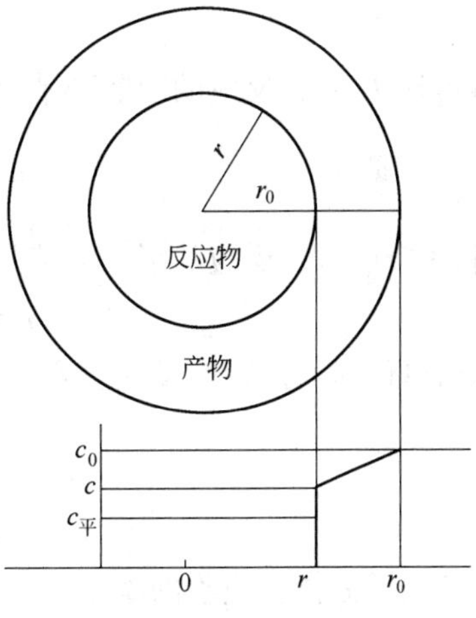

图 4-10 矿球反应组成环节的浓度分布

两环节的速率：

（1）产物层内扩散的速率：

$$J = -D_e A \frac{dc}{dr} = -4\pi r^2 D_e \frac{dc}{dr}$$

式中，D_e 为产物层内气体的有效扩散系数；A 为反应物层半径为 r 的表面积，$4\pi r^2$；J 为通过固相产物层的气体的扩散量，mol/s。

在 c 和 r 的相应界限 $c_0\sim c$ 及 $r_0\sim r$ 内积分上式，得

$$-\int_{c_0}^{c}\mathrm{d}c=\frac{J}{4\pi D_e}\int_{r_0}^{r}\frac{\mathrm{d}r}{r^2}$$

得

$$c_0-c=\frac{J}{4\pi D_e}\cdot\frac{r-r_0}{r_0 r}$$

为了保证 J 为正值，则

$$J=4\pi D_e\frac{r_0 r}{r_0-r}(c_0-c) \tag{4-42}$$

（2）界面化学反应速率：对于一级可逆反应，由式（4-6）得

$$v=4\pi r^2 k(c-c_{平}) \tag{4-43}$$

由准稳态原理，$v=J$，即

$$4\pi r^2 k(c-c_{平})=4\pi D_e\left(\frac{r_0 r}{r_0-r}\right)(c_0-c)$$

简化上式，解出界面浓度 c，得

$$c=\frac{D_e r_0 c_0+kc_{平}(r_0 r-r^2)}{D_e r_0+k(r_0 r-r^2)} \tag{4-44}$$

将式（4-44）代入式（4-43），得

$$v=4\pi r^2\cdot\frac{kD_e r_0(c_0-c_{平})}{D_e r_0+k(r_0 r-r^2)}$$

或

$$v=\frac{4\pi r^2 r_0(c_0-c_{平})}{r_0/k+(r_0 r-r^2)/D_e} \tag{4-45}$$

当 $k\gg D_e$ 时，反应的限制环节是内扩散

$$v=\frac{4\pi r r_0 D_e(c_0-c_{平})}{r_0-r} \tag{4-46}$$

当 $k\ll D_e$ 时，反应的限制环节是界面化学反应

$$v=4\pi r^2 k(c_0-c_{平}) \tag{4-47}$$

若用单位时间内固体反应物物质的量的减少表示速率，即

$$v=-\frac{\mathrm{d}n}{\mathrm{d}t}=-\frac{\mathrm{d}\left(\frac{4}{3}\pi r^3\rho/M\right)}{\mathrm{d}t}=-\frac{4\pi r^2\rho}{M}\frac{\mathrm{d}r}{\mathrm{d}t} \tag{4-48}$$

式中，M 表示固体反应物的摩尔质量。

将式（4-48）代入式（4-45）得

$$-\frac{4\pi r^2\rho}{M}\frac{\mathrm{d}r}{\mathrm{d}t}=\frac{4\pi r^2 r_0(c_0-c_{平})}{\frac{r_0}{k}-\frac{rr_0-r^2}{D_e}}$$

在 $0\sim t$，$r_0\sim r$ 内积分后得

$$t=\frac{\rho}{Mr_0(c_0-c_{平})}\left[\frac{r_0^3-3r_0r^2+2r^3}{6D_e}-\frac{1}{k}(r_0 r-r_0^2)\right] \tag{4-49}$$

当 $k \gg D_e$，即反应的限制环节的内扩散时，得到：

$$t = \frac{\rho}{6D_e M r_0 (c_0 - c_{平})}(r_0^3 - 3r_0 r^2 + 2r^3) \tag{4-50}$$

当 $k \ll D_e$，即反应的限制环节是界面化学反应时，得到：

$$r = \frac{\rho}{kM(c_0 - c_{平})}(r - r_0) \tag{4-51}$$

式（4-49）中球矿半径 r 表示速率的积分式。实际中，球矿半径 r 很难准确地测定。相对来说，用减重法测定固体反应物的反应度 R 比较容易，故一般用反应度 R 表示速率：

$$R = \frac{已反应质量}{原始质量} = \frac{W_0 - W}{W_0} = \frac{\frac{4}{3}\pi r_0^3 \rho - \frac{4}{3}\pi r^3 \rho}{\frac{4}{3}\pi r_0^3 \rho}，则 R = 1 - \frac{r^3}{r_0^3}$$

$$r = r_0 (1 - R)^{1/3} \tag{4-52}$$

将式（4-52）代入式（4-49），简化得

$$t = \frac{\rho r_0^2}{M(c_0 - c_{平})}\left\{\frac{1}{6D_e}[3 - 2R - 3(1 - R)^{\frac{2}{3}}] + \frac{1}{kr_0}[1 - (1 - R)^{\frac{1}{3}}]\right\} \tag{4-53}$$

当 $k \gg D_e$，即反应的限制环节是内扩散时，得到：

$$t = \frac{\rho r_0^2}{6D_e M(c_0 - c_{平})}[3 - 2R - 3(1 - R)^{\frac{2}{3}}] \tag{4-54}$$

此时，反应时间 t 与 $[3 - 2R - 3(1 - R)^{\frac{2}{3}}]$ 成线性关系。当固体反应物完全反应时，$R=1$，$t_{完} = \frac{\rho r_0^2}{6MD_e(c_0 - c_{平})}$，即固体反应物完全反应的时间与固体原始半径的平方 r_0^2 成正比。

当 $k \ll D_e$，即反应的限制环节是界面化学反应时，得到：

$$t = \frac{\rho r_0}{kM(c_0 - c_{平})}[1 - (1 - R)^{\frac{1}{3}}] \tag{4-55}$$

此时，反应时间 t 与 $[1 - (1 - R)^{\frac{1}{3}}]$ 成线性关系。当固体反应物完全反应时，$R=1$，$t_{完} = \frac{\rho r_0}{kM(c_0 - c_{平})}$，即固体反应物完全反应的时间与固体原始半径 r_0 成正比。

由未反应核模型导出的公式严格说不适用于多孔隙的矿球。因为在多孔隙的矿球内，反应气体可向矿球深处扩散，反应同时在各孔隙表面区进行，它不具有如前者那种比较简单的几何形状及在一定区域上发生反应的界面，而常集中在透气性很大的区域而出现不均匀的“冲刷”状。另外，矿石的孔隙在反应过程中不断变化，需要建立许多假设条件，反应动力学公式的导出十分复杂，在这里不作介绍。

冶金气/固反应的速率广泛地用热重分析（TGA）实验方法测定。现代的热重分析仪可以在不同温度下连续测量样品的质量，可以连续记录、存储样品质量的数据，以图形或数据文件形式输出结果。可以应用已知的动力学模型来拟合实验数据，帮助进行机理分析。

4.4.3 液（气）-液反应的动力学

如图 4-11 所示，Ⅰ、Ⅱ两相是不相混合的两液相，Ⅰ相中溶解的某反应物的浓度为 c_{I}，扩散到相界面时，其浓度下降为 c_{I}^*，在此通过化学反应（假设反应为一级可逆反应 $c_{\mathrm{I}}^* \underset{k_-}{\overset{k_+}{\rightleftharpoons}} c_{\mathrm{II}}^*$）转变成界面浓度为 c_{II}^* 的产物，然后再向Ⅱ相内扩散，其浓度下降到Ⅱ相的体相浓度 c_{II}，整个过程由此 3 个环节组成。两液相的浓度边界层的厚度分别为 δ_{I} 及 δ_{II}。

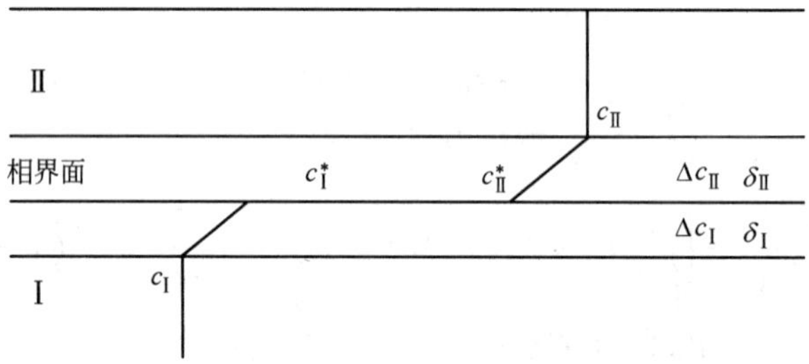

图 4-11 两液相界面附近浓度的分布

3 个环节的速率式如下：

反应物向相界面扩散：
$$J_{\mathrm{I}} = \frac{1}{A}\frac{\mathrm{d}n}{\mathrm{d}t} = \beta_{\mathrm{I}}(c_{\mathrm{I}} - c_{\mathrm{I}}^*) \tag{4-56}$$

界面化学反应：
$$v = \frac{1}{A}\frac{\mathrm{d}n}{\mathrm{d}t} = k_+(c_{\mathrm{I}}^* - c_{\mathrm{II}}^*/K) \tag{4-57}$$

产物离开相界面扩散：
$$J_{\mathrm{II}} = \frac{1}{A}\frac{\mathrm{d}n}{\mathrm{d}t} = \beta_{\mathrm{II}}(c_{\mathrm{II}}^* - c_{\mathrm{II}}) \tag{4-58}$$

式中，β_{I}、β_{II} 分别为Ⅰ相及Ⅱ相内组分的传质系数；k_+ 为正反应的速率常数；K 为化学反应的平衡常数；A 是相界面面积。

当反应过程处于准稳态时，$J_{\mathrm{I}} = v = J_{\mathrm{II}}$，可从此关系消去难测定的界面浓度 c_{I}^*、c_{II}^*，整理得出总反应的速率式。为此将式（4-56）~式（4-58）变化如下：

由式（4-56）得
$$\frac{1}{\beta_{\mathrm{I}}}\frac{1}{A}\frac{\mathrm{d}n}{\mathrm{d}t} = c_{\mathrm{I}} - c_{\mathrm{I}}^* \tag{4-59}$$

由式（4-57）得
$$\frac{1}{k_+}\frac{1}{A}\frac{\mathrm{d}n}{\mathrm{d}t} = c_{\mathrm{I}}^* - \frac{c_{\mathrm{II}}^*}{K} \tag{4-60}$$

式（4-58）乘上 $1/K$，并改写成下式：
$$\frac{1}{K\beta_{\mathrm{II}}}\frac{1}{A}\frac{\mathrm{d}n}{\mathrm{d}t} = \frac{c_{\mathrm{II}}^*}{K} - \frac{c_{\mathrm{II}}}{K} \tag{4-61}$$

式（4-59）~式（4-61）相加，得 $\frac{1}{A}\frac{dn}{dt}\left(\frac{1}{\beta_{\mathrm{I}}}+\frac{1}{K\beta_{\mathrm{II}}}+\frac{1}{k_{+}}\right)=c_{\mathrm{I}}-c_{\mathrm{II}}/K$

式中，$\frac{1}{A}\frac{dn}{dt}=J_{\mathrm{I}}=J_{\mathrm{II}}=v=v_{总}$

故

$$v=\frac{c_{\mathrm{I}}-c_{\mathrm{II}}/K}{\frac{1}{\beta_{\mathrm{I}}}+\frac{1}{K\beta_{\mathrm{II}}}+\frac{1}{k_{+}}} \tag{4-62}$$

如用反应物的 c_{I} 代替 n 表示总反应的速率，则因 $\frac{1}{A}\frac{dn}{dt}=\frac{V_{\mathrm{I}}}{A}\cdot\frac{dc_{\mathrm{I}}}{dt}$，于是式（4-62）可写成：

$$-\frac{dc_{\mathrm{I}}}{dt}=\frac{c_{\mathrm{I}}-c_{\mathrm{II}}/K}{\frac{1}{\beta_{\mathrm{I}}}\cdot\frac{V_{\mathrm{I}}}{A}+\frac{1}{K\beta_{\mathrm{II}}}\cdot\frac{V_{\mathrm{I}}}{A}+\frac{1}{k_{+}}\cdot\frac{V_{\mathrm{I}}}{A}}$$

或

$$-\frac{dc_{\mathrm{I}}}{dt}=\frac{c_{\mathrm{I}}-c_{\mathrm{II}}/K}{\frac{1}{k_{\mathrm{I}}}+\frac{1}{k_{\mathrm{II}}}+\frac{1}{k_{c}}} \tag{4-63}$$

式中，$k_{\mathrm{I}}=\beta_{\mathrm{I}}\cdot\frac{A}{V_{\mathrm{I}}}$，$k_{\mathrm{II}}=K\beta_{\mathrm{II}}\cdot\frac{A}{V_{\mathrm{I}}}$，$k_{c}=k_{+}\cdot\frac{A}{V_{\mathrm{I}}}$；$V_{\mathrm{I}}$ 液相Ⅰ的体积，m^3；c_{I}、c_{II} 分别为反应物及其产物的浓度，mol/m^3。

式（4-63）中 $c_{\mathrm{I}}-c_{\mathrm{II}}/K$ 是反应的驱动力，而分母中 $1/k_{\mathrm{I}}$、$1/k_{\mathrm{II}}$、$1/k_{c}$ 分别是Ⅰ相、Ⅱ相的传质阻力及界面化学反应阻力。这 3 个阻力之和是反应的总阻力，即 $\frac{1}{k_{\Sigma}}=\frac{1}{k_{\mathrm{I}}}+\frac{1}{k_{\mathrm{II}}}+\frac{1}{k_{c}}$（$k_{\Sigma}$ 为总反应速率常数）。这表明反应过程的速率正比例于其驱动力，而反比例于其阻力。这和电学中的欧姆定律相似。

上述的两相间反应界面的两侧都存在着表征扩散阻力的浓度边界层的模型称为双膜理论（double-film theory）。双膜理论用于处理液/液相或气/液相系内反应过程的动力学。

反应过程的总速率既然取决于各环节的阻力，那么各环节的阻力的相对大小，就决定了反应过程的速率范围或限制环节。

（1）当 $\frac{1}{k_{c}}\gg\frac{1}{k_{\mathrm{I}}}+\frac{1}{k_{\mathrm{II}}}$ 时，$\frac{1}{k_{c}}=\frac{1}{k_{\Sigma}}$，即 $k_{c}=k_{\Sigma}$，而总反应的速率 $v=k_{c}(c_{\mathrm{I}}-c_{\mathrm{II}}/K)$。过程的限制环节是界面化学反应，这时界面浓度等于其本体浓度，如 $c_{\mathrm{I}}^{*}=c_{\mathrm{I}}$，这称为化学反应限制。

（2）$\frac{1}{k_{c}}\ll\frac{1}{k_{\mathrm{I}}}+\frac{1}{k_{\mathrm{II}}}$ 时，$\frac{1}{k_{\Sigma}}=\frac{1}{k_{\mathrm{I}}}+\frac{1}{k_{\mathrm{II}}}$，总反应的速率 $v=\frac{c_{\mathrm{I}}-c_{\mathrm{II}}/K}{\frac{1}{k_{\mathrm{I}}}+\frac{1}{k_{\mathrm{II}}}}$。过程的限制环节是组分的扩散（根据 $1/k_{\mathrm{I}}$ 远大于或小于 $1/k_{\mathrm{II}}$，还可确定是Ⅰ相的传质限制还是Ⅱ相的传质限制），这时界面浓度等于其平衡浓度，如 $c_{\mathrm{I}}^{*}=c_{\mathrm{I}(平)}$。这称为扩散限制。

（3）当 3 个环节的速率相差不大时，过程的速率由式（4-63）表示，这称为混合限制。

4.4.4 固-液反应的动力学

固-液反应是指发生在固相与液相之间的反应。钢液和铁合金的凝固、废钢和铁合金的溶解、湿法冶金中的沉积和结晶、炉渣对耐火材料的侵蚀、炼钢转炉中石灰的溶解等都是冶炼过程中固-液相中的重要反应。结晶凝固过程在冶金和材料制备过程中都具有十分重要的意义，不同情况下往往对结晶体的粒度、形貌、成分有着不同的要求，考虑到不论是从水溶液中结晶还是熔体中的冷却结晶过程，原理大同小异。在此以液相中的结晶过程为代表，说明其共同的规律性。

4.4.4.1 均相形核及形核速率

反应物在均匀的液相内部形核，称为均相形核。生成新相晶核的自由能变化 ΔG 包括体积自由能变化 ΔG_1 和表面自由能变化 ΔG_2。假定形成的核心为球形，半径为 r，设晶核单位体积的自由能变化为 ΔG_v，晶核的表面张力为 σ，则：

$$\Delta G = \Delta G_1 + \Delta G_2 = \frac{4}{3}\pi r^3 \Delta G_V + 4\pi r^2 \sigma \tag{4-64}$$

在成核过程中，晶核的体积自由能变化 ΔG_1 为负值，而表面自由能的变化 ΔG_2 为正值，它们的大小均与晶核的半径有关。因此成核过程总的自由能变化 ΔG 将与晶核半径 r 直接相关。如图 4-12 所示，可以看出，ΔG 随 r 变化的曲线有一个最大值。对式（4-64）求一阶导数得：

$$\frac{\mathrm{d}\Delta G}{\mathrm{d}r} = 4\pi r^2 \Delta G_V + 8\pi r\sigma \tag{4-65}$$

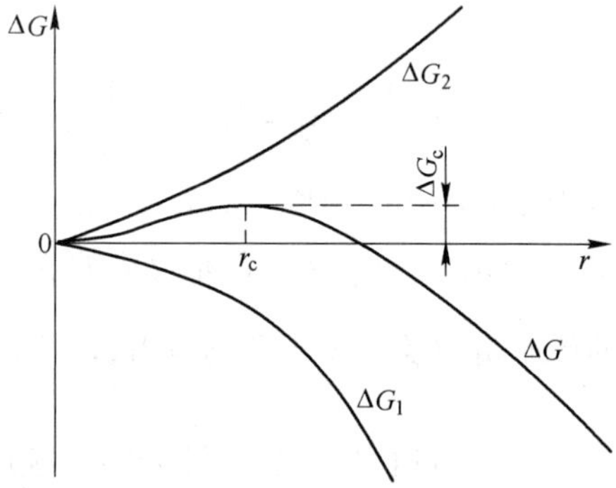

图 4-12 晶核自由能变化与晶核半径的关系

令 $\frac{\mathrm{d}\Delta G}{\mathrm{d}r} = 0$，可求得自由能变化为最大值 ΔG_c 时的晶核半径 r_c 为：

$$r_c = -\frac{2\sigma}{\Delta G_V} \tag{4-66}$$

式中，r_c 为生成新相晶核的临界半径。

将式（4-66）代入式（4-64）得：

$$\Delta G_c = \frac{16\pi\sigma^3}{3\Delta G_V^2} = \frac{4}{3}\pi\sigma r_c^2 \tag{4-67}$$

由热力学知，只有当 ΔG 为负值时，成核过程才能自发进行。因此根据 ΔG 与 r 的关系，我们可以得出如下几点结论：

（1）当晶核半径小于 r_c 时，不仅 $\Delta G>0$，而且 $\partial\Delta G/\partial r>0$，这表明尺寸过小的晶核，不仅不能长大，就是稳定存在也是不可能的。

（2）当晶核半径大于 r_c 时，$\partial\Delta G/\partial r<0$，这表明晶核的长大能降低体系的自由能，生成的晶核可以继续长大。

（3）当晶核半径等于 r_c 时，$\partial\Delta G/\partial r=0$，这表明晶核溶解的概率与长大的概率相等，即可能溶解也可能长大，这种大小的晶核称为临界晶核。对简单无机物的结晶过程而言，r_c 为 $10^{-7}\sim10^{-5}$mm。

晶核的形成过程与温度有着密切的关系。分析如下：设 $\widetilde{V}_P$ 和 $\Delta_f\widetilde{G}$ 为结晶产物的摩尔体积和摩尔生成自由能，M 和 ρ 分别为产物的相对分子质量和密度，则：

$$\Delta G_V=\frac{\Delta_f\widetilde{G}}{\widetilde{V}_P}=\Delta_f\widetilde{G}\frac{\rho}{M}\tag{4-68}$$

由于 $\Delta G=\Delta H-T\Delta S$，故结晶产物的摩尔生成自由能可以表示为：

$$\Delta_f\widetilde{G}=\Delta_f\widetilde{H}-T\Delta_f\widetilde{S}=\Delta_f\widetilde{H}-T\frac{\Delta_f\widetilde{H}}{T_e}\tag{4-69}$$

由式（4-68）和式（4-69）可得：

$$\Delta G_V=\Delta_f\widetilde{G}\frac{\rho}{M}=\frac{\rho\Delta_f\widetilde{H}(T_e-T)}{MT_e}=\frac{\rho\Delta_f\widetilde{H}\Delta T}{MT_e}\tag{4-70}$$

式中，$\Delta_f\widetilde{H}$ 和 $\Delta_f\widetilde{S}$ 分别为结晶产物的摩尔生成焓和摩尔生成熵；T_e 为平衡状态下晶核生成温度；T 为过冷条件下晶核生成温度；$\Delta T=T_e-T$，称为过冷度。

将式（4-70）分别代入式（4-66）和式（4-67）可得：

$$r_c=\frac{2\sigma MT_e}{\rho\Delta_f\widetilde{H}\Delta T}\tag{4-71}$$

$$\Delta G_c=\frac{16\pi\sigma^3}{3}\left(\frac{MT_e}{\rho\Delta_f\widetilde{H}\Delta T}\right)^2\tag{4-72}$$

由此可见，降低母液实际温度，即提高母液的过冷度 ΔT，将使临界晶核的半径和生成自由能减小，这对成核是有利的。但是，在成核过程中原子或分子必须从母液中扩散到晶核表面，成核过程才能完成，因此还需要考虑扩散对成核速率的影响。根据统计热力学，新相晶核出现的频率 I（即每秒单位体积母液中出现新相晶核的数目）可以表示为：

$$I=A\exp\left(-\frac{\Delta G_c+E_D}{k_BT}\right)\tag{4-73}$$

式中，A 为常数；k_B 为玻耳兹曼常数；E_D 为扩散活化能。

式（4-73）表明，成核频率不仅与生成晶核的临界自由能 ΔG_c 有关，而且还与扩散活化能 E_D 有关。在温度变化不大时，可视 E_D 为常数，由式（4-73）可知，低温有利 I 增大；但从扩散角度来考虑，温度降低将使组成晶核的质点从母液迁移到新相界面的速率变小。所以，要得到最大的成核速率，需要控制一个适宜的温度 T_s，这个温度的理论计算是很复杂的，一般可由实验确定，如图 4-13 所示。

4.4.4.2 异相成核及成核速率

如果在液相内部含有其他不溶解的杂质，则产物就可能附着在杂质表面上，或者附着在反应器粗糙表面上生成晶核，我们把这种成核过程称为异相成核。

如图 4-14 所示，某一球冠状液滴附着在固体表面上。当液滴与固相和气相处于平衡态时，有如下力学平衡关系：

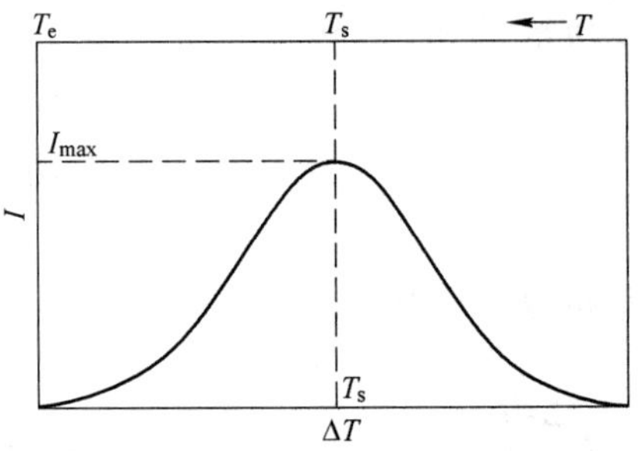

图 4-13　过冷度对新相晶核生成速率的影响

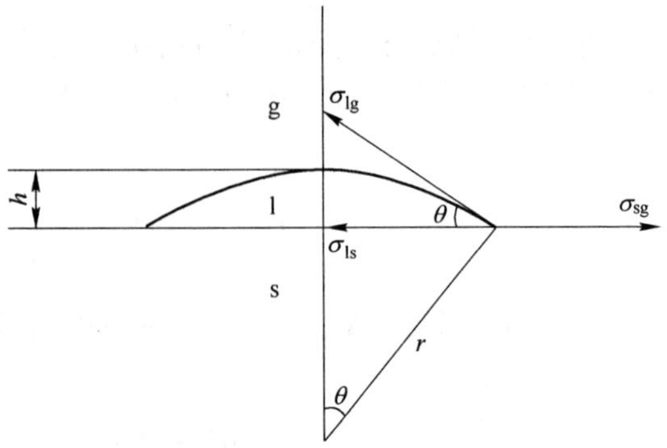

图 4-14　界面张力与接触角的关系

$$\sigma_{sg}=\sigma_{ls}+\sigma_{lg}\cos\theta \tag{4-74}$$

式中，σ_{sg}、σ_{ls}、σ_{lg}分别为固/气、液/固、液/气界面张力；θ 为接触角。

成核过程的自由能变化 ΔG 包括体积自由能变化 ΔG_1 和界面自由能变化 ΔG_2。

$$\Delta G=\Delta G_1+\Delta G_2=V\Delta G_V+S_1\sigma_{lg}+S_2(\sigma_{ls}-\sigma_{sg}) \tag{4-75}$$

式中，$V=\pi\left(h^2r-\dfrac{h^3}{3}\right)=\dfrac{\pi r^3}{3}(2-3\cos\theta+\cos^3\theta)$ 为球冠液滴的体积；$S_1=2\pi rh=2\pi r^2$（1-$\cos\theta$）为球冠上气/液界面积；$S_2=\pi r^2\sin^2\theta$ 为球冠底液/固界面积。

将 V、S_1 和 S_2 代入式（4-71）并整理得：

$$\Delta G=\left(\pi r^2\sigma_{lg}+\frac{\pi r^3}{3}\Delta G_V\right)(2-3\cos\theta+\cos^3\theta) \tag{4-76}$$

式（4-76）中的 ΔG 和 r 的关系与图 4-12 中的一样，生成的自由能经过一最大值而减小。用同样的方法可以求得临界半径 r_c'，其形式与式（4-66）完全相同。临界核的生成自由能为：

$$\Delta G_c'=\left(\frac{2-3\cos\theta+\cos^3\theta}{4}\right)\Delta G_c=\beta\Delta G_c \tag{4-77}$$

式中，$\beta=\dfrac{2-3\cos\theta+\cos^3\theta}{4}$。

当 $\theta=180°$时，$\beta=1$，故式（4-77）变为 $\Delta G_c'=\Delta G_c$。这相当于液相完全不润湿固相的情况，也就是均相成核的情况；当 $0°<\theta<180°$时，$\beta<1$，这相当于部分润湿的情况，这时 $\Delta G_c'<\Delta G_c$，即异相形核比均相形核容易；当 $\theta=0°$时，$\beta=0$，$\Delta G_c'=0$，这种情况相当于过饱和蒸汽中已存在晶核，结晶时无须先要生成核。

异相成核的速率与均相成核一样，也受过冷度或过饱和度的影响。异相成核的速率可以表示为：

$$I'=k_n\Delta C_{max}^m \tag{4-78}$$

式中，k_n 和 m 为经验常数；ΔC_{max} 为最大过饱和度，即

$$\Delta C_{max} = C_{max} - C_e \tag{4-79}$$

式中，C_{max}为溶液中最大过饱和浓度；C_e 为正常的饱和浓度。

除此之外，异相成核的速率还受到液体内部悬浮着的固体质点的性质和数量、液体与反应器或其他介质之间接触界面的性质和面积大小等因素的影响。显然，当过饱和度与其他条件相同时，平均在单位体积内固体质点的数量越多，或接触界面的面积越大，则异相成核的速率也就越大。如氧化铝生产中分解 $NaAlO_2$ 溶液制备 $Al(OH)_3$ 时，加入$Al(OH)_3$ 晶种来强化结晶过程。

4.4.4.3　晶粒的长大

液体中出现首批大于临界尺寸 r_c 的晶核之后，结晶就开始了。结晶的进行除了与新晶核的不断产生有关外，主要是靠现有晶核的长大。对于每一单个晶体的发展过程来说，稳定晶核出现之后，马上就进入长大阶段。在晶体长大过程中，原子从液相中扩散到晶体表面上，并按晶体点阵规律的要求，逐个占据适当的位置而与晶体稳定地结合起来。因此晶粒长大过程实质上是过饱和溶液中溶质分子（或离子）运动到晶核上并结晶的多相过程。其历程与气/固反应的步骤相似，即溶质分子（或离子）的结晶过程经历以下步骤：

（1）通过对流、扩散到达晶体表面；

（2）在晶体表面吸附；

（3）吸附分子或离子在表面迁移；

（4）结合进入晶格，晶粒长大。

结晶生长的速率取决于其中最慢的步骤。步骤（1）最慢时称为扩散控制，步骤（2）、步骤（3）或步骤（4）最慢则称为界面生长控制。

关于结晶过程的控制步骤的问题，A. E. Nielsen 认为，对粒度大于 5~10μm 的晶粒的生长而言，生长速率对搅拌强度很敏感时，控制步骤为扩散过程；不敏感则为界面生长控制。当粒度小于5μm 左右时（具体值取决于溶液与晶体的密度差），在搅拌过程中，晶体与溶液几乎同步运动，溶液与晶体表面的相对速度很小而不足以改变扩散速率，故长大速率往往与搅拌速度无关。

扩散控制时，结晶速率取决于扩散速率，根据菲克第一定律 $J_1 = D\dfrac{C - C_e}{\delta}$（$C_e$ 为饱和浓度，C 为过饱和浓度），故影响结晶速率的主要因素是绝对过饱和度 $C-C_e$ 以及扩散系数 D。这些参数增加时，结晶速率随之增加。

而界面生长控制的主要影响因素是温度和相对过饱和度 $\gamma\left(\gamma=\dfrac{C-C_e}{C_e}\right)$。温度升高，则生长速率增加；相对过饱和度 γ 增加，生长速率也增加。生长速率与 γ 的具体关系式则随其中最慢过程而异，当最慢过程为表面吸附时，生长速率与 γ 的 1 次方成正比；当界面螺旋生长时，过程最慢，与 γ^2 成正比。

4.4.4.4　结晶过程的综合速率

在过饱和溶液中结晶时，同时发生两个过程，一方面随着时间的推移，不断产生新的晶核，即晶核不断增加；另一方面已有晶核在不断长大。因此结晶分数因这两个因素而不断增加。本节综合考虑这两个因素，研究结晶分数 R 与时间 t 的关系。

定义晶核形成速率为：质量 $m=1$ 时，单位时间内形成的晶核数，符号为 J。设过饱和溶液中共含有待结晶溶质质量为 m_0，经 t 时间后有分数 R 转变为固相。为简化分析，设晶体粒子的生长为各向同性，生成的晶体呈球形。

在 dt 时间内形成晶核数应当与溶液中尚存的溶质的量（$1-R$）m_0 成正比，也与形成新相的速率 J 成正比。因此得到 dt 时间内形成的晶核数为：

$$N_t = (1 - R)m_0J\mathrm{d}t \tag{4-80}$$

在 dt 时间内形成的晶体质量为：

$$\mathrm{d}m = m_1N_t \tag{4-81}$$

式中，m_1 为一个晶粒的质量。

若球形晶体半径的增长速率为 v，则 t 时间后一个晶粒增长的质量为：

$$m_1 = \frac{4}{3}\pi(vt)^3\rho \tag{4-82}$$

式中，ρ 为晶体的密度。

将式（4-80）和式（4-82）代入式（4-81）得：

$$\mathrm{d}m = \frac{4}{3}\pi v^3t^3\rho m_0(1 - R)J\mathrm{d}t$$

两边同除 m_0 得

$$\frac{\mathrm{d}m}{m_0} = \frac{4}{3}\pi v^3t^3\rho(1 - R)J\mathrm{d}t \tag{4-83}$$

由于 $R = \frac{m}{m_0}$，求导得：$\mathrm{d}R = \frac{\mathrm{d}m}{m_0}$，代入式（4-83）得 $\mathrm{d}R = \frac{4}{3}\pi v^3t^3\rho(1 - R)J\mathrm{d}t$，整理得：

$$\frac{\mathrm{d}R}{1 - R} = \frac{4}{3}\pi v^3t^3\rho J\mathrm{d}t \tag{4-84}$$

当成核速率 J 以及晶体半径的生长速率 v 为常数时，积分式（4-84）得：

$$-\ln(1 - R) = \frac{1}{3}\pi J\rho v^3t^4$$

$$R = 1 - \exp\left(-\frac{1}{3}\pi J\rho v^3t^4\right) \tag{4-85}$$

式（4-85）是 Avrami 最早推导出来的溶液中结晶生长过程的动力学方程式，称为 Avrami 方程。Avrami 方程是相对于球形粒子的，若新相晶体呈薄片状，生长只能在二维方向进行，则新相晶粒的质量 $m_1 \propto (vt)^2$，相应地可以导出 $R=f(t^3)$ 形式的 Avrami 方程；对于针状结晶，生长只在一维方向进行，可以得方程式为 $R=f(t^2)$ 形式。

Avrami 方程在推导时认为 J 和 v 为常数，实际上随着时间的推移，溶液的过饱和度随结晶而不断下降，成核及晶体生长的推动力均在下降。因此，J 和 v 本身也是时间的函数，即 R 不是单纯随 t 的 4 次方（对球形粒子）或 3 次方（对片状物）而变，故 Christian 对此进行了修正，得出如下公式：

$$R = 1 - \mathrm{e}^{-kt^n} \tag{4-86}$$

式中，k 是与新相成核速率及晶体生长速率有关的系数；n 为 Avrami 指数。

将式（4-86）变换为：

$$\ln[-\ln(1-R)] = \ln k + n\ln t \quad (4\text{-}87)$$

那么，以 $\ln[-\ln(1-R)]$ 对 $\ln t$ 作图应得一直线，由直线斜率和截距可确定参数 n 和 k。

按式（4-85）或式（4-86），以 R 对 t 作图可得如图 4-15 所示的“S”形曲线。结晶初期由于可供生长的界面较小，转化速率很低，出现所谓诱导期。当进行到一定程度时，一方面原有晶核已获得不同程度的长大，另一方面又不断有新的晶核生成，界面面积显著增大，使结晶速率出现转折，进入快速增长期。到反应后期，由于可供用于结晶的溶质已消耗殆尽，速率逐渐减慢而趋于零，结晶率保持不变。

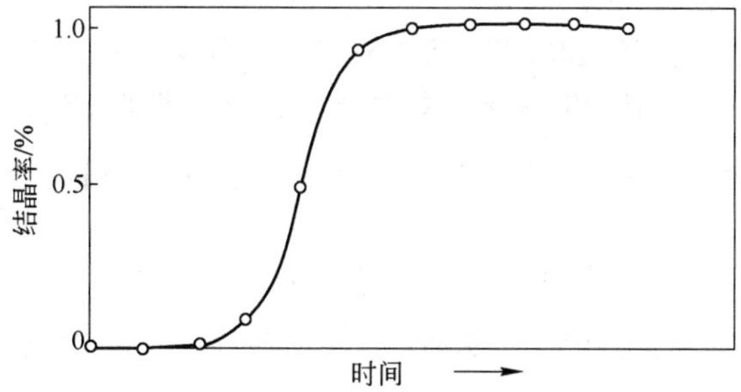

图 4-15　新相晶核的形成与长大步骤同时控制时转化率与时间的“S”形曲线关系

习题与工程案例思考题

习　题

4-1　研究冶金动力学的目的是什么？

4-2　一个 2 级反应的反应物初始浓度为 $0.4\times10^3 mol/m^3$。此反应在 80min 内完成了 30%，试求反应的速率常数和反应完成 80%所需的时间。

4-3　在 1173K 用 CO 还原某铁矿石，测得不同还原时间的还原率（矿石还原过程中失去氧的质量分数）见表 4-9。试求此反应的级数及反应的速率常数。

表 4-9　铁矿石的还原率

时间/min	20	40	60	80	100
还原率/%	11	22	29	37	44

4-4　在不同温度下测得炉渣中的氧化铁（FeO）被生铁液中碳还原的质量分数见表 4-10。试求反应的级数、活化能和反应速率常数的温度关系式。

表 4-10　炉渣中 FeO 还原的质量分数

温度/K	时间/min					
	0	10	15	20	30	40
1703	0%	33.93%	47.52%	56.35%	69.80%	80.00%
1730	0%	42.46%	53.23%	64.32%	78.12%	

续表 4-10

温度/K	时间/min					
	0	10	15	20	30	40
1761	0%	56.35%	71.16%	80.95%	91.68%	
1853	0%	78.00%	88.52%	94.50%		

4-5　在用 CO 还原铁矿石的反应中，1173K 的 $k_1 = 2.978\times10^{-2}\,\text{min}^{-1}$，1273K 的 $k_2 = 5.623\times10^{-2}\,\text{min}^{-1}$。试求：

(1) 反应的活化能；(2) 1673K 的 k 值。

4-6　从钢中鼓入氮气，设产生球形气泡的半径为 2.5×10^{-4}m。气/液界面的氮含量为 0.011%，钢水内部的氮含量为 0.001%，氮在钢水内的扩散系数为 $5\times10^{-8}\text{m}^2/\text{s}$，钢液的密度为 $7.1\times10^3\text{kg/m}^3$。分别用渗透模型和表面更新模型计算钢液中氮的传质通量（气泡与钢液的平均接触时间 $t_e = \dfrac{2r}{v}$，球形气泡上浮速度 $v = 2\left(\dfrac{gr}{3}\right)^{1/2}$。$r$ 为气泡的半径，g 为重力加速度）。

4-7　高温冶金反应的动力学特征是什么，什么叫稳定态或准稳态，如何用它来建立冶金中多相反应的速率方程？

4-8　在电炉炼钢的氧化期内，在各时间测得锰氧化率见表 4-11。在该冶炼条件下达平衡时，锰的含量可以忽略不计。钢液内锰的传质是锰氧化过程的限制性环节。试求钢液中 Mn 的传质系数及边界层的厚度。已知电炉容量为 27t，钢-渣界面积为 15m^2，钢液中 Mn 的扩散系数是 $10^{-7}\text{m}^2/\text{s}$，钢液的密度为 7000kg/m^3。

表 4-11　各时间［Mn］氧化率

时间/min	0	5	10	15	20	25	30
氧化率/%	0	31.7	53.36	68.14	78.24	85.14	89.85

4-9　当通入气流速度为 0.3m/s 的 H_2 使铁矿球团进行还原，固体物矿球的半径为0.001m，H_2 的黏度 $\nu = 1\times10^{-4}\text{m}^2/\text{s}$，$D_{H_2} = 6.1\times10^{-4}\text{m}^2/\text{s}$，试求 H_2 的传质系数及边界层的厚度。

4-10　试推导分别受气体内扩散控制、外扩散控制及界面化学反应控制的气-固反应速率式。

4-11　1000℃下，直径为 0.015m 的氧化铁球团在氢气流中被还原，测得数据见表 4-12。问还原过程是由界面反应控制还是内扩散控制？

表 4-12　各时间的还原率

时间/min	4.8	6.0	7.2	9.6	13.2	19.2	27.0
还原率/%	20	30	40	60	70	80	90

4-12　试求钢液的过冷度为 50℃时形成的临界核的半径。已知钢液的密度为 7300kg/m^3，熔点为 1538℃（纯铁），铁的熔化热是 $23.68\times10^4\text{kJ/kg}$，固体铁和液体铁的界面张力 σ_{sl}为 $54.3\times10^{-3}\text{J/m}^2$。

工程案例思考题

案例 4-1　温度对反应速率的影响分析

案例内容：

(1) 阿累尼乌斯方程分析温度对化学速率系数的影响；

(2) 化学反应速率系数与反应速率的关系；

（3）吸热反应适宜温度的确定；

（4）放热反应适宜温度的确定。

案例 4-2　铁矿石还原过程动力学影响因素分析

案例内容：

（1）铁矿石还原过程分析；

（2）未反应核模型的内容；

（3）未反应核模型的适用条件分析；

（4）利用未反应核心模型分析铁矿石还原过程动力学影响因素。

案例 4-3　转炉底吹氩气/氮气分析

案例内容：

（1）转炉底吹氩气/氮气的作用分析；

（2）转炉过程除杂动力学适用模型分析；

（3）液-液双膜理论的内容；

（4）理论双膜理论分析底吹氩气/氮气在炼钢过程的作用。

5 化合物的生成-分解和燃料的燃烧反应

金属元素在自然界很少以单质形态存在，都是以矿物的形式存在的。有色金属矿物大多是硫化物或氧化物，炼铁所用矿物主要是氧化物，还有碳酸盐、卤化物等。这些化合物在低温下可能是稳定的，当达到一定温度或一定的真空度时，这些化合物都会分解为凝聚相单质和气体，或一种简单化合物和气体，这类反应统称为化合物的分解或离解反应。但其逆过程则成为化合物的生成反应。

在生产中，化合物的生成-分解反应有时本身就是一个重要的冶金反应过程，如碳酸盐、硫化物的焙烧；有时作为一个伴生而又不可避免的过程，对冶金过程产生影响，如高炉炼铁中碳酸盐的分解。

火法冶金过程是一个高温下进行的多相反应过程，需要大量的热能。依靠燃料的燃烧提供热量是冶金中的一个重要的方法。而燃料燃烧反应往往不仅给过程提供热量，还给冶金过程提供重要的还原剂及其他重要冶金作用。如高炉炼铁中焦炭的燃烧。

化合物的生成-分解反应及燃料的燃烧反应体系都是一个气相-凝聚相反应体系。因此可用气相-凝聚相体系反应原理进行分析和讨论其热力学和动力学。该体系的特点是凝聚相物质往往以独立相存在，作为纯物质看待，当以纯物质为标准态时，其活度为1。因此，反应的吉布斯自由能变化是温度和压力（或气相组成）的函数，从而可简单地用温度及分压（或气相组成）间关系的状态图来分析反应的热力学。

5.1 化合物的稳定性及氧势图

5.1.1 化合物的相对稳定性

下面以氧化物为例讨论化合物稳定性的热力学。设金属氧化物的生成反应为：

$$\frac{2x}{y}\mathrm{M(s)} + \mathrm{O_2} = \frac{2}{y}\mathrm{M}_x\mathrm{O}_y\mathrm{(s)} \tag{5-1}$$

该反应的标准自由能变化 $\Delta_r G_m^\ominus$ 即为氧化物按式（5-1）生成的标准自由能变化。

$$\Delta_r G_m = \Delta_r G_m^\ominus + RT\ln\frac{a_{\mathrm{M}_x\mathrm{O}_y}^{2/y}}{a_\mathrm{M}^{2x/y}(p_{\mathrm{O_2}}/p^\ominus)} \tag{5-2}$$

设参加反应的固体物质 M 及 $\mathrm{M}_x\mathrm{O}_y$ 互不相溶，因此为纯物质，其活度标准态取为纯物质，则其活度为1。故

$$\Delta_r G_m = \Delta_r G_m^\ominus - RT\ln(p_{\mathrm{O_2}}/p^\ominus) \tag{5-3}$$

当 $p_{\mathrm{O_2}}=p^\ominus=100\mathrm{kPa}$ 时，则：

$$\Delta_r G_m = \Delta_r G_m^\ominus = RT\ln(p_{\mathrm{O_2,eq}}/p^\ominus) \tag{5-4}$$

因此，当氧化物生成反应式（5-1）中各物质均处于标准状态时，$\Delta_r G_m^\ominus$ 的负值越大，

则该氧化物就越稳定，此时可用氧化物的标准生成自由能来作为其稳定性的判据。

式（5-4）中，氧化物的生成反应达到平衡时的氧分压 $p_{O_2,eq}$ 与反应式（5-1）的逆过程，即氧化物的分解反应达到平衡时的氧分压相等。称氧化物的分解反应达到平衡时的氧分压 $p_{O_2,eq}$ 为该氧化物的分解压。显然，分解压 $p_{O_2,eq}$ 越低，氧化物生成反应的标准生成自由能 $\Delta_r G_m^{\ominus}$ 的负值越大，相应的其逆过程——氧化物的分解反应的自由能的正值就越大，反应将朝生成该氧化物的方向进行，因此该氧化物就越稳定。

式（5-4）中，氧化物生成反应达到平衡时的 $RT\ln(p_{O_2,eq}/p^{\ominus})$ 被称为该氧化物的氧势，显然氧化物的氧势越低，则 $\Delta_r G_m^{\ominus}$ 的负值越大，该氧化物就越稳定。

因此可用上述三个指标，即氧化物的标准生成自由能 $\Delta_f G_m^{\ominus}$，氧化物的分解压 $p_{O_2,eq}$ 及氧化物的氧势 $RT\ln(p_{O_2,eq}/p^{\ominus})$ 作为氧化物稳定性的判据。氧化物分解压越高，则氧化物的氧势 $RT\ln(p_{O_2,eq}/p^{\ominus})$ 越大（负值越小），而氧化物的标准生成自由能 $\Delta_f G_m^{\ominus}$ 越正（负值越小），因此化合物越不稳定；而氧化物分解压越低，则氧化物的氧势 $RT\ln(p_{O_2,eq}/p^{\ominus})$ 越小，而氧化物的标准生成自由能 $\Delta_f G_m^{\ominus}$ 越负，因此化合物越稳定。

氧化物的氧势，相当于下列两个状态进行恒温转变时的氧的化学势 μ_{O_2} 的变化：

状态Ⅰ：　　1mol O_2，$p_{O_2}=p^{\ominus}=100\text{kPa}$，$T$K

状态Ⅱ：　　$M_xO_y(s)+M(s)$，$p_{O_2}=p_{O_2,eq}$Pa，TK

$$\Delta\mu_{O_2}=\mu_{O_2(\text{Ⅱ})}-\mu_{O_2(\text{Ⅰ})}=\mu_{O_2}^{\ominus}+RT\ln(p_{O_2}/p^{\ominus})-\mu_{O_2}^{\ominus}=RT\ln(p_{O_2}/p^{\ominus}) \tag{5-5}$$

需要注意的是：在比较几种氧化物的稳定性时，必须按金属与 1mol 氧气反应生成氧化物的反应，即按照反应式（5-1）方式才能进行比较，否则会得出错误的结论。因为氧化物的稳定性是相对的，比较各氧化物之间的相对稳定性，实质上是比较各种元素与氧之间的亲和力的大小，因此需选择一个统一的比较基准——以与相同的氧气量反应作为基准，往往选择 1mol 的氧气参加反应作为基准。用 $\Delta_f G_m^{\ominus}$ 为判据比较时，可比较同类及不同类化合物的稳定性，只是必须找到一个合理的比较标准。而用分解压 $p_{O_2,eq}$ 判定稳定性时，对气体的量（O_2 或其他化合物分解出的气体的物质的量）不必统一，但只能判断同类型化合物（如氧化物或硫化物等）的相对稳定性。用氧势也只能判定同类型化合物——氧化物的稳定性。

与定义氧化物的氧势概念相同，也可定义相应的氮化物、硫化物、氯化物的氮势、硫势和氯势。并同样可用这些位势的值来判断同类化合物的相对稳定性。

此外，要注意区别氧化物的氧势和气相的氧势。在某温度 TK 时，氧化物与气相所组成的体系中，气相中氧的分压为 p_{O_2}Pa，氧化物的分解压为 $p_{O_2,eq}$ Pa。则氧化物的氧势为 $RT\ln(p_{O_2,eq}/p^{\ominus})$，而气相的氧势为 $RT\ln(p_{O_2}/p^{\ominus})$。根据气相的氧势和氧化物的氧势的大小，可判定该体系在温度 TK 下氧化物的稳定性。对所给体系，反应式（5-1）的自由能变化可用式（5-3）计算：

$$\begin{aligned}\Delta_r G_m &= \Delta_r G_m^{\ominus}-RT\ln(p_{O_2}/p^{\ominus})=RT\ln(p_{O_2,eq}/p^{\ominus})-RT\ln(p_{O_2}/p^{\ominus})\\&=RT\ln(p_{O_2,eq}/p_{O_2})\end{aligned}$$

因此，当 $p_{O_2}>p_{O_2,eq}$ 时，$RT\ln(p_{O_2}/p^{\ominus})>RT\ln(p_{O_2,eq}/p^{\ominus})$，即气相的氧势大于氧化物的氧势，此时，$\Delta_r G_m<0$，故反应式（5-1）正向进行，将发生元素的氧化反应生成氧化

物，氧化物能稳定存在，不会发生分解，说明气相具有氧化性，所给气氛相对地为氧化性气氛。而当$p_{O_2}<p_{O_2,eq}$时，$RT\ln(p_{O_2}/p^{\ominus}) < RT\ln(p_{O_2,eq}/p^{\ominus})$，即氧化物氧势大于气相的氧势，此时，$\Delta_r G_m>0$，故反应式（5-1）逆向进行，氧化物不稳定而将发生分解，从而元素M能稳定存在，说明气相具有还原性，所给气氛相对地为还原气氛。若$p_{O_2}=p_{O_2,eq}$时，气相的氧势等于氧化物氧势，此时，$\Delta_r G_m=0$，故反应式（5-1）处于平衡状态，元素M和氧化物处于平衡，就说所给气氛为中性气氛。因此，气相与氧化物等氧势是该体系的变化趋势或说是该体系变化的限度。

5.1.2 氧势图及其应用

为了直观地比较同类化合物在不同温度下的相对稳定性，可将各种氧化物按照式(5-1)反应进行的标准生成吉布斯自由能数据（对应于相应氧化物的氧势）对温度作图，就得到所谓的“氧势图”，即纯元素M被1molO_2（100kPa时）氧化生成纯氧化物M_xO_y的标准生成自由能和温度的关系图，如图5-1所示。氧势图于1944年首先由H. J. Ellingham提出，后来Richardson和Jeffes增绘了p_{O_2}、CO/CO_2、H_2/H_2O标尺，目前广泛地用于高炉炼铁过程的分析等冶金过程的热力学分析中。同理可画出“硫势图”“碳势图”和“氯势图”等位势图。下面以氧势图为例介绍位势图的原理、特征及其应用。

5.1.2.1 氧势图的特征

图5-1中纵坐标是$RT\ln(p_{O_2}/p^{\ominus})$，单位为kJ/mol，横坐标是温度$T$，单位为K或℃。图周围还绘出了氧气分压标尺$p_{O_2}$（实质（$p_{O_2}/p^{\ominus}$））、CO和$CO_2$分压比标尺$p_{CO}/p_{CO_2}$（或气相CO和$CO_2$体积分数比值标尺$\varphi_{CO}/\varphi_{CO_2}$）及$H_2$和$H_2O$气体分压比标尺$p_{H_2}/p_{H_2O}$（或气相$H_2$和$H_2O$体积分数比值标尺$\varphi_{H_2}/\varphi_{H_2O}$）。图中各氧化物的标准生成自由能和温度的关系曲线称为该氧化物的氧势线。

由图可见，各氧化物的氧势线$\Delta_r G_m^{\ominus}=RT\ln(p_{O_2}/p^{\ominus})=A+BT$。而$\Delta_r G_m^{\ominus}$与$\Delta_r S_m^{\ominus}$和$\Delta_r S_m^{\ominus}$之间的关系为$\Delta_r G_m^{\ominus}=\Delta_r H_m^{\ominus}-T\Delta_r S_m^{\ominus}$。因此可将$A$和$B$可分别看成是一定温度范围内$\Delta_r H_m^{\ominus}$和$\Delta_r S_m^{\ominus}$的平均值：$A=\Delta_r \overline{H}_m^{\ominus}$和$B=-\Delta_r \overline{S}_m^{\ominus}$。而从数学角度，氧势图中直线的截距为$A$，斜率为$B$。因此图中各氧化物氧势线在温度为0K时的截距可近似作为氧化物生成反应的平均焓变，即$\Delta_r \overline{H}_m^{\ominus}$，该焓变值又可作为氧化物中的元素与氧之间亲和力的表征，即图中氧势线的位置代表了对应的元素与氧亲和力的大小，也代表了该氧化物的稳定性高低。氧势线位置低，则$\Delta_r G_m^{\ominus}$小，氧化反应越容易发生，氧化物越稳定。

而直线的斜率可近似作为氧化物生成反应进行前后的平均熵变的负值，即$-\Delta_r \overline{S}_m^{\ominus}$。由图可见，大多数氧化物的氧势线斜率为正，即元素与1mol氧气发生氧化反应后，体系的熵减少。这类氧化物在图中温度下，大多生成凝聚态金属氧化物，在发生式（5-1）反应生成这类氧化物时，消耗了1mol氧气使气相熵减少，从而体系的熵减少。由于消耗的都是1mol氧气，而各凝聚态物质的熵差别不大，气态物质的熵值又远大于凝聚态物质的熵值，因此反应前后体系熵减少值相差不大，从而多数氧势线基本平行。只有那些反应后熵增加的反应，如碳氧化生成CO的反应（$2C+O_2 = 2CO$），反应后气相物质的量增加，因而熵变增加，从而直线斜率为负值，直线下斜。而反应$C+O_2 = CO_2$，反应前后气相物质

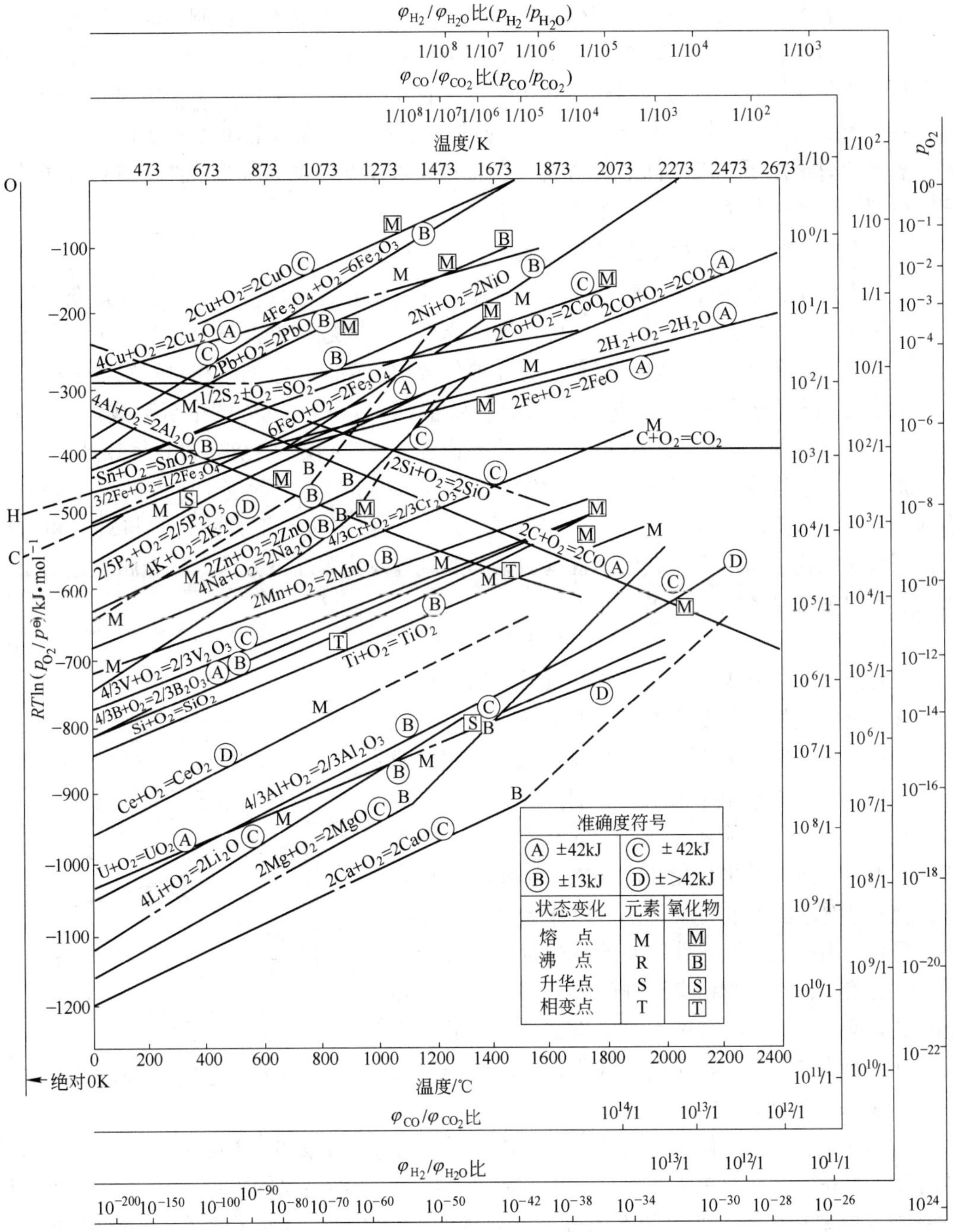

图 5-1 氧化物的氧势图

的量不变，因而熵度近似为 0，氧势线斜率基本水平。

图中部分氧势线发生了转折，这与在对应温度下物质发生了相变，从而引起体系熵变发生较大的突变有关。随温度升高，物质发生相变时必然引起熵的增加。当反应物 M 发生相变时，反应物熵增加，因此反应的熵变减少，因而直线斜率增加，最终引起氧势线向上转折。而氧化物发生相变时，生成物熵增加，造成反应的熵变增加，因而直线斜率降低，最终引起氧势线向下转折。

由于氧势图绘制的实用性，使得氧势图的应用有一定的局限性：制图时，认为反应的$\Delta_r c_{p,m}$不随温度变化是不够精确的；图中所给的化合物都是化学计量化合物，实际上许多化合物是非化学计量化合物，固相与固相间总是有互溶的，氧势图中未反映出来，金属间化合物也未反映出来；图中给出氧势线对应的参加反应物质都是处在标准状态下的。因此，氧势图只适用于标准条件下的情况。在非标准条件下可根据所给条件，需对直线进行旋转得到。因此给氧势图的应用带来许多不便。

5.1.2.2　氧化物相对稳定性的判定

冶金生产中许多情况是一种物质同时可能与几种物质进行反应，那么，在这众多的反应中，哪一种物质可以优先进行反应呢？即选择性反应问题，这是确定生产中工艺参数的重要依据之一。为此需要了解一定条件下几种化合物共存时，它们的相对稳定性。

前述已得出：氧化物的氧势越小（$\Delta_r G_m^\ominus$ 负值越大）——氧势图中氧势线位置越低，则对应氧化物越稳定。因此，根据氧势图的位置可直观地判定氧化物的相对稳定性。在标准状态下，氧势线位置位于下方的氧化物中的元素 M 可作为位置位于上方的氧化物的还原剂，可还原氧势线位置位于上方的氧化物。氧势线位置位于下方的元素与氧亲和力更大，更易被氧化，而对应的氧化物就越稳定。如氧势线位置在下方的二价金属氧化物 M_lO 和在上方的二价金属氧化物 M_aO，有

$$M_l + M_aO = M_lO + M_a \tag{5-6}$$

若两条氧势线在某温度下相交，如图 5-2 所示。两条氧势线交点处的温度称为转化温度——两种氧化物稳定共存的温度。交点两侧，两种氧化物的相对稳定性恰好相反。低于转化温度 T^* 时，MO 的稳定性比 CO 强，因此 C 不能还原 MO；高于 T^* 时，CO 的稳定性比 MO 强，因此 C 能还原 MO。由图 5-1 可知，只要能满足要求的温度，碳几乎可以作为任何氧化物的还原剂。用碳还原稳定性较差的氧化物，其开始还原的温度较低，而还原稳定性强的氧化物，其开始还原的温度较高。碳是冶金过程中应用最为广泛的还原剂，但由于碳与很多金属易生成碳化物，因此如需制取纯金属，就不能用碳作还原剂。

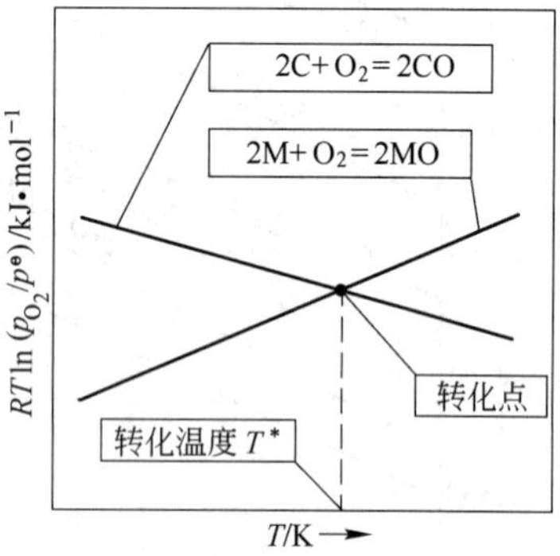

图 5-2　两种氧化反应的开始转化温度

转化温度是冶金过程中极其重要的参数，可由氧势线相交的两种氧化物生成反应的氧势相等条件进行计算。转化温度往往用来判断选择性氧化-还原的方向，也可用于确定氧化-还原反应要按照我们所需的方向进行所要求的温度条件。还可确定在冶金条件下，在升温过程中元素氧化的先后次序，由此确定工艺参数来控制冶金过程的进行。

根据氧势图可大致判断某冶金条件下各元素的存在形式。如假设在标准状态下，1800K 时，则在炼铁过程中，在 FeO 氧势线上方的氧化物，如 Cu_2O、PbO、NiO 和 CoO 等将被还原为金属而 100%进入金属相；位于 FeO 氧势线和 CO 氧势线（$2C+O_2 = 2CO$）之间的氧化物，如 Cr_2O_3、MnO、V_2O_3 和 SiO_2 等将被分配在渣相和金属相中；而 CO 氧势线下方的氧化物，如 Al_2O_3、MgO 和 CaO 等几乎不会被还原而直接进入渣相中。

5.1.2.3 附加标尺的应用

在氧势图周边画出了三个附加的标尺，这三个标尺对于研究氧化物的生成反应或分解反应时气相氧气分压的影响、氧化物被（$CO+CO_2$）混合气体还原时气相中 CO 与 CO_2 的分压比的影响及氧化物被（H_2+H_2O）混合气体还原时气相中 H_2 与 H_2O 的分压比的影响具有重要的作用。

氧势图中“O”点对应于 $p_{O_2}=100\text{kPa}$，在 0K 时 $RT\ln(p_{O_2}/p^{\ominus})=0$ 的特定点。要读取温度 TK 时氧化物的分解压，可连接“O”点与氧势线上温度 TK 时的氧势点，并延长到与氧分压标尺相交，交点的读数即为该氧化物的分解压 $p_{O_2,eq}/p^{\ominus}$，如图 5-3 所示。若气相氧气分压为 p_{O_2}，则气相的氧势为连接“O”点与氧分压标尺上读数为 $p_{O_2}/p^{\ominus}$ 点的两点的直线，随着温度的变化，气相的氧势在该直线上变化，该直线称为对应于气相氧气分压 p_{O_2} 的等氧分压线。设炉缸温度为 1800K，则由 CO 氧势线上 1800K 处的点与“O”点连线延长至氧分压标尺所读得的值可知，炉缸部位气相的氧分压约为 1×10^{-11}Pa。

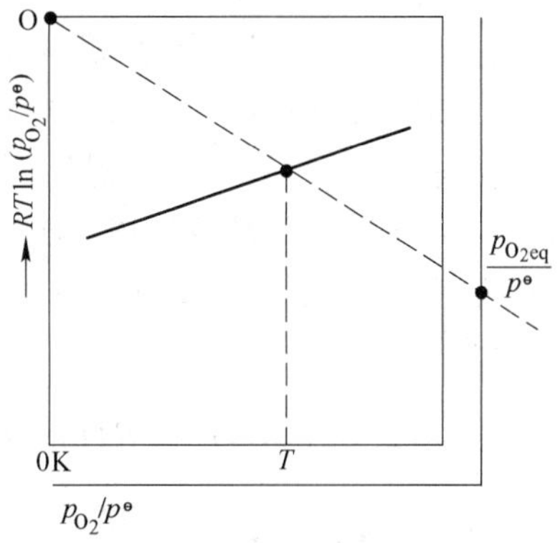

图 5-3 温度 T 下氧化物的分解压

氧势图中“H”点对应于 H_2 和 H_2O 气体分压比 $p_{H_2}/p_{H_2O}=1$ 时，水的生成反应：

$$2H_2(g)+O_2(g) \xlongequal{\quad} 2H_2O(g) \tag{5-7}$$

的氧势线在温度为 0K 时的截距。即，“H”点为 $p_{H_2}/p_{H_2O}=1$ 时，水的生成反应的氧势线与 0K 时的纵轴的交点。由于该反应的标准自由能变化为

$$\Delta_r G_m^{\ominus}(H_2O)=RT\ln\{(p_{H_2O}/p^{\ominus})^2/[(p_{H_2}/p^{\ominus})^2(p_{O_2}/p^{\ominus})]\}=-495.0+0.11176T\ \text{kJ/mol}$$

因此，水蒸气的生成反应在 $p_{H_2}/p_{H_2O}=1$ 时的氧势线方程为

$$RT\ln(p_{O_2(H_2O)}/p^{\ominus})=-495.0+0.11176T\ \text{kJ/mol}$$

在用（H_2+H_2O）混合气体还原氧化物 MO 时，体系中存在反应：

$$MO(s)+H_2(g) \xlongequal{\quad} M(s)+H_2O(g) \tag{5-8}$$

该反应可由水蒸气的生成反应式（5-7）和 MO 的生成反应式（5-9）组合而成。

$$2M(s)+O_2(g) \xlongequal{\quad} 2MO(s) \qquad \Delta_r G_m^{\ominus}(MO)=RT\ln(p_{O_2}/p^{\ominus}) \tag{5-9}$$

即
$$\Delta_r G_{m,(5-8)}^{\ominus}=\frac{1}{2}(\Delta_r G_m^{\ominus}(H_2O)-\Delta_r G_m^{\ominus}(MO))=RT\ln(p_{H_2O}/p_{H_2})$$

$$K_{(5-8)}^{\ominus}=\frac{p_{H_2O}/p^{\ominus}}{p_{H_2}/p^{\ominus}}\frac{a_M}{a_{MO}}\xrightarrow[\text{取纯物质标态，}a_M=1,\ a_{MO}=1]{\text{M 和 MO 为纯物质}}\left(\frac{p_{H_2O}}{p_{H_2}}\right)_{eq}=\left(\frac{\varphi_{H_2O}}{\varphi_{H_2}}\right)_{eq}$$

可见，H_2O 与 MO 等氧势 $RT\ln(p_{O_2(H_2O)}/p^{\ominus})=RT\ln(p_{O_2(MO)}/p^{\ominus})$ 时，两个氧化物的氧势线相交，反应式（5-8）达到平衡。因此，H_2O 氧势线的（p_{H_2}/p_{H_2O}）比值即为该交点所对应温度下还原反应式（5-8）的平衡（p_{H_2}/p_{H_2O}）比值。因此，反应式（5-8）在温度 TK 时的平衡常数即（p_{H_2O}/p_{H_2}）$_{eq}$，可由氧势图直接读出。具体做法是：连接“H”点

与氧化物 MO 的氧势线在温度 *T*K 下的氧势点，并延长到与 p_{H_2}/p_{H_2O} 分压比标尺相交，交点的读数为 $(p_{H_2}/p_{H_2O})_{eq}$，如图 5-4 所示，其倒数即为反应式（5-8）在温度 *T*K 时的平衡常数。

同理可讨论 CO 和 CO_2 分压比标尺 p_{CO}/p_{CO_2} 及其应用。氧势图中“C”点对应于 CO 和 CO_2 气体分压比 $p_{CO}/p_{CO_2}=1$ 时，CO 燃烧生成 CO_2 的反应

$$2CO(g)+O_2(g) = 2CO_2(g) \quad (5\text{-}10)$$

的氧势线在温度为 0K 时的截距。即“C”点为 $p_{CO}/p_{CO_2}=1$ 时，CO 燃烧生成 CO_2 的反应的氧势线与 0K 时的纵轴的交点。由于该反应的标准自由能变化为

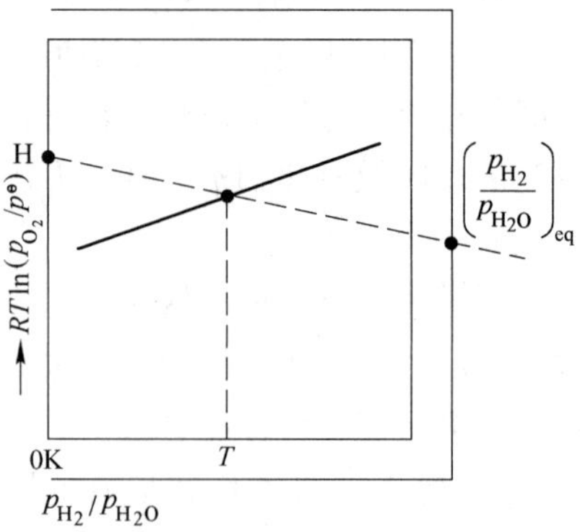

图 5-4　由 (p_{H_2}/p_{H_2O}) 标尺求还原反应平衡常数

$$\Delta_r G_m^{\ominus}(CO_2) = -RT\ln\{(p_{CO_2}/p^{\ominus})^2/[(p_{CO}/p^{\ominus})^2(p_{O_2}/p^{\ominus})]\}$$
$$= -565.39+0.17517T$$

因此，反应 $2CO(g)+O_2(g) = 2CO_2(g)$ 在 $p_{CO}/p_{CO_2}=1$ 时的氧势线方程为

$$RT\ln(p_{O_2(CO_2)}/p^{\ominus}) = -565.39+0.17517T$$

在用 $(CO+CO_2)$ 混合气体还原氧化物 MO 时，体系中存在反应：

$$MO(s)+CO(g) = M(s)+CO_2(g) \quad (5\text{-}11)$$

该反应可由 CO 燃烧生成 CO_2 的反应式（5-10）和 MO 的生成反应式（5-9）组合得到，即

$$\Delta_r G^{\ominus}_{m,(5-11)} = \frac{1}{2}(\Delta_r G_m^{\ominus}(CO_2) - \Delta_r G_m^{\ominus}(MO)) = RT\ln(p_{CO_2}/p_{CO})$$

$$K^{\ominus}_{(5-11)} = \frac{p_{CO_2}/p^{\ominus}}{p_{CO}/p^{\ominus}}\frac{a_M}{a_{MO}} \xrightarrow[\text{取纯物质标态，}a_M=1,\ a_{MO}=1]{\text{M 和 MO 为纯物质}} \left(\frac{p_{CO_2}}{p_{CO}}\right)_{eq}$$
$$= \left(\frac{\varphi_{CO_2}}{\varphi_{CO}}\right)_{eq}$$

同理：CO_2 与 MO 等氧势 $RT\ln(p_{O_2(CO_2)}/p^{\ominus}) = RT\ln(p_{O_2(MO)}/p^{\ominus})$ 时，两个氧化物的氧势线相交，反应式（5-11）达到平衡。因此，CO_2 氧势线的 p_{CO}/p_{CO_2} 比值即为该交点所对应温度下还原反应式（5-11）的平衡 p_{CO}/p_{CO_2} 比值。反应式（5-11）在温度 *T*K 时的平衡常数 $(p_{CO_2}/p_{CO})_{eq}$，可由氧势图中连接“C”点与氧化物 MO 的氧势线在温度 *T*K 下的氧势点，并延长到与 p_{CO}/p_{CO_2} 分压比标尺的交点的读数的倒数求得，如图 5-5 所示。

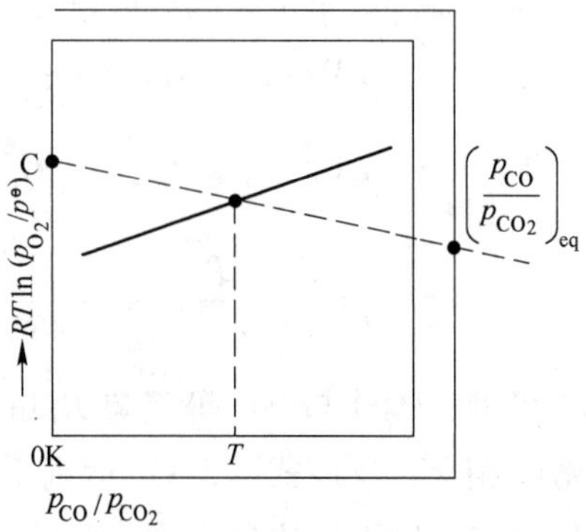

图 5-5　由 p_{CO}/p_{CO_2} 标尺求还原反应平衡常数

硫化物、碳化物和氮化物等也有对应的硫势

图、碳势图和氮势图，它们也有对应的硫标尺、碳标尺和氮标尺，分析方法类似于氧势图的分析方法。

5.2 化合物的形成-分解反应

5.2.1 金属氧化物生成及分解反应的热力学

许多金属，特别是过渡金属元素，它们具有多种价态，因此有多种不同价态的氧化物存在。如铁有三种价态的氧化物：FeO、Fe_3O_4 和 Fe_2O_3。当铁被氧化生成氧化物或其氧化物分解时有何规律？这些氧化物之间如何发生变化？实验表明：

（1）氧化物在分解（或被还原）时，通常总是由高价氧化物按照其化合价的价态由高价氧化物依次转变为次一级的氧化物，最后才由其最低价的氧化物转变为金属，这被称为逐级转变原则。而金属的氧化过程也将遵循该原则，从低价态依次转变为高一级价态的氧化物，最后才转变为最高价的氧化物。

（2）在同种金属元素不同价态的氧化物中，高价态氧化物的稳定性和低价态氧化物的稳定性不同。温度升高时，低价态氧化物的稳定性增强；温度降低时，则高价态的氧化物的稳定性增强。

（3）最低价的金属氧化物都有其稳定存在的最低温度，高于此温度它才能存在。例如，FeO 只能在 570℃以上存在，SiO(g) 只能在 1500℃以上存在，Cu_2O 只能在 375℃以上存在。所以氧化物的分解有两种顺序：高温转变和低温转变。

如铁、硅、铜、铬的氧化物的分解都具有这种特性。但逐级转变原则只有当各级氧化物及金属均为凝聚相纯物质时才成立，若这些物质中有气体或溶解态物质时，这些物质的化学势将随其分压或活度而变化，从而可能违背逐级转变原则。

下面以铁及其氧化物为例讨论氧化物的形成及分解过程的热力学原理。

按照逐级转变原则，Fe-O 体系内各级铁氧化物之间的转变关系为

$$Fe \rightleftharpoons FeO \rightleftharpoons Fe_3O_4 \rightleftharpoons Fe_2O_3$$

从左至右为各铁氧化物的生成转变过程，而从右至左为各铁氧化物的分解转变过程。因此可写出相应的氧化及分解过程的化学反应。

T>570℃（843K）：铁氧化物的转变次序为 $Fe \rightarrow FeO \rightarrow Fe_3O_4 \rightarrow Fe_2O_3$。

$$2Fe(s) + O_2 = 2FeO(s) \qquad \Delta_f G_m^{\ominus} = -528860 + 129.5T \ \ J/mol \qquad (5\text{-}12)$$

$$6FeO(s) + O_2 = 2Fe_3O_4(s) \qquad \Delta_f G_m^{\ominus} = -586380 + 207.6T \ \ J/mol \qquad (5\text{-}13)$$

$$4Fe_3O_4(s) + O_2 = 6Fe_2O_3(s) \qquad \Delta_f G_m^{\ominus} = -526950 + 310.0T \ \ J/mol \qquad (5\text{-}14)$$

T<570℃（843K）：由于 FeO 不能稳定存在，铁氧化物的转变次序为 $Fe \rightarrow Fe_3O_4 \rightarrow Fe_2O_3$。

$$3/2Fe(s) + O_2 = 1/2Fe_3O_4(s) \qquad \Delta_f G_m^{\ominus} = -543240 + 149T \ \ J/mol \qquad (5\text{-}15)$$

$$4Fe_3O_4(s) + O_2 = 6Fe_2O_3(s) \qquad \Delta_f G_m^{\ominus} = -526950 + 310.0T \ \ J/mol$$

将上述氧化物的标准生成自由能对温度作图，可得 Fe-O 体系 $\Delta_r G_m^{\ominus}-T$ 的平衡关系图，如图 5-6（a）所示。

对于 Fe-O 体系中的每一个反应，独立组元数 $k=2$；每一个反应有 1 个气相、2 个固

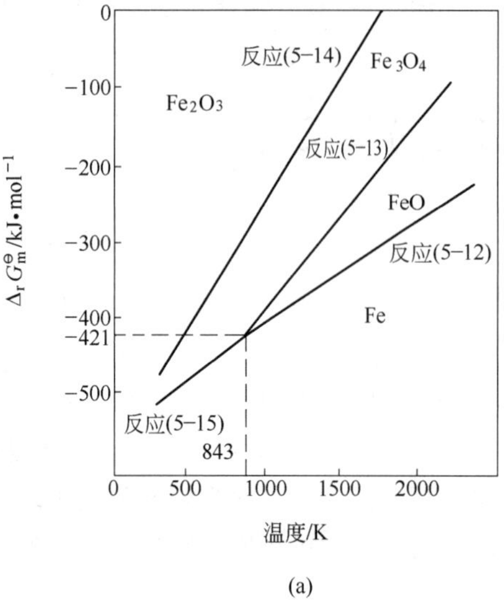

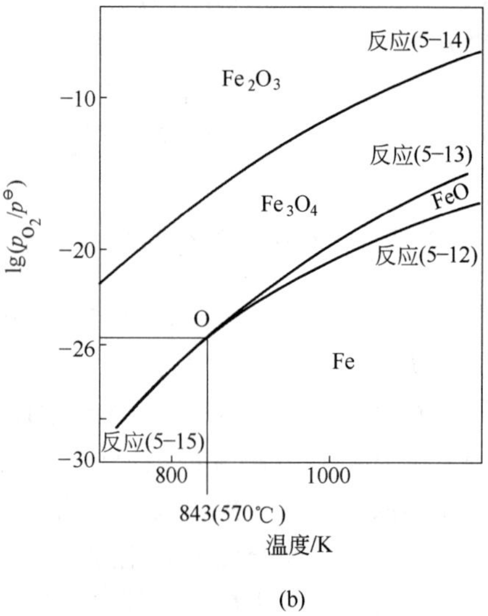

图 5-6　Fe-O 体系铁氧化物生成或分解反应平衡图

（a）$\Delta_r G_m^\ominus - T$ 图；（b）$\lg(p_{O_2}/p^\ominus) - T$ 图

相，相数 $\phi=3$。故体系自由度 $f=k-\phi+2=2-3+2=1$。因此，反应平衡的氧分压随着温度变化。对于上述每一个反应，有

$$\Delta_f G_m^\ominus = RT\ln(p_{O_2}/p^\ominus)$$

从而

$$\lg(p_{O_2}/p^\ominus) = \Delta_f G_m^\ominus/2.303RT = \Delta_f G_m^\ominus/19.147T$$

将每一个反应的 $\lg(p_{O_2}/p^\ominus)$ 对温度作图，可得 Fe-O 体系 $\lg(p_{O_2}/p^\ominus)-T$ 的平衡关系图，如图 5-6（b）所示。

由图 5-6（a）可知，体系中各种铁氧化物中 FeO 的稳定性最高，其次为 Fe_3O_4，最不稳定的是 Fe_2O_3。由图 5-6（b）可知，当某温度下，体系中氧气分压高于某一反应的平衡值（即位于某一平衡线上方），即高于对应氧化物的分解压时，反应正向进行，产物氧化物稳定存在，而反应物氧化物不稳定，因而可得出各氧化物的稳定区。因此图 5-6（b）也称为铁氧化物的优势区图或称为 Fe-O 体系的优势区图。图中标有各氧化物名称，由各平衡线所围成的区域为该氧化物稳定存在区域。利用优势区图可直观地查出某一反应的平衡 $\lg(p_{O_2}/p^\ominus)$（已知温度时）或温度（已知气相氧气分压时），以及某温度和氧气分压下体系的稳定相（稳定存在的氧化物）。图中 O 点为 Fe、FeO 和 Fe_3O_4 的平衡共存点，自由度 $f=0$，因此是一个特定点。由于优势区图呈“叉子状”，因此往往把这类曲线称为“叉子曲线”。这些平衡曲线是 Fe、FeO、Fe_3O_4 及 Fe_2O_3 相稳定存在区的分界线。

除了 Fe-O 体系优势区图外，冶金中还有其他一些金属-氧体系也有类似的关系曲线，如：Cr-O 系、Cu-O 系等。

5.2.2　Fe-O 体系状态图

上面在讨论铁氧化物的生成-分解反应时，认为各铁氧化物均为化学计量化合物。实

际上，铁氧化物在不同的氧气分压和温度下能发生部分互溶，形成非化学计量化合物。Fe-O 体系状态图是在压力一定时体系的平衡相与变量——温度和组成之间的关系图。以状态图为工具，可考察铁的氧化反应的平衡条件，各级氧化物稳定存在的条件及铁的氧化物的分解特点。图 5-7 为 Fe-O 状态图。

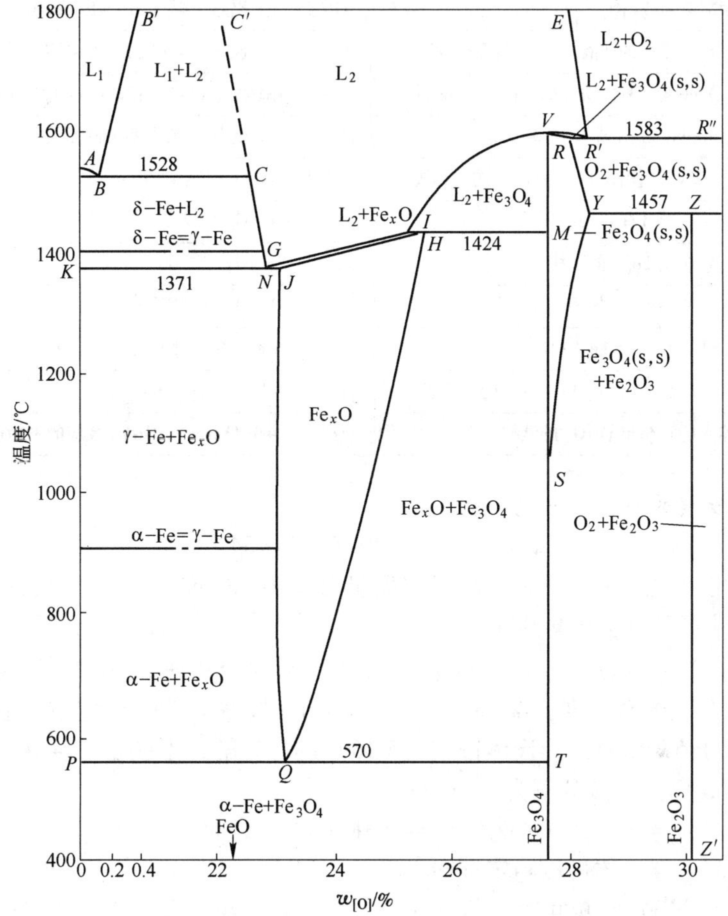

图 5-7　Fe-O 状态图

由图可见，纯铁从液态结晶后有 α（体心立方晶格）、γ（面心立方晶格）和 δ（体心立方晶格）三种同素异构体。铁的氧化物有赤铁矿（Fe_2O_3，理论含氧量 30.06%）、磁铁矿（Fe_3O_4，理论含氧量 27.64%）及浮氏体（FeO，按 Fe 和 O 的原子数为 1∶1 的质量分数计算，其理论含氧量为 22.28%）。在 Fe-O 状态图中没有恰好能符合 FeO 按 Fe∶O = 1∶1计算的铁和氧的含量，FeO 是一个非化学计量化合物，其组成随温度和氧压而变化，按质量分数计算其含氧量为 22.6%~25.6%。因此，浮氏体相用 Fe_xO 表示，其中 $x = 0.95 \sim 0.83$。浮氏体只有在高于 570℃时才能稳定存在。X 射线衍射实验表明，Fe^{2+} 离子在晶格点阵上有空位，属于缺位化合物。低于 570℃时浮氏体将分解为 Fe 和 Fe_3O_4。浮氏体的组成介于纯 FeO 和 Fe_3O_4 之间，可视为纯 FeO 和 Fe_3O_4 的固溶体，其最大含氧量相当于纯 FeO 被 Fe_3O_4 饱和时的含氧量。

图中已标出各物质的平衡共存区，图中各线含义见表5-1。

表5-1 Fe-O 状态图中相平衡线的意义

相平衡线	意　义	相平衡线	意　义
AB	氧在铁液中溶解的液相线	*VR*	氧化铁熔体（L_2）析出 Fe_3O_4（s，s）的固相线
BB′	与氧化铁（L_2）平衡的铁液（L_1）的氧溶解度线	*RR′R″*	氧化铁熔体（L'_R）$=Fe_3O_4(s,s)+O_2$
CC′	与铁液（L_1）平衡的氧化铁（L_2）的氧溶解度线	*ER′*	氧化铁（L_2）溶解氧的溶解度上限线
CB′	偏晶线：$L_C+\delta\text{-}Fe=L_B$（或 $L_2+\delta\text{-}Fe=L_1$）	*RYS*	Fe_3O_4(s，s）的氧溶解度线
CGN	氧化铁熔体（L_2）析出 δ-Fe（γ-Fe）的液相线	*YZ*	$Fe_2O_3=Fe_3O_4(s,s)+O_2$
JNK	共晶线：$L_N=Fe_xO(J)+\gamma\text{-}Fe$	*VT*	Fe_3O_4 组成线
GI	氧化铁（L_2）析出 Fe_xO 的液相线	*ZZ′*	Fe_2O_3 组成线
JH	氧化铁（L_2）析出 Fe_xO 的固相线	*JQ*	Fe_xO 含氧量下限线
IHM	转熔线：$L_2+Fe_3O_4(M)=Fe_xO(H)$	*HQ*	Fe_xO 含氧量上限线
VR′	氧化铁熔体（L_2）析出 Fe_3O_4(s，s）的液相线	*TQP*	$4Fe_xO=\alpha\text{-}Fe+Fe_3O_4$
IV	氧化铁熔体（L_2）析出 Fe_3O_4 的液相线	*Q*	$4Fe_xO=\alpha\text{-}Fe+Fe_3O_4$ 反应的平衡点

其中，BB′线表示的 $w_{[O]}$-T 关系为

$$\lg w_{[O]}=-6320/T-2.734$$

Q 点对应的温度为570℃，对应的氧的质量分数为23.5%。在 Q 点处浮氏体相 Fe_xO 和纯铁Fe及磁铁矿 Fe_3O_4 平衡共存：

$$4FeO(s)=\!=\!=Fe(s)+Fe_3O_4(s)\quad \Delta_rG_m^\ominus=-48580+57.61T\quad J/mol \tag{5-16}$$

根据相律，Q 点的自由度 $f=k-\phi+2=2-4+2=0$。故 Q 点为一特定点，温度、压力及组成均固定。低于570℃时，浮氏体按式（5-16）进行分解，不能稳定存在；但 Fe_3O_4 不能分解出浮氏体，而是直接分解为Fe和 O_2：

$$Fe_3O_4(s)=\!=\!=3Fe(s)+2O_2$$

高于570℃时，浮氏体可以稳定存在。

JQ 线上 Fe_xO 与Fe平衡共存，即反应式（5-12）达到平衡状态。*JQ* 线的自由度 $f=k-\phi+2=2-3+2=1$。因此，氧含量随温度变化。

HQ 线上 Fe_xO 与 Fe_3O_4 平衡共存，即反应式（5-13）达到平衡状态。自由度 f 与 *JQ* 线相同。

5.2.3 碳酸盐分解的热力学

冶金过程中遇到的碳酸盐有石灰石（$CaCO_3$）、白云石（$CaCO_3\cdot MgCO_3$）、菱镁矿（$MgCO_3$）、菱锰矿（$MnCO_3$）及菱锌矿（$ZnCO_3$）等，它们有的作为冶金熔剂，有的作为冶金的原料，有的是冶金原料中伴生的物质。碳酸盐 MCO_3 的分解反应为：

$$MCO_3(s)=\!=\!=CO_2(g)+MO(s) \tag{5-17}$$

此反应是碳酸盐 MCO_3 生成反应的逆过程。对于反应式（5-17）

$$\Delta_rG_m=\Delta_rG_m^\ominus+RT\ln\frac{a_{MO}(p_{CO_2}/p^\ominus)}{a_{MCO_3}}\xrightarrow[a_{MO}=1,\ a_{MCO_3}=1]{MO、MCO_3\text{为纯物质}}\Delta_rG_m^\ominus+RT\ln(p_{CO_2}/p^\ominus)$$

当碳酸盐分解反应达到平衡时，$\Delta_r G_m = 0$，从而

$$\Delta_r G_m^{\ominus} = -RT\ln(p_{CO_2(MCO_3),eq}/p^{\ominus})$$

$$K^{\ominus} = p_{CO_2(MCO_3),eq}/p^{\ominus}$$

称碳酸盐分解反应在某温度下达到平衡时，气相中 CO_2 的分压 $p_{CO_2(MCO_3),eq}$ 为该温度下碳酸盐 MCO_3 的分解压。而将气相 $p_{CO_2} = p_{CO_2(MCO_3),eq}$ 时，使 $\Delta_r G_m = 0$ 的温度称为该碳酸盐的开始分解温度 $T_{开}$。同时将化合物分解的压力等于体系总压时，使 $\Delta_r G_m = 0$ 的温度称为该化合物的沸腾分解温度 $T_{沸}$。故

$$\Delta_r G_m = -RT\ln(p_{CO_2(MCO_3),eq}/p^{\ominus}) + RT\ln(p_{CO_2}/p^{\ominus}) = RT\ln(p_{CO_2}/p_{CO_2(MCO_3),eq})$$

可见，在一定温度下，当气相 CO_2 分压 $p_{CO_2} > p_{CO_2(MCO_3),eq}$ 时，$\Delta_r G_m > 0$，反应逆向进行，碳酸盐稳定存在；当 $p_{CO_2} < p_{CO_2(MCO_3),eq}$ 时，$\Delta_r G_m < 0$，反应正向进行，碳酸盐将分解而不能稳定存在；当 $p_{CO_2} = p_{CO_2(MCO_3),eq}$ 时，$\Delta_r G_m = 0$，碳酸盐分解反应达到平衡状态。

同样，在一定压力下，当温度 $T > T_{开}$ 时，碳酸盐将被分解；当温度 $T < T_{开}$ 时，碳酸盐将不会发生分解而能够稳定存在。

碳酸盐的分解除了受温度和压力影响外，还会受到固态物质被加热时发生相变、互溶或溶于第三种物质及碳酸盐本身的分散度（粒度大小）的影响。前两种情况下，使得参加反应的固相物质（M 和 MCO_3）的活度不为 1，因此在进行热力学讨论时必须考虑固相物质的活度，从而使分解压或分解温度发生一定的变化。而随着碳酸盐分散度的增加，碳酸盐颗粒度的减小，其表面积增大，使得碳酸盐的化学势增大，因而使得碳酸盐的分解压增大，同样条件下碳酸盐的分解更易于进行。但一般只有当使用超细粉末时才需考虑碳酸盐粒度对碳酸盐分解的影响。一般冶金体系的固体粉剂尺寸条件下，可不考虑分散度的影响。

5.2.4 碳酸盐分解的动力学

碳酸盐的分解具有结晶化学转变的特点，其过程大致由以下三个步骤组成：

（1）分解过程从碳酸盐颗粒表面上的某些活性点开始，而后沿着矿内反应界面进行。分解形成的 CO_2 在相界面上吸附，经脱附离开相界面，而形成的氧化物在原相中形成过饱和固溶体：

$$MCO_3 = (M^{2+} \cdot O^{2-})_{MCO_3} \cdot CO_{2(ab)} = (M^{2+} \cdot O^{2-}) + CO_2$$

（2）氧化物新相核的形成及长大。

（3）CO_2 脱附离开反应相界，在其外的产物层（MO）内扩散和通过产物层外边界层内的外扩散。

总结上述三个步骤，碳酸盐的分解过程是由界面化学反应、氧化物层的内扩散及颗粒外边界层的扩散三个环节组成。在一般条件下，矿块外边界层的外扩散要比分解产物层的内扩散快得多，不会成为分解速率的控制步骤。因此，认为分解过程由界面反应和内扩散两环节组成。下面采用稳态、准稳态原理来推导碳酸盐分解的速率式，并进行简单的讨论。

界面化学反应速率：

$$v = -\frac{dn}{dt} = 4\pi r^2(k_+ a_{MCO_3} - k_- a_{MO} p_{CO_2}) = 4\pi r^2 k_+ [1 - (p_{CO_2}/p^{\ominus})/K^{\ominus}] \tag{5-18}$$

式中，$K^{\ominus}$ 为反应的平衡常数，$K^{\ominus} = k_+/k_-$；a_{MCO_3} 和 a_{MO} 分别为 MCO_3 和 MO 的活度，取纯物质为标准态时，其值均为 1；r 为 MCO_3 颗粒在时间 t 时未反应部分的半径；p_{CO_2} 为反应界面处 CO_2 的分压。

CO_2 在产物层的内扩散速率：

$$J=\frac{4\pi D_e}{RT}\cdot\frac{r_0 r}{r_0-r}[(p_{CO_2}/p^{\ominus})-(p_{CO_2}^0/p^{\ominus})] \tag{5-19}$$

式中，$p_{CO_2}^0$为气相中 CO_2 的分压，当外扩散不成为控制步骤时，$p_{CO_2}^0$就等于矿球表面的 CO_2 的分压；D_e为产物层（MO）内 CO_2 的有效扩散系数；r_0为颗粒原始半径。

当达到稳态时，$v=J$，得 p_{CO_2}：

$$p_{CO_2}/p^{\ominus}=\frac{rk_+ +\frac{D_e}{RT}\frac{r_0}{r_0-r}\frac{p_{CO_2}^0}{p^{\ominus}}}{\frac{D_e}{RT}\frac{r_0}{r_0-r}+\frac{rk_+}{K^{\ominus}}} \tag{5-20}$$

代入式（5-18）可得

$$v=-\frac{dn}{dt}=\frac{4\pi r^2 r_0(1-(p_{CO_2}^0/p^{\ominus})/K^{\ominus})}{\frac{r_0}{k_+}+\frac{RT}{K^{\ominus}D_e}(rr_0-r^2)} \tag{5-21}$$

由于

$$v=-\frac{dn}{dt}=-\frac{dn}{dr}\cdot\frac{dr}{dt}=-\frac{d}{dr}\left(\frac{4}{3}\pi r^3\rho\right)\cdot\frac{dr}{dt}=\frac{-4\pi r^2\rho}{M}\frac{dr}{dt} \tag{5-22}$$

式中，M 为 MCO_3 颗粒的摩尔质量。

根据碳酸盐分解反应式（5-17），有 $-dn_{MCO_3}/dt=dn_{CO_2}/dt$，因此由式（5-21）和式（5-22）可得

$$\frac{r_0(1-(p_{CO_2}^0/p^{\ominus})/K^{\ominus})}{\rho/M}dt=-\left[\frac{r_0}{k_+}+\frac{RT}{K^{\ominus}D_e}(rr_0-r^2)\right]dr \tag{5-23}$$

将式（5-23）积分：

$$\int_0^t\frac{r_0(1-(p_{CO_2}^0/p^{\ominus})/K^{\ominus})}{\rho/M}dt=-\int_{r_0}^r\left[\frac{r_0}{k_+}+\frac{RT}{K^{\ominus}D_e}(rr_0-r^2)\right]dr \tag{5-24}$$

得

$$\frac{k_+D_e r_0(1-(p_{CO_2}^0/p^{\ominus})/K^{\ominus})}{\rho/M}t=\frac{k_+RT}{6K^{\ominus}}(r_0^3+2r^3-3r_0r^2)-D_e r_0 r+D_e r_0^2 \tag{5-25}$$

而

$$r=r_0(1-R')^{1/3} \tag{5-26}$$

将式（5-26）代入式（5-25）得

$$\frac{k_+D_e(1-(p_{CO_2}^0/p^{\ominus})/K^{\ominus})}{r_0^2\rho RT/M}t=\frac{k_+}{6K^{\ominus}}[3-2R'-3(1-R')^{2/3}]+\frac{D_e}{r_0}[1-(1-R')^{1/3}] \tag{5-27}$$

据此讨论如下：

(1) 当 $k_+\ll D_e$ 时，内扩散速率很快，界面反应成为限速步骤，式（5-27）可简化为

$$\frac{k_+[1-(p_{CO_2}^0/p^{\ominus})/K^{\ominus}]}{r_0\rho RT/M}t=1-(1-R')^{1/3} \tag{5-28}$$

当 $R'=1$ 时，碳酸盐颗粒完全分解，此时

$$t=r_0\rho RT/[k_+(1-(p_{CO_2}^0/p^\ominus)/K^\ominus)M]$$

可见，颗粒完全分解的时间与颗粒原始半径成正比，这是界面反应限速的判据。此时，随着温度的升高、粒度的减小和气相 CO_2 分压的降低，分解时间缩短。

(2) 当 $k_+ \gg D_e$ 时，界面反应速率很快，内扩散成为限速步骤，式（5-27）可简化为：

$$\frac{2D_e[K^\ominus-(p_{CO_2}^0/p^\ominus)]}{r_0^2\rho RT/M}t=1-\frac{2}{3}R'-(1-R')^{2/3} \tag{5-29}$$

当 $R'=1$ 时，碳酸盐颗粒完全分解，此时

$$t=r_0^2\rho RT/[6D_eM(K^\ominus-(p_{CO_2}^0/p^\ominus))]$$

可见，颗粒完全分解的时间与颗粒原始半径的平方成正比，这是内扩散限速的判据。

5.2.5 硫化物分解的热力学

某些金属如 Fe、Cu、Ni、As 等具有不同价态的硫化物，其高价硫化物在中性气氛中受热到一定温度即发生如下的分解反应，产生硫单质和低价硫化物。例如火法冶金中常遇到的硫化物的热分解反应：

$$FeS_2 = FeS+\frac{1}{2}S_2$$

$$2CuS = Cu_2S+\frac{1}{2}S_2$$

可见，在高温下低价硫化物是稳定的。因此在火法冶金过程中实际参加反应的是金属的低价硫化物。

由于硫的沸点低，仅为 444.6℃，由金属硫化物热分解产出的硫，在通常的火法冶金温度下都是气态硫。在不同温度下，这种气态硫中含有多原子的 S_8、S_6、S_2 和单原子的 S，其含量变化取决于温度。在温度 800K 以下气态硫主要是 S_8、S_6；在高于 1500K 的温度时，就必须考虑到单体硫的存在；在火法冶金的作业温度范围内（1000~1500K）主要是双原子的气态硫存在。

在火法冶金的温度下，二价金属硫化物的离解-生成反应可以用下列通式表示：

$$2Me+S_2(g) = 2MeS$$

Me 和 MeS 为纯物质时，MeS 的离解压 p_{S_2} 与反应的平衡常数 $K^\ominus$ 及吉布斯自由能 $\Delta_rG_m^\ominus$ 的关系式为

$$K^\ominus=\frac{1}{p_{S_2}/p^\ominus},\ \Delta_rG_m^\ominus=-RT\ln K^\ominus=RT\ln(p_{S_2}/p^\ominus)$$

硫化物的吉布斯自由能与温度的关系图如图 5-8 所示。类似于氧势图的分析方法，可以从图中直接读出各种金属硫化物的 $\Delta_rG_m^\ominus$ 和 $p_{S_2}/p^\ominus$，以判断其稳定性。由图可以看出大多数硫化物生成反应的 $\Delta_rG_m^\ominus$ 随温度的升高而增大，其反应趋势随温度的升高而减小，与氧化物大致相同。但在同一温度下，硫化物的稳定性比氧化物的小，一般金属和硫的亲和力比和氧的亲和力小一半（贵重金属的硫化物除外），所以可以将硫化物经过氧化焙烧变为氧化物或硫酸盐，以便进行还原熔炼或湿法处理。在钢铁冶金中利用某些元素（如 Mg、Ca 等）和硫的亲和力很大，除去有害杂质硫。

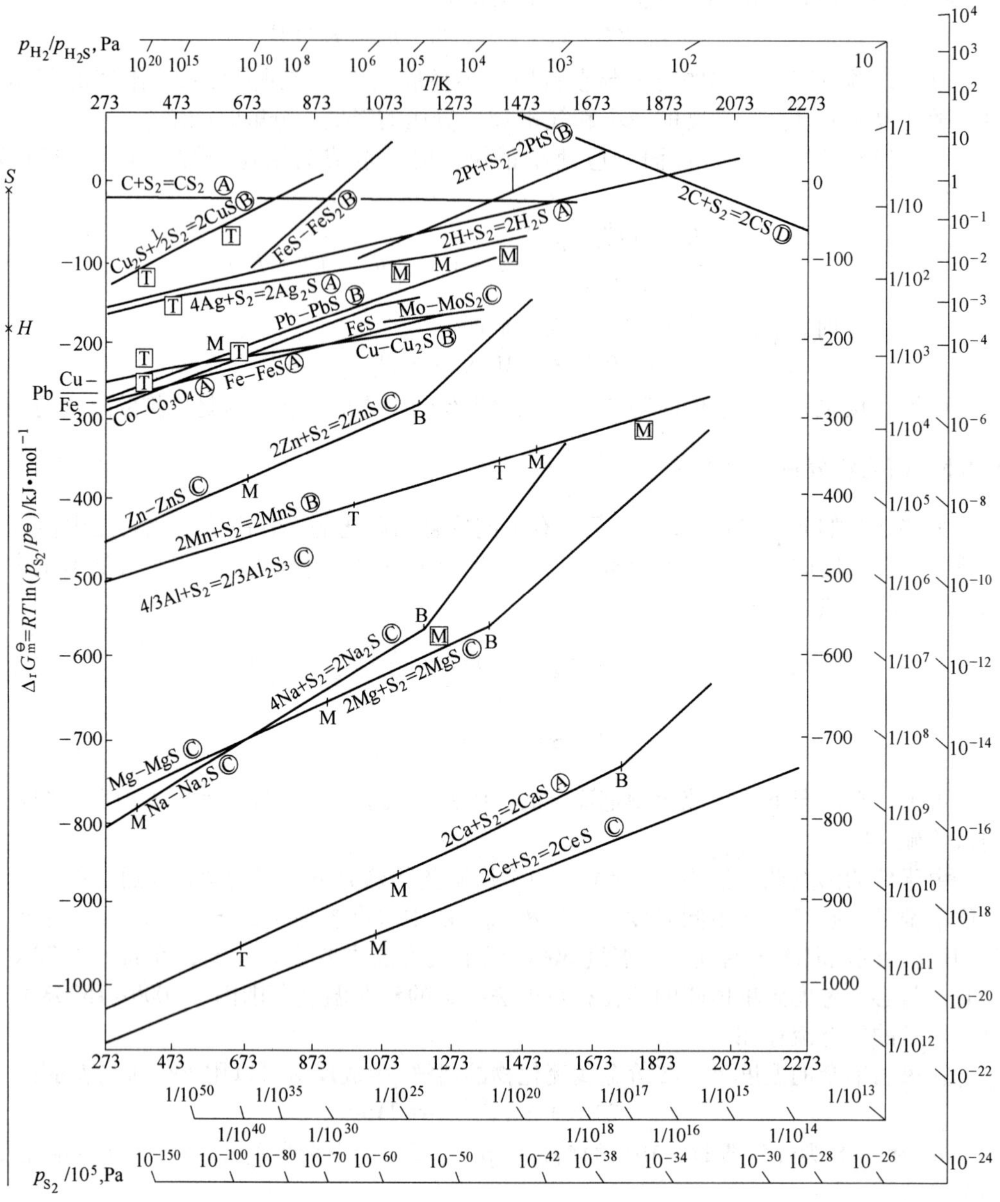

图 5-8　硫化物的吉布斯自由能与温度的关系图

（准确度符号：Ⓐ±4kJⒷ±12kJⒸ±42kJⒹ>42kJ；相态变化符号：相变点 T、熔点 M、沸点 B、升华点 S；图中不加方框的为元素，加方框的为氧化物）

5.3　燃料的燃烧

火法冶金过程是在高温下进行的，因此冶炼过程中需要大量的热能。冶炼过程中燃料的燃烧是一个提供热能的重要手段和来源。燃烧反应指燃料中的可燃成分（C、CO 及 H_2）与气相中的氧气发生的氧化反应。冶金中的可燃成分不仅可燃烧以提供热能，而且还是很强的还原剂，直接参与还原化合物（氧化物）的反应。因此，燃烧反应在提供热能的同时，本身又是一个重要的冶金反应，为冶金过程提供很强的还原剂。因此，燃烧反应是冶金过程的重要反应之一。

研究燃烧反应的热力学，即需了解：各燃料中的可燃成分燃烧时产生的热效应；各反应进行的可能性、最终产物；燃烧反应体系进行的限度——气相组成与温度和压力的关系及其对冶金反应可能产生的影响；还有平衡体系热力学的研究方法及气相平衡组成的计算等。由于有关反应的热力学数据可从有关手册查到，因此本节主要介绍 C-O 体系、C-H-O 体系的热力学分析方法。

5.3.1 燃烧反应

5.3.1.1 热效应

冶金中常见的燃料有 C、CO、H_2 和 CH_4 等。其燃烧反应为：

碳的完全燃烧反应：

$$C(s) + O_2(g) = CO_2(g) \tag{5-30}$$

$$\Delta_r G_m^\ominus = -395350 - 0.54T \quad J/mol, \quad \Delta_r H_m^\ominus(298K) = -393.5kJ/mol$$

碳的不完全燃烧反应：

$$2C(s) + O_2(g) = 2CO(g) \tag{5-31}$$

$$\Delta_r G_m^\ominus = -228800 - 171.54T \quad J/mol, \quad \Delta_r H_m^\ominus(298K) = -221.1kJ/mol$$

CO 的燃烧反应：

$$2CO + O_2 = 2CO_2(g) \tag{5-32}$$

$$\Delta_r G_m^\ominus = -561900 + 170.46T \quad J/mol, \quad \Delta_r H_m^\ominus(298K) = -561.9kJ/mol$$

H_2 的燃烧反应：

$$2H_2 + O_2 = 2H_2O\ (g) \tag{5-33}$$

$$\Delta_r G_m^\ominus = -495000 + 111.76T \quad J/mol, \quad \Delta_r H_m^\ominus(298K) = -483.62kJ/mol$$

某温度下燃烧反应的热效应，可根据参加燃烧反应的各物质的摩尔定压热容与温度的关系，用基尔霍夫公式通过积分来计算：

$$\Delta_r H_m^\ominus(T) = \Delta_r H_m^\ominus(298K) + \int_{298}^{T} \Delta r c_{p,m}^\ominus dT$$

有关反应的热力学数据可从有关手册查到，可计算出 C、CO、H_2 可燃成分燃烧反应的热效应与温度的关系，见表 5-2。

表 5-2 H_2 和 CO 燃烧反应在不同温度下的热效应

温度 T/K		1000	1500	2000	2500
$\Delta_r H_m^\ominus(T)$/kJ · mol^{-1}	$2H_2+O_2=2H_2O(g)$	-495.85	-502.08	-501.79	-489.57
	$2CO+O_2=2CO_2(g)$	-566.10	-560.61	-555.13	-553.46

由表 5-2 可知，CO 和 H_2 燃烧反应的热效应随温度变化不大，燃烧反应放出很高的热量，且在很高温度下均有很高的值。

5.3.1.2 燃烧反应产物的相对稳定性

由图 5-1 可得上述四个燃烧反应产物（CO、CO_2、H_2O）在不同温度下的相对稳定性。由图可见：

（1）C、CO 和 H_2 燃烧反应在火法冶金条件下其氧势的负值都很大，其绝对值都在 300kJ 以上，因此都是不可逆的。反应平衡时的 p_{O_2} 很低，其中 H_2 燃烧反应最高，也在 1×10^{-2}Pa以下。故在考虑燃烧反应体系的平衡时，若 C 过剩，则可不考虑体系中存在单质的氧气，体系是一个强还原气氛。

（2）反应式（5-32）（CO 的燃烧反应）与反应式（5-33）（H_2的燃烧反应）的氧势线相交于 810℃。高于该温度时，H_2燃烧反应的氧势线位于下方，而低于该温度则是 CO 燃烧反应的氧势线位于下方。因此 T<810℃时，CO_2比 H_2O 稳定，即 CO 的还原能力比 H_2 强；T>810℃时，H_2O 比 CO_2稳定，即 H_2的还原能力比 CO 强；810℃时，CO 和 H_2的燃烧反应处于同时平衡状态，此时对应于水煤气反应。

（3）在有固体 C 存在时，反应式（5-31）（碳的不完全燃烧反应）和式（5-32）（CO 的燃烧反应）的氧势线交于 705℃。高于该温度时，碳的不完全燃烧反应的氧势线位于下方，而低于该温度则是 CO 燃烧反应的氧势线位于下方。因此，T>705℃时，CO 比 CO_2稳定。故在火法冶金（如高炉炼铁、炼钢过程）条件下，高温区燃烧产物主要是 CO，只有在低温条件下或富氧缺碳时，才有较大量的 CO_2。

5.3.2 C-O 体系热力学及碳的气化反应

本节将以 C-O 体系为例讨论反应体系热力学分析的方法。

5.3.2.1 C-O 体系可能发生的反应

C-O 体系可能存在的物种有：C、CO、CO_2和 O_2，物种数 $S=4$。体系中可能的反应列于表 5-3，共有 4 个反应。

表 5-3 C-O 体系可能发生的反应

化学反应式	反应名称	$\Delta_r G_m^\ominus$/J·mol^{-1}	$\Delta_r \overline{H}_m^\ominus$ (T)/kJ·mol^{-1}
$C(s)+O_2(g)=CO_2(g)$	碳的完全燃烧反应	$-395350-0.54T$	-395.3(放热)
$2C(s)+O_2(g)=2CO(g)$	碳的不完全燃烧反应	$-228800-171.54T$	-228.8(放热)
$2CO(g)+O_2(g)=2CO_2(g)$	CO 燃烧反应	$-561900+170.46T$	-561.9(放热)
$C(s)+CO_2(g)=2CO(g)$	碳的气化反应	$166550-171T$	166.6(吸热)

5.3.2.2 体系的自由度和独立反应数

当 C-O 体系达到平衡时，必须是体系内的所有反应同时达到平衡，这样的体系称为同时平衡体系。此时应解决两个问题：一是体系平衡需确定几个参数（可由自由度确定）；二是对于所给体系，最少应确定哪几个反应的平衡（可由独立反应数确定）。

体系的自由度可由下式确定：

$$f(\text{自由度})=k(\text{独立组元数})-\phi(\text{相数})+2(\text{温度、压力})$$

对于 C-O 体系：$k=2$，$\phi=2$，故 $f=k-\phi+2=2-2+2=2$。故要确定该体系的平衡状态，

只有当温度和压力或气相组成——影响反应平衡的变量中的任意两个参数确定时，则该体系的平衡才能确定，或自动确定。因此对于 C-O 体系，总压一定时，则气相组成随温度变化；温度一定时，则气相组成随总压变化。

独立反应数可由下式确定：

$$\text{独立反应数 } R = \text{物种数 } S - \text{独立元素数 } m$$

对于 C-O 体系：物种数 $S=4$（C、CO、CO_2、O_2），独立元素数 $m=2$（C、O）。故 $R=S-m=4-2=2$。即该体系中只要任意取两个反应作为研究对象，当这两个反应达到平衡时，则体系中的其他反应必然跟着自然地达到平衡。

5.3.2.3 碳的气化反应及其平衡的影响因素

碳的气化反应指固体碳与 CO_2 反应生成 CO 的反应：

$$C(s) + CO_2(g) = 2CO(g) \quad \Delta_r G_m^{\ominus} = 166550 - 171T \quad \text{J/mol} \tag{5-34}$$

$$\lg[(p_{CO}/p^{\ominus})^2/(p_{CO_2}/p^{\ominus})] = -8709.8/T + 8.942$$

此外，该反应还称为布都阿尔得（Boudouard）反应、碳的溶损（Carbon Solution Loss）反应，其逆反应称为碳的沉积（Carbon Deposition）反应。该反应是用固体碳作燃料及还原剂时的最重要的反应。由表 5-3 可知，该反应为吸热反应；反应产物 CO 的物质的量是反应物 CO_2 物质的量的 2 倍，因此总压对反应平衡有重要的影响。

该反应 $f=k-\phi+2=2-2+2=2$，故总压一定时，气相的平衡组成随温度变化。下面确定该反应的平衡组成与温度和压力的关系。

对于碳的气化反应，平衡常数

$$K^{\ominus} = (p_{CO}/p^{\ominus})^2/(p_{CO_2}/p^{\ominus}) \tag{5-35}$$

其中平衡常数可由式（5-34）的热力学数据计算得出：

$$\lg K^{\ominus} = -\frac{\Delta_r G_m^{\ominus}}{2.303RT} = -\frac{\Delta_r G_m^{\ominus}}{19.147T} \tag{5-36}$$

从而

$$K^{\ominus} = 10^{-\Delta_r G_m^{\ominus}/19.147T} \tag{5-37}$$

或

$$K^{\ominus} = \exp(-\Delta_r G_m^{\ominus}/RT) \tag{5-38}$$

而体系的总压 p 等于气相中各气体的分压之和，即

$$(p/p^{\ominus}) = (p_{CO}/p^{\ominus}) + (p_{CO_2}/p^{\ominus}) \tag{5-39}$$

该反应共有两种气体组分，要求体系中各组分的含量需列出两个方程即可求得。因此，将平衡常数方程式（5-35）和体系总和方程式（5-39）联立，组成了一个非线性方程组，求解此非线性方程组即可求得各组分的含量。由所联立的方程组可解得

$$\begin{cases} (p_{CO}/p^{\ominus}) = -\dfrac{K^{\ominus}}{2} + \sqrt{\dfrac{K^{\ominus 2}}{4} + K^{\ominus} \cdot (p/p^{\ominus})} \\ (p_{CO_2}/p^{\ominus}) = (p/p^{\ominus}) - (p_{CO}/p^{\ominus}) \end{cases} \tag{5-40}$$

根据气相组分分压与体积分数关系，式（5-40）可用气相中各组分的体积分数表示为

$$\begin{cases} \varphi_{CO} = \left[-\dfrac{K^{\ominus}}{2} + \sqrt{\dfrac{K^{\ominus 2}}{4} + K^{\ominus}\cdot(p/p^{\ominus})}\right]\dfrac{100}{(p/p^{\ominus})} \\ \varphi_{CO_2} = 100 - \varphi_{CO} \end{cases} \tag{5-41}$$

根据式（5-34）的热力学数据，由式（5-37）或式（5-38）计算出平衡常数，代入式（5-40）或式（5-41），然后求解联立的非线性方程式（5-40）或式（5-41）即可求出某一温度 T 和总压 p 下气相的平衡分压或平衡组成。图 5-9 给出了总压为 100kPa 时体系内 CO 和 CO_2 含量与温度的关系及不同总压下 CO 含量与温度的关系，此图也称为 C-CO-CO_2 系优势区图。

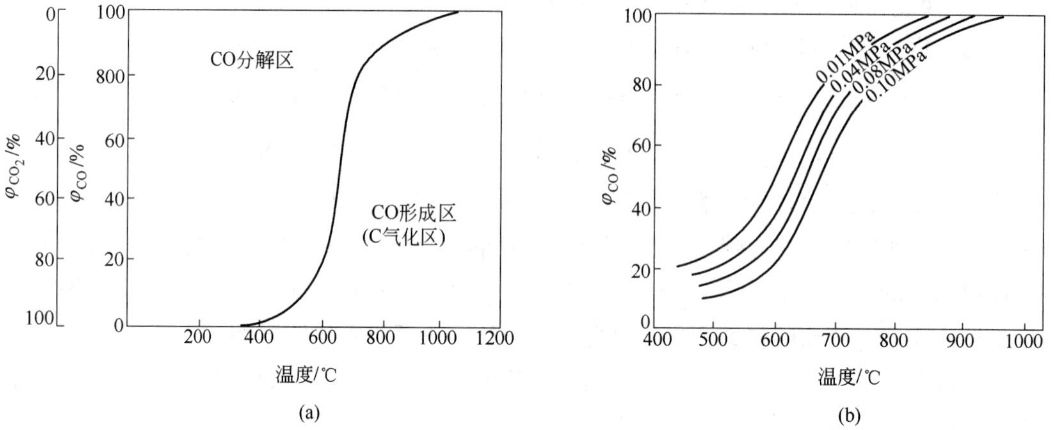

图 5-9 碳的气化反应平衡图

（a）p=100kPa；（b）不同总压时的平衡曲线

由图可见：

（1）温度 T=400～1000℃时，体系中平衡的气相 CO 体积分数 φ_{CO}随温度 T 增加而明显提高，而平衡的气相 CO_2体积分数 φ_{CO_2}随温度 T 增加而明显下降；T<400℃时，$\varphi_{CO}\to 0$，碳不能气化，气相产物为 CO_2，体系中几乎不存在 CO；T>1000℃时，$\varphi_{CO}\to 100\%$，碳气化完全，气相产物为 CO，体系中几乎不存在 CO_2。

（2）随着体系总压（$p/p^{\ominus}$）增大，平衡曲线右移，开始发生碳气化反应的温度提高，碳稳定性提高。

（3）φ_{CO}一定时，气相总压力 p 仅随温度变化。随着温度 T 增加，由于碳气化为吸热反应，因此反应右向进行，而由于反应后气体物质的量增加，因此总压 p 增加。

（4）如果体系实际状态位于平衡线上方，则此温度下 CO 分压（或体积分数）高于平衡 CO 分压（或体积分数），因此反应应逆向进行，从而固体碳能稳定存在，发生 CO 分解。故平衡线上方的区域为 CO 分解区，也是固体碳的稳定存在区。同理平衡曲线下方的区域为 CO 生成区，也是固体碳发生气化的区域。

5.3.2.4 高炉炼铁风口区过程分析

实际高炉炼铁中，风口区鼓入炉内的热风中的 O_2是燃烧反应的氧化剂，焦炭中的固定碳是可燃成分，在炉内构成了 C-O 体系。

由风口送入高炉的热风中的 O_2，在风口前端首先发生碳的完全燃烧反应，生成 CO_2；风口前端存在大量的过剩碳，所以 CO_2 使周围的过剩碳发生碳的气化反应，生成 CO；上面两个过程的总结果是碳（焦炭）在风口前端按碳的不完全燃烧反应进行燃烧。即送风中每 1mol 的 O_2 产生 221.1kJ 的热，生成 2mol 高温还原气体 CO。焦炭剧烈燃烧着的风口前的燃烧空间——焦炭回旋运动区是高炉中温度最高的部分，达 2570K，与理论燃烧温度大体上一致。焦炭回旋运动区及高炉内的焦炭燃烧所发生的 CO/CO_2 的比例，由碳的气化反应的平衡决定。这称作布都阿尔得平衡。

由于自由度为 2，在压力一定的条件下，CO/CO_2 比首先由温度决定。在 2270~2570K 的焦炭回旋运动区中，产物几乎都是 CO。另外，因为碳的气化反应是体积增加反应，所以温度一定时，增大压力则反应向左边进行，因此 CO_2 增多，减小压力则 CO 增多。因此，碳的气化反应是决定气相组成的主要反应。

煤气流上升过程中与矿石相遇，气相中 CO、CO_2 将同时参与同铁氧化物反应平衡构成 Fe-C-O 体系，此时的气相平衡组成不能由燃烧反应决定，而应由 Fe-C-O 体系的热力学平衡决定。

5.3.3 C-H-O 体系热力学及水煤气反应

高炉炼铁过程中，当采用加湿鼓风强化措施时，则必须考虑煤气流中的还原作用。这就构成了 C-H-O 体系。

C-H-O 体系可能存在的物种数 $S=6$（C，CO，CO_2，O_2，H_2，H_2O）。C-H-O 体系中可能发生的反应除了可能发生 C-O 系的反应外，还可能发生表 5-4 中的反应。因此 C-H-O 体系中可能发生的反应共有 8 个。

表 5-4 C-H-O 体系中含有 H 参与的反应

化学反应式	反应名称	$\Delta_r G_m^\ominus$/kJ·mol^{-1}	$\Delta_r H_m^\ominus(T)$/kJ·mol^{-1}
$C(s)+H_2O(g)=\!=\!=CO(g)+H_2(g)$	固体碳与水蒸气反应	$133.10-0.14163T$	强吸热反应
$C(s)+2H_2O(g)=\!=\!=CO_2(g)+2H_2(g)$		$99.65-0.11224T$	
$CO(g)+H_2O(g)=\!=\!=CO_2(g)+H_2(g)$	水煤气反应	$-36.571+0.03351T$	弱放热反应
$2H_2(g)+O_2(g)=\!=\!=2H_2O(g)$	水的生成反应	$-495.0+0.1176T$	强放热反应

固体碳与水蒸气反应均为强吸热反应，在固体碳过剩的情况下，可提高气相中 H_2 和 CO 含量，并能调节炉温，因此在高炉炼铁中具有重要意义。而减压能使 H_2 和 CO 含量增加，提高气相的还原气氛。

水煤气反应

$$CO(g)+H_2O(g)=\!=\!=CO_2(g)+H_2(g) \qquad \Delta_r G_m^\ominus=-36.571+0.03351T \quad kJ/mol \tag{5-42}$$

是弱放热反应，温度对反应平衡的影响较小。反应前后物质的量不变，故总压对水煤气反应的平衡没有影响。

该体系中，可燃成分有 C、H_2、CO，又可作为还原剂。氧化剂为 CO_2、H_2O。

自由度 $f=3-2+2=3$。故要确定体系的平衡，除温度和总压需预先确定外，还须给定体系中气相内一个浓度限制条件或气相中某一组元的浓度。体系的独立反应数：$R=S-m=$

6 - 3 = 3。因此，C-H-O 体系平衡可由上述 8 个反应中的 3 个反应平衡来确定，或在进行体系平衡组成计算时，最多只能用 3 个反应的平衡常数列出 3 个独立的平衡常数方程。

实际上，在 C-H-O 体系中，当有过剩 C 存在时，气相平衡体系中氧分压很低，可将有氧气参与的所有反应忽略。则 C-H-O 体系只剩下 4 个没有氧气参加的反应：

$$C + CO_2 = 2CO$$

$$C + H_2O = H_2 + CO$$

$$C + 2H_2O = 2H_2 + CO_2$$

$$CO + H_2O = CO_2 + H_2$$

此时，体系的独立反应数 $R = S - m = 5 - 3 = 2$。即体系中只需确定这 4 个反应中的 2 个反应的平衡，则体系的平衡也就确定了。

在不考虑氧气的情况下，气相中有 CO、CO_2、H_2 和 H_2O 4 种物质，故欲求平衡气相组成与温度、总压之间的关系，需列出 4 个方程进行联立求解。根据上述分析可列出 2 个平衡常数方程。如用碳气化反应式（5-34）和水煤气反应式（5-42）来建立：

对于碳的气化反应，平衡常数

$$K^{\ominus} = (p_{CO}/p^{\ominus})^2/(p_{CO_2}/p^{\ominus}) \tag{5-43}$$

对于水煤气反应，平衡常数

$$K^{\ominus} = (p_{CO_2}/p^{\ominus}) \cdot (p_{H_2}/p^{\ominus})/[(p_{CO}/p^{\ominus}) \cdot (p_{H_2O}/p^{\ominus})] \tag{5-44}$$

而体系的总压 p 等于气相中各气体的分压之和，即

$$(p/p^{\ominus}) = (p_{CO}/p^{\ominus}) + (p_{CO_2}/p^{\ominus}) + (p_{H_2}/p^{\ominus}) + (p_{H_2O}/p^{\ominus}) \tag{5-45}$$

还缺一个方程，可由物料平衡列出，即反应初始态各原子的物质的量之比应等于反应达到平衡时相应原子的物质的量之比。

例如初始状态是碳和水蒸气，则初始状态时有碳和水，其中氢和氧原子只存在于水中，且水分子中的氢氧原子比 $(n_H/n_O)_{初始} = 2/1 = 2$。在整个体系反应过程中，没有加入其他物质，体系中的氢和氧始终只由水带入。因此体系内反应达到平衡时，氢氧原子比应与初始态的氢氧原子比相等。但此时氢原子存在于 H_2 和 H_2O 中，而氧原子存在于 CO、CO_2 和 H_2O 中，故

$$(n_H/n_O)_{平衡} = \frac{2n_{H_2O} + 2n_{H_2}}{n_{H_2O} + n_{CO} + 2n_{CO_2}} = (n_H/n_O)_{初始} = 2 \tag{5-46}$$

式中的各物质的量需换成各物质的分压值。根据分压定律有

$$\frac{n_B}{\sum n} = \frac{p_B/p^{\ominus}}{p/p^{\ominus}} \tag{5-47}$$

式中，$\sum n$ 为各气体的物质的量的总和，即体系的总物质的量。

将式（5-46）中的各物质的量用式（5-47）关系代入可得

$$(n_H/n_O)_{平衡} = \frac{2p_{H_2O} + 2p_{H_2}}{p_{H_2O} + p_{CO} + 2p_{CO_2}} = 2 \tag{5-48}$$

至此，已列出 4 个方程，因此联立式（5-43）~式（5-45）及式（5-48）4 个方程组成一非线性方程组，求解此方程组即可求得体系中在某温度和总压下各气态物质的分压，再由式（5-47）可求出体系中各气态物质的摩尔分数，从而求出各气态物质的体积分数。

5.3.4 燃烧反应气相平衡成分的计算

燃烧反应体系达到平衡时，应是反应体系中所有反应都达到同时平衡。体系达到平衡时，气相中各组元的浓度（或分压）应保持不变。因此，气相中有几个组分，就有几个未知数。为求出各组元的浓度（或分压），则应列出相应个数的方程。而所需的方程可由下列几类关系列出。

（1）平衡常数方程。由独立反应数 R 的概念可知，体系所能列出的独立的平衡常数方程的个数最多不能超过 R 个，即最多能列出 R 个独立的平衡常数方程。若气相的组分数（未知数的个数）大于独立反应数 R，则剩余的方程需要由其他关系列出。一般由总和方程和物质守恒方程补齐。

（2）总和方程。即体系总压力等于气相中各气体的分压之和：

$$(p/p^{\ominus}) = \sum(p_B/p^{\ominus})$$

或体系中各气相组分的体积分数之和等于 100%：

$$\sum\varphi_B = 100\%$$

式中，p_B 为气相中 B 组分的分压；φ_B 为气相中 B 组分的体积分数。

（3）物质守恒方程。即反应初始状态时各组分中各元素的原子的物质的量之比应等于平衡时各组分中相应元素的原子的物质的量之比。

【例题】 计算 101325Pa、697℃时，用空气燃烧固体碳（过剩）时相的平衡组成。

分析：体系中物种可能有：C、CO、CO_2、O_2、N_2，物种数 $S=5$。

自由度 $f=k-\phi+2=3-2+2=3$，再加上初始时气相只有空气，故有一个限制条件：

$$(n_O/n_N)_{初始} = 2n_{O_2}/2n_{N_2} = 2\times1\times21\%/(2\times1\times79\%) = 1/3.762$$

因此，$f=2$。即只要温度、压力恒定可确定一个平衡状态。

气相中的组分有 CO、CO_2、O_2 和 N_2。实际上 N_2 不参加反应，由于 C 过剩，故平衡体系中 O_2 可认为完全消失，则实际物种数 $S=3$（C、CO、CO_2）。因此，实际气相中的组分有 CO、CO_2 和 N_2，有 3 个未知数，需列出 3 个方程。

平衡常数方程：独立反应数 $R=S-m=3-2=1$，即只能列出 1 个独立的（不含 O_2、N_2 的反应）平衡常数方程，可用碳的气化反应列出。

总和方程：$(p/p^{\ominus}) = \sum(p_B/p^{\ominus}) = (p_{CO}/p^{\ominus}) + (p_{CO_2}/p^{\ominus}) + (p_{N_2}/p^{\ominus})$，即

$$(p_{CO}/p^{\ominus}) + (p_{CO_2}/p^{\ominus}) + (p_{N_2}/p^{\ominus}) = 1$$

物质守恒方程：体系平衡时气相中的氧氮原子比等于初始状态时的氧氮原子比，即

$$(n_O/n_N)_{平衡} = \frac{2n_{CO_2}+n_{CO}}{2n_{N_2}} = (n_O/n_N)_{初始} = 1/3.762$$

解：碳的气化反应：

$$C(s) + CO_2(g) = 2CO(g) \quad \Delta_r G_m^{\ominus} = 166550 - 171T \quad J/mol$$

$$K^{\ominus} = (p_{CO}/p^{\ominus})^2/(p_{CO_2}/p^{\ominus}) = \exp(-\Delta_r G_m^{\ominus}/RT) \tag{1}$$

体系平衡时各气相组分的分压之和等于总压，即

$$(p_{CO}/p^{\ominus}) + (p_{CO_2}/p^{\ominus}) + (p_{N_2}/p^{\ominus}) = 1 \tag{2}$$

体系平衡时气相中的氧氮原子比等于初始状态时的氧氮原子比，即

$$(n_O/n_N)_{平衡} = \frac{2n_{CO_2}+n_{CO}}{2n_{N_2}} = (n_O/n_N)_{初始} = 1/3.762 \tag{3}$$

应用式（5-47），将式（3）用分压表示为

$$\frac{2(p_{CO_2}/p^{\ominus}) + (p_{CO}/p^{\ominus})}{2(p_{N_2}/p^{\ominus})} = 1/3.762 \tag{4}$$

在697℃时，由碳气化反应的热力学数据计算得出其平衡常数 $K^{\ominus}=1$，故由式（1）得

$$(p_{CO_2}/p^{\ominus}) = (p_{CO}/p^{\ominus})^2 \tag{5}$$

联立式（1）、式（2）和式（4）组成一非线性方程组，由于方程数少，可采用消去法直接求解，也可用数值法求解。解得其解为 $(p_{CO}/p^{\ominus}) = 0.245$，$(p_{CO_2}/p^{\ominus}) = 0.06$，$(p_{N_2}/p^{\ominus}) = 0.695$。从而 $p_{CO} = 24824.63\text{Pa}$，$p_{CO_2} = 6079.50\text{Pa}$，$p_{N_2} = 70420.88\text{Pa}$。

习题与工程案例思考题

习　题

5-1　化合物稳定性的定量标志有哪些，如何判断不同金属的氧化物的相对稳定性？

5-2　氧势图中为什么多数氧势线基本是相互平行的，如何用氧势图判断不同金属的氧化物的相对稳定性，如何用氧势图确定某一氧化物的还原剂？

5-3　用氧势图分析气相-凝聚相反应热力学时有哪些局限？

5-4　试用氧势图求100kPa时，C还原MnO(s)的开始温度。

5-5　用氧势图求1200℃时FeO的分解压。并求1200℃时分别用CO和 H_2 还原FeO的气相平衡组成。

5-6　试用铁氧化物的标准生成自由能数据绘制铁氧化物分解的分解压-温度平衡关系图。

5-7　什么是浮氏体，什么是逐级转变原则，铁氧化物转变时有什么特点？

5-8　将 $CaCO_3$(s) 放置于12% CO_2（体积分数）的气氛中，问 $CaCO_3$(s) 在100kPa的总压下的开始分解温度。

5-9　试利用C-O体系有关反应的热力学数据绘制总压分别为50kPa和100kPa时碳气化反应的平衡图，并分析为什么高温下碳氧反应产物是CO，只有在低温下生成 CO_2？

5-10　试计算成分为50%CO、20% O_2 和30% CO_2（体积分数）的混合气体燃烧后的气相平衡组成。

工程案例思考题

案例5-1　利用氧势图确定转炉炼钢过程的脱氧剂分析

案例内容：

（1）氧势图的绘制原理；

（2）利用氧势图比较不同单质元素还原性强弱分析；

（3）利用氧势图比较不同氧化物稳定性强弱分析；

（4）利用氧势图选择转炉炼钢过程所需脱氧剂。

案例5-2　不同价态铁氧化合物平衡共存可能性分析

案例内容：

（1）Fe-O体系状态图绘制原理；

（2）从Fe-O体系状态图上分析不同价态铁氧化合物平衡共存条件；

（3）分析不同价态铁氧化合物共存的可能性。

6 还原熔炼反应

6.1 概　　述

6.1.1 研究还原过程的意义

冶金过程的目的就是要把金属化合物中的金属，用某种还原剂把它还原出来，从而得到所需的金属。因此还原过程是一个十分重要的冶金过程。

在化合物的还原过程中，存在着物质化合价的变化，因此实际上还原和氧化是同时并存的，化合物中的金属元素将被还原，其化合价向单质零价方向降低，而化合物中的非金属元素将被氧化，其化合价向正价方向增加。但实际生产中往往根据冶炼的最终目的，针对所研究的物质的变化过程而将一个过程称为还原过程或氧化过程。如从铁氧化物中冶炼得到金属铁——生铁的过程来看，关心的是铁在冶炼过程中铁的价态的变化，冶炼过程是将铁氧化物中正价态的铁，如 3 价的 Fe，不断地还原为 2 价的铁，最后得到单质铁的过程，整个过程是以还原反应为主，因此就称炼铁过程为一个还原过程。

6.1.2 还原过程分类

按照工业生产中所用还原剂种类的不同，可将还原过程分为以下几类：

（1）用气体还原剂，如 CO 和 H_2等作还原剂还原金属的间接还原法，如高炉炼铁。

（2）用固体碳作还原剂还原金属的直接还原法，如高炉炼铁。

（3）用一种与氧亲和力强的金属作还原剂，如 Si、Al、Ca 等去还原另一种金属氧化物来制取不含碳的金属或合金的金属热还原法，如钙热法制锆。

此外还有电解熔盐制取金属的电解还原法，如电解法制铝；用热分解法制取金属的热分解法等。

在还原熔炼中，原料是含所炼金属的矿石和熔剂，还可能有燃料等，还原熔炼过程中主要是矿石中的所炼金属的还原过程。由于原料中不可避免地要带入各种脉石或灰分等，这些物质在还原熔炼过程中，在不同的冶炼条件下也会被部分甚至全部被还原而进入金属中。因此，为了获得合格的粗金属，还需要尽可能地除去其中的一些杂质，如高炉炼铁中的脱硫等。

6.1.3 还原剂的选择

还原剂的选择，原则上说应根据选作还原剂的物质（一般为单质物质）与所希望被还原的金属的化合物（如金属氧化物）之间的氧化还原反应要求朝着金属化合物被还原的方向进行，并有极大的可能性，如 ΔG 至少几十千焦（负值）。由于已有了各种位势图（如氧势图），因此可利用这些位势图，根据其原理来进行选择。下面以金属氧化物的还原为例加以说明。

按照氧势图的原理，氧势线位于下方的氧化物中对应的金属，可以将位于其上方的金属氧化物中的金属从氧化物中还原（置换）出来，从而得到位置在上方的氧化物中对应的单质金属。因此原则上，氧势线位于下方的氧化物中对应的金属，可以作为其上方的氧化物的还原剂。

但实际应用中，除了考虑其热力学可能性外，还需从还原剂的资源条件和分布、制备的难易程度、价格等技术经济各方面因素综合考虑。因此，实际应用中只有小部分资源丰富、价格低廉的物质可作为还原剂，如固体碳、CO、H_2及 Si、Al 等。其中 Si、Al 等金属主要用于不含碳金属及难还原金属的提取。用 CO 或 H_2作还原剂只能还原一些易于被还原的氧化物，如：CuO、ZnO、PbO、CoO、Fe_2O_3、Mn_2O_3、MnO_2、V_2O_5等高价氧化物；而用 C 作还原剂，只要温度能够满足，几乎能还原所有的氧化物。冶金中固体碳有“万能还原剂”之称。

但采用含碳物质作还原剂，使得冶金生产中产生大量的温室气体排放，大大加剧了温室效应，将会对人类生存环境产生巨大的不良影响。因此，近些年来世界各国纷纷开展各种清洁的新能源及新型还原剂研究，甚至是全新的金属提取方法。如用 H_2作为还原剂及能源进行冶金的方法，生物冶金、微波冶金等全新的冶金新方法。可以肯定，在不久的将来，现有的冶金生产方法、生产流程格局将会发生重大的改变，冶金过程必将会变成一个环境友好的生产过程。

6.1.4 还原反应的热力学条件

设用还原剂 X 还原金属氧化物 MO 的反应为

$$MO + X = M + XO \tag{6-1}$$

反应的自由能变化：

$$\Delta_r G_m = \Delta_r G_m^\ominus + RT\ln J = \Delta_r G_m^\ominus + RT\ln\left(\frac{a_M \cdot a_{XO}}{a_{MO} \cdot a_X}\right) \tag{6-2}$$

当 $\Delta_r G_m < 0$ 时还原反应能进行。而由式（6-2）可见，$\Delta_r G_m$ 的值与还原反应的标准自由能变化 $\Delta_r G_m^\ominus$ 及参加反应物质的活度商 J_a 有关。而 $\Delta_r G_m^\ominus$ 又取决于参加还原反应的氧化物 XO 和 MO 的标准生成自由能之差：

$$\Delta_r G_m^\ominus = \Delta_f G_m^\ominus(XO) - \Delta_f G_m^\ominus(MO) = \frac{1}{2}[RT\ln(p_{O_2(XO)}/p^\ominus) - RT\ln(p_{O_2(MO)}/p^\ominus)]$$

因此，在不考虑活度商 J_a 的影响（如 $J_a = 1$），各物质均处于标准状态下时，只有当 XO 的氧势（或分解压）小于被还原氧化物（MO）的氧势（或分解压）时，还原反应才能进行。

在体系中参加反应物质的活度商不为 1 时，则必须考虑各物质的活度对反应的影响。此时改变参加反应各物质的活度可能会改变还原反应进行的方向。显然，降低生成物的活度有利于还原反应式（6-1）的正向进行，而增大反应物的活度也利于还原反应式（6-1）的正向进行。因此，如果参加反应物质均为凝聚相，则向体系加入能与 XO 生成复杂化合物的熔剂，从而降低 XO 活度的办法可利于还原反应的正向进行；如果生成物 XO 为气体，其他为凝聚相，则采用降低 XO 压力，如真空下冶炼可利于还原反应正向进行。

6.2 CO/H_2还原氧化物

6.2.1 CO/H_2还原铁氧化物

用气体还原剂 CO 和 H_2还原铁氧化物的反应称为间接还原反应，铁氧化物的还原也是逐级进行的。

$T>570℃$（843K）时，铁氧化物的还原次序为：$Fe_2O_3 \rightarrow Fe_3O_4 \rightarrow FeO \rightarrow Fe$。

CO 作还原剂还原铁氧化物的反应：

$$3Fe_2O_3(s) + CO(g) = 2Fe_3O_4(s) + CO_2(g) \quad \Delta_r G_m^{\ominus} = -52131 - 41.0T \quad J/mol \tag{6-3}$$

$$Fe_3O_4(s) + CO(g) = 3FeO(s) + CO_2(g) \quad \Delta_r G_m^{\ominus} = 35380 - 40.16T \quad J/mol \tag{6-4}$$

$$FeO(s) + CO(g) = Fe(s) + CO_2(g) \quad \Delta_r G_m^{\ominus} = -18150 + 21.29T \quad J/mol \tag{6-5}$$

H_2作还原剂还原铁氧化物的反应：

$$3Fe_2O_3(s) + H_2(g) = 2Fe_3O_4(s) + H_2O(g) \quad \Delta_r G_m^{\ominus} = -15547 - 74.4T \quad J/mol \tag{6-6}$$

$$Fe_3O_4(s) + H_2(g) = 3FeO(s) + H_2O(g) \quad \Delta_r G_m^{\ominus} = 71940 - 73.62T \quad J/mol \tag{6-7}$$

$$FeO(s) + H_2(g) = Fe(s) + H_2O(g) \quad \Delta_r G_m^{\ominus} = 23430 - 16.16T \quad J/mol \tag{6-8}$$

$T<570℃$（843K）时，由于 FeO 不能稳定存在，因此铁氧化物的还原次序为：$Fe_2O_3 \rightarrow Fe_3O_4 \rightarrow Fe$。

CO 作还原剂还原铁氧化物的反应：

$$3Fe_2O_3(s) + CO(g) = 2Fe_3O_4(s) + CO_2(g) \quad \Delta_r G_m^{\ominus} = -52131 - 41.0T \quad J/mol$$

$$Fe_3O_4(s) + 4CO(g) = 3Fe(s) + 4CO_2(g) \quad \Delta_r G_m^{\ominus} = -39328 + 34.32T \quad J/mol \tag{6-9}$$

H_2作还原剂还原铁氧化物的反应：

$$3Fe_2O_3(s) + H_2(g) = 2Fe_3O_4(s) + H_2O(g) \quad \Delta_r G_m^{\ominus} = -15547 - 74.40T \quad J/mol$$

$$Fe_3O_4(s) + 4H_2(g) = 3Fe(s) + 4H_2O(g) \quad \Delta_r G_m^{\ominus} = 142200 - 121.6T \quad J/mol \tag{6-10}$$

可见，CO 间接还原铁氧化物反应，除了式（6-4）（$Fe_3O_4 \rightarrow FeO$）为吸热反应外，其他都是放热反应，生成物是 $CO_2(g)$。而 H_2 间接还原铁氧化物反应除一个放热反应式(6-6)外，其余为吸热（万谷志郎认为反应式（6-6）的 $\Delta_r G_m^{\ominus} = 16940 - 100.2T$ J/mol，所以认为铁的氧化物被 H_2还原都是吸热反应），生成物是 $H_2O(g)$。

对于上述每一个反应，体系自由度 $f = k - \phi + 2 = (4-1) - 3 + 2 = 2$，因此，一定总压下，各反应的平衡组成是温度的函数。对于 CO 还原铁氧化物体系，气相中只有 CO 和 CO_2。而 H_2还原铁氧化物体系，气相中只有 H_2和 H_2O。根据上述每一个反应，都可写出相应的平衡常数及体系压力总和方程，见表 6-1。联立所列的两个方程可求得体系平衡组成。

表 6-1 CO 及 H_2 还原铁氧化物体系的气相平衡组成及平衡图

<table>
<tr><th>项目</th><th>用 CO 还原铁氧化物</th><th>用 H_2 还原铁氧化物</th></tr>
<tr><td>平衡常数方程</td><td>$K_{p,CO}^{\ominus}=\dfrac{p_{CO_2}/p^{\ominus}}{p_{CO}/p^{\ominus}}=\dfrac{\varphi_{CO_2\%}}{\varphi_{CO\%}}$</td><td>$K_{p,H_2}^{\ominus}=\dfrac{p_{H_2O}/p^{\ominus}}{p_{H_2}/p^{\ominus}}=\dfrac{\varphi_{H_2O\%}}{\varphi_{H_2\%}}$</td></tr>
<tr><td>总和方程</td><td>$p_{CO_2}/p^{\ominus}+p_{CO}/p^{\ominus}=p/p^{\ominus}$
或 $\varphi_{CO_2\%}+\varphi_{CO\%}=100$</td><td>$p_{H_2O}/p^{\ominus}+p_{H_2}/p^{\ominus}=p/p^{\ominus}$
或 $\varphi_{H_2O\%}+\varphi_{H_2\%}=100$</td></tr>
<tr><td>体系平衡组成</td><td>$\begin{cases}\varphi_{CO\%}=\dfrac{100}{1+K_{p,CO}^{\ominus}}\\ \varphi_{CO_2\%}=\dfrac{100K_{p,CO}^{\ominus}}{1+K_{p,CO}^{\ominus}}\end{cases}$</td><td>$\begin{cases}\varphi_{H_2\%}=\dfrac{100}{1+K_{p,H_2}^{\ominus}}\\ \varphi_{H_2O\%}=\dfrac{100K_{p,H_2}^{\ominus}}{1+K_{p,H_2}^{\ominus}}\end{cases}$</td></tr>
<tr><td>铁氧化物还原的平衡图</td><td>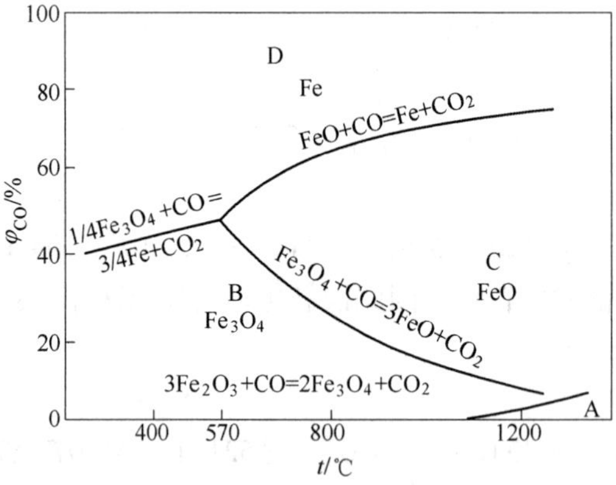

CO 还原铁氧化物平衡图</td><td>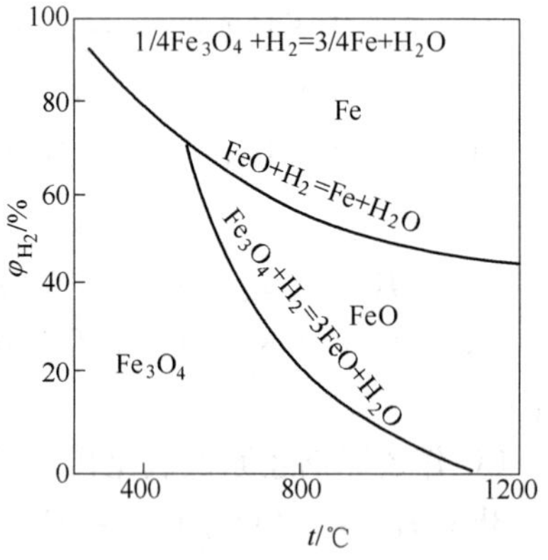

H_2还原铁氧化物平衡图</td></tr>
</table>

由表中的两个铁氧化物还原的平衡图可知：$Fe_2O_3 \rightarrow Fe_3O_4$ 还原反应 $K^{\ominus} \gg 1$，从而 $\varphi_{CO\%}$ 或 $\varphi_{H_2\%} \rightarrow 0$。即微量的 CO 和 H_2 即可使 Fe_2O_3 还原，故该反应实际上不可逆；Fe_3O_4 和 FeO 的还原反应平衡曲线在 570℃相交，形成叉子状，称为叉子曲线。在交点处 $f=3-4+2=1$，又有关系 $\varphi_{CO\%}+\varphi_{CO_2\%}=100$ 或 $\varphi_{H_2\%}+\varphi_{H_2O\%}=100$，故 $f=0$。该点是 Fe_3O_4、FeO 和 Fe 三相平衡共存点，是一个特定点。该点处：温度为 570℃（843K）；气相组成为（体积分数）：CO 还原体系为 50.7%CO，49.3%CO_2。H_2 还原体系为 79.8%H_2，20.2%H_2O。

CO 还原 Fe_3O_4 及 H_2 还原铁氧化物反应均为吸热反应，故 T 升高，反应所需还原剂量降低，相应的平衡曲线向下斜。同理，若为放热反应则平衡曲线向上斜。

根据铁氧化物还原的平衡图，只要已知温度即可由图查出对应的平衡气相组成；或已知气相中平衡 φ_{CO} 或 φ_{H_2} 含量即可由图查出对应的平衡温度。

已知温度和气相组成时，可确定任意一种铁氧化物的转变方向和体系最终的稳定存在的相。以 CO 还原铁氧化物平衡图为例，设已知某温度下气相中 CO 含量位于图中的 C 区内，显然此时其含量高于 Fe_3O_4还原的平衡含量，而低于由 FeO 还原的平衡含量。由反应式（6-4）可知，此时的 CO 将促进 Fe_3O_4还原生成 FeO；而由反应式（6-5）可知，此时的 CO 不利于 FeO 的进一步还原，因此体系物系点落在 C 区内时，体系的平衡将朝着利于生成 FeO 的方向移动，从而使 FeO 稳定存在，因此为 FeO 的稳定存在区。同理 A 区为 Fe_2O_3的稳定区，B 区为Fe_3O_4的稳定区，D 区为 Fe 的稳定区。

为了比较 CO 和 H_2还原铁氧化物反应的特征，可将 CO 和 H_2还原铁氧化物平衡图画在同一平衡图中，如图 6-1 所示。

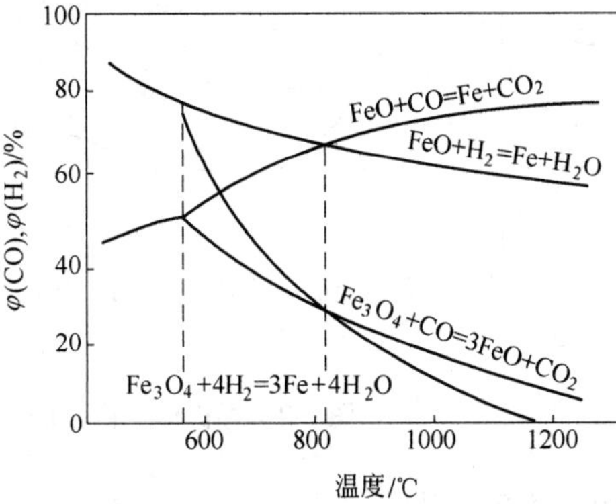

图 6-1　CO 和 H_2 还原铁氧化物平衡图

由图可见：

（1）CO 和 H_2还原 Fe_3O_4和 FeO 的两组曲线都在 810℃相交。此时：$(\varphi_{CO_2\%}/\varphi_{CO\%})_{平} = (\varphi_{H_2O\%}/\varphi_{H_2\%})_{平}$ 或 $(\varphi_{CO_2\%}/\varphi_{CO\%})_{平}/(\varphi_{H_2O\%}/\varphi_{H_2\%})_{平} = 1$。而该式即为水煤气反应 $CO_2+H_2=H_2O+CO$ 在 810℃的平衡常数。因此，在 810℃时，体系内的 4 个气相组分分别与 Fe-FeO 或FeO-Fe_3O_4固相保持的平衡关系服从水煤气反应平衡常数关系。

（2）CO 和 H_2还原能力的比较：810℃时，CO 和 H_2还原能力相同；温度高于 810℃时，H_2还原能力比 CO 强；低于 810℃时，CO 还原能力比 H_2强。

（3）两个叉子曲线的交叉处的温度都为 570℃，说明 FeO 分解成 Fe 和 Fe_3O_4分解成 FeO 的温度由铁氧化物的性质决定，与还原剂的种类无关。

（4）通 CO 和 H_2混合气体还原铁氧化物，可使铁的稳定区扩大。

6.2.2　浮氏体的还原

实际存在的 FeO 是浮氏体 Fe_xO。CO 和 H_2还原浮氏体时，分两步进行：

（1）首先是其内部溶解的氧和还原剂反应，使其含氧量不断下降：

$$(O)_{Fe_xO} + H_2 = H_2O \tag{6-11}$$

$$(O)_{Fe_xO} + CO = CO_2 \tag{6-12}$$

（2）当其含氧量达到最小值（Fe-O 状态图 5-7 中的 *JQ* 线）时，继续还原就会得到铁。

由式（6-11）和式（6-12），由于其中的氧为溶解于浮氏体中的氧，因此需考虑氧活度的影响，可得：

$$\frac{\varphi_{H_2\%}}{100-\varphi_{H_2\%}} = \frac{1}{K_H a_{(O)}}$$

$$\frac{\varphi_{CO\%}}{100-\varphi_{CO\%}} = \frac{1}{K_{CO} a_{(O)}}$$

据此可作出浮氏体区内不同氧含量的浮氏体的还原平衡图，如图 6-2 所示。

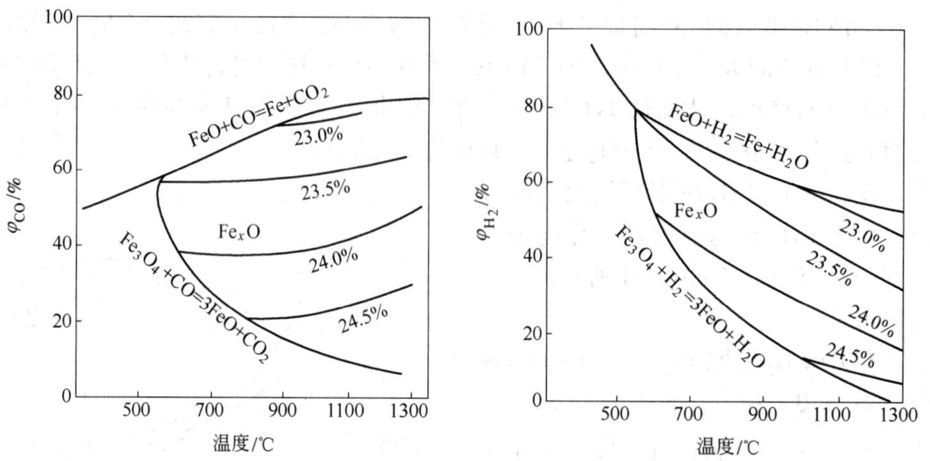

图 6-2 浮氏体区内不同含氧量的浮氏体的还原平衡图

由图 6-2 可见：

（1）还原浮氏体时，平衡气相组成（$\varphi_{CO\%}$ 或 $\varphi_{H_2\%}$）与反应温度、相组成（浮氏体中的 $a_{(O)}$）有关。随 $a_{(O)}$ 降低，平衡 $\varphi_{CO\%}$、$\varphi_{H_2\%}$ 增加，即还原浮氏体所需的还原剂量增加，还原变得困难。

（2）由图可见，随着浮氏体中氧含量变化，Fe_3O_4 和浮氏体平衡共存的温度也变化，但含氧量最小的浮氏体与铁平衡共存的温度却是一定的，为 570℃。

6.2.3 CO/H₂还原铁氧化物的动力学

用 CO 和 H_2 气体还原铁氧化物的动力学方程，可根据未反应核模型导出。其速率方程为

$$\frac{R}{3\beta}+\frac{r_0}{6D_e}\left[1-3(1-R)^{2/3}+2(1-R)\right]+\frac{K}{k_+\cdot(1+K)}\cdot\left[1-(1-R)^{1/3}\right]=\frac{(c_A^0-c_{A,平})}{r_0\rho_0}\cdot t \tag{6-13}$$

式中，R 为铁矿石的还原反应的转化率（或还原度），为已反应的体积与矿球总体积之比，即

$$R=\frac{\frac{4}{3}\pi r_0^3-\frac{4}{3}\pi r^3}{\frac{4}{3}\pi r_0^3}=1-(r/r_0)^3$$

式中，r_0 和 r 分别为铁矿球的原始半径和还原到某一时刻时反应地点处的半径；β 为还原气体在气体边界层内的传质系数；D_e 为气体还原剂在多孔产物层中的有效扩散系数；K 为还原反应的平衡常数；k_+ 为界面还原反应的正反应速率常数；c_A^0 和 $c_{A,平}$ 分别为气体还原剂反应初始及平衡时物质的量浓度；ρ_0 为铁矿球的初始密度。

式（6-13）表明了还原度与反应时间的关系。据此可讨论影响还原速率的因素。

(1) 温度的影响。温度对铁矿石还原速率的影响是比较复杂的。在一定的温度范围内，提高还原温度，可以加快还原速率。然而温度的变化，还可影响矿石和产物层的物理性状，从而也就间接地对还原速率产生影响。

如图 6-3 所示，在 650~750℃和 920℃附近，出现了还原速率减慢，出现明显迟滞的现象，而且还原度越大，这种现象越明显。其原因主要是温度的变化引起块矿内部物理结构（孔隙度、密度等）的变化所致。

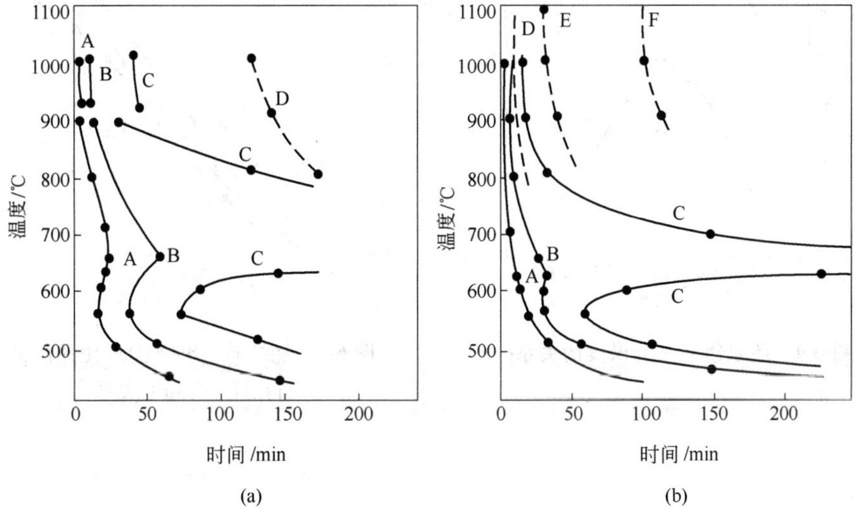

图 6-3 温度对还原速率的影响

A—H_2 还原，还原率 40%；B—H_2 还原，还原率 70%；C—H_2 还原，还原率 95%；

D—CO 还原，还原率 40%；E—CO 还原，还原率 70%；F—CO 还原，还原率 95%

根据实验测定，在 500~600℃以下，用 H_2-H_2O-N_2混合气体还原氧化铁时，Fe_2O_3和Fe_3O_4的还原反应的活化能分别为 69.0kJ/mol 和 56.5kJ/mol，这说明过程受化学反应控制。在比较高的温度范围内（600~1200℃），如果 Fe_2O_3和 Fe_3O_4还原出的 Fe_xO 是疏松多孔结构，则测得的活化能为 4~10kJ/mol，这时过程为产物层内气体扩散控制；如果还原出的 Fe_xO 是致密的，则测得的活化能为 130~150kJ/mol，这时过程为产物层内 Fe^{2+}的扩散所控制。

(2) 矿物组成和物理结构的影响。除温度外，矿物组成（烧结矿的碱度）对还原速率也会产生明显的影响。实验结果表明，烧结矿碱度小于 2 时，其还原速率随碱度提高而增大；碱度达到 2 时，还原速率最大；再提高碱度，还原速率反而减小，如图 6-4 所示。这与矿物组成的改变引起了物理结构的变化有关。对烧结矿进行物理结构检测发现，碱度小于 2 时，随碱度增加，烧结矿的孔隙度增大，如图 6-5 所示，从而有利于气体在固相内的扩散，因此加快了还原速率。

(3) 还原气体的组成与压力的影响。在动力学范围内及气体在产物层中进行扩散时，还原速率与压力的关系为 $J_R = k_R p^n$ ($n<1$)。即在低压范围内，还原速率随压力升高而增大，最后趋向一极限值。由于 H_2的扩散及吸附能力比 CO 强，所以即使在 810℃以下，H_2还原氧化铁的速率也比 CO 高，如图 6-6 所示。因此，用（H_2+CO）混合气体还原铁矿石，当 CO 含量超过 50%时，还原速率明显降低，如图 6-7 所示。

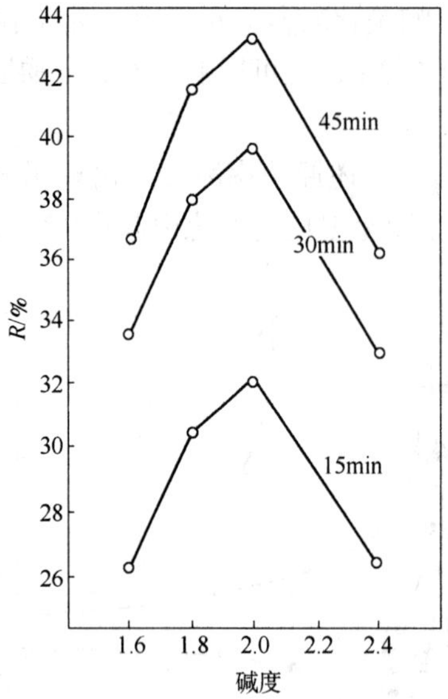

图 6-4 还原速率 R 与碱度的关系

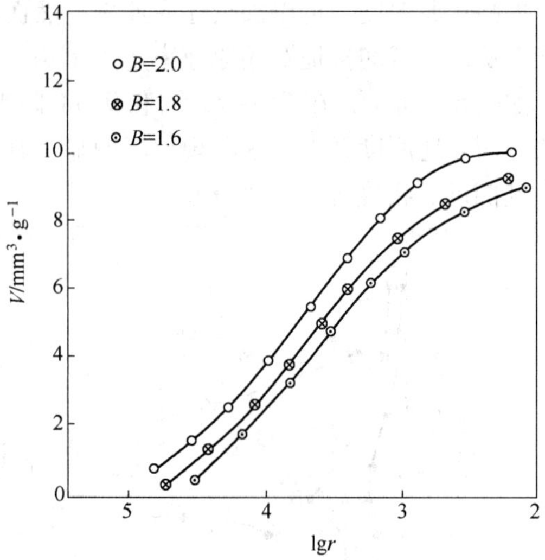

图 6-5 烧结矿（8%FeO）孔容积 V 与孔径 r 分布的关系

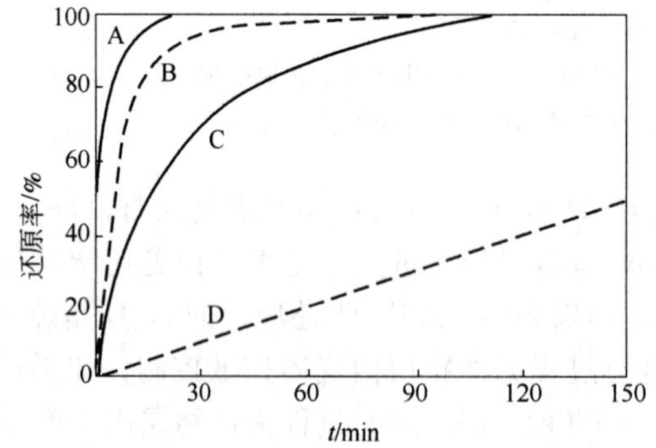

图 6-6 CO 和 H_2 还原铁矿石时间的比较（1000℃）

A—H_2 还原 Fe_2O_3；B—H_2 还原 Fe_3O_4；

C—CO 还原 Fe_2O_3；D—CO 还原 Fe_3O_4

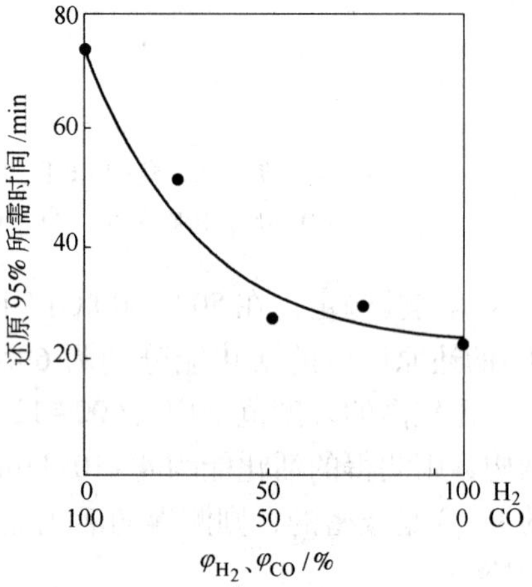

图 6-7 CO+H_2 混合气体还原铁矿石时间

6.3 碳还原氧化物

根据 6.1.3 节的分析，冶金中常用固体碳作为还原剂。因此固体碳还原氧化物的反应是一类重要的冶金反应。用固体碳还原金属氧化物的反应称为直接还原反应。

6.3.1　热力学原理

固体碳还原氧化物 MO(s) 的反应可写为

$$2MO(s) + C(石) = 2M(s) + CO_2(g) \tag{6-14}$$

$$MO(s) + C(石) = M(s) + CO(g) \tag{6-15}$$

需注意的是，根据 5.3.2 讨论可知，温度高于 900~1000℃时，体系中 CO_2 含量很低，因此在高温冶金条件下，固体碳还原氧化物的反应主要以反应式（6-15）进行，只有在较低的温度下才可能发生反应式（6-14）。实际上，由于有固定碳存在，因此体系中始终存在着碳的气化反应，体系中气相组分 CO 与 CO_2 的平衡含量最终取决于碳的气化反应的平衡。

反应式（6-15）可由以下 C 及 M 的氧化反应组合而成：

$$2C(石) + O_2(g) = 2CO(g) \tag{6-16}$$

$$2M(s) + O_2(g) = 2MO(s) \tag{6-17}$$

因此，反应式（6-15）的标准自由能变化可由式（6-16）和式（6-17）两个反应的标准自由能变化组合而得：

$$\Delta_r G^{\ominus}_{m,(6\text{-}15)} = \frac{1}{2}[\Delta_r G^{\ominus}_m(CO) - \Delta_r G^{\ominus}_m(MO)]$$

由于 $\Delta_f H^{\ominus}_m(CO) = -228.8\text{kJ/mol}$，而根据氧势图，各氧化物的标准生成焓 $\Delta_r H^{\ominus}_m(MO)$ 的负值要比 CO 大得多，因此直接还原反应是一个强吸热反应。同时，由氧势图中 CO 和 MO 的氧势线交点，或 $\Delta_r G^{\ominus}_{m,(6\text{-}15)} = 0$ 可得固体碳还原氧化物 MO 的开始温度。

反应式（6-15）也可由碳的气化反应与 MO 被 CO 还原的反应组合而成：

$$C(石) + CO_2(g) = 2CO(g) \tag{6-18}$$

$$MO(s) + CO(g) = M(s) + CO_2(g) \tag{6-19}$$

由于碳的气化反应决定了体系中平衡的 CO 与 CO_2 含量，因此，固体碳还原氧化物反应的平衡图可由 CO 还原氧化物的平衡图与碳的气化反应的平衡图叠加而成，如图 6-8 所示。

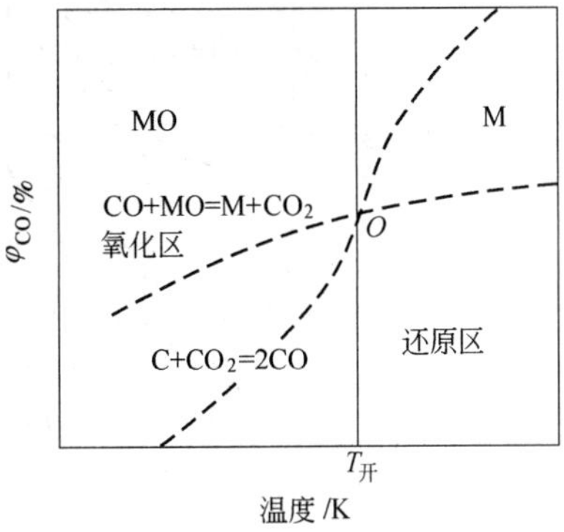

图 6-8　直接还原反应平衡图

图中两平衡线相交于温度为 $T_{开}$ 的 O 点，表明碳的气化反应与间接还原反应的平衡 CO 含量相等。此时，两个反应处于同时平衡，MO、M 及 C 同时平衡共存。

温度低于 $T_{开}$ 时，由于碳的气化反应决定了体系中平衡的 CO 与 CO_2 含量。由图 6-8 可见，碳的气化反应决定的 CO 含量低于 MO 间接还原反应的平衡值，因此使得间接还原反应逆向进行。故温度低于 $T_{开}$ 时的区域为 MO 的稳定存在区。

同理，温度高于 $T_{开}$ 时，碳的气化反应平衡 CO 含量高于 MO 间接还原反应的平衡值，使 MO 间接还原正向进行，被还原为 M。因此，温度高于 $T_{开}$ 的区域为 M 的稳定存在区，$T_{开}$ 为固体碳直接还原 MO 的开始温度。

由于碳的气化反应发生后气体物质的量增加，因此总压对反应平衡有重要影响。总压升高，反应平衡向逆反应方向移动，使得平衡曲线位置右移，因此 MO 稳定区扩大，开始还原温度升高。反之，总压降低，平衡曲线位置左移，MO 稳定区缩小，开始还原温度降低。

6.3.2 碳还原铁氧化物

铁氧化物的直接还原也是逐级进行的。铁氧化物被碳直接还原时，反应体系内的气体产物是 CO，还是 CO_2，还是两者共存？由于反应体系内有固体碳存在，必然存在碳的气化反应；或者用 CO 还原铁氧化物时，如果有固体碳存在，则也应必然有碳的气化反应发生，特别是在高温下。因此，可将碳的气化反应与 6.2.1 节中用 CO 还原铁的氧化物反应进行组合，从而得到固体碳还原铁氧化物的直接还原反应：

$T>570$℃（843K）时，铁氧化物的还原次序为：$Fe_2O_3 \rightarrow Fe_3O_4 \rightarrow Fe_xO \rightarrow Fe$。

$$3Fe_2O_3(s) + C(s) = 2Fe_3O_4(s) + CO(g) \quad \Delta_r G_m^\ominus = 120000 - 218.46T \quad J/mol \tag{6-20}$$

$$Fe_3O_4(s) + C(s) = 3FeO(s) + CO(g) \quad \Delta_r G_m^\ominus = 207510 - 217.62T \quad J/mol \tag{6-21}$$

$$FeO(s) + C(s) = Fe(s) + CO(g) \quad \Delta_r G_m^\ominus = 158970 - 160.25T \quad J/mol \tag{6-22}$$

$T<570$℃（843K），Fe_xO 不能稳定存在，铁氧化物的还原次序为：$Fe_2O_3 \rightarrow Fe_3O_4 \rightarrow Fe$，有反应式（6-20）和下列反应：

$$\frac{1}{4}Fe_3O_4(s) + C(s) = \frac{3}{4}Fe(s) + CO(g) \quad \Delta_r G_m^\ominus = 171100 - 174.5T \quad J/mol \tag{6-23}$$

可见直接还原都是吸热反应，故从炉内热补偿的角度来说都是不希望发生的。

将用 CO 间接还原各铁氧化物的平衡曲线与碳气化反应的平衡曲线画在一张图中，可得用固体碳还原铁氧化物的平衡图，如图 6-9 所示。

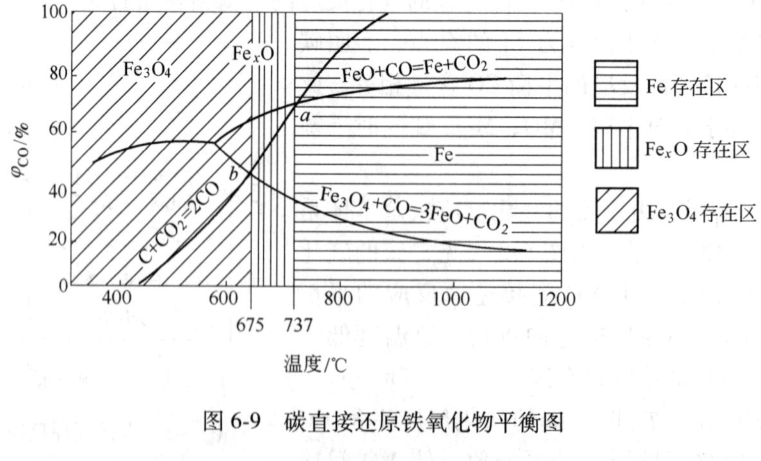

图 6-9 碳直接还原铁氧化物平衡图

由图 6-9 可见：

（1）对于各 C 还原铁氧化物的反应，自由度 $f=3-4+2=1$。因此，铁氧化物被固体碳还原的开始温度仅取决于气相的总压或 CO 分压（或浓度）。

（2）由于体系中平衡的 CO 和 CO_2 含量最终取决于碳的气化反应。而碳气化反应平衡曲线分别与 Fe_3O_4 和 FeO 还原曲线交于 675℃（42.4%CO）和 737℃（60%CO）。因此，在碳过剩时，Fe_3O_4 和 FeO 的开始还原温度已不是 570℃，而是分别为 675℃和 737℃。从而：$T<675$℃时，Fe_3O_4 不能被还原为 FeO，为 Fe_3O_4 的稳定区；$T>737$℃时，FeO 能被还原为 Fe，为 Fe 的稳定区；$T=675\sim737$℃，为 FeO 的稳定区。

（3）由于压力对碳的气化反应有很大影响，压力将影响碳气化反应平衡曲线的位置，从而影响碳还原各级铁氧化物的开始温度。总压降低，碳气化反应平衡向正方向移动，因此气化反应曲线左移，使铁稳定性扩大，开始还原温度降低；反之，总压升高，气化反应曲线右移，使铁稳定性缩小，开始还原温度升高。

高炉内直接还原在低温部位几乎不进行，只在高温的炉腹部位以下进行一部分，而高炉内部到处都可发生 CO 间接还原反应。但在炉内生成的 CO_2，由于炉内存在大量的过剩碳，又会发生碳的气化反应。因此从炉顶煤气的分析来看，表观上直接反应是进行得相当充分的。虽然表观上看直接还原和间接还原两者的比例主要取决于操作方法，但在实际高炉炼铁条件下炉内间接还原占 70%~80%，直接还原占 20%~30%。

在间接还原中，CO 间接还原铁氧化物反应，除了式（6-4）（$Fe_3O_4 \rightarrow FeO$）外，都是放热反应，生成物是 CO_2（g）；而直接还原都是吸热反应。此外，在间接还原反应中还原剂的利用率也高，因此与直接还原相比，更希望高炉内发生间接还原反应。

6.3.3 复杂氧化物的还原

上述氧化物的还原反应中，氧化物都是以简单的氧化物形式参加反应的。但冶金中所用的原料许多是以复杂氧化物或复杂化合物形式存在的，如烧结矿中，一些主要氧化物是以 Fe_2SiO_4、Mn_2SiO_4、$3CaO \cdot P_2O_5$、$3FeO \cdot P_2O_5$、$2FeO \cdot TiO_2$ 等复杂化合物形式存在的。这些复杂化合物的稳定性往往要比简单氧化物高，因此用 CO 进行间接还原比较困难，一般都要在高温下用 C 进行直接还原。例如，高炉内来自高 FeO 烧结矿的硅酸铁（Fe_2SiO_4）的还原：

$$Fe_2SiO_4(s) + 2C = 2Fe(s) + 2CO + SiO_2(s)$$

一般认为，该反应实际上是由 $Fe_2SiO_4(s)$ 先分解为自由的 FeO，然后 FeO 再继续被还原成 Fe 几个步骤组成。

$$Fe_2SiO_4(s) = 2FeO(s) + SiO_2(s) \quad \Delta_r G_m^\ominus = 36200 - 21.09T \ \ \text{J/mol} \tag{6-24}$$

$$FeO(s) + CO(g) = Fe(s) + CO_2(g) \quad \Delta_r G_m^\ominus = -18150 + 21.29T \ \ \text{J/mol} \tag{6-25}$$

$$C(s) + CO_2(g) = 2CO(g) \quad \Delta_r G_m^\ominus = 166550 - 171T \ \ \text{J/mol} \tag{6-26}$$

$$Fe_2SiO_4(s) + 2C(s) = 2Fe(s) + 2CO + SiO_2(s) \quad \Delta_r G_m^\ominus = 333000 - 320.51T \ \ \text{J/mol} \tag{6-27}$$

由于 Fe_2SiO_4 分解反应式（6-24）需要吸收大量的热量，因此复杂氧化物还原时需要更高的温度。如 100kPa 下，Fe_2SiO_4 直接还原反应式（6-27）的开始还原温度为 766℃，而 FeO 直接还原反应式（6-22）的开始温度为 719℃，因此复杂氧化物比简单氧化物更难被还原。但生产上可能因为有其他氧化物存在或通过添加某种添加剂来促进复杂氧化物的分解，从而有利于复杂氧化物还原反应的进行。反之，如果还原时能生成更加稳定的复杂还原产物，也会有利于氧化物的还原。

【例题】 求存在 CaO 时，100kPa 下 Fe_2SiO_4被碳直接还原的开始温度。

解：CaO 存在时，能促进 Fe_2SiO_4分解成 FeO：

$$Fe_2SiO_4(s) + 2CaO(s) = 2FeO(s) + Ca_2SiO_4(s) \quad \Delta_r G_m^{\ominus} = -82593 + 9.79T \quad J/mol \tag{6-28}$$

式（6-27）和式（6-28）组合可得存在 CaO 时 $Fe_2SiO_4(s)$ 的直接还原反应：

$$Fe_2SiO_4(s) + 2CaO(s) + 2C = 2Fe(s) + Ca_2SiO_4(s) + 2CO$$

$$\Delta_r G_m^{\ominus} = 224427 - 297.49T \quad J/mol \tag{6-29}$$

当 $\Delta_r G_m < 0$ 时反应正向进行。即

$$\Delta_r G_m = \Delta_r G_m^{\ominus} + RT\ln(p_{CO}/p^{\ominus})^2 = 224427 - 297.49T + 8.314T\ln 1^2 = 0$$

解得 $T = 754.4K = 481.4℃$

可见存在 CaO 时，Fe_2SiO_4被碳直接还原的开始温度比 FeO 直接还原的开始温度（737℃或由式（6-22）计算的 719℃）都要低，因此利于 Fe_2SiO_4的还原。

6.4 熔渣中氧化物的还原

在前述的还原反应中，氧化物是以独立相的固态形式参加反应的，当取纯物质为其活度标准态时，其活度为 1，因此用化学反应等温方程式来处理热力学问题时，可不考虑其对反应的影响。但许多冶金过程中，参加反应的物质是溶解于溶液中的。这时，化学反应等温方程式中，或平衡常数中，各参加反应物质的活度就不能简单地用“1”来进行处理，必须考虑其活度对化学反应的影响。如发生在高炉炉缸内的熔融高炉渣中未被还原的 FeO、MnO 及 SiO_2等氧化物的还原（被固体碳还原或溶于铁水中的碳及其他元素还原，此时高炉内的铁水可看成是一个含碳饱和的溶液），炼钢转炉和电弧炉内熔融态炉渣中 FeO、MnO 等氧化物的还原（被溶解于钢水中的 C、Si、Al 等元素还原）等都属于这种情况。

在高炉炼铁条件下的冶金热力学方面的特点有：还没有被还原而进入熔渣中的物质往往都是些与氧亲和力较大的元素的氧化物，如 MnO、SiO_2，及未被 CO 间接还原的 FeO，此时的还原剂主要是焦炭中的固体碳或金属熔体（铁液）中饱和溶解的碳，也有与氧亲和力大的元素，如 Si 等。固体碳的活度标准态取纯物质为标态时，则其活度 $a_C = 1$；金属熔体（铁液）中溶解的碳的活度以纯物质或饱和碳为标准态，则因金属液为碳饱和铁液，其活度也有 $a_{[C]} = 1$；炉缸中 p_{CO}基本上可看成是固定的；金属熔体（铁液）中其他组分的活度必须考虑，可用活度相互作用系数进行估算；高炉熔渣中的组分的活度也必须考虑，其活度虽然能够用熔渣的热力学模型来进行计算，但至今没有一个很好的计算方法，往往需要实测。

根据还原产物是否有气体物质，可将熔渣中氧化物的还原反应分为两类：

（1）生成气体产物的还原反应，如

$$(SiO_2) + 2[C] = [Si] + 2CO(g)$$

$$(MnO) + [C] = [Mn] + CO(g)$$

由于高炉炼铁条件下，铁液是一个含碳饱和的溶液，其活度为“1”，因此上式也可写为

$$(SiO_2) + 2C = [Si] + 2CO(g)$$

$$(MnO) + C = [Mn] + CO(g)$$

（2）没有气体产物的还原反应，如

$$2(MnO) + [Si] = 2[Mn] + (SiO_2)$$

写成离子反应形式：

$$2(Mn^{2+}) + [Si] + 4(O^{2-}) = (SiO_4^{4-}) + 2[Mn]$$

它可看成由下面两个电极反应组合得到：

阴极反应 $(Mn^{2+}) + 2e = [Mn]$

阳极反应 $[Si] + 4(O^{2-}) = (SiO_4^{4-}) + 4e$

因此，没有气体产物的还原反应实际上可看成是发生在金属-熔渣两相间电子交换的耦合反应。

熔渣中氧化物的还原主要取决于铁液中有关元素和熔渣中有关氧化物的活度及炉缸的温度。下面以 MnO 和 SiO_2的还原为例介绍熔渣中组分还原的热力学及热力学条件获得的方法。

6.4.1 反应热力学条件的确定方法

冶金中往往要根据各种冶金产品的成分和组织、性能要求制定相应的冶炼工艺，也就是要制定冶炼过程中各阶段的温度（包括供电）、压力参数，物料的组织和添加方法，操作方法和步骤，冶炼时间控制等参数。制定冶炼工艺的依据除了考虑冶金过程中各元素的物理和化学性质、热力学和动力学性质外，最重要的是要根据原料条件和设备条件，根据冶炼的最终目标创造条件促进所希望的反应进行，抑制不希望的反应进行，并控制好时间节奏（反应速度），最终达到优质、低耗、快速的目的。要“创造条件”，首先要满足有关反应的热力学条件，只有这样才可能达到控制冶炼过程朝着期望的方向进行。

如何确定反应的热力学条件？一般可按以下几个步骤进行：

（1）写出化学反应式；

（2）写出反应的平衡常数；

（3）由平衡常数写出相应的分配比；

（4）由分配比的表达式来讨论为提高分配比应采取的措施；

（5）根据讨论的结果，取得从热力学角度促进反应进行的条件，即热力学条件。

在确定热力学条件过程中，若要获得某一具体的参数，则需进行相应的热力学计算。所做的计算主要有：确定反应开始的具体温度——转化温度或所需的具体压力，或确定具体的组分浓度要求。这类具体热力学参数的计算往往可归结为热力学平衡参数的计算，因此可根据反应热力学原理进行计算。要使反应正向进行，则要求反应的 $\Delta_r G_m < 0$；要使反应逆向进行，则要求反应的 $\Delta_r G_m > 0$；反应达到平衡时，有 $\Delta_r G_m = 0$。而反应的 $\Delta_r G_m$ 可由化学反应的等温方程式写出：

$$\Delta_r G_m = \Delta_r G_m^{\ominus} + RT\ln J$$

6.4.2 SiO_2的还原

高炉内 SiO_2的还原，在炉内的低温部分几乎不进行，只在炉子下部及炉缸的高温区

进行着直接还原。SiO_2的直接还原反应为

$$(SiO_2) + 2C(s) = [Si] + 2CO(g) \quad \Delta_r H_{298}^{\ominus} = 689.4\text{kJ/mol} \tag{6-30}$$

$$\Delta_r G_m^{\ominus} = 579513 - 383.12T \quad \text{J/mol}$$

高炉炼铁过程，炉缸内金属液为碳饱和铁液，因此该反应也可写为

$$(SiO_2) + 2[C] = [Si] + 2CO(g)$$

反应的平衡常数：

$$K_{Si}^{\ominus} = \frac{a_{Si}(p_{CO}/p^{\ominus})^2}{a_{SiO_2}a_C^2} \xrightarrow{a_C = 1} \frac{w_{[Si]\%}}{x_{(SiO_2)}} \frac{f_{[Si]}}{\gamma_{(SiO_2)}}(p_{CO}/p^{\ominus})^2$$

分配比：

$$L_{Si} = \frac{w_{[Si]\%}}{x_{(SiO_2)}} = K_{Si}^{\ominus}\frac{\gamma_{(SiO_2)}}{f_{[Si]}} \frac{1}{(p_{CO}/p^{\ominus})^2} \tag{6-31}$$

由于生产中金属与熔渣中组分的含量都以质量分数计算，因此可将式（6-31）写为

$$L_{Si} = \frac{w_{[Si]\%}}{w_{(SiO_2)\%}} = K'_{Si} \frac{\gamma_{(SiO_2)}}{f_{[Si]}} \frac{1}{(p_{CO}/p^{\ominus})^2} \tag{6-32}$$

由于高炉炼铁生产中，炉缸内 CO 分压一般变化不大，因此还可将式（6-32）写为

$$L_{Si} = \frac{w_{[Si]\%}}{w_{(SiO_2)\%}} = K''_{Si} \frac{\gamma_{(SiO_2)}}{f_{[Si]}} \tag{6-33}$$

式中，K'_{Si} 为包含 SiO_2 摩尔分数 x_{SiO_2}转换为质量百分数 $w_{SiO_2\%}$ 的转换系数在内的平衡常数；K''_{Si} 为包含 $1/(p_{CO}/p^{\ominus})^2$ 及 SiO_2 摩尔分数 x_{SiO_2}转换为质量百分数 $w_{SiO_2\%}$ 的转换系数在内的平衡常数。K'_{Si} 和 K''_{Si} 都可称为表观平衡常数。

根据式（6-33），影响硅还原的因素有：

（1）$K_{Si}^{\ominus}$ 的影响，表现为温度对反应的影响。还原反应为吸热反应，因此温度升高，平衡常数增大，分配比增大，有利于硅的还原。

（2）$f_{[Si]}$的影响，即铁液组成的影响。铁液中 C、P、Cu 等元素对硅的活度相互作用系数为正值，其含量增加，则$f_{[Si]}$增大，由式（6-33）可知，分配比 L_{Si}降低，不利于硅的还原。

（3）$\gamma_{(SiO_2)}$的影响，即熔渣组成的影响。对于硅还原，熔渣碱度 R 提高，渣中酸性氧化物 SiO_2活度系数$\gamma_{(SiO_2)}$降低，因此分配比 L_{Si}降低，不利于硅的还原。

据此，在实际生产中应采取下列措施：

（1）用高炉冶炼铸造生铁（$w_{[Si]} = 1.25\% \sim 4.0\%$）时，铁水中 Si 含量较高，要促进 Si 还原，因此要采取“高温、低碱度”操作——冶炼铸造生铁的热力学条件。

（2）用高炉冶炼炼钢生铁时（$w_{[Si]} < 0.6\%$），要求铁水中有较低的 Si 含量，要抑制 Si 的还原，因此要采取“高碱度”操作——冶炼炼钢生铁的热力学条件。

实际高炉炼铁过程中，由于硅还原反应式（6-30）是吸热反应，所以炉缸温度高能促进反应进行。另外，生成 1kg 硅要吸热 24500kJ，由于吸热量大，所以对炉缸部的热状况影响很大，铁水中硅的含量往往作为判定炉况的重要因素。

对于硅还原反应，在 1873K、$p_{CO} = 0.1\text{MPa}$（1atm）条件下，实测了 $CaO\text{-}SiO_2\text{-}Al_2O_3$ 三元系渣和碳饱和铁水间的平衡硅含量，如图 6-10 所示。由图可见，在碱度

$w_{(CaO)}/w_{(SiO_2)}=1.0\sim1.4$，$w_{(Al_2O_3)}=15\%$左右时，平衡 $w_{[Si]}=12\%\sim20\%$，明显高于高炉实际操作中的 $w_{[Si]}=0.3\%\sim2.5\%$。

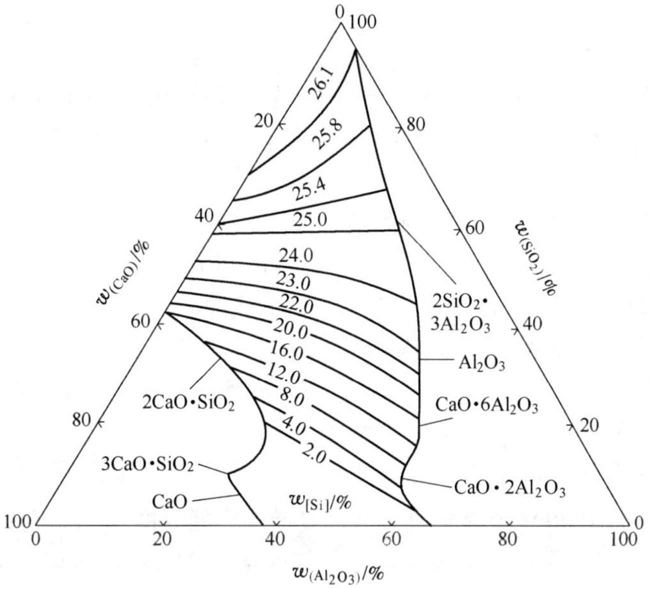

图 6-10 CaO-SiO_2-Al_2O_3 系渣和碳饱和铁液间的平衡硅量（1873K）

由此可知，在高炉炉缸内，硅参与的渣-金属间反应，距离平衡状态相差很远。另外，根据实验室的研究结果得知，该式的反应速度非常慢。

在高炉内，[Si] 是经 SiO(g) 进入金属中的，[Si] 的含量与此有关：

$$(SiO_2)+C(s) =\!=\!= SiO(g)+CO(g)$$

$$SiO(g)+[C] =\!=\!= [Si]+CO(g)$$

即在焦炭回旋区周围的高温部生成的 SiO(g)，又在上部与铁水中的碳反应。

根据以上分析，为提高铁水中的 [Si]，需要炉缸温度高，碱度低（a_{SiO_2}高）及强还原性气氛。

6.4.3 MnO 的还原

锰的高价氧化物 MnO_2、Mn_2O_3和 Mn_3O_4等，在高炉炼铁过程中比较容易被 CO 还原成 MnO，MnO 一般在炉缸高温部位被碳直接还原。其反应为

$$(MnO)+C(s) =\!=\!= [Mn]+CO(g) \quad \Delta_r G_m^{\ominus}=227155-153.64T \ \ \text{J/mol} \tag{6-34}$$

高炉炼铁过程，炉缸内金属液为碳饱和的铁液，因此该反应也可写为

$$(MnO)+[C] =\!=\!= [Mn]+CO(g)$$

反应的平衡常数：

$$K_{Mn}^{\ominus}=\frac{a_{[Mn]\%}(p_{CO}/p^{\ominus})}{a_{(MnO)}a_C}\xrightarrow{a_C=1}\frac{w_{[Mn]\%}}{x_{(MnO)}}\frac{f_{[Mn]}}{\gamma_{(MnO)}}(p_{CO}/p^{\ominus})$$

分配比：
$$L_{Mn}=\frac{w_{[Mn]\%}}{x_{(MnO)}}=K_{Mn}^{\ominus}\frac{\gamma_{(MnO)}}{f_{[Mn]}}\frac{1}{p_{CO}/p^{\ominus}} \tag{6-35a}$$

同样也可写为 $$L_{Mn}=\frac{w_{[Mn]\%}}{w_{(MnO)\%}}=K'_{Mn}\frac{\gamma_{(MnO)}}{f_{[Mn]}}\frac{1}{p_{CO}/p^{\ominus}} \qquad (6\text{-}35b)$$

或 $$L_{Mn}=\frac{w_{[Mn]\%}}{w_{(MnO)\%}}=K''_{Mn}\frac{\gamma_{(MnO)}}{f_{[Mn]}} \qquad (6\text{-}35c)$$

式中，K'_{Mn} 为包含摩尔分数与质量分数间的转换系数在内的平衡常数；K''_{Mn} 为包含 $1/(p_{CO}/p^{\ominus})$ 及摩尔分数与质量分数间的转换系数在内的平衡常数。K'_{Mn} 和 K''_{Mn} 也都称为表观平衡常数。

根据式（6-35c），影响 Mn 还原的因素有：

（1）反应平衡常数的影响，也就是讨论温度的影响。还原反应为吸热反应，因此温度升高，平衡常数增大，分配比增大，有利于锰的还原。

（2）$f_{[Mn]}$的影响，即铁液组成的影响。铁液中 C、P、S 等元素对锰的活度相互作用系数为负值，其含量增加，则$f_{[Mn]}$降低，由式（6-35）可知，分配比 L_{Mn}增大，利于锰的还原。对于碳饱和铁液，$f_{[Mn]}=0.65\sim0.80$。

（3）$\gamma_{(MnO)}$的影响，即熔渣组成的影响。由于 MnO 为碱性氧化物，对于锰还原，熔渣碱度 R 提高，则渣中 MnO 活度系数 $\gamma_{(MnO)}$升高，因此分配比 L_{Mn}提高，利于锰的还原。两性氧化物 Al_2O_3在低碱度渣中显碱性，能结合部分的 SiO_2，从而使 $\gamma_{(MnO)}$ 提高。而随着熔渣碱度升高，高于 1.0 时 Al_2O_3逐渐显示出酸性，能结合部分的 CaO，从而使 $\gamma_{(MnO)}$降低。

据此，为促进锰还原，在高炉炼铁过程中，应采取下列措施：冶炼高锰生铁或锰铁时，要采取“高温、高碱度”操作——冶炼高锰生铁或锰铁的热力学条件。

实际高炉炼铁过程中，锰的高价氧化物 MnO_2、Mn_2O_3及 Mn_3O_4等在炉内比较容易被 CO 还原成 MnO，而 MnO 在炉缸高温部位被碳直接还原。由于反应式（6-34）是吸热反应，所以温度越高越促进反应的进行，而且碱度越高（a_{MnO}高）、氧位越低，则［Mn］越高。另外，由于铁水中有较高的［Si］，所以还可能会发生硅还原 MnO 的反应：

$$2(MnO)+[Si]=\!=\!=2[Mn]+(SiO_2)$$

6.5 金属热还原反应的热力学

用与氧亲和力强的金属来还原与氧亲和力较弱的金属氧化物，制取不含碳的金属或合金的方法，称为金属的热还原法。根据氧势图，能作为还原剂的金属主要有 Mg、Ca、Al、Ti 及 Si 等。实际生产中，常用的金属还原剂有 Si、Al 等——分别称为硅热法（制含碳很低的金属锰（98% Mn）、低碳锰铁、低碳铬铁等）和铝热法（制钒铁、铌铁、金属铬（99%Cr）等）。这类反应的特点是反应过程中放出大量的热量。

金属热还原反应可表示为

$$MO+B=\!=\!=M+BO \qquad (6\text{-}36)$$

式中，B 为金属还原剂；MO 为要还原的金属氧化物。

该反应可由 MO 和 BO 的生成反应组合而成：

$$2M+O_2=\!=\!=2MO \qquad (6\text{-}37)$$

$$2B+O_2=\!=\!=2BO \qquad (6\text{-}38)$$

因此，金属热还原反应的标准自由能变化可由这两个氧化物的生成反应的标准自由能变化计算：

$$\Delta_r G^{\ominus}_{m,(6\text{-}36)} = (\Delta_r G^{\ominus}_{m,BO} - \Delta_r G^{\ominus}_{m,MO})/2 \tag{6-39}$$

由氧势图可见，与所研究的金属热还原相关的氧化物 MO 和 BO 的氧势线彼此基本平行，因此由这两个氧化物相应的物质 B 和 MO 之间发生的 B 还原 MO 的还原反应的 $\Delta_r S^{\ominus}_{m,(6\text{-}36)}$ 是很小的（产物为气体的除外），因此反应的 $\Delta_r H^{\ominus}_{m,(6\text{-}36)}$ 将对 $\Delta_r G^{\ominus}_{m,(6\text{-}36)}$ 值起到决定性作用。虽然金属热还原反应式（6-36）是一个强放热反应，但为了使得被还原金属与其氧化物分离，需要使炉内温度达到其熔化及分离所需的温度，而金属热还原反应所放出的热量往往不能满足还原生产所需的能量要求，需要从外部补充所需的热量以保证反应的正常进行。是否需要从外部补充热量，可由金属热还原反应的单位热效应进行判断。所谓还原反应的单位热效应 q 指 298K 下单位质量反应物反应所产生的热量，可用来衡量金属热还原反应的放热量。其计算式为

$$q = \frac{\Delta_r H^{\ominus}_{m,298K}}{\sum M} \tag{6-40}$$

式中，$\Delta_r H^{\ominus}_{m,298K}$ 为金属热还原反应式（6-36）在 298K 时的标准焓变，kJ/mol；$\sum M$ 为反应物的总摩尔质量，kg/mol。

据经验可知，当 $q>2300$kJ/kg 时，不需从外部补充热量还原反应即可在炉外进行，因此被称为“外部法”；当 $q<2300$kJ/kg 时，则需从外部补充热量以使还原反应顺利进行，因此反应必须在炉内进行，被称为“炉内法”。

实际生产中，即使使用炉外法进行金属热还原，也需在还原反应开始前加入一定的助燃剂以引燃还原反应。

在讨论金属热还原反应式（6-36）时，如果反应产物——被还原出的金属 M 的饱和蒸气压很高，能以气体的形式出现：

$$MO(s) + B(s) \Longrightarrow M(g) + BO(s) \tag{6-41}$$

压力显然将对反应有重要影响。此时，反应的吉布斯自由能：

$$\Delta_r G_m = \Delta_r G^{\ominus}_m + RT\ln\left(\frac{a_{BO}(p_M/p^{\ominus})}{a_{MO}a_B}\right) \xrightarrow[\text{以纯物质为标态时 } a_{MO}=1,\ a_B=1,\ a_{BO}=1]{\text{B、MO 和 BO 为固体，认为以独立相存在}} \Delta_r G^{\ominus}_m + RT\ln(p_M/p^{\ominus}) \tag{6-42}$$

可见，当采用真空冶炼时，$p_M/p^{\ominus}<1$，使得 $RT\ln(p_M/p^{\ominus}) < 0$。因此，只要能提高温度、降低 p_M，使得 $\Delta_r G_m < 0$，则即使是在氧势图中氧势线位置在上方的金属，也能很容易地用作氧势线位置在下方的金属氧化物的还原剂。

【例题】 求常压下用硅热法生产金属 Mg 所需的温度，如果真空度降低到 5Pa，又如何？

解： 硅热法生产金属 Mg 的反应：

$$2MgO(s) + Si(s) \Longrightarrow 2Mg(g) + SiO_2(s) \quad \Delta_r G^{\ominus}_m = 610864 - 258.57T \quad \text{J/mol}$$

$$\Delta_r G_m = \Delta_r G^{\ominus}_m + RT\ln\left(\frac{a_{SiO_2}(p_{Mg}/p^{\ominus})^2}{a^2_{MgO}a_{Si}}\right) \xrightarrow[\text{以纯物质为标态时 } a_{Si}=1,\ a_{SiO_2}=1,\ a_{MgO}=1]{\text{Si、SiO}_2\text{ 和 MgO 为固体，认为以独立相存在}}$$

$$\Delta_r G^{\ominus}_m + 2RT\ln(p_{Mg}/p^{\ominus})$$

$= 610864 - 258.57T + 2RT\ln(p_{Mg}/p^{\ominus})$

要用硅热法生产金属 Mg，则要求 $\Delta_r G_m \leqslant 0$。

常压时 $p_{Mg}/p^{\ominus}=1$，则要求 $T \geqslant 610864/258.57 = 2362.5K = 2089.5℃$。

真空度为 5Pa 时，则要求

$$T \geqslant 610864/[258.57 - 2 \times 8.314\ln(5/101325)] = 1442.5K = 1169.5℃$$

可见采用真空可大大降低金属热还原温度。

6.6 高炉冶炼的脱硫

高炉炉料中每吨生铁带入的硫量（硫负荷）为 4~6kg。根据高炉生产统计，进入高炉的硫来自焦炭、矿石及熔剂，其中 80%~90%来自焦炭。焦炭中的硫有硫化物、硫酸盐、有机硫三种形态。有机硫在炉内高温区可挥发，达到风口前有 5%~20%的硫已挥发，但这种挥发了的硫可以被下降的炉料所吸收。无机硫，如 FeS、$CaSO_4$，能被还原进入熔铁中，使铁液中含硫达到 0.1%左右。

从高炉物料排出看，进入高炉中的硫 85%~90%被渣相吸收排出炉外。因此，可以认为高炉内的脱硫反应主要在渣-铁间进行。

为了减轻炼钢工序的脱硫负担，特别是随着对钢材硫含量要求越来越严格，提出了冶炼低硫，乃至超低硫钢的要求，因此除了要加强高炉炼铁本身的炉内脱硫，实际生产中还采用了在高炉-炼钢炉之间的炉外的脱硫（铁水预脱硫）。

下面主要介绍炉渣脱硫的热力学和动力学及铁水预脱硫等问题。

6.6.1 脱硫的热力学

熔铁进入炉缸后，含硫量在 0.1%以下。高炉内的脱硫反应主要在高炉炉缸内的渣-铁间进行，用碱性渣进行脱硫：

$$(CaO) + [S] = (CaS) + [O] \tag{6-43}$$

写成离子反应式为

$$[S] + (O^{2-}) = (S^{2-}) + [O] \tag{6-44}$$

$$K_S = \frac{a_{S^{2-}} a_O}{a_S a_{O^{2-}}} = \frac{\gamma_{S^{2-}} x_{S^{2-}} f_O w_O}{f_S w_S \gamma_{O^{2-}} x_{O^{2-}}} \tag{6-45}$$

$$L_S = \frac{w_{(S)}}{w_{[S]}} = K'_S \frac{a_{O^{2-}}}{a_O} \frac{f_S}{\gamma_{S^{2-}}} \tag{6-46}$$

可见，为了加强脱硫要求提高 K'_S、$a_{O^{2-}}$ 和 f_S，降低 a_O 和 $\gamma_{S^{2-}}$。各参数的影响具体如下：

(1) K'_S，表现为温度对反应平衡常数的影响。由于脱硫反应是吸热反应（$\Delta_r H_m^{\ominus} \approx$ 124kJ/mol），因此温度高，分配比 L_S 高，利于脱硫。更重要的是，温度高使得熔渣的过热度大，炉渣流动性得到改善，反应物质的扩散传质易于进行，能大大改善反应的动力学条件，有利于脱硫反应的进行。

(2) $a_{O^{2-}}$，表现为熔渣碱度的影响。碱度提高，分配比 L_S 提高，利于脱硫反应的进行。高碱度是强化脱硫的先决条件，对脱硫起着决定性的作用，是选择脱硫剂的重要指标，也是炼钢方法选择及选定造渣路线的重要依据。对于高炉炼铁过程，过高的碱度，会使熔渣的黏度增高，流动性降低，还会造成渣量增大及焦比增高，因此高炉炼铁过程炉渣碱度一般在 0.9~1.2。对于炼钢过程，则熔渣碱度一般选 2.5~3.5。

(3) f_S，表现为金属液中各元素含量的影响。铁液中 C、Si、P、Mo 和 W 等对 S 的活度相互作用系数为正值，因此能使 S 的活度系数 f_S 增大，分配比 L_S 提高，从而利于脱硫反应的进行；而 Mn、Cr、O、Nb、Ti 和 V 等对 S 的活度相互作用系数为负值，因此能使 S 的活度系数 f_S 降低，从而不利于脱硫反应的进行；Ni 对 S 的活度系数 f_S 影响很小。液态生铁中 C、Si 和 P 的含量比炼钢炉内钢水中高得多，因此铁水脱硫条件要比钢水脱硫优越得多。要充分利用铁水的这一优势，加强高炉内铁水的脱硫，及强化铁水进入炼钢炉前的预脱硫以冶炼低硫钢及超低硫钢。

(4) a_O，由于金属液中始终存在 [Fe]+[O] ═ (FeO)，因此 a_O 的影响表现为炉内氧化性气氛的影响。炉渣氧化性越高，a_{FeO} 越大，从而 a_O 也越大，使得分配比 L_S 降低，不利于脱硫。高炉炼铁过程中，炉缸的强还原气氛，氧势极低，铁水含氧量极低，炉渣中 FeO 含量极低，因此高炉炼铁过程的强还原气氛对脱硫反应十分有利。

(5) $\gamma_{S^{2-}}$，表现为熔渣成分的影响。

(6) 渣量。渣量大，如同洗衣服时用大盆清水冲洗，能对生成的硫化物起到稀释作用，因此利于脱硫。实际炼钢生产中，在钢水原始含硫量高时，采用换渣操作。高炉炼铁时，可适当增加溶剂用量，但会使焦比增加。

综上所述，为了加强脱硫，生产上要采取以下措施——脱硫的热力学条件：高温、高碱度（炼钢时 2.5~3.5，高炉炼铁时 0.9~1.2）、低氧化性（$w_{(FeO)}<1.5\%$）和大渣量（钢水中原始硫量高时采用换渣，造新渣操作）。

高炉炼铁时，高炉炉缸始终存在大量的过剩碳，是强还原气氛，生成的 [O] 将被碳还原：

$$[O] + C(s) = CO(g)$$

因此，高炉内渣-铁间的总反应为

$$(CaO) + [S] + C(s) = (CaS) + CO(g)$$

这就是关于高炉炉缸内渣-铁间脱硫的反应式。该反应用离子反应式表示为

$$[S] + (O^{2-}) + C(s) = (S^{2-}) + CO(g)$$

另外，铁水中有 [Si] 还发生下式反应：

$$2(CaO) + 2[S] + [Si] = 2(CaS) + (SiO_2)$$

有人在 1873K 温度下测定了碳饱和铁液与高炉渣常见的 $CaO\text{-}SiO_2\text{-}Al_2O_3\text{-}MgO$ 系渣之间硫的平衡，给出了以 $w_{(S)\%}/a_{[S]}$ 表示的分配比的对数值，如图 6-11 所示。可见分配比受碱度的影响很大。

Bell 等人用硫容量 C_S 表示了高炉渣系硫的分配比：

$$\lg L_S = \lg\left(\frac{w_{(S)}}{w_{[S]}}\right) = \lg C_S - \frac{1}{2}\lg(p_{O_2}/p^\ominus) - \frac{7054}{T} + 2.224$$

其中，对于高炉渣有经验式：

$$\lg C_S = 1.35\,\frac{1.79w_{(CaO)} + 1.24w_{(MnO)}}{1.66w_{(SiO_2)} + 0.33w_{(Al_2O_3)}} - \frac{6911}{T} - 1.649$$

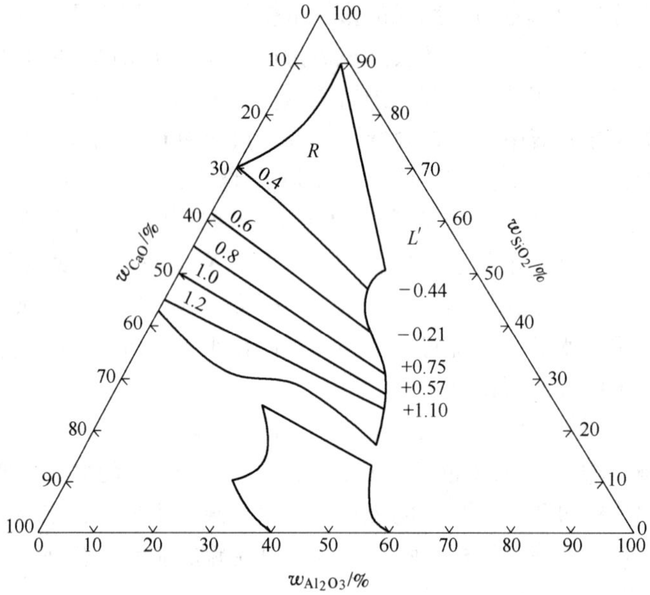

图 6-11 等脱硫能力图（1853~1923K）
（碱度 $R=w_{(CaO)\%}/w_{(SiO_2)\%}$，$L'=\lg[w_{(S)\%}/a_{[S]}]$）

6.6.2 铁水炉外脱硫

冶炼低磷低硫高级钢时，铁水成分和最终产品成分之差造成转炉去除杂质负荷过大的时候，在铁水阶段要预备性地去除硫、硅、磷等。当铁水中硫高的时候，添加脱硫剂预备性地脱硫之后再转入炼钢工序。其基本思想是：添加与硫的亲和力强的金属和吸收硫能力高的熔剂作为脱硫剂。

与对炼钢过程的钢水脱硫相比，对铁水预脱硫具有一些特殊的有利因素：

（1）铁水中 C、Si、P 等元素的含量高，使得 f_S 较高，有利于脱硫。

（2）铁水中含碳量高，而含氧量低，$a_{[O]}$ 很低，有利于脱硫。还有利于进行下列脱硫反应：

$$[S] + MO + C \longrightarrow CO + MS$$

式中，MO 代表起脱硫作用的金属氧化物，如 CaO、Na_2O 等。

（3）铁水中含碳量高而含氧量低，没有强的氧化性气氛，有利于直接使用一些强的脱硫剂，如 CaC_2、金属 Mg 等。

（4）使用的强脱硫剂往往也是强脱氧剂，由于在还原气氛下加入铁水中进行脱硫，因此其收得率大大提高。

选择铁水预脱硫脱硫剂的方法，主要根据脱硫剂（元素或化合物）与铁水中的硫进行脱硫反应的标准自由能，及由此计算所得的平衡常数进行比较后从中进行选择。各种铁水脱硫反应的反应式及其 $\Delta_r G_m^{\ominus}-T$ 关系列于表 6-2。为了定量地比较各种脱硫剂的脱硫能力大小，可以从表 6-2 中各脱硫反应的 $\Delta_r G_m^{\ominus}-T$ 的关系式求出平衡常数 K 以及反应达到平衡时铁水中的平衡硫含量。以 CaO 的脱硫反应的平衡常数为基准，根据各脱硫剂的脱硫反应的平衡常数，可求得各脱硫剂与 CaO 相比的相对脱硫能力，见表 6-3。

表 6-2 部分铁水脱硫反应及其 $\Delta_r G_m^\ominus$-T 关系

序号	反 应 式	$\Delta_r G_m^\ominus$/J · mol^{-1}
1	$MgO(s)+[S]+[C]═MgS(s)+CO(g)$	$164675-67.54T$
2	$MnO(s)+[S]+[C]═MnS(s)+CO(g)$	$115017-75.91T$
3	$CaO(s)+[S]+[C]═CaS(s)+CO(g)$	$86670-68.96T$(851~1487℃) $86545-69.80T$(1487~1727℃)
4	$BaO(s)+[S]+[C]═BaS(s)+CO(g)$	$29686-59.83T$
5	$Na_2O(l)+[S]+[C]═Na_2S(l)+CO(g)$	$-34836-68.54T$
6	$CaC_2(s)+[S]═CaS(s)+2[C]$	$-359245+109.45T$
7	$Mn(l)+[S]═MnS(s)$	$-153789+555.52T$
8	$Mg(s)+[S]═MgS(s)$	$-427367+180.67T$
9	$[Mg]+[S]═MgS(s)$	$-372648+146.29T$
10	$Ca(l)+[S]═CaS(s)$	$-416600+80.98T$(851~1487℃)
11	$Ca(g)+[S]═CaS(s)$	$-569767+168T$(1487~1727℃)
12	$Na_2O(l)+[S]═Na_2S(s)+[O]$	$-12435-28.85T$
13	$CaO(s)+[S]═CaS(s)+[O]$	$109070-29.27T$(851~1487℃) $108946-30.10T$(1487~1727℃)

表 6-3 各种脱硫剂的相对脱硫能力和平衡硫含量（1350℃）

脱硫剂	Ca	Na_2O	CaC_2	Mg	BaO	Mn	CaO	MnO	MgO
平衡常数	1.5×10^9	5×10^5	6.94×10^5	2.06×10^4	147.45	111.8	6.489	1.833	0.017
平衡硫量 $w_{[S]}$/%	2.2×10^{-8}	4.8×10^{-7}	4.9×10^{-7}	1.6×10^{-5}	1.3×10^{-4}	3×10^{-3}	3.7×10^{-3}	1.1×10^{-2}	1.16

由表 6-3 可见，碱金属和碱土金属及其氧化物均具有很强的脱硫能力。实际的脱硫渣是一个复杂的多元系，一般通过实验研究确定渣的硫容量来比较渣的脱硫能力。在生产上从经济效益、操作条件、脱硫效果等因素考虑，主要开发了含有铝粉、炭粉、萤石粉等添加剂的石灰系和碳酸钠系复合脱硫剂。在生产上也有一些用金属镁系和碳化钙系脱硫剂的实例。

添加方法：在高炉出铁场、铁水罐、鱼雷罐车等位置，单独添加脱硫剂、以氮气作为载流气体将粉状脱硫剂喷入铁水等方法。

为了使脱硫剂和铁水很好地接触，改善铁水脱硫的动力学条件，加快脱硫反应的进行，相应地要采用充分搅拌的办法，生产上采用的搅拌方式有机械搅拌、吹气搅拌等。

6.6.3 铁水的同时脱磷和脱硫

随着炼钢技术的发展，将以往精炼反应集中于炼钢炉内的生产过程，逐步向分阶段强化精炼反应的生产过程转变。为了发挥铁水预处理阶段的功能，日本等国家提出了铁水同时脱磷和脱硫，转炉只进行脱碳的冶炼工艺。

脱磷和脱硫的主要不同在于对炉渣（或金属液）氧化性的要求。前者要求高氧化性，而后者要求低氧化性，因此认为脱硫和脱磷不可能同时进行。下面从脱磷和脱硫基本反应出发，分析同时进行脱磷和脱硫反应的条件。

按熔渣离子模型，分别写出脱磷和脱硫反应如下：

$$[P]+\frac{3}{2}(O^{2-})+\frac{5}{2}[O]=\!=\!=(PO_4^{3-})\qquad K_{PO_4^{3-}}=\frac{a_{PO_4^{3-}}}{a_{[P]}\cdot a_{[O]}^{5/2}\cdot a_{(O^{2-})}^{3/2}}$$

$$\lg a_{[P]}=\lg\left(\frac{a_{PO_4^{3-}}}{K_{PO_4^{3-}}\cdot a_{(O^{2-})}^{3/2}}\right)-\lg a_{[O]}^{5/2}$$

$$[S]+(O^{2-})=\!=\!=(S^{2-})+[O]\qquad K_{S^{2-}}=\frac{a_{S^{2-}}\cdot a_{[O]}}{a_{[S]}\cdot a_{(O^{2-})}}$$

$$\lg a_{[S]}=\lg\left(\frac{a_{S^{2-}}}{K_{S^{2-}}\cdot a_{(O^{2-})}}\right)+\lg a_{[O]}$$

在P和S的活度式中，括号中的项均取决于温度和渣的成分（渣的磷容量和硫容量）。可找出同时满足脱磷和脱硫所必需的氧位（$a_{[O]}$或p_{O_2}），用苏打和石灰系熔剂进行同时脱磷、脱硫是可行的。但由于不同区域控制不同氧位很困难，难于达到理想的脱磷、脱硫程度（石灰系）；此外有资源少和造成环境污染的难题（苏打系），没有得到推广。

实际应用中，由于铁水中的磷和硅竞争氧化的特点，如在纯氧转炉炉内反应中，只有铁水中的硅大都氧化去除后磷才迅速被氧化去除。因此，为了去除铁水中的磷，铁水中的硅必须降到0.2%以下。但是在一般的高炉内，只能得到$w_{[Si]}=1.2\%\sim0.4\%$的生铁，所以在脱磷之前要先进行脱硅。

铁水脱硅处理，使用轧钢铁皮、烧结矿、铁砂等氧化铁粉作为脱硅剂。

脱硅方法：

（1）出铁场脱硅。在高炉炉前出铁场分离高炉渣后，在铁水沟和倾斜沟内连续地添加前述的脱硅剂；操作方便，广为采用。

（2）鱼雷罐车内脱硅。以氩气和氮气作为载气，向鱼雷罐车内铁水中喷吹脱硅剂。

习题与工程案例思考题

习　题

6-1　什么是直接还原反应和间接还原反应？

6-2　试用铁氧化物被CO还原反应的热力学数据绘制CO还原铁氧化物的平衡图。试说明675℃和737℃时对应的两个交点的含义。标出各氧化物的稳定区。有固体碳存在时，会有什么变化，为什么？

6-3　如何获得一个反应的热力学条件？

6-4　试分析为什么铁水脱硫比钢水脱硫优越？

6-5　试求气相组成为60%CO、40%CO_2（体积分数），总压为100kPa时，FeO的开始还原温度。

6-6　用CaC_2作为脱硫剂对铁水进行预脱硫处理，已知铁水成分为$w_{[C]}=3.8\%$，$w_{[Si]}=0.6\%$，$w_{[Mn]}=0.4\%$，$w_{[P]}=0.2\%$，$w_{[S]}=0.08\%$，处理温度为1380℃。试求处理后［S］的平衡含量。

已知：$CaC_2(s)+[S]=\!=CaS(s)+2[C]$　　$\Delta_rG_m^{\ominus}=-352794+106.7T$　J/mol。

6-7 已知1600℃时表6-4中所示成分的熔渣与表6-5所示成分的铁液接触。

表6-4 熔渣成分

组分	CaO	MgO	MnO	P_2O_5	SiO_2	FeO	Fe_2O_3
$w/\%$	42	8	8	5	20	15	2

表6-5 铁液成分

组分	C	Si	Mn	P	S	O
$w/\%$	0.35	0.19	0.25	0.5	0.65	0.08

(1) 试用分配定律法计算该熔渣中的 a_{FeO}。已知与纯 FeO 平衡的铁液中 $w_{[O]}=0.211\%$，而与该熔渣平衡的铁液中的 $w_{[O]}=0.048\%$。

(2) 根据等活度图求 a_{FeO}。

(3) 在所给的渣-铁体系中，问铁液中的［Mn］能否还原渣中的（FeO）?

(4) 炉渣中的 FeO 降到多少时，金属液中的锰含量开始回升?

(5) 如果炉渣中的（FeO）已降到8%，设熔池成分及渣中（MnO）含量不变，求开始回锰的温度。

计算所需数据如下：

(1) $Mn(l) + 1/2O_2 \longequal MnO(s) \quad \Delta_r G_m^{\ominus}(MnO) = -407354 + 88.37T \quad J/mol$

$[Fe] + [O] \longequal FeO(l) \quad \Delta_r G_m^{\ominus}(FeO) = -117700 + 48.83T \quad J/mol$

$1/2O_2 \longequal [O] \quad \Delta_r G_m^{\ominus}(O) = -117110 - 2.89T \quad J/mol$

(2) MnO 熔点为1973K，熔化热 $\Delta H_{m,MnO}=44769J/mol$。

(3) 1600℃时，$\gamma^{\circ}_{Mn}=1$，$\gamma_{MnO}=0.9$，a_{FeO} 可用分配定律法求得的值计算，铁液中组分活度可由活度相互作用系数计算。

6-8 高炉渣中 SiO_2 与生铁中的 Si 可发生反应：$(SiO_2)+[Si] = 2SiO(g)$，问：1800K 上述反应平衡时 SiO（g）的分压为多少?

已知：渣中（SiO_2）活度为0.09，生铁成分 $w_{[C]}=4.1\%$，$w_{[Si]}=0.9\%$。

$$Si(l) + SiO_2(s) \longequal 2SiO(g) \quad \Delta_r G_m^{\ominus} = 633000 - 299.8T \quad J/mol$$

$$Si(l) \longequal [Si] \quad \Delta_{sol} G_m^{\ominus} = -131500 - 17.61T \quad J/mol$$

6-9 设高炉渣对铁水脱硫过程受铁水中S的传质控制，炉缸为圆筒形，铁水深度为1.0m，硫的分配比 $L_S=w_{(S)}/w_{[S]}=96$，终渣 $w_{(S)}=0.64\%$，求铁水中硫从0.07%降至0.04%需要多长时间? 已知 $D_S=4.5\times10^{-9}m^2/s$，边界层厚度 $=1.5\times10^{-5}m$。

工程案例思考题

案例6-1 冶金过程还原剂的选择

案例内容：

(1) 由矿石到金属过程物质价态分析；

(2) 利用氧势图对还原剂还原能力的比较分析；

(3) 还原反应热力学条件分析；

(4) 还原反应动力学条件分析；

(5) 根据热力学条件和动力学条件选择还原剂。

案例6-2 冶金过程直接还原与间接还原的比较

案例内容：

（1）直接还原和间接还原的定义；

（2）直接还原过程和间接还原过程热力学分析；

（3）直接还原过程和间接还原过程动力学分析；

（4）根据热力学和动力学条件分析炉内直接还原与间接还原反应。

7 氧化熔炼反应

经过还原熔炼（高炉炼铁），铁矿石被 C、CO、H_2等还原剂还原得到了碳饱和的铁液——生铁。高炉生产的生铁（铸铁）含 93%~94%的铁，还含有 6%~7%的杂质，其中以碳为主，包括硅、锰、磷、硫等，因此生铁性脆，不能进行锻造、轧制等机械加工。为此，需氧化去除铁水中杂质，同时提高铁水温度。在熔融状态下高效率地精炼成目标成分（相应成品钢种的规格范围）和达到目标温度的钢水的过程，就是炼钢过程。

炼钢的主原料是铁水、凝固的铁块以及废钢。造渣剂使用 CaO 及 CaF_2等在精炼过程中对钢水有脱硫、脱磷作用。纯铁的熔点是 1811K，为了在熔融状态下进行精炼，炼钢炉内温度需要保持在 1550~1650℃ （1820~1920K）。热源取决于炼钢方法，有用燃料的（我国已淘汰的平炉法）、用电能的（电炉炼钢法）和不另外使用燃料而利用杂质的氧化热提高钢水温度（转炉法）的方法等。去除杂质的氧化剂，按照需要，可使用纯的氧气或空气以及块状的优质铁矿石。平炉法和电炉法主要使用铁矿石作为氧化剂，辅助性地使用纯氧气，而转炉法主要使用纯氧和空气，辅助性地使用铁矿石。

炼钢过程是氧化去除杂质的过程，如上所述，用氧气及铁矿石作为氧化剂。

$$\frac{1}{2}O_2(g) = [O] \tag{7-1}$$

$$\frac{1}{3}Fe_2O_3(s) = \frac{2}{3}Fe(l) + [O] \tag{7-2}$$

O_2氧化杂质元素的氧化反应是放热的，吹氧过程的激烈搅拌有利于散热；而 Fe_2O_3的分解反应是吸热反应，激烈搅拌因散热迅速而不利于反应。因此，在炼钢反应中利用氧气，在操作上有利，炼钢技术由此取得了很大的进步。

炼钢过程利用氧化反应去除杂质。根据氧势图，从杂质对氧的化学亲和力的大小关系，可知在炼钢过程中能够去除的元素的大概情况，即在炼钢温度下，氧势图中位于 Fe-FeO氧势线上方的元素不能除去，会残留在金属相中；位于 Fe-FeO 氧势线下方的元素可以容易地除去；位于 Fe-FeO 氧势线附近的元素会分配在渣-金属两相中。其大概情况如下：

被除去进入渣中的元素　B、Al、Si、Ti、V、Zr

被分配在渣-金属两相的元素　P、S、Mn、Cr

残留在金属相中不能除去的元素　Cu、Ni、Co、Sn、Mo、W、As、Sb

蒸发到气相中的元素　Zn、Cd、Pb、C

炼钢生产中常见的被氧化去除的反应有：

$$[C] + [O] = CO(g)$$

产物 CO 逸出到气相中。

生成的反应产物能与加入的造渣剂（CaO）反应生成渣的元素的氧化反应有：

$$[Si] + 2[O] \Longrightarrow (SiO_2)$$
$$[Mn] + [O] \Longrightarrow (MnO)$$
$$2[P] + 5[O] \Longrightarrow (P_2O_5)$$
$$Fe(l)(约3\%) + [O] \Longrightarrow FeO$$
$$[S] + (CaO) \Longrightarrow (CaS) + [O]$$

根据使用的耐火材料和造渣剂不同，炼钢过程可分为碱性操作和酸性操作。

碱性操作：炉内耐火材料使用 MgO 或者白云石（MgO · CaO）等碱性耐火材料，造渣剂使用石灰（CaO），渣碱度 $w_{(CaO)}/w_{(SiO_2)} = 1 \sim 4$ 的操作称作碱性操作，生成的渣以 $CaO\text{-}SiO_2\text{-}FeO$ 三元系为主要成分，此外还含有 MgO、MnO、P_2O_5、CaF_2、Al_2O_3等。

酸性操作：耐火材料使用 SiO_2耐火物，造渣剂使用锰矿石或者 SiO_2，渣碱度 $w_{(CaO)}/w_{(SiO_2)} < 1$ 的操作称作酸性操作，生成的渣以 $SiO_2\text{-}MnO\text{-}FeO$ 三元系为主要成分，SiO_2可认为达到饱和（$w_{(SiO_2)} \approx 50\%$）。由于在酸性操作中不能脱硫、脱磷，现在大都不再采用酸性操作。

大规模的炼钢方法主要有转炉法、电炉法以及平炉法 3 种，其中平炉法在我国已被淘汰。表 7-1 给出了大规模的熔融炼钢法的种类和特征。

表 7-1　近代大规模的熔融炼钢法的种类和特征

炼钢法	转　炉	电　炉	平炉（现已被淘汰）
原料	主要是铁水，少量废钢	主要是废钢，少量生铁或铁水	铁水、废钢各半
热源	杂质的氧化热	电能	燃料（重油、煤气）
氧化剂	纯氧、空气	铁矿石、氧气	铁矿石、氧气
造渣剂	$CaCO_3$、CaO、CaF_2	CaO、火砖块（SiO_2）	$CaCO_3$、CaO 等
特征	炼钢时间短，废钢使用量少	热效率高，钢的 P、S 低，成分调整容易	原料范围广，可得优质钢，炼钢时间长
主要品种	普通钢、低合金钢	合金钢、普通钢	普通钢、低合金钢

总之，氧化熔炼过程的热力学实质就是在一定的条件下，因各元素的化学位不同，而根据选择性氧化或选择性还原原理创造出一定的条件来促成希望的反应过程实现，以达到冶炼所需的目的。

氧化精炼的关键是向冶金体系供氧及氧快速地向反应区（地点）传递，以实现铁液中杂质元素的氧化。

7.1　氧化熔炼反应的热力学和动力学原理

冶金过程中，进行氧化熔炼所需的氧的来源主要有：

（1）用氧枪将氧气直接吹入金属熔池内，发生氧的溶解反应$\frac{1}{2}O_2(g) = [O]$，氧以 [O] 而进入金属液。没有被溶解的气态氧将逸出金属液而上浮进入炉气中。

（2）大气与钢液接触时，由大气直接向钢液传递的氧，$\frac{1}{2}O_2(g) = [O]$。

（3）钢铁料中本身含有氧［O］而带入。

（4）潮湿的钢铁料及渣料带入的氧，$H_2O = 2[H]+[O]$。

（5）炉渣中的变价氧化物，如铁的氧化物带入的氧：

在渣-气界面上　$2(Fe^{2+}) + \frac{1}{2}O_2(g) = 2(Fe^{3+}) + (O^{2-})$

在渣-金界面上　$2(Fe^{3+}) + (O^{2-}) = 2(Fe^{2+}) + [O]$

生成的（Fe^{2+}）经传质传向渣-气界面，而生成的［O］则穿过渣-金界面传入金属液内部，使金属液内溶解氧量［O］增高。

（6）在直流电冶金中，当渣-金界面通过直流电流时，还会存在电解传氧：

$$(O^{2-}) = [O] + 2e$$

上述各种方式都可将氧带入金属液中。液态钢中的氧可以以原子氧形式和氧化物的形式存在。以原子氧形式存在的氧，称为溶解氧，以［O］表示。常以下述过程溶解于金属液相中：

$$\frac{1}{2}O_2(g) = [O]$$

以溶解氧形式存在的氧的溶解度可由

$$\lg w_{[O]} = -6320/T + 2.734$$

计算。1600℃时，氧在熔铁中的溶解度为0.23%。

以氧化物的形式存在的氧有Al_2O_3、MnO、SiO_2、FeO等。钢中的氧化物不溶解于钢液中，往往以独立相存在，因此通常将存在于液态钢中的氧化物称为钢中的非金属夹杂物，其种类及形态根据脱氧剂及脱氧方法不同而异。

现场往往从所取的固体样来分析氧含量，此时分析所得的是总氧量ΣO，即包含溶解态氧［O］和以氧化物状态存在的氧的总和。特别是反应产物的上浮不充分时ΣO与［O］差别较大。现在可采用固体电解质定氧探头来直接测定金属液中氧的活度$a_{[O]}$，所得的是溶解态的氧的活度。

7.1.1 铁液中元素氧化的氧势图

冶金过程中，金属中的元素可以被吹入的氧气（气态氧）“直接氧化”：

$$\frac{2x}{y}[M] + O_2 = \frac{2}{y}(M_xO_y) \quad (7\text{-}3)$$

也可以被溶解于金属液中的氧（溶解氧）“直接氧化”：

$$x[M] + y[O] = (M_xO_y) \quad (7\text{-}4)$$

还可以被熔渣中的（FeO）“间接氧化”或金属液中被氧化生成的FeO所“间接氧化”：

$$x[M] + y(FeO) = (M_xO_y) + y[Fe] \quad (7\text{-}5)$$

但在氧气射流吹入金属液时，大多数研究者认为：氧流直接和金属作用时，由于氧流是集中于作用区附近而不是高度分散在熔池中，作用区附近温度高，使Si和Mn对氧的亲和力减弱。从反应动力学角度看，C等元素向氧气泡表面传质的速率比氧化反应速率慢，在氧气同熔池接触的表面上大量存在的是铁原子，所以首先应当同Fe结合成FeO。因此，吹入熔池的氧气可溶解于金属中，可成为熔渣的组分，又可同熔池中的杂质发生反应。

综上所述，往熔池吹氧时杂质氧化过程有下列五个步骤：

（1）在氧流和氧气泡同金属的接触面上主要反应是：

$$O_2(g) = 2O_{吸附}$$

$$3[Fe] + 4O_{吸附} = (Fe_3O_4)$$

$$(Fe_3O_4) + [Fe] = 4(FeO)$$

（2）在表面层少部分氧还同杂质进行直接氧化：

$$O_{吸附} + [C],\ (1/2[Si],\ [Mn],\ \cdots) = CO(g),\ (1/2SiO_2,\ MnO,\ \cdots)$$

（3）氧化亚铁膜在一次反应区附近溶于金属液中，未溶部分进入渣中：

$$(FeO)_{表面} = [O] + [Fe]$$

$$(FeO)_{表面} = (FeO)_{渣}$$

（4）溶解的氧从一次反应区扩散到金属体内和碳在粗糙的炉衬表面以及上浮的 CO 气泡表面等发生反应，产生的 CO 进入 CO 气泡而逸出。

（5）在乳化的渣-金属界面，[O]、(FeO) 和 [Si]、[Mn]、[P] 等发生激烈的氧化反应，产生的氧化物进入炉渣。

上述的氧化反应都是发生在炼钢炉内的，一般将在炼钢炉内发生的元素氧化的反应称为一次氧化反应。而将在炼钢炉外发生的元素氧化的反应，如在出钢、浇铸及钢液凝固过程中发生的氧化反应称为二次氧化。

在氧气氧化纯（金属）元素体系中，可用氧势图来分析和比较不同元素之间的相对稳定性。对于金属液中元素的氧化反应，能否建立类似的氧势图来分析和比较金属液中元素被氧化情况？

考虑氧气溶解于钢液中的反应：

$$O_2 = 2[O] \tag{7-6}$$

$$\Delta_r G_m^{\ominus}([O]) = -RT\ln(a_{[O]}^2/(p_{O_2}/p^{\ominus})) = -2RT\ln a_{[O]} + RT\ln(p_{O_2}/p^{\ominus})$$

得金属熔池的氧势为：

$$RT\ln(p_{O_2}/p^{\ominus}) = \Delta_r G_m^{\ominus} + 2RT\ln a_{[O]} \tag{7-7}$$

故金属液中氧的活度越大，则熔池的氧势越高。

考虑溶解于钢液中的元素 [M] 的氧化反应：

$$2[M] + 2[O] = 2MO(s) \tag{7-8}$$

$$\Delta_r G_{m,(7\text{-}8)}^{\ominus} = -2RT\ln\left(\frac{a_{MO}}{a_{[M]}a_{[O]}}\right) = -2RT\ln a_{MO} + 2RT\ln a_{[M]} + 2RT\ln a_{[O]} \xrightarrow[a_{MO}=1]{MO(s)\text{为纯物质}} 2RT\ln a_{[M]} + 2RT\ln a_{[O]}$$

反应式（7-8）可由下列反应组合而成：

$$2M(s) + O_2 = 2MO(s) \tag{7-9}$$

$$\Delta_r G_m^{\ominus}(MO) = -RT\ln\left(\frac{a_{MO}^2}{a_M^2(p_{O_2}/p^{\ominus})}\right) = -2RT\ln a_{MO} + 2RT\ln a_M + RT\ln(p_{O_2}/p^{\ominus}) \xrightarrow[a_{MO}=1、a_M=1]{MO(s)、M(s)\text{为纯物质}} RT\ln(p_{O_2}/p^{\ominus})$$

$$2M(s) = 2[M] \quad (7\text{-}10)$$

$$\Delta_r G_m^{\ominus}([M]) = -RT\ln(a_{[M]}^2/a_M^2) \xrightarrow[a_M=1]{M(s)\text{ 为纯物质}} -2RT\ln a_{[M]}$$

因此，钢液中的元素［M］的氧化反应式（7-8）的标准自由能为

$$\begin{aligned}\Delta_r G_{m,(7\text{-}8)}^{\ominus} &= \Delta_r G_m^{\ominus}(MO) - \Delta_r G_m^{\ominus}([M]) - \Delta_r G_m^{\ominus}([O]) \\ &= RT\ln(p_{O_2}/p^{\ominus}) - \Delta_r G_m^{\ominus}([M]) - \Delta_r G_m^{\ominus}([O]) \\ &= RT\ln(p_{O_2}/p^{\ominus}) + 2RT\ln a_{[M]} - \Delta_r G_m^{\ominus}([O])\end{aligned}$$

故金属液中［M］被金属液中的［O］氧化成固态氧化物 MO 的氧势为

$$RT\ln(p_{O_2}/p^{\ominus}) = \Delta_r G_{m,(7\text{-}8)}^{\ominus} + \Delta_r G_m^{\ominus}([O]) - 2RT\ln a_{[M]} \quad (7\text{-}11)$$

在上述推导过程中，金属液中的元素［M］和［O］的活度标准态取符合亨利定律的质量分数为1%的溶液标准态。由于接近平衡时，［M］和［O］的含量很低，故可认为其符合亨利定律，从而$f_M=1$和$f_O=1$，因此$a_{[M]}=w_{[M]\%}$和$a_{[O]}=w_{[O]\%}$。在钢液内部生成的元素氧化产物 MO 认为是以独立相存在的纯凝聚态氧化物或气态氧化物，因此其活度标准态取为纯物质时，活度为1。此时，式（7-11）可改写为

$$RT\ln(p_{O_2}/p^{\ominus}) = \Delta_r G_{m,(7\text{-}8)}^{\ominus} + \Delta_r G_m^{\ominus}([O]) - 2RT\ln w_{[M]\%} \quad (7\text{-}12)$$

此即为金属液中元素［M］被溶解于金属液中的［O］氧化为 MO（s）的氧势。

根据铁（钢）液中含量各为1%的元素按式（7-8）反应进行时的标准自由能变化$\Delta_r G_{m,(7\text{-}8)}^{\ominus}$及氧气溶解于铁（钢）液的标准溶解自由能变化$\Delta_r G_m^{\ominus}([O])$，由式（7-12）可做出各金属液中元素［M］被溶解于金属液中的［O］氧化为 MO(s) 反应的氧势与温度间的关系图，称为铁液中元素氧化反应的氧势图，如图7-1所示。

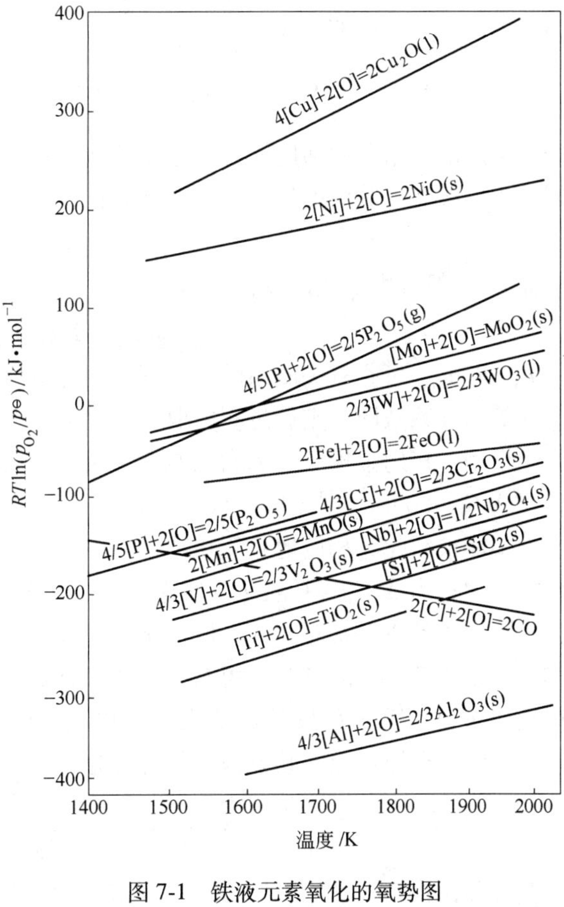

图7-1　铁液元素氧化的氧势图

由于反应是在铁（钢）液内进行，铁为溶剂，因此可根据图7-1中各元素氧化反应的氧势线与 FeO 的氧势线之间的相对位置关系，利用第5章氧势图（图5-1）的原理，来确定铁（钢）液中元素氧化的热力学特征：

（1）位于 FeO 的氧势线上方的元素，如 Cu、Ni、Pb、Sn、W、Mo 等，当氧气吹入铁液或铁液含氧时，这些元素由于铁的优先氧化而受到保护，因此基本上不能被氧化。这类元素在炼钢中若作为合金元素，则可随钢铁料一起加入炉内；若为杂质，则应严格控制其在原料中的含量。如果

原料中的含量较高，为了降低其在成品钢中的含量往往需配入其他纯净的原料来稀释它。

（2）位于 FeO 的氧势线以下的元素，当氧气吹入铁液或铁液含氧时，这些元素均可能不同程度地被氧化。其中 C、P 可大量被氧化；Cr、Mn、V 等氧化程度随冶炼条件而变；Si、Ti、Al 等基本上能被完全氧化，即在钢液吹氧精炼期间，这三个元素将很快就被氧化到痕迹水平，因此如果它们作为合金元素，则一般要根据其加入量及其熔点的情况在脱氧后加入，同时 Fe-Mn、Fe-Si 和 Al 可作为脱氧剂使用，按照 Fe-Mn、Fe-Si、Al 顺序其脱氧能力增强。

（3）碳氧化反应与其他元素的氧化反应的氧势线有交点，可选作为在一定温度下保护其他元素 M 不受氧化的“保护剂”——该交点的温度为熔池中元素 M 氧化的转化温度，该温度可由两个反应的组合反应——“去碳保 M”反应的自由能变化为零来计算，详见 7.6 节。

7.1.2 影响元素氧化的热力学分析

金属液中元素的直接氧化和间接氧化反应可分别写为

$$[M] + [O] = (MO)$$

$$[M] + (FeO) = (MO) + Fe(l)$$

下面以间接氧化为例推导元素氧化的热力学及其影响因素，以及热力学条件。对于间接氧化反应，其自由能变化：

$$\Delta_r G_m = \Delta_r G_m^{\ominus} + RT\ln\left(\frac{a_{MO}a_{Fe}}{a_M a_{FeO}}\right) = \Delta_r G_m^{\ominus} + RT\ln\left(\frac{\gamma_{MO}x_{MO}\cdot 1}{f_M w_{[M]\%}\cdot a_{FeO}}\right) \tag{7-13}$$

式中，金属液中组分的活度 a_M，其活度标准态一般取为符合亨利定律的质量分数为 1%的金属液为标准态，其活度值可由下式计算：

$$a_M = f_M w_{[M]\%} \tag{7-14}$$

而 f_M 一般可由下式计算：

$$\lg f_M = \sum e_B^j w_{[j]\%} \tag{7-15}$$

a_{MO} 与 a_{FeO} 可查有关渣系的等活度图或等活度系数图得到。如果没有相关渣系的等活度图或等活度系数图，则通过实验取得，也可由熔渣的热力学模型进行计算，如完全离子热力学模型、焦姆金模型、弗鲁德模型及正规离子溶液热力学模型等。对于间接氧化反应，当 $\Delta_r G_m < 0$ 时，则元素能被氧化，金属液中该元素的含量将降低；当 $\Delta_r G_m > 0$ 时，则元素不能被氧化，相应地其氧化物可能被还原，金属液中该元素的含量将不会降低，甚至可能增加；当 $\Delta_r G_m = 0$ 氧化反应达到平衡状态，金属液中该元素含量可能不会变化。

为了便于计算，常对式（7-13）做一些简化处理：由于金属液中 M 的含量较低，认为其活度系数 $f_M = 1$；如果产物 MO 在渣中有限溶解，则当其含量较高，接近溶解度时，则可近似认为其活度为 1；如果产物 MO 以独立相存在时，则也可认为其活度为 1。

对于间接还原反应，其平衡常数可写为

$$K^{\ominus} = \frac{a_{MO}a_{Fe}}{a_M a_{FeO}} = \frac{\gamma_{MO}x_{MO}}{f_M w_{[M]\%}\cdot a_{FeO}} \tag{7-16}$$

其分配比：

$$L_M = \frac{x_{MO}}{w_{[M]\%}} = K^\ominus \cdot \frac{f_M a_{FeO}}{\gamma_{MO}} \tag{7-17}$$

故当 L_M 提高时，则元素被氧化程度提高，金属液中该元素的残存含量将降低，渣中该元素的氧化物含量将升高（氧化物为气体时除外）。根据分配比，可讨论影响元素氧化的因素：

（1）$K^\ominus$，即讨论温度 T 的影响。元素氧化一般为放热反应，故温度升高，$K^\ominus$ 将降低，因此其分配比降低，从而温度升高不利于元素的氧化。

（2）a_{FeO} 影响，表现为熔渣氧化性的影响。熔渣氧化性增高，则 a_{FeO} 增大，因此其分配比提高，从而熔渣氧化性增高有利于元素的氧化。

（3）γ_{MO} 影响，表现为熔渣碱度及熔渣成分的影响。在碱性渣中，被氧化生成酸性氧化物的元素，如 P、Si 等其活度降低，因此分配比提高，从而元素易被氧化；同理，在酸性渣中，形成碱性氧化物的元素，如 Mn 易被氧化。

当多种元素同时被氧化时，出现了选择性氧化，即只有 $\Delta_r G_m$ 负值最大的元素优先氧化。在炼钢过程中：低温下，往往是 Si 和 Mn 优先于其他元素被氧化；高温下，碳往往是其他元素氧化的控制者。

7.1.3 元素氧化过程的动力学原理

研究过程的动力学也就是要确定过程的机理和速率以及影响速率的因素，确定不同情况下限速的步骤和控制过程的动力学区域。在研究元素氧化过程动力学时，稳态与准稳态的近似处理方法是一个十分重要的方法。对于由若干个步骤组成的串联反应体系，当体系达到稳态时，则各串联步骤的速率相等，处于动态平衡状态。冶金过程中的反应过程，往往是由传质、吸附、界面反应、解吸附、传质等步骤一环扣一环地串联进行的，因此，要得到元素氧化过程的速率，就可利用稳态与准稳态近似原理将各个独立的步骤的速率方程联系起来，通过联立各速率方程消去或求出难以获得的如界面浓度等，最后得到反应体系的总速率方程。

获得过程速率式的方法是本课程必须掌握的一个重要研究方法之一。其步骤是：首先须明确反应的机理和步骤（理论上，这须由实验确定）；然后写出各步骤的速率表达式；利用稳态准稳态近似原理，达到稳态时各步骤的速率相等，从而得到一组联立的各步骤的速率方程组；通过消元，求得用体相浓度或便于测得或求得的参数来表达的界面浓度或界面参数。这类界面浓度或界面参数在动力学研究中往往是无法确定的；将所导出的界面浓度或界面参数代入相应的、某一步骤的速率方程中（根据稳态准稳态近似原理，每一步骤的速率均相等，都是过程的总速率），整理后即可得到过程的总速率方程式；最后，根据过程总速率方程式，讨论过程控制步骤的相应条件和情况。下面以氧化过程中最典型的一类反应——渣-金反应为例具体地介绍元素氧化过程的速率方程建立的方法。

设渣-金间的氧化反应为

$$[M] + (Fe^{2+}) = (M^{2+}) + [Fe] \tag{7-18}$$

第一步：确定反应机理和步骤。

设反应过程由五个串联的步骤组成，如图 7-2 所示。

（1）液态金属中［M］通过金属侧扩散边界层向渣-金界面扩散。

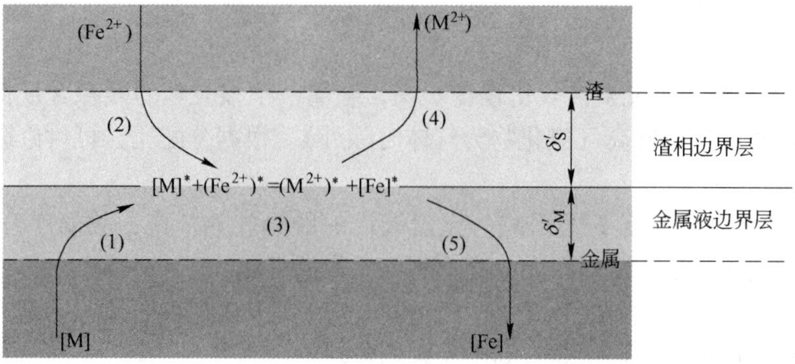

图 7-2 元素 M 被（FeO）氧化过程的组成步骤

（2）渣中（Fe^{2+}）或（FeO）通过渣侧扩散边界层向渣-金界面扩散。

（3）[M] 和（Fe^{2+}）在渣-金界面上发生反应。

（4）产物（M^{2+}）或（MO）离开反应界面通过熔渣侧扩散边界层向渣相内部扩散。

（5）产物 Fe 离开反应界面通过金属侧扩散边界层向液态金属相内部扩散。

上述的机理中没有考虑 O^{2-} 在渣中的扩散，这是因为（O^{2-}）的扩散系数比（Fe^{2+}）大，而（O^{2-}）的浓度也远比（Fe^{2+}）的浓度高，因而（FeO）的扩散是由（Fe^{2+}）的扩散决定的。

由于渣-金反应是在高温下进行的，因此界面化学反应速率很快，不会成为限制环节。

[M] 在氧化性渣特别是在加矿的情况下氧化时，由于渣中 FeO 含量很高，而且加入的矿石位于渣-钢之间，从而加快了传质过程。所以，渣中 Fe^{2+} 或（FeO）向渣-金界面扩散也不会成为限制环节。

Fe 的扩散也不会成为控制步骤。

因此，只有（1）和（4），即液态金属中 [M] 的扩散和渣中（MO）的扩散才有可能成为限制环节。

第二步：写出各步骤的速率表达式。

液态金属中 [M] 穿过金属侧边界层的传质速率为

$$J_{[M]} = \frac{1}{A} \cdot \frac{dn_{[M]}}{dt} = \beta_{[M]}(C_{[M]} - C^*_{[M]}) \quad mol/(m^2 \cdot s) \tag{7-19}$$

熔渣中（M^{2+}）或（MO）穿过渣侧边界层的传质速率为

$$J_{(MO)} = \frac{1}{A} \cdot \frac{dn_{(MO)}}{dt} = \beta_{(MO)}(C^*_{(MO)} - C_{(MO)}) \quad mol/(m^2 \cdot s) \tag{7-20}$$

实际生产中，钢液和熔渣中组分的含量往往以质量分数表示。因此，要将上述方程中的物质的量用质量分数表示。

$$n_{[M]} = \frac{\rho_m V_m w_{[M]\%}}{100} \cdot \frac{1}{M_M}, \quad C_{[M]} = \left(\frac{\rho_m V_m w_{[M]\%}}{100} \cdot \frac{1}{M_M}\right) \Big/ V_m = \frac{\rho_m w_{[M]\%}}{100} \cdot \frac{1}{M_M} \tag{7-21}$$

$$n_{(MO)}=\frac{\rho_s V_s w_{(MO)\%}}{100}\cdot\frac{1}{M_{MO}},\quad C_{(MO)}=\left(\frac{\rho_s V_s w_{(MO)\%}}{100}\cdot\frac{1}{M_{MO}}\right)\Big/V_s=\frac{\rho_s w_{(MO)\%}}{100}\cdot\frac{1}{M_{MO}} \tag{7-22}$$

代入式（7-19）和式（7-20），可用质量分数表示［M］穿过金属侧边界层及（M^{2+}）或（MO）穿过渣侧边界层的传质速率

$$J_{[M]}=-\frac{\rho_m V_m}{100M_M A}\cdot\frac{dw_{[M]\%}}{dt}=\beta_{[M]}\frac{\rho_m}{100M_M}(w_{[M]\%}-w^*_{[M]\%})\quad mol/(m^2\cdot s) \tag{7-23}$$

$$J_{(MO)}=\frac{\rho_s V_s}{100M_{MO}A}\cdot\frac{dw_{(MO)\%}}{dt}=\beta_{(MO)}\frac{\rho_s}{100M_{MO}}(w^*_{(MO)\%}-w_{(MO)\%})\quad mol/(m^2\cdot s) \tag{7-24}$$

第三步：利用准稳态近似原理，联立各步骤的速率方程，消去或获得无法确定的界面参数，得到总速率式。

当过程达到稳态时，各步骤的速率相等，即

$$J_{(MO)}=J_{[M]}=J$$

即

$$\beta_{[M]}\frac{\rho_m}{100M_M}(w_{[M]\%}-w^*_{[M]\%})=\beta_{(MO)}\frac{\rho_s}{100M_{MO}}(w^*_{(MO)\%}-w_{(MO)\%}) \tag{7-25}$$

考虑到高温下界面化学反应速度很快，在界面上达到平衡状态，因此有 M 在渣-金间的分配比存在

$$L_M=\frac{w_{(MO),\ eq}}{w_{[M],\ eq}}=\frac{w^*_{(MO)\%}}{w^*_{[M]\%}} \tag{7-26}$$

或

$$w^*_{(MO)\%}=L_M w^*_{[M]\%} \tag{7-27}$$

代入式（7-25），并整理得

$$w^*_{[M]\%}=\frac{\beta_{[M]}w_{[M]\%}+\dfrac{M_M}{M_{MO}}\cdot\dfrac{\rho_s}{\rho_m}\beta_{(MO)}w_{(MO)\%}}{\beta_{[M]}+L_M\cdot\dfrac{M_M}{M_{MO}}\cdot\dfrac{\rho_s}{\rho_m}\beta_{(MO)\%}} \tag{7-28}$$

代入式（7-23）得

$$J=-\frac{\rho_m V_m}{100M_M A}\cdot\frac{dw_{[M]\%}}{dt}=\beta_{[M]}\frac{\rho_m}{100M_M}\left(w_{[M]\%}-\frac{\beta_{[M]}w_{[M]\%}+\dfrac{M_M}{M_{MO}}\cdot\dfrac{\rho_s}{\rho_m}\beta_{(MO)}w_{(MO)\%}}{\beta_{[M]}+L_M\cdot\dfrac{M_M}{M_{MO}}\cdot\dfrac{\rho_s}{\rho_m}\beta_{(MO)}}\right)$$

$$=\frac{\dfrac{\rho_s}{100M_{MO}}}{\dfrac{1}{\beta_{(MO)}}+L_M\dfrac{M_M}{M_{MO}}\dfrac{\rho_s}{\rho_m}\dfrac{1}{\beta_{[M]}}}(L_M\cdot w_{[M]\%}-w_{(MO)\%}) \tag{7-29}$$

或

$$-\frac{\mathrm{d}w_{[\mathrm{M}]}}{\mathrm{d}t}=\frac{A}{V_{\mathrm{m}}}\cdot\frac{w_{[\mathrm{M}]}-\dfrac{w_{(\mathrm{MO})}}{L_{\mathrm{M}}}}{\dfrac{M_{\mathrm{MO}}}{M_{\mathrm{M}}}\cdot\dfrac{\rho_{\mathrm{m}}}{\rho_{\mathrm{s}}}\cdot\dfrac{1}{L_{\mathrm{M}}\beta_{(\mathrm{MO})}}+\dfrac{1}{\beta_{[\mathrm{M}]}}}\tag{7-30}$$

这就是以金属液中 M 随时间的变化速率表示的渣-金间氧化反应过程的总速率方程式，其单位为%/(m^2 · s)。可见过程的推动力为金属与熔渣间 M 的含量之差。M 氧化的速率除受推动力及 M 在金属液侧及 MO 在熔渣侧边界层内的传质阻力影响之外，还受 M 在渣-金间的分配比的影响。

第四步：限制环节的讨论。由式（7-30）可见：

（1）当 L_{M} 或 $\beta_{(\mathrm{MO})}$ 很大，或 $\beta_{[\mathrm{M}]}$ 很小，即 $L_{\mathrm{M}}\beta_{(\mathrm{MO})}\gg\beta_{[\mathrm{M}]}$ 时，则渣侧的扩散阻力可以忽略。此时 M 的氧化主要取决于金属液侧 M 的扩散，于是：

$$J=-\frac{\mathrm{d}w_{[\mathrm{M}]}}{\mathrm{d}t}=\frac{A}{V_{\mathrm{m}}}\beta_{[\mathrm{M}]}\left(w_{[\mathrm{M}]}-\frac{w_{(\mathrm{MO})}}{L_{\mathrm{M}}}\right)\tag{7-31}$$

（2）当 L_{M} 或 $\beta_{(\mathrm{MO})}$ 很小，或 $\beta_{[\mathrm{M}]}$ 很大，即 $L_{\mathrm{M}}\beta_{(\mathrm{MO})}\ll\beta_{[\mathrm{M}]}$ 时，则金属液侧的扩散阻力可以忽略。此时 M 的氧化主要取决于熔渣侧 MO 的扩散，于是：

$$J=-\frac{\mathrm{d}w_{[\mathrm{M}]}}{\mathrm{d}t}=\frac{M_{\mathrm{M}}}{M_{\mathrm{MO}}}\cdot\frac{\rho_{\mathrm{s}}}{\rho_{\mathrm{m}}}\cdot\frac{A}{V_{\mathrm{m}}}\beta_{(\mathrm{MO})}(L_{\mathrm{M}}\cdot w_{[\mathrm{M}]}-w_{(\mathrm{MO})})\tag{7-32}$$

根据式（7-30），式中有三个变量：质量分数 $w_{[\mathrm{M}]}$、$w_{(\mathrm{MO})}$ 和时间 t。为了求解式(7-30)，现将设法用金属液中 M 的含量 $w_{[\mathrm{M}]}$ 来表示渣中的 MO 含量 $w_{(\mathrm{MO})}$。实际上，冶炼过程中渣-金间 M 存在质量守恒：

$$\frac{w_{(\mathrm{MO})}m_{\mathrm{s}}}{M_{\mathrm{MO}}}=\frac{m_{\mathrm{m}}(w_{[\mathrm{M}]}^{0}-w_{[\mathrm{M}]})}{M_{\mathrm{M}}}\tag{7-33}$$

即

$$w_{(\mathrm{MO})}=\frac{m_{\mathrm{m}}}{m_{\mathrm{s}}}\frac{M_{\mathrm{MO}}}{M_{\mathrm{M}}}(w_{[\mathrm{M}]}^{0}-w_{[\mathrm{M}]})\tag{7-34}$$

式中，$w_{[\mathrm{M}]}^{0}$ 为金属液中的初始含量。

代入式（7-30）可得

$$J=-\frac{\mathrm{d}w_{[\mathrm{M}]}}{\mathrm{d}t}=\frac{A}{V_{\mathrm{m}}}\cdot\frac{\left(1+\dfrac{m_{\mathrm{m}}}{m_{\mathrm{s}}}\cdot\dfrac{M_{\mathrm{MO}}}{M_{\mathrm{M}}}\cdot\dfrac{1}{L_{\mathrm{M}}}\right)w_{[\mathrm{M}]}-\dfrac{m_{\mathrm{m}}}{m_{\mathrm{s}}}\cdot\dfrac{M_{\mathrm{MO}}}{M_{\mathrm{M}}}\cdot\dfrac{1}{L_{\mathrm{M}}}w_{[\mathrm{M}]}^{0}}{\dfrac{M_{\mathrm{MO}}}{M_{\mathrm{M}}}\cdot\dfrac{\rho_{\mathrm{m}}}{\rho_{\mathrm{s}}}\cdot\dfrac{1}{L_{\mathrm{M}}\beta_{(\mathrm{MO})}}+\dfrac{1}{\beta_{[\mathrm{M}]}}}\tag{7-35}$$

为方便起见，设

$$\begin{cases}a=\dfrac{A}{V_{\mathrm{m}}}\cdot\dfrac{1+\dfrac{m_{\mathrm{m}}}{m_{\mathrm{s}}}\cdot\dfrac{M_{\mathrm{MO}}}{M_{\mathrm{M}}}\cdot\dfrac{1}{L_{\mathrm{M}}}}{\dfrac{M_{\mathrm{MO}}}{M_{\mathrm{M}}}\cdot\dfrac{\rho_{\mathrm{m}}}{\rho_{\mathrm{s}}}\cdot\dfrac{1}{L_{\mathrm{M}}\beta_{(\mathrm{MO})}}+\dfrac{1}{\beta_{[\mathrm{M}]}}}\\ b=\dfrac{A}{V_{\mathrm{m}}}\cdot\dfrac{\dfrac{m_{\mathrm{m}}}{m_{\mathrm{s}}}\cdot\dfrac{M_{\mathrm{MO}}}{M_{\mathrm{M}}}\cdot\dfrac{1}{L_{\mathrm{M}}}w_{[\mathrm{M}]}^{0}}{\dfrac{M_{\mathrm{MO}}}{M_{\mathrm{M}}}\cdot\dfrac{\rho_{\mathrm{m}}}{\rho_{\mathrm{s}}}\cdot\dfrac{1}{L_{\mathrm{M}}\beta_{(\mathrm{MO})}}+\dfrac{1}{\beta_{[\mathrm{M}]}}}\end{cases}\tag{7-36}$$

则式（7-35）可写为

$$-\frac{\mathrm{d}w_{[\mathrm{M}]}}{\mathrm{d}t}=aw_{[\mathrm{M}]}-b \tag{7-37}$$

分离变量，积分：

$$\int_{w_{[\mathrm{M}]}^{0}}^{w_{[\mathrm{M}]}}\frac{1}{aw_{[\mathrm{M}]}-b}\mathrm{d}w_{[\mathrm{M}]}=-\int_{0}^{t}\mathrm{d}t \tag{7-38}$$

积分得

$$\ln\frac{w_{[\mathrm{M}]}-b/a}{w_{[\mathrm{M}]}^{0}-b/a}=-at \tag{7-39}$$

显然，当时间 $t\to\infty$ 时，反应达到平衡状态，此时钢液中的残留 M 量即为平衡 M 量 $w_{[\mathrm{M}],\mathrm{eq}}$。由式（7-39）可得

$$\frac{w_{[\mathrm{M}]}-b/a}{w_{[\mathrm{M}]}^{0}-b/a}=\exp(-at) \tag{7-40}$$

故有

$$w_{[\mathrm{M}],\mathrm{eq}}=\frac{b}{a}=\frac{w_{[\mathrm{M}]}^{0}}{1+\dfrac{m_{\mathrm{s}}}{m_{\mathrm{m}}}\cdot\dfrac{M_{\mathrm{M}}}{M_{\mathrm{MO}}}L_{\mathrm{M}}} \tag{7-41}$$

而 M 在渣-金间的分配比：

$$L_{\mathrm{M}}=\frac{w_{(\mathrm{MO})}}{w_{[\mathrm{M}]}}=K_{\mathrm{M}}^{\ominus}\frac{\gamma_{(\mathrm{FeO})}w_{(\mathrm{FeO})}}{\gamma_{(\mathrm{MO})}} \tag{7-42}$$

代入式（7-41），则

$$w_{[\mathrm{M}],\mathrm{eq}}=\frac{w_{[\mathrm{M}]}^{0}}{1+\dfrac{m_{\mathrm{s}}}{m_{\mathrm{m}}}\cdot\dfrac{M_{\mathrm{M}}}{M_{\mathrm{MO}}}K_{\mathrm{M}}^{\ominus}\dfrac{\gamma_{(\mathrm{FeO})}w_{(\mathrm{FeO})}}{\gamma_{(\mathrm{MO})}}} \tag{7-43}$$

令

$$\theta=\frac{w_{[\mathrm{M}]}-w_{[\mathrm{M}],\mathrm{eq}}}{w_{[\mathrm{M}]}^{0}-w_{[\mathrm{M}],\mathrm{eq}}} \tag{7-44}$$

根据上述推导有

$$\theta=\frac{w_{[\mathrm{M}]}-b/a}{w_{[\mathrm{M}]}^{0}-b/a} \tag{7-45}$$

则式（7-39）和式（7-40）可写为

$$t=-\frac{\ln\theta}{a} \tag{7-46}$$

或

$$\theta=\exp(-at) \tag{7-47}$$

因此，可由式（7-46）计算 M 氧化反应进行时，M 被氧化一定量时所需的时间，或由式(7-47）计算 M 被氧化一定时间后，金属液中 M 的含量。

7.2 脱碳反应

在炼钢过程中，脱碳反应是贯穿于整个炼钢过程始终的一个重要反应。炼钢的首要任务之一就是要将熔池中的碳氧化，脱除到所炼钢种规格范围内。碳和氧的反应是炼钢过程的一个中心课题之一。不仅如此，脱碳反应的产物——CO 气体在炼钢过程中具有多方面的作用。

7.2.1 脱碳反应的作用

由于碳氧化的产物 CO 不溶于钢液中，以气泡形式从钢液内部放出，产生强烈的沸腾现象，使熔池受到激烈的搅动，起到均匀熔池成分和温度、加速钢-渣间的界面反应作用。上浮的 CO 气体抽吸钢中的气体，吸附钢中的夹杂物，并把气体和夹杂物带出钢液——去夹杂，从而提高钢的质量。大量的 CO 气体通过渣层是产生泡沫渣和气-渣-金三相乳化的重要原因。在炼钢过程和精炼过程中，经常利用脱碳反应来抑制其他有用金属元素氧化反应的进行，达到如"脱碳保铬""脱碳保钒"等目的。熔渣氧化性、钢液含氧量等往往受脱碳反应影响；脱碳反应往往成为冶炼过程生产率的重要因素；在氧气转炉中，排出的 CO 气体的不均匀性和由它造成的熔池上涨等往往是产生喷溅的重要原因。

7.2.2 脱碳反应的热力学条件

氧化熔炼过程中，因供氧方式不同，脱碳反应也不同。转炉和电炉内向金属溶池吹氧时，一般认为氧气可直接与碳反应：

$$[C] + \frac{1}{2}O_2(g) \xlongequal{} CO(g) \tag{7-48}$$

或氧气先溶入铁液中，以溶解氧 [O] 形式进行脱碳：

$$[C] + [O] \xlongequal{} CO(g) \tag{7-49}$$

也有人认为，氧气射流吹入金属熔池时，先氧化金属液中大量存在的 Fe，生成 FeO，然后再氧化金属液中的碳元素：

$$2Fe + O_2 \xlongequal{} 2FeO$$

$$[C] + FeO \xlongequal{} CO(g) + Fe$$

在电弧炉中不吹氧时，渣中（FeO）向钢液传氧，再发生 [C] 与 [O] 的反应：

$$(FeO) \xlongequal{} Fe(l) + [O]$$

$$[C] + [O] \xlongequal{} CO(g)$$

当碳含量很低 $w_{[C]\%}<0.05$ 时，还可发生：

$$[C] + 2[O] \xlongequal{} CO_2(g)$$

有关脱碳反应的热力学数据，万谷志郎推荐值见表 7-2。

表 7-2 万谷志郎推荐的脱碳反应热力学数据

碳的氧化反应	$\Delta_r G_m^\ominus$/J · mol^{-1}	$K^\ominus$–T 关系
$CO(g) + [O] \xlongequal{} CO_2(g)$	$-116900+91.13T$	$\lg K_1^\ominus = 8718/T-4.762$

续表 7-2

碳的氧化反应	$\Delta_r G_m^{\ominus}$/J·mol^{-1}	$K^{\ominus}$-T 关系
CO_2+［C］══2CO(g)	144700-129.5T	$\lg K_2^{\ominus}=-7558/T+6.765$
［C］+［O］══CO(g)	-22200-38.34T	$\lg K_3^{\ominus}=1160/T+2.003$

对于反应

$$[C]+(FeO) === CO(g)+Fe(l) \quad \Delta_r G_m^{\ominus}=-9879-90.76T \quad J/mol \tag{7-50}$$

对于铁-碳-氧反应体系，体系物种数 $S=5$（［C］、［O］、CO、CO_2、Fe(l)），独立组分数$k=3$（C、O、Fe），相数 $\phi=2$（液态、气态），因此自由度$f=k-\phi+2=3-2+2=3$。故除温度、压力外，还需确定［C］或［O］一个浓度或体系中 $\varphi_{CO}/\varphi_{CO_2}$比，体系的平衡才能确定。或在温度和总压一定时，金属中氧和碳的含量首先取决于 $\varphi_{CO}/\varphi_{CO_2}$混合比。体系平衡的独立反应数：$R=S-m=5-3=2$。

下面以表 7-2 中的第三个反应为例来讨论脱碳反应的热力学条件。即反应为

$$[C]+[O] === CO(g)$$

反应的平衡常数

$$K^{\ominus}=\frac{p_{CO}/p^{\ominus}}{a_C \cdot a_O}=\frac{1}{f_C \cdot f_O} \cdot \frac{p_{CO}/p^{\ominus}}{w_{[C]\%}w_{[O]\%}} \tag{7-51}$$

令

$$m=\frac{1}{K^{\ominus} \cdot f_C \cdot f_O}=\frac{w_{[C]\%}w_{[O]\%}}{p_{CO}/p^{\ominus}} \tag{7-52}$$

则得碳氧积

$$w_{[C]\%}w_{[O]\%}=m(p_{CO}/p^{\ominus}) \tag{7-53}$$

因此，促进脱碳反应的因素：

（1）f_C与f_O影响。金属液中碳和氧的活度系数增大，有利于脱碳反应进行。钢液中 C、P、S、Si、Ni、N、Al、Co 和 Cu 等对碳活度的相互作用系数为正值，Mn、Cr、O 等对碳活度的相互作用系数为负值；而钢液中 P、Ni、Co、N 等对氧活度的相互作用系数为正值，C、Mn、Si、S、Al、Cu、Cr 和 O 等对氧活度的相互作用系数为负值。综合来看，一般可将f_C与f_O乘积作为单位 1 来处理。因此，$m=1/K^{\ominus}$，各研究者实验测得 1600℃ 附近，$m=0.002\sim0.0025$。1931 年 H. C. Vacher 和 E. H. Hamilton 首次得出了 $w_{[C]}$和 $w_{[O]}$之间的双曲线关系，如图 7-3 所示，称为 Vacher-Hamilton 曲线。

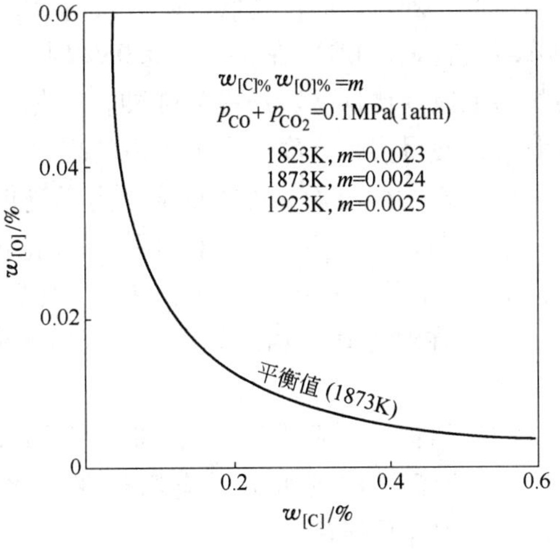

图 7-3 铁液中氧和碳的关系

（2）$w_{[C]}$和 $w_{[O]}$影响。金属液中碳和氧的含量增加，熔渣中高氧化性（FeO 含量高）均利于脱碳反应进行。

（3）p_{CO}影响。降低气体生成物 CO 的分压，有利于脱碳反应进行。一般可采用真空下吹氧精炼来强化脱氧。一般提高真空度（相应地即降低 p_{CO}）可提高碳的脱氧能力。此外，采用向金属熔池内部吹入惰性气体（如 Ar、N_2）等操作，吹入的金属熔池内部的气泡相对于 CO 可看成是一个真空室，也可达到降低 p_{CO}的效果，从而提高碳的脱氧能力。

（4）温度 T 的影响。$\Delta_r G_m^{\ominus}$ 的第一项为-22.2kJ，为弱放热反应。温度对脱碳反应影响不大。

综上所述，为了加强金属液的脱碳，要满足以下热力学条件：高的碳和氧的含量，高的炉渣氧化性，采用降低 CO 分压的真空或向金属熔池内部吹入惰性气体（如 Ar、N_2）等操作。

在各种冶炼方法中，钢水中的实际氧量都高于相应于 C-O 反应的平衡氧量，说明生产中碳和氧未达到平衡。如图 7-4 所示，LD 转炉炼钢过程中的实际碳氧积（0.003~0.005）高于 0.1MPa 时的平衡值（0.002~0.0025），而在 K-BOP、Q-BOP 中，采用顶底复合吹炼，气泡中的 p_{CO} 远低于顶吹转炉，因此，虽然图中 K-BOP、Q-BOP 的数据低于 0.1MPa 的平衡值，但仍将高于相应 CO 分压下的碳氧平衡值。生产中将熔池中实际的氧含量 $w_{[O],实}$ 与和熔池中碳相平衡的平衡氧含量 $w_{[O],eq}$之差称为过剩氧 $\Delta w_{[O]}$。即

$$\Delta w_{[O]} = w_{[O],实} - w_{[O],eq} \tag{7-54}$$

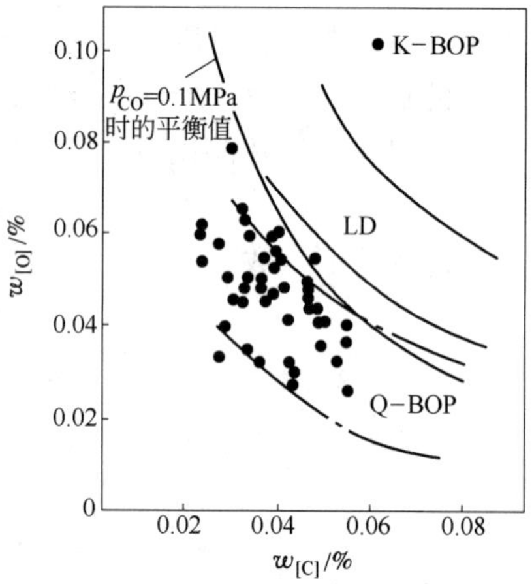

图 7-4 转炉吹炼过程中吹炼终点的氧和碳的关系

过剩氧的大小与脱碳反应的动力学有关。脱碳速度越快（搅拌越强烈）则反应越接近平衡值，过剩氧越低；同时，$w_{[C]}$越低，$w_{[O],eq}$越高，实际氧量越接近平衡值，过剩氧 $\Delta w_{[O]}$越低。顶吹氧气转炉（LD）在 $w_{[C]} \approx 0.03\%$时，实际 $w_{[O]}$接近 $p_{CO}=0.1$MPa 的平衡曲线；底吹转炉熔池搅拌比顶吹转炉更为强烈，实际 $w_{[O]}$更接近于平衡曲线。炼钢中金属液内产生过剩氧，使得实际浓度偏离平衡值的现象可解释为：

（1）动力学方面，由于反应动力学受传质控制，因此未能达到平衡值。

（2）前述［C］-［O］平衡曲线（理论值）是 $p_{CO}=100$kPa 时得出的，实际生产中熔池内的 p_{CO}由于金属液静压力作用，一般要大于该压力值。当吹入惰性气体时，气泡内的 p_{CO}则有可能要小于该值。如顶吹氧气转炉中 p_{CO}约为 120000Pa，而顶底复吹转炉中 p_{CO}约为 70000Pa。

（3）熔池中含碳量处于低碳时，金属液中的氧量还受 FeO 及温度的影响。

实际炼钢炉内的脱碳反应均是在氧化渣下进行的。与渣中 FeO 平衡的 $w_{[O],s}$是随 $w_{[C]}$变化的，且存在关系：

$$w_{[O],eq} < w_{[O],实} < w_{[O],s}$$

该氧含量差正是保证熔池中氧不断地由渣向金属传递，并且脱碳反应不断进行的原因。要想使熔池含碳量达到很低（如小于 0.05%），必须提高熔池中 $w_{[O]}$值，同时还要有很高的熔池温度和渣中氧化铁。

熔池中的实际氧含量还与金属液中碳氧反应发生的位置及液态金属液面下的深度有关。在钢液内部某一深度 h_m 处发生 C-O 反应生成 CO 气泡时，生成 CO 要受到钢、渣、气的静压力的作用，如图 7-5 所示。因此，只有当 CO 气泡内 p_{CO} 大于或等于其所受到的外压时，CO 气泡才能形成、长大。此时：

$$p_{CO} \geqslant p_g + (h_m\rho_m + h_s\rho_s)g + (2\sigma/r) \quad (7\text{-}55)$$

根据碳氧积关系，即可计算金属液中某一深度处氧含量。

$$w_{[O]\%} = m(p_{CO}/p^{\ominus})/w_{[C]\%}$$

$$= \frac{m}{w_{[C]\%}}[p_g + (h_s\rho_s + h_m\rho_m)g + (2\sigma/r)]/p^{\ominus}$$

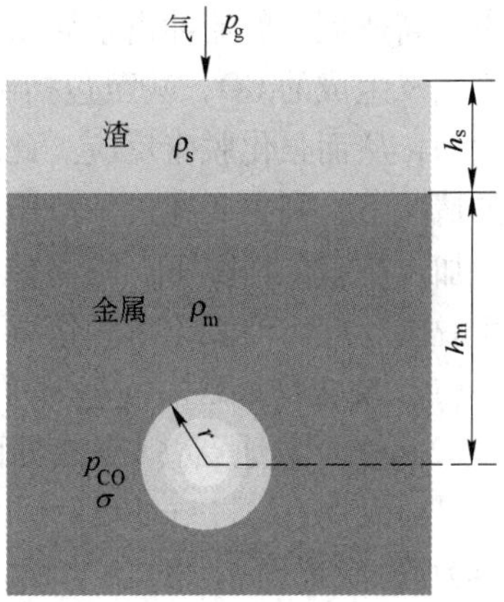

图 7-5 钢液内部的 CO 气泡

因此，随着气相静压力 p_g 增高，C-O 反应地点在钢液内越深，生成的 CO 气泡越小，则平衡的氧量 $w_{[O]\%}$ 越高。

当炉底表面光滑，在炉底上产生 CO 气泡，金属液内没有形核的核心时，若按照新生成的 CO 气泡半径为 10^{-9}m，钢液表面张力 σ=1.5N/m，可计算出附加压力约为 3×10^9Pa。也就是说 CO 气泡形核时除克服如此巨大的附加压力外，还要克服气相、钢水与炉渣的静压力。显然在光滑的炉底上产生 CO 气泡形核是不可能的，只有在非均质形核时才可能顺利进行。此时，往金属液内吹入并弥散分布于金属液内的气体（泡）可作为 CO 形核的核心。金属液内不吹入气体的情况下，只能靠炉壁或炉底处耐火材料表面的微小孔隙作为 CO 形核核心，如图 7-6 所示。此时由于有 CO 气泡形核的核心，C-O 反应容易发生，与［C］平衡的氧量降低。

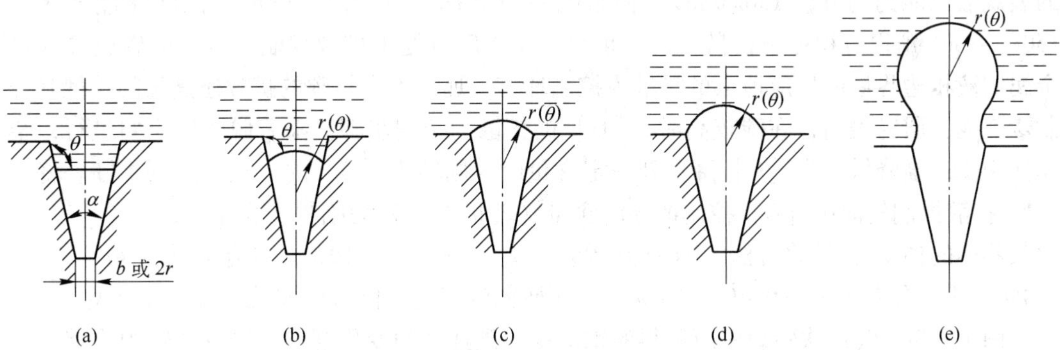

图 7-6 炉底凹坑或缝隙处形成气泡的过程示意图
（a）坑底部气体不受毛细管压力作用；（b）坑底部气体受到一定的毛细管压力作用；（c）气体到达坑的上口平面上；（d）气体鼓胀成半球形，所受到的毛细管压力最大；（e）即将形成气泡脱离

7.2.3 脱碳反应的动力学

由于冶炼工艺和供氧方式的不同，脱碳过程的机理也有很大的区别。在通过氧枪直接向金属熔池吹氧的情况下，吹入的氧气直接与金属液发生作用，直接发生 C-O 反应。同

时由于高速氧气射流冲击金属熔池及生成的 CO 上浮时的沸腾作用，使部分金属液与吹入的氧气及生成的 CO，甚至包括部分熔渣，混合生成渣-金-气三相乳化液，大大增加了反应面积，从而强化脱碳反应。此时也存在熔渣中的 FeO 与 C 之间发生的脱碳反应。不吹氧的情况下，则主要通过炉渣中的 FeO 在渣-金（及气）界面上发生脱碳反应。在向金属熔池加入矿石的情况下，则由矿石中的 Fe_2O_3或熔化生成的 FeO 向钢液传氧，在矿石表面发生脱碳反应。但无论哪种情况，都至少包含下列三个步骤：

（1）反应物［O］（或 FeO）和［C］向反应地点传输。

（2）在反应地点（气-液界面上、气泡表面、粗糙的炉壁内表面的凹坑和缝隙等处）发生界面反应：$[C] + [O] = CO(g)$。如果发生 $[C] + (FeO) = CO(g) + Fe$，则反应地点为渣-金界面。

（3）气体反应产物 CO 气泡长大、上浮离开金属液。

第（1）步中的［O］和 FeO 可以是吹入的氧气直接溶解于金属液中

$$\frac{1}{2}O_2 = [O]$$

提供的［O］；也可以是炉气中的氧通过渣层向渣-金界面扩散，向氧化界面的 Fe 提供的（FeO）

$$\frac{1}{2}O_2 + Fe(l) = (FeO)$$

此反应也是向金属熔池吹氧提供（FeO）的途径。然后生成的（FeO）中的氧溶入金属液中，并向金属液内部扩散而提供［O］

$$(FeO) = Fe(l) + [O]$$

对于界面反应步骤（2），在炼钢温度下其反应速率很快。根据文献报道，C-O 反应的表观活化能约为 60～150kJ/mol。而根据一般规律，液相内组分的扩散活化能不大于 150kJ/mol，所以过程处于扩散区域。可见，C-O 反应处于扩散控制区域，即碳或氧穿过金属侧液相边界层向反应地点的扩散为控制环节。那么到底是碳的扩散还是氧的扩散是控制步骤呢？研究表明，在碳较高时，［O］的扩散为控制步骤。随着脱碳反应的进行，金属液中碳逐渐降低，当［C］降低到一定含量时，则转为［C］的扩散为控制步骤。将由［O］扩散控制转向由［C］控制的碳的含量（转折点）称为临界碳含量，以 $w_{[C],c}$表示。对其具体的值有不同的看法，有研究者认为是 0.06%～0.10%，也有的认为是 0.2%～0.4%，甚至有人认为是 0.4%～0.8%，与所研究的工艺、供氧形式及供氧条件有关。

图 7-7 为氧气顶吹转炉中所测得的钢液中脱碳速率的变化规律。可见，转炉吹炼过程可分为三个阶段。在吹炼初期，由于铁水温度较低及铁水中硅和锰的大量氧化，使脱碳反应受到抑制。此期内，脱碳反应速率随吹炼时间增加而逐渐增大。当硅含量降低到 0.03%，炉温升高到一定值，脱碳反应激烈进行，达到最大脱碳速率，脱碳速率与转炉的供氧速率成正比，进入吹炼的第二期。此期内，脱碳速率为整个转炉吹炼过程的最大值，并保持不变。吹炼所供的氧几乎全部用于脱碳反应，脱碳速率与金属含碳量无关，而和供氧强度成正比。吹炼第三期，由于碳含量已降到 1%左右，脱碳速率开始下降。当碳含量降至 0.3%～0.5%左右，脱碳速率下降得更明显。

现根据单位时间内氧的消耗来建立脱碳速率的计算式。显然吹入熔池的氧量应等于用

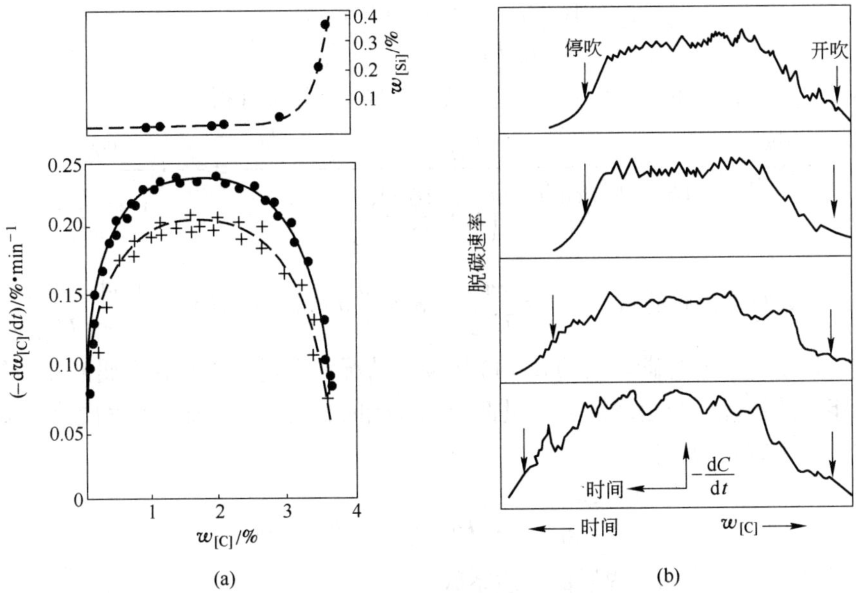

图 7-7 氧气顶吹转炉中钢液的脱碳速率

（a）炉气间断取样推算的结果；（b）炉气连续红外光谱分析测得的结果

于脱碳消耗的氧量、增加钢液的含氧量而消耗的氧量、增加渣中 FeO 所需的氧量及用于其他元素氧化所消耗的氧量，此外，必将还有一部分未参与任何反应而离开系统的氧。现设吹入的氧全部用于前三个部分的消耗，不考虑其他元素的消耗及未反应的氧量，则有

$$v_{O_2}dt = -\frac{16}{12}dw_{[C]} + dw_{[O]} + dw_{(O)} \tag{7-56}$$

其中，用于增加钢液中含氧量所需的氧量可由碳氧平衡关系，用碳的质量分数的变化量表示：

$$dw_{[O]} = d\left(\frac{m(p_{CO}/p^{\ominus})}{w_{[C]}}\right) = -\frac{m(p_{CO}/p^{\ominus})}{w_{[C]}^2}dw_{[C]} \tag{7-57}$$

用于增加渣中 FeO 所需的氧量可由（FeO)-(O）的关系得

$$m_m\frac{dw_{(O)}}{16} = m_s\frac{dw_{FeO}}{72}$$

从而

$$dw_{(O)} = \frac{16}{72}\frac{m_s}{m_m}dw_{FeO} \tag{7-58}$$

而氧在渣-金间的分配比 $L_{FeO} = \frac{w_{[O]\%}}{a_{FeO}} = \frac{w_{[O]\%}72\sum n}{\gamma_{FeO}w_{(FeO)\%}}$

从而

$$w_{(FeO)\%} = \frac{w_{[O]\%}72\sum n}{L_{FeO}\gamma_{FeO}} \quad 或 \quad w_{(FeO)\%} = \frac{w_{[O]\%}}{L'_{FeO}\gamma_{FeO}} \tag{7-59}$$

因此

$$dw_{(O)} = \frac{16}{72}\frac{m_s}{m_m}d\left(\frac{w_{[O]}}{L'_{FeO}\gamma_{FeO}}\right) = \frac{16}{72}\frac{m_s}{m_m}\frac{1}{L'_{FeO}\gamma_{FeO}}dw_{[O]}$$

$$= -\frac{16}{72}\frac{m_s}{m_m}\frac{1}{L'_{FeO}\gamma_{FeO}}\frac{m(p_{CO}/p^{\ominus})}{w_{[C]}^2}dw_{[C]} \tag{7-60}$$

将用 $dw_{[C]}$ 表示的 $dw_{[O]}$ 和 $dw_{(O)}$ 代入式（7-56），并整理得：

$$-\frac{dw_{[C]}}{dt} = \frac{v_{O_2}}{\frac{16}{12} + \frac{m(p_{CO}/p^{\ominus})}{w_{[C]}^2}\left(1 + \frac{16}{72}\frac{m_s}{m_m}\frac{1}{L'_{FeO}\gamma_{FeO}}\right)} = \frac{3}{4}\cdot\frac{v_{O_2}}{1 + \frac{\alpha}{w_{[C]}^2}} \tag{7-61}$$

式中，$\sum n$ 为渣的总物质的量；$L'_{FeO} = \frac{L_{FeO}}{72\sum n}$；$\alpha = \frac{3}{4}m(p_{CO}/p^{\ominus})\left(1 + \frac{16}{72}\frac{m_s}{m_m}\frac{1}{L'_{FeO}\gamma_{FeO}}\right)$。

此式适用于金属液含碳较高的高于临界碳的情况，即适用于氧在金属液侧边界层的传质为控制步骤的情况。当金属液含碳量低于临界碳时，转为碳在金属液侧边界层的传质控制，此时其速率方程为

$$-\frac{dw_{[C]}}{dt} = \frac{A}{V_m}\beta_C(w_{[C]} - w_{[C],eq}) \tag{7-62}$$

式中，β_C 为碳在金属液侧边界层的传质系数。

7.3　脱 磷 反 应

对于绝大多数钢种，磷是一个有害元素。当钢中磷含量过高时，将产生冷脆。出钢时一般要求钢水含 $w_{[P]}$ 不大于 0.03%，而低磷钢则要求 $w_{[P]}<0.004\%$。

高炉炼铁原料中，磷主要以磷酸钙 $3CaO \cdot P_2O_5$（磷灰石）形式存在。有时也以磷酸铁 $3FeO \cdot P_2O_5 \cdot 8H_2O$（蓝铁矿）存在。高炉冶炼条件下，磷几乎全部被还原而进入生铁中。

对于磷酸铁，$T<950\sim1000$℃，主要为间接还原：

$$2(3FeO \cdot P_2O_5) + 16CO(g) = 3Fe_2P + P + 16CO_2(g) \tag{7-63a}$$

$T>950\sim1000$℃，主要为直接还原：

$$2(3FeO \cdot P_2O_5) + 16C(\text{石墨}) = 3Fe_2P + P + 16CO(g) \tag{7-63b}$$

还原出的 Fe_2P 和 P 都溶于铁液中。

磷酸钙较难被还原，还原的开始温度为 1000~1100℃，一般在 1200~1500℃。主要靠直接还原：

$$3CaO \cdot P_2O_5 + 5C(\text{石墨}) = 3CaO + 2P + 5CO(g) \tag{7-64}$$

存在 SiO_2 时使磷的还原更加容易：

$$2(3CaO \cdot P_2O_5) + 3SiO_2 = 3(2CaO \cdot SiO_2) + 2P_2O_5$$

$$P_2O_5 + 5C(s) = 2P + 5CO(g)$$

总反应为：

$$2(3CaO \cdot P_2O_5) + 3SiO_2 + 10C(s) = 3(2CaO \cdot SiO_2) + 4P + 10CO(g) \tag{7-65}$$

还原出的磷被铁吸收而全部进入铁液。

因此，高炉操作采用控制原料中 P_2O_5 量的方法，来控制铁水中的 P。

炼钢用的铁水含磷变化很大，一般为 0.1%~1.0%，特殊时高达 2.0%以上。

炉渣中磷的存在形态，按分子结构假说认为以 $3CaO \cdot P_2O_5$（磷灰石）或 $4CaO \cdot P_2O_5$ 存在；按离子结构理论认为以 PO_4^{3-} 存在。

7.3.1 脱磷反应的热力学

根据氧势图，存在着磷的氧化反应，那么能否采用［O］来氧化脱磷？

磷的氧化反应为

$$2[P] + 5[O] = P_2O_5(g) \quad \Delta_r G_m^{\ominus} = -742032 + 532.7T \quad J/mol \tag{7-66}$$

$$2[P] + 5[O] = P_2O_5(l) \quad \Delta_r G_m^{\ominus} = -703703 + 558.6T \quad J/mol \tag{7-67}$$

在炼钢温度 $T=1873K$，这两个反应的 $\Delta_r G_m^{\ominus}$ 分别为 255.715kJ/mol 和 342.67kJ/mol。可见在标准状态下以氧脱磷的反应不可能发生。气相脱磷在 1873K 时的平衡 $P_2O_5(g)$ 分压为 7.38×10^{-13}Pa，显然在炼钢条件下气相脱磷一般不可能进行。唯一的办法是降低渣中 $P_2O_5(l)$ 的活度。在生产上用加入碱性氧化物——石灰（CaO），来与 P_2O_5 形成复杂化合物 $3CaO \cdot P_2O_5$ 或 $4CaO \cdot P_2O_5$，从而大大降低渣中 P_2O_5 的活度，最终达到脱磷的目的。这种方法称为碱性渣脱磷方法。

碱性渣脱磷反应，按分子结构假说可写成

$$2[P] + 5(FeO) + 3(CaO) = 3(CaO \cdot P_2O_5) + 5[Fe] \tag{7-68}$$

或

$$2[P] + 5(FeO) + 4(CaO) = 4(CaO \cdot P_2O_5) + 5[Fe] \tag{7-69}$$

$$\Delta_r G_m^{\ominus} = -1435112 + 599.78T \quad J/mol$$

$$\lg K^{\ominus} = \lg \frac{a_{4CaO \cdot P_2O_5}}{a_P^2 \cdot a_{FeO}^5 \cdot a_{CaO}^4} = \frac{40067}{T} - 15.06$$

按熔渣离子结构理论，碱性渣脱磷反应可写成

$$2[P] + 5(Fe^{2+}) + 8(O^{2-}) = 2(PO_4^{3-}) + 5[Fe] \tag{7-70}$$

$$K^{\ominus} = \frac{a_{PO_4^{3-}}^2}{a_{[P]}^2 \cdot a_{Fe^{2+}}^5 \cdot a_{O^{2-}}^8} = \frac{x_{PO_4^{3-}}^2}{w_{[P]\%}^2 \cdot x_{Fe^{2+}}^5 \cdot x_{O^{2-}}^8} \cdot \frac{\gamma_{PO_4^{3-}}^2}{f_{[P]}^2 \cdot \gamma_{Fe^{2+}}^5 \cdot \gamma_{O^{2-}}^8} \tag{7-71}$$

或

$$2[P] + 5[O] + 3(O^{2-}) = 2(PO_4^{3-}) \tag{7-72}$$

$$K^{\ominus} = \frac{a_{PO_4^{3-}}^2}{a_{[P]}^2 \cdot a_{[O]}^5 \cdot a_{O^{2-}}^3} = \frac{x_{PO_4^{3-}}^2}{w_{[P]\%}^2 \cdot w_{[O]\%}^5 \cdot x_{O^{2-}}^3} \cdot \frac{\gamma_{PO_4^{3-}}^2}{f_{[P]}^2 \cdot f_{[O]}^5 \cdot \gamma_{O^{2-}}^3} \tag{7-73}$$

下面以脱磷的离子反应式来讨论脱磷的热力学条件。由脱磷离子反应式的平衡常数可得脱磷反应的磷分配比

$$L_P = \frac{x_{PO_4^{3-}}}{w_{[P]\%}} = (K^{\ominus})^{1/2} x_{Fe^{2+}}^{5/2} x_{O^{2-}}^4 \left(\frac{f_{[P]} \cdot \gamma_{Fe^{2+}}^{5/2} \cdot \gamma_{O^{2-}}^4}{\gamma_{PO_4^{3-}}} \right) = (K^{\ominus})^{1/2} a_{Fe^{2+}}^{5/2} a_{O^{2-}}^4 \left(\frac{f_{[P]}}{\gamma_{PO_4^{3-}}} \right) \tag{7-74}$$

影响磷分配比因素的讨论：

（1）$K^{\ominus}$的影响，即温度的影响。脱磷反应为强放热反应，故温度降低，$K^{\ominus}$升高，从而 L_P 升高，因此温度低对脱磷有利。但考虑到脱磷反应时，温度越低熔渣及金属液的流

动性越低，不利于物质的迁移传质，因此为了脱磷，温度不能无限制降低，需维持一个适当的温度。

（2）$a_{O^{2-}}$的影响，即熔渣碱度的影响。碱度越高，则渣中自由氧阴离子 O^{2-} 含量越高，其活度就越高，因此 L_P越高，越有利于脱磷。

（3）$x_{Fe^{2+}} \cdot x_{O^{2-}}$或 a_{FeO}的影响，即熔渣氧化性的影响。熔渣氧化性越高，则渣中 a_{FeO} 越高，$x_{Fe^{2+}} \cdot x_{O^{2-}}$就越高，则 L_P越高，越有利于脱磷。图 7-8 给出了 FeO 对磷分配比（$w_{(P_2O_5)}/w_{[P]}$）的影响。由图可见，碱度 $w_{(CaO)}/w_{(SiO_2)}$（质量分数比）越高，磷分配比越高，对脱磷越有利；在 $w_{(FeO)}$ = 12%～16%附近有最大值。可以认为有最大值是由于（CaO）被（FeO）所置换的结果。这一结果可从 Fe^{2+}在去磷上的多重作用来解释：一方面 FeO 有促进石灰熔化的作用，但若（FeO）过高时会稀释 CaO 的去磷作用；FeO 在形成熔渣后放出 Fe^{2+}，且伴随着提供 O^{2-}，从而提高了熔渣的碱度；FeO 所提供的 O^{2-}一起参加了脱磷的电化学反应，形成 PO_4^{3-}。另一方面，由于 Fe^{2+}静电势比 Ca^{2+}大，当渣碱度较低时，则 Fe^{2+}更趋于 PO_4^{3-} 周围，但它能使 PO_4^{3-} 受到极化并发生变形，使 PO_4^{3-} 受到破坏而变得不稳定，特别是在高温下，因此使得 PO_4^{3-} 活度系数提高，抑制了脱磷；但是，当用 CaO 提高碱度时，渣中 O^{2-}提高。此时，在渣中易出现 Fe^{2+}—O^{2-}、Ca^{2+}—PO_4^{3-} 离子对，Fe^{2+}—O^{2-}为强离子对，Ca^{2+}—PO_4^{3-} 为弱离子对，因此，用 Ca^{2+}代替部分 Fe^{2+}时，则可使得 PO_4^{3-} 稳定，从而降低 PO_4^{3-} 的活度系数，促进脱磷。因此，为了促进脱磷，熔渣中的 $w_{(CaO)}/w_{(FeO)}$比应控制在一个合适的值。

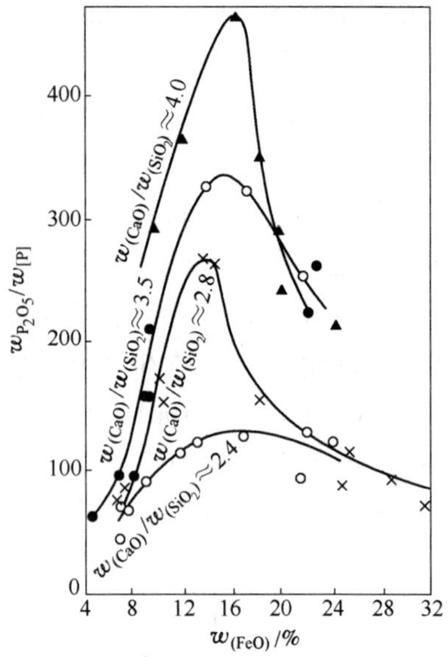

图 7-8　FeO 对磷分配比的影响（1858K）

综上所述，FeO 和碱度对磷分配比的综合影响为：

R<2. 5 时，增加 *R* 对脱磷影响最大。即碱度（O^{2-}）对脱磷效果提高的幅度要比 FeO 大。

R=2. 5～4. 0 时，提高渣中 FeO 对脱磷有利。但过高的 FeO 反而会使脱磷能力下降。

（4）f_P的影响，即金属液成分的影响。C、N、Si、S 等对磷的活度相互作用系数为正值，因此其含量高，f_P就越高，从而 L_P越高，越有利于脱磷；而 Cr 和 Ti 对磷的活度相互作用系数为负值，因此其含量高，f_P就越低，从而越不利于脱磷，据此不锈钢的脱磷较普通钢困难；Mn 和 Ni 对磷的活度相互作用系数很小，故对 f_P影响不大。

需要注意的是，金属液成分的影响只在炼钢初期有一定作用，更主要的作用是其氧化产物会影响熔渣的性质，从而对脱磷产生重大影响。如铁水［Si］高，向熔池内吹氧精炼时首先迅速氧化而生成（SiO_2），造成熔渣碱度降低，因而对脱磷不利；铁水［Mn］高，氧化生成的 MnO 利于化渣从而能促进脱磷。

（5）$\gamma_{PO_4^{3-}}$的影响，即熔渣碱度及其他组成的影响。酸性氧化物 SiO_2、两性氧化物

Al_2O_3的含量提高，一方面降低渣中 O^{2-}（即降低熔渣碱度）；另一方面 SiO_4^{4-}、AlO_2^- 能与 Ca^{2+}形成较强的离子对，从而使 Ca^{2+} 离开 PO_4^{3-}，使 $\gamma_{PO_4^{3-}}$提高。两方面因素均使得 L_P降低，因此不利于脱磷。

（6）渣量的影响。增大渣量可稀释熔渣中的 PO_4^{3-} 含量，有利于脱磷。生产上常采用换渣或流渣操作来实现。

根据上述讨论，为促进熔渣脱磷，从热力学角度应采用下述“三高一低”的措施：温度适当低（电弧炉炼钢中在 1580℃开始大量吹氧脱磷）、高碱度（$R=3\sim4$）、高氧化性（$w_{FeO}=12\%\sim20\%$），大（高）渣量（磷高时，可采用换渣或流渣操作）。实际应用中往往根据脱磷要求温度适当低的特点，在冶炼过程中充分利用温度低时（如废钢熔化约 50%~80%时）就开始往炉内加入石灰、氧化铁鳞（或矿石）等造渣料提前造渣脱磷，在生产中取得了很好的效果。

由于 $a_{O^{2-}}$和 $a_{PO_4^{3-}}$等离子的活度值无法测得，因此，按离子的活度所表示的磷的分配比是很难得到的。因此一般采用模型化的定量处理方法。Turkdogan 和 Pearson 使用简化的脱磷反应式：

$$2[P] + 5[O] = (P_2O_5)$$

$$\lg K^{\ominus} = \lg\left(\frac{a_{P_2O_5}}{w_{[P]\%}^2 w_{[O]\%}^5}\right) = \frac{36850}{T} - 29.07 \qquad (7\text{-}75)$$

式中，由于炼钢过程中［P］及［O］的含量都很低，认为遵循亨利定律，所以 P、O 的活度可用其含量表示；渣中 P_2O_5的活度基准取为纯的熔融 P_2O_5，其活度系数可用下式计算

$$\lg\gamma_{P_2O_5} = -1.12\sum A_B x_B - \frac{42000}{T} + 23.58 \qquad (7\text{-}76)$$

式中，$\sum A_B x_B = 22x_{CaO} + 15x_{MgO} + 13x_{MnO} + 12x_{FeO} - 2x_{SiO_2}$。

图 7-9 给出了 $Fe_tO-P_2O_5-M_xO_y$（饱和）（$M_xO_y=CaO_{饱和}$，$MgO_{饱和}$，$SiO_{2饱和}$）系熔渣与铁液间磷的分配比（$L_{P\%}=w_{(P)}/w_{[P]}=0.44w_{(P_2O_5)}/w_{[P]}$）之间关系的实测值。由图可见：在$Fe_tO-P_2O_5-CaO_{饱和}$系中，磷的分配比达到 $L_P=1000$；渣中各种氧化物对 L_P作用的大小顺序是 CaO≫MgO>FeO≫SiO_2；含 SiO_2饱和的渣系不能脱磷。

由于脱磷需要在适当低的温度下进行，在转炉炼钢过程中，当渣中 FeO 有波动时，钢液中的磷含量也会发生波动：吹炼前期，温度较低，约 1450℃时 P 将被大量氧化，一般 P 可被去除 80%~90%而进入渣中；吹炼中期，温度逐渐升高，碳开始氧化，FeO 将被大量还原，由于温度高、FeO 降低，对脱磷不利，P 基本不被氧化；吹炼后期，碳被大量氧化后炉温较高，但渣中 FeO 较高及大量的 CaO 溶解，渣中 CaO 活度较高，此时将发生 C、P 同时被氧化。

若渣中 FeO 在炼钢过程中一直很高，P 和 C 都可能同时被氧化。若熔渣的碱度降低，如加入硅铁脱氧，Si 被氧化生成 SiO_2而进入渣中，使熔渣碱度降低；同时，由于脱氧过程的进行，渣中 FeO 降低，此时脱磷的热力学条件很难满足，如果渣中有大量的脱磷产物存在，则将会发生回磷。所以当渣中存在大量的脱磷产物时，最好不要在炉内进行脱氧，也不要将炉内含大量磷的炉渣放入钢包中，以防回磷。

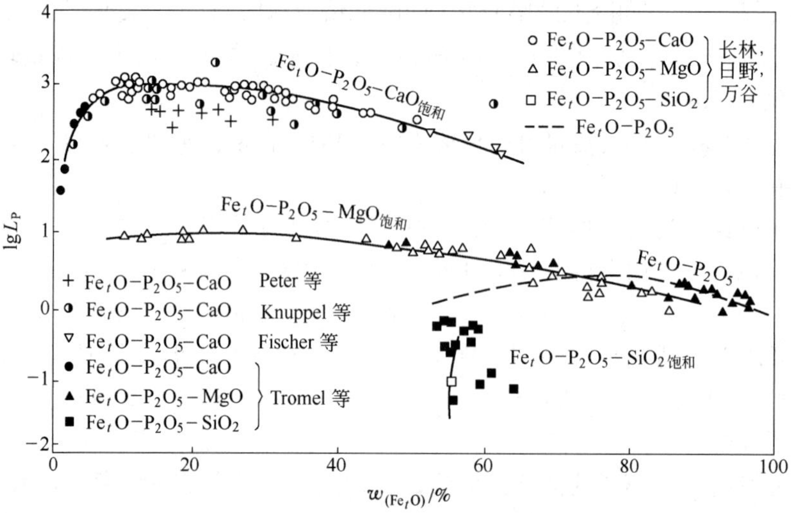

图 7-9 含 M_xO_y 饱和的 Fe_tO-P_2O_5-M_xO_y（$M_xO_y=CaO_{饱和}$，$MgO_{饱和}$，$SiO_{2饱和}$）系熔渣与铁液间磷的分配比（$L_{P\%}=w_{(P)}/w_{[P]}=0.44w_{(P_2O_5)}/w_{[P]}$）

7.3.2 脱磷反应的动力学

脱磷反应是在渣-金界面进行的。双膜理论动力学研究方法完全适用于脱磷反应。大量实验研究和生产实践表明，钢液脱磷过程主要受渣-金界面两侧边界层的传质控制：钢液侧边界层内 P 的传质及液渣侧边界层内 P 的传质。根据双膜理论，脱磷反应速率方程为

$$-\frac{dw_{[P]}}{dt}=\frac{A}{V_m}\frac{1}{\rho_m}\frac{L_{P\%}w_{[P]}-w_{(P)}}{(L_{P\%}/\rho_m\beta_m)+(1/\rho_s\beta_s)} \tag{7-77}$$

可见，磷分配比 $L_{P\%}$ 对脱磷反应速率影响很大。当磷分配比 $L_{P\%}$ 很小时，金属相内 P 的传质阻力项可略，脱磷反应受渣相传质控制

$$-\frac{dw_{[P]}}{dt}=\frac{A}{V_m}\frac{\rho_s}{\rho_m}\beta_s(L_{P\%}w_{[P]}-w_{(P)}) \tag{7-78}$$

当磷分配比 $L_{P\%}$ 很大时，渣相内 P 的传质阻力项可略，脱磷反应受金属相传质控制

$$-\frac{dw_{[P]}}{dt}=\frac{A}{V_m}\beta_m(w_{[P]}-w_{(P)}/L_{P\%}) \tag{7-79}$$

7.4 脱 硫 反 应

硫在铁中的溶解度很小，会以低熔点的 FeS（夹杂）形式存在于钢材中。当钢材中硫含量高时，会导致钢的“热脆”，使得钢材的加工性能与使用性能恶化。因此，硫对于大多数钢种来说是一个有害元素。一般钢种要求含硫量不大于 0.045%；优质钢种含硫不大于 0.02%～0.03%。热轧带钢含硫量在 $1\times10^{-3}\%\sim2\times10^{-2}\%$ 范围内。钢的韧性随硫含量的降低而明显改善。石油、厚板、高压容器、海洋用钢等超低硫钢种，其含硫量要求在

$5\times10^{-4}\%\sim1\times10^{-3}\%$之中，甚至更低。只有含硫的易切削钢其含硫量可高达0.1%~0.3%。

炼钢使用的金属料和渣料（主要是铁水和石灰，它们在高炉和石灰窑内分别从燃料中吸收一部分硫）带入金属熔池中的硫量一般均高于成品钢的要求。因此，不论炼什么钢种，炼钢过程中总是有程度不同的脱硫任务。

在炼钢温度下，纯物质的硫的稳定状态为气体（硫的沸点为718K）。在有金属液和熔渣情况下，硫能溶解于金属液和熔渣。硫在熔铁中的溶解度很高，当 $w_{[S]}<0.5\%$时遵循亨利定律。在铁及铁碳合金中硫是表面活性物质。硫在金属液中是以单原子参加反应的。

高温下，许多硫化物在硅酸盐中有很高的溶解度，当渣中硫化物含量小于10%时，硫在渣中的行为遵循亨利定律。硫在渣中的存在形式，分子结构假说认为以 CaS、FeS、MnS 等硫化物形式存在；离子结构理论认为是以 S^{2-}形式存在的。大量的研究表明，硫在渣中是以 S^{2-}离子形式存在的，但在高氧势时可能以SO_4^{2-} 存在。

硫是活泼的非金属元素之一，在炼钢温度下能够同很多金属和非金属元素结合成化合物，为开发各种脱硫方法创造了有利条件。但各种脱硫方法的实质均是将溶解在金属液中的硫转变为在金属液中不溶解的物相而除去的。炼钢生产中主要是靠造碱性渣来脱硫的。

7.4.1 脱硫反应的热力学

大量的研究表明，炼钢脱硫反应是以离子反应形式进行的

$$[S]+(O^{2-}) = (S^{2-})+[O] \tag{7-80}$$

$$\Delta_r G_m^{\ominus} = 124455 - 50.26T \quad \text{J/mol}, \quad \lg K_S^{\ominus} = -\frac{6500}{T} + 2.025$$

或

$$[S]+[Fe] = (S^{2-})+(Fe^{2+}) \tag{7-81}$$

上述脱硫反应可看成由两个成对出现的单电极反应组合而成：

阴极反应 $[S]+2e = (S^{2-})$

阳极反应 $(O^{2-}) = [O]+2e$ 或 $[Fe] = (Fe^{2+})+2e$

因此，在非直流电冶金条件下，只有当阴极反应和阳极反应在渣-金界面上同时进行时才能保持渣-金界面的电中性。在直流电冶金（一般以金属熔池作阳极）条件下，当直流电流通过渣-金界面时，则在阳极——渣-金界面上会发生电极反应

$$(S^{2-}) = [S]+2e$$

因此不利于钢液脱硫。

下面以式（7-80）的脱硫反应来讨论脱硫的热力学条件。其平衡常数为

$$K_S^{\ominus} = \frac{a_{(S^{2-})}a_{[O]}}{a_{(O^{2-})}a_{[S]}} = \frac{x_{S^{2-}}\gamma_{S^{2-}}a_{[O]}}{a_{(O^{2-})}f_{[S]}w_{[S]\%}} \tag{7-82}$$

硫的分配比

$$L_S = \frac{x_{S^{2-}}}{w_{[S]\%}} = K_S^{\ominus}\frac{a_{(O^{2-})}f_{[S]}}{a_{[O]}\gamma_{S^{2-}}} \tag{7-83}$$

据此可讨论影响碱性熔渣脱硫的因素：

（1）$K_S^{\ominus}$ 的影响，即温度的影响。熔渣脱硫反应为吸热反应。因此，温度越高，平衡

常数就越大，分配比越高，就越有利于脱硫。

（2）$a_{(O^{2-})}$的影响，即熔渣碱度的影响。碱度 R 增高，渣中 O^{2-} 活度就越大，硫分配比 L_S 越高，越有利于脱硫。

（3）$a_{[O]}$的影响。由于渣金间的平衡（FeO）＝［O］＋［Fe］，$a_{[O]}$高，渣中 FeO 必然高。因此，讨论 $a_{[O]}$的影响，即讨论炉渣的氧化性对脱硫的影响。显然，炉渣氧化性越高，则 $a_{(FeO)}$ 越高，从而 $a_{[O]}$ 越高，炉内氧化性越强，硫分配比 L_S 越低，越不利于脱硫。图 7-10 给出了简单地用渣中硫的质量分数与金属中硫的质量分数之比表示的硫分配比（$w_{(S)}/w_{[S]}$）与 FeO 及碱度间的关系。

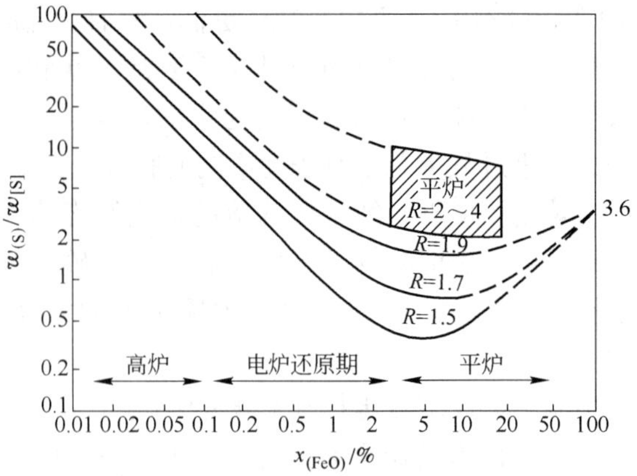

图 7-10 硫的分配比与 FeO 及碱度的关系

$$\left(R=\frac{w_{(CaO)}+w_{(MgO)}}{w_{(SiO_2)}+w_{(Al_2O_3)}}\right)$$

（4）$f_{[S]}$的影响，即金属液组分对脱硫的影响。C、Si、P 等元素对铁液中硫的活度相互作用系数为正值，因此使硫的活度系数 $f_{[S]}$ 提高，从而使 L_S 提高，有利于脱硫；Mn、Cr、O 和 Ti 等对铁液中硫的活度相互作用系数为负值，因此使硫的活度系数 $f_{[S]}$ 降低，不利于脱硫。由于铁液中 C、Si、P 等元素含量比钢水中高得多，因此铁水脱硫的条件比钢水脱硫优越。要充分利用铁水脱硫的自身优势强化脱硫。

（5）$\gamma_{(S^{2-})}$的影响，即熔渣碱度及其组分对脱硫的影响。碱度提高，可使 $\gamma_{(S^{2-})}$ 降低，使 L_S 提高，有利于脱硫。MgO、MnO 在一定范围内可降低熔渣的黏度，且提高熔渣碱度，使 L_S 提高，有利于脱硫。

（6）渣量的影响。大渣量可稀释进入熔渣的脱硫产物 S^{2-} 的含量，有利于脱硫。

综上讨论可得，为促进炼钢脱硫反应的进行，应采取如下措施（“三高一低”）：高温（1600～1700℃）、高碱度（渣）（$R=2.5\sim3.5$）、低氧化性（渣）（$w_{(FeO)}<1.5\%$）、大（高）渣量（当渣中硫较高时，采用换渣操作）。

脱硫反应的 $K_S^{\ominus}$ 和 L_S 表达式中，O^{2-} 和 S^{2-} 离子活度等值是无法测得的。但在一定温度下只是渣组成的函数。Turkdogan 使用可确定的参数作为脱硫反应的表观平衡常数

$$K'_S = x_{(S)} \cdot \frac{a_{[O]}}{a_{[S]}} \tag{7-84}$$

并通过实验得到表观平衡常数与温度的关系

$$\lg K'_S = \frac{-3380}{T} + 0.11 + A \tag{7-85}$$

式中

$$A = -\frac{12.68}{\lambda} + 0.4 \tag{7-86}$$

而

$$\lambda = 1/(x_{(SiO_2)} + 1.5x_{(P_2O_5)} + 1.5x_{(Al_2O_3)}) \tag{7-87}$$

7.4.2 脱硫反应的动力学

对脱硫反应的机理存在着不同的观点。目前比较一致的看法认为脱硫反应是一种电化学反应。通过实验证实，在 $CaO-SiO_2-Al_2O_3-MgO$ 系碱性渣中脱硫反应的限制环节是熔渣中硫离子的扩散。因此，界面化学反应和硫在金属侧的传质速度相对较快，其阻力均可忽略。根据双膜理论，将其速率式中忽略化学反应阻力项和金属内扩散阻力项，可得脱硫反应的速率式

$$J_{(S)}=\beta_{(S)}(Kc_{[S]}-c_{(S)}) \tag{7-88}$$

用质量分数表示含量，并用金属液中硫的变化速率来表示渣中硫的传质速率，则有

$$J_{(S)}=-\frac{dw_{[S]}}{dt}=\frac{A}{V_m}\cdot\frac{\rho_s}{\rho_m}\cdot\beta_S\cdot(L_{S\%}w_{[S]}-w_{(S)}) \tag{7-89}$$

式中，$L_{S\%}$为以质量分数表示的硫的分配比；ρ_m、ρ_s 为金属液、渣的密度；V_m 为金属液的体积；β_S 为熔渣中硫的传质系数。

为便于积分，可通过硫在渣-金间的质量平衡关系，用 $w_{[S]}$代换。脱硫过程中硫的质量平衡

$$w_{[S]}^0 m_m/M_S+w_{(S)}^0 m_s/M_S=w_{[S]}m_m/M_S+w_{(S)}m_m/M_S$$

式中，$w_{[S]}^0$、$w_{(S)}^0$为铁水和渣中初始含硫的质量分数。因此，渣中硫的质量分数：

$$w_{(S)}=w_{(S)}^0+(w_{[S]}^0-w_{[S]})\frac{m_m}{m_s} \tag{7-90}$$

代入脱硫速率式（7-89），整理得

$$J_{(S)}=-\frac{dw_{[S]}}{dt}=\frac{A}{V_m}\cdot\frac{\rho_s}{\rho_m}\cdot\beta_S\left[\left(L_{S\%}+\frac{m_m}{m_s}\right)\cdot w_{[S]}-\left(w_{(S)}^0+w_{[S]}^0\frac{m_m}{m_s}\right)\right] \tag{7-91}$$

这是一个常微分方程。令

$$\begin{cases} a=\dfrac{A}{V_m}\cdot\dfrac{\rho_s}{\rho_m}\cdot\beta_S\left(L_{S\%}+\dfrac{m_m}{m_s}\right) \\ b=\dfrac{A}{V_m}\cdot\dfrac{\rho_s}{\rho_m}\cdot\beta_S\left(w_{(S)}^0+w_{[S]}^0\dfrac{m_m}{m_s}\right) \end{cases} \tag{7-92}$$

则式（7-91）可写为

$$-\frac{dw_{[S]}}{dt}=aw_{[S]}-b$$

显然，一定温度下，可认为 a、b 为定值。分离变量并积分

$$\int_{w_{[S]}^0}^{w_{[S]}}\frac{dw_{[S]}}{w_{[S]}-\dfrac{b}{a}}=-a\int_0^t dt$$

积分得

$$\ln\frac{w_{[S]}-\dfrac{b}{a}}{w_{[S]}^0-\dfrac{b}{a}}=-at$$

从而

$$w_{[S]}=\frac{b}{a}+\left(w_{[S]}^{0}-\frac{b}{a}\right)\cdot\exp(-at) \tag{7-93}$$

该式就是钢中硫含量随时间变化的关系式，由此式可求出任一时刻 t 时钢中的硫含量，也可以求出钢中硫含量脱至某一程度时所需时间。

7.5 脱氧反应

在钢的精炼或出钢浇铸过程中，减少钢中含氧量的操作叫作脱氧。炼钢过程是采用向熔池吹氧来氧化去除铁水中的碳等杂质。因 $w_{[C]\%}w_{[O]\%}=mp_{CO}$，所以，如果 $w_{[C]}$ 低，则 $w_{[O]}$ 高。随着冶炼的进行，碳含量不断下降，但氧含量却相应地升高。在氧化精炼终了时，钢中含氧量高于成品许多，如果不除去氧而直接凝固，由于气泡的产生、氧化物夹杂的生成等，会显著地降低钢材的性能。因此，必须除去钢水中的 O，这就是脱氧（deoxidation）过程。

脱氧的任务，首先当然要将钢中氧含量降低到所需要水平，以保证凝固时得到正常的表面和不同结构类型的钢锭——镇静钢、沸腾钢、半镇静钢；在脱氧操作时，还必须考虑要使成品钢中非金属夹杂物（脱氧产物占绝大部分）含量减少，分布合适，形态合适，以保证钢的各项性能；同时，还需得到细晶粒结构的钢；此外，不仅要求钢液脱氧良好，还要有利于提高合金元素的收得率。

炼钢生产中，脱氧的方法有沉淀脱氧、扩散脱氧和真空下的碳脱氧等。

7.5.1 沉淀脱氧

沉淀脱氧就是将块状脱氧剂直接加入到钢液内部，利用对氧的化学亲和力比铁大的元素与残留于钢液中的氧反应，生成在铁水中的溶解度小的氧化物或化合物，从而直接降低钢液中的溶解氧量，最终达到脱氧目的的方法，此法也称为强制脱氧和化学脱氧（chemical deoxidation）。由于反应在钢液内部进行，因此脱氧速度快，但脱氧产物需要一定的上浮去除时间，如果不能上浮而残留于钢液中就成为钢中的非金属夹杂物。沉淀脱氧的脱氧反应为

$$x[M]+y[O]=\!=\!=(M_xO_y) \tag{7-94}$$

$$K^{\ominus}=\frac{a_{M_xO_y}}{a_M^x a_O^y}\xrightarrow[\text{脱氧产物 } M_xO_y \text{ 为纯物质，} a_{M_xO_y}=1]{\text{反应在钢液内部进行}}\frac{1}{a_M^x a_O^y}=\frac{1}{f_M^x f_O^y}\frac{1}{w_{[M]\%}^x w_{[O]\%}^y} \tag{7-95}$$

令 $K_M=1/K^{\ominus}=a_M^x a_O^y$，称 K_M 为脱氧元素 M 的脱氧常数。可见，元素 M 的脱氧常数可由其沉淀脱氧反应的平衡常数的倒数计算得到。显然，脱氧常数具有平衡常数的特征，即当参加脱氧反应各物质的活度标准态确定后，脱氧常数只与温度有关。它表明了一定温度下，用一定量的脱氧元素脱氧，脱氧元素含量一定时，脱氧平衡时钢液中氧的含量是固定的。因此，为比较各种元素的脱氧能力，可用同样含量的脱氧元素平衡时的氧的含量作为指标，而这显然又可用一定温度下各脱氧元素的脱氧常数的大小来定量比较。表 7-3 给出了各种元素脱氧反应的平衡常数与温度关系。图 7-11 为 1600℃时根据各种元素脱氧反应的脱氧常数计算的脱氧能力曲线。

表 7-3 各种元素脱氧反应的平衡常数与温度关系

平衡常数 K	$\lg K$	1873K 时 $K^{\ominus}$	1873K e_M^M	e_M^O	e_O^M	范围
$a_{Al}^2 a_O^3/Al_2O_3(s)$	$-45300/T+11.62$	2.7×10^{-13}			$-5750/T+1.90$	$w_{Al}<1\%$
$a_B^2 a_O^3/B_2O_3(l)$	-8.0	10×10^{-8}			-0.31	$w_B<3.0\%$
$a_C a_O/p_{CO}(g)$	$-1160/T-2.003$ ($p_{CO}/p^{\ominus}=1$)	2.4×10^{-3}	0.243		-0.421	$w_C<1.0\%$
$a_{Ca} a_O/CaO(s)$	$-7220/T-3.29$	7.2×10^{-8}			$-1.76\times10^6/T+627$	$w_{Ca}<0.01\%$
$a_{Ce}^2 a_O^3/Ce_2O_3(s)$	-17.1	7.9×10^{-18}	0.004		-64	$w_{Ce}<0.01\%$
$a_{Cr}^2 a_O^4/FeCr_2O_4(s)$	$-53420/T+22.92$	2.5×10^{-6}	0.00		-0.055	$w_{Cr}<3\%$
$a_{Cr}^2 a_O^3/Cr_2O_3(s)$	$-44040/T+19.42$	8.1×10^{-5}	0.00	-0.189	$-380/T+0.151$	$w_{Cr}=3\%\sim30\%$
$a_{Mn} a_O/MnO(l)$	$-12760/T+5.62$	6.4×10^{-2}	0.00	-0.083	-0.021	$w_{Mn}<1\%$
$a_{Mn} a_O/MnO(s)$	$-15050/T+6.75$	5.2×10^{-2}	0.00		-0.021	$w_{Mn}<1\%$
$a_{Nb} a_O^2/NbO_2(s)$	$-32780/T+13.92$	2.6×10^{-4}	0	-0.071	$-3440/T+1.717$	$w_{Nb}<5\%$
$a_{Si} a_O^2/SiO_2(s)$	$-30110/T+11.40$	2.1×10^{-5}	0.103	-0.119	-0.066	$w_{Si}<3\%$
$a_{Ti}^3 a_O^5/Ti_3O_5(s)$	16.1	7.9×10^{-17}	0.041		-0.16	$w_{Ti}=0.013\%\sim0.25\%$
$a_V^2 a_O^4/FeV_2O_4(s)$	$-48270/T+18.70$	8.5×10^{-8}	0.022		$-1050/T+0.42$	$w_V<0.3\%$
$a_V^2 a_O^3/V_2O_3(s)$	$-43390/T+17.60$	2.7×10^{-6}	0.022	-0.46	$-1050/T+0.42$	$w_V<4\%$
$a_{Zr} a_O^2/ZrO_2(s)$	$-57000/T+21.8$	2.3×10^{-5}	0	-12	-2.1	$w_{Zr}<0.2\%$

注：$e_O^O=-1750/T+0.76$。

由于钢液在脱氧时，钢液中的 M 和 O 含量都很低，因此可认为遵循亨利定律，其活度系数为 1，从而

$$K_M = a_M^x a_O^y \approx w_{[M]\%}^x w_{[O]\%}^y \tag{7-96}$$

综上所述，脱氧常数表示了元素脱氧能力的大小，用一定温度下与一定含量的脱氧元素 M 相平衡的氧的含量表示，还可直接用脱氧常数来比较各种元素的脱氧能力。一定温度下，脱氧常数值越大，则与同含量的脱氧元素平衡的钢液中氧的含量就越大，因此其脱氧能力就越小。反之，脱氧常数值越小，则其脱氧能力就越大。

由图 7-11 可见，随着脱氧元素含量 $w_{[M]}$ 的增大，钢液中平衡氧量 $w_{[O]}$ 不断降低，但有最低点。因此，不是脱氧元素含量越高就对脱氧越有利，当钢液中其他元素对氧及脱氧元素的活度相互作用系数为负值时，则其活度降低，最终引起平衡氧量升高。

图 7-11 中曲线位置越低，该元素脱氧能力越强，同量 $w_{[M]}$ 时，平衡的氧量越低。1873K，$w_{[M]}=0.1$ 时，各脱氧元素的脱氧能力次序为：Ti>Al>B>Si>C>P>V>Mn>Cr。而 $w_{[M]\%}=1$ 时，C 脱氧能力将超过 Si，而提到 Si 之前。

为了有效地进行沉淀脱氧，在选择脱氧剂（元素）时，需考虑：脱氧元素对氧要有强的亲和力——脱氧能力强，反应速度快；脱氧生成物的密度和熔点比铁低，易于从钢水中分离；残留脱氧剂对钢材的性能无害；价格低廉等。生产实践中常用的脱氧剂有 Mn（Fe-Mn）、Si（Fe-Si）、Al 及 Ca-Si 等。作为脱氧剂和合金使用的元素有钛、钒、铬、硼等。特殊脱氧剂有碱土金属钙、镁，以及稀土类金属铈、镧等。脱氧剂铝、碱土类金属、稀土类金属以元素的形式使用，其他的脱氧剂以铁合金的形式使用，如锰铁（Fe-Mn）、硅铁（Fe-Si）等。

在实际的脱氧操作中,很少只使用一种元素,一般都同时添加数种脱氧剂进行脱氧。这种同时加入多种脱氧元素进行脱氧的方法,称为复合脱氧剂脱氧法。采用复合脱氧剂脱氧与使用单独脱氧元素脱氧相比可以达到更好的脱氧效果:

(1) 脱氧元素共同存在于钢液中，脱氧生成物间可以互相溶解和在脱氧生成物间生成化合物，降低了生成物的活度，脱氧能力有较大的提高，如图 7-12 所示。

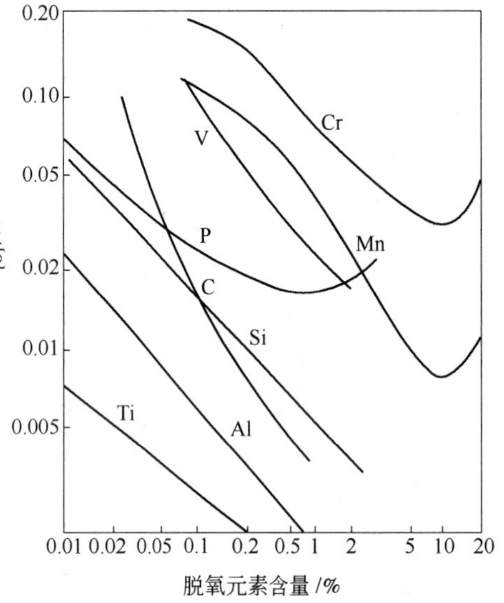

图 7-11 1600℃下元素的脱氧能力曲线

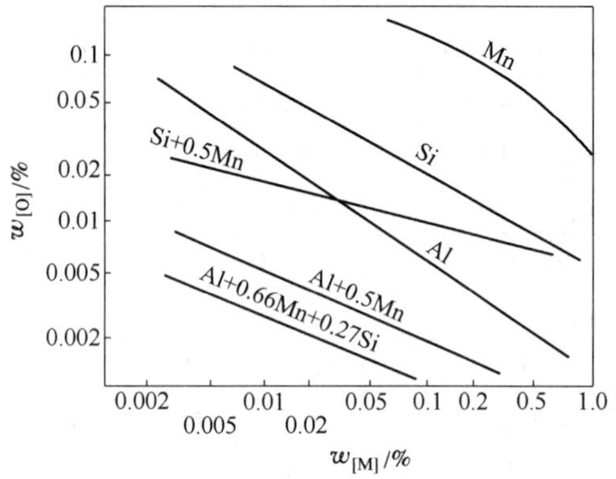

图 7-12 1600℃时单独元素及复合元素脱氧能力比较

(2) 脱氧产物是熔融的，并能促进高熔点氧化物熔化，生成液态生成物，易聚集、长大，有利于从钢液中排除出去，加快脱氧速度。钢液中脱氧产物的去除主要靠其受到钢液的浮力作用而上浮去除的。如果脱氧产物在钢液凝固成固体时还不能离开，而被凝固的钢所捕捉，就成为钢中的非金属夹杂物。对于钢液中尺寸小于 0.1mm 的固体脱氧产物，其上浮速度可近似地用 Stokes 公式计算:

$$v = \frac{2}{9} g r^2 \frac{\rho_m - \rho_i}{\eta} \tag{7-97}$$

式中，v 为钢液中脱氧产物的上浮速度，m/s；ρ_m 和 ρ_i 分别为钢液和脱氧产物的密度，kg/m^3；η 为钢液的动力黏度，Pa · s；r 为脱氧产物的半径，m；g 为重力加速度，g=9.81m/s^2。

对于液态脱氧产物，可近似地乘以一个包含脱氧产物黏度的修正因子进行修正即可。可见，脱氧产物的上浮速率与其尺寸的平方成正比。因此尺寸越大，则越易上浮进入渣中而去除。

(3) 能使容易挥发的钙、镁在钢中的溶解度增加。

(4) 能使夹杂物形态和组成发生变化，有利于改善钢的性能。

由于复合脱氧剂脱氧具有单独元素脱氧所不可比拟的优点，因此生产上还常将几种脱氧元素制成合金的形式加入钢液中进行脱氧。这些合金有硅锰（Si-Mn-Fe）、硅钙(Ca-Si)和铝硅锰（Al-Si-Mn）、(Si-Mn-Al-Fe)，还有 Ca-Si-Mn、Si-Ti-Fe 等合金。

7.5.2　扩散脱氧

扩散脱氧也称为熔渣脱氧，是将粉状脱氧剂撒在液渣面上，通过降低渣中的 FeO 含量，从而破坏氧在渣-金间的分配平衡，使钢中的 O 不断向渣中扩散，从而达到脱去钢中氧的目的。由于脱氧反应在渣相内进行，反应产物留于渣液或进入气相，故不会污染钢液，但脱氧速度慢。

氧在熔渣-钢液之间有以下平衡：

$$(FeO) = [O] + Fe(l)$$

$$\lg K^{\ominus} = \lg \frac{a_{[O]}}{a_{(FeO)}} = \lg \frac{f_{[O]} w_{[O]\%}}{a_{(FeO)}} \xrightarrow[\text{可认为遵循亨利定律，} f_{[O]}=1]{\text{脱氧时 } w_{[O]} \text{ 很低，}} \lg \frac{w_{[O]\%}}{a_{(FeO)}} = -\frac{6150}{T} + 2.604 \tag{7-98}$$

在 1873K 下，有 $w_{[O]\%} = 0.21 a_{FeO}$。因此，如降低渣中 a_{FeO}，就可以使金属中的 $w_{[O]}$ 降低。传统电弧炉炼钢的还原期及感应炉冶炼中的脱氧等就是典型的扩散脱氧的例子。

由于钢包精炼法的发展，充分搅拌已成为可能，用这种方法已可以冶炼含 O $1\times10^{-3}\%\sim2\times10^{-3}\%$的钢。由于扩散脱氧速度慢，而沉淀脱氧速度快，因此生产上常将沉淀脱氧与扩散脱氧结合起来，采取“预脱氧-扩散脱氧-终脱氧”的所谓“综合脱氧”方法。先用弱脱氧剂进行沉淀脱氧（预脱氧），然后进行扩散脱氧，最后采用强脱氧剂进行终脱氧（沉淀脱氧）。如电弧炉内氧化期结束时扒除氧化渣，立即加入 Fe-Mn 块预脱氧，同时加入造渣材料，当稀薄渣形成后，再向炉内撒炭粉、Fe-Si 粉或 Si-Ca 粉等进行扩散脱氧至规定的时间，最后用强脱氧剂（如 Al 锭）进行终脱氧。由于还原期时间长，最大功率利用率不高，现代电弧炉炼钢生产上已逐渐缩短还原期，甚至取消还原期。但须将炉内还原期的脱氧任务移到精炼炉内完成。

7.5.3　真空脱氧

真空脱氧主要对于脱氧反应产物为气体的反应，如碳氧反应

$$[C] + [O] = CO(g)$$

$$w_{[C]\%} w_{[O]\%} = m(p_{CO}/p^{\ominus})$$

显然，降低体系的压力必将对脱氧反应产生重大影响。采用真空或向金属熔池内吹入惰性气体，或吹入惰性气体与氧气的混合气体等都能大大降低碳氧反应产物 CO 的分压，从而使得碳氧积降低，提高碳的脱氧能力。详细内容请见 7.7.1 节。

7.6　选择性氧化——奥氏体不锈钢去碳保铬问题

奥氏体不锈钢的特点是含 Cr、Ni 高（对于 18-8 型奥氏体不锈钢，$w_{[Cr]}\approx18\%$，$w_{[Ni]}=8\%\sim10\%$），含碳低，一般要求 $w_{[C]}<0.12\%$，对于超低碳不锈钢则要求 $w_{[C]}<0.02\%$。如奥氏体不锈钢的典型钢种 0Cr18Ni9（美国牌号 AISI 304）的主要成分是：$w_{[C]}\leqslant0.07\%$，$w_{[Si]}\leqslant1.00\%$，$w_{[Mn]}\leqslant2.00\%$，$w_{[Cr]}\leqslant17.00\%\sim19.00\%$，$w_{[Ni]}\leqslant8.00\%\sim11.00\%$，$w_{[P]}\leqslant0.035\%$，$w_{[S]}\leqslant0.030\%$。在不锈钢冶炼过程中，为保证得到合格的钢成品——碳、气体及夹杂物达到标准或达到用户要求，则必须吹氧脱碳，将钢液中的碳降低到成品的规格

范围内。吹氧冶炼的同时，碳含量虽然降到规格要求，但吹氧过程中会伴随着铬的大量氧化。为此，配料时，铬只能配到12%~13%。而氧化完毕，熔池含铬只有10%~11%。故为使铬达到规格要求，必须再补加价格昂贵的微碳铬铁，从而使冶炼成本大大增加。有没有既能去碳又能保护铬不被氧化或少氧化，以减少补加微碳铬铁量的冶炼工艺呢？——这就是典型的“去碳保铬”问题。对于“去碳保铬”这类选择性氧化问题，要确定工艺关键在于确定在一定的CO分压下开始“去碳保铬”所要求的温度，或在一定温度下开始“去碳保铬”所要求的压力。显然，所需工艺参数可从冶炼过程中的去碳保铬反应的热力学来获得。

表7-4给出了万谷志郎推荐的钢液中铬的氧化反应及其标准自由能变化。据此，当钢液中 $w_{[Cr]}=3\%\sim30\%$ 时，铬的氧化反应为

$$2[Cr]+3[O] = (Cr_2O_3)(s) \tag{7-99}$$

$$\Delta_r G^{\ominus}_{m,Cr_2O_3} = -843100+371.8T \quad J/mol$$

$$\lg K^{\ominus}_{Cr} = \lg \frac{a_{Cr_2O_3}}{a^2_{[Cr]}a^3_{[O]}} = \frac{44040}{T} - 19.42$$

表7-4 万谷志郎推荐的钢液中铬的氧化反应及其热力学数据

$w_{[Cr]}$	[Cr] 的氧化反应	$\Delta_r G^{\ominus}_m$/J·mol^{-1}	$K^{\ominus}$-T 关系	适用温度/K
<3%	$2[Cr]+4[O]+Fe(l) = FeCr_2O_4(s)$	$-1022700+438.8T$	$\lg K^{\ominus}_{Cr}=53420/T-22.92$	1823~1923
3%~30%	$2[Cr]+3[O] = Cr_2O_3(s)$	$-843100+371.8T$	$\lg K^{\ominus}_{Cr}=44040/T-19.42$	1873~2073

而碳的氧化反应为

$$[C]+[O] = CO(g) \quad \Delta_r G^{\ominus}_{m,CO} = -22200-38.34T \quad J/mol$$

$$\lg K^{\ominus}_{C} = \frac{p_{CO}/p^{\ominus}}{a_{[C]}a_{[O]}} = \frac{1160}{T} + 2.003$$

因此，不锈钢冶炼过程中去碳保铬的反应可写为

$$3[C]+(Cr_2O_3) = 2[Cr]+3CO(g) \tag{7-100}$$

$$\Delta_r G^{\ominus}_{m,\ C\text{-}Cr} = 3\Delta_r G^{\ominus}_{m,\ CO} - \Delta_r G^{\ominus}_{m,\ Cr_2O_3} = 776500-486.82T \quad J/mol$$

$$\lg K^{\ominus}_{C\text{-}Cr} = \lg \frac{a^2_{[Cr]}(p_{CO}/p^{\ominus})^3}{a_{Cr_2O_3}a^3_{[C]}} = -\frac{40560}{T} + 25.429$$

要达到去碳保铬的目的，则要求反应的自由能变化 $\Delta_r G_{m,C\text{-}Cr} \leqslant 0$，即

$$\Delta_r G_{m,\ C\text{-}Cr} = \Delta_r G^{\ominus}_{m,\ C\text{-}Cr} + RT\ln\left(\frac{a^2_{[Cr]}(p_{CO}/p^{\ominus})^3}{a_{Cr_2O_3}a^3_{[C]}}\right) \leqslant 0 \tag{7-101}$$

即

$$\Delta_r G_{m,\ C\text{-}Cr} = \Delta_r G^{\ominus}_{m,\ C\text{-}Cr} + RT\ln\left(\frac{f^2_{[Cr]}w^2_{[Cr]\%}(p_{CO}/p^{\ominus})^3}{a_{Cr_2O_3}f^3_{[C]}w^3_{[C]\%}}\right) \leqslant 0 \tag{7-102}$$

因此，根据此式可计算一定CO分压 p_{CO} 时，去碳保铬的开始温度——去碳保铬的转化温度；或计算一定温度时，去碳保铬所需的真空度。

在冶炼高铬不锈钢时，渣中的（Cr_2O_3）含量较高，可视为达到饱和，因此 $a_{Cr_2O_3}=1$。式中 $f_{[Cr]}$ 和 $f_{[C]}$ 可分别用铁液中组分活度相互作用系数计算。如取

$$\lg f_{[Cr]} = e_{Cr}^{Cr}w_{[Cr]\%} + e_{Cr}^{C}w_{[C]\%} + e_{Cr}^{Ni}w_{[Ni]\%} = -0.0003w_{[Cr]\%} - 0.12w_{[C]\%} + 0.0002w_{[Ni]\%} \quad (7\text{-}103)$$

$$\lg f_{[C]} = e_{C}^{Cr}w_{[Cr]\%} + e_{C}^{C}w_{[C]\%} + e_{C}^{Ni}w_{[Ni]\%} = -0.024w_{[Cr]\%} + 0.14w_{[C]\%} + 0.012w_{[Ni]\%} \quad (7\text{-}104)$$

【例题】 冶炼含 $w_{[Cr]}=18\%$、$w_{[Ni]}=9\%$的不锈钢，要求最终脱碳到 $w_{[C]}=0.02\%$，问需要多高的温度？为了降低去碳保铬的温度，提高炉衬寿命，要求钢液温度不超过1650℃，现采用真空精炼，问需多大的真空度？

解：(1) 求去碳保铬的最低温度。去碳保铬的反应为

$$3[C] + (Cr_2O_3) = 2[Cr] + 3CO(g) \quad \Delta_r G_{m,\ C\text{-}Cr}^{\ominus} = 776500 - 486.82T \quad J/mol$$

$$\Delta_r G_{m,\ C\text{-}Cr} = \Delta_r G_{m,\ C\text{-}Cr}^{\ominus} + RT\ln\left(\frac{a_{[Cr]}^2 (p_{CO}/p^{\ominus})^3}{a_{Cr_2O_3} a_{[C]}^3}\right)$$

计算 $a_{[Cr]}$：

$$\lg f_{[Cr]} = e_{Cr}^{Cr}w_{[Cr]\%} + e_{Cr}^{C}w_{[C]\%} + e_{Cr}^{Ni}w_{[Ni]\%}$$
$$= -0.0003 \times 18 - 0.12 \times 0.02 + 0.0002 \times 9 = -0.006$$
$$f_{[Cr]} = 0.986,\ a_{[Cr]} = f_{[Cr]}w_{[Cr]\%} = 0.986 \times 18 = 17.75$$

计算 $a_{[C]}$：

$$\lg f_{[C]} = e_{C}^{Cr}w_{[Cr]\%} + e_{C}^{C}w_{[C]\%} + e_{C}^{Ni}w_{[Ni]\%}$$
$$= -0.024 \times 18 - 0.14 \times 0.02 + 0.012 \times 9 = -0.3268$$
$$f_{[C]} = 0.471,\ a_{[C]} = f_{[C]}w_{[C]\%} = 0.471 \times 0.02 = 0.00942$$

设 $p_{CO}=100kPa$。要达到去碳保铬目的，要求去碳保铬反应的 $\Delta_r G_{m,C\text{-}Cr} \leqslant 0$。即要求

$$776500 - 486.82T + 8.314T\ln\left(\frac{17.75^2 \times 1^3}{1 \times 0.00942^3}\right) \leqslant 0$$

解得 $T \geqslant 2406.71K = 2133.71℃$。故要达到去碳保铬的目的生产含所给含量的不锈钢，要求钢液温度至少要 2133.71℃。

(2) 求 1650℃下去碳保铬所需真空度。此时，温度为已知，为 1923K。p_{CO}未知。设 $p_{CO}=p_{系统}$。则要达到去碳保铬目的，同样要求去碳保铬反应的 $\Delta_r G_{m,C\text{-}Cr} \leqslant 0$。即要求

$$776500 - 486.82 \times 1923 + 8.314 \times 1923\ln\left(\frac{17.75^2 \times (p_{CO}/p^{\ominus})^3}{1 \times 0.00942^3}\right) \leqslant 0$$

解得 $p_{CO}/p^{\ominus} = 0.0386$，$p_{CO} = p_{系统} = 0.0386 \times 101325 = 3911Pa$。故在钢液温度不超过1650℃时，要达到去碳保铬目的，需采用高于 3.91kPa 的真空度进行吹氧精炼。

现对不锈钢冶炼体系进行简单的相律分析。所讨论的体系是一个 Fe-[Cr]-[C]-[O] 体系，对于去碳保铬反应的平衡，物种数：$S=7$（CO、Cr_2O_3、[C]、[Cr]、[Fe]、[O]、FeO）；相数 $\phi=3$（气相、铁液、渣相）；体系平衡的独立反应数 $R=S-m=7-4=3$；独立组分数：$k=S-R=7-3=4$；自由度 $f=k-\phi+2=4-3+2=3$。因此除温度、压力外，还需确定 $w_{[C]}$或 $w_{[Cr]}$其中的一个，体系的平衡才能确定。即在温度和 $w_{[Cr]}$一定时，金属中平衡的碳含量随 CO 分压 p_{CO}变化；在 CO 分压 p_{CO}和 $w_{[Cr]}$一定时，金属中平衡的碳含量随温度变化。

根据去碳保铬反应的平衡常数与温度关系，在 $p_{CO}=0.1MPa$ 条件下，以温度作为考查参数，则可做出 a_{Cr}和 a_C的关系曲线，如图 7-13（a）所示。同样，在 $T=1873K$ 时，以 p_{CO}作为考查参数，也可做出 a_{Cr}和 a_C的关系曲线，如图 7-13（b）所示。

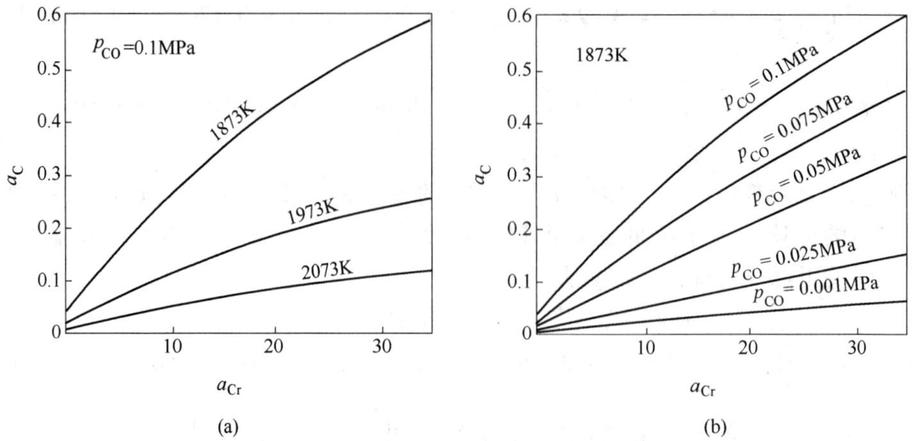

图 7-13 不锈钢吹炼过程中碳和铬的平衡关系

（a）p_{CO} = 0. 1MPa 时，不同温度下的碳和铬关系；（b）T = 1873K 时，不同 p_{CO} 下的碳和铬关系

由图可见，p_{CO} 和 a_{Cr} 一定时，随着 a_C 的提高，去碳保铬的开始温度降低。因此，只有提高钢液温度，才能在保证［Cr］不被氧化时使［C］降到更低的水平。由此，在电弧炉返回法冶炼不锈钢时，为达到去碳保铬效果，需采用高温操作。同样，在温度 T 和 a_{Cr} 一定时，随着 a_C 的提高，去碳保铬所需的最低真空度降低（即所需的系统压力提高）。由此，降低体系 p_{CO}（提高真空度），同样温度下可在较低的碳量下实现去碳保铬效果；或降低 p_{CO} 可保证［Cr］不被氧化时冶炼超低碳不锈钢。

可见，为了减少铬的损失且充分脱碳——去碳保铬的热力学条件，必须满足：高温下吹氧脱碳；或在真空下吹氧脱碳。由此可得到冶炼不锈钢的工艺原则：

（1）在传统的电弧炉炼钢条件下，即在能够控制炉内 p_{CO} 的钢包精炼法被开发出来之前，使用内衬镁铬系耐火材料的电炉，在可能的范围内升高温度来吹氧脱碳，以精炼不锈钢。

（2）开发专用的、能够控制 p_{CO} 的方法来冶炼不锈钢——采用各种钢包精炼法。直接采用减压的方法——在真空下吹氧脱碳，如 VOD 法、RH-OB 法等；采用稀释气体吹入熔池的方法——吹惰性气体+O_2 的混合气体脱碳，如 AOD 法、CLU 法等；采用真空及吹入惰性气体两者组合的方法——真空、吹氩、吹氧脱碳，如 AOD-VCR 法、VODC 法等。

7.7 真空和氩气搅拌

冶金过程中发生的部分反应是在凝聚相与气相之间进行的，对于这类反应由于有气体参与反应，当反应前后气体的物质的量有变化时，则压力对这类反应将有重要影响。冶金过程中往往利用压力对部分反应有影响的特点创造某些条件来促进利于冶金过程进行的某些反应的进行，如不锈钢生产中通过真空来降低“去碳保铬”的开始温度。同样，也可通过控制一些条件来抑制不希望的反应进行，如冶炼高氮钢时，创造一个高压来促进气体氮在钢液中的溶解，达到增氮的目的。从 20 世纪 50 年代开始，真空冶金技术已在冶金生产中得到广泛的应用，在提高钢的质量，降低某些品种的生产成本，纯净钢及超纯净钢的生产，以及新钢种开发、新冶金技术的开发等方面发挥着重要作用。

向金属液内部吹入惰性气体，在钢液内部产生一个个气泡，这些位于钢液内部的气泡对于冶金反应中生成的气体（H_2、N_2、CO 等）相当于一个个小真空室，气泡内的 H_2、N_2及 CO 等组分的分压接近于零。因此，向钢液内部吹入惰性气体的作用相当于真空处理的作用。钢液中的 H、N 及 C-O 反应生成的 CO 将向小气泡中扩散，并随着气泡的上浮而离开体系，从而对钢液起到“气洗”的作用。同时，当气泡上浮过程中，气泡表面会吸附钢液中的夹杂物，随着气泡的上浮而将吸附的夹杂物带出体系。此外，由于气泡的上浮带动钢液做大致“定向”的循环流动，对钢液起到搅拌作用，可均匀温度、成分，同时促进参加反应物质的扩散，加速反应的进行。因此，钢液内部吹入惰性气体而对钢液起到一系列的冶金作用，被称为“气泡冶金”。

7.7.1 真空和气泡冶金中的碳氧反应

对于脱氧反应产物为气体的反应，如碳氧反应

$$[C] + [O] = CO(g)$$

$$w_{[C]\%}w_{[O]\%} = m(p_{CO}/p^{\ominus})$$

1873K，100kPa 时 $m = 0.0020 \sim 0.0025$。

显然，降低体系的压力必将对脱氧反应产生重大影响。采用真空或向金属熔池内吹入惰性气体，或吹入惰性气体与氧气的混合气体等都能大大降低碳氧反应产物 CO 的分压，从而使得碳氧积降低，提高碳的脱氧能力。表 7-5 给出了 1873K 时不同 CO 分压时与碳平衡的氧量（即碳的脱氧能力）及与 Si 和 Al 平衡的氧量比较。

表 7-5 1873K、$w_{[B]} = 0.2\%$时与［B］平衡的氧量

脱氧元素	碳			硅	铝
	$p_{CO} = 101.325$kPa	$p_{CO} = 10.1325$kPa	$p_{CO} = 1.01325$kPa		
$w_{[O]eeq\%}$	0.0125	0.0012	0.0001	0.0102	0.000189

由表可见，提高真空度（即使 p_{CO}降低），碳氧积降低，当钢中 $w_{[C]}$一定时，则钢中的 $w_{[O]}$降低，碳的脱氧能力提高；反之，当钢中 $w_{[O]}$一定时，则钢中的 $w_{[C]}$降低。因此，提高真空度，可提高碳的脱氧能力。换句话说，在真空下可较方便地生产超低碳钢。

由表可见，当 $p_{CO} = 10.1325$kPa 时，碳的脱氧能力将超过硅；当 $p_{CO} = 1.01325$kPa 时，碳的脱氧能力将超过铝。

需注意的是：上述真空下碳脱氧的热力学原理只在钢液面上才有效。若在熔池内部发生C-O反应，则要考虑 CO 气泡受到钢液及渣层对 CO 气泡产生的静压力，以及形核、长大过程中受到的附加压力。此时 CO 气泡要能长大，则必须克服 CO 气泡所受到的应力，即要满足 $p_{CO} \geqslant p_g + (h_m\rho_m + h_s\rho_s)g + (2\sigma/r)$。因此，当真空度比较低时，$p_g$ 与 $(h_m\rho_m + h_s\rho_s)g + (2\sigma/r)$ 相比相差较大，提高真空度能显著提高碳的脱氧能力；当真空度降低到 p_g 远小于 $(h_m\rho_m + h_s\rho_s)g + (2\sigma/r)$ 时（如 p_g 为几十个毫米汞柱），则再提高真空度，对 p_{CO}影响不大，故对碳的脱氧能力影响不大。

若向钢液内部吹入惰性气体，或在容器壁粗糙的耐材表面上形成气泡核，大大降低 $2\sigma/r$，则有利于真空脱氧反应的进行。

一般在炉外精炼中，达到真空脱氧目的的真空度仅需 10133~203Pa 的压力即可。

除了碳氧反应外，当金属氧化物的蒸气压比金属的蒸气压高时，则在足够的温度和真空下，氧化物容易从金属液中蒸发出来而明显地提高该金属的脱氧效果。

$$x[\mathrm{M}] + y[\mathrm{O}] === (\mathrm{M}_x\mathrm{O}_y)$$

7.7.2 真空下碳还原金属氧化物

根据氧势图，只要温度满足要求，碳能作为任何金属氧化物的还原剂。同样，由于碳还原金属氧化物的反应

$$(\mathrm{M}_x\mathrm{O}_y) + y[\mathrm{C}] === x[\mathrm{M}] + y\mathrm{CO(g)} \tag{7-105}$$

产物 CO 为气体，因此抽真空将促进反应的正向进行。反应的自由能变化

$$\Delta_r G_m = \Delta_r G_m^{\ominus} + RT\ln\left(\frac{a_{[\mathrm{M}]}^x (p_{\mathrm{CO}}/p^{\ominus})^y}{a_{\mathrm{M}_x\mathrm{O}_y} a_{[\mathrm{C}]}^y}\right)$$

一定温度下，当真空度降到使该反应的 $\Delta_r G_m \leqslant 0$ 时，则［C］可还原熔渣中的金属氧化物。由于该反应的存在，在真空下精炼能够回收金属氧化物（$\mathrm{M}_x\mathrm{O}_y$），提高金属 M 的回收率。例如，不锈钢炉外精炼时，特别是冶炼超低碳不锈钢时，采用 VOD 及 RH 等高真空度下的吹氧脱碳不仅能方便地进行冶炼，而且 Cr 的收得率很高。

在真空下冶炼时，钢液中的碳还可能还原坩埚耐火材料，使得耐火材料寿命降低。因此在真空熔炼时，应选用不易被碳还原的氧化物或还原产物对钢性能无害的氧化物作耐火材料。换句话说，在真空熔炼时，还应考虑耐火材料还原产物对钢水成分的影响。

【例题】 在真空感应炉内用镁砂坩埚（MgO）冶炼成分为：0.1%C、18%Cr、10%Ni 的不锈钢钢液。问在温度为 1600℃熔炼时，坩埚开始被［C］侵蚀的真空度？

已知：　$[\mathrm{C}]+[\mathrm{O}] === \mathrm{CO(g)}$　　$\Delta_r G_m^{\ominus}(\mathrm{CO}) = -22200-38.34T$ J/mol

$\mathrm{Mg(g)}+[\mathrm{O}] === \mathrm{MgO(s)}$　　$\Delta_r G_m^{\ominus}(\mathrm{MgO}) = -614211+208.36T$ J/mol

解：［C］侵蚀镁砂坩埚（MgO）的反应为

$$\mathrm{MgO(s)} + [\mathrm{C}] === \mathrm{Mg(g)} + \mathrm{CO(g)}$$

$$\Delta_r G_m = \Delta_r G_m^{\ominus} + RT\ln\frac{(p_{\mathrm{MgO}}/p^{\ominus})(p_{\mathrm{CO}}/p^{\ominus})}{a_{\mathrm{MgO}} a_{[\mathrm{C}]}}$$

$$\Delta_r G_m^{\ominus} = \Delta_r G_m^{\ominus}(\mathrm{CO}) - \Delta_r G_m^{\ominus}(\mathrm{MgO}) = 592011 - 246.7T \xrightarrow{T\ =\ 1873\mathrm{K}\ 时} 129941.9\ \mathrm{J/mol}$$

计算 $f_{[\mathrm{C}]}$：　$\lg f_{[\mathrm{C}]} = \sum e_{\mathrm{C}}^{\mathrm{B}} w_{\mathrm{B}\%} = e_{\mathrm{C}}^{\mathrm{C}} w_{[\mathrm{C}]\%} + e_{\mathrm{C}}^{\mathrm{Cr}} w_{[\mathrm{Cr}]\%} + e_{\mathrm{C}}^{\mathrm{Ni}} w_{[\mathrm{Ni}]\%}$

$= 0.243 \times 0.1 - 0.023 \times 18 + 0.01 \times 10 = -0.2897$

$f_{[\mathrm{C}]} = 0.513$，$a_{[\mathrm{C}]} = f_{[\mathrm{C}]} w_{[\mathrm{C}]\%} = 0.513 \times 0.1 = 0.0513$

对于 MgO 坩埚，$a_{\mathrm{MgO}} = 1$。

体系中，气体只有 CO 和 Mg，而且它们都是反应生成的。而根据反应式，反应生成 CO 和 Mg 气体的物质的量相同，因此有 $p_{\mathrm{CO}} = p_{\mathrm{Mg}} = p_{工作}/2$。

当 $\Delta_r G_m \leqslant 0$ 时，钢液中的 C 将侵蚀坩埚耐材。将上述结果代入，有

$$\Delta_r G_m = 129941.9 + 8.314 \times 1873\ln\frac{[(p_{工作}/p^{\ominus})/2]^2}{1 \times 0.0513} \leqslant 0$$

解得：$(p_{工作}/p^{\ominus}) \leqslant 0.00698$。

因此 $p_{工作} \leqslant 705Pa$。可见，当真空度提高到 705Pa 时钢液中的碳就能开始侵蚀 MgO 坩埚。

7.7.3 金属液的真空去气

钢中的氢和氮称为钢中的气体。氢和氮在铁液中的溶解度遵循西华特定律。

$$\frac{1}{2}X_2(g) = [X]$$

式中，X 表示气体元素，X=H 或 N。

$$K_X^{\ominus} = \frac{a_{[X]}}{(p_{X_2}/p^{\ominus})^{1/2}} = \frac{f_X w_{[X]\%}}{(p_{X_2}/p^{\ominus})^{1/2}} \xrightarrow[\text{认为遵循亨利定律，} f_X = 1]{\text{由于钢中 X 含量很低}} \frac{w_{[X]\%}}{(p_{X_2}/p^{\ominus})^{1/2}}$$

因此

$$w_{[X]\%} = K_X^{\ominus}(p_{X_2}/p^{\ominus})^{1/2}$$

对于氢，1873K 时，$K_H^{\ominus} = 0.0025$；对于氮，1873K 时，$K_N^{\ominus} = 0.046$。故此，当减压到 13.3~66.6Pa 时，理论上 $w_{[H]}$ 可降低到 $3\times10^{-5}\%\sim6\times10^{-5}\%$，而 $w_{[N]}$ 可降低到 $5\times10^{-4}\%\sim1.2\times10^{-3}\%$。可见，1873K 时，氮在钢液中的溶解度要比氢高得多。

真空去气与真空下碳的脱氧反应一样，实际上真空去气效果也有一定限制。原因是钢液的真空去气主要也是动力学问题，因此钢液内部的惰性气体搅拌对去气是十分有效的；同时，在均匀的钢液内部去气产生的气泡也同样需克服相应的静压力和附加压力：

$$p_{X_2} \geqslant p_g + \rho_m g h_m + (2\sigma/r)$$

习题与工程案例思考题

习　题

7-1　解释名词：直接氧化和间接氧化反应，熔池中的过剩氧，硫、磷分配比，脱氧常数，脱氧能力，沉淀脱氧（强制脱氧、化学脱氧），扩散脱氧（熔渣脱氧）。

7-2　为什么钢液要脱磷和脱硫？试写出脱磷和脱硫的反应式，并由此推导脱硫和脱磷的热力学条件。对脱磷和脱硫热力学条件的异同进行比较。

7-3　试解释为什么在传统的电弧炉炼钢规程中常常要规定：当金属熔池温度升高到高于 1580℃时，要采用高氧压（并加矿）综合氧化，补加石灰，加氧化铁皮，并要求高温均匀沸腾，自动流渣操作。

7-4　为什么钢液要脱氧，脱氧的任务、方法及其热力学原理、脱氧剂选择的原则是什么？试解释为什么复合脱氧剂与单独脱氧元素脱氧相比可以达到较好的脱氧效果。

7-5　在炼钢生产中发现，采用真空可以提高碳的脱氧能力，且随着真空度的提高（反应器内压力降低），碳的脱氧能力不断提高，但当真空度提高到一定程度，碳的脱氧能力几乎没有多大变化。试从热力学和动力学角度对上述结果进行解释。

7-6　不锈钢液 $w_{[Cr]} = 17\%$，$w_{[Ni]} = 9\%$，$w_{[C]} = 0.3\%$在 AOD 精炼炉内进行冶炼，试求“去碳保铬”的最低温度。现吹氧脱碳到 0.04%，钢液温度升高到 1850℃，试求此时钢液中的 $w_{[Cr]}$。

7-7　已知表 7-6 所列成分的含钒铁水与表 7-7 所列成分的熔渣接触。

表 7-6 铁液成分

组分	C	Si	P	V
w/%	4.0	0.8	0.6	0.4

表 7-7 熔渣成分

组分	CaO	MgO	MnO	P_2O_5	SiO_2	FeO	Fe_2O_3	V_2O_3
w/%	40	8	7	5	15	15	2	8.0

已知该渣中的活度系数为 $\gamma_{V_2O_3}=0.05$（以纯物质为标态）。

（1）在所给的渣-铁体系中，想达到“去碳保钒”的目的，用碳的氧化来抑制钒的氧化，问需要多高的温度？

已知 $p_{CO}=101325$Pa，反应的标准自由能变化：

$$[C]+[O]=\!=\!=CO(g)\qquad \Delta_rG_m^{\ominus}=-22200-38.34T\ \ J/mol$$

$$2[V]+3[O]=\!=\!=V_2O_3(s)\qquad \Delta_rG_m^{\ominus}=-830700+337.00T\ \ J/mol$$

（2）若采用 Ar-O_2 侧底吹混合吹炼使得气泡中 $p_{CO}=70928$Pa，问“去碳保钒”的温度又为多少？

（3）试比较（1）与（2）的计算结果。

7-8 在 VOD（真空吹氧脱碳炉）内，温度为 1700℃下精炼 $w_{[Cr]}=18\%$，$w_{[Ni]}=10\%$，$w_{[C]}=0.3\%$的不锈钢液。试问：要达到“去碳保铬”的目的，至少需要多大的真空度？

已知：

$$[C]+[O]=\!=\!=CO(g)\qquad \Delta_rG_m^{\ominus}=-22200-38.34T\ \ J/mol$$

$$2[Cr]+3[O]=\!=\!=Cr_2O_3(s)\qquad \Delta_rG_m^{\ominus}=-843100+371.8T\ \ J/mol$$

7-9 在 VOD 真空去气设备中对含 $w_{[C]}=0.1\%$，$w_{[Si]}=0.3\%$，$w_{[Mn]}=0.4\%$，$w_{[P]}=0.02\%$，$w_{[S]}=0.02\%$的钢水在 1380℃，1kPa 进行真空处理。若渣中 $w_{(FeO)}=20\%$，问该渣能否对钢水进行脱碳？设 $\gamma_{FeO}=1$，其他所需数据由教材中所提供数据计算。

7-10 在真空感应炉（坩埚材料为 MgO）内冶炼成分为：$w_{[C]}=0.1\%$、$w_{[Cr]}=18\%$、$w_{[Ni]}=10\%$的钢水。问在温度为 1600℃，真空度为 13.3Pa 熔炼时，坩埚能否被［C］侵蚀？

已知：

$$[C]+[O]=\!=\!=CO(g)\qquad \Delta_rG_m^{\ominus}=-22200-38.34T\ \ J/mol$$

$$Mg(g)+[O]=\!=\!=MgO(s)\qquad \Delta_rG_m^{\ominus}=-614211+208.36T\ \ J/mol$$

7-11 在真空度为 1.3Pa 下，Al_2O_3坩埚内熔炼 08Cr18Ni10（$w_{[C]}=0.03\%$，$w_{[Cr]}=18\%$，$w_{[Ni]}=10\%$，$w_{[Al]}=0.01\%$）。试问：在 1873K 的温度下该 Al_2O_3坩埚能否被侵蚀？坩埚开始被侵蚀的温度为多大？

已知：

$$2[Al]+3[O]=\!=\!=Al_2O_3(s)\qquad \Delta_rG_m^{\ominus}=-1225000+393.8T\ \ J/mol$$

7-12 1600℃时用 Si 脱氧，将钢液中的氧量从 0.012%脱到 0.008%，问需加入多少 Fe-Si（设 Fe-Si 含 Si 75%），若改用真空下的碳脱氧，问需多大的真空度？

已知：

$$[Si]+2[O]=\!=\!=SiO_2(s)\qquad \Delta_rG_m^{\ominus}=-576440+228.33T\ \ J/mol$$

7-13 钢液在 1600℃与含 50%SiO_2的 SiO_2-FeO-MnO 三元渣平衡，钢液中氧含量为 0.08%。设此渣 $a_{FeO}=x_{FeO}$，且 1600℃氧在钢液中的饱和溶解度为 0.23%，试求该渣的组成。

7-14 在氮和氢混合气氛下熔化纯铁，总压为 100kPa，氢气和氮气分压相等，求 1600℃时铁水中平衡的氢和氮含量。

7-15 设真空中钢液的脱氢过程的限速步骤为钢液中溶解的 H 原子通过边界层向钢液-气相界面的传质。已知钢水重 50t，在 1873K 下真空处理时钢水中的 H 从 $4.5\times10^{-4}\%$下降到 $1.5\times10^{-4}\%$，问需处理多长时间？其中：钢包内钢水深度 $h=0.8$m，［H］的传质系数为 $\beta_H=9.1\times10^{-4}$m/s。

工程案例思考题

案例 7-1　脱碳反应在炼钢中的意义分析

案例内容：

（1）炼钢过程脱碳的目的；

（2）脱碳反应热力学条件分析；

（3）脱碳反应动力学条件分析；

（4）脱碳反应对其他杂质元素去除的积极作用分析。

案例 7-2　“去 V 保 C”热力学分析

案例内容：

（1）钒渣提取的基本理论；

（2）钒氧反应和碳氧反应的热力学条件比较分析；

（3）“去 V 保 C”的热力学条件选择。

8 硫化物的火法冶金与氯化冶金

大多数有色金属矿以硫化物形态存在于自然界中，如 Cu、Pb、Zn、Co、Ni、Hg、Mo，稀散金属 In、Ge、Ga、Ti（与铅锌硫化物共存），铂族金属（常与 Co、Ni 共存）。硫化物多为共生矿、复合矿。硫化物不能用 C 直接还原，必须根据硫化物矿的物质化学性质及成分来选择冶炼方法。考虑到硫本身的发热量高，可以解决冶炼过程的能耗，硫化物矿多采用高温冶炼。

采用高温条件下的化学反应处理硫化矿，大致归纳为五种类型：

（1）$2MeS+3O_2 \longrightarrow 2MeO+2SO_2$

例如 Zn 的氧化焙烧：$ZnS \longrightarrow ZnO$

（2）$MeS+O_2 \longrightarrow Me+SO_2$

例如 Pb 的硫化物直接氧化成金属：$PbS+O_2 \longrightarrow Pb+SO_2$

（3）$MeS+Me'O \longrightarrow MeO+ Me'S$

例如造锍：$FeS+CuO \longrightarrow FeO+CuS$

（4）$MeS+2MeO \longrightarrow 3Me+SO_2$

例如冰铜的吹炼：$Cu_2S+Cu_2O \longrightarrow Cu+SO_2$

（5）$MeS+Me' \longrightarrow Me'S+Me$

例如精炼 Sn 除 Cu、Fe 等杂质：$SnS(s)+2[Cu] \longrightarrow Cu_2S(s)+[Sn]$

用硫化精矿生产金属铜是重要的硫化物处理的工业过程。硫化铜矿一般都含有硫化铜和硫化铁，如 $CuFeS_2$（黄铜矿）。随着资源的不断开发利用，品位越来越低，其精矿甚至只有 10%的铜，却有高达 30%以上的 Fe。

8.1 金属硫化物的热力学性质

8.1.1 金属硫化物的离解和生成反应

火法冶炼过程，二价金属硫化物的离解-生成反应的通式为：

$$2Me + S_2 = 2MeS$$

如果 Me 和 MeS 为凝聚相，则离解压 p_{S_2}与平衡常数 K_p及吉布斯自由能 $\Delta G^{\ominus}$的关系式为：

$$\Delta G^{\ominus} = -RT\ln K_p = RT\ln p_{S_2}/p^{\ominus}$$

因此，将不同金属硫化物的离解压 p_{S_2}与吉布斯自由能 $\Delta G^{\ominus}$作图，可得到金属硫化物的吉布斯自由能图，也叫硫势图，如图 8-1。通过金属硫化物的硫势图，可以比较不同金属硫化物的稳定性。

在硫势图，金属与硫反应的 $\Delta G^{\ominus}$值越小（位置越靠下），表明相应硫化物的稳定性越好。如图 8-1 所示，通常情况下，CaS 的稳定性比 MnS 稳定高，MnS 比 CaS 更易于分解。

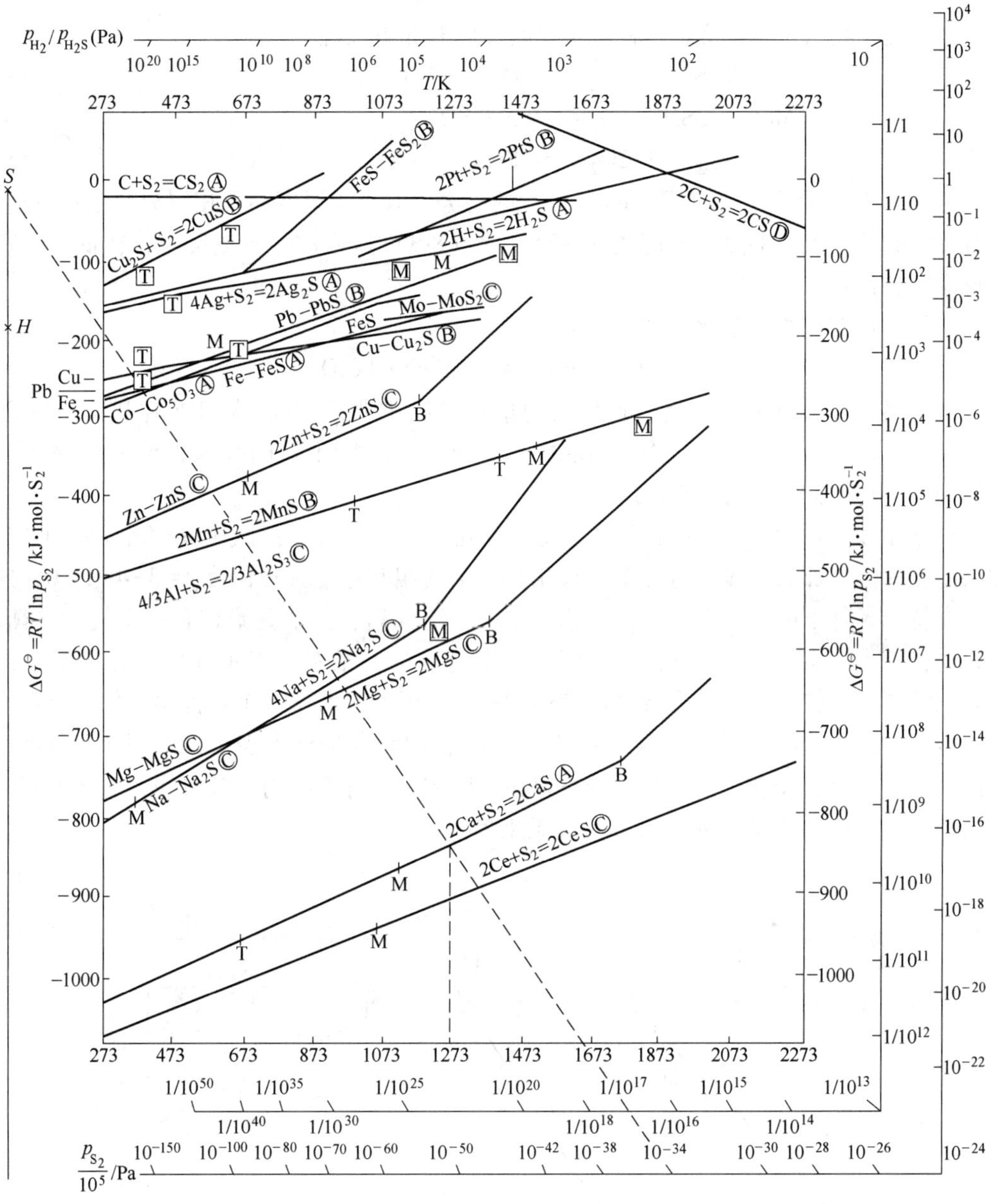

图 8-1　硫化物的吉布斯自由能图

8.1.2 硫化物焙烧过程热力学

采用火法冶金或湿法冶金之前，一般需根据原料成分、工艺流程等通过焙烧除去矿石或精矿中一部分、大部分或全部的硫。如从硫化锌精矿中提取锌，无论采用火法冶金还是湿法冶金，都必须经过焙烧作业，将精矿中的硫全部脱除，使精矿中的 ZnS 全部转化为 ZnO；对于铜精矿的处理，采用湿法冶金时，为了使硫化铜转变为易溶于水或稀硫酸溶液的硫酸铜，则需要进行硫酸化焙烧。达到上述某种目的的作业条件取决于对焙烧过程热力学条件的选择。

金属硫化物（MeS）焙烧过程最重要的反应有如下三种：

$$MeS + 3/2O_2 = MeO + SO_2 \tag{8-1}$$

$$MeO + 2SO_2 + O_2 = 2MeSO_4 \tag{8-2}$$

$$SO_2 + 1/2O_2 = SO_3 \tag{8-3}$$

对所有 MeS 而言，反应式（8-1）进行的趋势，取决于温度和气相组成，是不可逆的，并且反应时放出大量的热。反应式（8-2）、式（8-3）是可逆的放热反应，在低温下有利于反应向右进行。

此外，还有铁酸盐型化合物的生成：

$$MeO + Fe_2O_3 = MeO \cdot Fe_2O_3 \tag{8-4}$$

从上述焙烧反应可知，金属硫化物的焙烧产物主要是 MeO 或 $MeSO_4$ 以及气相 SO_2、SO_3 和 O_2。究竟形成那种化合物，则取决于焙烧条件，焙烧条件和焙烧产物的关系可通过绘制 Me-S-O 热力学平衡图来表示。

根据相律，在 Me-S-O 三元系中，最多有五个相平衡共存：四个凝聚相和一个气相。如果温度固定，那么最多只有三个凝聚相和一个气相共存，其自由度 $f=3-4+1=0$，这意味着在特定条件下的一个点。如果在该体系中，至少只有一个凝聚相和一个气相平衡时，$f=3$，那么便要用两个组分和温度（即三个变量）的三维图来表示他们的热力学平衡关系。三维图表示较为复杂，多数是保持温度一定，因此，对于一个在恒温下的三元系便可以用气相中两组分的分压来表示，常用 p_{SO_2} 和 p_{O_2} 的对数坐标来表示，如图 8-2 所示。在此图中，金属硫酸盐和金属氧化物分别存在的区域间的分界线为一条直线，直线的斜率可以根据相应反应的化学计量（系数）关系来确定。

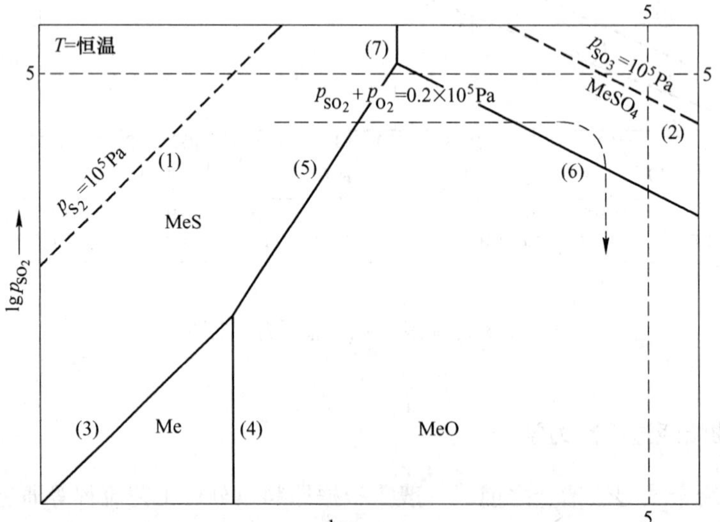

图 8-2　Me-S-O 系等温平衡图

Me-S-O 系平衡图的求算绘制方法，一般包括：

（1）确定反应、列出反应平衡方程式；

（2）用吉布斯自由能方程 $\Delta G^{\ominus}=A+BT$ 计算热力学数据；

（3）根据 $\Delta G^{\ominus}=-RT\ln K$ 的关系算出各个反应在一定温度下的 $\lg p_{S_2}$、$\lg p_{O_2}$、$\lg p_{SO_2}$、$\lg p_{SO_3}$之间的关系式；

（4）把计算结果表示在 $\lg p_{SO_2}$为纵坐标和以 $\lg p_{O_2}$为横坐标的图上，便得到 Me-S-O 系平衡图（如图 8-2）。

从图 8-2 可以看出，在该体系中可能存在的反应有两种类型：

一种是只随 $\lg p_{O_2}$变化而与 $\lg p_{SO_2}$无关的 Me 和 MeS 的氧化反应，在图上以垂直于 $\lg p_{O_2}$轴的线表示其平衡位置；

另一种是与 $\lg p_{O_2}$与 $\lg p_{SO_2}$的变化都有关的反应，在图上以斜线表示其平衡位置。

以上反应的一般形式及其平衡分压计算公式分别列举在表 8-1 中。

表 8-1　一般的 Me-S-O 系中反应及其平衡关系式

编号	反应式	平衡关系式	直线斜率
（1）	$S_2+2O_2=2SO_2$	$\lg p_{SO_2}=\lg p_{O_2}+\frac{1}{2}\lg K+\frac{1}{2}\lg p_{S_2}-\frac{1}{2}\lg p^{\ominus}$	1
（2）	$2SO_2+O_3=2SO_2$	$\lg p_{SO_2}=-\frac{1}{2}\lg p_{O_2}-\frac{1}{2}\lg K+\lg p_{SO_3}+\frac{1}{2}\lg p^{\ominus}$	$-\frac{1}{2}$
（3）	$Me+SO_2=MeS+O_2$	$\lg p_{SO_2}=\lg p_{O_2}-\lg K_3$	1
（4）	$2Me+O_2=2MeO$	$\lg p_{O_2}=-\lg K_4+\lg p^{\ominus}$	
（5）	$2MeS+3O_2=2MeO+2SO_2$	$\lg p_{SO_2}=\frac{3}{2}\lg p_{O_2}+\frac{1}{2}\lg K_5+\lg p^{\ominus}$	$\frac{3}{2}$
（6）	$2MeO+2SO_2+O_2=2MeSO_4$	$\lg p_{SO_2}=-\frac{1}{2}\lg p_{O_2}-\frac{1}{2}\lg K_6+\lg p^{\ominus}$	$-\frac{1}{2}$
（7）	$MeS+2O_2=MeSO_4$	$\lg p_{O_2}=-\frac{1}{2}\lg K+\lg p^{\ominus}$	

图 8-2 中用虚线表示的反应式（1）和式（2），分别为 p_{S_2}和 p_{SO_3}都等于 10^5Pa 时的等压线。从其关系式可以看出：在恒温下 K_1 和 K_2 值一定，$\lg p_{O_2}$和 $\lg p_{SO_2}$之间的关系也与 S_2 和 SO_3 的分压有关。当 O_2 分压小和 SO_2 分压大时，S_2 的分压变大；当 $p_{S_2}>10^5$Pa 时，线（1）便向上移动；反之，则向下移动。

图中直线为上列相应各反应的两个凝聚相共存的平衡线，自由度为 1。这些直线之间面区，则是一个凝聚相稳定存在的区域，为二变量体系。三直线的交点，则为三个凝聚相共存，是零变量点。

8.2　锍的形成与锍的吹炼

用硫化精矿生产金属铜是重要的硫化物氧化的工业过程。由于硫化铜矿一般都是含硫化铜和硫化铁的矿物。例如 $CuFeS_2$（黄铜矿），其矿石品位，随着资源的不断开发利用，变得含铜量愈来愈低，其精矿品位有的低到含铜只有 10%左右，而含铁量可高达 30%以上。如果经过一次熔炼就把金属铜提取出来，必然会产生大量含铜高的炉渣，造成铜的损失：因此，为了提高铜的回收率，工业生产中先要经过富集过程，使铜与一部分铁及其他脉石等分离。

富集过程是利用 MeS 与含 SiO_2的炉渣不互溶及比重差别的特性而使其分离。其过程是基于许多的 MeS 能与 FeS 形成低熔点的共熔体，在液态时能完全互溶并能溶解一些 MeO 的物理化学性质，使熔体和渣能很好地分离，从而提高主体金属的含量，并使主体金属被有效地富集。

这种 MeS 的共熔体在工业上一般称为冰铜（锍）。例如冰铜的主体为 Cu_2S，余为 FeS 及其他 MeS。铅冰铜除含 PbS 外，还含有 Cu_2S、FeS 等其他 MeS。又如镍冰铜（冰镍）为 $Ni_3S_2 \cdot FeS$，钴冰铜为 $CoS \cdot FeS$ 等。

8.2.1 造锍

造锍过程也可以说就是几种金属硫化物之间的互熔过程。当一种金属具有一种以上的硫化物时，例如 Cu_2S、CuS、FeS_2、FeS 等，其高价硫化物在熔化之前发生如下的热离解，如：

823K 时，黄铜矿： $4CuFeS_2 = 2Cu_2S + 4FeS + S_2$

1073K 时，斑铜矿： $2Cu_3FeS_3 = 3Cu_2S + 2FeS + \frac{1}{2}S_2$

953K 时，黄铁矿： $FeS_2 = FeS + \frac{1}{2}S_2$

上述热离解所产生的元素硫随炉气逸出，遇氧即氧化成 SO_2。而铁除部分与生成 Cu_2S 以外多余的硫相结合成 FeS 进入锍内外，其余的铁则进入炉渣。

由于铜对硫的亲和力比较大，故在 1473~1573K 的造锍熔炼温度下，呈稳定态的Cu_2S便与 FeS 按下列反应熔合成冰铜：

$$Cu_2S + FeS = Cu_2S \cdot FeS$$

同时，反应生成的部分 FeO 与脉石氧化物造渣，发生如下反应：

$$2FeO + SiO_2 = 2FeO \cdot SiO_2$$

因此，利用造锍熔炼，可使原料中原来呈硫化物形态的和呈任何氧化物形态的铜，几乎都以稳定的 Cu_2S 形态富集在冰铜中，而部分铁的硫化物优先被氧化生成的 FeO 与脉石造渣。由于锍的密度比炉渣大，且两者互不溶解，从而达到使之有效分离的目的。

镍和钴的硫化物和氧化物也具有上述类似的反应。因此，通过造锍过程便可使欲提取的铜、镍、钴等金属成为锍这个中间产物产出。

8.2.2 金属硫化物氧化的吉布斯自由能图

金属硫化物氧化反应 $2MeS+O_2 = 2MeO+S_2$ 是按以下两反应组合求得：

$$2Me + O_2 = 2MeO \quad \Delta_r G^{\ominus}_{m,\ MeO} \tag{8-5}$$

$$2Me + S_2 = 2MeS \quad \Delta_r G^{\ominus}_{m,\ MeS} \tag{8-6}$$

联立式（8-5）和式（8-6）得：

$$2MeS + O_2 = 2MeO + S_2 \quad \Delta_r G^{\ominus}_{m} = \Delta_r G^{\ominus}_{m,\ MeO} - \Delta_r G^{\ominus}_{m,\ MeS} \tag{8-7}$$

根据式（8-7）可以做出某些金属硫化物氧化的吉布斯自由能图，如图 8-3 所示。用该图可以比较 MeS 和 MeO 的稳定性大小，从而预见 MeO-MeS 之间的平衡关系。某些金属对硫和氧的稳定性关系可以从吉布斯自由能与温度关系图上来判断：越往下，$\Delta_r G_m^\ominus$ 越负，生成的化合物越稳定。

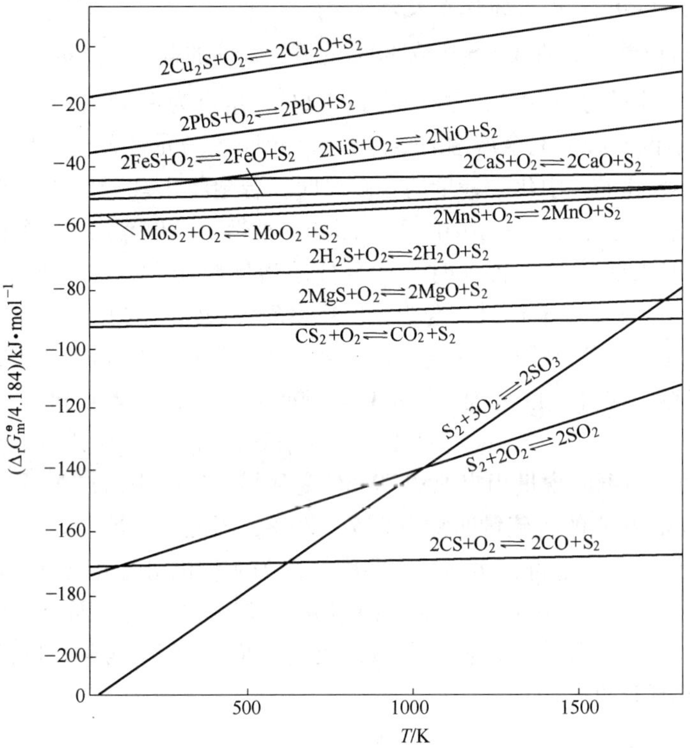

图 8-3 某些金属硫化物氧化的吉布斯自由能与温度关系图

例如，FeS 氧化的 $\Delta_r G_m^\ominus$ 比 Cu_2S 氧化的 $\Delta_r G_m^\ominus$ 更负，因此氧化熔炼发生如下反应：

$$Cu_2O + FeS \Longrightarrow Cu_2S + FeO$$

铁对氧的亲和力大于铜对氧的亲和力，Fe 先被氧化。因此，Cu 的氧化熔炼实际发生如下反应：

$$2Cu_2S + O_2 \Longrightarrow 2Cu_2O + S_2$$

生成的 Cu_2O 最终按下式反应生成 Cu_2S：

$$Cu_2O(l) + FeS(l) \Longrightarrow Cu_2S(l) + FeO(l)$$

$$\Delta_r G_m^\ominus = -146440 + 19.2T \quad kJ/mol$$

当 $T = 1473K$ 时，$K^\ominus = 10^{4.2}$，Cu_2O 几乎完全硫化进入冰铜。如果铜的硫化物原料（如 $CuFeS_2$）进行造锍熔炼满足下列条件：（1）氧化气氛控制得当；（2）有足够的 FeS 存在，铜就会以 Cu_2S 的形式全部进入冰铜，这是氧化富集的理论基础。

8.2.3 Cu-Fe-S 的三元系状态图

熔炼硫化矿所得各种金属的锍是很复杂的硫化物共熔体，但基本上是由金属的低级硫化物组成，其中富集了所提炼的金属及贵金属。例如冰铜中主要是 Cu_2S 及 FeS，它们两者所含铜、铁和硫的总和常占冰铜总重的 80%～90%。因此，可认为这三种元素是冰铜的基本成分，即 Cu-Fe-S 三元系实际上可以代表冰铜的组成。通过对 Cu-Fe-S 三元系状态图的分析，可对冰铜的性质、理论成分和熔点等有较详细的了解。

8.2.3.1　Cu-Fe-S 三元系的熔度及相结构

从图 8-4 中可以看出，在 Cu-S 边含 80%的铜，20%的硫生成 Cu_2S，熔点为 1130℃；在 Fe-S 边，FeS 含硫量为 36.4%，含铁量为 63.6%，熔点为 1193℃。在 Cu_2S-FeS 二元直线区，铜、铁及硫的合金为完全熔融的熔体。当 Cu-Fe-S 三元合金在缺少硫的情况下，即不能满足上述 Cu_2S 和 FeS 中化学计量的含硫量时，合金将出现分层区，此分层区具有较为广泛的区域。分层的两液相（图中的舌形部分）视熔锍品位（w_{Cu}）而有不同比例的铜铁合金相产生，即当锍的品位较高时，合金分层熔体将出现富铜金属相，如图中含铜 60%以上的区域；当锍品位较贫时，合金分层将出现含铁较高的 Cu-Fe 合金相。分层的两液相，一层是以锍为主饱和了 Cu-Fe 合金的液相，另一层则是以 Cu-Fe 合金相为主饱和了硫（或锍）的液相。在直线区范围，即沿Cu_2S-FeS直线区，熔体互相溶合并出现最低熔点的共晶（E），熔点为 915℃。从锍的理论成分来看，由纯 Cu_2S 到纯 FeS，其含硫量在 20%～36.5%之间，而铜的含量相应地从 79.8%变到零。生产中所产生的工业冰铜一般含铜介于 20%～40%，相应的含硫量通常为 24%～26%，因此，在冶金计算中采用冰铜的含硫量为 25%，其计算结果是符合实际的。图中结线为实测的分层熔体组成和熔度。显然，随着含铁量增高，分层的 Cu-Fe 合金熔度相应增高。以温度作为空间坐标，则 Cu-Fe 合金的熔度向 Cu-Fe-S 合金熔体直线区倾斜形成温度差斜面。以 Fe 角附近的熔度而言，则向 Cu-Cu_2S 边倾斜形成温度差斜面。

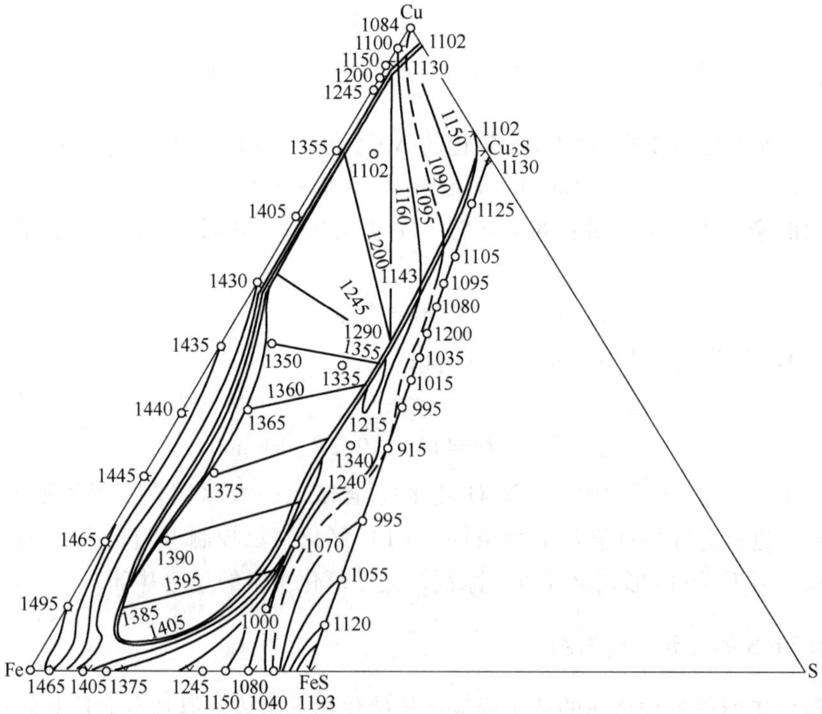

图 8-4　Cu-Fe-S 的三元系状态图（各组分含量为质量分数）

8.2.3.2 没有画出等温线及液相组成连接线的平面状态图

图 8-5 中 Cu-Cu_2S-FeS-Fe 所组成的梯形部分相图，可看作由四对有关的二元系所构成，如图 8-6 所示。构成图 8-5 中所示的面、线、点分别为：

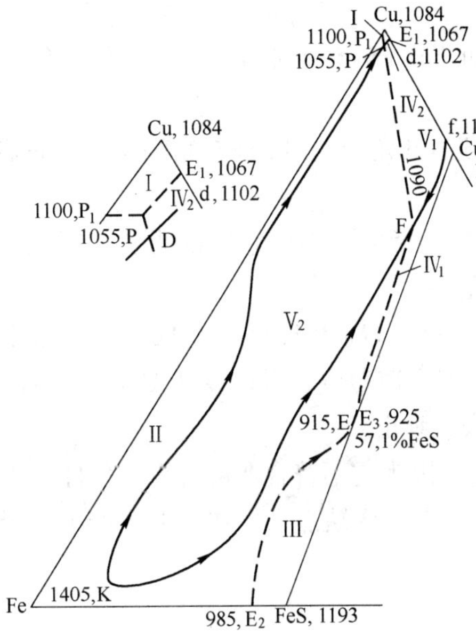

图 8-5 Cu-Fe-S 的三元系状态图（简示图）

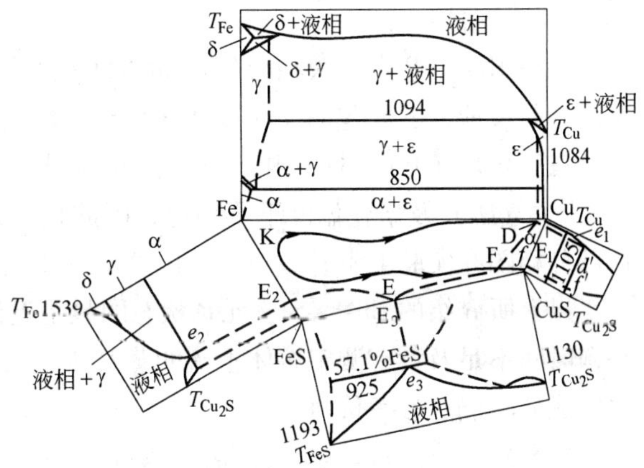

图 8-6 Cu-Fe-S 的三元系（简示图）与有关侧面二元系状态图

（1）四个液相面区：

1）Ⅰ——CuE_1PP_1Cu 面是 Cu（Cu 固溶体）液相面区，L→Cu 固溶体。

2）Ⅱ——$P_1PDKFEE_2FeP_1$ 面是 Fe（Fe 固溶体）液相面区，L→Fe 固溶体。

3）Ⅲ——$FeSE_2EE_3FeS$ 面是 FeS（FeS 固溶体）液相面区，L→FeS（FeS 固溶体）。FeS 是构成 Cu-Fe-S 三元系的 Fe-S 二元系生成的二元化合物。

4）Ⅳ（$Ⅳ_1$+$Ⅳ_2$）——$fFEE_3Cu_2Sf$ 面及 E_1PDdE_1 面均是 Cu_2S（Cu_2S 固溶体）液相面区，L→Cu_2S（Cu_2S 固溶体），因被液相分层区所截，故分为两部分。Cu_2S 是构成 Cu-Fe-S 系的 Cu-S 二元系生成的二元化合物。

（2）液相分层（双液相面）区即 dDKFfd 面区，它由 V_1 与 V_2 两部分组成：

1）V_1——dDFf d 面区，是析出 Cu_2S 固溶体初晶区，为 L_1→L_2 +Cu_2S 固溶体，两液相组成由 fF 及 dD 线上两对应点表示。

2）V_2——DKFD 面区，是析出 Fe 固溶体初晶区，为 L_1→L_2+Fe 固溶体，两液相组成由 KF 及 KD 线上两对应点表示。

（3）四条共晶线：

1）E_1P——Cu 固溶体与 Cu_2S 固溶体共同析出。

2）E_2E——Fe 固溶体与 FeS 固溶体共同析出。

3）E_3E——Cu_2S 固溶体与 FeS 固溶体共同析出。

4）FE 及 DP——均是 Cu_2S 固溶体与 Fe 固溶体共同析出，因被液相分层区所截，故分成两部分。

（4）一条二元包晶液相线：P_1P——L+Fe 固溶体→Cu 固溶体。这是三相包晶反应。

（5）两个四相平衡不变点：

1）E——三元共晶点，共晶温度为 915℃（靠近 FeS-Cu_2S 连线的 E_3 处），L_E→Cu_2S 固溶体+FeS固溶体+Fe 固溶体。

2）P——三元包晶点，析出温度为 1085℃（靠近 Cu 角处），L_P+Fe 固溶体→Cu 固溶体+Cu_2S 固溶体。

图中 E 点、P 点、液相分层区 dDKFf 是此图的特征标志。因为它们说明了相图上有三元共晶反应，三元包晶反应以及液相分层现象存在。

在三角形 S-Cu_2S-FeS 内，由于高价硫化铜（CuS）与高价硫化铁（FeS_2）在常压（一个大气压）及熔化温度下不稳定，因此显著地分解出硫蒸气，并转变成 Cu_2S 及 FeS。这部分相图在实验上不易做出，所以这部分相图也未能画出。

以上所介绍的 Cu-Fe-S 三元系状态图只是近似的，因为它不符合严格的平衡条件（如平衡时间不足及没有测定熔体上硫的蒸气压）。此图虽有一些缺点，但在工业生产上选择冰铜成分时仍有参考价值。

8.2.3.3 Cu-Fe-S 三元系的等温截面

图 8-7～图 8-9 分别为 Cu-Fe-S 三元系 1150℃、1250℃、1350℃时的等温截面图。图中 L_1 代表 Cu_2S-FeS 假二元系完全熔融体，即冰铜熔体存在区，此熔体存在区随温度增高，向 Fe-Cu 边扩大。L_2 为 Cu-Fe 合金固溶体含有少量硫，它与 γ-Fe 固溶体共存，表示出这两个金属（Fe-Cu）的不溶合性，在一定条件下，仅是有限的部分固溶体（参见图 8-7 中的 Cu-Fe 边的二元系）。当温度升高并有硫存在时，同样可由三图比较看出，γ-Fe 固溶体与 L_2 共存熔区有所扩大。换言之，在 Cu-Fe-S 三元系中因温度升高，L_1 和 γ-Fe+L_2 存在

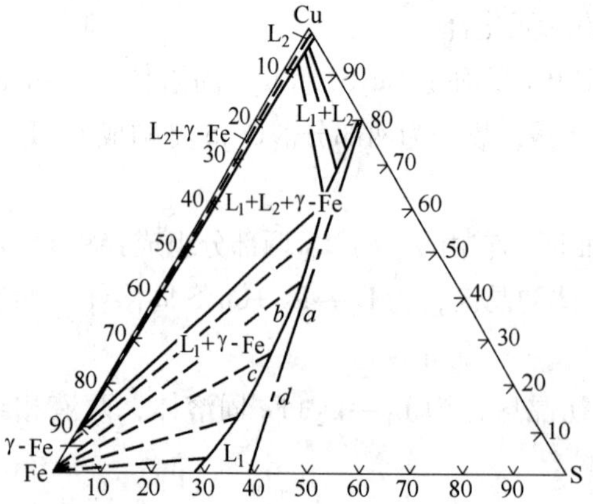

图 8-7 Cu-Fe-S 三元系在 1150℃时的等温截面图

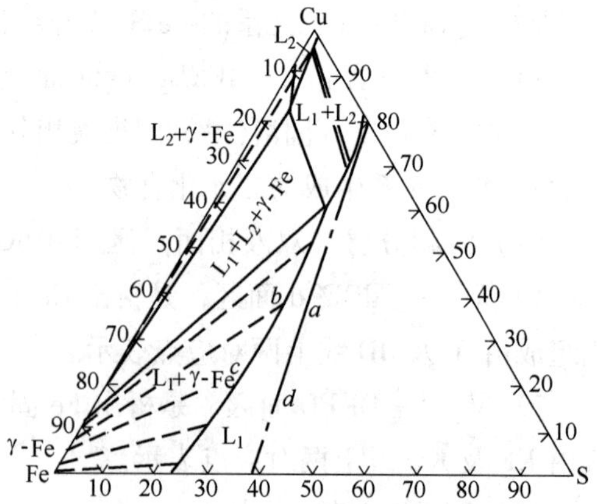

图 8-8 Cu-Fe-S 三元系在 1250℃时的等温截面图

区均相应扩大，使分层区变为更狭窄一些。同样，从三图中可看出，当富铜锍减少含硫量时，则熔体中将析出富铜合金液相；当贫铜锍减少含硫量时，则熔体中将析出 γ-Fe 相（含有一些铜固溶体）。因此，若在较低温度（1150℃）下熔炼冰铜，只要冰铜中含硫量较 CuS-FeS 线低些，熔体冰铜便会进入液相分层区，从而发生液相分层，或进入固-液两相平衡区，析出金属铁的固溶体。显然，在 1150℃ 下熔炼冰铜是不合适的。随着温度增高，如在 1250℃ 与 1350℃ 的等温截面图中，冰铜熔体可在较大的组成范围内以单一均匀液相存在，既不分层，也没有金属存在，所以熔炼冰铜及冰铜吹炼，一般都在 1523～1623K 温度下进行。

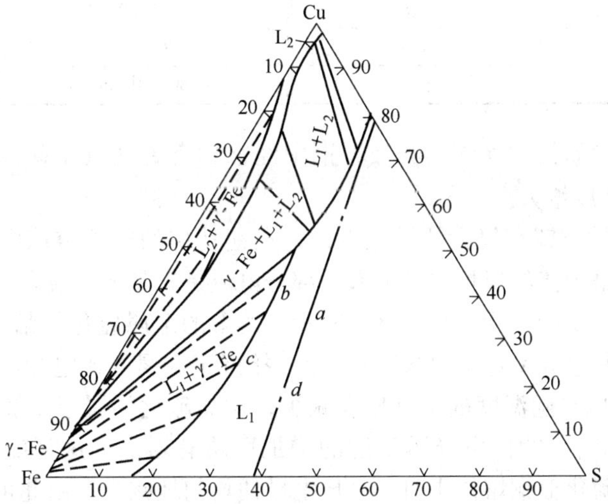

图 8-9 Cu-Fe-S 三元系在 1350℃ 时的等温截面图

由于要避免分层现象出现，得到一均匀的冰铜熔体，所以冰铜成分应在 Cu_2S-FeS 连线与液相分层区的边界线（fFK）之间的区域，其合理成分是图 8-7～图 8-9 中的 *abcd* 所示的部分，此区内 Cu、Fe、S 的变动范围是：Cu 21%～45%，Fe 21%～48%，S 23%～26%。

以上将冰铜中主要成分 Cu_2S、FeS 中的 Cu、Fe、S 定义为冰铜的理论成分，但实际上工厂所产的冰铜，即工业冰铜，除主要成分 Cu_2S、FeS 外还含有其他成分，如 Fe_3O_4 及少量 Au、Ag、As、Sb、Bi 及炉渣等，此外还常含有 ZnS、PbS、Ni_3S_2、CoS 等成分。

综上所述，熔体冰铜基本上是由均匀液相组成，其中主要是 Cu、Fe 和 S。工业冰铜中硫的含量比按 Cu_2S 和 FeS 计算的化学量少，因此不能把冰铜视为 Cu_2S 和 FeS 的混合物。一些铁的氧化物可能溶于硫化物相中，而磁性氧化铁常以稳定化合物存在，即使在高温下也不与冰铜中的其他成分起反应。由于工业冰铜中含有氧代替硫，所以硫量大致稳定在 25%左右。如果冰铜中硫含量降低到一定程度，则熔体进入三元系的分层区，并随冰铜组成的不同而析出富铁或富铜的新相。

8.2.4 冰铜的主要性质

冰铜的主要性质有以下几点：

（1）熔点。冰铜的熔点与成分有关，介于900~1050℃之间。Fe_3O_4 和 ZnS 在冰铜中会使其熔点升高，PbS 会使冰铜熔点降低。

（2）密度。为了加速冰铜与炉渣的分层，两者之间应尽量保持相当大的密度差。对固态冰铜的密度应介于5.55~4.6g/cm^3 之间，因 Cu_2S 的密度为5.55g/cm^3，FeS 的密度为4.6g/cm^3，故冰铜的密度随其品位的增高而增大，这由表8-2中可以看出。

表8-2 铜含量不同时冰铜的密度

冰铜中 w_{Cu}/%	冰铜的密度/g·cm^{-3}	冰铜中 w_{Cu}/%	冰铜的密度/g·cm^{-3}
10.24	4.8	40.02	5.3
3.43	4.9	60.20	5.4
37.00	5.2	70.80（纯 Cu_2S）	5.5

应当指出，相同品位的冰铜，其液冰铜中经常含有磁性氧化铁（Fe_3O_4 密度5.18g/cm^3）会使冰铜的密度增大。

（3）锍的导电性。锍有很大的导电性，这在铜精矿的电炉熔炼中已得到利用。在熔矿电炉内，插入熔融炉渣的炭精电极上有一部分电流是靠其下的液态锍传导的，这对保持熔池底部温度起着重要的作用。如表8-3所示，熔融的金属硫化物都具有一定的比电导，对熔融FeS来说，其电导率达1400S/cm以上，接近于金属的比电导，熔融硫化物（FeS、PbS和 Ag_2S）的比电导随温度的增高略有减少，这类硫化物属于金属导体的性质。熔融硫化物（Cu_2S、Sb_2S_3）的比电导随温度的增加而略有增加，这类硫化物属于半导体性质。当硫化铁加入硫化亚铜熔体中时，其比电导便均匀地减少。由此可见，对熔融锍的比电导的测定有助于了解其组成。

表8-3 熔融硫化物在不同温度下的比电导 κ

FeS		PbS		Ag_2S		Cu_2S		Sb_2S_3	
T/K	κ/S·cm^{-1}	T/K	κ/S·cm^{-1}	T/K	κ/S·cm^{-1}	T/K	κ/S·cm^{-1}	T/K	κ/S·cm^{-1}
1466	1489	1387	108.4	1173	126.0	1373	39.3	823	0.17
1468	1486	1408	104.0	1198	123.0	1412	50.0	861	0.27
1473	1482	1428	101.0	1223	120.0	1432	56.4	888	0.35
1478	1478	1438	99.7	1248	117.0	1455	63.3	937	0.52
1483	1474	1448	98.8	1273	114.4	1473	69.7	984	0.63
1488	1470	1458	97.0	1298	112.0	1505	81.6	1032	0.93
1493	1466	1468	95.4	1323	109.8	1523	91.1	1076	1.19

8.2.5 锍吹炼的热力学

8.2.5.1 普通转炉吹炼的热力学分析

用各种火法熔炼获得的中间产物——铜锍、镍锍或铜镍锍都含有FeS，为了除铁和硫均需经过转炉吹炼过程，即把液体锍在转炉中鼓入空气，在 1200~1300℃下，使其中的硫化亚铁发生氧化，在此阶段中要加入石英（SiO_2），使 FeO 与 SiO_2 造渣，这是吹炼除铁过程，从而使铜锍由 xFeS · $y$$Cu_2S$ 富集为 Cu_2S、镍锍由 xFeS · $y$$Ni_3S_2$ 富集为镍高锍 Ni_3S_2、铜镍锍由 xFeS · $y$$Cu_2S$ · $z$$Ni_3S_2$ 富集为 $y$$Cu_2S$ · $z$$Ni_3S_2$（铜镍高锍）。这是吹炼的第一周期。对镍锍和铜镍锍的吹炼只有一个周期，即只能吹炼到获得镍高锍为止。对铜锍来说，吹炼还有第二周期，即由 Cu_2S 吹炼成粗铜的阶段。

现应用反应的吉布斯自由能变化来说明为什么铜锍吹炼要分两个周期。

铜锍的成分主要是 FeS、Cu_2S，此外还有少量的 Ni_3S_2 等，它们与吹入的氧（空气中的氧）作用首先发生如下反应：

$$\frac{2}{3}Cu_2S(l) + O_2 = \frac{2}{3}Cu_2O(l) + \frac{2}{3}SO_2 \qquad \Delta_r G_m^\ominus = -256898 + 81.17T \quad J/mol$$

$$\frac{2}{7}Ni_3S_2(l) + O_2 = \frac{6}{7}NiO(s) + \frac{4}{7}SO_2 \qquad \Delta_r G_m^\ominus = -337230 + 94.06T \quad J/mol$$

$$\frac{2}{3}FeS(l) + O_2 = \frac{2}{3}FeO(l) + \frac{2}{3}SO_2 \qquad \Delta_r G_m^\ominus = -303340 + 52.68T \quad J/mol$$

从这些反应的标准吉布斯自由能变化可以判断以上三种硫化物发生氧化的先后顺序：FeS→Ni_3S_2→Cu_2S。也就是说，铜锍中的 FeS 优先氧化生成 FeO，然后与加入转炉中的 SiO_2 作用生成 2FeO · SiO_2 炉渣而除去。在 Fe 氧化时，Cu_2S 不可能绝对不氧化，此时也将有小部分 Cu_2S 被氧化而生成 Cu_2O。所形成的 Cu_2O 按下列反应进行：

$$Cu_2O(l) + FeS(l) = FeO(l) + Cu_2S(l) \qquad \Delta_r G_m^\ominus = -69664 - 42.76T \quad J/mol$$

$$2Cu_2O(l) + Cu_2S(l) = 6Cu(l) + SO_2 \qquad \Delta_r G_m^\ominus = 35982 - 58.87T \quad J/mol$$

比较以上反应的吉布斯自由能变化 $\Delta G^\ominus$ 可知，有 FeS 存在时，FeS 会将 Cu_2O 转化为 Cu_2S，使 Cu_2O 不可能与 Cu_2S 作用生成 Cu。只有 FeS 几乎全部被氧化，才会进行 Cu_2O 与 Cu_2S 作用生成 Cu 的反应，这就在理论上说明为什么吹炼铜锍必须分两个周期。第一周期吹炼除 Fe，第二周期吹炼成 Cu。

用类似方法比较下列两式：

$$\frac{1}{2}Ni_3S_2(l) + 2NiO(s) = \frac{7}{2}Ni(l) + SO_2 \tag{8-8}$$

$$\Delta_r G_{m,(8\text{-}8)}^\ominus = 293842 - 166.52T \quad J/mol$$

$$2FeS(l) + 2NiO(l) = \frac{2}{3}Ni_3S_2(l) + 2FeO(l) + \frac{1}{3}S_2(g) \tag{8-9}$$

$$\Delta_r G_{m,(8\text{-}9)}^\ominus = 263174 - 243.76T \quad J/mol$$

因为 $\Delta_r G_{m,(8\text{-}8)}^\ominus > \Delta_r G_{m,(8\text{-}9)}^\ominus$，可知反应式（8-9）较反应式（8-8）易进行。故在炼铜转炉的温度范围内，含有少量 Ni_3S_2 的铜锍在吹炼过程中不可能按反应式（8-8）产生金属镍。因为 Ni_3S_2 和 NiO 相互作用的反应，它的 $\Delta_r G_m^\ominus$-T 线一部分在 0 线上，一部分在 0 线以下，它与 0 线相交于 1764K。也就是说，在铜锍吹炼温度（1473~1573K）小于 1764K 时，该反应不能进行，只有大于 1764K 才能进行。与铜锍吹炼相似，镍锍吹炼同样采用转炉，作业过程为注入镍锍后吹风氧化，使 FeS 氧化成 FeO，加石英熔剂与 FeO 造渣。吹炼过程的温度维持在 1473~1573K，可见镍锍吹炼过程只能按反应式（8-9）进行到获得镍高锍为止；而不能按反应式（8-8）生成粗镍。

无论是铜锍吹炼或是镍锍吹炼都不可能生成金属铁，即反应

$$FeS(l) + 2FeO(l) \xlongequal{} 3Fe(l) + SO_2 \quad \Delta_r G_m^{\ominus} = 258864 - 69.33T \quad J/mol \tag{8-10}$$

在吹炼铜锍或镍锍的温度范围内反应式（8-10）不可能向右进行。所以铁被氧化成 FeO 后与 SiO_2 形成液态 FeO-SiO_2 渣，与此同时还将发生反应：

$$6FeO + O_2 \xlongequal{} 2Fe_3O_4 \tag{8-11}$$

反应式（8-11）在 1573K 时 $\Delta_r G_m^{\ominus} = -225936J/mol$。显然，反应式（8-11）向右进行，将生成难熔的磁性氧化铁，给操作带来困难，所以必须使熔体中生成的 FeO 迅速造渣，以使熔体中或渣相中的 FeO 活度保持较低，不利于反应式（8-11）向右进行。对 a_{FeO} 在熔体中的理论极限值可通过以下计算得出：

$$\Delta_r G_m^{\ominus} = -RT\ln K^{\ominus} = -2\Delta\mu_{Fe_3O_4} + 6\Delta\mu_{FeO} + \Delta\mu_{O_2}$$

如果 $a_{Fe_3O_4} = 1$，则

$$\Delta\mu_{Fe_3O_4} = 0,\ \Delta\mu_{O_2} = -167360J$$

于是

$$6\Delta\mu_{FeO} = -225936 + 167360$$

$$\Delta\mu_{FeO} = -9763J$$

则

$$\lg a_{FeO} = -[9763/(8.314 \times 2.303 \times 1573)] = -0.32$$

所以

$$a_{FeO} = 0.48$$

为使 FeO 在渣中的活度保持较低水平，除了加入过量的 SiO_2 外，操作过程还要求及时排渣，则可达到基本上完全氧化除去铁之后获得相当纯的 Cu_2S，随后以空气氧化它即得到含有少量的残余硫和氧的金属铜。

至于存在于铜锍中的杂质锌和铅，它们是以硫化物形态存在。当吹炼时，温度高于 1179K 时，金属锌成锌蒸气挥发，ZnS 将按下式进行反应：

$$ZnS(l) + 2ZnO(l) \xlongequal{} 3Zn(g) + SO_2$$

反应的平衡常数（令 $a_{ZnS} = a_{ZnO} = 1$）

$$\lg K^{\ominus} = \lg(p_{Zn}^3 \cdot p_{SO_2}/(p^{\ominus})^4) = 4.184(-231010/19.15T + 4 \times 1.75\lg T + 12.9)$$

不同温度下按上式计算的结果列于表 8-4。

表 8-4 反应 ZnS + 2ZnO ═3Zn + SO_2 的平衡压力

T/K	$\lg(p_{Zn}^3 \cdot p_{SO_2}/(p^{\ominus})^4)$	T/K	$\lg(p_{Zn}^3 \cdot p_{SO_2}/(p^{\ominus})^4)$
1100	−11.8	1400	−1.2
1200	−7.6	1600	+3.7

由计算可知，SO_2 平衡压力随温度的升高增加得很快，当温度约为 1453K 时，$\lg(p_{Zn}^3 \cdot p_{SO_2}/(p^{\ominus})^4) = 0$，此时平衡压力已等于 10^5Pa，故在吹炼过程中，温度高于 1453K 时，生成的气态锌又进一步被氧化，以 ZnO 形态随炉气逸出。锍中的杂质铅则按下列反应进行：

$$PbS + 2PbO \xlongequal{} 3Pb + SO_2$$

当温度在1123K，$p_{SO_2}=10^5$Pa时，吹炼形成的PbO为挥发物质，能随炉气逸出，且PbO易与SiO_2造渣，故冰铜吹炼时铅可被除去。

如前所述，吹炼冰铜获得金属铜是很容易的。在1573K，有饱和氧的液体铜存在时，氧化亚铜的生成吉布斯自由能等于-98324J，在SO_2和N_2的混合炉气中氧的分压是由鼓入的空气通过冰铜在该温度下逸出的数值，它相当于游离状态的Cu_2O形成之前存在（$p_{O_2}\approx$ 54Pa）的氧势。

以下对此阶段金属中硫量的近似值进行计算。

与溶液平衡的SO_2压力可通过下列反应吉布斯自由能变化方程式计算出来。

$$\frac{1}{2}S_2 = [S] \qquad \Delta_r G_m^{\ominus} = -122173 + 20.92T \quad \text{J/mol}$$

$$\frac{1}{2}S_2 + O_2 = SO_2 \qquad \Delta_r G_m^{\ominus} = -362418 + 72.34T \quad \text{J/mol}$$

合并以上方程，则得下列反应吉布斯自由能变化

$$[S] + O_2 = SO_2 \qquad \Delta_r G_m^{\ominus} = -240245 + 51.51T \quad \text{J/mol}$$

因此

$$\Delta_r G_m^{\ominus} = RT\ln(p_{SO_2}/p^{\ominus}) + RT\ln w_{[S]\%} - RT\ln(p_{SO_2}/p^{\ominus})$$

而

$$RT\ln(p_{SO_2}/p^{\ominus}) = -98324 \text{ J/mol}$$

当$p_{SO_2}=2\times10^4$Pa时，便可求得在1573K时熔体中硫的质量分数：

$$w_{[S]} = 0.002\%$$

在饱和Cu_2O的条件下，金属中的氧含量可从方程式中得到：

$$\frac{1}{2}O_2 = [O] \qquad \Delta_r G_m^{\ominus} = -85939 + 7.20T \quad \text{J/mol}$$

$$\Delta_r G_m^{\ominus} = \frac{1}{2}RT\ln(p_{SO_2}/p^{\ominus}) - RT\ln w_{[O]\%}$$

同样以$RT\ln(p_{SO_2}/p^{\ominus})=-98324$J代入，便可得到1573K时，$w_{[O]}=7.0\%$。

计算表明，对于硫含量而言，吹炼法可获得相当纯的铜，但是在后一步的粗铜精炼时，需要把氧含量降低到令人满意的程度。

可见，吹炼冰铜获得金属铜是容易的，而以空气吹炼镍锍时，只能获得镍高锍；而吹炼铜镍锍时除获得铜镍高锍外，还会生成一部分铜镍合金。如处理铜镍矿的一种流程为：硫化铜镍精矿→电炉熔炼→转炉吹炼除铁→磨浮分离，得铜精矿、镍精矿以及铜镍合金。

由上可见，这种吹炼过程与冰铜吹炼不同，只有一个周期，即硫化亚铁的氧化造渣和获得铜镍高锍（其中含一部分铜镍合金）。

铜镍合金的形成是由于铜镍锍在吹炼过程中进行着如下反应的结果：

$$(Ni_3S_2) + 4[Cu] = 2(Cu_2S) + 3[Ni]$$

式中，（ ）表示锍相内的化合物；[ ] 表示金属相内的物质。

随着吹炼过程的进行，Cu_2S含量不断减少，而[Cu]不断增加，此置换反应的平衡被破坏，使反应继续向右进行，即产生的金属镍溶于铜中。

此外，还有如下反应发生：

$$4(Cu_2O) + (Ni_3S_2) = 8[Cu] + 3[Ni]_{Cu} + 2SO_2$$
$$(Ni_3S_2) + 4NiO(s) = 7[Ni]_{Cu} + 2SO_2$$

生成金属镍可溶于金属铜中。可见，铜镍锍吹炼可以产生部分铜镍合金，同理，冰铜吹炼所产生的粗铜中，也常含少量金属镍，这是吹炼时产生上述反应的结果。

8.2.5.2 回转式转炉氧气吹炼硫化镍制取粗镍

由上述铜镍锍或镍锍的吹炼过程可知，普通转炉以空气吹炼，不能直接吹炼成金属镍，只能除去铁而得到铜镍高锍或镍高锍，然后把铜镍高锍用缓冷磨浮分离的方法，以得到相当于 Ni_3S_2 的二次镍精矿，经熔化铸成阳极再电解得纯镍，这种流程的缺点是电解时电流效率不高，阳极泥的处理量大。国外有将 Ni_3S_2 焙烧成 NiO，然后在电弧内用焦炭还原成金属镍。长期以来，这两种流程，即电解 Ni_3S_2 得镍与焙烧 Ni_3S_2 成 NiO 再还原得镍，是常用的提取金属镍的方法。但近年来采用了回转式转炉用氧气顶吹代替以空气吹炼的侧吹转炉应用于吹炼镍锍，并一次吹炼得到金属（粗）镍。

现将吹炼铜与吹炼镍的基本区别及热力学分析分述如下。

（1）吹炼过程的基本区别：

1）吹炼反应不同。无论是吹炼冰铜或镍锍，第一周期都是除铁，故第一周期的反应都是相同的：

$$2FeS(l) + 3O_2 = 2FeO(l) + 2SO_2$$

生成的 FeO 与加入的熔剂石英化合而进入炉渣：

$$2FeO(l) + SiO_2(l) = 2FeO \cdot SiO_2(l)$$

在第二周期吹炼冰铜的反应是：

$$2Cu_2S(l) + 3O_2 = 2Cu_2O(l) + 2SO_2$$
$$2Cu_2O(l) + Cu_2S(l) = 6Cu(l) + SO_2$$

在第二周期吹炼镍锍的反应是：

$$2Ni_3S_2(l) + 7O_2 = 6NiO(s) + 4SO_2$$
$$Ni_3S_2(l) + 4NiO(s) = 7N(l) + 2SO_2$$

冰铜吹炼的两个基本反应是气-液相反应，很容易进行。而镍锍吹炼的基本反应是气-液-固相反应，热力学分析表明，它们在吹炼冰铜反应的条件下（1473~1573K）很难进行，这是镍锍吹炼的第一个困难。

2）吹炼时熔池的情况不同。吹炼冰铜过程中由于 Cu_2S 液与 Cu 液的相互溶解度较小，熔池分两液层（见图 8-10），上层是含有少量铜的 Cu_2S 层，下层是含有少量 Cu_2S 的金属铜层，吹炼时，尽管熔池中金属铜不断增加，Cu_2S 量不断减少，但是氧气接触的是一个含硫不变的 Cu_2S 液相，只有在全部 Cu_2S 氧化完了之后，才有少量 Cu_2O 生成而溶解于金属铜中。而在镍锍吹炼中，由于 Ni_3S_2 与 Ni 完全互溶为一液相（见图 8-11），随着金属镍的不断增加，熔池中硫的含量不断降低，从而氧气接触的不仅是液相中的 Ni_3S_2，而且还有含量不断增加的 Ni，故 Ni 会被氧化成为难溶于 Ni 中的 NiO 固相，若在不转动的转炉中吹炼，此种现象在熔体表面尤为显著，这将使吹炼过程难以进行。

3）吹炼所需的温度不同。吹炼冰铜的温度为 1473~1573K，反应很容易进行。而吹炼镍锍的反应必须在较高温度（1673K）才能进行，下面的热力学分析指出，随着熔池中硫的含量降低，温度必须提高到 1973~2073K。一般炼铜的转炉利用空气吹炼，大量废气带走很大一部分热量，使炉内温度无法达到 1973~2073K 的高温。

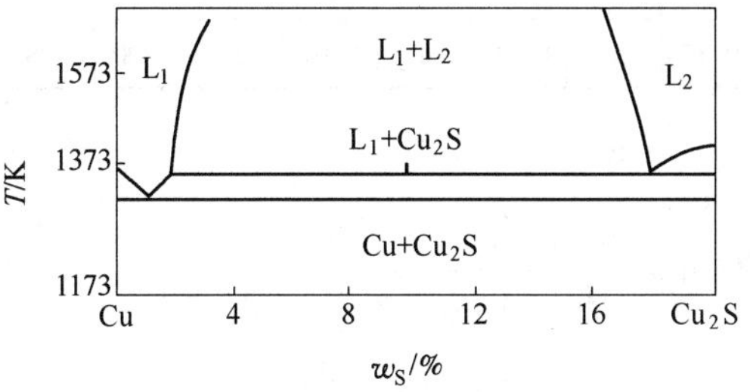

图 8-10 Cu-S 系状态图

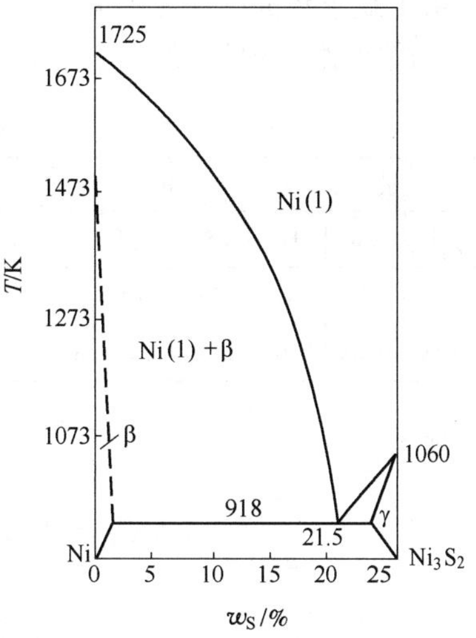

图 8-11 Ni-S 系状态图

以上三种区别是不能用吹炼铜的转炉直接吹炼镍锍生成金属镍的主要原因。

采用氧气顶吹的回转式转炉吹镍锍，上述问题可得到顺利地解决。一则使用氧气，温度可达到所需的高温；二则炉子除能沿横轴倾转外，本身还可以一定的转速沿纵轴回转，这样熔池得以充分地搅拌，使得固态 NiO 和液相中的 Ni_3S_2 充分接触迅速反应生成金属 Ni。

（2）硫化镍与氧化镍在非标准状态时反应的热力学分析

关于吹炼时硫化物氧化的顺序、硫化物与氧化物相互反应的顺序前已述及，但均用标准状态 $\Delta_r G_m^{\ominus}$ 的数据进行分析，即物质为纯固体或纯液体，气体为10^5Pa。实际情况是 Ni_3S_2 与 Ni 液相互溶解，在熔池中形成溶液，两者都不是纯状态。且随着吹炼的进行 Ni_3S_2 的含量逐渐下降，Ni 含量逐渐上升，这是非标准态，必须用 $\Delta_r G_m$ 代替 $\Delta_r G_m^{\ominus}$ 来进行分析。为了便于计算，将反应

$$\frac{1}{2}Ni_3S_2(l) + 2NiO(s) = \!= \!= \frac{7}{2}Ni(l) + SO_2$$

改写为

$$[S]_{Ni} + 2NiO(s) = \!= \!= 2Ni(l) + SO_2 \qquad \Delta_r G_m^{\ominus} = 296855 - 143.51T \quad J/mol$$

式中，$[S]_{Ni}$表示镍液中以硫的质量分数表示的 Ni_3S_2，即镍液中所含的硫。这个 $\Delta_r G_m^{\ominus}$ 是以 1% [S]、纯 NiO 固态、纯 Ni 液、$p_{SO_2} = 10^5$Pa 作为标准状态。若要求其他成分的 [S] 的 $\Delta_r G_m$，则将得

$$\Delta_r G_m = \Delta_r G_m^{\ominus} + RT\ln \frac{a_{Ni}^2 p_{SO_2}/p^{\ominus}}{a_{[S]} a_{NiO}^2}$$

因为 a_{NiO} 是单独一相，相当于纯物质，故上式写为：

$$\Delta_r G_m = \Delta_r G_m^{\ominus} + RT\ln \frac{(\gamma_{Ni} x_{Ni})^2 p_{SO_2}/p^{\ominus}}{f_{[S]} w_{[S]\%}}$$

式中，γ_{Ni} 为 Ni 的活度系数；x_{Ni} 为 Ni 的摩尔分数；$f_{[S]}$ 为硫的活度系数；$w_{[S]\%}$ 为硫的质量

分数。由于缺乏数据，计算中假定 $\gamma_{Ni}=1$，$f_{[S]}=1$。

设高镍锍试样开始时的成分见表 8-5。计算如下：

表 8-5　试样的成分

试样Ⅰ					试样Ⅱ				试样Ⅲ				试样Ⅳ			
元素	Ni	Cu	Fe	S	元素	Ni	Cu	S	元素	Ni	Cu	S	元素	Cu	S	Ni
$w/\%$	65	6	4	25	$w/\%$	83	7	10	$w/\%$	88	8	4	$w/\%$	90	9	1
x	0.54	0.05	0.03	0.38	x	0.77	0.06	0.17	x	0.86	0.07	0.07	x	0.90	0.083	0.017

试样Ⅰ：

$$\Delta_r G_m = \Delta_r G_m^{\ominus} + RT\ln\frac{(\gamma_{Ni}x_{Ni})^2 p_{SO_2}/p^{\ominus}}{f_{[S]}w_{[S]\%}}$$

$$= 296855 - 143.51T + 19.51T\lg\frac{x_{Ni}^2 \cdot p_{SO_2}}{w_{[S]\%} \cdot p^{\ominus}}$$

$$= 296855 - 143.51T + 19.51T\lg\frac{0.54^2 \times 10^5}{25 \times 10^5}$$

$$= 296855 - 180.53T$$

当 $\Delta_r G_m = 0$ 时，$T = 1644\text{K}$。即温度超过 1644K 时，反应的 $\Delta_r G_m$ 为负，反应才能进行。随着吹炼过程不断进行，镍的含量不断增加，$[S]_{Ni}$ 含量不断减少。

试样Ⅱ：

$$\Delta_r G_m = 296855 - 143.51T + 19.15T\lg\frac{0.77^2 \times 10^5}{10 \times 10^5}$$

当 $\Delta_r G_m = 0$ 时，

$$T = 296855/167.01 = 1777\text{K}$$

即温度要超过 1777K，$\Delta_r G_m$ 才为负值。

试样Ⅲ：

$$\Delta_r G_m = 296855 - 143.51T + 19.15T\lg\frac{0.86^2 \times 10^5}{4 \times 10^5}$$

当 $\Delta_r G_m = 0$ 时，

$$T = 296855/157.55 = 1884\text{K}$$

试样Ⅳ：

$$\Delta_r G_m = 296855 - 143.51T + 19.15T\lg 0.9^2/1 \times 1$$

当 $\Delta_r G_m = 0$，$T = 296855/145.26 = 2044\text{K}$。

根据以上分析可以得出如下几点结论：

1）镍锍如含有 FeS 时，在吹炼过程中，FeS 首先被氧化，生成 FeO；

2）对于纯液态 Ni_3S_2 与纯固态 NiO 之间的反应为：

$$\frac{1}{2}Ni_3S_2(l) + 2NiO(s) = \!=\!= \frac{7}{2}Ni(l) + SO_2$$

在标准状态下进行的温度为 1763K 以上，若是非标准状态，如产物不是纯 Ni_3S_2（含

26.9%S，73.1%Ni），而是高镍锍（65%~67%Ni、5%S），则发生反应：

$$[S]_{Ni} + 2NiO = 2Ni + SO_2$$

随着反应的进行，反应物中硫含量减少，并且所得产物不是 Ni，而是 Ni 溶于 Ni_3S_2 中，则反应也要在高于 1643K 下进行。这显然比吹炼冰铜时的温度还要高。

3）在吹炼开始，当熔体中硫含量仍然很高（25%）时，在 1643K 操作是可行的。随着吹炼反应的进行，熔体中 S 的含量不断降低，温度需要不断提高，理论计算表明，当熔体中硫含量降低至 1%时，温度要提高到 2043K 以上。可见，在低的含硫量下，高温起着显著的作用。按反应 $S + O_2 = SO_2$ 计算，但如用空气（288.5K）吹炼，则加热到 1923K，1kg 硫的氧化中净亏 1883kJ 的热量，若使用 95%工业氧时，则 1kg 硫可获得 4351.36kJ 的盈余热量，即废气量少，热利用率大大提高了。这就是为什么需要用氧气吹炼的道理。

总之，吹炼冰铜可用空气，反应温度为 1473~1573K，而吹炼镍锍开吹温度须 1673K。停吹温度视要求的终点硫含量与炉衬的寿命而定，终点硫含量要求低，则停吹温度要高，如果停吹时含硫量控制在 1%，则停吹温度要 2073K，只有用纯氧才能达到这种温度。

8.3 氯化反应的热力学

金属卤化物与相应金属的其他化合物比较，大都具有低熔点、高挥发性和易溶于水等性质，因此常常将矿石中的金属氧化物转变为氯化物，并利用上述性质将金属氯化物与一些其他化合物和脉石分离。所谓氯化冶金就是将矿石（或冶金半成品）与氯化剂混合，在一定条件下发生化学反应，使金属变为氯化物再进一步将金属提取出来的方法。

近代化学工业的发展提供了丰富而价廉的氯气或氯化物，并且防腐技术也有了发展。氯化冶金主要包括氯化过程、氯化物的分离过程、从氯化物中提取金属等三个基本过程。

氯化过程可分成下列几类：（1）氯化焙烧。（2）离析法（难选氧化铜矿石的离析反应）。（3）粗金属熔体氯化精炼。如铅中的锌和铝中的钠和钙可用通氯气于熔融粗金属中去除。（4）氯化浸出（包括盐酸浸出，氯盐浸出）。氯化浸出是指在水溶液介质中进行的一类氯化过程，即湿法氯化过程。

氯化冶金对于处理复杂多金属矿石或低品位矿石以及难选矿石，从中综合分离提取各种有用金属是特别适宜的。故此法在综合利用各种矿物资源方面占有重要的地位。

8.3.1 金属与氯的反应

氯的化学活泼性很强，所有金属氯化物的生成吉布斯自由能在一般冶金温度下均为负值，所以绝大多数金属很容易被氯气氯化生成金属氯化物。金属氯化物的生成吉布斯自由能 $\Delta_r G_m^\ominus$ 与温度的关系多数已经被测出，可以在热力学手册中查得，也可用图来表达。为了便于比较，将其都换算成与 1mol 氯气反应的标准生成吉布斯自由能变化，图 8-12 列出了金属氯化物标准生成吉布斯自由能变化与温度的关系。

图 8-12 与氧势图类似，凡金属氯化物生成吉布斯自由能曲线位置越在图的下面，则表示该金属氯化物的生成吉布斯自由能越负，该金属氯化物越稳定，越难以分解。在一定

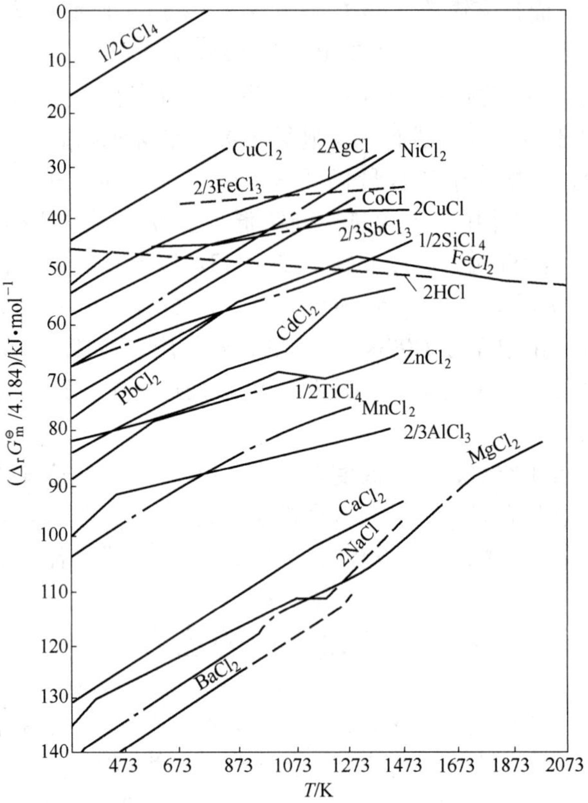

图 8-12 某些氯化物的标准生成吉布斯自由能变化与温度的关系图

温度下，曲线位置在下面的金属可以将曲线位置在上面的金属氯化物中的金属置换出来。

8.3.2 金属氧化物与氯的反应

8.3.2.1 金属氧化物与氯的直接反应

在冶金过程中有时要氯化处理的物料，如黄铁矿烧渣、低品位的贫矿等，其中的金属往往是以氧化物或硫化物的形态存在的，因此需研究氧化物和硫化物的氯化作用。

金属氧化物被氯气氯化的反应通式如下：

$$MeO + Cl_2 = MeCl_2 + \frac{1}{2}O_2$$

相关热力学数据可表示成图 8-13、图 8-14。

从图中也可以看出：SiO_2、TiO_2、Al_2O_3、Fe_2O_3、MgO 在标准状态下不能被氯气氯化。许多金属的氧化物如 PbO、Cu_2O、CdO、NiO、ZnO、CoO、Bi_2O_3 可以被氯气所氯化。

8.3.2.2 金属氧化物的加碳氯化反应

在有还原剂存在时，由于还原剂能降低氧的分压，能使本来不能进行的氯化反应变为可行。碳作为还原剂是很有效的，有碳存在时，进行氯化反应的氧化物将发生如下反应：

$$MeO + Cl_2 = MeCl_2 + \frac{1}{2}O_2 \tag{8-12}$$

$$C + O_2 \xlongequal{} CO_2 \qquad (8\text{-}13)$$

$$C + \frac{1}{2}O_2 \xlongequal{} CO \qquad (8\text{-}14)$$

由式（8-12）和式（8-13）得

$$2MeO + C + 2Cl_2 \xlongequal{} 2MeCl_2 + CO_2 \qquad (8\text{-}15)$$

由式（8-12）和式（8-14）得

$$MeO + C + Cl_2 \xlongequal{} MeCl_2 + CO \qquad (8\text{-}16)$$

当温度小于 900K 时，加碳氯化反应主要是按式（8-15）进行；高于 1000K 时，则按式（8-16）进行反应。

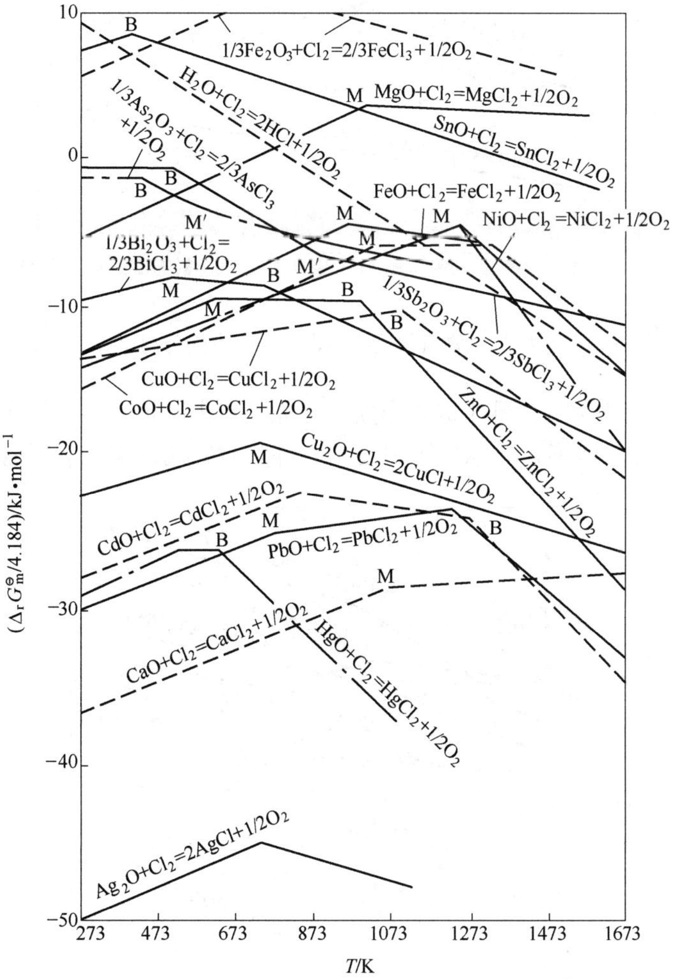

图 8-13　某些氧化物氯化反应的吉布斯自由能与温度关系图 I

M—氯化物熔点；B—氯化物沸点；M′—氧化物熔点

8.3.3　金属硫化物与氯的反应

金属硫化物在中性或还原性气氛中能与氯气反应生成金属氯化物。氯化反应进行难易

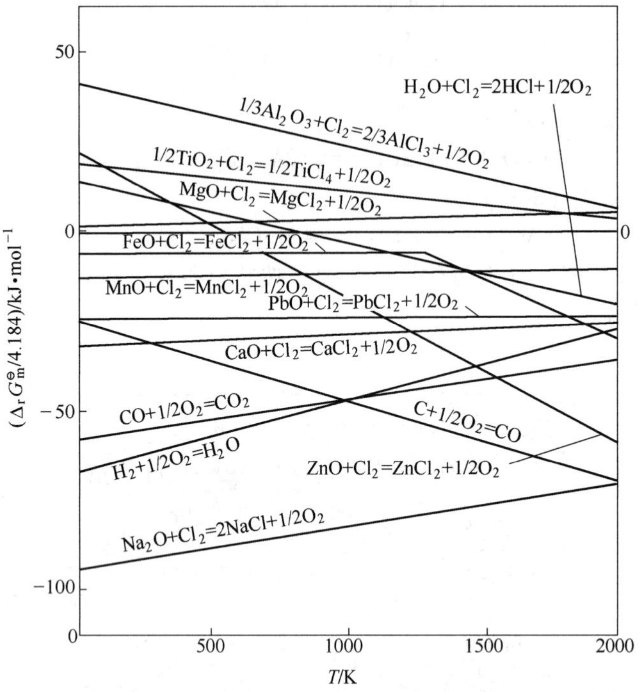

图 8-14 某些氧化物氯化反应的吉布斯自由能与温度关系图Ⅱ

的程度由氯化物和硫化物的标准生成吉布斯自由能之差来决定。某些金属硫化物氯化反应的 $\Delta_r G_m^\ominus$-T 关系如图 8-15 所示。从图可以看出，许多金属硫化物一般都能被氯气所氯化。

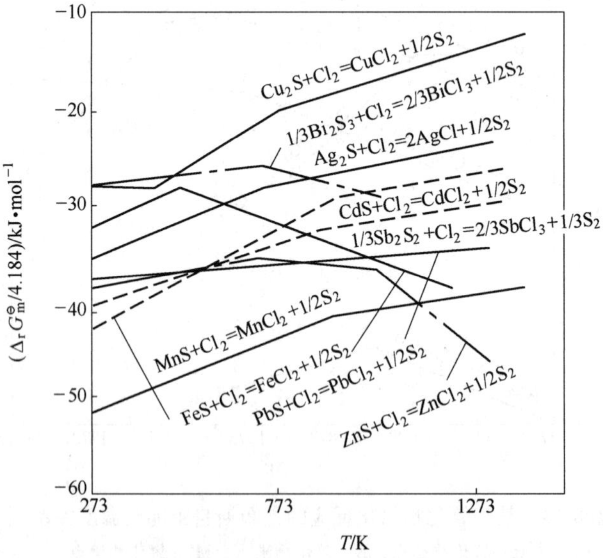

图 8-15 某些金属硫化物氯化反应的吉布斯自由能与温度关系图

对同一种金属来说，在相同条件下，硫化物通常比氧化物容易氯化，因为金属与硫的亲和力不如金属与氧的亲和力大，所以氯从金属中取代硫比取代氧容易。

$$MeS + Cl_2 = MeCl_2 + \frac{1}{2}S_2 \quad (8\text{-}17)$$

从式（8-17）可以看出，硫化物与氯反应的产物是金属氯化物和元素硫。硫可能与氯发生反应，但是，硫的氯化物是不稳定的，在一般焙烧温度下，它们会分解，最后仍为元素硫。因此，硫化矿氯化焙烧，可得到纯度高而易于储存的元素硫和不挥发的有价金属氯化物，通过湿法冶金方法加以分离，这是处理有色重金属硫化精矿的一种可行方法。

8.3.4 金属氧化物与氯化物的反应

8.3.4.1 金属氧化物与氯化氢的反应

金属氧化物与氯化氢反应的通式为：

$$MeO + 2HCl = MeCl_2 + H_2O \quad (8\text{-}18)$$

各种金属氧化物与氯反应的 $\Delta_r G_m^\ominus$-T 关系已列在图 8-13 和图 8-14 中。图中有一条反应 $H_2O + Cl_2 = 2HCl + \frac{1}{2}O_2$ 的 $\Delta_r G_m^\ominus$ 随温度变化的曲线，该线是由左至右向下倾斜的，即此反应的标准吉布斯自由能变化在高温下负值更大，HCl 更加稳定，这预示着在用 HCl 作氯化剂时随着温度的升高，其氯化能力将下降。Cu_2O、PbO、Ag_2O、CdO、CoO、NiO、ZnO 等曲线在 H_2O 与氯反应的 $\Delta_r G_m^\ominus$ 曲线下面，这表明这些金属氧化物与 HCl 反应时 $\Delta_r G_m^\ominus$ 为负值，因此在标准状态下它们可以被 HCl 所氯化。SiO_2、TiO_2、Al_2O_3、Cr_2O_3、SnO_2 等与氯反应的曲线在水与氯反应曲线上面，它们被 HCl 氯化反应的 $\Delta_r G_m^\ominus$ 为正值，因此这些氧化物在标准状态下不能被 HCl 所氯化。

8.3.4.2 金属氧化物与固体氯化剂的反应

在生产实践中，经常采用氯化钙，氯化钠等固体氯化物作为氯化剂。如 $CaCl_2$ 常是化工原料的副产品，并且无毒，腐蚀性小，易于操作，因此国内外一些工厂广泛采用 $CaCl_2$、NaCl 作为氯化剂。

A $CaCl_2$ 作氯化剂

用氯化钙作氯化剂，其与氧化物反应的通式为：

$$MeO + CaCl_2 = MeCl_2 + CaO$$

$\Delta_r G_m^\ominus$ 的主要计算方法是根据金属氧化物与氯反应和 CaO 与氯反应的 $\Delta_r G_m^\ominus$ 来进行计算。由图 8-13 和图 8-14 可知，凡在 CaO 氯化线以下的氧化物在标准状态可以被 $CaCl_2$ 氯化；在 CaO 氯化线上的氧化物，在标准状态下不能被 $CaCl_2$ 所氯化。CaO 氯化线以上，但离 CaO 氯化线不太远的各种氧化物，例如，PbO、CdO、Cu_2O、Bi_2O_5、ZnO、CuO、CoO、NiO 等在工业氯化条件下是可以用 $CaCl_2$ 氯化的（工业氯化条件下，氧气的分压低于 $p^\ominus$，这时判断反应能否进行用 $\Delta_r G_m$，而不是用 $\Delta_r G_m^\ominus$）。Fe_2O_3 的氯化线在 CaO 氯化线以上并且离 CaO 氯化线很远，即使在工业氯化条件下也不能被 $CaCl_2$ 氯化。

工业上的烧渣高温氯化挥发法就是用 $CaCl_2$ 作为氯化剂，将烧渣中各种金属选择氯化，铜、铅、锌等氧化物转变为氯化物挥发出来。对中温氯化焙烧，因温度较低，上述氯化物不挥发仍然留在焙砂中，然后用水或稀酸浸出，而 Fe_2O_3 不被氯化，用作炼铁原料，从而达到有色金属与铁分离的目的。

B NaCl 作氯化剂

NaCl 是比较稳定的化合物，实验证明，NaCl 在氯气流中加热到 1273K 仍十分稳定，不发生离解，即固体 NaCl 受热离解析出氯参与氯化反应是不可能的。此外在干燥的空气或氧气流中，在 1273K 下加热 2h，NaCl 的分解量很少（约 1%）。这表明以下反应：

$$2NaCl + \frac{1}{2}O_2 = Na_2O + Cl_2 \tag{8-19}$$

很难向生成氯的方向进行。因此 NaCl 在标准状态下以及在有氧存在时是不可能将一般有色金属氧化物氯化的。

但实际生产上却常用 NaCl 作为氯化剂，这是因为在烧渣或矿石中存在其他物质，如黄铁矿烧渣中一般常含有少量硫化物，该硫化物在焙烧时生成 SO_2 或 SO_3，在 SO_2 或 SO_3 影响下，NaCl 可以分解生成氯，以氯化铜、铅、锌等金属的氧化物或硫化物。这样就可以改变反应的 $\Delta_r G_m$ 值，使本来不能进行的反应转变为在 SO_2 等参与下可以进行。

在氯化焙烧的气相中，一般存在有氧、水蒸气以及物料中的硫。在焙烧过程中生成的 SO_2 或 SO_3 与 NaCl 发生副反应，生成 Cl_2 及 HCl 的副产物，从而使 MeO 被氯化，其主要反应如下：

$$2NaCl(s) + \frac{1}{2}O_2(g) = Na_2O(s) + Cl_2(g) \tag{8-20}$$

$$\Delta_r G^{\ominus}_{m,(8\text{-}20)} = 399405 - 28.41T\lg T + 24.85T \quad J/mol$$

$$Na_2O(s) + SO_3(g) = Na_2SO_4(s) \tag{8-21}$$

$$\Delta_r G^{\ominus}_{m,(8\text{-}21)} = -575216 - 62.34T\lg T + 350.45T \quad J/mol$$

式（8-20）与式（8-21）相加：

$$2NaCl(s) + SO_3(g) + \frac{1}{2}O_2(g) = Na_2SO_4(s) + Cl_2(s) \tag{8-22}$$

$$\Delta_r G^{\ominus}_{m,(8\text{-}22)} = -175812 - 90.75T\lg T + 375.30T \quad J/mol$$

而

$$SO_2(g) + \frac{1}{2}O_2(g) = SO_3(g) \tag{8-23}$$

$$\Delta_r G^{\ominus}_{m,(8\text{-}23)} = -94558 + 89.37T \quad J/mol$$

式（8-23）与式（8-22）相加：

$$2NaCl(s) + SO_2(g) + O_2(g) = Na_2SO_4(s) + Cl_2(g) \tag{8-24}$$

$$\Delta_r G^{\ominus}_{m,(8\text{-}24)} = -270370 - 90.75T\lg T + 464.68T \quad J/mol$$

并有水蒸气和氯的反应：

$$H_2O + Cl_2 = 2HCl + \frac{1}{2}O_2(g) \tag{8-25}$$

反应式（8-25）在低温时易向生成氯的方向进行，873K 以上或有硫酸盐作催化剂时 678K 以上便易向生成 HCl 的方向进行。

当 T=773K 时，$\Delta_r G^{\ominus}_{m,(8\text{-}20)} = 3551803J$，故式（8-20）不能向右进行，但是 $\Delta_r G^{\ominus}_{m,(8\text{-}22)} = -88282J$ 及 $\Delta_r G^{\ominus}_{m,(8\text{-}24)} = -114223J$，故式(8-22)、式(8-24) 可以向右进行。可见，NaCl 的氯化作用主要是通过 SO_2 或 SO_3 的促进作用，使其分解出氯和 HCl 来实现的。

在氧化气氛条件下进行的氯化焙烧过程中，NaCl 的分解主要是氧化分解，但必须借助于其他组分的帮助，否则分解很难进行。在温度较低（例如中温氯化焙烧）的条件下，促使 NaCl 分解的最有效组分是炉气中的 SO_2。因而对于以 NaCl 作为氯化剂的中温氯化焙烧工艺，几乎无例外地要求焙烧的原料含有足够数量的硫。在高温条件下进行的氯化焙烧过程中，NaCl 可借助于 SiO_2、Al_2O_3 等脉石组分来促进它的分解而无需加入硫。基于反应式（8-25）的存在，NaCl 分解出的氯可以和水蒸气反应生成 HCl。若氯化过程是在中性或在还原气氛中进行，则 NaCl 的分解主要是靠水蒸气进行高温水解。当然，高温水解反应的进行仍然需要其他组分（例如 SiO_2）的促进。

8.4 氯化反应的动力学

当用氯气或氯化氢作为氯化剂来氯化金属氧化物或硫化物时，氯化反应在气、固相之间进行，反应为多相反应，有关多相反应动力学的一般规律对于氯化反应也完全适用。固、气相之间的反应

$$MeO(s) + Cl_2(g) = MeCl_2(g) + \frac{1}{2}O_2(g)$$

一般由下列五个步骤组成：

（1）气相反应物向固相反应物表面扩散；

（2）气相反应物在固相表面被吸附；

（3）被吸附的气相反应物与固相反应物发生反应；

（4）气相产物在固相表面解吸；

（5）气相产物经扩散离开固相表面。

五个步骤中反应速度最慢的一步决定整个反应速度。

对金属氧化物被氯气氯化的反应，在较低温度下，化学反应速度较慢，此时常常是第三个步骤决定整个多相反应的速度。当温度升高时，化学反应速度增加较快，这时扩散速度虽然比低温时高，但和反应速度比较，则扩散速度相对地变慢，此时常常是扩散速度决定了整个多相反应的速度。当化学反应速度决定了多相反应的速度时称反应处于“动力学区”；当扩散速度决定了多相反应的速度时称反应处于“扩散区”。

弄清反应过程是处于“动力学区”或是处于“扩散区”，对于在生产实际中强化反应过程，提高反应速度是有指导意义的。例如，反应处于“动力学区”，则可以用提高温度，增加固相反应物的细度等方法来提高反应速度；如反应处于“扩散区”，则除了用提高温度的方法提高扩散速度外，还可以用加大气流速度等方法来提高扩散速度。

习题与工程案例思考题

习　题

8-1　造锍的目的是什么？以 Cu 的火法冶金过程为例说明造锍的原理。

8-2　MeS 可否直接由万能还原剂 C 来还原？试用 MeS 的吉布斯自由能与温度关系图加以说明。

8-3 锍的熔炼过程中是否会形成 Fe_3O_4？如果能形成，最利于其形成的熔炼的条件又是什么？

8-4 MgO 氯化反应主要是：

$$MgO(s) + C(s) + Cl_2 = MgCl_2(l) + CO(g)$$

氯化炉内温度保持 727℃，若入炉的氯气温度为 25℃，求生产每吨 $MgCl_2$ 熔体时，反应放出的热。已知 $MgCl_2$ 的熔点是 714℃，熔化热为 43.09kJ/mol。

8-5 为什么 TiO_2 氯化要加 C？试由热力学规律加以说明。

8-6 计算在 800℃时，TiO_2 加 C 氯化反应的平衡气相组成。

工程案例思考题

案例 8-1　硫势图在有色冶金中的应用

案例内容：

（1）硫势图的表示方法；

（2）硫化物稳定性的比较；

（3）附加标尺的应用；

（4）运用硫势图分析铜冶金的条件。

案例 8-2　加碳氯化热力学分析

案例内容：

（1）直接氯化反应热力学；

（2）加碳氯化反应热力学；

（3）直接氯化反应和加碳氯化反应的热力学比较分析。

9 湿法冶金浸出、净化和沉积

9.1 湿法冶金概念及范围

在有色金属冶金中，湿法冶金得到广泛的应用。例如，金、银、铜、镍、钴、锌、铀、钨、钼及其他许多有色和稀有元素的提取以及氧化铝的生产等都要用到湿法冶金。

湿法冶金包括三个主要过程，即：

（1）浸出：用溶剂使有价成分转入溶液；

（2）净化：除去浸出后溶液中的有害杂质，制备符合从其中提取有价成分要求的溶液；

（3）沉积：从净化后的溶液中使有价成分呈纯态析出。

9.2 浸 出

9.2.1 概述

浸出是湿法冶金过程最常见和基本的过程，浸出的目的和意义包括：

（1）利用浸出剂与固体原料（矿物原料、冶金过程的中间产品、废旧物料）作用，使有价元素变为可溶性化合物进入水溶液，而主要伴生元素进入浸出渣，如黑钨矿的苛性钠浸出过程：

$$(Fe_x, Mn_{(1-x)})WO_4(s) + 2NaOH(aq) = Na_2WO_4(aq) + xFe(OH)_2(s) + (1-x)Mn(OH)_2(s) \tag{9-1}$$

（2）从固体物料中除去某些杂质或将固体混合物分离，如：采用 NaOH 分离 ZrO_2 与 SiO_2 的混合物；

（3）在材料工业中，利用浸出过程除去加工过程中带入的某些夹杂物，如用 HCl 或 HF 浸出处理粗硅制作高纯硅。

9.2.1.1 *浸出过程的化学反应*

浸出过程可能发生的化学反应包括：

（1）简单溶解：原料中某些本来就易溶于水的化合物，在浸出时简单溶入水，如氧化铝生产时烧结熟料的溶出；

（2）无价态变化的化学溶解：

1）化合物直接溶于酸或碱：如锌焙砂的酸浸；

2）难溶化合物与浸出剂之间发生复分解反应。

（3）有氧化还原反应的化学溶解，如闪锌矿的高压氧浸：

$$ZnS(s) + H_2SO_4(aq) + \frac{1}{2}O_2 = ZnSO_4(aq) + S(s) + H_2O \tag{9-2}$$

（4）有配合物生成的化学溶解，如金矿浸出生成 $NaAu(CN)_2(aq)$。

9.2.1.2 浸出过程的分类

根据使用浸出剂以及浸出方式的不同，可将浸出过程分为以下几类：

（1）酸浸出：以盐酸、硫酸或硝酸等酸类为浸出剂的浸出过程；

（2）碱浸出：以 NaOH、Na_2CO_3 或 NH_4OH（非络合反应）等碱类为浸出剂的浸出过程；

（3）氧化浸出：浸出过程伴随元素氧化的浸出过程，如用于金属硫化矿的湿法氧化，同时配合其他浸出剂，亦用于将单质金属或低价化合物浸出；

（4）氯化浸出（或氯盐浸出）：采用含氯或氯离子的浸出剂浸出原料的过程，如以氯作为氧化剂浸出重金属硫化矿；

（5）细菌浸出：利用细菌的作用直接从矿石中浸出有价金属，如氧化铁硫杆菌作用使黄铜矿湿法氧化。细菌强化了浸出速度，利用反应释放的能量进行生活、生长和繁殖。细菌浸出一般采用地下浸出和堆浸，处理低品位难选铜矿、铜尾矿及铀矿。

9.2.1.3 浸出过程方法的选择

面对不同的浸出原料，通常需要选择合适的浸出方法，浸出方法选择的基本原则为：

（1）根据原料中矿物的物理化学性质和有价金属的形态选择浸出方法；

（2）充分考虑伴生矿物的性质，以保证有价金属矿物能优先浸出，而伴生矿物及脉石不反应。

有色冶金浸出原料中有价金属形态及主要浸出方法如表 9-1 所示：

表 9-1 有色冶金浸出原料中有价金属形态及其主要浸出方法

原料种类	举　例	主要浸出（湿法分解）方法
有色金属呈硫化物形态	闪锌矿（ZnS）精矿、辉钼矿（MoS_2）精矿、硫化锑精矿、镍硫（含 Ni_3S_2 等硫化物）	当前硫化矿主要是氧化焙烧转化为氧化物（焙砂）后浸出，当直接浸出时，其主要方法有： （1）氧化浸出，利用氧或其他氧化剂（如 HNO_3 等）进行氧化，如闪锌矿精矿、辉钼矿精矿的高压氧浸、辉钼矿精矿的 HNO_3 浸出等； （2）对锑、锡的硫化物而言，可用 Na_2S 浸出； （3）细菌浸出，如低品位的复杂硫化铜矿； （4）电化浸出； （5）氯化浸出
有色金属呈氧化物形态	铝土矿（Al_2O_3）、锌焙砂、钼焙砂、晶质铀矿、铜的氧化矿	视氧化物酸碱性的不同分别采用酸浸（如锌焙砂）、碱浸（如铝土矿的 NaOH 浸出及钼焙砂的 NH_4OH 浸出）、铜氧化矿视脉石的不同分别采用酸浸或氨浸
有色金属呈含氧阴离子形态	白钨矿：$CaWO_4$、黑钨矿：（Fe，Mn）WO_4、钛铁矿：$FeTiO_2$、钽铌铁矿、褐钇铌矿	（1）用碱或碱金属碳酸盐浸出，进行复分解反应使有色金属成可溶性的碱金属盐类进入水相，主要伴生元素（如铁、锰、钙等）成氢氧化物或难溶盐进入渣相，如黑钨矿的 NaOH 浸出； （2）预先用酸分解，使主要伴生元素溶解入水相，有色金属成含水氧化物进入渣相，再用碱从渣相浸出有色金属（如白钨矿的盐酸分解后再氨溶），或成配合物，进入水相（如钽铌铁矿的氢氟酸分解等）

续表 9-1

原料种类	举　　例	主要浸出（湿法分解）方法
有色金属呈阳离子形态	独居石、褐钇铌矿、氟碳铈矿	对磷酸盐、碳酸盐而言，可： （1）预先用碱分解使磷酸根和碳酸根成相应的碱金属盐进入水相，有色金属呈氢氧化物保留在渣相，再用酸从渣相浸出有色金属，如独居石的碱分解后再酸浸； （2）酸浸出使有色金属成可溶于水的盐进入水相，如氟碳铈矿的硫酸分解
呈金属形态存在	自然金矿，经还原焙烧后的含镍红土矿	在有氧及络合剂存在下浸出，如氰化法
呈离子吸附形态	离子吸附稀土矿	用电解质溶液（如 NaCl 溶液）解吸

9.2.2 浸出过程热力学

通过研究浸出过程热力学，我们可以明确浸出反应进行的可能性、限度及使之进行所需的条件，并探索新的可能的浸出方案。通常可通过研究浸出过程的标准吉布斯自由能（$\Delta_r G_T^{\ominus}$）、吉布斯自由能（$\Delta_r G_T$）、平衡常数（K）以及浸出体系的电位-pH 图来探讨某一浸出过程进行的可能性。

9.2.2.1　浸出过程的标准吉布斯自由能变化

对于具体的浸出过程，我们通常可以求出浸出反应的标准吉布斯自由能变化，如果该过程标准吉布斯自由能的绝对值很大，则可用标准吉布斯自由能的大小，判定浸出过程的方向和限度。

如对于浸出反应：

$$a\mathrm{A(s)} + b\mathrm{B(aq)} = c\mathrm{C(s)} + d\mathrm{D(aq)}$$

其中，A 为被浸出物料，B 为浸出剂，C、D 可为化合物或离子。

对于该浸出反应，如果已知反应物及生成物的标准摩尔吉布斯自由能或标准摩尔生成吉布斯自由能，则可用下式计算其标准吉布斯自由能：

$$\Delta_r G_T^{\ominus} = cG_{\mathrm{m(C)}T}^{\ominus} + d\,\overline{G_{\mathrm{m(D)}T}^{\ominus}} - aG_{\mathrm{m(A)}T}^{\ominus} - b\overline{G_{\mathrm{m(B)}T}^{\ominus}} \tag{9-3}$$

或

$$\Delta_r G_T^{\ominus} = c\Delta_f G_{\mathrm{m(C)}T}^{\ominus} + d\Delta_f\,\overline{G_{\mathrm{m(D)}T}^{\ominus}} - a\Delta_f G_{\mathrm{m(A)}T}^{\ominus} - b\Delta_f\,\overline{G_{\mathrm{m(B)}T}^{\ominus}} \tag{9-4}$$

式中，$G_{\mathrm{m(C)}T}^{\ominus}$、$G_{\mathrm{m(A)}T}^{\ominus}$ 分别为 C、A 物质在 TK 时的标准摩尔吉布斯自由能，kJ/mol；$\Delta_f G_{\mathrm{m(C)}T}^{\ominus}$、$\Delta_f G_{\mathrm{m(A)}T}^{\ominus}$ 分别为 C、A 物质在 TK 时的标准摩尔生成吉布斯自由能，kJ/mol；$\overline{G_{\mathrm{m(D)}T}^{\ominus}}$ 和 $\overline{G_{\mathrm{m(B)}T}^{\ominus}}$ 分别为溶解状态 D 和 B 物质在 TK 时的标准摩尔吉布斯自由能，kJ/mol；$\overline{\Delta_f G_{\mathrm{m(D)}T}^{\ominus}}$ 和 $\overline{\Delta_f G_{\mathrm{m(B)}T}^{\ominus}}$ 分别为溶解状态 D 和 B 物质在 TK 时的标准生成摩尔吉布斯自由能，kJ/mol。

如果已知反应物及生成物在 298K 时的标准摩尔生成焓或标准焓、标准摩尔熵以及其标准摩尔热容与温度关系式，可首先算出 298K 时反应的标准焓变化、标准熵变化、标准吉布斯自由能变化及标准摩尔热容变化与温度的关系，进而按下式求出 298K 反应的自由能变化：

$$\Delta_r G_T^\ominus = \Delta_r H_{298}^\ominus + \int_{298}^{T} \Delta_r c_p^\ominus \mathrm{d}T - T\Delta_r S_{298}^\ominus - T\int_{298}^{T} (\Delta_r c_p^\ominus / T)\mathrm{d}T \quad (9\text{-}5)$$

$$\Delta_r G_T^\ominus = \Delta_r G_{298}^\ominus - (T - 298)\Delta_r S_{298}^\ominus + \int_{298}^{T} \Delta_r c_p^\ominus \mathrm{d}T - T\int_{298}^{T} (\Delta_r c_p^\ominus / T)\mathrm{d}T \quad (9\text{-}6)$$

9.2.2.2 浸出反应的平衡常数

对于具体的浸出过程，可以通过计算浸出反应的平衡常数来判定浸出限度，对于浸出反应：$a\mathrm{A(s)} + b\mathrm{B(aq)} = c\mathrm{C(aq)} + d\mathrm{D(aq)}$，其平衡常数：

$$K = a_C^c a_D^d / a_B^b \quad (9\text{-}7)$$

浸出过程的平衡常数与温度有关，而与系统中物质浓度无关；K 值大小反映反应进行的可能性大小及限度；K 值愈大，则进行的可能性愈大，愈能进行彻底。但是在实际浸出过程，通常难以求出各组分的活度及活度系数，因此，通常近似用浓度代替活度，用表观平衡常数（K_C）的大小来判断给定条件下反应进行的可能性和限度：

$$K_C = [\mathrm{C}]^c[\mathrm{D}]^d/[\mathrm{B}]^b \quad (9\text{-}8)$$

通过表观平衡常数（K_C）还可以计算将浸出反应进行到底所需浸出剂的最小过量系数（β）。例如，对于浸出反应：$a\mathrm{A(s)} + b\mathrm{B(aq)} = c\mathrm{C(s)} + d\mathrm{D(aq)}$，其表观平衡常数：$K_C = [\mathrm{C}]^c/[\mathrm{B}]^b$。反应彻底进行所需浸出剂 B 的量包括反应消耗量（$m_{\mathrm{B(耗)}}$）以及与溶液中 D 保持平衡所需的量（$m_{\mathrm{B(剩)}}$），则最小过量系数：

$$\beta = m_{\mathrm{B(剩)}} / m_{\mathrm{B(耗)}} = m_{\mathrm{B(剩)}} / [(b/d)m_d] = ([\mathrm{D}]^d/K_C)^{1/b}/(b/d)[\mathrm{D}] \quad (9\text{-}9)$$

9.2.2.3 浸出反应的平衡常数计算

对于浸出过程的反应，如果已知相关的热力学数据，则可计算其平衡常数。根据采取热力学数据的不同，通常可有三种计算方法。

（1）吉布斯自由能法：根据相关热力学数据，求出浸出反应的标准吉布斯自由能，再根据等温方程（$\Delta_r G_T^\ominus = -RT\ln K$）求出反应的平衡常数。

（2）溶度积法：对于浸出过程为产生一种难溶化合物的复分解反应，可通过查阅难溶物质的溶度积常数并计算反应的平衡常数，如对于反应：

$$k\mathrm{M}_m\mathrm{A}_n(\mathrm{s}) + mn\mathrm{Na}_k\mathrm{B(aq)} = m\mathrm{M}_k\mathrm{B}_n(\mathrm{s}) + nk\mathrm{Na}_m\mathrm{A(aq)} \quad (9\text{-}10)$$

可写成离子方程式：

$$k\mathrm{M}_m\mathrm{A}_n + mn\mathrm{B}^{k-} = m\mathrm{M}_k\mathrm{B}_n + nk\mathrm{A}^{m-} \quad (9\text{-}11)$$

则

$$K = (a_A^n \cdot a_M^m)^k/(a_B^n \cdot a_M^k)^m = K^k_{\mathrm{sp}(\mathrm{M}_m\mathrm{A}_n)}/K^m_{\mathrm{sp}(\mathrm{M}_k\mathrm{B}_n)} \quad (9\text{-}12)$$

例如白钨矿的 NaOH 浸出：

$$K = K_{\mathrm{sp}[\mathrm{CaWO_4}]}/K_{\mathrm{sp}[\mathrm{Ca(OH)_2}]} \quad (9\text{-}13)$$

（3）电动势法：对于有氧化还原的浸出反应，可根据反应的标准电动势计算反应的平衡常数。如对于反应：$m\mathrm{A(Re)} + p\mathrm{B(ox)} = k\mathrm{A(ox)} + f\mathrm{B(Re)}$，式中还原态的 A(Re) 被氧化态的 B(ox) 氧化为氧化态的 A(ox)。此浸出反应可分解为两个电极反应：

$$k\mathrm{A(ox)} + ze = m\mathrm{A(Re)} \qquad \phi_{(1)} = \phi_{(1)}^\ominus + \frac{RT}{zF}\ln\left(\frac{a^k_{\mathrm{A(ox)}}}{a^m_{\mathrm{A(Re)}}}\right)$$

$$p\mathrm{B(ox)} + ze = f\mathrm{B(Re)} \qquad \phi_{(2)} = \phi_{(2)}^\ominus + \frac{RT}{zF}\ln\left(\frac{a^p_{\mathrm{B(ox)}}}{a^f_{\mathrm{B(Re)}}}\right)$$

其反应的电动势：

$$E=\phi_{(2)}-\phi_{(1)}=E^{\ominus}+\frac{RT}{zF}\ln\left(\frac{a_{B(ox)}^{p}a_{A(Re)}^{m}}{a_{B(Re)}^{f}a_{A(ox)}^{k}}\right) \tag{9-14}$$

平衡时 $E=0$，则

$$E^{\ominus}=-\frac{RT}{zF}\ln\left(\frac{a_{B(ox)}^{p}a_{A(Re)}^{m}}{a_{B(Re)}^{f}a_{A(ox)}^{k}}\right)=\frac{RT}{zF}\ln K \tag{9-15}$$

9.2.2.4　电位-pH 图（E-pH 图）

电位-pH 图，也称电势-pH 图、稳定区图、普尔贝图，是表示系统的电极电势与 pH 关系的图。其最早是由比利时学者马塞尔·普尔贝（Marcel Pourbaix）等人在 20 世纪 30 年代提出，主要用于研究金属的腐蚀问题。后来随着电位-pH 图，其应用范围逐渐扩大到电化学、分析、无机、地质科学和湿法冶金等领域，可用来确定反应自发进行的条件以及物质在水溶液中稳定存在的区域，为浸出、分离、电解等过程提供依据。

电位-pH 图是在给定温度和组分的活度（浓度）或气体逸度（分压）下，表示电势（Φ，ε，E）与 pH 的关系图。电位-pH 图以电势为纵坐标，电势可作为水溶液中氧化-还原反应趋势的量度（$\Delta_r G^{\ominus}=-zFE^{\ominus}$），以 pH 为横坐标来表示。水溶液中进行的反应，大多与水的自离解反应有关，即与氢离子浓度有关（$H_2O = H^+ + OH^-$）。

A　E-pH 图的绘制

确定金属-H_2O 系和金属化合物-H_2O 系 E-pH 图的结构，包括如下几个步骤：

（1）确定体系中可能发生的各类反应，写出每个反应的平衡方程式；

（2）利用参与反应的各组分的热力学数据计算 $\Delta G_T^{\ominus}$，从而求得反应的平衡常数 K 或标准电极电位 $\varepsilon_T^{\ominus}$；

（3）由此可导出体系中各个反应的电极电位 ε_T 以及 pH 的计算式；

（4）计算在指定离子活度或气相分压的条件下算出各个反应在一定温度下的 E 值和 pH 值；

（5）以 E 为纵坐标，以 pH 为横坐标，作图。

E-pH 图中每条线均代表一个溶液反应，根据水溶液中化学反应的类型，可分为有 H^+ 参加但无氧化还原过程的反应、有氧化还原过程（即有电子转移），但无 H^+ 参加的反应以及有电子转移，同时又有 H^+ 参加的反应，上述三种反应在 E-pH 图中的表示方法是不一样的。

1）有 H^+ 参加但无氧化还原过程，即无电子转移的反应，在 E-pH 图中是与电势无关的垂直线，如反应

$$b\mathrm{B}+c\mathrm{H_2O}=a\mathrm{A}+n\mathrm{H}^{+} \tag{9-16}$$

其吉布斯自由能变化

$$\begin{aligned}\Delta_r G_{(1)}&=\Delta_r G_{(1)}^{\ominus}+RT\ln[a_{H^+}^{n}\times a_A^{a}/a_B^{b}]\\&=\Delta_r G_{(1)}^{\ominus}+RT\ln[a_A^{a}/a_B^{b}]-2.303nRT\mathrm{pH}\end{aligned} \tag{9-17}$$

平衡状态下 $\Delta_r G_{(1)}=0$，则

$$\mathrm{pH}=\frac{\Delta_r G_{(1)}^{\ominus}}{2.303nRT}+\frac{1}{n}\lg\frac{a_A^{a}}{a_B^{b}} \tag{9-18}$$

将 $a_A=a_B=1$ 时的 pH 定义为

$$pH^{\ominus}=\frac{\Delta_r G^{\ominus}_{(1)}}{2.303nRT} \tag{9-19}$$

则

$$pH=pH^{\ominus}+\frac{1}{n}\lg\frac{a_A^a}{a_B^b} \tag{9-20}$$

2）有氧化还原过程（即有电子转移），但无 H^+参加的反应，在 E-pH 图中是与 pH 值无关的水平线，如反应

$$aA+ze=bB \tag{9-21}$$

其吉布斯自由能变化

$$\Delta_r G_{(2)}=\Delta_r G^{\ominus}_{(2)}+RT\ln\left(\frac{a_B^b}{a_A^a}\right) \tag{9-22}$$

其电势

$$\varphi=-\Delta_r G_{(2)}/zF=\frac{-\Delta_r G^{\ominus}_{(2)}}{zF}-\frac{RT}{zF}\ln\left(\frac{a_B^b}{a_A^a}\right) \tag{9-23}$$

当 $a_A=a_B=1$ 时，电势为标准电势

$$\varphi^{\ominus}=\frac{-\Delta_r G^{\ominus}_{(2)}}{zF} \tag{9-24}$$

则

$$\varphi=\varphi^{\ominus}-\frac{RT}{zF}\ln\left(\frac{a_B^b}{a_A^a}\right) \tag{9-25}$$

3）有电子转移，同时又有 H^+参加的反应，在 E-pH 图中为一条与电势及 pH 值有关的斜线，如反应

$$aA+nH^++ze=bB+cH_2O \tag{9-26}$$

其吉布斯自由能变化

$$\begin{aligned}\Delta_r G_{(3)}&=\Delta_r G^{\ominus}_{(3)}+RT\ln[a_B^b/(a_A^a\times a_{H^+}^n)]\\&=\Delta_r G^{\ominus}_{(2-20)}+RT\ln[a_B^b/a_A^a]+2.303nRT\text{pH}\end{aligned} \tag{9-27}$$

其电势

$$\varphi=(-\Delta_r G^{\ominus}_{(3)}-RT\ln[a_B^b/a_A^a]-2.303nRT\text{pH})/zF \tag{9-28}$$

当 $a_A=a_B=a_{H^+}=1$ 时，电势为标准电势

$$\varphi^{\ominus}=\frac{-\Delta_r G^{\ominus}_{(3)}}{zF} \tag{9-29}$$

则

$$\varphi=\varphi^{\ominus}-\frac{RT}{zF}\ln[a_B^b/a_A^a]-\frac{2.303nRT}{zF}\text{pH} \tag{9-30}$$

以下以具体金属-水系的电位-pH 图为例来说明。如对 $Cu-H_2O$ 来说，体系中可能发生的反应以及反应组分的热力学数据如表 9-2 所示，按照上述三种反应推导的公式即可得到电位和 pH 值的关系式，具体见表 9-3。

根据表 9-3 所列的反应式及其在不同温度下的电位和 pH 值的关系式，便可做出如

图 9-1（a）~（c）所示的 Cu-H_2O 系在 25℃、100℃和 150℃下的电位-pH 图。

表 9-2　Cu-H_2O 系中各反应组分在不同温度下的热力学数据

反应组分的表示式	$\Delta G^{\ominus}_{f298}$ /kJ · mol^{-1}	$S^{\ominus}_{298}$ /J · (K · mol)$^{-1}$	$\tilde{c}^{\ominus}_p \vert^{373}_{298}$ /J · (K · mol)$^{-1}$	$\tilde{c}^{\ominus}_p \vert^{423}_{298}$ /J · (K · mol)$^{-1}$
$H^+_{(aq)}$	0	0	+129.70	+138.07
$H_2O_{(l)}$	-237.19	+69.94	+75.44	+75.90
$H_{2(g)}$	0	+130.59	+28.87	+28.87
$O_{2(g)}$	0	+205.03	+34.73	+34.73
$Cu_{(s)}$	0	+33.30	+24.73	+24.85
$Cu^{2+}_{(aq)}$	+64.98	-98.74	+267.78	+276.14
$CuO_{(s)}$	-127.19	+43.51	+45.48	+46.02
$Cu_2O_{(s)}$	-146.36	+100.83	+70.33	+70.92
$CuO^{2-}_{2(aq)}$	-182.00	-96.23	-699.23	-679.94
e（电子）	0	+65.30	-115.27	-123.64

表 9-3　Cu-H_2O 系中的反应以及各个反应在不同温度下的 ε_r 和 pH 的计算式

反应式	在不同温度下的计算式		
	t=25℃，T=298K	t=100℃，T=373K	t=150℃，T=423K
(1) $Cu^{2+} + 2e = Cu$	$\varepsilon=0.337+0.0295\lg a_{Cu^{2+}}$	$\varepsilon=0.337+0.0370\lg a_{Cu^{2+}}$	$\varepsilon=0.336+0.0420\lg a_{Cu^{2+}}$
(2) $Cu_2O + 2H^+ + 2e = 2Cu + H_2O$	$\varepsilon=0.471-0.0591pH$	$\varepsilon=0.435-0.0740pH$	$\varepsilon=0.411-0.0839pH$
(3) $2Cu^{2+} + H_2O + 2e = Cu_2O + 2H^+$	$\varepsilon=0.203+0.0591pH+0.0591\lg a_{Cu^{2+}}$	$\varepsilon=0.241+0.0740pH+0.0740\lg a_{Cu^{2+}}$	$\varepsilon=0.266+0.0839pH+0.0839\lg a_{Cu^{2+}}$
(4) $Cu^{2+} + H_2O = CuO + 2H^+$	$pH=3.95-0.5\lg a_{Cu^{2+}}$	$pH=2.795-0.5\lg a_{Cu^{2+}}$	$pH=2.265-0.5\lg a_{Cu^{2+}}$
(5) $2CuO + 2H^+ + 2e = Cu_2O + H_2O$	$\varepsilon=0.670-0.0591pH$	$\varepsilon=0.654-0.0740pH$	$\varepsilon=0.644-0.0839pH$
(6) $2CuO_2^{2-} + 6H^+ + 2e = Cu_2O + 3H_2O$	$\varepsilon=2.56+0.0591\lg a_{CuO_2^{2-}}-0.1773pH$	$\varepsilon=2.756+0.0740\lg a_{CuO_2^{2-}}-0.2220pH$	$\varepsilon=2.930+0.0839\lg a_{CuO_2^{2-}}-0.2517pH$
(7) $CuO_2^{2-} + 4H^+ + 2e = Cu + 2H_2O$	$\varepsilon=1.515+0.0295\lg a_{CuO_2^{2-}}-0.1182pH$	$\varepsilon=1.596+0.0370\lg a_{CuO_2^{2-}}-0.1480pH$	$\varepsilon=1.671+0.0420\lg a_{CuO_2^{2-}}-0.1676pH$
(8) $CuO + H_2O = CuO_2^{2-} + 2H^+$	$pH = 15.97 + 0.5\lg a_{CuO_2^{2-}}$	$pH = 14.41 + 0.5\lg a_{CuO_2^{2-}}$	$pH = 13.63 + 0.5\lg a_{CaO_2^{2-}}$
(O) $O_2 + 4H^+ + 4e = 2H_2O$	$\varepsilon=1.229-0.0591pH+0.0148\lg p_{O_2}-0.0148\lg p^{\ominus}$	$\varepsilon=1.178-0.0740pH+0.0185\lg p_{O_2}-0.0185\lg p^{\ominus}$	$\varepsilon=1.136-0.0839pH+0.0210\lg p_{O_2}-0.01210\lg p^{\ominus}$
(O′) $2H^+ + 2e = H_2$	$\varepsilon=-0.0591pH-0.0295\lg p_{H_2}+0.02951\lg p^{\ominus}$	$\varepsilon=-0.0740pH-0.0370\lg p_{H_2}+0.0370\lg p^{\ominus}$	$\varepsilon=-0.0839pH-0.0420\lg p_{H_2}+0.0420\lg p^{\ominus}$

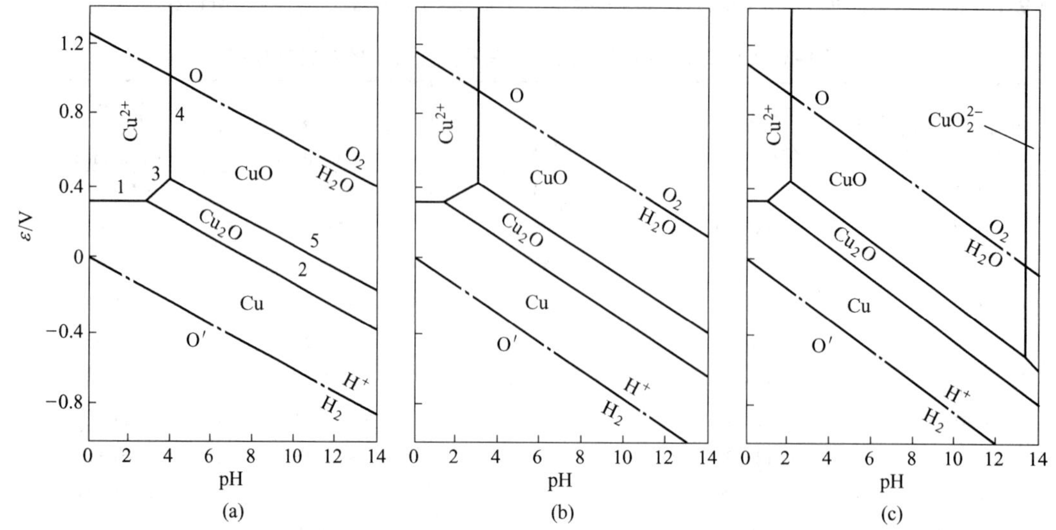

图 9-1　Cu-H_2O 系中在不同温度下的电位-pH 图（$a=1$）

（a）25℃；（b）100℃；（c）150℃

B　*E*-pH 图在湿法冶金浸出过程的应用

（1）金属氧化物的电位-pH 图（氧化物的浸出）。对金属氧化物而言，在 pH 很小时，可以阳离子形态溶入溶液（酸浸），在 pH 很大的条件下，可以含氧阴离子形态溶入溶液（碱浸出），但碱浸法只适用于某些两性金属氧化物（如 Al_2O_3）以及酸性较强的氧化物（如 WO_3），而对大多数金属氧化物而言，所需碱浓度过大（pH 达 15 以上），这时候采用碱浸出是不现实的。

对于金属氧化物的酸浸出，其反应：

$$MO + 2H^+ = M^{2+} + H_2O \tag{9-31}$$

对比并结合图 9-1 可知，反应向右进行的条件为溶液中电势和 pH 值处于 M^{2+}的稳定的区内，即溶液的 pH 值应少于平衡 pH 值，当 M^{2+}的活度为 1 时，要求 pH 小于 $pH^{\ominus}$，M-H_2O体系内 $pH^{\ominus}$越大，则其氧化物越容易被浸出。

MnO、ZnO、FeO 等在较低的酸度下，即能被浸出，较容易浸出而 Fe_2O_3、Ga_2O_3 等则难被酸浸出。对多价金属的氧化物而言，其低价氧化物易被浸出，高价氧化物则相对较难被浸出：如 Fe_2O_3 远比 FeO 难浸出（表 9-4）。对所有氧化物而言，温度升高 $pH^{\ominus}$降低，因此，从热力学角度来看，温度升高对浸出过程不利。

表 9-4　某些金属氧化物的 $pH^{\ominus}$ 值

氧化物	MnO	CdO	CoO	FeO	NiO	ZnO	CuO	In_2O_3	Fe_3O_4	Ga_2O_3	Fe_2O_3	SnO_2
$pH^{\ominus}_{298}$	8.98	8.69	7.51	6.8	6.06	5.80	3.95	2.52	0.89	0.74	−0.24	−2.10
$pH^{\ominus}_{373}$	6.79	6.78	5.58	—	3.16	4.35	3.55	0.97	0.04	−0.43	−0.99	−2.90
$pH^{\ominus}_{473}$	—	—	3.89	—	2.58	2.88	1.78	−0.45	—	−1.41	−1.58	−3.55

而对于变价氧化物的酸浸出，可采用三种方法（以 V-H_2O 系电位-pH 图为例，图 9-2）：

1）简单的化学溶解

$$V_2O_5 + 2H^+ \longequal 2VO_2^+ + H_2O$$

2）氧化溶解

$$V_2O_4 + H_2O \longequal 2VO_3^- + 4H^+ + 2e$$

其条件是应有氧化剂存在，氧化剂的氧化还原电势应高于 VO_3^-/V_2O_4 的氧化还原电位，常用的氧化剂有 HNO_3、O_2 等。

3）还原溶解

$$V_2O_5 + 2e + 6H^+ \longequal 2VO^{2+} + 3H_2O$$

即有还原剂存在下 V_2O_5 被还原成 VO^{2+} 进入溶液。

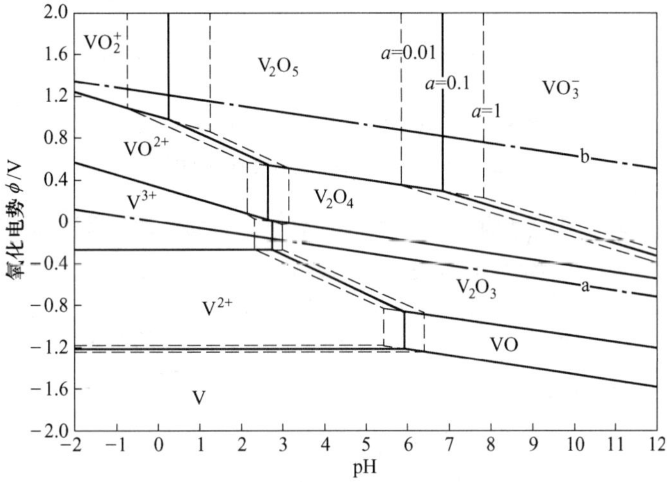

图 9-2　不同浓度下 V-H_2O 系电势-pH 图

（t=25℃，实线 a=0.1，蓝虚线 a=1，红虚线 a=0.01）

扫码看彩图

同时，浸出过程温度变化会对浸出平衡产生影响，如图 9-3 为 V-H_2O 系在不同温度下的电位-pH 图。由图可知，随着温度升高可溶性离子的稳定存在区域面积减小，可见升高温度对浸出平衡不利。这是由于浸出过程通常为放热反应，温度升高不利于浸出反应的进行，E-pH 线的斜率与 T 成正比，高温下其斜率减小。

$$\varphi = (-\Delta_r G^{\ominus}_{(3)} - RT\ln[a_B^b/a_A^a] - 2.303nRT\text{pH})/zF \tag{9-32}$$

（2）金属-配位体-水系的电位-pH 图。图 9-4 为 Au-CN^--H_2O 系及 Au- H_2O 系的电位-pH 图，由图可知，在金属-水系中若加入能与金属离子形成配合物的配位体，由于形成配合物，金属离子的活度将大大降低，金属离子的稳定区将扩大，有利于浸出过程。因此，被广泛应用于有色冶金中以改善浸出的热力学条件。

（3）金属-硫-水系的电位-pH 图（硫化物的浸出）。金属硫化物的浸出需要使硫浸出进入溶液，因此，我们可以先了解硫−水系的电位-pH 图，图 9-5 为 S-H_2O 系的电位-pH 图。在图 9-5 中，Ⅰ区为元素硫的稳定区，而随着氧化还原电势的提高，根据 pH 值的不同，硫将氧化成 HSO_4^-（Ⅱ区）或 SO_4^{2-}（Ⅲ区）。而随着氧化还原电势的降低，硫将还原成 H_2S 或 HS^-（Ⅳ区），在高 pH 范围内，HS^- 可直接氧化成 SO_4^{2-}。

对于金属硫化物的浸出，我们可以绘制金属-硫-水系的电位-pH 图，以研究金属硫化

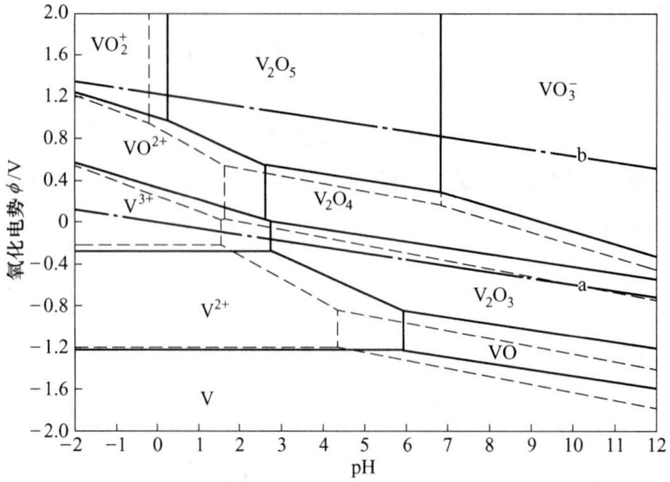

图 9-3　不同温度下 V-H_2O 系电势-pH 图

（$a=0.1$，实线 $t=25℃$，虚线 $t=100℃$）

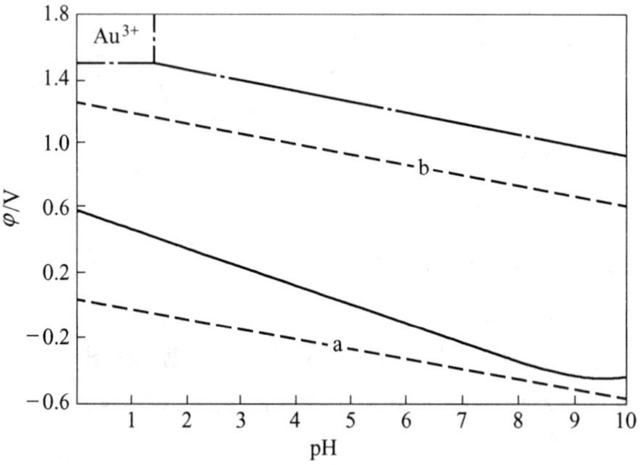

图 9-4　Au-CN^--H_2O 系（实线）及 Au- H_2O 系（点划线）的电位-pH 图（25℃）

（$[Au]_T=10^{-4}mol\cdot L^{-1}$；$[CN]_T=10^{-2}mol\cdot L^{-1}$）

物的浸出过程热力学。图 9-6 为金属-硫-水系的电位-pH 图，由图可知，下部为金属硫化物（MeS）的稳定区域，而金属硫化物的浸出可分为五种方法：

1）硫化物中的硫被氧化为单质硫：$M^{2+}+S+2e=MS$，如图中的①线，反应的平衡态与 pH 无关，平衡线平行于横轴，且在硫的稳定区内；

2）硫化物中的硫和金属均不发生氧化还原反应：$MS+2H^+=M^{2+}+H_2S$，如图中的②线，反应的平衡态与电势无关，平衡线平行于纵轴，且在硫化氢稳定区内；

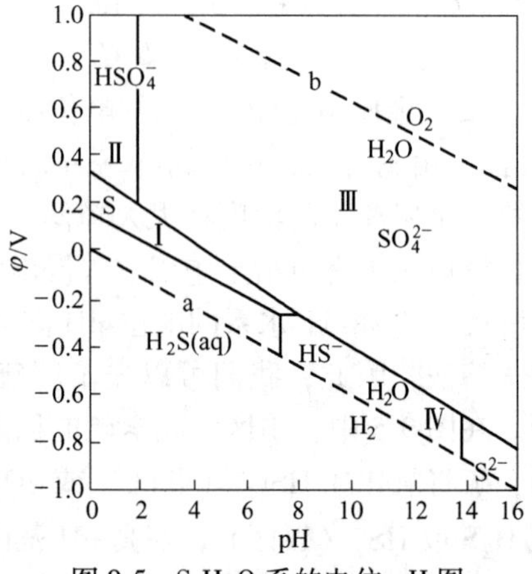

图 9-5　S-H_2O 系的电位-pH 图

3）硫化物中的硫被氧化为硫氢酸根：$HSO_4^- + M^{2+} + 7H^+ + 8e = MS + 4H_2O$，如图中的③线，反应的平衡与 pH 值、电势有关，平衡线为斜线，且一定在 HSO_4^- 的稳定区内；

4）硫化物中的硫被氧化为硫酸根：$SO_4^{2-} + M^{2+} + 8H^+ + 8e = MS + 4H_2O$，如图中的④线，反应的平衡与 pH 值、电势有关，平衡线为斜线，且一定在 SO_4^{2-} 的稳定区内；

5）硫化物中的硫被氧化为硫酸根、金属形成氢氧化物：$SO_4^{2-} + M(OH)_2 + 10H^+ + 8e = MS + 4H_2O$，如图中⑤线，反应平衡线为斜线，且一定在 SO_4^{2-} 的稳定区内。

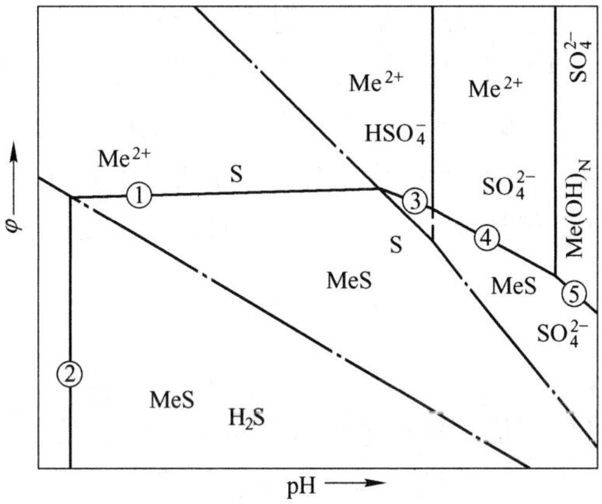

图 9-6　金属-硫-水系的电位-pH 图

对于图 9-6 中的②线，不同金属硫化物浸出平衡的 pH 值是不同的，如图 9-7 所示。MnS，FeS 和 NiS 等浸出平衡的 pH 值相对较高，因此，在实际浸出过程可以直接酸浸，也可适当控制溶液的 pH 值，氧化浸出；对于 ZnS、PbS 和 $CuFeS_2$ 等，浸出平衡的 pH 值相对较低，生产过程难以达到，因此，在实际浸出过程中应适当控制溶液的 pH 值，氧化浸出；而对于 FeS_2 和 CuS，其浸出平衡的 pH 值很低，只能控制溶液 pH 值，氧化浸出。有色金属硫化矿的氧化剂可以是 O_2、Fe^{3+} 等。

（4）选择性浸出。浸出过程中控制适当条件使主金属与伴生元素分别进入溶液相和渣相，从而达到初步分离的目的，称为选择性浸出。当原料中待分离的两元素均以同一形态独立存在时，其分离效果主要决定于两种化合物的性质（标准状况下溶解的 pH 值）及温度。当原料中 M 与 M′形成复杂化合物时，分离效果与两者性质及溶液 pH 值有关；

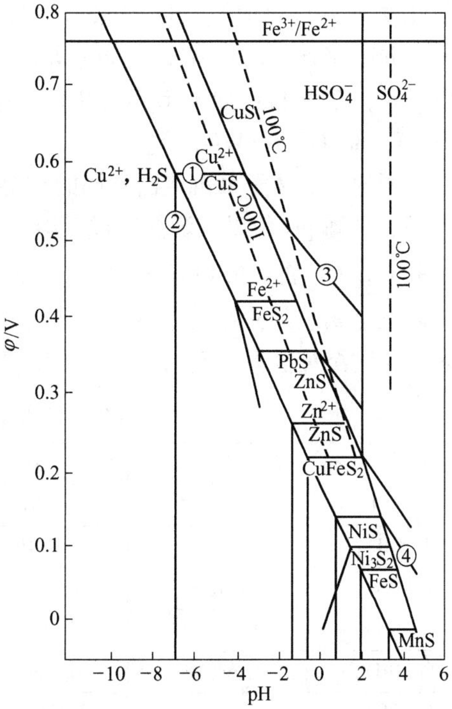

图 9-7　一些金属-硫-水系的电位-pH 图

在进行选择性浸出分离不同元素时，易浸出的组分首先要通过固相扩散由矿粒内部扩散到矿物表面，才能达到浸出目的，因此要有良好的内扩散条件：温度较高、粒度小；生产中应灵活运用所处理各化合物的性质特点，运用物理化学方法，改变其形态，扩大其在性质上的差异。

9.3　浸出液净化

矿物原料经过浸出后，绝大部分有价金属进入到溶液中，但是也有部分杂质伴随有价金属进入溶液。如黑白钨矿采用碱浸出时，钨以钨酸根离子进入溶液中，原料中的磷和砷等杂质也部分以磷酸根和砷酸根的形式进入浸出液中。为了获得合格的有价金属产品，必须将溶液中的杂质有效去除，因此，浸出液通常需要经过净化以得到有价金属的纯化合物溶液。

常用的浸出液净化方法包括离子沉淀、置换沉淀、加压氢还原、共沉淀以及离子交换和萃取等方法。

9.3.1　离子沉淀法净化

离子沉淀法，就是采用沉淀剂使溶液中某种离子生成难溶化合物而沉淀的方法。为了达到使主体有价金属和杂质彼此分离的目的，工业生产中有两种不同的做法：一是使杂质生成难溶化合物沉淀，而有价金属留在溶液中，即所谓的溶液净化沉淀法；二是使有价金属生成难溶化合物沉淀，而杂质留在溶液中，即所谓的制备纯化合物的沉淀法。

离子沉淀通常需要使离子生成难溶化合物而从溶液中析出，常见的难溶化合物包括：氢氧化物：如 $Fe(OH)_3$、$Fe(OH)_2$、$Al(OH)_3$、$Cu(OH)_2$、$Ni(OH)_2$ 等；硫化物：如 CuS、PbS、ZnS、FeS、NiS、CoS 等；碳酸盐：如 $CaCO_3$、$MgCO_3$、$MnCO_3$、$BaCO_3$、$FeCO_3$ 等；草酸盐：如 CaC_2O_4、REC_2O_4、PbC_2O_4、BaC_2O_4 等；以及其他难溶化合物：如 AgCl、$BaSO_4$、$CaWO_4$ 等。

不同的金属离子可沉淀出不同的难溶化合物，而通过热力学分析可得出各种金属沉淀的顺序、平衡 pH 值以及沉淀完成后溶液中残留金属离子的浓度等。

9.3.1.1　氢氧化物沉淀

除碱金属和部分碱土金属外，其他金属的氢氧化物大都是难溶的（表 9-5），因此可用氢氧化物沉淀法去除废水中的重金属离子。

表 9-5　某些金属氢氧化物的溶度积

化学式	K_{sp}	化学式	K_{sp}	化学式	K_{sp}
AgOH	1.6×10^{-8}	$Cr(OH)_3$	6.3×10^{-31}	$Ni(OH)_2$	2.0×10^{-15}
$Al(OH)_3$	1.3×10^{-33}	$Cu(OH)_2$	5.0×10^{-20}	$Pb(OH)_2$	1.2×10^{-15}
$Ba(OH)_2$	5×10^{-3}	$Fe(OH)_2$	1.0×10^{-15}	$Sn(OH)_2$	6.3×10^{-27}
$Ca(OH)_2$	5.5×10^{-6}	$Fe(OH)_3$	3.2×10^{-38}	$Th(OH)_4$	4.0×10^{-45}
$Cd(OH)_2$	2.2×10^{-14}	$Hg(OH)_2$	4.8×10^{-26}	$Ti(OH)_3$	1×10^{-40}
$Co(OH)_2$	1.6×10^{-15}	$Mg(OH)_2$	1.8×10^{-11}	$Zn(OH)_2$	7.1×10^{-18}
$Cr(OH)_2$	2×10^{-16}	$Mn(OH)_2$	1.1×10^{-13}		

难溶化合物不是在溶液中完全不溶解，只是在溶液中溶解的量很少。在溶液中难溶化合物通常存在一个溶解平衡：

$$A_nB_m(s) = nA^{m+}(aq) + mB^{n-}(aq) \tag{9-33}$$

其溶度积：

$$K_{sp} = [A^{m+}]^n \cdot [B^{n-}]^m \tag{9-34}$$

可见对于难溶化合物，溶度积（K_{sp}）值越小，其在溶液中的溶解就越少，越难溶。如 $Fe(OH)_2$ 的溶度积为 1.0×10^{-15}，而 $Fe(OH)_3$ 的溶度积为 3.2×10^{-38}，这就表明三价铁离子沉淀完全后溶液中残留的铁离子浓度更低，铁的沉淀更完全。大部分金属氢氧化物的溶度积都可以通过溶液热力学手册查到，通过其溶度积可以快速、便捷地计算出在一定 pH 值下，溶液中残余金属离子的浓度。

此外，对于一些化合物通过其溶解度值也可以转化并计算出其溶度积。物质的溶解度是指一定温度下某固态物质在 100g 溶剂中达到饱和状态（溶解平衡）时所溶解的溶质的质量，而溶度积是固态物质溶解达到平衡时的平衡常数。溶解度和溶度积都可以表示难溶电解质的溶解性，两者之间可以互相换算。但是，溶度积是一个标准平衡常数，只与温度有关；而溶解度不仅与温度有关，还与系统的组成、pH 值的改变及配合物的生成等因素有关。已知某物质一定温度下的溶解度，可以计算出其在该温度下的溶度积。如对于 AB 型物质，其溶解反应：

$$AB(s) = A^+(aq) + B^-(aq)$$

其中 A^+和 B^-的溶解度均为 S，则：

$$K_{sp} = c(A^+)c(B^-) = S^2 \tag{9-35}$$

$$S = K_{sp}^{1/2} \tag{9-36}$$

金属氢氧化物沉淀过程，沉淀平衡的 pH 值通常与氢氧化物的溶度积、水的电离常数以及溶液中金属离子的活度有关。其关系可通过金属离子的水解反应来推导，金属离子水解反应可以用下列通式表示：

$$Me^{z+} + zOH^- = Me(OH)_z(s) \tag{9-37}$$

其溶度积表达式：

$$a_{Me^{z+}} \cdot a_{OH^-}^z = K_{sp} \tag{9-38}$$

水的电离平衡：

$$a_{H^+} \cdot a_{OH^-} = K_W \tag{9-39}$$

合并式（9-39）和（9-39）得：

$$a_{Me^{z+}} \cdot (K_W/a_{H^+})^z = K_{sp} \tag{9-40}$$

两边取对数：

$$\lg a_{Me^{z+}} + z\lg K_W - z\lg a_{H^+} = \lg K_{sp} \tag{9-41}$$

变形得到：

$$pH = \frac{1}{z}\lg K_{sp} - \lg K_W - \frac{1}{z}\lg a_{Me^{z+}} \tag{9-42}$$

由式（9-42）可知，形成氢氧化物沉淀的 pH 值与氢氧化物的溶度积和溶液中金属离子的活度有关；当由几种同价态阳离子的多元盐溶液中生成氢氧化物沉淀时，首先开始析出的是其形成 pH 值最低即其溶解度（溶度积）最小的氢氧化物；在金属相同但其离子价态不同的体系中，高价阳离子总是比低价阳离子在更小 pH 值时形成氢氧化物；此决定氢氧化物沉淀顺序的规律，是各种湿法冶金过程的理论基础之一。

9.3.2.2 碱式盐沉淀

金属离子的沉淀过程，如果有其他阴离子如碳酸根离子，则金属离子可与氢氧根和其他阴离子形成碱式盐沉淀，如碱式碳酸镁（$4MgCO_3 \cdot Mg(OH)_2 \cdot 5H_2O$）和碱式碳酸铜（$CuCO_3 \cdot Cu(OH)_2$）等。碱式碳酸盐的通式可表示为 $\alpha MeA_{\frac{z}{y}} \cdot \beta Me(OH)_z$，其形成可表示为：

$$(\alpha+\beta)Me^{z+} + \frac{z}{y}\alpha A^{y-} + z\beta OH^- = \alpha MeA_{\frac{z}{y}} \cdot \beta Me(OH)$$

同样的，根据反应平衡关系式可推导出：

$$pH_{(2)} = \frac{\Delta G^0_{(2)}}{2.303z\beta RT} - \lg K_W - \frac{\alpha+\beta}{z\beta}\lg\alpha_{Me^{z+}} - \frac{\alpha}{y\beta}\lg\alpha_{A^{y-}} \tag{9-43}$$

可见，形成碱式盐的平衡 pH 值与 Me^{z+} 的活度（$a_{Me^{z+}}$）和价态（z）、碱式盐的成分（α 和 β）、阴离子的活度（$a_{A^{y-}}$）和价态（y）有关。

9.3.2.2 硫化物沉淀

硫化物沉淀分离金属，是基于各种硫化物的溶度积不同，凡溶度积愈小的硫化物愈易形成硫化物而沉淀析出。

表 9-6 为部分金属硫化物的溶度积，可见其溶度积数值都很小，因此，很多金属离子都可采用硫化物沉淀的方法彻底除去，其形成可表示为：

$$Me_2S_z = 2Me^{z+} + zS^{2-} \tag{9-44}$$

表 9-6 某些金属硫化物在 25℃下的溶度积

金属硫化物	$\lg K_{sp}$	K_{sp}
FeS	−16.88	1.32×10^{-17}
NiS	−19.55	2.82×10^{-20}
CoS	−21.64	1.80×10^{-22}
ZnS	−23.63	2.34×10^{-24}
CdS	−25.67	2.14×10^{-26}
PdS	−26.64	2.29×10^{-27}
CuS	−34.62	2.40×10^{-35}

同样的，根据反应平衡关系式可进行推导：

$$K_{sp} = [Me^{z+}]^2[S^{2-}]^z$$

$$H_2S(aq) = H^+ + HS^- \qquad HS^- = H^+ + S^{2-}$$

H_2S 的电离常数：

$$K_1 = [H^+][HS^-]/[H_2S(aq)]$$

HS^-的电离常数：

$$K_2 = [H^+][S^{2-}]/[HS^-]$$

H_2S 的完全电离常数：

$$K_{H_2S} = K_1 K_2 = [H^+]^2[S^{2-}]/[H_2S(aq)]$$

故

$$[S^{2-}] = K_{H_2S}[H_2S(aq)]/[H^+]^2$$

则

$$K_{sp} = [Me^{z+}]^2 K_{H_2S}{}^z [H_2S(aq)]^z/[H^+]^{2z}$$

$$\lg K_{sp} = 2\lg[Me^{z+}] + z\lg K_{H_2S} + z\lg[H_2S(aq)] - 2z\lg[H^+]$$

最终得到：

$$pH = \frac{1}{2z}\lg K_{sp} - \frac{1}{z}\lg[Me^{z+}] - \frac{1}{2}\lg K_{H_2S} - \frac{1}{2}\lg[H_2S(aq)] \quad (9\text{-}45)$$

对于一价（$Z=1$）、二价（$Z=2$）和三价（$Z=3$）金属而言：

$$pH_1 = \frac{1}{2}\lg K_{sp} - \lg[Me^{z+}] - \frac{1}{2}\lg K_{H_2S} - \frac{1}{2}\lg[H_2S(aq)] \quad (9\text{-}46)$$

$$pH_2 = \frac{1}{4}\lg K_{sp} - \frac{1}{2}\lg[Me^{z+}] - \frac{1}{2}\lg K_{H_2S} - \frac{1}{2}\lg[H_2S(aq)] \quad (9\text{-}47)$$

$$pH_3 = \frac{1}{6}\lg K_{sp} - \frac{1}{3}\lg[Me^{z+}] - \frac{1}{2}\lg K_{H_2S} - \frac{1}{2}\lg[H_2S(aq)] \quad (9\text{-}48)$$

从上述公式我们可以得到如下结论：

生成硫化物的 pH 值，与硫化物的溶度积有关（温度）；高温高压有利于硫化沉淀；生成硫化物的 pH 值，与金属离子的活度和离子价数有关；生成硫化物的 pH 值，与溶液中硫化氢的活度有关（压力）；在现代湿法冶金中已发展到采用高温高压进行硫化沉淀过程。

9.3.2 置换沉淀法

基于用较负电性的金属从溶液中取代出校正电性金属的反应而进行的过程，叫置换沉积。

在有色和稀有金属冶金过程，置换沉淀即可用于从溶液中提取金属，也可用于溶液的净化。例如，用锌从氰化物溶液中沉积金和银、用铁从铜盐溶液中沉积铜、用锌和铝从硫酸盐溶液中沉积铟和铊的提取冶金过程以及用锌从含铜和镉的硫酸锌溶液中置换铜和镉的净化过程等等都是常见的置换沉淀。

如果将较负电性的金属浸入到较正电性金属的盐溶液中，则较负电性的金属将自溶液中取代出较正电性的金属，而本身则进入溶液。例如，将锌置于硫酸铜溶液中，便有铜析出和有锌进入溶液：

$$CuSO_4 + Zn = Cu + ZnSO_4$$

或者

$$Cu^{2+} + Zn = Cu + Zn^{2+}$$

同样的，用铁可以取代溶液中的铜以及用锌可以置换溶液中的镉和金：

$$Cu^{2+} + Fe = Cu + Fe^{2+}$$

$$Cd^{2+} + Zn = Cd + Zn^{2+}$$

$$2Au(CN)_2^- + Zn = Zn(CN)_4^{2-} + 2Au$$

从热力学来说，任何金属均可能按其在电位序（表 9-7）中的位置被更负电性的金属从溶液中置换出来。

表 9-7 某些电极的标准电位（电位序）

电　极	反　应	$\varepsilon^{\ominus}$/V
Li^+, Li	$Li^+ + e \longrightarrow Li$	-3.01
Cs^+, Cs	$Cs^+ + e \longrightarrow Cs$	-3.02
Rb^+, Rb	$Rb^+ + e \longrightarrow Rb$	-2.98
K^+, K	$K^+ + e \longrightarrow K$	-2.92
Ca^{2+}, Ca	$Ca^{2+} + 2e \longrightarrow Ca$	-2.84
Na^+, Na	$Na^+ + e \longrightarrow Na$	-2.713
Mg^{2+}, Mg	$Mg^{2+} + 2e \longrightarrow Mg$	-2.38
Al^{3+}, Al	$Al^{3+} + 3e \longrightarrow Al$	-1.66
Zn^{2+}, Zn	$Zn^{2+} + 2e \longrightarrow Zn$	-0.763
Fe^{2+}, Fe	$Fe^{2+} + 2e \longrightarrow Fe$	-0.44
Cd^{2+}, Cd	$Cd^{2+} + 2e \longrightarrow Cd$	-0.402
Tl^+, Tl	$Tl^+ + e \longrightarrow Tl$	-0.335
Co^{2+}, Co	$Co^{2+} + 2e \longrightarrow Co$	-0.267
Ni^{2+}, Ni	$Ni^{2+} + 2e \longrightarrow Ni$	-0.241
Sn^{2+}, Sn	$Sn^{2+} + 2e \longrightarrow Sn$	-0.14
Pb^{2+}, Pb	$Pb^{2+} + 2e \longrightarrow Pb$	-0.126
H^+, H_2	$H^+ + e \longrightarrow \frac{1}{2}H_2$	±0.000
Cu^{2+}, Cu	$Cu^{2+} + 2e \longrightarrow Cu$	+0.337
Cu^+, Cu	$Cu^+ + e \longrightarrow Cu$	+0.52
$I_{2(s)}$, I^-	$\frac{1}{2}I_2 + e \longrightarrow I^-$	+0.536
Hg_2^{2+}, Hg	$\frac{1}{2}Hg^{2+} + e \longrightarrow Hg$	+0.798
Ag^+, Ag	$Ag^+ + e \longrightarrow Ag$	+0.799
Hg^{2+}, Hg	$Hg^{2+} + 2e \longrightarrow Hg$	+0.854
$Br_{2(l)}$, Br^-	$\frac{1}{2}Br_2 + e \longrightarrow Br^-$	+1.066

续表 9-7

电　极	反　应	$\varepsilon^{\ominus}$/V
$Cl_{2(g)}$，Cl^-	$\frac{1}{2}Cl_2 + e \longrightarrow Cl^-$	+0.358
Au^+，Au	$Au^+ + e \longrightarrow Au$	+1.50
$F_{2(g)}$，F^-	$\frac{1}{2}F_2 + e \longrightarrow F^-$	+2.85
O_2，OH^-	$H_2O + \frac{1}{2}O_2 + 2e \longrightarrow 2OH^-$	+0.401
O_2，H_2O	$O_2 + 4H^+ + 4e \longrightarrow 2H_2O$	+1.229

置换沉积过程反应的通式可表示为：

$$z_2Me_1^{z_1+} + z_1Me_2 = z_2Me_1 + z_1Me_2^{z_2+} \tag{9-49}$$

当有过量的置换金属存在的条件下，上述反应将一直进行到平衡为止，也就是将一直进行到两种金属的电化学可逆电位相等时为止，因此其平衡条件可表示如下：

$$\varepsilon_1^0 + \frac{RT}{z_1F}\ln a_1 = \varepsilon_2^0 + \frac{RT}{z_2F}\ln a_2 \tag{9-50}$$

如果两种金属的价态相同，则式（9-40）可改写为：

$$\varepsilon_1^0 - \varepsilon_2^0 = \frac{RT}{zF}\ln\frac{a_2}{a_1} \tag{9-51}$$

由式（9-51）可推导出，在平衡态，溶液中两种金属离子的活度之比可用式（9-52）表示：

$$\frac{a_1}{a_2} = 10^{\frac{(\varepsilon_2^0-\varepsilon_1^0)zF}{2.303RT}} \tag{9-52}$$

根据式（9-52）对某些二价金属置换过程的一些计算结果，如表 9-8 所示。

表 9-8　在平衡状态被置换金属和置换金属离子活度的比值

置换金属	被置换金属	金属的标准电位/V		a_1/a_2
		置换金属	被置换金属	
Zn	Cu	−0.763	+0.337	1.0×10^{-38}
Fe	Cu	−0.440	+0.337	1.3×10^{-27}
Ni	Cu	−0.241	+0.337	2.0×10^{-20}
Zn	Ni	−0.763	−0.241	5.0×10^{-19}
Cu	Hg	+0.337	+0.798	1.6×10^{-16}
Zn	Cd	−0.763	−0.401	3.2×10^{-13}
Zn	Fe	−0.763	−0.440	8.0×10^{-12}
Co	Ni	−0.267	−0.241	4.0×10^{-2}

由表 9-8 可知，在大多情况下，用置换法可以使溶液中被置换金属的离子几乎完全除去。但是，置换过程的进行还取决于置换过程的动力学条件，不仅仅决定于平衡状态。

置换沉积也称为内电解，其理论是根据原电池理论发展起来的，关于电解过程动力学，我们在后续章节会有详细讲解。置换沉积过程的动力学在大多数情况下，可以用一级反应来描述：

$$-\frac{dC_{Me1}}{dt} = K_{C_{Me1}}^n (n = 1) \tag{9-53}$$

影响置换过程速率的因素有多个，首先，用于置换或还原的金属应该和被置换金属结合的物质组成可溶性的配合物，否则无法还原。例如，铁不能与氨组成可溶性的配合物，因此不能用于置换氨液中的铜。

其次，呈固相形态加入用于还原的金属应该过量，这一点在欲除去极少量的较正电性的金属时特别重要。置换金属的表面越大，反应便进行得越迅速和越完全。由此可知，金属还原剂必须尽可能地细磨后再加入溶液，因为置换剂的粒度越小，其表面积越大。

然后，必须进行搅拌，以除去沉积在金属还原剂表面上的被置换的金属。当用铁从溶液中置换铜时，一部分甚至全部的铁表面会被析出的铜所覆盖，因而这个表面会变成惰性。因此，应该使铜溶液以相当大的速度绕还原剂-铁循环，或者是用振动或其他方法除去铁表面松软的沉淀铜。

另外，在置换沉淀过程可能在阴极上发生两个副反应：氧的还原以及氢的析出。在电解质中，经常有一定数量的溶解氧存在。由于氧具有很高的正电位，因此，在阴极容易按照下述反应被还原：

$$O_2 + 4H^+ + 4e^- = 2H_2O \tag{9-54}$$

在许多场合下，还必须考虑到负电性金属与电解质中氢离子的相互反应。如果置换金属的电位处于氢电极在给定条件下的可逆电位之上，那么这种金属便不能与溶液处于平衡状态，并将进行金属的自溶解过程而析出氢气。这将导致阴极上出现下列过程：

$$2H^+ + 2e^- = H_2 \tag{9-55}$$

副反应式（9-54）和式（9-55）对置换过程是不利的，因为会使置换金属无益溶解（没有相当数量的被置换金属析出），并可能在置换后期引起被置换金属的逆溶解。反应式（9-54）的速度决定于氧在电解质中的溶解度，不过，由于氧的溶解度实际上是不大的，因此，氧的阴极还原反应速度也有限。

氢离子的阴极还原速度取决于两个因素，溶液的 pH 值以及氢在被置换金属和置换金属上析出的超电位。电解质的酸性越强以及氢的析出超电位越低，反应式（9-55）的速度便越大。反应式（9-54）和式（9-55）在置换原电池阴极区域的并列进行，会导致置换过程在未达到平衡很早以前便停止。同时，如果沉积物中还原金属的数量不足（其表面由于溶解而急剧减小），那么便会开始有被置换金属的逆溶解作用发生。因此，在置换过程中，置换金属与被置换金属之间能不能达到热力学平衡，不仅取决于欧姆阻力和极化阻力，而且还与上述微电池阴极区域进行的副反应有关。

此外，温度对置换过程的速度和程度有很大影响。随着温度升高，离子向阴极扩散的速度增大、化学极化急剧降低、阳极发生去钝化作用等，可使置换速度增加、置换指标改善。

最后，置换过程中，溶液的阴离子和各种表面活性物质也起着重要的作用。例如，在硝酸盐溶液中，置换过程对电位序规律有各种偏差发生，这是由于硝酸根离子还原为亚硝酸根离子比金属离子还原为金属更加容易。再比如，氯离子可使诸如镍等金属的表面不容易发生钝化，从而氯化物溶液对于用镍置换更正电性的金属离子是有利的。

9.3.3 加压氢还原

用氢使金属从溶液中还原析出的反应可表示如下：

$$Me^{z+} + \frac{1}{2}zH_2 = Me + zH^+ \tag{9-56}$$

对于反应式（9-56），可以分解为两个反应：

$$Me^{z+} + ze = Me \tag{9-57}$$

$$H^+ + e = \frac{1}{2}H_2 \tag{9-58}$$

由于反应式 (9-56) = (9-57) − z(9-58)， 因此，

$$\Delta G_{(9-56)} = \Delta G_{(9-57)} - \Delta G_{(9-58)} = -zF\varepsilon_{Me} + zF\varepsilon_H = -zF(\varepsilon_{Me} - \varepsilon_H) \tag{9-59}$$

为了使反应由左向右进行，反应的吉布斯自由能就必须为负值，即 $\varepsilon_{Me} > \varepsilon_H$ 时，反应式（9-56）向右边进行，直到 $\varepsilon_{Me} = \varepsilon_H$ 建立平衡为止，因此，增加金属的电极电位（ε_{Me}）、降低氢的电极电位（ε_H）有利于增加金属的还原程度。而金属和氢的电极电位可用能斯特方程表示如下：

$$\varepsilon_{Me} = -\frac{\Delta G_1}{zF} = -\frac{\Delta G_1^{\ominus} + RT\ln K}{zF} = -\frac{\Delta G_1^{\ominus}}{zF} - \frac{RT}{zF}\ln K$$

$$= \varepsilon_{Me}^{\ominus} + \frac{2.303RT}{zF}\lg a_{Me^{z+}} \tag{9-60}$$

$$\varepsilon_H = -\frac{\Delta G_2}{F} = -\frac{\Delta G_2^{\ominus} + RT\ln K}{F}$$

$$= -\frac{\Delta G_2^{\ominus}}{F} - \frac{RT}{F}\ln\frac{(p_{H_2}/p^{\ominus})^{\frac{1}{2}}}{a_{H^+}}$$

$$= \varepsilon_H^{\ominus} + \frac{2.303RT}{F}\lg a_{H^+}$$

$$-\frac{2.303RT}{2F}\lg\frac{p_{H_2}}{p^{\ominus}}$$

$$= -\frac{2.303RT}{F}pH - \frac{2.303RT}{2F}\lg\frac{p_{H_2}}{p^{\ominus}} \tag{9-61}$$

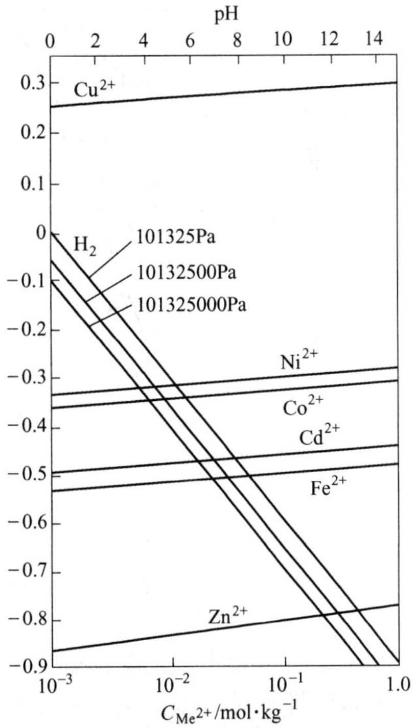

图 9-8 在 25℃下 ε_{Me} 与 Me^{2+} 离子浓度以及 ε_H 与溶液的 pH 值的关系

由式（9-60）可知，金属的电极电位与金属离子在溶液中的浓度有关，溶液中金属离子浓度越高，其电极电位越大。金属电极电位与其离子浓度的关系如图 9-8 所示。

由式（9-61）可知，氢的电极电位与溶液 pH 值和氢的压力有关，氢的压力越大、溶液

pH 越大，氢的电极电位越小。氢的电极电位与氢压力和溶液 pH 值的关系也表示在图 9-8 中。

通过图 9-8 可以简明地分析氢还原过程所需要的热力学条件。很明显，只有当金属高于氢线（金属电极电位大于氢电极电位）时，还原过程在热力学上才是可行的。从图 9-8 可以看出，增大反应（9-56）的还原程度有两个途径。第一个途径是增大氢的压力和提高溶液 pH 值来降低氢电极电位，而且后者比前者更有效，因为氢压力增大 100 倍对电位移动的效果只抵得上 pH 增加一个单位的效果。第二个途径是靠增加溶液中金属离子浓度来提高金属电极电位。

从图 9-8 还可看出，在还原过程中，随着金属离子浓度的减小，ε_{Me} 向更负的方向移动。因此，为了还原过程的进行，除了在溶液中保留一定的金属离子最终浓度以外，还必须在溶液中造成相应的氢电位，也就是必须在溶液中保持相应的 pH 值。如图 9-8 所示，这个条件对标准电位比氢标准电位更低的金属的还原来说具有特别重要的意义。

根据式（9-60）和式（9-61），可以导出金属析出的完全程度与溶液最后 pH 值之间的一定关系。因为反应式（9-56）的平衡是建立在 $\varepsilon_{Me}=\varepsilon_{H}$ 的条件下发生的，因此，关系式具有以下形式：

$$\lg a_{Me^{z+}} = -z\text{pH} - \frac{z}{2}\lg\frac{p_{H_2}}{p^{\ominus}} - \frac{\varepsilon_{Me}^{\ominus}zF}{2.303RT} \tag{9-62}$$

图 9-9 为式（9-62）的图解。

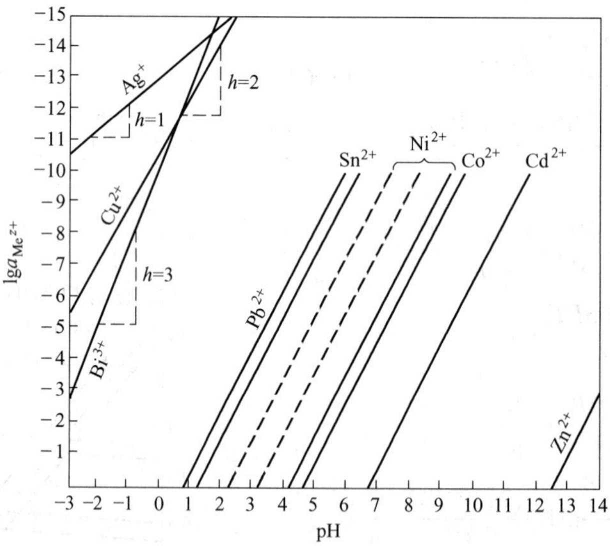

图 9-9　在 25℃及 $p_{H_2}=101325$Pa 的条件下用氢还原金属的可能完全程度

（对镍来说还举例了 $p_{H_2}=1013250$ 和 $p_{H_2}=10132500$Pa）

从图中可以看出，正电性金属的还原，无论溶液的酸度如何，实际上都是可能进行的。对负电性金属（镍、钴、铅和镉等）的还原来说，则必须使由反应式（9-56）形成的酸中和，使溶液中的 pH 值维持在一定的范围内。可用的方法之一是使还原反应在氨溶液中进行，例如：

$$MeSO_4 + H_2 + 2NH_4OH = Me + (NH_4)_2SO_4 + 2H_2O \tag{9-63}$$

$$Me(NH_3)_2SO_4 + H_2 = Me + (NH_4)_2SO_4 \tag{9-64}$$

上述两反应表明，负电性金属（Ni、Co、Cd）在氨溶液中的析出是可能的。锌的还原则必须采用强碱溶液，而且还未必可能实现。在所有情况下，提高氢的压力都会使氢的电位向负值增大，从而使还原过程加速进行。

综合以上分析，可以得出有关加压氢还原过程的理论性结论：

（1）用氢从溶液中还原金属的可能性，可根据标准电极电位的比较加以确定；

（2）正电性的金属实际上可以在溶液的任何酸度下用氢还原；标准电极电位为负值的金属的还原，则需要保持高的 pH，采用氨溶液可以满足这个要求。

以上所讨论的内容，是属于用氢使金属从其盐溶液中还原的热力学的范畴。下面来讨论关于动力学的问题。

根据氢从苏打溶液中还原钒和铀以及从氨溶液中还原铜等方面的动力学研究结果，表明在强烈搅拌溶液以充分消除扩散因素的条件下，还原反应属于零级反应，其速度可用下列通式表示：

$$-\frac{dC}{d\tau} = k\left(\frac{p_{H_2}}{p_{H_2}^{\ominus}}\right)^{1/2} Se^{-\frac{E}{RT}} \tag{9-65}$$

式中，$-\frac{dC}{d\tau}$ 为单位时间内溶液中金属离子浓度的降低，亦即反应速度（瞬间速度）；k 为与单位的选择有关的常数；p_{H_2} 为氢的分压，以 Pa 为压力单位；S 为催化剂表面积；E 为反应的表观活化能。

从式（9-65）可以看出，反应具有明显的多相体系的特点，并且在控制过程速度的阶段中，经常是原子氢参与作用。

已经确定，氢的活化不是在溶液中发生，而是发生在吸附溶液中分子氢的固体表面上。因此可以解释金属总是首先在浸入溶液中的压煮器壁、搅拌桨及其他金属部件上析出这一事实，因为固体的表面乃是独特的催化剂。吸附氢和发生氢活化作用（$H_2 \rightleftharpoons 2H$）的固体表面越大，还原反应也就进行越迅速。因此，在工业条件下，往往在还原前把适当的固体（通常就是待还原的金属粉末）加入溶液中。

从式（9-65）还可看出，随着温度和氢压力的增高，还原反应将加速进行。

习题与工程案例思考题

习　题

9-1　已知 25℃时，反应 $Fe^{3+} + Ag = Fe^{2+} + Ag^{+}$ 的平衡常数 $K=0.531$，$\varepsilon^{\ominus}_{Fe^{3+}/Fe^{2+}}=0.771V$，求 $\varepsilon^{\ominus}_{Ag^{+}/Ag}$。

9-2　如图所示为 V-H_2O 的电位-pH 图，含钒钢渣经氧化焙烧后，钒以 V_2O_5 形式存在含量为 25%，伴生元素有 Si(5%)、O(18%)、S(2%)、Fe(50%)，试设计一种合理的钒的浸出方案。

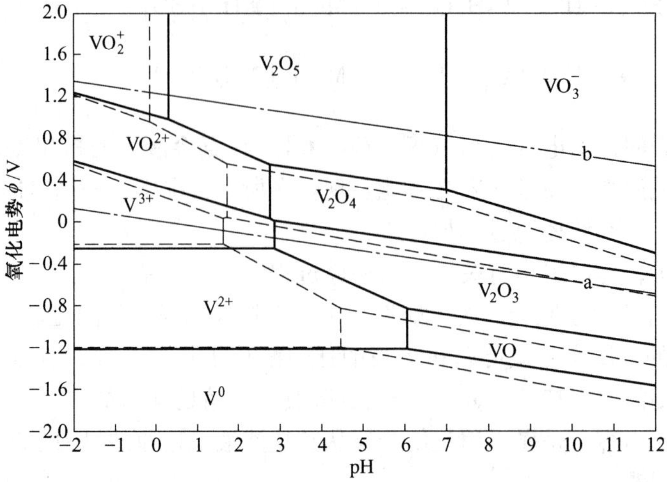

9-3 在 25℃及 101325Pa 下，将 H_2S 气体通入含 Ni^{2+} 5g/L 的硫酸盐溶液中，问 NiS 开始沉淀的 pH 值是多少？已知 $K_{sp(NiS)} = 2.82\times10^{-20}$。

9-4 在置换过程中，通常在阴极区段有何副反应发生？对置换过程有何影响？

9-5 用高压氢从溶液中还原金属时，从热力学角度出发，氢压力大小对过程的影响大于溶液 pH 值变动的影响，对否？

9-6 试述电位-pH 图的结构和绘制方法要点。

工程案例思考题

案例 9-1 含钒矿物的选择性浸出

案例内容：

（1）钒的氧化物及其性质；

（2）$V-H_2O$ 系电位-pH 图；

（3）含钒钢渣的浸出工艺；

（4）石煤钒矿的浸出工艺。

案例 9-2 浸出液中 Ni^{2+} 和 Fe^{2+} 的分离

案例内容：

（1）离子沉淀净化的基本原理；

（2）Fe^{2+} 和 Fe^{3+} 开始沉淀 pH 值的异同；

（3）离子沉淀法分离 Ni^{2+} 和 Fe^{2+} 的基本工艺。

10 萃取和离子交换提纯

10.1 溶 剂 萃 取

10.1.1 概述

溶剂萃取提纯法是利用有机溶剂从与其不相混溶的液相中把某种物质提取出来的方法。在湿法冶金中，溶剂萃取是一种分离、富集或纯化金属的方法，其实质在于使金属离子或其化合物由水溶液（水相）转入与水不相混溶的有机液体（有机相）之中。由此得到的萃合液接着进行反萃取，再使被萃取的金属由有机相转入水相。而有机相经再生后，可返回萃取过程中循环使用。其原则流程如图 10-1 所示。

溶剂萃取是整个湿法冶金流程中的一个过程，用于处理从矿石原料浸出或分解等过程得来的含杂质溶液（即图 10-1 中所示的原液）。

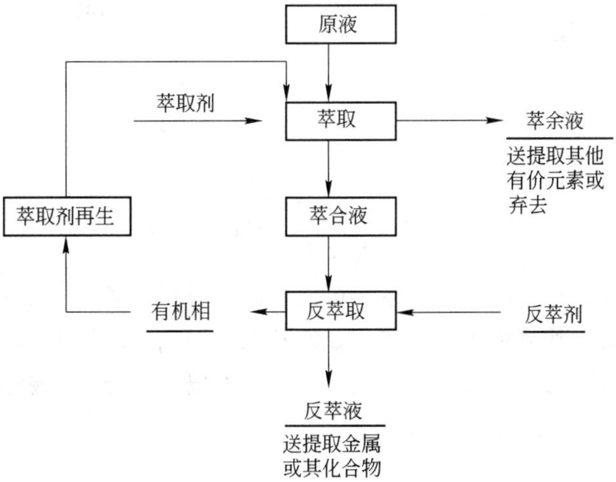

图 10-1　从水溶液中萃取金属的原则流程

溶剂萃取最早只用在分析化学领域。目前，由于溶剂萃取具有平衡速度快、分离效果好、处理能力大、金属回收率高以及容易实现自动化操作等特点而得到多方面的应用。现已应用于钒、铟、铊、锗和碲的提取及净化，铜和钨的提取，镍和钴的分离，钽和铌、锆和铪、钼和铼的提取和分离，稀土和铂族金属的提取、分离和净化等。

10.1.1.1　萃取平衡的基本参数

萃取是多元两相体系中质的传递过程，或是被萃物（溶质）在两相间的分配过程。根据能斯特分配定律，当溶质在两相中状态相同时，其浓度比值应是常数，即分配常数为：

$$K = c_{有} / c_{水} \tag{10-1}$$

式中，$c_{有}$、$c_{水}$分别为溶质在有机相中和水相中的浓度。

分配定律仅适用于溶质浓度较低，接近于理想溶液的简单分配体系。而大多数金属化合物在萃取过程中伴随化学反应，在两相中其分子状态也不完全相同，从而不服从分配定律。因此，为了方便起见，不采用分配常数，而采用分配比来表示溶质在两相中的分配情况。

分配比是当萃取体系平衡时，被萃物在有机相的总浓度与其在水相中的总浓度的比值，以符号 D 表示：

$$D = \frac{\sum c_{有}}{\sum c_{水}} = \frac{c_{1有} + c_{2有} + c_{3有} + \cdots}{c_{1水} + c_{2水} + c_{3水} + \cdots} \tag{10-2}$$

式中，$c_{1有}$、$c_{2有}$、$c_{3有}$ …和 $c_{1水}$、$c_{2水}$、$c_{3水}$ …分别表示在有机相和水相中不同化学形式的溶质浓度；D 是一个无量纲的量，随溶质的浓度、萃取剂的浓度等条件改变而改变，D 也表示在一定条件下萃取剂萃取金属离子的能力，分配比越大，萃取金属离子的能力就越强。

萃取率是被萃物（溶质）进入有机相的量占被萃物的原始总量的百分率，它表征了萃取平衡时萃取剂的实际萃取效果，用符号 E 表示：

$$E = \frac{\text{被萃物在有机相中的量}}{\text{被萃物的原始总量}} \times 100\% = \frac{c_{有} V_{有}}{c_{有} V_{有} + c_{水} V_{水}} \times 100\% = \frac{D}{D + \dfrac{V_{水}}{V_{有}}} \times 100\% \tag{10-3}$$

当 $V_{水} = V_{有}$时，得到：

$$E = \frac{D}{D + 1} \times 100\%$$

上式表明了萃取率与分配比的关系。可以看出：分配比越大，则萃取率越高；$V_{水} / V_{有}$越小，则萃取率越高。萃取率越高，该萃取剂萃取金属离子的能力越强。

为了说明两种溶质的分离效果，引入分离系数的概念。分离系数 β 等于溶质 1 和溶质 2 的分配比 D_1 和 D_2 的比值即：

$$\beta = D_1 / D_2 \tag{10-4}$$

显然，易被萃取溶质的分配比与不易被萃取的溶质的分配比相差越大，β 与 1 的差值越大，两种溶质的分离效果便越好；β 值越接近于 1，其分离效果愈差；若 $\beta = 1$，则表明两种溶质不能萃取分离。在实际应用中要求萃取体系的 $\beta \geqslant 2$。

10.1.1.2　萃取体系的组成

有机溶剂萃取体系由有机溶剂和水溶液组成，它们由于密度差别而分层，一般两液层之间有明显的界面，分别称这两个液层为有机相和水相。通常有机相密度小于水相，所以在水相之上。每个相内部的物理和化学性质是完全均匀的。水相中含有被萃取物及其他杂质，以及为改善萃取效果而加入的各种添加剂等。有机相通常含有萃取剂和稀释剂或仅含萃取剂，不含稀释剂。

A 萃取剂

萃取剂是一种有机试剂，能与被萃取物（如金属离子）相结合，并使被萃取物转入有机相。

在金属离子的分离中，萃取剂的选择主要从金属离子的萃取分离、分配比和萃取剂本身的物理性质等几个方面来考虑。理想的萃取剂应满足有选择性，有高的萃取容量，在萃取液反萃后易于再生，易于与水相分离，操作安全，并在萃取或反萃取时不易被酸、碱所分解，对氧化剂和还原剂比较稳定，价格低廉和来源充足等特点。

实际中，要找到一种能完全满足以上要求的萃取剂是不可能的，所以要根据具体情况来选择合适的萃取剂。

B 稀释剂

在萃取过程中不与被萃取物发生化学作用，只改变有机相的物理性质的溶剂称为稀释剂。它仅起溶剂作用以调节萃取剂的浓度和降低有机相的黏度和密度，并不改变有机相的化学性质，故又称之为惰性溶剂。

从萃取化学的角度看来，稀释剂在萃取过程中主要具有以下三种作用：

（1）改变萃取剂的浓度，以便调节与控制萃取剂的萃取能力，使之有利于元素的分离。

（2）改变萃取剂的萃取性能。在生产实践和大量的萃取试验中发现，稀释剂对萃取剂的萃取性能有较显著的影响。对同一种萃取剂，使用不同的稀释剂时，萃取性能会有显著的变化。

（3）改变萃合物在有机相中的溶解度。稀释剂除与萃取剂之间发生作用，影响到对金属离子的萃取外，也可与萃合物作用，对金属离子的萃取率发生影响，这种作用集中地表现在萃合物在稀释剂中溶解度的大小上。

由上述可知，在选择稀释剂时，除了考虑到其物理性能好，化学稳定性高等因素外，还应考虑它对萃取剂的选择性、萃取率、萃取容量等方面产生的影响。

C 各种添加剂

（1）盐析剂。是在体系中加入一种本身不被萃取，但与被萃物的酸根相同，并能使被萃物的萃取率提高的盐类。

（2）萃合物。是萃取剂与被萃取物发生化学反应生成的不易溶于水而易溶于有机相的化合物。

（3）改质剂。为了增加萃取剂、萃取剂的盐类或金属萃合物的溶解度，而在有机相中加入的高碳醇等有机物。

10.1.2 萃取机理与萃取平衡

一个萃取体系的优劣，在很大程度上取决于萃取剂的特性。萃取剂的萃取能力及选择性在很大程度上取决于萃取剂的结构（包括原子的化合顺序和其空间排列，以及定量的组成）和分子的物理状态（原子和键的极性、极化度、溶解度和聚合性能等）。

不同的萃取剂，萃取机理不一样，根据萃取剂在萃取过程中的萃取机理，萃取体系可以分为三类，分别为中性萃取体系、阴离子交换萃取体系、阳离子交换萃取体系。下面分别进行讨论。

10.1.2.1 中性萃取体系

这类萃取体系的特点是：萃取剂本身以中性分子存在；被萃取物以中性分子与萃取剂作用；生成的萃合物也是中性溶剂化配合物。例如，用溶在煤油中的 TBP（磷酸三丁酯）从硝酸介质中萃取 $UO_2(NO_3)_2$，在水相中的铀，虽然呈 UO_2^{2+}、$UO_2(NO_3)^+$、$UO_2(NO_3)_2$、$UO_2(NO_3)_3^-$ 等多种形态存在，但被萃取的是中性分子 $UO_2(NO_3)_2$。TBP 与 $UO_2(NO_3)_2$ 结合起来所生成的萃合物 $UO_2(NO_3)_2 \cdot 2TBP$ 也是中性分子。

此外，在硝酸或弱酸性溶液中，类似机理也出现在稀土元素的萃取中，如下列各反应所示：

$$La^{3+} + 3NO_3^- + 3TBP_{有} \longrightarrow La(NO_3)_3 \cdot 3TBP_{有}$$
$$Ce^{4+} + 4NO_3^- + 2TBP_{有} \longrightarrow Ce(NO_3)_4 \cdot 2TBP_{有}$$
$$RE^{3+} + 3NO_3^- + 3P_{350有} \longrightarrow RE(NO_3)_3 \cdot 3P_{350有}$$
$$Ce^{3+} + 3CNS^- + 4TOPO_{有} \longrightarrow Ce(CNS)_3 \cdot 4TOPO_{有}$$
$$Ce^{3+} + 3CNS^- + 4DOSO_{有} \longrightarrow Ce(CNS)_3 \cdot 4DOSO_{有}$$

上述中性络合萃取反应中，中性的有机萃取剂（如 TBP、P_{350}（甲基膦酸二-(1-甲基庚酯))、TOPO（三辛基氧化膦）、DOSO（二正辛基亚砜）等）与被萃取物的中性化合物（如 $La(NO_3)_3$、$Ce(CNS)_3$ 等）结合成中性配合物（如 $La(NO_3)_3 \cdot 3TBP$，$Ce(CNS)_3 \cdot 4DOSO$ 等）而被萃取进入有机相。

按中性络合机理萃取金属离子的萃取剂有中性磷型萃取剂、含氧萃取剂、含 P=S 官能团的中性磷硫萃取剂和中性含氮萃取剂等。在湿法冶金中广泛使用的是中性磷型萃取剂。

下面以用 TBP 从硝酸溶液中进行萃取为例进行萃取平衡的讨论。

萃取反应以下式描述：

$$Me^{n+} + nNO_3^- + qTBP \rightleftharpoons Me(NO_3)_n \cdot qTBP$$

在水溶液中 Me^{n+} 和稀释剂中 TBP 为低浓度的情况下：

$$K_c = \frac{c_{Me(NO_3)n \cdot qTBP}}{c_{Me^{n+}} c_{TBP}^q c_{NO_3^-}^n} \tag{10-5}$$

由于分配比 $D = c_{Me(NO_3)_n \cdot qTBP}/c_{Me^{n+}}$，可得 $K_c = \dfrac{D}{c_{TBP}^q c_{NO_3^-}^n}$。在 $c_{NO_3^-}$ = 常数时，$D = K' c_{TBP}^q$，

则得：

$$\lg D = \lg K' + q\lg c_{TBP} \tag{10-6}$$

式中，$K' = K_c c_{NO_3^-}^n$。

根据 $\lg D - \lg c_{TBP}$ 直线的斜率，可以确定溶剂化数的值 q。

盐析剂（HNO_3 或如 $NaNO_3$、$Al(NO_3)_3$ 的各种硝酸盐）的存在，对于用 TBP 从硝酸溶液中进行萃取的指标有很大影响。

制约盐析剂作用的因素有：

（1）D 由于不离解的配合物的浓度升高而增大；

（2）盐析剂离子的水化，会使未结合水的浓度减小并促使被萃取离子的脱水和萃取

剂分子的溶剂化。

在用 TBP 进行萃取中，酸也会从硝酸水溶液中被萃取转入有机相中，由于萃取剂的结合，酸浓度的增大可伴随 D 的减小（例如，在萃取 U、Th 时的情况就是如此）。在其他情况下，因为阻止水解的因素以及保证形成不离解分子具有优势影响，随着 HNO_3 浓度的增大，D 不断升高，即萃取能力增强。

10.1.2.2 阴离子交换萃取体系

阴离子交换萃取剂是属于阴离子交换的离子缔合萃取体系。萃取剂中阴离子与金属络合阴离子进行交换，形成离子缔合体而被萃取进入有机相。所用萃取剂有胺类有机物和含氧中性萃取剂。本节以在湿法冶金中广泛应用于萃取分离金属的胺类有机物萃取剂为例讲述其一般规律。

属于胺盐萃取剂的主要有伯、仲、叔胺以及季铵盐。伯、仲、叔胺萃取剂在酸性溶液中，如在 H_2SO_4 溶液中，分别生成 $RNH_3^+HSO_4^-$、$R_2NH_2^+HSO_4^-$、$R_3NH^+HSO_4^-$；在 HCl 溶液中，分别生成 $RNH_3^+Cl^-$、$R_2NH_2^+Cl^-$、$R_3NH^+Cl^-$。在此时，如有金属离子存在时，即可被萃取，如在 H_2SO_4 和在 HCl 介质中用三辛胺萃取铀和钴，其反应分别如下：

$$UO_2(SO_4)_2^{2-} + (R_3NH)_2SO_{4有} \rightleftharpoons (R_3NH)_2UO_2(SO_4)_{2有} + SO_4^{2-}$$

$$CoCl_4^{2-} + 2R_3NH^+Cl^-_{有} \rightleftharpoons (R_3NH^+)CoCl^{2-}_{4有} + 2Cl^-$$

萃取剂也可以是季铵盐（$R_4N^+Cl^-$），此时已形成阳离子，不再需要与 H^+ 结合，所以可以在中性或碱性溶液中萃取金属，从而适应性扩大。

在阴离子交换萃取的情况下，被萃取转入有机相中的含金属阴离子具有不同的性质。如 Re、Mo、W 等金属，在水溶液中以 ReO_4^{2-}、MoO_4^{2-}、WO_4^{2-}、$Mo_7O_{24}^{6-}$、$HW_8O_{21}^{5-}$、$H_2W_{12}O_{42}^{10-}$、$H_2W_{12}O_{40}^{6-}$ 等简单的或多聚的阴离子形态存在，并转入有机相中。多电荷的阴离子多半以电荷较少的质子形态被萃取。而大多数金属以络合阴离子形态转入有机相，如 $CoCl_4^{2-}$、$FeCl_4^-$、$PtCl_6^{2-}$、TaF_4^{2-} 等。但在水溶液中占优势的形态也可能不是金属的络合阴离子，而是阳离子。

水溶液中存在的阴离子的萃取用下列公式表示：

$$A^{n-}_{水} + n(AmX)_{有} \rightleftharpoons (Am_nA)_{有} + nX^-_{水}$$

式中，Am^+ 表示在用季铵盐萃取里的 R_4N^+ 或者是用胺萃取时的 $R_xNH^+_{4-x}(x = 1 \sim 3)$。

平衡常数为：

$$K_c = \frac{c_{(Am_nA)_{有}} c^n_{X^-_{水}}}{c_{A^{n-}_{水}} c^n_{(AmX)_{有}}} \tag{10-7}$$

分配比为：

$$D = c_{(Am_nA)_{有}} / c_{A^{n-}_{水}} \tag{10-8}$$

取对数得：

$$\lg D = \lg K_c + n\lg c_{(AmX)_{有}} - n\lg c_{X^-_{水}} \tag{10-9}$$

可见，分配比是随着水溶液中 X^- 离子浓度增大而减小。当 $c_{(AmX)_{有}}$ = 常数时，直线 $\lg D = f(\lg c_{X^-_{水}})$ 的斜率等于阴离子的电荷数 n。

在 $c_{(AmX)_{有}}$ 及 $c_{X^-_{水}}$ 等于1时，分配比 D 和平衡常数 K_c 相等。其值与阴离子的水化能有关联。水化能越大，平衡常数 K_c 和分配比 D 也就越小，阴离子由水相转入有机相就越困难，萃取能力减小。

阴离子平衡常数递减的次序为 $ClO_4^- > NO_3^- > Cl^- > HSO_4^- > F^- > OH^-$；与此相对应的水化能递增的次序如表 10-1 所示。

表 10-1 阴离子水化能

离　子	ClO_4^-	NO_3^-	Cl^-	F^-	OH^-
水化作用的 $-\Delta G^{\ominus}$/kJ·mol^{-1}	209	289	330	447	463

10.1.2.3 阳离子交换萃取体系

属于这个类型的萃取是用有机酸（如用羧酸（通式为 RCOOH）分离镍、钴）及其盐以及螯合剂对金属阳离子进行萃取的过程，被萃取的金属阳离子交换萃取剂中的阳离子（H^+）的过程发生在相间的界面上，所以萃取机理属于相同阳离子交换。

螯合萃取剂，如 β-双酮类等。它们有酸性官能团和配位官能团。金属离子与酸性官能团作用置换出氢离子，形成一个共价键，而配位官能团又与金属离子形成一个配位键，故它们和金属离子形成疏水螯合物而进入有机相，称为螯合萃取。

在用螯合剂进行萃取的过程中，萃取反应通式表示为：

$$Me^{n+}_{水} + n\,HA_{有} \rightleftharpoons MeA_{n有} + nH^+$$

$$K_c = c_{MeA_{n有}} \cdot c^n_{H^+}/(c_{Me^{n+}水} \cdot c^n_{HA有}) \tag{10-10}$$

一般认为，萃取反应中的萃合物是在水相中形成的，然后萃合物在两相中分配进入有机相。因此，总的萃取反应平衡由以下四个平衡组成。

首先是螯合剂 HA 在两相中分配：

$$HA_{水} \rightleftharpoons HA_{有}$$

$$L_{HA}(分配常数) = c_{HA_有}/c_{HA_水} \tag{10-11}$$

其次螯合剂在水相中解离：

$$HA_{水} \rightleftharpoons H^+ + A^-$$

$$K_d(离解常数) = \frac{c_{H^+}c_{A^-}}{c_{HA_水}} \tag{10-12}$$

再次，金属配合物在水相中形成：

$$Me^{n+} + nA^- \rightleftharpoons MeA_n$$

$$\beta_{MeA_n}(金属络合物稳定常数) = \frac{c_{MeA_n}}{c_{Me^{n+}}c^n_{A^-}} \tag{10-13}$$

最后，金属配合物在两相中分配：

$$MeA_{n水} \rightleftharpoons MeA_{n有}$$

$$L_{MeA_n}(金属络合物分配常数) = c_{MeA_{n有}}/c_{MeA_{n水}} \tag{10-14}$$

在水相中，Me^{n+} 不发生水解、聚合和其他络合反应，以及有机相仅以 MeA_n 单一形态存在时，可将以上各常数代入式（10-10）中，从而得到 K_c 与各常数之间的关系如下：

$$K_c = L_{MeA_n}\beta_{MeA_n}(K_d/K_{HA})^n \tag{10-15}$$

当 Me^{n+} 在水相中的浓度可忽略不计时，则萃取金属离子的分配比可表示为：

$$D = K_c \frac{c^n_{HA_{有}}}{c^n_{H^+_{水}}} = L_{MeA_n}\beta_{MeA_n}\left(\frac{K_d}{L_{HA}}\right)^n \frac{c^n_{HA_{有}}}{c^n_{H^+_{水}}} \tag{10-16}$$

式（10-16）表明，对电荷为 n^+ 的金属离子，其中性螯合物的分配比 D 值与有机相中螯合剂平衡浓度的 n 次幂成正比，与水相中氢离子浓度的 n 次幂成反比。

10.1.3 协同萃取

当有机相是由两种或两种以上萃取剂组成，在萃取某一金属离子或其化合物时，如果其分配比 $D_{协}$ 显著大于每一萃取剂在相同条件下单独使用时的分配比之和 $D_{和}$，这种现象称为协同效应，这种萃取体系称为协同萃取体系。反之，$D_{协} < D_{和}$ 称为反协同效应和反协同萃取体系。$D_{协} = D_{和}$ 时，两种萃取剂互不发生作用，它们与被萃取物也不生成包含两种或两种以上萃取剂的协萃配合物。

协萃的机理比较复杂。下面以两类主要的协同萃取体系为例进行讨论。

10.1.3.1 阳离子交换萃取剂-中性萃取剂体系的协萃机理

阳离子交换萃取剂和中性萃取剂的协萃机理主要有三个类型：

（1）加和机理。当阳离子交换萃取剂与中性萃取剂混合使用时，中性萃取剂与金属配位形成加和物，一般由下列反应表示：

$$Me^{n+} + n\,HA_{有} + qS_{有} \longrightarrow MeA_n \cdot qS_{有} + nH^+$$

式中，S 为中性萃取分子。

形成的加和物较稳定，使萃取分配比显著提高，产生协同效应。

（2）取代机理。在阳离子交换萃取中，由于中性萃取剂的加入而取代萃合物中阳离子交换萃取剂，形成混合配合物。由于取代出来的阳离子交换剂继续萃取金属离子，并生成如 $MeA_n(HA)_{n-q}S_q$ 所示的混合配合物，比原来的配合物 $MeA_n(HA)_n$ 更稳定，因而产生协同效应，分配比提高。其取代机理通式表示如下：

$$MeA_n(HA)_{n有} + qS_{有} \longrightarrow MeA_n(HA)_{n-q}S_{有} + qHA_{有}$$

（3）挤水机理。如果金属离子 Me^{n+} 的配位数大于其价数的 2 倍（即大于 $2n$），则螯合物 MeA_n 的配位数未达到饱和，这样就有水分子要配位上去而不利于萃取。例如，用 HTTA（噻吩甲酰三氟丙酮）萃取 UO_2^{2+}，生成 $UO_2(TTA)_2 \cdot 2H_2O$，如果加入中性萃取剂 TBP，便优先与 $UO_2(TTA)_2$ 配位，挤掉全部或部分的水分子，生成丧失亲水性的协萃配合物，产生协同效应，使萃取率和分配比显著提高。

挤水机理通式表示如下：

$$MeA_n(H_2O)_{x有} + qS_{有} \longrightarrow MeA_n(H_2O)_{x-q}qS_{有} + qH_2O$$

10.1.3.2 阴离子交换萃取剂-阳离子交换萃取剂体系的协萃机理

这两类萃取剂相混合进行萃取的协萃机理，属于配合物中的无机阴离子被有机阴离子取代机理类型，结果导致形成更易于萃取的化合物，产生协同效果。萃取的化学交互反应通式表示如下：

$$(AmH^+)(MeY_x^-)_{有} + x\,HA_{有} \longrightarrow (AmH^+)(MeA_x^-)_{有} + xHY$$

式中，HA 为有机酸；HY 为矿物酸（无机酸）；Am 为胺分子。

10.2 离子交换

10.2.1 概述

在湿法冶金中，离子交换是从含有价金属的电解质溶液中提取金属的方法之一。整个过程分两步进行：先使溶液（料液）与离子交换剂中固态物质（树脂）接触，离子交换剂便能以离子交换形式从溶液中吸附同性电荷的离子（欲提取离子）。再经一次水洗后，加入淋洗剂，将吸附在离子交换剂上的欲提取离子转入淋洗液中。淋洗液送去回收金属，离子交换剂经两次水洗后可循环使用。像这种基于固体离子交换剂与电解质水溶液接触时，溶液中的某种离子与交换剂中的同性电荷离子发生交换作用而提取物质的方法称为离子交换法。

离子交换树脂是一种人工合成的有机高分子固体聚合物，一般由三部分组成：

（1）高分子部分。高分子部分是树脂的主干，起连接树脂功能团的作用。常为聚苯乙烯或聚丙烯酸酯等的线状高分子化合物。

（2）交联剂部分。它把高分子部分链交联起来，使其具有三维的网络结构（树脂的骨架）。通常为二乙烯苯，其所占质量分数称为树脂的交联度。

（3）功能团部分。它是固定在高分子部分上的活性离子基团，在电解质水溶液中可电离出可交换离子（如—SO_3H 中的 H^+）与溶液中的离子交换。

按照树脂中被交换离子电荷的符号，离子交换树脂分为阳离子交换树脂与阴离子交换树脂。另外还有一类能同时实现阳离子和阴离子的交换，称为两性离子交换剂。如果将它们的骨架表示为 R（带有固定离子），则阳离子交换反应以下式表示：

$$2RH + Ca^{2+} \rightleftharpoons R_2Ca + 2H^+$$

阴离子交换反应表示为：

$$2RCl + SO_4^{2-} \rightleftharpoons R_2SO_4 + 2Cl^-$$

离子交换法由于其工艺简单，对不同离子的分离效果好。所以，在湿法冶金、化学工艺以及其他领域得到广泛应用。

10.2.2 离子交换平衡

当树脂与电解质溶液接触时，电解质溶液中的离子便与树脂中的离子发生离子交换，直到达到动态平衡。如：

$$2\,\overline{H} + Ca^{2+} \rightleftharpoons 2H^+ + \overline{Ca}$$

$$2\,\overline{Cl} + SO_4^{2-} \rightleftharpoons 2Cl^- + \overline{SO_4}$$

式中，$\overline{H}$ 和 $\overline{Cl}$ 分别表示吸附在树脂相的 H^+ 和 Cl^-，树脂相以头上短横线“-”标记。

用通式表示为：

$$z_B\,\overline{A} + z_A B \rightleftharpoons z_B A + z_A\,\overline{B} \tag{10-17}$$

式中，z_A 和 z_B 为离子 A 和 B 的电荷（此处省略了离子的价态符号）。

在实际中，通常用离子交换常数、分配比、分离系数来表征交换平衡的情况。

10.2.2.1 离子交换常数

对式（10-17）来说，根据质量作用定律，热力学平衡常数为：

$$K_{B/A} = a_A^{z_B}\overline{a}_B^{z_A}/(\overline{a}_A^{z_B}a_B^{z_A}) \tag{10-18}$$

式中，$\overline{a}_A$、$\overline{a}_B$ 及 a_A、a_B 为离子在树脂中和溶液中的活度。

实际上，由于缺乏有关树脂相中的活度系数的数据，在离子交换平衡的理论研讨中，热力学平衡常数采用表观（浓度）平衡常数：

$$\tilde{K}_{B/A} = c_A^{z_B}\overline{c}_B^{z_A}/(\overline{c}_A^{z_B}c_B^{z_A}) \tag{10-19}$$

式中，$\overline{c}_A$、$\overline{c}_B$ 及 c_A、c_B 为离子在树脂中和在溶液中的物质的量浓度。

如果溶液中被交换离子的活度系数已知，有时为了估算离子交换平衡，采用校正浓度常数：

$$\overline{K}_{B/A} = \overline{c}_B^{z_A}a_A^{z_B}/(a_B^{z_A}\overline{c}_A^{z_B}) = \tilde{K}_{B/A}\gamma_A^{z_B}/\gamma_B^{z_A} \tag{10-20}$$

式中，γ_A 和 γ_B 为离子在溶液中的活度系数。

显然，$\tilde{K}_{B/A}$（或 $\overline{K}_{B/A}$）越大，表示树脂对溶液中的离子亲和力越大，树脂对溶液中离子的选择性越大。从实用目的来说，运用分配比 D 和分离系数或选择系数 $T_{B/A}$ 来表示树脂的选择性更为方便。

10.2.2.2　分配比

分配比等于离子交换达平衡时，交换离子在树脂中和溶液中的浓度之比值：

$$D_A = \overline{c}_A/c_A \tag{10-21}$$

联合式（10-19）和式（10-21）可知，分配比与平衡常数和溶液的浓度有关。显然 D_A 越大，分离越好。

10.2.2.3　分离系数

当溶液中存在两种待分离的离子 A 和 B 时，常用分离系数来表示这两种离子的分离效果。分离系数等于相同条件下两离子分配比的比值：

$$T_{B/A} = D_B/D_A = (\overline{c}_B/\overline{c}_A)(c_A/c_B) \tag{10-22}$$

分离系数是一个定量特征值，可说明树脂分离两离子 A 和 B 的能力，也就是树脂的选择性能。当 $T_{B/A} = 1$ 时，$\overline{c}_B/\overline{c}_A = c_B/c_A$，A、B 在树脂相的浓度比与溶液中的浓度比相等；$T_{B/A}$ 与 1 差值越大，表示分离越容易。

习题与工程案例思考题

习　题

10-1　分配常数与分配比有什么不同？为什么要在生产实践中采用分配比表示溶质在有机相和水相中的分配情况？

10-2　什么是萃取率？萃取率与分配比的关系是什么？

10-3　给出分离系数的定义。在实际应用中，对萃取体系的分离系数有何要求？

10-4　举例说明溶剂化萃取的原理和特点。

10-5　试举例讨论胺盐萃取机理。

10-6　什么叫作协同萃取？试分析两类主要协同萃取体系的协萃机理。

10-7 概述离子交换的基本原理。在湿法冶金中，离子交换有何作用？

10-8 离子交换树脂主要由哪三部分组成，分别有何作用？

10-9 离子交换的选择性如何评定？主要有哪些影响因素？

工程案例思考题

案例 10-1 钨的萃取

案例内容：

（1）萃取法提取金属的原理；

（2）钨的提取中萃取剂的选择；

（3）萃取反应；

（4）萃合率影响因素分析。

案例 10-2 离子交换法除去水溶液中的少量 Mg^{2+}

案例内容：

（1）离子交换树脂的选择；

（2）离子交换反应；

（3）离子交换树脂对 Mg^{2+} 选择性影响因素分析；

（4）离子交换树脂的再生。

11 电解过程

11.1 概　　述

电解的实质是电能转化为化学能的过程。根据电解质性质的不同，将电解过程分为熔盐电解和水溶液电解两种。电解方法冶炼金属主要适用于有色金属。

有色金属的水溶液电解质电解应用在两个方面：（1）从浸出（或经净化）的溶液中提取金属；（2）从粗金属、合金或其他冶炼中间产物（如锍）中提取金属。这样，在有色金属的电解生产实践中就有两种电解过程：从浸出（或经净化）的溶液中提取金属，是采用不溶性阳极电解，叫作电解沉积；从粗金属、合金或其他冶炼中间产物（如锍）中提取金属，是采用可溶性阳极电解，称为电解精炼。两种电解是有差别的，但它们的理论基础都遵循电化学规律。

11.2 熔盐电解

熔盐电解对有色金属冶炼来说具有特别重要的意义，在制取轻金属冶炼中，熔盐电解不仅是基本的工业生产方法，也是唯一的方法。如镁、铝、钙、锂、钠等金属都是用熔盐电解法制得的，铝、镁的熔盐电解已形成大规模工业生产。其原因是各种轻金属在电势序中属于电势最负的金属，不能用电解法从其盐类的水溶液中析出，在水溶液电解的情况下，阴极上只有氢析出，且只有该金属的氧化水合物生成，这样轻金属只能从不含氢离子的电解质中以元素状态析出，且只有该金属的氧化水合物生成，这样轻金属只能从不含氢离子的电解质中以元素状态析出，这种电解质就是熔盐。许多稀有金属如钍、钽、铌、锆、钛也可用熔盐电解法制得。

11.2.1 熔盐电解过程的阴极和阳极反应

熔盐电解符合电解质电解的一般规律，利用熔盐制取金属的过程中，金属的沉积发生在阴极上，阳极一般选择导电性好且不溶于熔盐或金属的材料——炭制材料。

阴极反应一般表现为金属离子得到电子转化为金属原子，如

$$2Al^{3+} + 6e = 2Al$$

$$Mg^{2+} + 2e = Mg$$

阳极反应比较复杂，有可能表现为多元反应。对氯化镁熔盐电解反应，有

$$2Cl^- - 2e = Cl_2(g)$$

对铝电解则有

$$3O^{2-} + 1.5C - 6e = 1.5CO_2$$

这种反应导致炭制阳极的消耗。

熔盐中有多种离子存在时，对阳极遵从析出电势低的元素先析出的基本规律。

11.2.2 分解电压

在可逆情况下使电解质有效组元分解的最低电压，称为理论分解电压 V_e。理论分解电压是阳极平衡电极电势 $\varepsilon_e(A)$ 与阴极平衡电极电势 $\varepsilon_e(K)$ 之差。

$$V_e = \varepsilon_e(A) - \varepsilon_e(K) \tag{11-1}$$

当电流通过电解槽，电极反应以明显的速度进行时，电极反应将会明显偏离平衡状态，而成为一种不可逆状态，这时的电极电势就是不平衡电势，阳极电势偏正，阴极电势偏负。这时，能使电解质熔体连续不断地发生电解反应所必需的最小电压叫作电解质的实际分解电压。显然，实际分解电压比理论分解电压大，有时甚至大很多。

实际分解电压简称分解电压 V，是阳极实际析出电势 $\varepsilon(A)$ 和阴极析出电势 $\varepsilon(K)$ 之差。

$$V = \varepsilon(A) - \varepsilon(K) \tag{11-2}$$

当得知阴极、阳极在实际电解时的偏离值（称为超电势）时，就可以算出某一电解质的实际分解电压。表 11-1 为镁电解质中部分组元的分解电压。温度系数大表示分解电压随温度的变化较大。

表 11-1 镁电解质中各组元的分解电压（800℃）

电解质组元	分解电压/V	温度系数	电解质组元	分解电压/V	温度系数
LiCl	3.30	1.2×10^3	KCl	3.37	1.7×10^3
NaCl	3.22	1.4×10^3	MgCl	2.51	0.8×10^3
$CaCl_2$	3.23	1.7×10^3	$BaCl_2$	3.47	4.1×10^3

11.2.3 电极极化

由于电流通过电解槽时，电极反应偏离了平衡状态，电解时的实际分解电压比理论分解电压要大很多。通常将这种偏离平衡电极电势的现象称为极化现象。电解过程实际分解电压和理论分解电压之差称为超电压。极化现象是由电化学极化和浓差极化而引起的。

为了定量表述极化的程度，引入了超电势 $\Delta\varepsilon$ 的概念。和超电压对应，超电势是指实际电极电势 ε 和理论电极电势 ε_e 之差。

对阳极过程，有

$$\Delta\varepsilon(A) = \varepsilon(A) - \varepsilon_e(A) \tag{11-3}$$

对阴极过程，有

$$\Delta\varepsilon(K) = \varepsilon(K) - \varepsilon_e(K) \tag{11-4}$$

$\Delta\varepsilon$ 习惯上常常写成 η。超电势越大，表明电极偏离平衡状态越远，即极化程度越大。

超电势与电流密度有关。电流密度越高，即电流强度越大，其超电势越大。当电流密度较小时，电极上被氧化或还原的离子消耗不大，扩散能保证向电极表面供应反应物质，反应生成物也能及时排开，这时，电极反应速度决定于电化学速度，过程处于电化学动力区。当电流密度增大时，电极反应速度随之增大，电流密度越大，电极反应速度增加越多。若电流密度增加到一定值时，会致使扩散速度不能保证向电极表面供应相应数量的反应物质，这时传质因素就限制着电极反应速度，也就是说电极反应的反应速度决定于扩散速度，过程处于扩散动力学区。这个最大电流密度叫作极限电流密度。描述电极过程单个电极上电流密度与电极电势关系的曲线称为极化曲线。图 11-1 给出了典型的阴极极化曲线的形式。对于阴极极化曲线来说，随着电流密度的增加，电极电势向负的方向变化，而对阳极则与此相反。

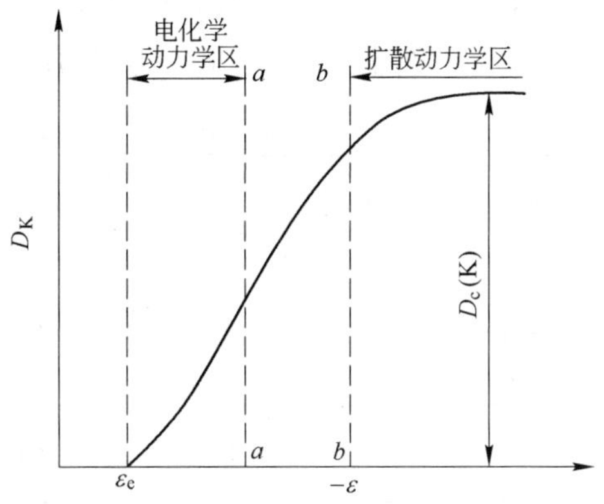

图 11-1 电化学动力学区和扩散动力学区的阴极极化曲线

由图可以看出，电极反应化学动力学曲线大致以图 11-1 中 *aa* 线为界，纯扩散动力学区则以 *bb* 线为界。在 *aa* 线和 *bb* 线之间存在混合动力学区。阳极极化曲线原理和阴极极化曲线相同，不同之处是随着电流密度的增高而向正值方向偏离。当电流密度较小时，电极电势偏离平衡电势也较小，电极过程处于电化学动力学区，随电流密度增大，阴极极化值增大，反应速度也增大。当电流密度增加到某一值后，由于扩散不能在单位时间内向电极表面供应足够数量的阳离子而开始使电极反应速度变慢。这种阻碍作用随着阴极极化的增大而愈加强烈，电极反应速度也越来越受到扩散的限制。当达到极限电流密度时，扩散速度已达到可能的最大值，极化曲线与横轴平行。这时，再用增大极化的方法已不可能再增大电极反应速度，只能靠采取强化扩散的措施。

11.2.4 熔盐电解过程的特殊现象

熔盐电解质电解的最大特点是：高温过程，电解质为熔盐。这使得其具有不同于水溶液电解的特点，如阳极效应现象、熔盐与金属的相互作用、去极化明显、电流效率低等。

11.2.4.1 阳极效应

阳极效应是以炭阳极进行熔盐电解时呈现的一种特殊现象。以铝熔盐电解为例，当冰晶石-氧化铝体系熔体对炭素电极润湿良好时，阳极反应所产生的气体能够很快地离开阳极表面，电解能够正常进行。若润湿不好，则阳极会被阴极反应生成的气体形成一层气膜覆盖，不能和电解质正常接触，这时将会发生阳极效应。发生阳极效应时，电解过程的槽电压会急剧上升，电流强度则急剧下降。同时，在电解质与浸入其中的阳极之间的界面上出现细微火花放电的光环。覆盖在阳极上的气膜并不是完全连续的，在某些点，阳极仍与周围的电解质保持简短的接触。在这些点上，产生很大的电流密度。产生阳极效应的最大电流密度称为临界电流密度。临界电流密度和许多因素有关，其中主要有：熔盐的性质、表面活性离子的存在、阳极材料以及熔盐温度等。在这个体系中，Al_2O_3 便是能降低熔融冰晶石与炭界面上的界面张力的表面活性组分。熔盐对非炭质材料（如金属、氧化物等）的润湿角比对炭质材料的润湿角要小得多。因此，临界电流密度在用非炭质材料进行熔盐电解时比用炭质阳极时要高，温度升高时熔盐的流动性增大，从而熔盐对固体表面的润湿性得到改善。因此，升高电解质的温度将导致临界电流密度增大。

表 11-2 为部分熔盐用炭作阳极时的临界电流密度值。为了比较，还列入了各种熔盐在炭表面上的润湿角数据。电解质与阳极的润湿性对阳极效应的发生起着决定性作用。

表 11-2 部分熔盐的临界电流密度和润湿角数据

熔盐	温度/K	临界电流密度 /A·cm^{-2}	润湿角 /(°)	熔盐	温度/K	临界电流密度 /A·cm^{-2}	润湿角 /(°)
LiCl	923	2.03		NaF	1273	4.12	75
NaCl	1123	3.28	78	KF	1123	6.33	49
KCl	1073	6.30	28	Na_3AlF_6	1273	0.45	134
$BaCl_2$	1273	0.83	116	95%Na_3AlF_6+5%Al_3O_2	1273	8.65	109
LiF	1123	0.48	134				

11.2.4.2 去极化

去极化作用是熔盐电解过程中特有的现象之一。所谓去极化作用是指降低超电势，使电极过程向平衡方向移动。熔盐电解过程中，阴极的去极化现象是比较显著的。去极化和极化是电极过程中的一对矛盾，彼此是相互制约的，凡是能使电极过程的最慢步骤的速度变慢的影响因素都会加强极化，相反，凡是能加快最慢步骤速度的因素都能去极化。增大浓度和升高温度可以加快扩散步骤的速度，它们对浓差极化有去极化作用。通常为了降低浓差极化超电势，就可以适当采取这些措施。

11.2.4.3 熔盐与金属的相互作用

熔盐与金属的相互作用是熔盐电解时必须加以注意的特征现象。这种作用将导致在阴极上已析出的金属在熔盐中溶解，致使电流效率降低。

金属在熔盐中溶解多少以溶解度来量度。所谓金属在熔盐中的溶解度，是指在一定温度和有过量金属时，在平衡条件下溶入密闭空间内的熔盐中的金属量。在非密闭的空间中，所溶解的金属会向熔体与空气的界面上或者向熔体与阳极气体的界面上迁移，并在那里不断地受到氧化。这样，平衡便被破坏，所溶解的金属因氧化而减少的量不断地被继续溶解的金属所补充。因此，尽管溶解度本身在多数情况下是个不大的数值，但是，由于熔盐与金属的上述相互作用，仍然会导致相当多的金属损失。

11.2.4.4 电流效率

在实际电解过程中，电流效率一般都低于 100%，有的甚至只有 50%~70%。这有三个方面的原因：(1) 电解产物的逆溶解损失；(2) 电流空耗；(3) 几种离子共同放电。

在这三种损失中，第一种形式的电流损失是主要的。除以上三方面电流损失外，还有由于金属与电解质分离不好而造成的金属机械损失，金属与电解槽材料的相互作用以及低价化合物的挥发损失等。

11.3 水溶液电解质电解

11.3.1 阴极过程

在湿法冶金的电解过程中，工业上通常是用固体阴极进行电解，其主要过程是金属阳离子的中和反应：

$$Me^{z+} + ze \longequal Me \tag{11-5}$$

但是，除了主要反应以外，还可能发生氢的析出、由于氧的离子化而形成氢氧化物、杂质离子的放电以及高价离子还原为低价离子等过程，如以下各反应所示：

$$H_3O^+ + e \longequal 0.5H_2 + H_2O \quad （在酸性介质中）$$

$$H_2O + e \longequal 0.5H_2 + OH^- \quad （在碱性介质中）$$

$$O_2 + 2H_2O + 4e \longequal 4OH^-$$

$$Me^{z+} + ze \longequal Me$$

$$Me^{z+} + (z-h)e \longequal Me^{h+}$$

上述电化学过程可以分为3个类型。属于第一类型的过程有：（1）在阴极析出的产物，呈气泡形态从电极表面移去并在电解液中呈气体分子形态溶解；（2）中性分子转变为离子状态。属于第二类型的是在阴极析出形成晶体结构物质的过程。最后，在阴极上不析出物质而只是离子价降低的过程属于第三类型。

11.3.1.1 氢在阴极上的析出

氢在阴极上的析出分为以下4个过程。

第一个过程——水化 $(H_3O)^+$离子的去水化。在阴极电场的作用下，水化 $(H_3O)^+$离子从其水化离子中游离出来：

$$[(H_3O)\cdot xH_2O]^+ \longequal (H_3O)^+ + xH_2O$$

第二个过程——去水化后的离子$(H_3O)^+$的放电，也就是质子与水分子之间的化合终止，以及阴极表面上的电子与其相结合，结果便有为金属（电极）所吸附的氢原子生成：

$$(H_3O)^+ \longequal H_2O + H^+;\ H^+ + e \longequal H(Me)$$

第三个过程——在阴极表面上的氢原子相互结合成氢分子：

$$H + H \longequal H_2(Me)$$

第四个过程——氢分子的解吸及其进入溶液，由于溶液过饱和的原因，以致引起阴极表面上生成氢气泡而析出：

$$xH_2(Me) \longequal Me + xH_2(溶解)$$

$$xH_2(溶解) \longequal xH_2(气体)$$

如果上述过程之一的速度受到限制，就会出现氢在阴极上析出时的超电势现象。氢在金属阴极上析出时产生超电势的原因，在于氢离子放电阶段缓慢，这已被大多数金属的电解实践所证实。

氢离子在阴极上放电析出的超电势具有很大的实际意义。例如对于大部分的负电性的有色金属冶金，它们的沉积只有当电解液中氢离子浓度很小或者氢离子的还原超电势很大时才可以顺利进行。所以说，较高的氢的超电势对金属的析出是有利的。

氢离子在水溶液中迁移速度较快，因而扩散过程不会影响电极的反应速度，所以说氢的超电势属于电化学极化超电势。氢的超电势与许多因素有关，主要的是：阴极材料、电流密度、电解液温度、溶液的成分等，它服从于塔费尔方程式：

$$\eta_H = a + b\ln D_K \tag{11-6}$$

式中，η_H 为电流密度为 D_K 时氢的超电势，V；D_K 为阴极电流密度，A/m^2；a 是常数，即阴极上通过1A电流密度时的氢的超电势，随阴极材料、表面状态、溶液组成和温度而变；$b = \frac{RT}{zF}$。

各种因素对氢的超电势的影响如下：

（1）电流密度的影响。由式（11-6）得，氢的超电势随着电流密度的提高而增大。

（2）电解液温度的影响。温度升高，氢的超电势降低，容易在阴极上放电析出。值得注意的是，从 $b = \frac{RT}{zF}$ 得知，当温度升高时 b 值是应该升高的，氢的超电势 η_H 也应该升高。这与实际刚好相反，其原因是当温度升高时，a 值是降低的，比较 a 值与 b 值对氢的超电势的影响，a 值下降是主要的，所以导致氢的超电势随着温度的升高而下降。

（3）电解液组成的影响。电解液的组成与活度不同对氢的超电势影响是不同的。这是由于溶液中某些杂质在阴极析出后局部地改变了阴极材料的性质，而使得局部阴极上氢的超电势有所改变。如当溶液中铜、钴、砷、锑等杂质的含量超过允许含量，它们将在阴极析出，氢的超电势大大降低。

（4）阴极表面状态的影响。阴极表面状态对氢的超电势的影响是间接影响。阴极表面越粗糙，则阴极的真实表面积越大，这就意味着真实电流密度越小，而使氢的超电势越小。

（5）pH值的影响。在酸性溶液中，氢的超电势随pH值的增大而增大；在碱性溶液中，氢的超电势随pH值的增大而减小。

通过以上分析得知，某些金属的电极电势虽然较氢为负，但由于氢的超电势很大，而某些金属如锌的超电势又很小，就使得氢的实际析出电势较负，这样使得金属析出，而氢不析出。因此，氢的超电势的大小对某些较负电性金属电解的电流效率影响很大，提高氢的超电势就能相应地提高电流效率。

11.3.1.2 金属离子的阴极还原

如前所述，某些较负电性的金属可以通过水溶液电解来提取。但是，由于氢的析出超电势有一定限度，所以不是所有负电性金属都可以通过水溶液电解实现其阴极还原过程的。如果某些金属的析出电势比-1.8～-2.0V还要负，则采用水溶液电解方法来制取这些金属（如镁、铝）就十分困难。

一般来说，元素周期表中越靠近左边的金属元素性质越活泼，在水溶液中的阴极上还原电沉积的可能性也越小，甚至不可能；越靠近右边的金属元素，阴极上还原电沉积的可能性也越大。在水溶液中，对简单金属离子而言，大致以铬分族元素为界线；位于铬分族左方的金属元素不能在水溶液中的阴极上还原电沉积；铬分族诸元素除铬能较容易地从水溶液中在阴极上还原电沉积外，钨、钼的电沉积就极困难；位于铬分族右方的金属元素都能较容易地从水溶液中在阴极上还原电沉积出来。

这一分界线的位置主要是根据实验而不是根据热力学数据确定的。因此，除热力学因素外，还有一些动力学因素的影响。例如，若只从热力学数据来考虑，则 Ti^{2+}、V^{2+} 等离子的还原电沉积也应该是可能实现的，但由于动力学的原因实际是不可能的。需要指出的是，若涉及的过程不是简单水合离子在电极上以纯金属形态析出，则分界线的位置可以大大不同。最常遇到的有以下几种情况：

（1）若通过还原过程生成的不是纯金属而是合金，则由于生成物的活度减小而有利于还原反应的实现。最突出的例子是当电解过程生成物是汞齐时，则碱金属、碱土金属和稀土金属都能从水溶液中很容易地电解出来。

（2）若溶液中金属离子以比水合离子更稳定的络合离子形态存在，则由于析出电势变负而不利电解。例如在氰化物溶液中只有铜分族元素及其在周期表中位置比它更右的金属元素才能在电极上析出，而铁、镍等元素不能析出。

（3）在非水溶液中，金属离子的溶剂化能与水化能相差很大。因此，在各种非水溶剂中金属活泼性顺序可能与在水溶液中的不相同。如果还考虑到溶剂本身的分解电压也可能不同，这就不难理解为什么某些在水溶液中不能析出的金属（如铝、镁等）可以在适当的有机溶剂中电解出来。

11.3.1.3 金属离子在阴极上的共同放电

在实际生产过程中，电解液的组成都不可能是单一而纯净的，由于有其他金属（杂质）的存在使电解变得复杂化。对于电解精炼或电解沉积提取纯金属的工艺来说，重要的是如何防止杂质金属阳离子与主体金属阳离子同时在阴极上放电析出，而对生产合金来说，问题是如何创造条件使合金元素按一定的比例同时在阴极上放电析出。

当阴极电势达到金属阳离子的析出电势时，离子才有可能在阴极上放电析出。显然，要使两种金属阳离子共同放电析出，必要的条件是它们的析出电势相等。对反应：

$$Me^{z+} + ze = Me$$

其析出电势为：

$$\varepsilon_{Me}(K) = \varepsilon_{Me}^{\ominus} - \frac{RT}{zF}\ln\frac{a_{Me}}{a_{Me^{z+}}} - \eta_{Me}(K)$$

根据共同放电条件 $\varepsilon_{Me_1} = \varepsilon_{Me_2}$ 得到：

$$\varepsilon_{Me_1}^{\ominus} - \frac{RT}{zF}\ln\frac{a_{Me_1}}{a_{Me_1^{z+}}} - \eta_{Me_1}(K) = \varepsilon_{Me_2}^{\ominus} - \frac{RT}{zF}\ln\frac{a_{Me_2}}{a_{Me_2^{z+}}} - \eta_{Me_2}(K) \qquad (11\text{-}7)$$

由式（11-7）可知，两种离子共同放电与四个因素有关。即与金属标准电势、放电离子在溶液中的活度及其析出于电极上的活度、放电时的超电势有关。由于两种金属的标准电势是一定的，故可以靠调节溶液中离子的活度与极化作用，使它们的放电电势相等而共同析出。当只需要一种金属放电析出时，两种金属的放电电势应有较大差值，这时，电势较正的金属就放电析出，而电势较负的金属则不能放电析出。在生产实践中，常常用控制电解液成分、温度、电流密度等来实现金属阳离子是否共同放电析出。

11.3.1.4 电结晶过程

在有色金属的水溶液电解过程中，要求得到致密平整的阴极沉积表面。粗糙的阴极表面对电解过程产生不良影响，原因是会降低氢的超电势与加速已沉积的金属逆溶解。此外，由于沉积表面不平整所产生的许多凸出部分，容易造成阴阳极之间的短路。以上影响的结果，将引起电流效率降低。

电解有时又会产出海绵状的疏松沉积物。这种沉积物是不希望的，因为它在重熔时容易氧化而增大金属的损失。产生海绵沉积物，也会造成电流效率降低。

影响阴极沉积物结构的主要因素有以下几个方面：

（1）电流密度。低电流密度时，过程一般为电化学步骤控制，晶体成长速度远大于晶核的形成速度，故产物为粗粒沉积物。若在确保离子浓度的条件下，增大电流密度以提高极化，能得到致密的电积层。然而，过高的电流密度会造成电极附近放电离子的贫化，致使产品成为粉末状，或者造成杂质与氢的析出，由于氢的析出，电极附近溶液酸度降低，导致形成金属氢氧化物或碱式盐沉淀。

（2）温度。温度能使扩散速度增大，同时又降低超电势，促使晶体的成长，因此升高温度导致形成粗粒沉积物。对于某些金属电解过程，如锌、镍等的电解过程，由于升温会使氢的超电势降低，从而导致氢的析出。

（3）搅拌速度。溶液能使阴极附近的离子浓度均衡，因而使极化降低，极化曲线有更陡峭的趋势，所有这些情况都导致形成晶粒较粗的沉积物。在另一方面，搅拌电解液可以消除浓度的局部不均衡与局部过热等现象，可以提高电流密度而不会发生沉积物成块和不整齐现象。也就是说提高电流密度，可以消除由于加快搅拌速度引起的粗晶粒。

（4）氢离子浓度。氢离子的浓度或者说溶液的 pH 值是影响电结晶晶体结构的重要因素。在一定范围内提高溶液的酸度，可以改善电解液的电导性，而使电能消耗降低。但若氢离子浓度过高，则有利于氢的放电析出，在阴极沉积物中氢含量增大。生产实践表明，在氢气大量析出的情况下，将不可能获得致密的沉积物。只有在采取了有利于提高氢的超电势，防止氢析出的措施时，才能适当提高电解液的酸度。

但是氢离子浓度也不能过低，过低时会形成海绵状沉积物，不能很好地黏附到阴极上，有时甚至从阴极上掉下来。

（5）添加剂。为了获得致密而平整的阴极沉积物，常在电解液中加入少量作为添加剂的胶体物质，如树胶、动物胶或硅酸胶等，一般常用动物胶。各种添加剂对于阴极沉积物质量的有利影响在于胶质主要是被吸附在阴极表面的凸出部分，形成导电不良的保护膜，使这些突出部分与阳极之间的电阻增大，而消除了阳极至阴极凹入部分与阳极至阴极凸出部分之间的电阻差额，结果，阴极表面上各点的电流分布均匀，产出的阴极沉积物也就较为平整致密。

11.3.2 阳极过程

金属在水溶液中可能发生的阳极反应，可以分为以下几个基本类型：

（1）金属的溶解：

$$\mathrm{Me} - ze \xlongequal{\quad} \mathrm{Me}^{z+}(\text{在溶液中})$$

（2）金属氧化物的形成：

$$\mathrm{Me} + z\mathrm{H_2O} - ze \xlongequal{\quad} \mathrm{Me(OH)}_z + z\mathrm{H}^+ \xlongequal{\quad} \mathrm{MeO}_{z/2} + z\mathrm{H}^+ + \frac{z}{2}\mathrm{H_2O}$$

（3）氧的析出：

$$2\mathrm{H_2O} - 4e \xlongequal{\quad} \mathrm{O_2} + 4\mathrm{H}^+$$

或

$$4\mathrm{OH}^- - 4e \xlongequal{\quad} \mathrm{O_2} + 2\mathrm{H_2O}$$

（4）离子价数升高：

$$\mathrm{Me}^{z+} - ne \xlongequal{\quad} \mathrm{Me}^{(z+n)+}$$

（5）阴离子的氧化：

$$2Cl^- - 2e = Cl_2$$

11.3.2.1 金属的阳极溶解

如前所述，可溶性阳极反应为：

$$Me - ze = Me^{z+}$$

即金属阳极发生氧化，成为金属离子进入溶液中，其溶解电势为：

$$\varepsilon_{Me}(A) = \varepsilon_{Me}^{\ominus} - \frac{RT}{zF}\ln\frac{a_{Me}}{a_{Me^{z+}}} + \eta_{Me}(A) \tag{11-8}$$

由式（11-8）可以看出，金属溶解电势的大小除与金属本性 $\varepsilon_{Me}^{\ominus}$ 有关外，还与溶液中该金属离子的活度 $a_{Me^{z+}}$、金属在可溶阳极上的活度 a_{Me} 以及该金属的氧化超电势 $\eta_{Me}(A)$ 等因素有关。金属的 $\varepsilon_{Me}^{\ominus}$ 越高，该金属在溶液中的 $a_{Me^{z+}}$ 越高，在阳极中 a_{Me} 越低，超电势 $\eta_{Me}(A)$ 越大的金属，其溶解电势就越高，就越不容易溶解。反之，就易溶解。提高阳极的极化电势，可以提高金属的溶解速度。

电解生产中所使用的阳极，并非单一金属，常常含有一些比主体金属较正电性或较负电性的元素，构成合金阳极。

对于金属晶体形成机械混合物的二元合金的阳极溶解，可归结为以下两个基本类型：

（1）如果合金含较正电性相较少，则在阳极上进行较负电性金属的溶解过程。同时，较正电性金属则形成所谓的阳极泥。如果这种阳极泥从阳极掉下或者是多孔物质，则溶解可无阻地进行。

（2）如果经受溶解的阳极是含较负电性相很少的合金，那么表面层中的较负电性金属便会迅速溶解，表面变得充满着较正电性金属的晶体，阳极电势升高到开始两种金属溶解的数值，这时两种金属按合金成分成比例地进入溶液中。

关于连续固溶体合金（例如 Cu-Au 二元体系），其特性是每个合金成分具有它自己所固有的电势，这个电势介于形成合金的两种纯金属电势之间。较负电性金属的含量较高时，固溶体的电势与这种金属在纯态时的电势差别甚小；随着较正电性组分含量的增大，固溶体就显示出更正的电势。

在上述情况下，较正电性金属占优势的合金（例如含少量铜的 Cu-Au 合金）的阳极溶解过程很简单。金的电性较铜的电性为正，故相当于 Au 的电势值的电势即在阳极上建立起来。两种金属由于阳极氧化的结果便将自己的离子转入溶液中。在有配位体（例如氯离子）存在的情况下，金的络合离子便在阴极上放电析出金，而铜离子则在电解液中积累。

如果固溶体合金中含较负电性金属占优势，则其溶解机理较复杂。例如含金、银的铜与含铂族金属的镍进行电解精炼时，溶解过程中形成的所有过剩量的较正电性离子受阳极合金的接触所取代呈金属析出成为阳极泥。生产实践中，这些贵金属和铂族金属在粗金属中含量的98%以上进入阳极泥，要另外进行回收处理。

11.3.2.2 阳极钝化

在阳极极化时，阳极电极电势偏离其平衡电势，则发生阳极金属的氧化溶解。随着电流密度的提高，极化程度的增大，则偏离越大，金属的溶解速度也越大。当电流密度增大至某一值后，极化达到一定程度时，金属的溶解速度不但不增高，反而剧烈地降低。这时，金属表面由“活化”溶解状态，转变为“钝化”状态。这种由“活化态”转变为“钝化态”的现象，称为阳极钝化现象。图 11-2 为阳极钝化曲线示意图。

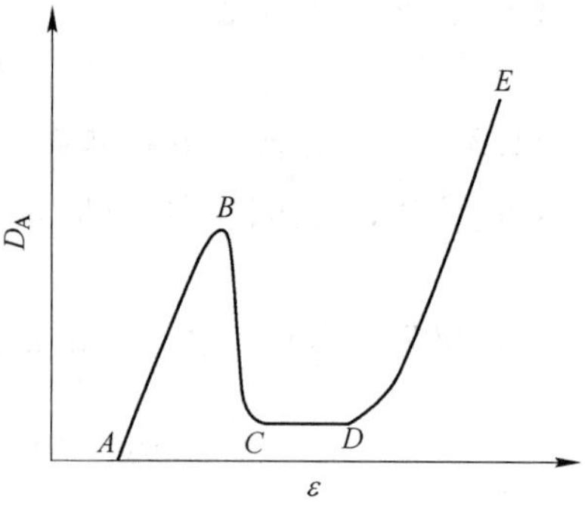

图 11-2　阳极钝化曲线的示意图

由图 11-2 可以看出，*AB* 段为金属阳极的正常溶解阶段，即随着极化电势的增大，电流密度也增大，金属溶解速度就加快。*BC* 段是发生了金属钝化的过程，这时金属的溶解速度随着电极电势变正而减小。在 *CD* 段电极处于比较稳定的钝化状态，这时往往可以观察到几乎与电极电势无关的极限溶解电流。到 *DE* 段电流又重新增大，这时的极化电流主要是消耗于某些新的电解过程，如氧的析出，高价离子的生成等，而阳极金属溶解过程本身却减慢了，甚至不能进行。

研究钝化现象有很大的实际意义。在某些情况下，可以利用钝化现象来减低金属的自然溶解或阳极金属的溶解速度；在另外一些场合下，为了保持一定的阳极反应速度又必须避免钝化现象的出现。例如在锌电解时用铝板作阴极，铅或铅银合金板作阳极，这时阳极出现钝化有利于生产。然而在镍电解精炼时，由于粗镍出现钝化，使得电势升高，而不利于生产。

关于产生钝化的原因，目前有两种并存的理论：成相膜理论与吸附理论。成相膜理论认为，金属阳极钝化的原因，是阳极表面上生成了一层致密的覆盖良好的固体物质，它以一个独立相把金属和溶液分隔开来。吸附理论认为，金属钝化并不需要形成新相固体产物膜，而是由于金属表面或部分表面上吸附某些粒子形成了吸附层，致使金属与溶液之间的界面发生变化，阳极反应活化能增高，导致金属表面的反应能力降低。

11.3.2.3　不溶性阳极及在其上进行的过程

不溶性阳极通常采用以下一些材料：

（1）具有电子导电能力和不被氧化的石墨（炭）；

（2）电势在电解条件下，位于水的稳定状态图中氧线以上的各种金属，其中首先是铂；

（3）在电解条件下发生钝化的各种金属，如硫酸溶液中的铅，碱性溶液中的镍和铁。

湿法冶金中，通常采用铅或铅合金作为电解过程的阳极。当铅在硫酸溶液中发生阳极极化时，便可能进行下列各种阳极过程：

（1）金属铅按以下反应氧化成二价的硫酸铅：

$$Pb + SO_4^{2-} - 2e = PbSO_4 \quad \varepsilon^{\ominus} = -0.356V$$

（2）二价的硫酸铅氧化成四价的二氧化铅：

$$PbSO_4 + 2H_2O - 2e = PbO_2 + H_2SO_4 + 2H^+ \quad \varepsilon^{\ominus} = +1.685V$$

（3）金属铅直接氧化成四价的二氧化铅：

$$Pb + 2H_2O - 4e = PbO_2 + 4H^+ \quad \varepsilon^{\ominus} = +0.655V$$

（4）氧的析出：

$$4OH^- - 4e = O_2 + 2H_2O \quad \varepsilon^{\ominus} = +0.401V$$

（5）SO_4^{2-} 放电，并形成过硫酸：

$$2SO_4^{2-} - 2e = S_2O_8^{2-} \quad \varepsilon^{\ominus} = +2.01V$$

对于铅在硫酸溶液中阳极极化的行为曾经做过实验研究，如图 11-3 所示。当阳极电流密度为 $0.2A/m^2$ 时，全部电流均用于铅溶解成二价离子，当 D_A 增大到 $0.2A/m^2$ 以上时，阳极电势 $\varepsilon_A^{\ominus}$ 急剧增大，同时硫酸铅转变为二氧化铅；当电流密度继续增大时，才有氧析出。因此，铅阳极在电流作用下的行为可表述如下：当电流通过时，铅便溶解。由于硫酸铅的溶解度很小，故在阳极附近迅速出现电解液中硫酸铅过饱和的现象，于是硫酸铅便开始在阳极表面结晶。这样一来，与电解液相接触的金属铅表面减小，使得铅离子转入电解液增多，并且也使得更多的硫酸铅在阳极上结晶，直到电导率很小的硫酸铅膜几乎覆盖整个阳极表面时为止，结果铅阳极上的实际电流密度增大，从而阳极电势便急剧地增大。

11.3.3　水溶液电解质电解过程

现以硫酸水溶液用两个铜电极进行的电解（图 11-4）为例来讨论电解过程。

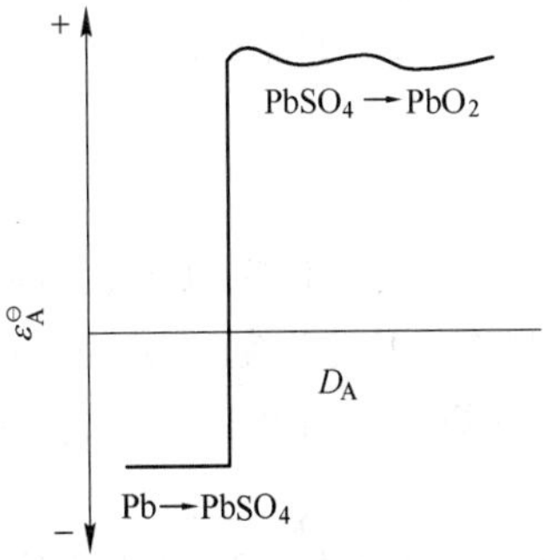

图 11-3　铅在电流密度增大时的阳极氧化

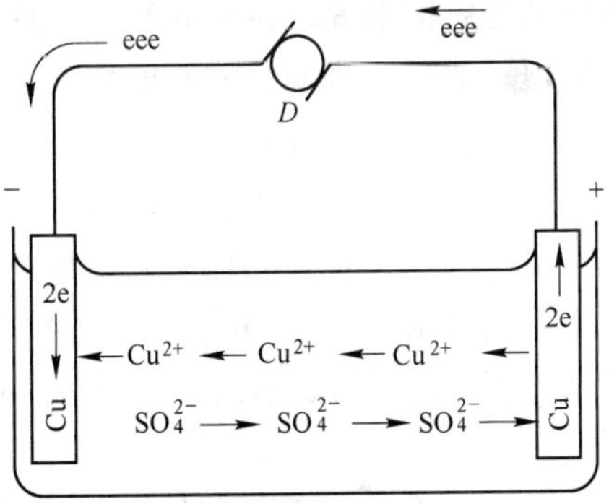

图 11-4　$CuSO_4$ 水溶液用两个铜电极的电解示意图

很明显，如果在未接上电源以前没有任何因素使平衡破坏，那么两个铜电极的平衡电势 ε_e 应该相同。每个电极表面上都建立起与平衡相适应的电势差以及一定的交换电流，这种交换电流表示铜离子进入溶液的速度等于其逆向还原的速度。

当把电极接上电源以后，电极电势便发生变化，并且在电路中有电流通过。电源的负极向其所连的阴极输入电子，使电极电势向负的方向移动。正极则从其所连的阳极抽走电子，使电极电势向正的方向移动。

电极电势对平衡值的偏高引起电极过程进行：在阴极上发生铜阳离子的还原；在阳极上发生金属铜的氧化。小的电势改变就足以使这两个过程以一定的速度开始进行。与此同时，在由外电压产生的两电极之间的电场中，发生离子的扩散。因此，在电解的情况下，电路分为两个部分，连接电源和电极（电子沿着其上移动）的金属导体（外电路）以及有离子在里面运动的溶液导体（内电路）。在这两个电路接触的界面上，也就是在电极的表面上进行着化学反应，在阴极上进行结合电子的还原反应，在阳极上发生释放电子的氧化反应（图 11-4），通过这两个电极反应将内外两电路连通。

溶液中的电流是由阳离子和阴离子迁移形成的，可是在每个电极上只有一种离子参与反应，因此，在电极附近，盐的浓度发生变化。例如，对所讨论的例子来说，在阴极附近，盐的浓度减小（Cu^{2+}的放电以及 SO_4^{2-} 的离开）；在阳极附近，由于有 Cu^{2+}进入溶液以及 SO_4^{2-} 向阳极迁移，故盐的浓度增大。

在所讨论的例子中，阳极上发生金属的氧化，也就是金属的离子转入到溶液中。然而，如果由于各种原因致使阳极电势得到足够高的正值，那么金属离子转入溶液就可能非常缓慢甚至完全停止。在此情况下，便开始 OH^- 离子的氧化，并且阳极转入钝化状态。当阳极发生钝化时，电流强度便降低，阴极电流强度也随之减小。

应该指出，阳极的钝化对金属精炼的可溶性阳极电解过程常常造成困难。但是，在金属硫酸盐溶液以铅作不溶性阳极的电解过程中，由于阳极钝化而在铅表面上形成的二氧化铅薄膜，则有利于过程的进行。

11.3.4 槽电压、电流效率和电能效率

11.3.4.1 槽电压

对一个电解槽来说，为使电解反应能够进行所必须外加的电压称为槽电压。

电解电动势 E_f，即阳极实际电势 ε_A 与阴极实际电势 ε_K 之差，是槽电压的一个组成部分。E_f 由两部分组成，即：

$$E_f = E_{ef} + E_\eta = [\varepsilon_{e(A)} - \varepsilon_{e(K)}] + (\eta_{阳} + \eta_{阴})$$

式中，E_{ef}是为了电解的进行而必须施加的最小外电压，也可称之为相应原电池的电动势，可由能斯特公式求出；$E_\eta = \eta_{阳} + \eta_{阴}$这部分外加电动势，叫作极化电动势。$\eta_{阳}$ 和 $\eta_{阴}$ 的理论分析和计算常利用塔费尔公式或通过交换电流数据进行计算，也可从有关书刊中引用已知数据。

除此以外，还有由电解液的内阻所引起的欧姆电压降 E_Ω 以及由电解槽各接触点、导电体和阳极泥等外阻所引起的电压降 E_R，也都需要附加的外电压补偿。因此，槽电压是所有这些项目的总和，并可以用下式表示：

$$E_T = E_f + E_\Omega + E_R \tag{11-9}$$

式中，E_Ω 无论是在电解沉积或是在电解精炼中都是槽电压的组成部分，它与电解液的比电阻、电流密度或电流强度、阳极到阴极的距离（即极距）、两极之间的电解液层的纵截面面积以及电解液的温度等因素都有关系。

11.3.4.2 电流效率

电解过程中阴极上不仅有主体金属析出，而且还有杂质和氢析出，所以析出 1mol 物质所需要通过电解液的电量往往大于根据法拉第定律计算的理论电量。这是因为阴极沉积物发生氧化溶解以及电路上有短路与漏电等现象发生，致使通入的电量未能全部用于析出主体金属。于是，提出了关于有效利用电量，即电流效率的问题。

所谓电流效率，一般是指阴极电流效率，即金属在阴极上沉积的实际量与在相同条件下按法拉第定律计算得出的理论量之比值（以百分数表示）。

在工业生产条件下，水溶液电解质电解的电流效率通常只有 90%~95%，有时甚至还要低，只有在实验室条件下才有可能达到 100%。

还有阳极电流效率，它与阴极电流效率并不相同。这种差别对可溶性阳极电解有一定的意义。所谓阳极电流效率，是指金属从阳极上溶解的实际量与相同条件下按法拉第定律计算应该从阳极上溶解的理论量之比值（以百分数表示）。

一般说来，在可溶性阳极的电解过程中，阳极电流效率稍高于阴极电流效率。在此情况下，电解液中被精炼金属的浓度逐渐增加，如铜的电解精炼就有此种现象发生。

因为阴极沉积物是主要的生产成品，所以电流效率通常是指阴极电流效率。电流效率按下式进行计算：

$$\eta_i = \frac{b}{qIt} \times 100\% \tag{11-10}$$

式中，η_i 表示电流效率,%；b 为阴极沉积物的实际量，g；I 是电流，A；t 为通电时间，h；q 为电化当量，g/（A·h）。

为了提高电流效率，应尽可能地控制或减少副反应的发生，防止短路、断路和漏电。为此，要加强诸如电解液成分的控制，使电解液中有害杂质尽可能少，选择适当的电流密度，电解过程中适量加入某些添加剂以保持良好的阴极表面状态，确定合理电解液温度，加强设备绝缘等，这些都是提高电流效率的途径。

11.3.4.3 电能效率

所谓电能效率，是指在电解过程中为生产单位产量的金属理论上所必需的电能 W' 与实际消耗的电能 W 之比值（以百分数表示），即为：

$$\omega = \frac{W'}{W} \times 100\% \tag{11-11}$$

其中：

$$W' = I'tE_{ef}$$
$$W = ItE_T$$

将上述各关系式代入式（9-11），得到：

$$\omega = \frac{I'E_{ef}}{IE_T} \times 100\% \tag{11-12}$$

式中，$\frac{I'}{I} = \eta_i$，即电流效率。

因此，式（11-12）可改写成以下形式：

$$\omega = \eta_i \times \frac{E_{ef}}{E_T} \times 100\% \tag{11-13}$$

必须指出，电流效率与电能效率是有差别的，不要混为一谈。如前所述，电流效率是指电量的利用情况，在工作情况良好的工厂，很容易达到 90%~95%，在电解精炼中有时可达 95%以上。而电能效率所考虑的则是电能的利用情况，由于实际电解过程的不可逆性以及不可避免地在电解槽内会发生电压降，所以在任何情况下，电能效率都不可能达到 100%。

从式（11-13）中可以看出，若要提高电能效率，除了靠提高电流效率以外，还可以通过降低槽电压的途径。为此，降低电解液的比电阻、适当提高电解液的温度、缩短极间距离、减小接触电阻以及减少电极的极化以降低槽电压，是降低电能消耗，提高电能效率的一些常用方法。

还应当指出，通常说的“电能效率”并不能完全正确地说明实际电解过程的特征，因为电能效率计算式的分子部分并未考虑到成为电能消耗不可避免的极化现象。因此，在确切计算电能效率时，应当以消耗于所有电化学过程的电能 W'' 替代 W'。这样便得到：

$$\omega'' = \frac{W''}{W} \times 100\% = \eta_i \cdot \frac{E_f}{E_T} \times 100\% \tag{11-14}$$

习题与工程案例思考题

习　题

11-1 在电势序中电性较负的一些金属，如铝、镁，为什么不能用电解法从其盐类的水溶液中析出，却能用熔盐电解法制取？

11-2 熔盐电解的电流效率一般比较低，其原因何在？影响因素主要有哪些？

11-3 什么是电极的极化？试说明极化在电化学冶金中的作用。

11-4 在25℃时用铜片作阴极、石墨作阳极，对中性的0.1mol$CuCl_2$溶液进行电解。若电流密度为10mA/cm^2，问在阴极上首先析出什么物质（氢的超电势可用25℃时按塔费尔公式计算），又问在阳极上析出什么物质？已知氧在石墨电极上的超电势为0.896V，氯在石墨上的超电势可以忽略。

11-5 在有碳存在时，由下列反应电解析出铝：

$$\frac{1}{2}Al_2O_3(s) + \frac{3}{4}C(s) = Al(s) + \frac{3}{4}CO_2 \qquad \Delta_r G_m^{\ominus} = 553250 + 7.86T\lg T - 193.55T \quad J/mol$$

凝聚相为纯物质，若 $p_{CO_2} = 101.325kPa$，求1000℃时析出铝的最小理论电压。

11-6 溶液中含有活度均为1的Zn^{2+}和Fe^{2+}。已知氢在铁上的超电势为0.40V。如果要使离子的析出次序为Fe、H_2、Zn，问25℃时溶液的pH值最大不超过多少，在此最大pH值溶液中氢开始放电时，Fe^{2+}浓度为多少，已知：$\varepsilon^{\ominus}_{Fe^{2+}/Fe} = -0.44V$，$\varepsilon^{\ominus}_{Zn^{2+}/Zn} = 0.763V$。

11-7 如何理解理论分解电压和实际分解电压，两者的区别在哪里？

11-8 试分析提高电流效率、降低槽电压的措施。

工程案例思考题

案例 11-1　冰晶石-氧化铝法生产金属铝

案例内容：

（1）冰晶石电解质的特性分析；

（2）理论分解电压；

（3）实际分解电压及影响因素；

（4）电极过程。

案例 11-2　金属电沉积过程的阴极极化

案例内容：

（1）超电势的概念；

（2）极化反应的类型；

（3）极化对金属沉积过程的影响分析。

附录　化合物的标准生成吉布斯自由能 ($\Delta_f G_m^{\ominus}(B) = A+BT$　J/mol)

反应式	$-A$/J·(mol·K)$^{-1}$	B/J·(mol·K)$^{-1}$	温度范围/K
$2Al(s)+1.5O_2 = Al_2O_3(s)$	1675100	313.20	298~933(m)
$2Al(l)+1.5O_2 = Al_2O_3(s)$	1682927	323.24	933~2315(m)
$4Al(s)+3C = Al_4C_3(s)$	265000	95.06	933~2473
$Al(l)+0.5P_2 = AlP(s)$	249500	104.25	933~1900
$3Al_2O_3(s)+2SiO_2 = 3Al_2O_3 \cdot 2SiO_2(s)$	8600	−17.41	298~2023(m)
$2B(s)+1.5O_2 = B_2O_3(l)$	1228800	210.04	723~2316(b)
$4B(s)+C = B_4C(s)$	41500	5.56	298~2303
$B(s)+0.5N_2 = BN(s)$	250600	87.61	298~2303
$Ba(s)+0.5O_2 = BaO(s)$	568200	97.07	280~1002(m)
$Ba(l)+0.5S_2 = BaS(s)$	543900	123.43	1002~1895
$BaO(s)+CO_2 = BaCO_3(s)$	250750	147.07	1073~1333
$2BaO(s)+SiO_2(s) = 2BaO \cdot SiO_2(s)$	259800	−5.86	298~2033(m)
$BaO(s)+SiO_2(s) = BaO \cdot SiO_2(s)$	149000	−6.28	198~1878(m)
C(石) = C(金刚石)	−1443	4.48	198~1173
C(石)+$0.5O_2$ = CO	114400	−85.77	773~2273
C(石)+O_2 = CO_2	395350	−0.54	773~2273
2C(石)+$2H_2$ = $C_2H_4(g)$	40390	80.46	298~2473
C(石)+$2H_2$ = $CH_4(g)$	91044	110.67	773~2273
C(石)+$0.5S_2$ = CS(g)	163300	−87.86	298~2273
C(石)+S_2 = $CS_2(g)$	11400	−6.48	298~2273
C(石)+$0.5O_2$+$0.5S_2$ = COS(g)	202800	−9.96	773~2273
$Ca(s)+0.5O_2 = CaO(s)$	640150	108.57	1112~1757(b)
$Ca(s)+0.5S_2 = CaS(s)$	548100	103.85	1112~1757
$3Ca(s)+N_2 = Ca_3N_2(s)$	435100	198.7	298~1757
$Ca(l)+C = CaC(s)$	60250	−26.28	1112~1757
$Ca(s)+Si(s) = CaSi(s)$	150600	15.5	298~1112
$3Ca(s)+P_2 = Ca_3P_2(s)$	648500	216.3	298~1112
$3Ca(l)+P_2 = Ca_3P_2(s)$	653400	144.01	1273~1573
$Ca(l)+Cl_2 = CaCl_2(l)$	798600	145.98	1112~1757
$Ca(l)+F_2 = CaF_2(l)$	1219600	162.3	1112~1757

续表

反应式	$-A$/J·(mol·K)$^{-1}$	B/J·(mol·K)$^{-1}$	温度范围/K
$CaO(s)+CO_2$ ═══ $CaCO_3(s)$	170577	144.19	973～1473
$3CaO(s)+Al_2O_3(s)$ ═══ $3CaO·Al_2O_3(s)$	12600	−24.69	773～1808
$CaO(s)+Al_2O_3(s)$ ═══ $CaO·Al_2O_3(s)$	18000	−18.83	773～1903
$CaO(s)+2Al_2O_3(s)$ ═══ $CaO·2Al_2O_3(s)$	16700	−25.52	773～2023
$CaO(s)+6Al_2O_3(s)$ ═══ $CaO·6Al_2O_3(s)$	16380	−37.58	1373～1873
$12CaO(s)+7Al_2O_3(s)$ ═══ $12CaO·7Al_2O_3(s)$	73053	−207.53	298～1773
$2CaO(s)+Fe_2O_3(s)$ ═══ $2CaO·Fe_2O_3(s)$	53100	−2.51	973～1723(m)
$CaO(s)+Fe_2O_3(s)$ ═══ $CaO·Fe_2O_3(s)$	29700	−4.81	973～1489(m)
$3CaO(s)+P_2+2.5O_2$ ═══ $3CaO·P_2O_5(s)$	2313800	556.5	298～2003
$2CaO+P_2+2.5O_2$ ═══ $2CaO·P_2O_5(s)$	2189100	585.80	298～2003(m)
$3CaO+SiO_2(s)$ ═══ $3CaO·SiO_2(s)$	118800	−6.7	298～1773
$2CaO(s)+SiO_2(s)$ ═══ $2CaO·SiO_2(s)$	118800	−11.3	298～2403
$3CaO(s)+2SiO_2(s)$ ═══ $3CaO·2SiO_2(s)$	236800	9.6	298～1773
$CaO(s)+SiO_2(s)$ ═══ $CaO·SiO_2(s)$	92500	2.5	298～1813(m)
$3CaO(s)+2TiO_2(s)$ ═══ $3CaO·2TiO_2(s)$	207100	−11.51	298～1673
$4CaO(s)+3TiO_2(s)$ ═══ $4CaO·3TiO_2(s)$	292900	−17.57	298～1673
$CaO(s)+TiO_2(s)$ ═══ $CaO·TiO_2(s)$	79900	−3.35	298～1673
$3CaO+V_2O_5$ ═══ $3CaO·V_2O_5(s)$	332200	0.0	298～1673
$2CaO(s)+Al_2O_3(s)+SiO_2(s)$ ═══ $2CaO·Al_2O_3·SiO_2(s)$	170000	8.8	298～1773
$CaO(s)+Al_2O_3(s)+SiO_2(s)$ ═══ $CaO·Al_2O_3·SiO_2(s)$	105855	14.23	298～1673
$CaO(s)+Al_2O_3(s)+2SiO_2(s)$ ═══ $CaO·Al_2O_3·2SiO_2(s)$	139000	17.2	298～1826
$Ce(s)+H_2$ ═══ $CeH_2(s)$	208400	153.68	298～1071
$2Ce(s)+3C$ ═══ $Ce_2C_3(s)$	188300	−14.64	1071～1473
$Ce(l)+0.5N_2$ ═══ $CeN(s)$	488300	177.11	2273～2848
$2Ce(s)+1.5O_2$ ═══ $Ce_2O_3(s)$	1788000	286.6	298～1071(m)
$Ce(l)+0.5O_2$ ═══ $CeO(s)$	1083700	211.84	298～1071(m)
$Ce(l)+0.5S_2$ ═══ $CeS(s)$	534900	90.96	1071～2723
$2Ce(l)+O_2+0.5S_2$ ═══ $Ce_2O_2S(s)$	1769800	332.6	1071～1773
$Co(s)+0.5O_2$ ═══ $CoO(s)$	245600	78.66	298～1768
$3Co(s)+2O_2$ ═══ $Co_3O_4(s)$	957300	456.93	298～973
$Cr(s)+1.5O_2$ ═══ $CrO_3(s)$	580500	259.2	298～460(m)
$Cr(s)+1.5O_2$ ═══ $CrO_3(l)$	546600	185.2	460～1000
$Cr(s)+O_2$ ═══ $CrO_2(s)$	587900	170.3	298～1660
$2Cr(s)+1.5O_2$ ═══ $Cr_2O_3(s)$	1110140	247.32	1173～1923
$3Cr(s)+2O_2$ ═══ $Cr_3O_4(s)$	1355200	264.64	1923～1963
$Cr(s)+0.5O_2$ ═══ $CrO(l)$	334220	63.81	1938～2023
$Cr(s)+0.5S_2$ ═══ $CrS(s)$	202500	56.07	1373～1573

续表

反应式	$-A$/J·(mol·K)$^{-1}$	B/J·(mol·K)$^{-1}$	温度范围/K
$4Cr(s)+C(s) = Cr_4C(s)$	96200	−11.7	298～1793(m)
$23Cr(s)+6C(s) = Cr_{23}C_6(s)$	309600	−77.4	298～1773
$7Cr(s)+3C = Cr_7C_3(s)$	153600	−37.2	298～2130
$3Cr(s)+2C = Cr_3C_2(s)$	791000	−17.7	298～2130
$2Cr(s)+0.5N_2 = Cr_2N(s)$	99200	46.99	1273～1673
$Cr(s)+0.5N_2 = CrN(s)$	113400	73.2	298～773
$2Cu(s)+0.5O_2 = Cu_2O(s)$	169100	73.33	298～1356(m)
$Cu(s)+0.5O_2 = CuO(s)$	152260	85.35	298～1356
$Fe(s)+0.5O_2 = FeO(s)$	264000	64.59	298～1650
$Fe(l)+0.5O_2 = FeO(l)$	256060	53.68	1675～2273
$3Fe(s)+2O_2 = Fe_3O_4(s)$	1103120	307.38	298～1870(m)
$2Fe(s)+1.5O_2 = Fe_2O_3(s)$	815023	251.12	298～1735
$4Fe(\gamma)+0.5N_2 = Fe_4N(s)$	33500	69.79	673～953
$3Fe(\alpha)+C = Fe_3C(s)$	−29040	−28.03	298～1000
$Fe(\gamma)+0.5S_2 = FeS(s)$	154900	56.86	1179～1261
$Fe(l)+0.5S_2 = FeS(s)$	164000	61.09	1261～1468(m)
$Fe(l)+0.5O_2+Cr_2O_3(s) = FeO\cdot Cr_2O_3(s)$	330500	80.33	1809～1973
$2FeO(s)+SiO_2(s) = 2FeO\cdot SiO_2(s)$	36200	21.09	928～1493
$2FeO(s)+TiO_2(s) = 2FeO\cdot TiO_2(s)$	33900	5.86	298～1573
$Fe(s)+0.5O_2+V_2O_3(s) = FeO\cdot V_2O_3(s)$	288700	62.34	1023～1809
$H_2+0.5O_2 = H_2O(g)$	247500	55.88	298～2273
$H_2+0.5S_2 = H_2S(g)$	91630	50.58	298～2273
$2K(l)+0.5O_2 = K_2O(s)$	487700	252.35	336～763(m)
$K_2O(s)+SiO_2 = K_2O\cdot SiO_2(s)$	279900	−0.46	298～1249
$2La(s)+1.5O_2 = La_2O_3(s)$	1786600	278.28	298～1193
$La(l)+0.5S_2 = LaS(s)$	527200	104.18	1193～1773
$2La(s)+1.5S_2 = La_2S_3(s)$	1418400	285.77	1193～1773
$Mg(s)+0.5O_2 = MgO(s)$	601230	107.59	298～922
$Mg(l)+0.5O_2 = MgO(s)$	609570	116.52	922～1363
$Mg(g)+0.5O_2 = MgO(s)$	732702	205.99	1363～2000
$Mg(s)+0.5S_2 = MgS(s)$	409600	94.39	298～922(m)
$Mg(l)+0.5S_2 = MgS(s)$	408880	97.98	922～1363(b)
$Mg(g)+0.5S_2 = MgS(s)$	539740	193.05	1363～1973
$MgO(s)+CO_2 = MgCO_3(s)$	116300	173.43	298～675(d)
$2MgO(s)+SiO_2(s) = 2MgO\cdot SiO_2(s)$	67200	4.31	298～2171(m)
$Mn(s)+0.5O_2 = MnO(s)$	385360	73.75	298～1400
$Mn(l)+0.5O_2 = MnO(s)$	407354	88.37	1517(m)～2335
$3Mn(s)+2O_2 = Mn_3O_4(s)$	1381640	334.67	298～1550

续表

反应式	$-A$/J·(mol·K)$^{-1}$	B/J·(mol·K)$^{-1}$	温度范围/K
$2Mn(s)+1.5O_2 = Mn_2O_3(s)$	956400	251.71	298~1550
$Mn(s)+O_2 = MnO_2(s)$	519700	180.83	298~1000
$Mn(s)+0.5O_2 = MnO(s)$	296500	76.74	973~1473
$7Mn(s)+3C = Mn_7C_3(s)$	127600	21.09	298~1473
$3Mn(s)+C = Mn_3C(s)$	13930	-1.09	298~1310
$2MnO(s)+SiO_2(s) = 2MnO \cdot SiO_2(s)$	53600	24.73	298~1618
$Mo(s)+O_2 = MoO_2(s)$	578200	166.5	298~2273
$0.5N_2+1.5H_2 = NH_3(g)$	53720	116.52	298~2273
$0.5N_2+O_2 = NO_2(g)$	-32300	63.35	298~2273
$2Na(l)+0.5O_2 = Na_2O(s)$	421600	141.34	371~1405(m)
$2Na(g)+0.5O_2 = Na_2O(l)$	518800	234.7	1405~2223(m)
$2Na(l)+0.5S_2 = Na_2S(s)$	439300	143.93	371~1071(m)
$Na(g)+0.5F_2 = NaF(l)$	624300	148.24	1269~2063(b)
$Na(l)+C+0.5N_2 = NaCN(s)$	1090540	31.14	371~835(m)
$Na_2O(l)+CO_2 = Na_2CO_3(l)$	316350	130.83	1405~2273
$Na_2O(s)+2SiO_2(s) = Na_2O \cdot 2SiO_2(s)$	233500	-3.85	298~1147(m)
$Nb(s)+0.5O_2 = NbO(s)$	414200	86.6	298~2210(m)
$2Nb(s)+2.5O_2 = Nb_2O_5(s)$	1888200	419.7	298~1785(m)
$2Nb(s)+C(s) = Nb_2C(s)$	193700	11.7	298~1773
$2Nb(s)+0.5N_2 = Nb_2N(s)$	251040	83.3	298~2673(m)
$0.5P_2(g)+0.5O_2 = PO(g)$	77800	-11.50	298~1973
$0.5P_2(g)+O_2 = PO_2(g)$	385800	60.25	298~1973
$2P_2(g)+5O_2 = P_4O_{10}(g)$	3156000	1010.9	631(s) ~1973
$0.5P_2(g)+1.5O_2 = PO_3(g)$	71500	108.2	298~1973
$Pb(l)+0.5O_2 = PbO(s)$	219140	101.15	601~1158(m)
$0.5S_2+0.5O_2 = SO(g)$	57780	-4.98	718~2273
$0.5S_2+O_2 = SO_2(g)$	361660	72.68	718~2273
$0.5S_2+1.5O_2 = SO_3(g)$	457900	163.34	718~2273
$Si(s)+0.5O_2 = SiO(g)$	104200	-82.51	298~1685(m)
$Si(s)+O_2 = SiO_2$(s,石)	907100	175.73	298~1685(m)
$SiO_2(s) = SiO_2(l)$	-9581	-4.80	1996(m)
$Si(s)+O_2 = SiO_2$(α,β,方)	904760	173.38	298~1685(m)
$Si(l)+O_2 = SiO_2$(α,β,方)	946350	197.64	1685~1996(m)
$Si(l)+O_2 = SiO_2(l)$	921740	185.91	1996~3514(b)
$Si(s)+0.5S_2 = SiS(g)$	956	-81.01	937~1685(m)
$Si(s)+S_2 = SiS_2(s)$	-326350	-138.95	298~1363(m)
$Si(s)+2F_2 = SiF_4(g)$	1615400	144.43	298~1685
$Si(s)+C = SiC$(α,β)	73050	7.66	298~1685

续表

反应式	$-A$/J·(mol·K)$^{-1}$	B/J·(mol·K)$^{-1}$	温度范围/K
$Sr(l)+0.5O_2 = SrO(s)$	597100	102.38	1041~1650
$Sr(l)+0.5S_2 = SrS(s)$	518800	96.2	1041~1650
$SrO(s)+CO_2 = SrCO_3(s)$	214600	141.58	973~1516(d)
$Ti(s)+0.5O_2 = TiO(\alpha,\beta)$	514600	74.1	298~1943
$Ti(s)+O_2 = TiO_2$(s,金)	941000	177.57	298~1943
$2Ti(s)+1.5O_2 = Ti_2O_3(s)$	1502100	258.1	298~1943
$3Ti(s)+2.5O_2 = Ti_3O_5(s)$	2435100	420.5	298~1943
$Ti(s)+C = TiC(s)$	184800	12.55	298~1943
$Ti(s)+0.5N_2 = TiN(s)$	336300	93.26	298~1943
$V(s)+0.5O_2 = VO(s)$	424700	80.04	298~2073
$2V(s)+1.5O_2 = V_2O_3(s)$	1202900	237.53	298~2243
$V(s)+O_2 = VO_2(s)$	706300	155.31	298~1633(m)
$2V(s)+2.5O_2 = V_2O_5(l)$	-1447400	321.58	943~2273
$2V(s)+C(s) = V_2C(s)$	146400	3.35	298~1973
$V(s)+C(s) = VC(s)$	102100	9.58	298~2273
$V(s)+0.5N_2 = VN(s)$	214640	82.43	298~2619(d)
$W(s)+1.5O_2 = WO_3(s)$	833500	245.43	298~1745(m)
$W(s)+O_2 = WO_2(s)$	581200	171.84	298~2273(d)
$2W(s)+C = W_2C(s)$	30540	-2.34	1575~1673
$Zr(s)+O_2 = ZrO_2(s)$	1092000	183.7	298~2123
$Zr(s)+0.5S_2 = ZrS(g)$	-237200	-78.2	298~2123
$Zr(s)+C = ZrC(s)$	196650	9.2	298~2123
$Zr(s)+0.5N_2 = ZrN(s)$	363600	92.0	298~2123
$ZrO_2(s)+SiO_2(s) = ZrO_2\cdot SiO_2(s)$	26800	12.6	298~1980(m)

注：表中温度后符号（m）为熔点；（b）为沸点；（s）为升华点；（d）为离解温度。

参考文献

[1] 黄希祜. 钢铁冶金原理［M］. 4 版. 北京：冶金工业出版社，2013.
[2] 李洪桂. 冶金原理［M］. 2 版. 北京：科学出版社，2018.
[3]［日］万谷志郎. 钢铁冶炼［M］. 李宏译. 北京：冶金工业出版社，2001.
[4] 陈新民. 火法冶金过程物理化学［M］. 2 版. 北京：冶金工业出版社，1994.
[5] 魏寿昆. 冶金热力学［M］. 上海：上海科学技术出版社，1981.
[6] 赵俊学. 冶金原理［M］. 北京：冶金工业出版社，2002.
[7] 郭汉杰. 冶金物理化学教程［M］. 2 版. 北京：冶金工业出版社，2006.
[8] 田彦文. 冶金物理化学简明教程［M］. 2 版. 北京：化学工业出版社. 2021.
[9] 张家芸. 冶金物理化学［M］. 北京：冶金工业出版社，2004.
[10] 张显鹏. 冶金物理化学例题及习题［M］. 北京：冶金工业出版社，1989.
[11] 王淑兰. 物理化学［M］. 4 版. 北京：冶金工业出版社，2013.
[12] 梁连科，等. 冶金热力学及动力学［M］. 沈阳：东北工学院出版社，1990.
[13]［日］日本學術振興会制鋼第 19 委員會. 制鋼反應の推奨平衡値（改訂增補）. 1984.
[14]［日］梶冈博幸. 炉外精炼［M］. 李宏译. 北京：化学工业出版社，2002.
[15] 朱苗勇. 现代冶金工艺学（钢铁冶金卷）［M］. 2 版. 北京：冶金工业出版社，2016.
[16] 李文超. 冶金与材料物理化学［M］. 北京：冶金工业出版社，2001.
[17] 傅崇说. 有色冶金原理［M］. 2 版. 北京：冶金工业出版社，1993.
[18] 彭容秋. 重金属冶金学［M］. 长沙：中南工业大学出版社，1994.
[19] 杨重愚. 轻金属冶金学［M］. 北京：冶金工业出版社，1991.
[20] 朱屯. 现代铜湿法冶金［M］. 北京：冶金工业出版社，2006.
[21] 马荣骏. 湿法冶金原理［M］. 北京：冶金工业出版社，2007.
[22] 李洪桂，等. 湿法冶金学［M］. 长沙：中南工业大学出版社，2002.
[23] 黄希祜. 钢铁冶金过程理论［M］. 北京：冶金工业出版社，1993.
[24] 华一新. 冶金过程动力学导论［M］. 北京：冶金工业出版社，2004.
[25]《金属学》编写组. 金属学［M］. 上海：上海人民出版社，1977.
[26] 韩其勇. 冶金过程动力学［M］. 北京：冶金工业出版社，1983.
[27] 梁连科，车荫昌. 无机物热力学数据手册［M］. 沈阳：东北工学院出版社，1993.
[28] 张圣弼，李道子. 相图—原理、计算及在冶金中的应用［M］. 北京：冶金工业出版社，1986.